图解学技能从入门到精通丛书

电子技术综合技能从入门到精通

（图解版）

韩雪涛 主 编
吴 瑛 韩广兴 副主编

机械工业出版社

本书以市场就业为导向，采用完全图解的表现方式，系统全面地介绍了电子技术相关岗位从业的专业知识与操作技能。本书充分考虑电子技术的岗位需求和从业特点，将电子技术综合技能划分成12个项目模块，每章即为一个模块。第1章，电子元器件的种类与功能特点；第2章，电路检修工具仪表的功能应用；第3章，电子电路识图技能；第4章，电子元器件的检测技能；第5章，电气功能部件的检测代换技能；第6章，电子产品信号测量技能；第7章，电子产品实用电路测量技能；第8章，电子产品检修方法与焊接技能；第9章，小家电的结构原理与检修技能；第10章，厨房电器的结构原理与检修技能；第11章，彩色电视机的结构原理与检修技能；第12章，数码办公产品的检修技能。各个项目模块的知识技能严格遵循国家职业资格标准和行业规范，注重模块之间的衔接，确保电子技能培训的系统、专业和规范。本书收集整理了大量电子电路检测、调试及产品维修实用案例，并将其直接移植到图书中的实训演练环节，使读者通过实训练习熟练掌握从业所需的各项技能，为读者今后实际工作积累经验，真正实现从入门到精通的技能飞跃。本书既可作为专业技能认证的培训教材，也可作为各职业技术院校的实训教材，适合从事和希望从事电子产品装配、检测、调试及维修的技术人员和业余爱好者阅读。

图书在版编目（CIP）数据

电子技术综合技能从入门到精通：图解版/韩雪涛主编．—2版．—北京：机械工业出版社，2017.8

（图解学技能从入门到精通丛书）

ISBN 978-7-111-57527-6

Ⅰ. ①电…　Ⅱ. ①韩…　Ⅲ. ①电子技术－图解　Ⅳ. ①TN－64

中国版本图书馆CIP数据核字（2017）第180195号

机械工业出版社（北京市百万庄大街22号　邮政编码100037）
策划编辑：张俊红　责任编辑：翟天睿
责任校对：刘　岚　封面设计：路恩中
责任印制：孙　炜
保定市中画美凯印刷有限公司印刷
2017年9月第2版第1次印刷
184mm×260mm·24印张·596千字
标准书号：ISBN 978-7-111-57527-6
定价：79.00元

本书编委会

主　编：韩雪涛

副主编：吴　瑛　韩广兴

编　委：张丽梅　宋明芳　朱　勇　吴　玮

唐秀鸯　周文静　韩雪冬　张湘萍

吴惠英　高瑞征　周　洋　吴鹏飞

丛书前言

目前，我国在现代电工行业和现代家电售后服务领域对人才的需求非常强烈。家装电工、水电工、新型电子产品维修及自动化控制和电工电子综合技能应用等领域，有广阔的就业空间。而且，伴随着科技的进步和城镇现代化发展步伐的加速，这些新型岗位的从业人员也逐年增加。

经过大量的市场调研我们发现，虽然人才市场需求强烈，但是这些新型岗位都具有明显的技术特色，需要从业人员具备专业知识和操作技能，然而社会在专业化技能培训方面却存在严重的脱节，尤其是相关的培训教材难以适应岗位就业的需要，难以在短时间内向学习者传授专业完善的知识技能。

针对上述情况，特别根据这些市场需求强烈的热门岗位，我们策划编写了“图解学技能从入门到精通丛书”。丛书将岗位就业作为划分标准，共包括10本图书，分别为《家装电工技能从入门到精通（图解版）》《装修水电工技能从入门到精通（图解版）》《制冷维修综合技能从入门到精通（图解版）》《中央空调安装与维修从入门到精通（图解版）》《智能手机维修从入门到精通（图解版）》《电动自行车维修从入门到精通（图解版）》《办公电器维修技能从入门到精通（图解版）》《电子技术综合技能从入门到精通（图解版）》《自动化综合技能从入门到精通（图解版）》《电工综合技能从入门到精通（图解版）》。

本套丛书重点以岗位就业为目标，所针对的读者对象为广大电工电子初级与中级学习者，主要目的是帮助学习者完成从初级入门到专业技能的进阶，进而完成技能的提升飞跃，能够使读者完善知识体系，增进实操技能，增长工作经验，力求打造大众岗位就业实用技能培训的“金牌图书”。需要特别提醒广大读者注意的是，为了尽量与广大读者的从业习惯一致，所以本书在部分专业术语和图形符号方面，并没有严格按照国家标准进行生硬的统一改动，而是尽量采用行业内的通用术语。整体来看，本套丛书特色非常鲜明：

1. 确立明确的市场定位

本套丛书首先对读者的岗位需求进行了充分调研，在知识构架上将传统教学模式与岗位就业培训相结合，以国家职业资格为标准，以上岗就业为目的，通过全图解的模式讲解电工电子从业中的各项专业知识和专项使用技能，最终目的是让读者明确行业规范、明确从业目标、明确岗位需求，全面掌握上岗就业所需的专业知识和技能，能够独立应对实际工作。

为达到编写初衷，丛书在内容安排上充分考虑当前社会上的岗位需求，对实际工作中的实用案例进行技能拆分，让读者能够充分感受到实际工作所需的知识点和技能点，然后有针对性地学习掌握相关的知识技能。

2. 开创新颖的编排方式

丛书在内容编排上引入项目模块的概念，通过任务驱动完成知识的学习和技能的掌握。

在系统架构上，丛书大胆创新，以国家职业资格标准作为指导，明确以技能培训为主的教学原则，注重技能的提升、操作的规范。丛书的知识讲解以实用且够用为原则，依托项目案例引领，使读者能够有针对性地自主完成技能的学习和锻炼，真正具备岗位从业所需的技能。

为提升学习效果，丛书增设“图解演示”“提示说明”和“相关资料”等模块设计，增加版式设计的元素，使阅读更加轻松。

3. 引入全图全解的表达方式

本套图书大胆尝试全图全解的表达方式，充分考虑行业读者的学习习惯和岗位特点，将专业知识技能运用大量图表进行演示，尽量保证读者能够快速、主动、清晰地了解知识技能，力求让读者能一看就懂、一学就会。

4. 耳目一新的视觉感受

丛书采用双色版式印刷，可以清晰准确地展现信号分析、重点指示、要点提示等表达效果。同时，两种颜色的互换补充也能够使图书更加美观，增强可读性。

丛书由具备丰富的电工电子类图书全彩设计经验的资深美编人员完成版式设计和内容编排，力求让读者体会到看图学技能的乐趣。

5. 全方位立体化的学习体验

丛书的编写得到了数码维修工程师鉴定指导中心的大力支持，为读者在学习过程中和以后的技能进阶方面提供全方位立体化的配套服务。读者可登录数码维修工程师的官方网站（www. chinadse. org）获得超值技术服务。网站提供有技术论坛和最新行业信息，以及大量的视频教学资源和图样手册等学习资料。读者可随时了解最新的数码维修工程师考核培训信息，把握电子电气领域的业界动态，实现远程在线视频学习，下载所需要的图样手册等学习资料。此外，读者还可通过网站的技术交流平台进行技术交流与咨询。

通过学习与实践，读者还可参加相关资质的国家职业资格或工程师资格认证考试，以求获得相应等级的国家职业资格或数码维修工程师资格证书。如果读者在学习和考核认证方面有什么问题，可通过以下方式与我们联系。

数码维修工程师鉴定指导中心

网址：http：//www. chinadse. org

联系电话：022－83718162/83715667/13114807267

E－mail：chinadse@163. com

地址：天津市南开区榕苑路4号天发科技园8－1－401

邮编：300384

作　者

目录

本书编委会

丛书前言

第1章　电子元器件的种类与功能特点 …… 1

★1.1　电阻器的种类与功能特点 …… 1

1.1.1　电阻器的分类 …… 1

1.1.2　电阻器的功能特点 …… 5

★1.2　电容器的种类与功能特点 …… 6

1.2.1　电容器的分类 …… 6

1.2.2　电容器的功能特点 …… 9

★1.3　电感器的种类与功能特点 …… 10

1.3.1　电感器的分类 …… 10

1.3.2　电感器的功能特点 …… 12

★1.4　二极管的种类与功能特点 …… 14

1.4.1　二极管的分类 …… 14

1.4.2　二极管的功能特点 …… 16

★1.5　三极管的分类与功能特点 …… 18

1.5.1　三极管的分类 …… 18

1.5.2　三极管的功能特点 …… 20

★1.6　场效应管的分类与功能特点 …… 23

1.6.1　场效应管的分类 …… 23

1.6.2　场效应管的功能特点 …… 26

★1.7　晶闸管的分类与功能特点 …… 27

1.7.1　晶闸管的分类 …… 27

1.7.2　晶闸管的功能特点 …… 29

第2章　电路检修工具仪表的功能应用 …… 32

★2.1　电路检修工具的功能与应用 …… 32

2.1.1　常用拆装工具的功能与应用 …… 32

2.1.2　常用焊接工具的功能与应用 …… 33

★2.2　电路检测仪表的功能与应用 …… 36

2.2.1　万用表的功能与应用 …… 36

2.2.2　示波器的功能与应用 …… 38

2.2.3　信号发生器的功能与应用 …… 40

第3章　电子电路识图技能 …… 45

★3.1　电子电路的基本连接关系 …… 45

3.1.1　串联电路的连接关系 …… 45

3.1.2　并联电路的连接关系 …… 46

3.1.3　混联电路的连接关系 …… 47

★3.2　简单电路的识读方法 …… 49

3.2.1　RC电路的识读方法 …… 49

3.2.2　简单LC电路的识读方法 …… 51

★3.3　基本放大电路的识读方法 …… 54

3.3.1　共射极放大电路的识读方法 …… 54

3.3.2　共基极放大电路的识读方法 …… 55

3.3.3　共集电极放大电路的识读方法 …… 56

★3.4　实用单元电路的识读方法 …… 58

3.4.1　电源电路的识读方法 …… 58

3.4.2　驱动电路的识读方法 …… 60

3.4.3　控制电路的识读方法 …… 61

3.4.4　检测电路的识读方法 …… 62

3.4.5　信号处理电路的识读方法 …… 64

3.4.6　接口电路的识读方法 …… 65

第4章　电子元器件的检测技能 …… 67

★4.1　电阻器的检测技能 …… 67

4.1.1　普通电阻器的检测 …… 67

4.1.2　可变电阻器的检测 …… 68

4.1.3　敏感电阻器的检测 …… 70

★4.2　电容器的检测技能 …… 72

4.2.1　固定电容器电容量的检测 …… 72

4.2.2　电解电容器充放电性能的检测 …… 73

4.2.3　可变电容器的检测 …… 76

★4.3　电感器的检测技能 …… 78

4.3.1　固定电感器的检测 …… 78

4.3.2　微调电感器的检测 …… 79

★4.4　二极管的检测技能 …… 80

4.4.1　普通二极管的检测 …… 80

4.4.2　发光二极管的检测 …… 82

4.4.3　光敏二极管的检测 …… 83

★4.5　三极管的检测技能 …… 85

4.5.1　三极管的阻值检测法 …… 85

4.5.2　三极管的放大倍数测量法 …… 88

★ 4.6 场效应晶体管和晶闸管的检测技能 …… 89
4.6.1 场效应晶体管的检测 …… 89
4.6.2 单向晶闸管的检测 …… 91
4.6.3 双向晶闸管的检测 …… 93
★ 4.7 集成电路的检测技能 …… 95
4.7.1 集成电路对地阻值的检测训练 …… 95
4.7.2 集成电路电压的检测训练 …… 97
4.7.3 集成电路输入和输出信号的检测训练 …… 98
第5章 电气功能部件的检测代换技能 …… 101
★ 5.1 电源部件的检测与代换 …… 101
5.1.1 电源部件的特点 …… 101
5.1.2 电源部件的检测与代换方法 …… 102
★ 5.2 遥控部件的检测与代换 …… 106
5.2.1 遥控部件的特点 …… 106
5.2.2 遥控部件的检测和代换方法 …… 108
★ 5.3 显示部件的检测与代换 …… 110
5.3.1 显示部件的特点 …… 110
5.3.2 显示部件的检测和代换方法 …… 112
★ 5.4 调谐组件的检测与代换 …… 114
5.4.1 调谐组件的特点 …… 114
5.4.2 调谐组件的检测和代换方法 …… 115
★ 5.5 电机传动组件的检测与代换 …… 117
5.5.1 电机传动组件的特点 …… 117
5.5.2 电机传动组件的检测和代换方法 …… 117
★ 5.6 音响组件的检测与代换 …… 119
5.6.1 音响组件的特点 …… 119
5.6.2 音响组件的检测和代换方法 …… 119
第6章 电子产品信号测量技能 …… 123
★ 6.1 正弦交流信号的测量方法 …… 123
6.1.1 正弦交流信号的特点 …… 123
6.1.2 正弦交流信号的测量 …… 125
★ 6.2 音频信号的测量方法 …… 127
6.2.1 音频信号的特点 …… 127
6.2.2 音频信号的测量 …… 131
★ 6.3 视频信号的测量方法 …… 134
6.3.1 视频信号的特点 …… 134
6.3.2 视频信号的测量 …… 138
★ 6.4 脉冲信号的测量方法 …… 139
6.4.1 脉冲信号的特点 …… 139
6.4.2 脉冲信号的测量 …… 143
★ 6.5 数字信号的测量方法 …… 144
6.5.1 数字信号的特点 …… 144
6.5.2 数字信号的测量 …… 146
第7章 电子产品实用电路测量技能 …… 147
★ 7.1 电源电路的测量 …… 147
7.1.1 整流电路的测量 …… 147
7.1.2 滤波电路的测量 …… 148
7.1.3 稳压电路的测量 …… 149
7.1.4 开关电源电路的测量 …… 150
★ 7.2 实用变换电路的测量 …… 153
7.2.1 电压－电流变换电路的测量 …… 153
7.2.2 电流－电压变换电路的测量 …… 154
7.2.3 交流－直流变换电路的测量 …… 155
7.2.4 光－电变换电路的测量 …… 156
7.2.5 A－D 和 D－A 变换电路的测量 …… 158
★ 7.3 低频信号放大电路的测量 …… 161
7.3.1 低频小信号放大器的测量 …… 161
7.3.2 差动放大电路的测量 …… 163
7.3.3 运算放大电路的测量 …… 164
★ 7.4 脉冲信号单元电路的测量 …… 166
7.4.1 脉冲信号发生器电路的测量 …… 166
7.4.2 脉冲信号放大器电路的测量 …… 169
第8章 电子产品检修方法与焊接技能 …… 172
★ 8.1 电子产品检修的基本方法 …… 172
8.1.1 电子产品的常用检修方法 …… 172
8.1.2 电子产品检修的安全注意事项 …… 177
★ 8.2 电路元器件焊接前预加工处理 …… 184
8.2.1 电路板元器件的布局 …… 184
8.2.2 电路元器件引线的镀锡 …… 186
8.2.3 电路元器件的引线成型 …… 188
8.2.4 电路元器件的插装 …… 188
★ 8.3 电路元器件的焊接 …… 192
8.3.1 手工焊接的基本方法 …… 192
8.3.2 浸焊的基本方法 …… 194
★ 8.4 电路元器件焊接质量的检验 …… 196
8.4.1 焊接质量的要求 …… 196
8.4.2 焊接质量的基本检验方法 …… 197
第9章 小家电的结构原理与检修技能 …… 198

★ 9.1 电风扇的结构原理与检修技能 …… 198
9.1.1 电风扇的结构特点 ……………… 198
9.1.2 电风扇的工作原理 ……………… 201
9.1.3 电风扇的故障特点与检修方法 … 205
★ 9.2 电热水壶的结构原理与检修技能 … 210
9.2.1 电热水壶的结构特点 …………… 210
9.2.2 电热水壶的工作原理 …………… 212
9.2.3 电热水壶的故障特点与检修方法 … 214
★ 9.3 吸尘器的结构原理与检修技能 …… 217
9.3.1 吸尘器的结构特点 ……………… 217
9.3.2 吸尘器的工作原理 ……………… 222
9.3.3 吸尘器的故障特点与检修方法 … 224

第10章 厨房电器的结构原理与检修技能 ……………… 235
★ 10.1 电饭煲的结构原理与检修技能 … 235
10.1.1 电饭煲的结构特点 ……………… 235
10.1.2 电饭煲的工作原理 ……………… 238
10.1.3 电饭煲的故障特点与检修方法 ……………… 243
★ 10.2 微波炉的结构原理与检修技能 … 251
10.2.1 微波炉的结构特点 ……………… 251
10.2.2 微波炉的工作原理 ……………… 254
10.2.3 微波炉微波发射装置的故障特点与检修方法 ……………… 257
10.2.4 微波炉烧烤装置的故障特点与检修方法 ……………… 260
10.2.5 微波炉转盘装置的故障特点与检修方法 ……………… 261
10.2.6 微波炉保护装置的故障特点与检修方法 ……………… 262
10.2.7 微波炉控制装置的故障特点与检修方法 ……………… 264
★ 10.3 电磁炉的结构原理与检修技能 … 267
10.3.1 电磁炉的结构特点 ……………… 267
10.3.2 电磁炉的工作原理 ……………… 269
10.3.3 电磁炉电源电路的故障特点与检修方法 ……………… 271
10.3.4 电磁炉主控电路的故障特点与检修方法 ……………… 279
10.3.5 电磁炉功率输出电路的故障特点与检修方法 ……………… 288
10.3.6 电磁炉操作显示电路的故障特点与检修方法 ……………… 292

第11章 彩色电视机的结构原理与检修技能 ……………… 297
★ 11.1 彩色电视机的结构原理 ………… 297
11.1.1 彩色电视机的结构特点 ………… 297
11.1.2 彩色电视机的电路原理 ………… 302
★ 11.2 彩色电视机电视信号接收电路的故障检修 ……………… 309
11.2.1 彩色电视机电视信号接收电路的检修分析 ……………… 309
11.2.2 彩色电视机电视信号接收电路的检修方法 ……………… 310
11.2.3 彩色电视机音频信号处理电路的故障检修 ……………… 314
11.2.4 彩色电视机电视信号处理电路的故障检修 ……………… 317
11.2.5 彩色电视机行扫描电路的故障检修 ……………… 325
11.2.6 彩色电视机场扫描电路的故障检修 ……………… 329
11.2.7 彩色电视机系统控制电路的故障检修 ……………… 333
11.2.8 彩色电视机显像管电路的故障检修 ……………… 337
11.2.9 彩色电视机开关电源电路的故障检修 ……………… 342

第12章 数码办公产品的检修技能 … 348
★ 12.1 数码办公产品的功能结构和维修特点 ……………… 348
12.1.1 数码办公产品的种类和功能特点 ……………… 348
12.1.2 数码办公产品的结构组成和维修特点 ……………… 348
★ 12.2 数码办公产品工作原理与电路分析 ……………… 349
12.2.1 数码办公输出设备原理图的电路结构和信号流程 ……………… 349
12.2.2 数码办公输入设备原理图的电路结构和信号流程 ……………… 353
★ 12.3 典型数码办公产品的维修实例 … 357
12.3.1 典型数码办公产品的检修思路 … 357
12.3.2 典型数码办公产品的检修技能演练 ……………… 357

电子元器件的种类与功能特点

1.1　电阻器的种类与功能特点

1.1.1　电阻器的分类

电阻器是限制电流的元件，通常简称为电阻，是电子产品中最基本、最常用的电子元件之一。

在实际应用中，电阻器的种类很多，根据其功能和应用领域的不同，主要可以分为固定电阻器和可变电阻器两大类。

1. 固定电阻器

固定电阻器通常按照结构和外形可分为线绕电阻器和非线绕电阻器两大类。功率比较大的电阻器常常采用线绕电阻器，线绕电阻器是用镍铬合金、锰铜合金等电阻丝绕在绝缘支架上制成的，其外面涂有耐热的釉绝缘层；非线绕电阻器主要又可以分为薄膜电阻器和实芯电阻器两大类。

（1）薄膜电阻器

图解演示

如图 1-1 所示，薄膜电阻是利用蒸镀的方法将具有一定电阻率的材料蒸镀在绝缘材料表面制成的，功率比较大。常用的蒸镀材料有很多，因而薄膜电阻主要有碳膜电阻器、金属膜电阻器、金属氧化物膜电阻器、合成碳膜电阻器、玻璃釉电阻器、水泥电阻器、排电阻器、熔断电阻器等。

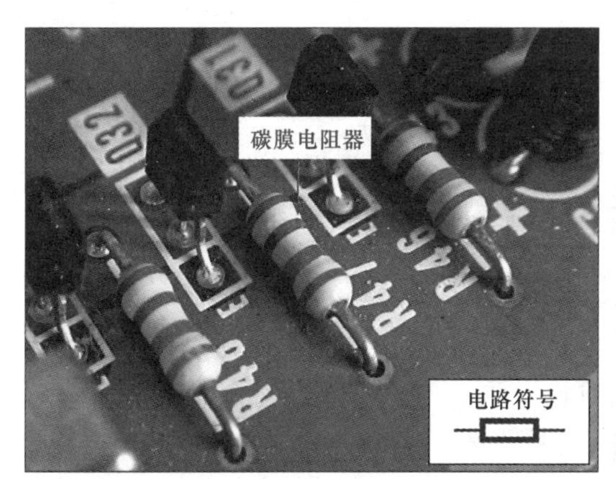

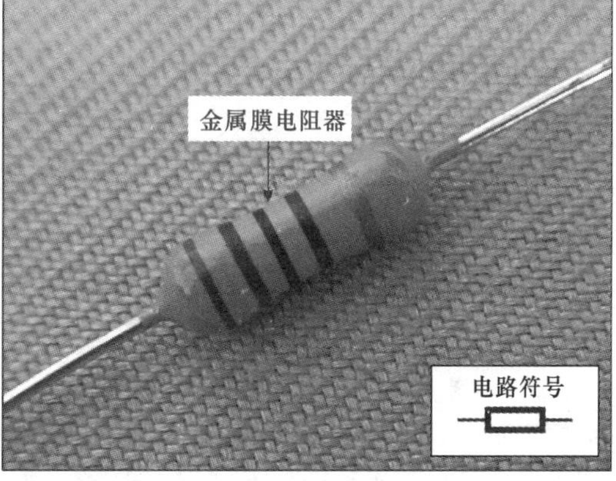

图 1-1　薄膜电阻器的实物外形

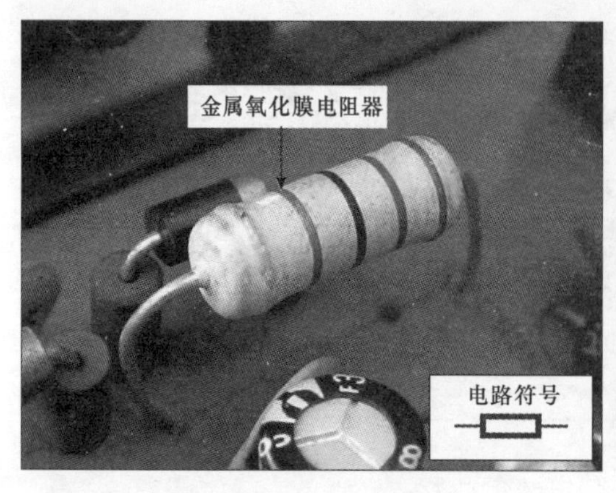

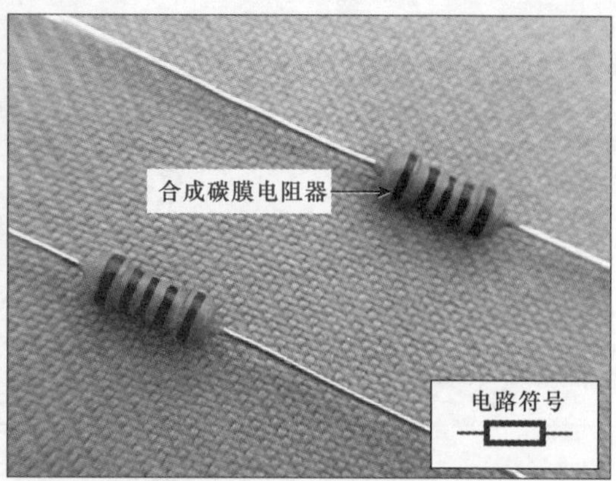

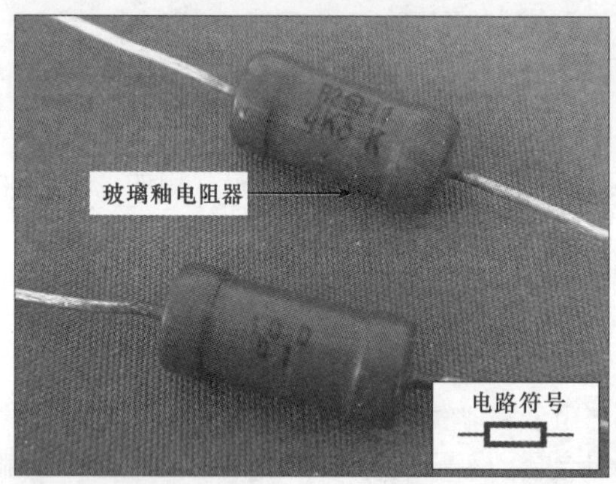

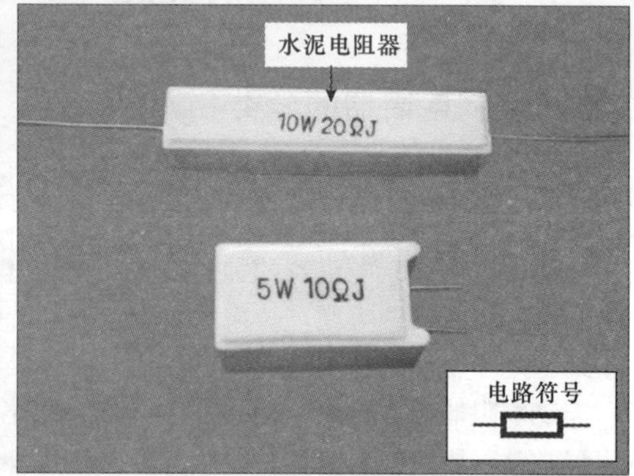

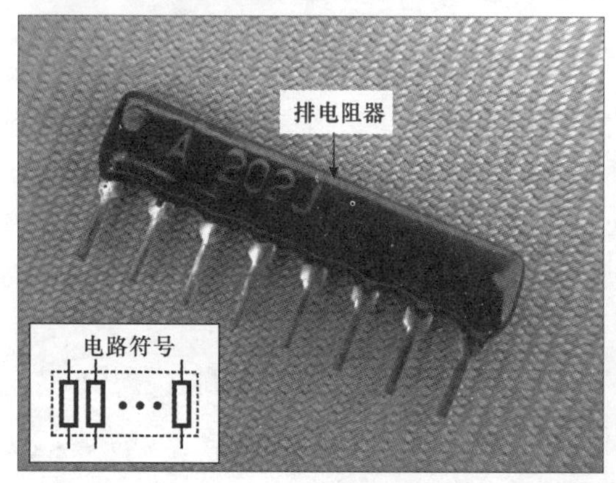

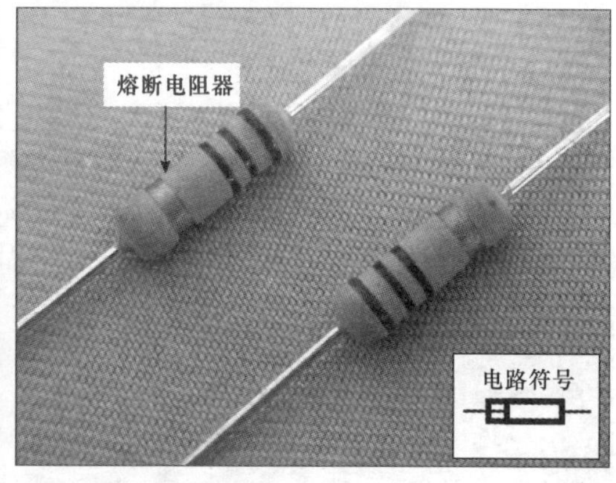

图 1-1　薄膜电阻器的实物外形（续）

提示说明

碳膜电阻器电压稳定性好、造价低，在普通电子产品中应用非常广泛。金属膜电阻器具有耐高温性能好、温度系数小、热稳定性好、噪声小等优点，与碳膜电阻相比体积更小，但价格也较高。金属氧化膜电阻器比金属膜电阻器更为优越，具有抗氧化、耐酸、抗高温等特点。合成碳膜电阻器是一种高压、高阻的电阻器。玻璃釉电阻器具有耐高温、耐潮湿、稳定、噪声小、阻值范围大等特点。水泥电阻器通常作为大功率电阻器使用。排电阻器是将多个分立的电阻器按照一定规律排列集成为一个组合型电阻

器，也称为集成电阻器电阻阵列或电阻器网络。熔断电阻器又叫保险丝电阻器，它是一种具有过电流保护（熔断丝）功能的电阻器。

（2）实芯电阻器

实芯电阻器是由有机导电材料或无机导电材料及一些不良导电材料混合并加入黏合剂后压制而成的，图1-2所示为实芯电阻器的实物外形。

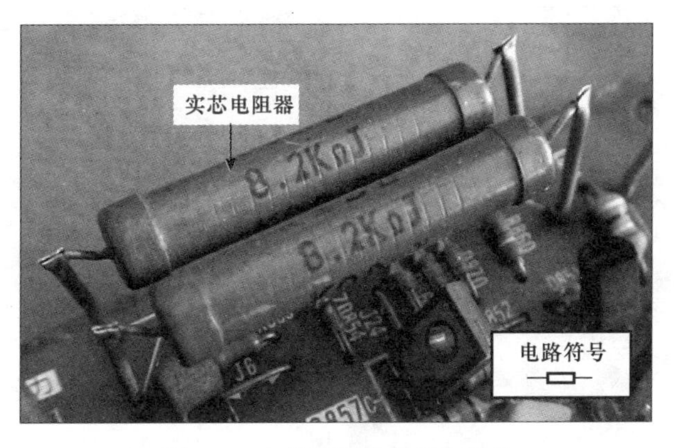

图1-2　实芯电阻器的实物外形

这种电阻器通常采用直接标注法标注阻值，其制作成本低，但阻值误差较大，稳定性较差，因此目前电路中已经很少采用。

2. 可变电阻器

可变电阻器主要有两种，一种是可调电阻器（可变电阻器），这种电阻器的阻值可以根据需要手动调整。另一种是敏感电阻器，这种电阻器的阻值会随周围环境的变化而变化（即自动调整）。

（1）可调电阻器

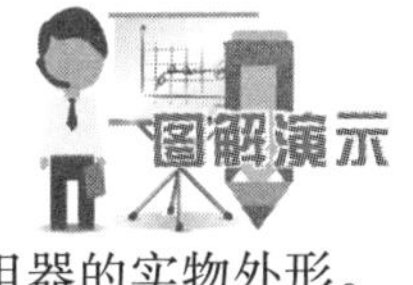

可调电阻器就是阻值可以变化调整的电阻器。这种电阻器有3个引脚，其中有两个定片引脚和一个动片引脚，还有一个调整旋钮，可以通过它改变动片位置，从而改变动片和定片之间的阻值。图1-3所示为典型可调电阻器的实物外形。

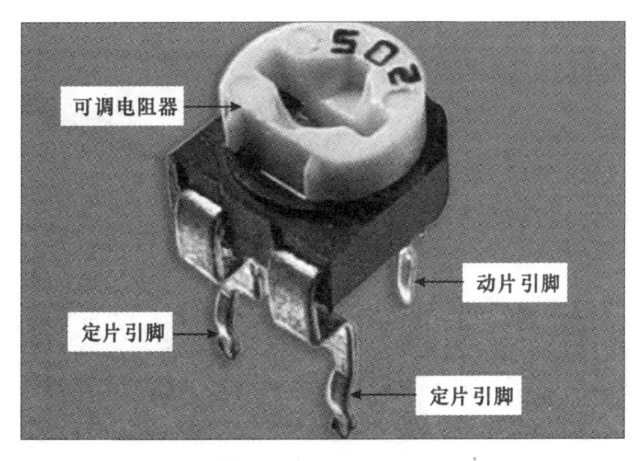

图1-3　典型可调电阻器的实物外形

最大阻值就是与可变电阻的标称阻值十分相近的阻值；最小阻值就是该可变电阻的最小阻值，一般为0Ω，有些可变电阻的最小阻值有一定数值。

（2）敏感电阻器

敏感电阻器是指可以通过外界环境的变化（例如温度、湿度、光亮、电压等），改变自身阻值大小的电阻器，因此常用于一些传感器中，常用的主要有热敏电阻器、湿敏电阻器、光敏电阻器、压敏电阻器等，如图1-4所示。

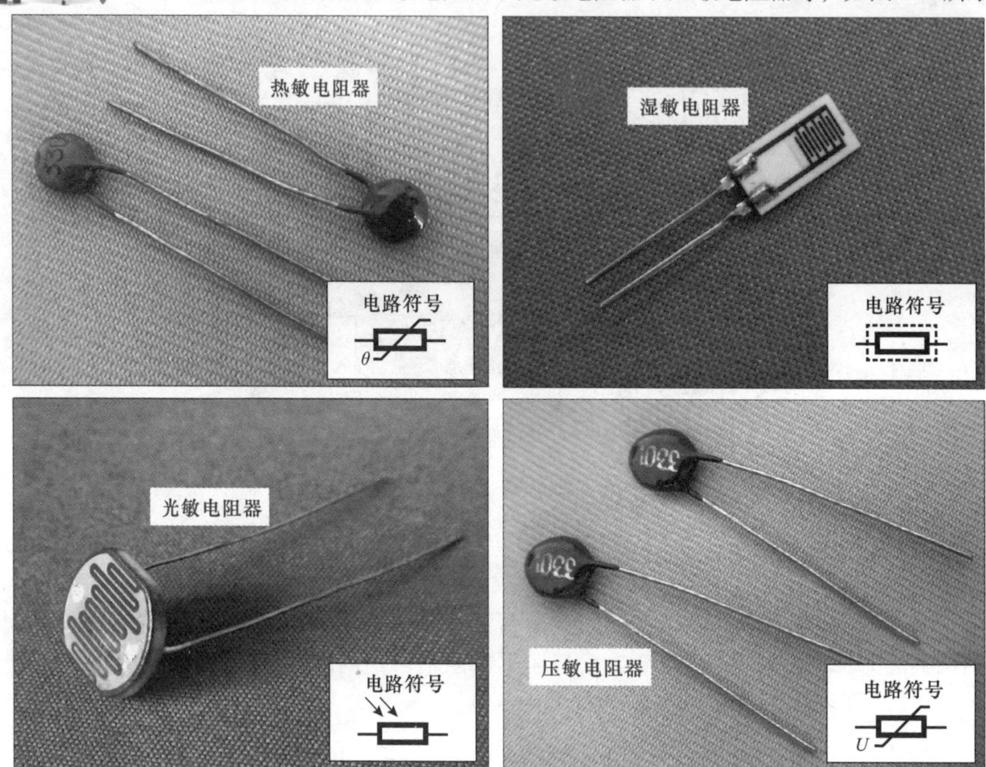

图1-4　敏感电阻器的实物外形

气敏电阻器也是敏感电阻器，该电阻器是一种新型半导体元件，是利用金属氧化物半导体表面在吸收某种气体分子时，会发生氧化反应或还原反应而使电阻值改变的特性制成的。其外形如图1-5所示。

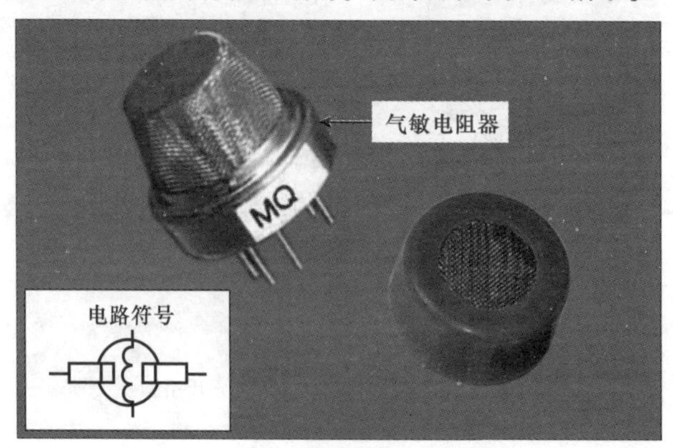

图1-5　气敏电阻器的实物外形

1.1.2　电阻器的功能特点

物体对电流通过会产生阻碍作用，利用这种阻碍作用制成的电子元件称为电阻器，简称电阻。

图 1-6 所示为典型电阻器的结构示意图。电阻器由具有一定阻值的材料构成，外部有绝缘层包裹，电阻器两端的引线用来与电路板进行焊接。

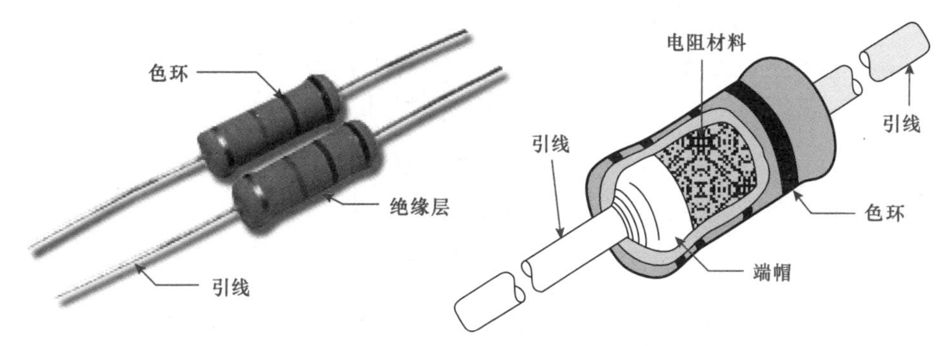

图 1-6　典型电阻器的结构示意图

电阻器自身对电流有阻碍作用，具有限流功能，可为其他电子元器件提供所需的电流。电阻器可以组成分压电路，为其他电子元器件提供所需的电压。此外，电阻器也可以与电容器组合构成滤波电路以减少供电电压的波动。

1. 电阻器的限流作用

电阻器限制电流的流动是它的基本功能之一，根据欧姆定律，当电阻器两端的电压固定时，电阻值越大，流过的电流量越小。因而，电阻器常用作限流元件，如图 1-7 所示。

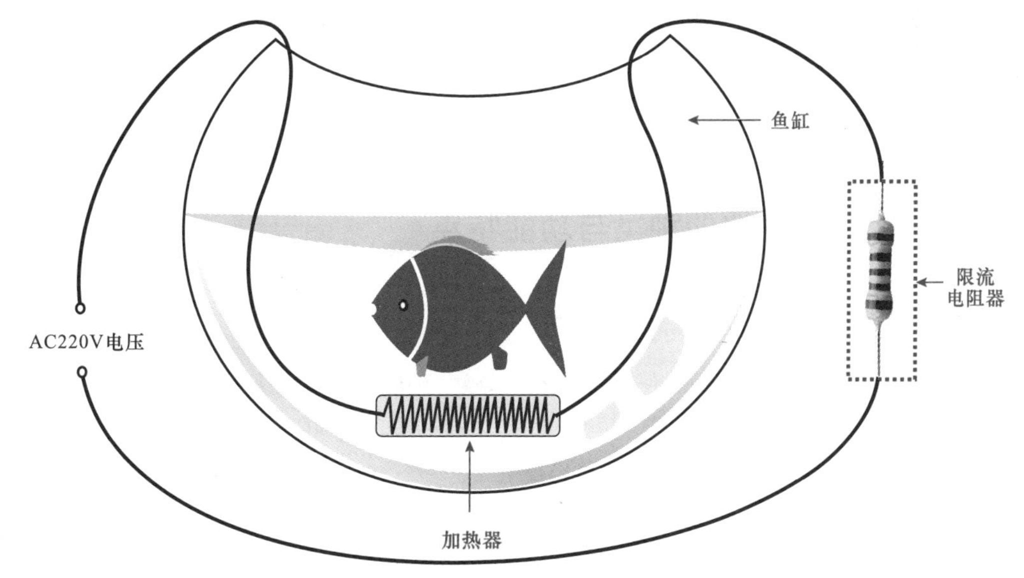

图 1-7　电阻器的限流作用

在鱼缸中的加热器供电电路中串联一个电阻器，可以起到限制电流的作用，防止加热器因电流过大而损坏。

2. 电阻器的分压作用

电流流过电阻时，在电阻器上会有压降，将电阻器串联起来接在电路中就可以组成分压电路，为其他电子元器件提供所需要的电压，如图1-8所示。

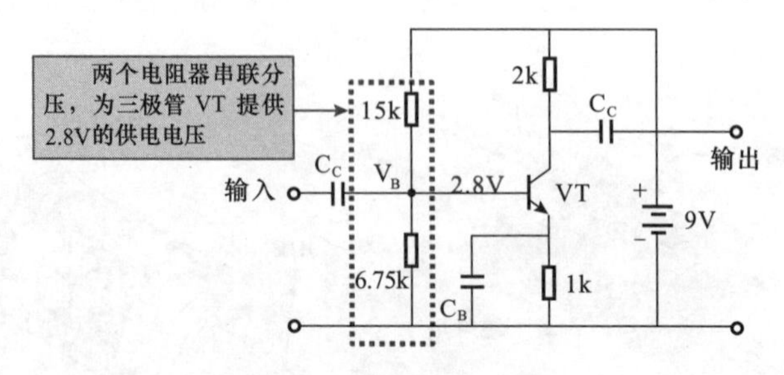

图1-8 电阻器的分压作用

将两个电阻器串联起来组成分压电路，为三极管VT的基极提供偏压，使该电路构成一个典型的交流放大器。可以看到该电路的电源供电电压为9V，放大器中三极管的基极需要一个2.8V的电压，使用两个电阻器串联就可以得到这个电压。

3. 电阻器的滤波作用

图1-9所示为电阻器的滤波作用。

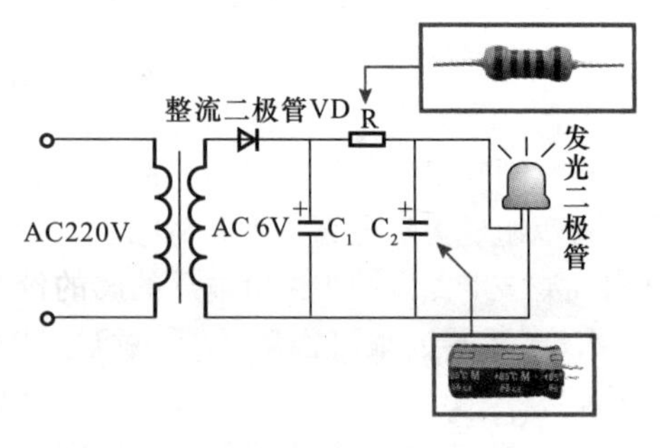

图1-9 电阻器的滤波作用

在发光二极管显示供电电路中，交流220V电压经变压器降压成为交流6V低压电，再经整流二极管VD整流变成直流电压。该直流电压是波动较大的电压，因此在整流二极管的输出端接一个电阻器和两个电解电容器C_1、C_2，可以起到滤波的作用，使直流电压的波动减小。同时，电阻器还可以起到限流的作用，为发光二极管提供适当的电压。

1.2 电容器的种类与功能特点

1.2.1 电容器的分类

电容器简称电容，它是由两块导体（阴极和阳极）中间夹一块绝缘体（介质）构成的，是很多电子产品中必不可少的电子元件。根据制作工艺和功能的不同，主要可以分为固定电容器和可变电容器两大类。

1. 固定电容器

固定电容器是指经制成后，其电容量不可改变的电容器。还可以细分为无极性固定电容器和有极性固定电容器两种。

（1）无极性固定电容器

无极性固定电容器是指电容器的两个金属电极没有正负极性之分，使用时两极可以交换连接。无极性电容器的种类很多，根据绝缘介质的不同，常见的无极性电容器主要有纸介质电容器、瓷介质电容器、云母电容器、涤纶电容器、玻璃釉电容器和聚苯乙烯电容器，如图1-10所示。

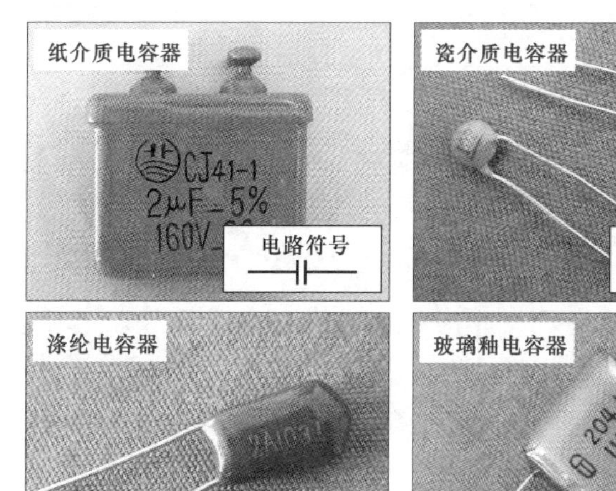

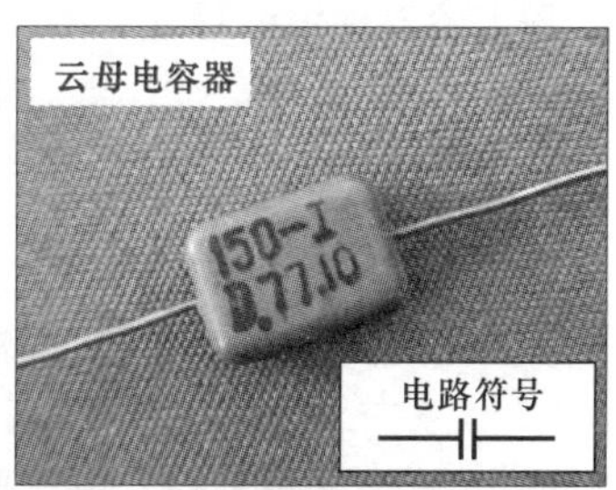

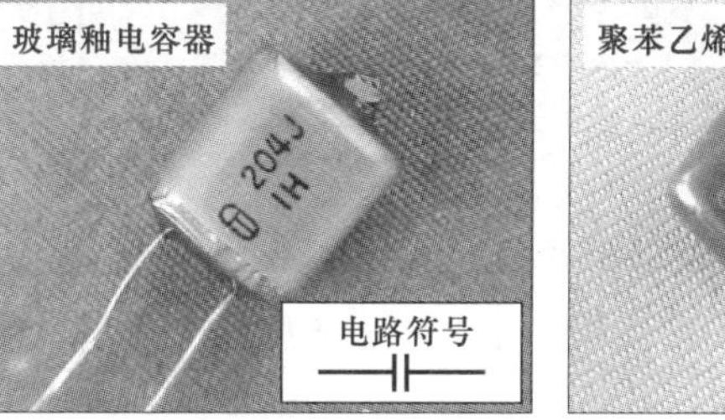

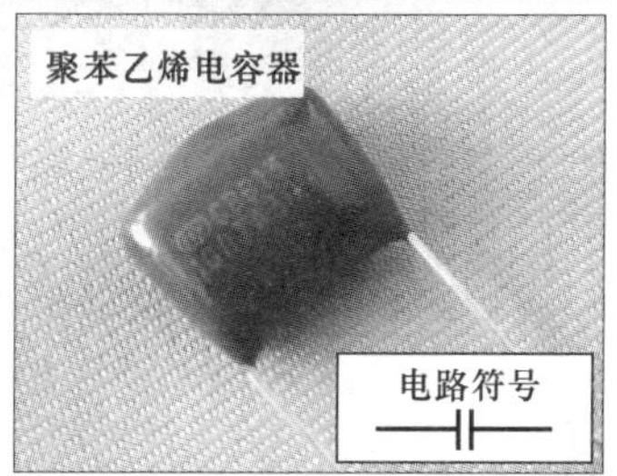

图1-10 无极性固定电容器的实物外形

纸介质电容器的价格低、体积大、损耗大且稳定性差。瓷介质电容器的损耗小、稳定性好，且耐高温高压。云母电容器可靠性高、频率特性好，适用于高频电路。涤纶电容器成本较低，耐热、耐压和耐潮湿的性能都很好，但稳定性较差，适用于对稳定性要求不高的电路中。玻璃釉电容器介电系数大、耐高温、抗潮湿性强、损耗低。聚苯乙烯电容器成本低、损耗小，充电后的电荷量能保持较长时间不变。

贴片陶瓷电容器是应用比较多的一种电容器，在电路中，这种电容器的代号为“C”，图1-11所示为贴片陶瓷电容器的实物外形。

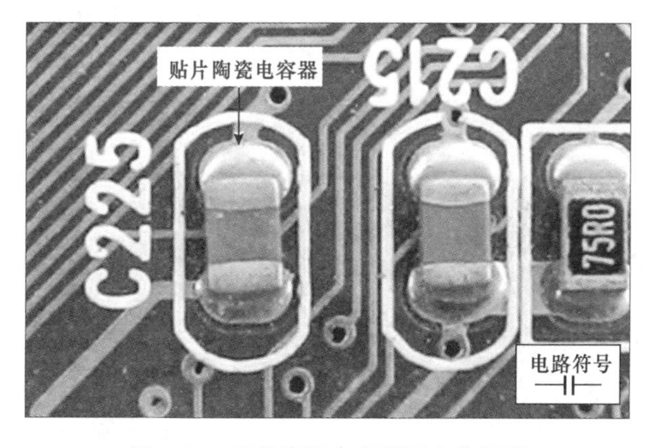

图1-11 贴片陶瓷电容器的实物外形

这种电容器的外形与普通电阻器的外形十分相似，只是贴片普通电阻器的颜色多为黑色，而贴片陶瓷电容器的颜色多为黄褐色。

（2）有极性固定电容器

有极性固定电容器是指电容器的两个金属电极有正负极性之分，使用时一定要正极性端连接电路的高电位，负极性端连接电路的低电位，否则就会引起电容器的损坏。按电极材料的不同，常见的有极性固定电容器有铝电解电容器和钽电解电容器，如图 1-12 所示。

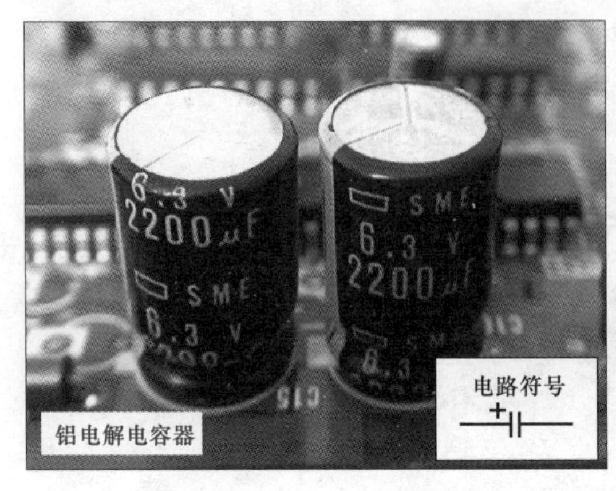

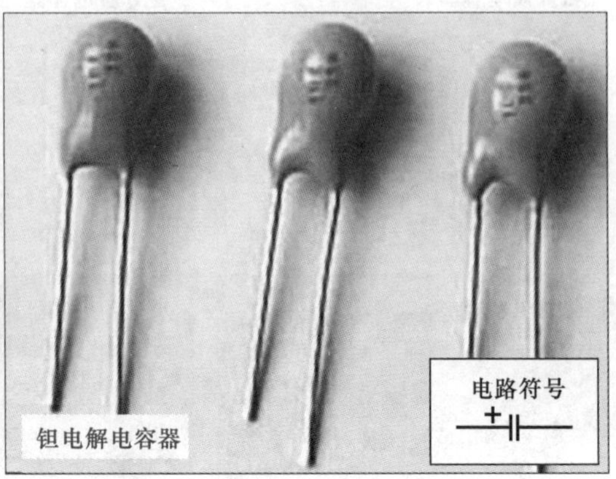

图 1-12　有极性固定电容器的实物外形

铝电解电容器体积小、容量大，与无极性电容器相比绝缘电阻低、漏电流大、频率特性差，容量和损耗会随周围环境和时间的变化而变化，特别是在温度过低或过高的情况下，且长时间不用还会失效。因此，铝电解电容器仅限于低频、低压电路（例如电源滤波电路、耦合电路等）。

钽电解电容器的温度特性、频率特性和可靠性都较铝电解电容更好，特别是它的漏电流极小、电荷储存能力好、寿命长、误差小，但价格昂贵，通常用于高精密的电子电路中。

2. 可变电容器

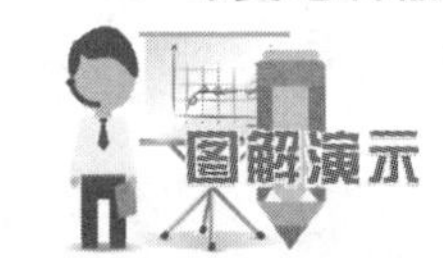

电容量可以调整的电容器被称为可变电容器。这种电容器主要用于接收电路中的选择信号（调谐）。可变电容器按介质的不同可以分为空气介质和有机薄膜介质两种。按照结构的不同又可分为微调电容器、单联可变电容器、双联可变电容器和四联可变电容器，其实物外形如图 1-13 所示。

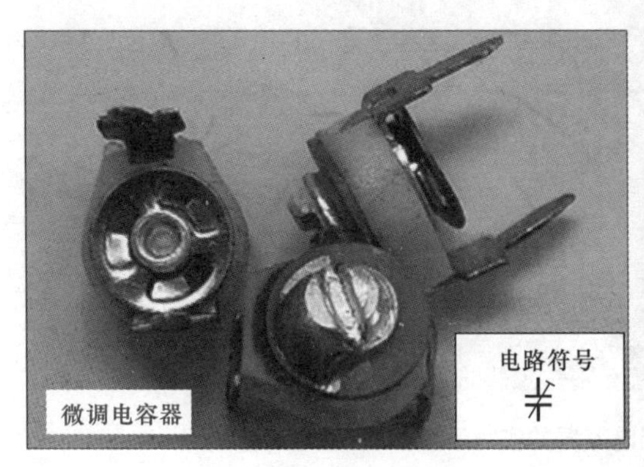

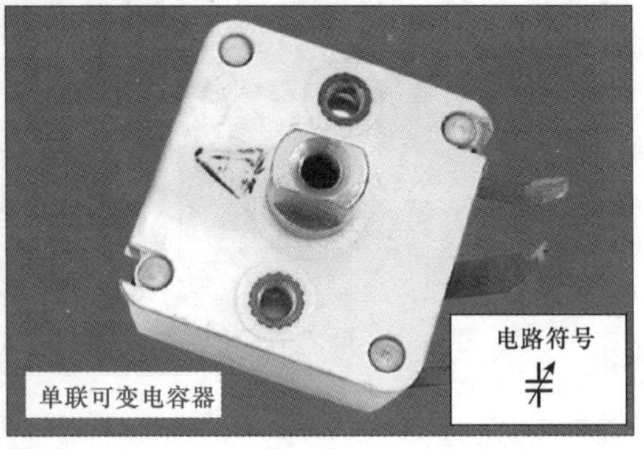

图 1-13　可变电容器的实物外形

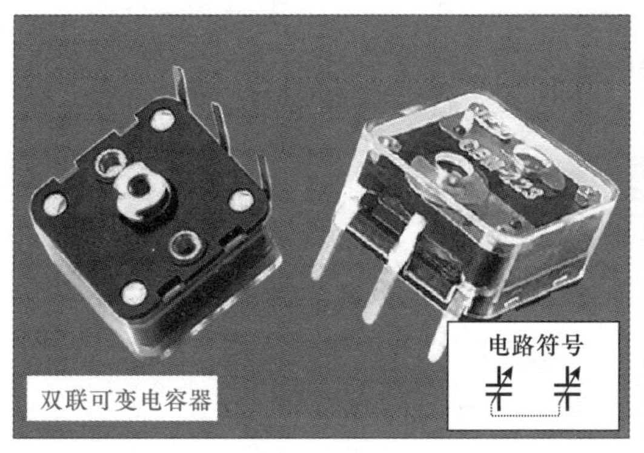

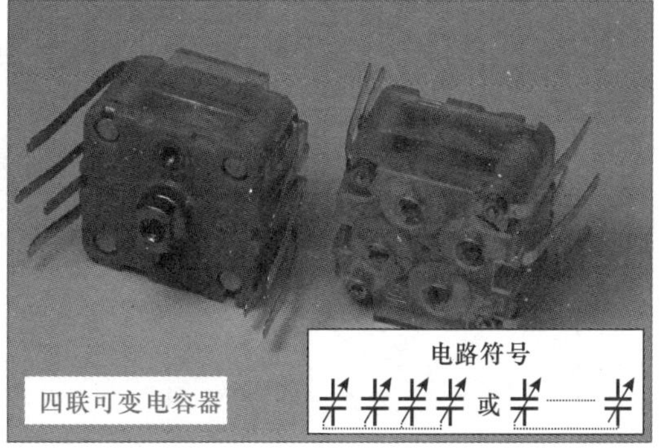

图 1-13 可变电容器的实物外形（续）

1.2.2 电容器的功能特点

电容器的主要特性是能够“隔直通交”，利用这一特性，电容器在电子产品中可以起到去耦、耦合、滤波、调谐、储能等作用。

所谓“隔直通交”简单地说就是隔断直流，允许交流通过。图 1-14 所示为电容器隔直通交的原理示意图。

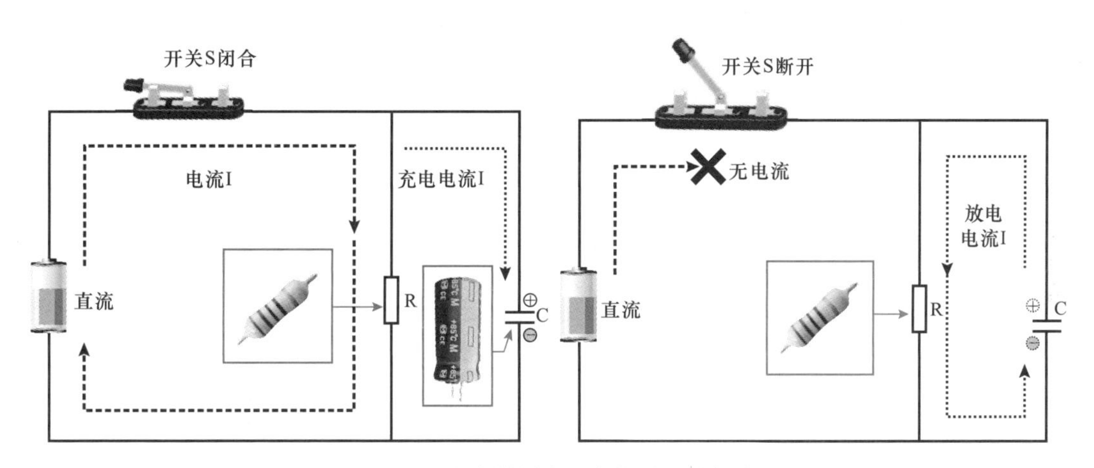

图 1-14 电容器隔直通交的原理示意图

在电路中，我们可以将电容器视为两块绝对平行放置的金属板。

当闭合开关 S 后，电流流过电阻，同时电容器处于充电状态，电路中就有电流流动，两块金属板充电后就产生电压，当电容所充的电压与电源电压相等时，充电就停止，电路中不再有电流流动，相当于开路，这就是电容器能隔断直流电的道理。

当断开开关 S 后，电容器处于放电状态，电路中便有电流流动，电流的方向与原充电时的电流方向相反。随着电流的流动，两金属板之间的电压也逐渐降低，如果电容器上的负极电压高于正极，则电容还会反向放电，直到两金属板上的正、负电荷完全消失，放电就停止，电路中就会不停地有电流流动，这就是电容器能通过交流电的道理。

1. 去耦

为交流电路中某些并联的元件提供低阻抗通路。

2. 耦合

作为两个电路之间的连接，允许交流信号通过并传输到下一级电路，如图1-15所示。

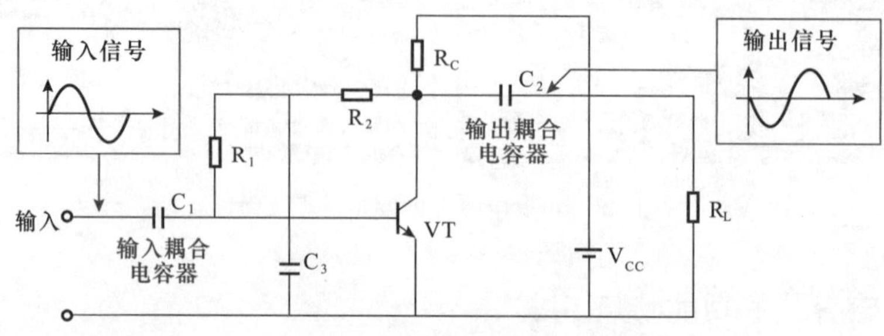

图1-15　电容器的耦合作用

电容对交流信号的阻抗较小，可视为通路，而对直流信号的阻抗很大，可视为断路。在放大器中，电容常作为交流信号输入和输出的耦合电路元件。交流信号经耦合电容 C_1 加到三极管的基极，经三极管放大后，由集电极输出的信号经输出耦合电容 C_2 加到负载电阻 R_L 上。

该电路中的电源电压 V_{CC} 经 R_C 为集电极提供直流偏压，再经电阻器 R_1、R_2 为基极提供偏压。直流偏压的功能是给三极管提供工作条件和能量，使三极管工作在线性放大状态。

此外，从该电路中可以看到，由于电容器具有隔直流的作用，因此，放大器的交流输出信号可以经耦合电容器 C_2 送到负载 R_L 上，而电源的直流电压不会加到负载 R_L 上，也就是说从负载上得到的只是交流信号。

3. 滤波

将电路中原本波动比较大的直流电压变得稳定、平滑。

4. 调谐

对与频率相关的电路用LC元件进行系统调谐，例如在收音机、电视机、手机等调谐电路中。

5. 储能

储存电能，用于在必要的时候释放，例如相机闪光灯、加热设备等。

1.3　电感器的种类与功能特点

1.3.1　电感器的分类

电感器的种类繁多，分类方式也多种多样。按照外形可分为空心电感器（即空心线圈）、磁心电感器（即线圈绕在磁心上）；按照工作性质可分为高频电感器（如天线线圈和振荡线圈）、低频电感器（如各种扼流圈、滤波线圈）；按照封装形式可分为普通电感器（色标电感、色环电感器）、环氧树脂电感器、贴片电感器等；此外还可分为固定式电感器、线圈式电感器、可调式电感器。

1. 固定式电感器

固定电感器的电感量固定，图 1-16 所示为固定式电感器的实物外形。色环电感器是一种具有磁心的线圈，将线圈绕制在软磁性铁氧体的基体上，再用环氧树脂或塑料封装，并在其外壳上标以色环表明电感量的数值。色码电感器与色环电感器都属于小型的固定电感器，色码电感器又可称为色标电感，其表面上通常用不同颜色的色点表示其示数。贴片电感器外形体积与贴片式电阻器相似，常采用“Lxxx”和“Bxxx”形式进行标识。

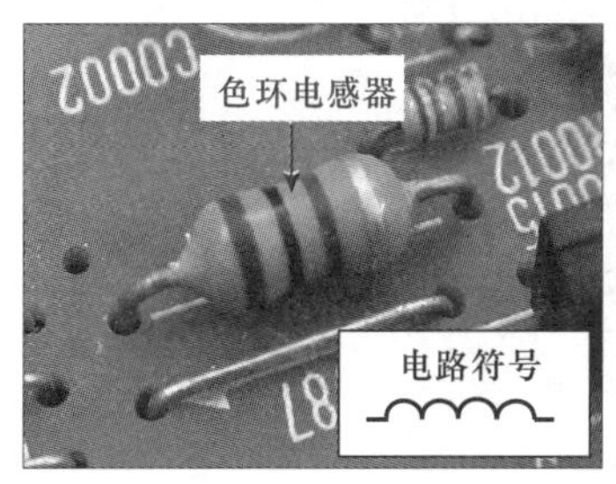

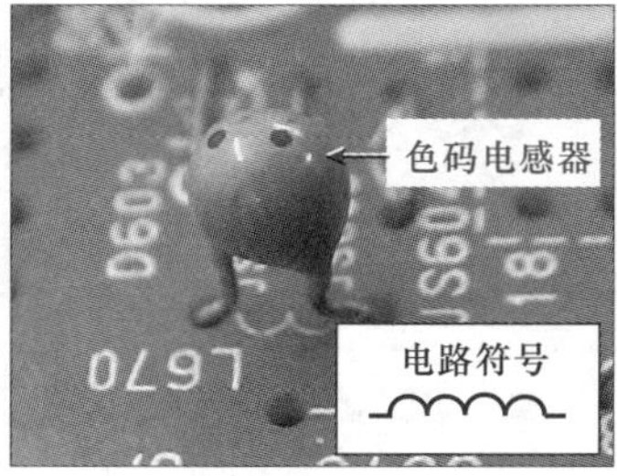

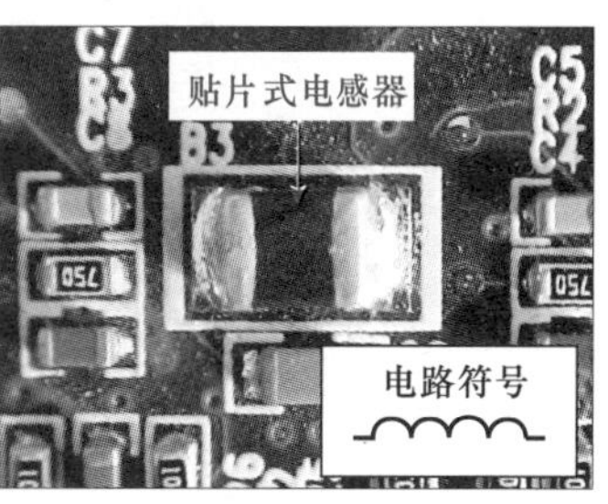

图 1-16 固定式电感器的实物外形

2. 线圈式电感器

线圈式电感器通常可分为空心线圈、磁棒线圈、磁环线圈、扼流圈电感器等几种，如图 1-17 所示。空心线圈没有磁心，通常线圈绕制的匝数较少、电感量小，常用在高频电路中。具有磁心的电感器可通过线圈在磁棒上的左右移动来调整电感量的大小，当线圈在磁棒上的位置调整好后，应采用石蜡将线圈固定在磁棒上，以防止线圈左右滑动而影响电感量的大小。磁环线圈的基本结构是在铁氧体磁环上绕制线圈，如在磁环上绕制两组或两组以上的线圈都可以制成高频变压器。扼流圈电感器常用在电源电路中。

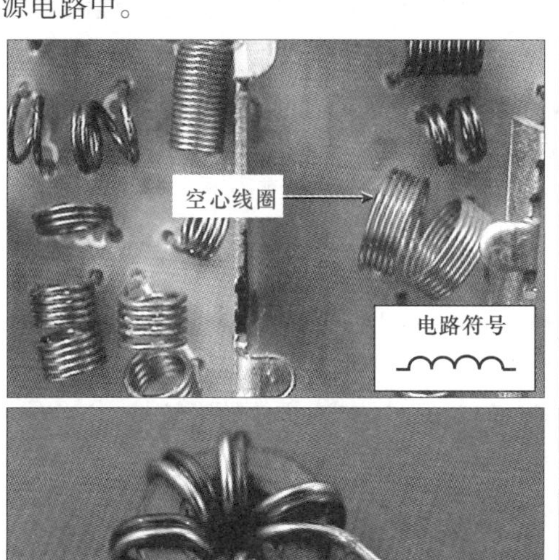

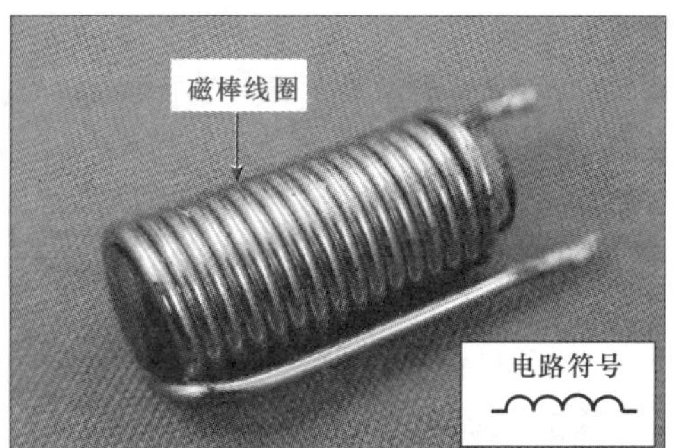

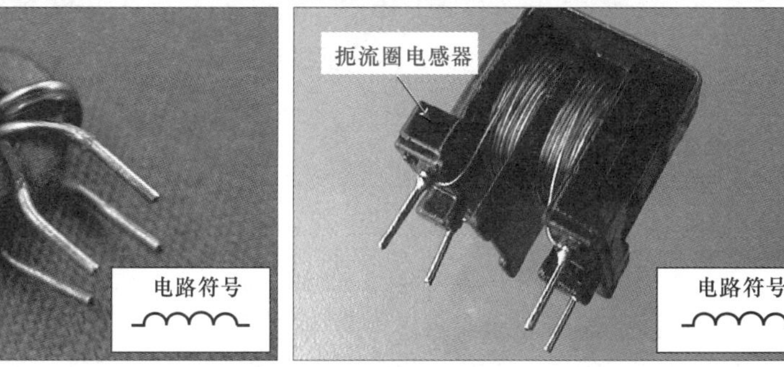

图 1-17 线圈式电感器的实物外形

3. 可调式电感器

可调式电感器的磁心制成螺纹式，可以旋到线圈骨架内，整体同金属封装起来，以增加机械强度。磁心帽上设有凹槽可方便调整。如图 1-18 所示。

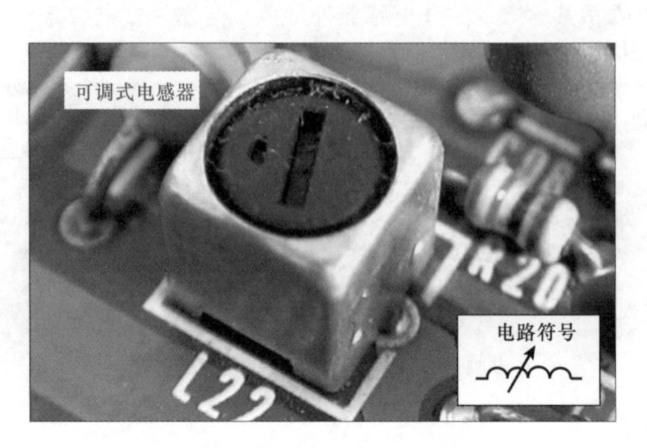

图 1-18　可调式电感器的实物外形

1.3.2　电感器的功能特点

电感元件是一种储能元件，它可以把电能转换成磁能并储存起来。

在电路中，当电流流过导体时，会产生电磁场，电磁场的大小与电流的大小成正比。电感元件就是将导线绕制线圈状，当电流流过时，在线圈（电感）的两端就会形成较强的磁场。由于电磁感应的作用，它会对电流的变化起阻碍作用。因此，电感对直流呈现很小的阻抗（近似于短路），而对交流呈现的阻抗的大小与所通过的交流信号的频率有关。同一电感元件，通过的交流电流的频率越高，则呈现的电阻值越大。

根据电感元件的特性，在电子产品中常作为滤波线圈、谐振线圈或高频信号的负载。此外，电感元件还可被制作成变压器来传递交流信号，或制作成电磁元件（磁头和电磁铁等）。

电感元件的两个重要特性：

- 电感元件对直流呈现很小的阻抗（近似于短路），对交流呈现的阻抗与电感器的电感量和交流电频率有关。

一般，流过电感器的交流电频率一定时，电感量越大，对交流信号的阻抗越大；当电感器的电感量一定时，交流电的频率越高，电感器的阻抗越大。

- 电感元件具有阻止电流变化的特性，所以流过电感的电流不会发生突变。

1. 电感器的滤波作用

图解演示

在电子电路结构中，电感器通常在电路中起滤波作用，图 1-19 所示为电感器构成的滤波电路。

从图 1-19 中可以看到，交流 220V 输入，经桥式整流堆整流后输出 300V 直流电压，然后经扼流圈及平滑电容为加热线圈供电。电路中的扼流圈实际上就是一个电感元件，它的主要作用就是用来阻止直流电压中的交流分量和脉冲干扰。

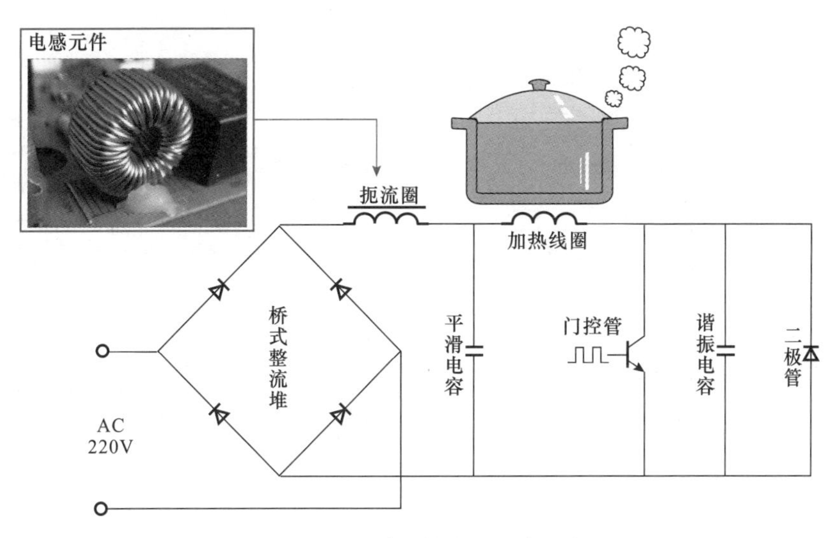

图 1-19　电感器构成的滤波电路

2. 电感器的谐振作用

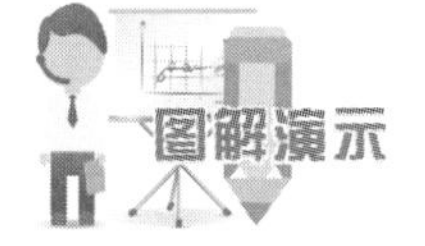

在收音机的高频接收电路中，电感器与电容器构成谐振电路，如图1-20所示。

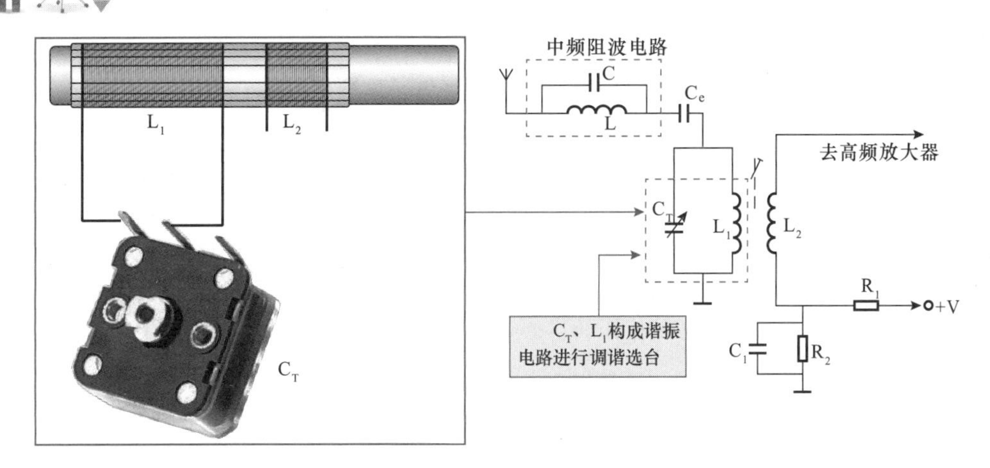

图 1-20　电感器构成的谐振电路

可以看到在此电路中，电感器 L 与电容器 C 构成并联谐振式中频阻波电路，其主要用来阻止中频的干扰信号。天线接收空中各种频率的电磁波信号，中频阻波电路具有对中频信号阻抗很高的特点，有效地阻止中频干扰进入高频电路。经阻波后，除中频外的其他信号经电容器 C_e 耦合到由调谐线圈 L_1 和可变电容器 C_T 组成的谐振电路中，经 L_1 和 C_T 谐振电路的选频作用，把选出的广播节目载波信号通过 L_2 耦合传送到高放电路中。

3. 电感器对高频信号作用

电感器对低频信号的阻抗很低，信号的频率越高，电感器的阻抗越大，图 1-21 所示为信号通过电感器的状态示意图。

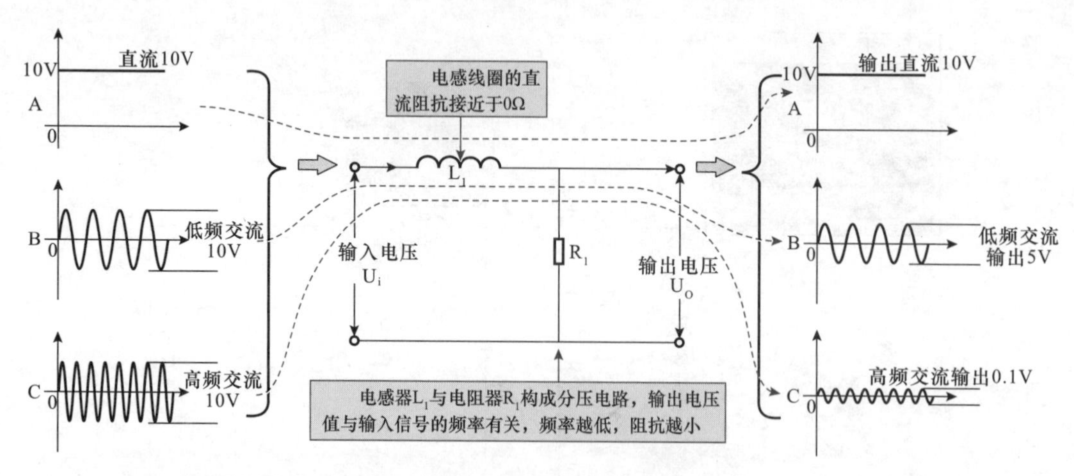

图 1-21　信号通过电感器的状态示意图

1.4　二极管的种类与功能特点

1.4.1　二极管的分类

如图 1-22 所示，二极管种类有很多，在电子产品中应用广泛，根据实际功能的不同，主要可分为整流二极管、稳压二极管、检波二极管、发光二极管、光敏二极管、开关二极管、变容二极管、快恢复二极管、双向触发二极管等。

1. 整流二极管

整流二极管的主要作用是将交流整流成直流，主要用于整流电路中。

2. 稳压二极管

稳压二极管是由硅材料制成的面结合型晶体二极管，利用 pn 结反向击穿时的电压基本上不随电流的变化而变化的特点来达到稳压的目的。

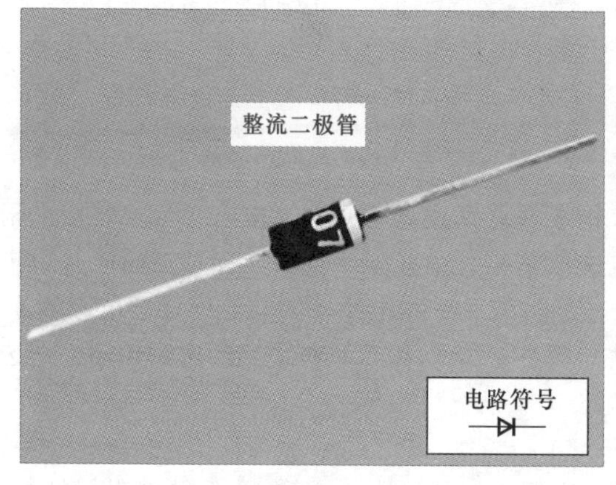

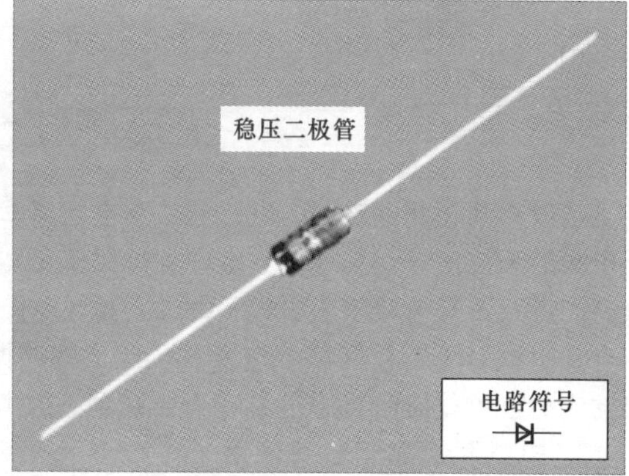

图 1-22　常见的二极管

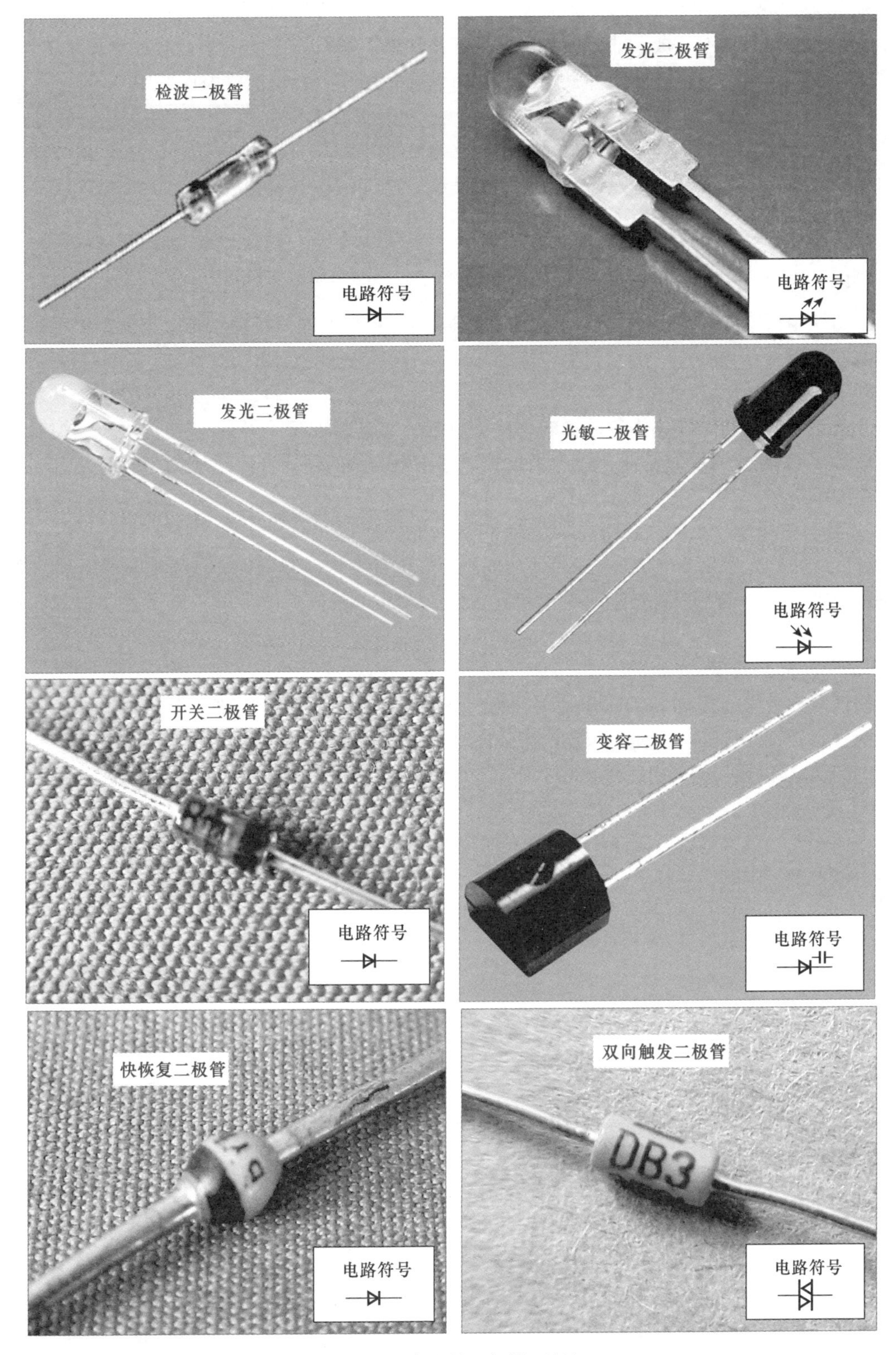

图1-22 常见的二极管（续）

3. 检波二极管

检波二极管是利用二极管的单向导电性，把叠加在高频载波上的低频信号检测出来的器件，这种二极管具有较高的检波效率和良好的频率特性，常用在收音机的检波电路中。

4. 发光二极管

发光二极管简称LED，常作为显示器件或光电控制电路中的光源，这种二极管是一种利用正向偏置时pn结两侧的多数载流子直接复合释放出光能的发光器件。发光二极管在正常工作时，处于正向偏置状态，在正向电流达到一定值时就发光。

5. 光敏二极管

光敏二极管又称为光电二极管，光敏二极管的特点是当受到光照射时，二极管反向阻抗会随之变化（随着光照射的增强，反向阻抗会逐渐变小），利用这一特性，光敏二极管常用作光电传感器件使用。

6. 开关二极管

开关二极管是利用半导体二极管的单向导电性，对电路进行“开通”或“关断”控制。这种二极管导通/截止速度非常快，能满足高频和超高频电路的需要，广泛应用于开关及自动控制等电路中。

7. 变容二极管

变容二极管是利用pn结的电容随外加偏压而变化这一特性制成的非线性半导体元件，在电路中起电容器的作用，它被广泛地用于超高频电路中的参量放大器、电子调谐器及倍频器等高频和微波电路中。

8. 快恢复二极管

快恢复二极管（简称FRD）也是一种高速开关二极管，这种二极管的开关特性好，反向恢复时间很短，正向压降低，反向击穿电压较高（耐压值较高）。主要应用于开关电源、脉宽调制电路（PWM）以及变频等电子电路中。

9. 双向触发二极管

双向触发二极管（简称DIAC）是具有对称性的两端半导体器件，常用来触发晶闸管，或用于过电压保护、定时、移相电路中。

1.4.2 二极管的功能特点

二极管的主要特性是“正向导通、反向截止”，利用这一特性二极管在电子产品中可以起到整流、稳压、检波等作用。

1. 整流

如图1-23所示，整流是将原本交变的交流电压信号整流成同相脉动的直流电压信号，变换后的波形小于变换前的波形。

- 二极管起半波整流作用时，由于二极管具有单向导电特性，在交流电压处于正半周时，二极管导通；在交流电压处于负半周时，二极管截止，因而交流电经二极管VD整流后就变为脉动电压（缺少半个周期）。然后再经RC滤波即可得到直流电压。

- 二极管起全波整流作用时，在该电路中，变压器次级绕组分别连接了两个整流二极管。这样就相当于由变压器次级绕组中间抽头为基准组成上下两个半波整流电路。依据二极管的功能特性，VD1对交流电正半周电压进行整流；VD2对负半周电压进行整流，这样最后得到两个合成的电流，称为全波整流。

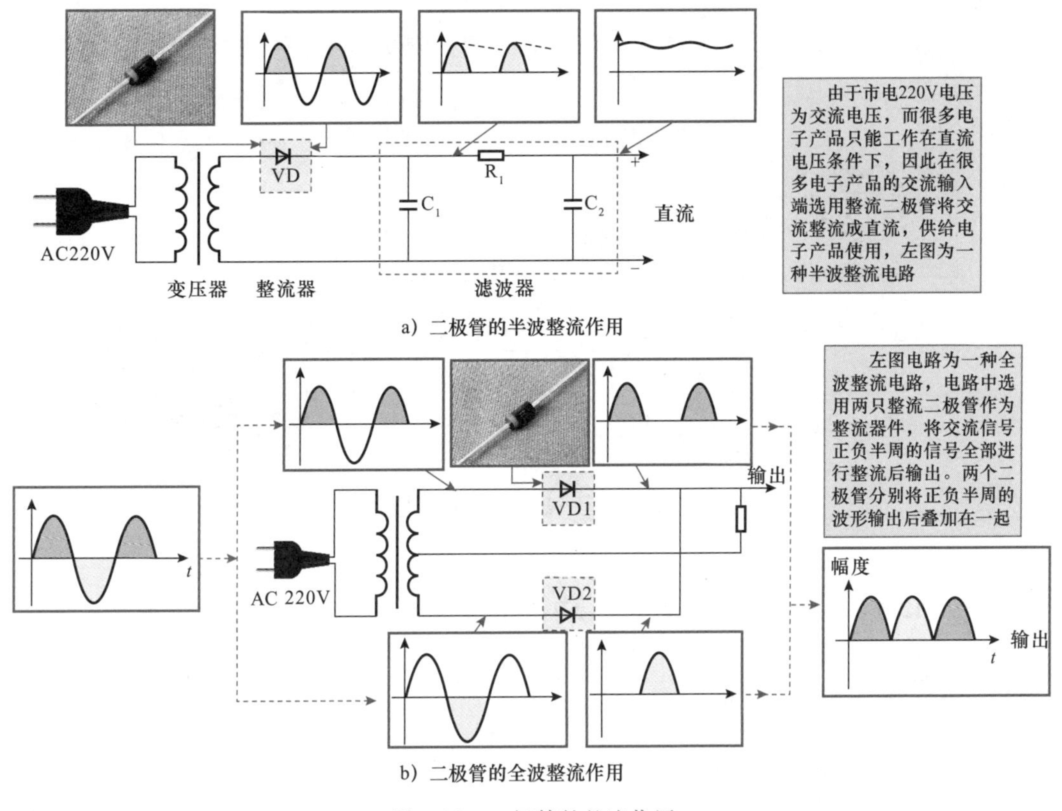

b）二极管的全波整流作用

图1-23　二极管的整流作用

2. 稳压

当二极管的反向电压到达一定值时，电流急剧增加，二极管被“击穿”，反向电流剧增，但反向电压恒定，从而达到稳定直流电压的作用，如图1-24所示。

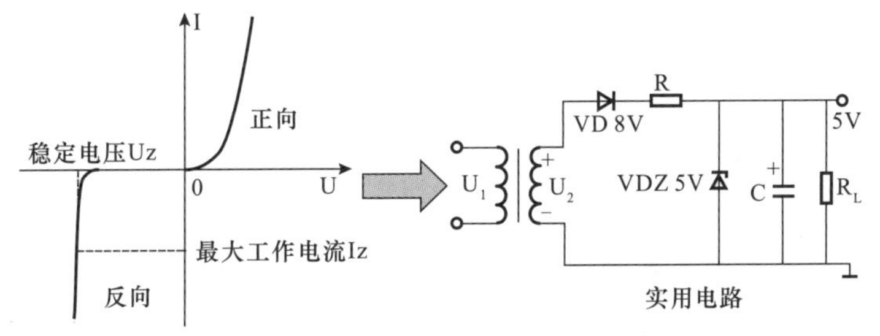

图1-24　二极管的稳压作用

这是由二极管（稳压二极管）构成的稳压电路。在该电路中，二极管VD起整流的作用，二极管VDZ起稳压的作用。

正常情况下，二极管VDZ负极接外加电压的高端，正极接外加电压的低端。当二极管VDZ反向电压出现突变时，电流急剧增大，二极管VDZ被电流“击穿”，反向电压保持恒定，从而实现稳定直流电压的功能。

3. 检波

检波是将调制在高频电磁波上的低频信号捡取出来，如图 1-25 所示。

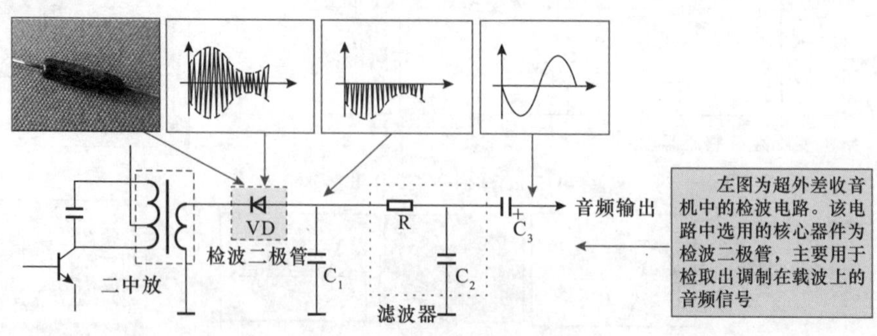

图 1-25　二极管的检波作用

1.5　三极管的分类与功能特点

1.5.1　三极管的分类

晶体管（俗称三极管）应用广泛、种类繁多；根据制作工艺和内部结构的不同，可以分为 NPN 型三极管和 PNP 型三极管（其中又可细分成平面型管、合金型管）；根据功率的不同，可以分为小功率三极管、中功率三极管和大功率三极管等。

1. 根据制作工艺和内部结构分类

三极管由两个 pn 结和 3 个电极构成，常见的三极管结构有平面型和合金型两类，图 1-26 所示为平面型和合金型三极管的结构示意图。通常，硅管主要是平面型，锗管主要是合金型。

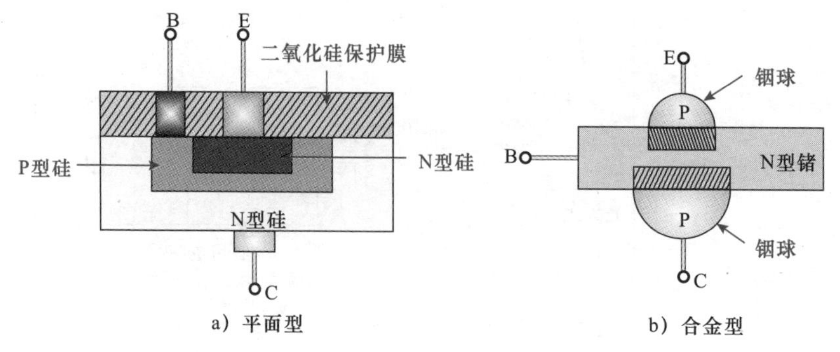

图 1-26　三极管的结构示意图

在电路图中，三极管通常用“VT”、“Q”等符号表示。不同类型的三极管虽然制造方法不同，但在结构上都分成 PNP 或 NPN 三层。因此又将三极管分为 NPN 型和 PNP 型两种。国产硅三极管主要是 NPN 型（3D 系列），锗三极管主要是 PNP 型（3A 系列）。三极管相应的结构示意图及电路中的符号如图 1-27 所示。

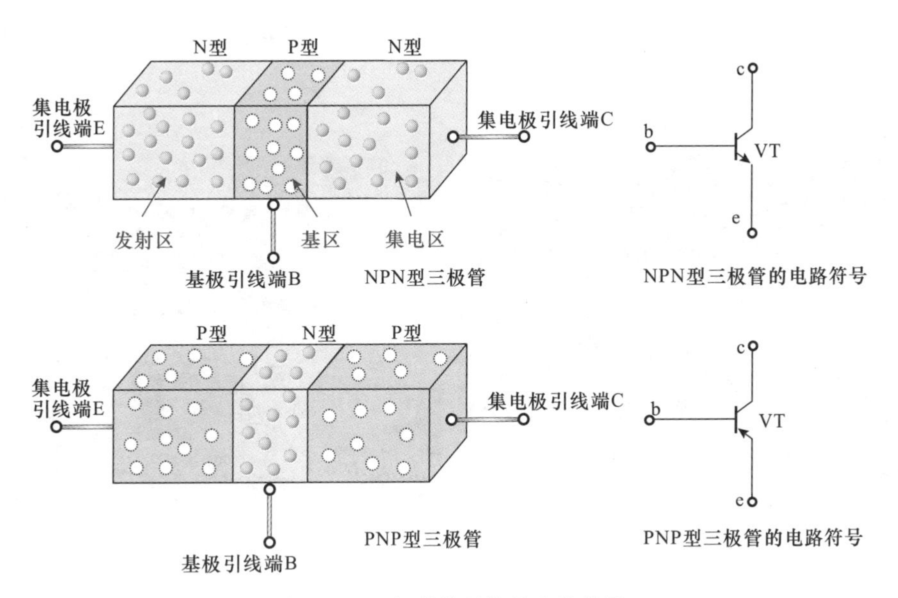

图 1-27　三极管的结构及电路符号

各种三极管都分为发射区、基区和集电区 3 个区域，3 个区域的引出线分别称为发射极、基极和集电极，并分别用 E、B 和 C 表示。发射区与基区间的 pn 结称为发射结，基区与集电区间的 pn 结称为集电结。

NPN 型和 PNP 型三极管的工作原理相同，不同的只是使用时连接电源的极性不同，管子各极间的电流方向也不同。

2. 根据功率进行分类

（1）小功率三极管

小功率三极管的功率 P_C 一般小于 0.3W，它是电子电路中用得最多的半导体器件之一，图 1-28 所示为小功率三极管的实物外形。

图 1-28　小功率三极管的实物外形

小功率三极管主要用来放大交、直流信号或应用在振荡器、变换器等电路中，如用来放大音频、视频信号，或作为各种控制电路中的控制器件等。

（2）中功率三极管

中功率三极管的功率 P_{C} 一般在0.3~1W，图1-29所示为中功率三极管的实物外形。

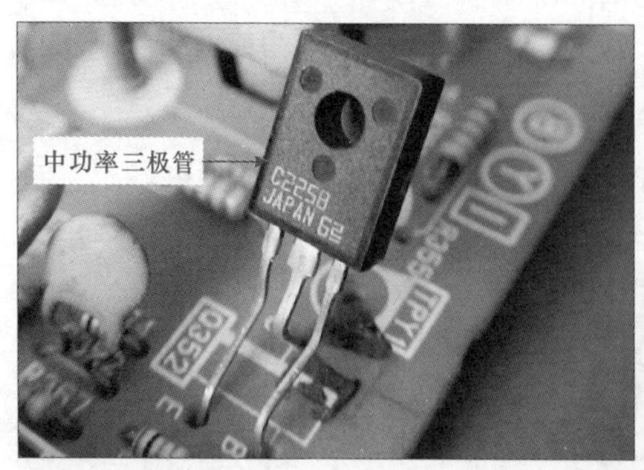

图1-29　中功率三极管的实物外形

这种三极管主要用于驱动电路和激励电路之中，或者是为大功率放大器提供驱动信号。根据工作电流和耗散功率，适当地选择散热方式，有的三极管本身外壳具有一定的散热功能，耗散功率较大的就要另外附加散热片。

（3）大功率三极管

大功率三极管的功率 P_{C} 一般在1W以上，图1-30所示为大功率三极管的实物外形。

图1-30　大功率三极管的实物外形

这种三极管由于耗散功率比较大，工作时往往会引起芯片内温度过高，所以通常需要安装散热片，以确保三极管良好的散热。

1.5.2　三极管的功能特点

图解演示

三极管最重要的功能就是具有电流放大作用。如图1-31所示，三极管的放大作用我们可以理解为一个水闸。由水闸上方流下的水流我们可以将其理解为集电极C的电流 I_{C}，由水闸侧面流入的水流我们称为基极B电流 I_{B}。当 I_{B} 有水流流过，冲击闸门时，闸门便会开启，发射极便产生放大的电流，这样水闸侧面的水流（相当于电流 I_B）与水闸上方的水流（相当于电流 I_C）就汇集到一起流下（相当于发射极 E 的电流 I_E）。

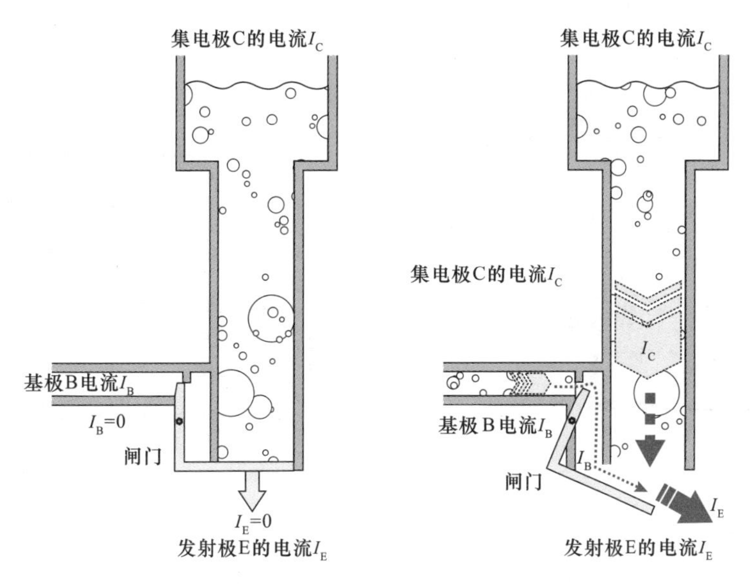

图 1-31　三极管的放大原理

可以看到，水闸侧面流过很小的水流流量（相当于电流 I_B），就可以控制水闸上方（相当于电流 I_C）流下的大水流流量。这就相当于三极管的放大作用，如果水闸侧面没有水流流过，就相当于基极电流 I_B 被切断，那么水闸闸门关闭，上方和下方就都没有水流流过，相当于集电极 C 到发射极 E 的电流也被关断了。

相关资料

要使三极管具有放大作用，以 NPN 型三极管为例，基本的条件是保证基极和发射极之间加正向电压（正偏），集电极和发射极之间加正向电压（集电极反偏）。基极相对于发射极为正极性电压，基极相对于集电极则为负极性电压，图 1-32 所示为三极管正常工作时各极的极性和电流方向。

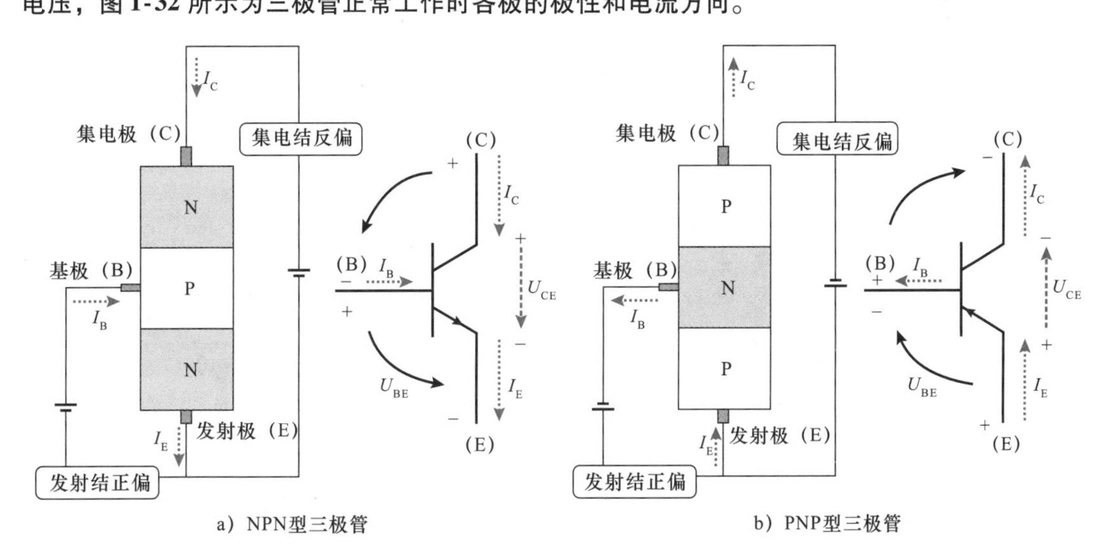

a）NPN型三极管　　b）PNP型三极管

图 1-32　三极管正常工作时各极的极性和电流方向

1. 共发射极放大器

交流信号由输入端输入，经三极管放大，在输出端便可以得到放大的相位相反的交流信号，如图1-33所示。

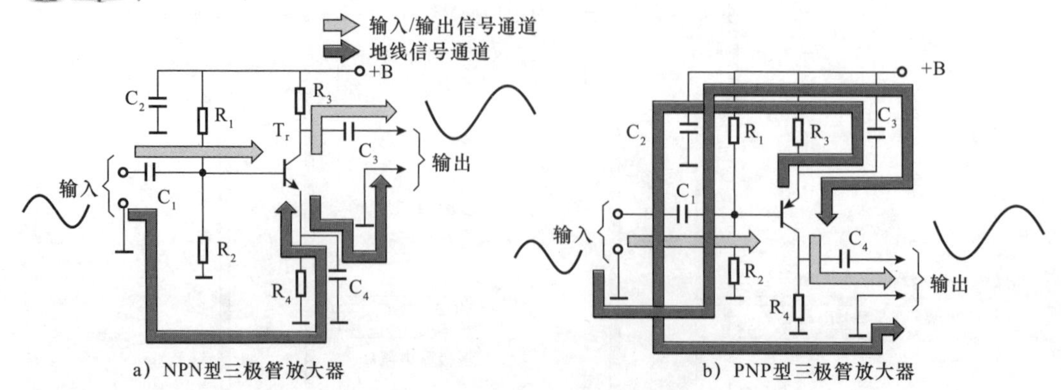

图1-33　典型共发射极放大器

这种电路的特点是具有较大的电流、电压和功率放大倍数（几十到几百倍），输入阻抗较小（几百欧姆）、输出阻抗较大（几十千欧）。常用于电压、功率放大电路及开关电路等。

共射极放大器的特点是发射极接地，基极输入信号放大后由集电极输出信号，具有电流和电压放大的功能。每个电极都接有电阻，它们为该电极提供偏压。设置适当的偏压值才能使三极管工作在放大区，进行线性放大。如果偏压失常，三极管就不能进行线性放大，或不能工作。三极管基极接有 R_1、R_2 两个电阻。这两个电阻通过分压给基极提供一个稳定的偏压，集电极上的电阻是负载电阻，交流输出信号从负载电阻上取得。发射极上的电阻是负反馈电阻，用于稳定放大器工作。该电阻值越大，整个放大器的放大倍数越小，发射极电阻旁的并联电容是去耦合电容，相当于将发射极交流短路。对交流信号来说，无负反馈作用，可以获得较大的交流放大量。

2. 共集电极放大器

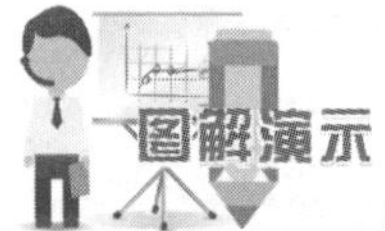

交流信号由输入端输入，经三极管放大，在输出端便可以得到放大的相位相同的交流信号，如图1-34所示。

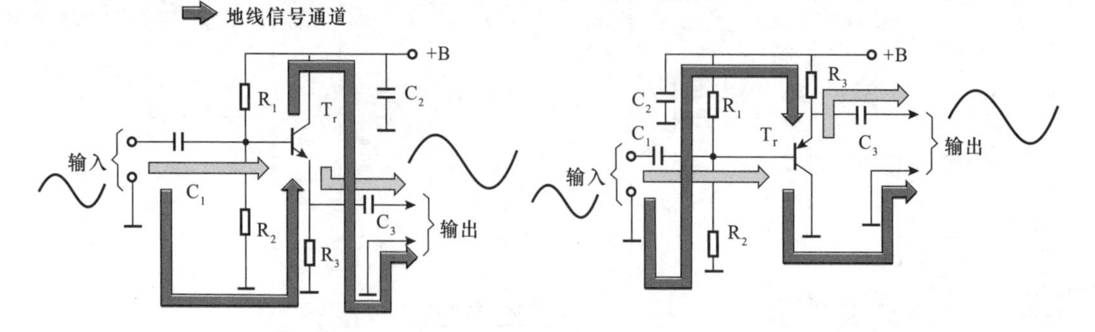

图1-34　典型共集电极放大器

这种电路的特点是具有较大的电流和功率放大倍数（几十到几百倍）、电压放大倍数近似于1（电压输出幅度没有放大）、输入阻抗大（几百千欧）、输出阻抗小（几十欧姆）。常用于缓冲放大器或阻抗变换电路等。

这种电路的特点是具有电流放大功能，电压输出的幅度没有放大。这种放大器常用作缓冲放大器，可带多个负载。发射极的输出电压随基极变化，因而又称射极跟随器，输出电压接近输入电压。输入阻抗高而输出阻抗低，也可作为阻抗变换器使用。

共集电极放大器，即三极管集电极接地的放大器，以图1-34a为例，NPN型三极管的集电极接到电源上，从交流信号来说，由于电源和地线之间的阻抗很小，相当于集电极接地。基极输入信号，发射极输出信号，发射极上的电阻被称为负载电阻。

3. 共基极放大器

交流信号由输入端输入，经三极管放大，在输出端便可以得到放大的相位相同的交流信号，如图1-35所示。

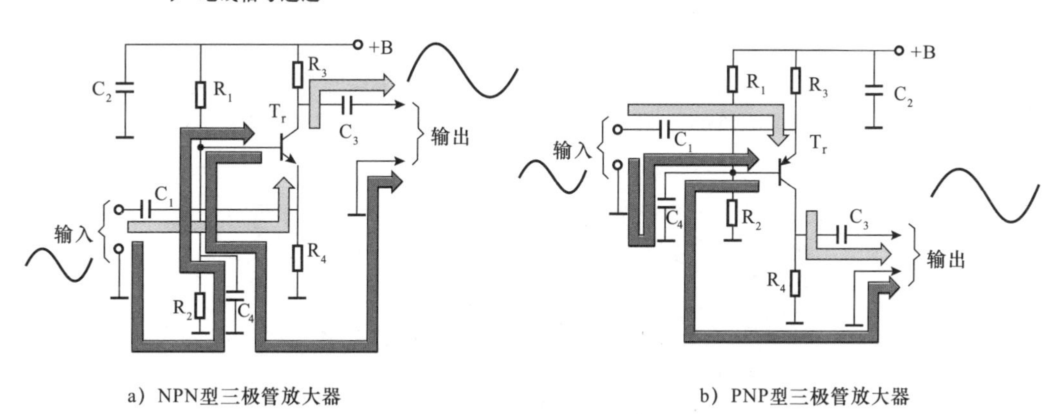

图1-35　典型共基极放大器

1.6　场效应管的分类与功能特点

1.6.1　场效应管的分类

场效应管根据结构的不同可以分为结型场效应管和绝缘栅型场效应管两大类。图1-36所示为典型场效应管的分类及图形符号。

场效应管一般具有3个极（双栅管具有4个极），即栅极G、源极S和漏极D，它们的功能分别对应于前述的双极型三极管的基极B、发射极E和集电极C。由于场效应管的源极S和漏极D在结构上是对称的，因此在实际使用过程中有一些可以互换。

场效应管按其结构不同分为两大类，即结型场效应管和绝缘栅型场效应管。绝缘栅型场效应管由金属、氧化物和半导体材料制成，简称MOS管。

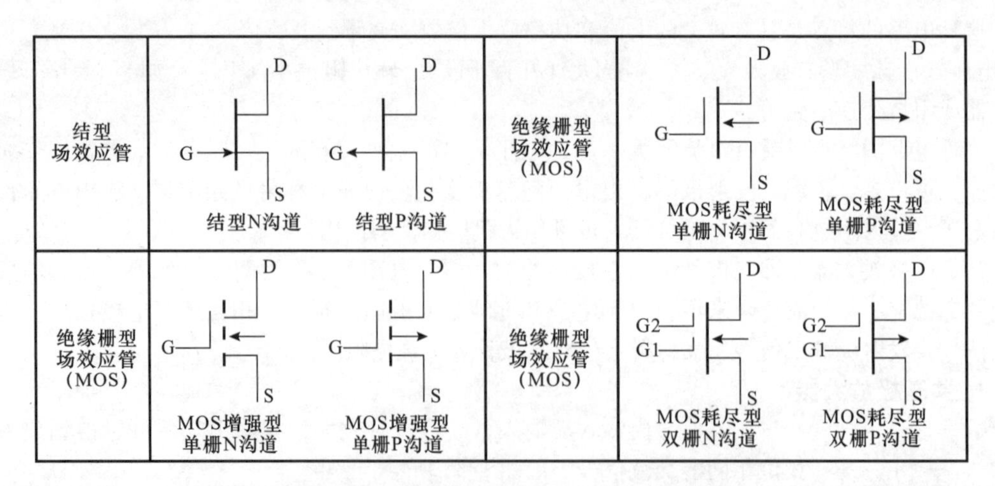

图 1-36　典型场效应管的分类及图形符号

MOS 管按其工作状态可分为增强型和耗尽型两种，每种类型按其导电沟道不同又分为 N 沟道和 P 沟道两种。结型场效应管按其导电沟道不同也分为 N 沟道和 P 沟道两种。

1. 结型场效应管

结型场效应管是利用沟道两边的耗尽层宽窄，改变沟道导电特性来控制漏极电流的，图 1-37 所示为结型场效应管的实物外形。

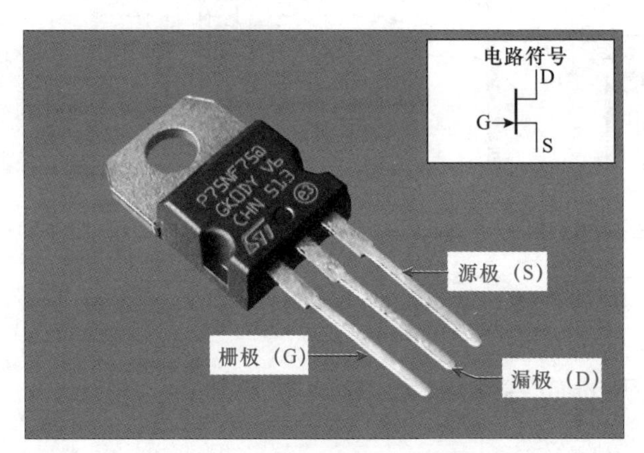

图 1-37　结型场效应管的实物外形

结型场效应管按其导电沟道可分为 N 沟道和 P 沟道两种，结型场效应管是在一块 N 型（或 P 型）半导体材料两边制作 P 型（或 N 型）区，从而形成 pn 结所构成的。与中间半导体相连接的两个电极称为漏极 Drain（用 D 表示）和源极 Source（用 S 表示），而把两侧的半导体引出的电极相连接在一起称为栅极 Gate（用 G 表示）。如果把结型场效应管与普通三极管做一对照，则漏极（D）相当于集电极（C），源极（S）相当于发射极（E），栅极（G）相当于基极（B），当然这里只是一种对应关系，其电压和电流的关系是有区别的。

图 1-38 所示为典型结型场效应管的工作原理。

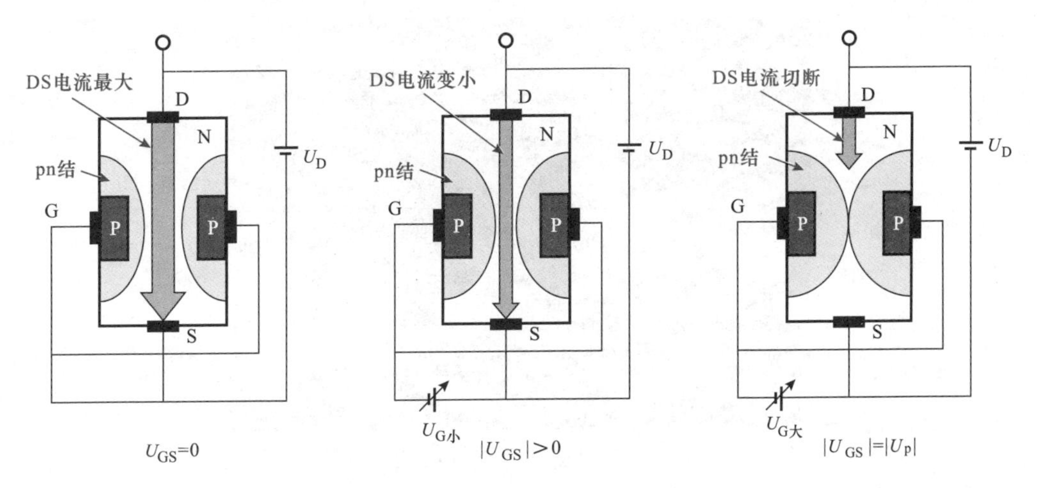

图 1-38 典型结型场效应管的工作原理

当 G、S 间不加反向电压（即 $U_{GS}=0$）时，pn 结（图中阴影部分）的宽度窄，导电沟道宽，沟道电阻小，I_D电流（DS 间的电流）大；当 G、S 间加负电压时，pn 结的宽度增加，I_D电流变小，导电沟道宽度减小，沟道电阻增大；当 G、S 间负向电压进一步增加时，pn 结宽度进一步加宽，两边 pn 结合拢（称夹断），没有导电沟道，电流 I_D为 0，沟道电阻很大。通常把导电沟道刚被夹断的 U_{GS}值称为夹断电压，用 U_P 表示。可见结型场效应管在某种意义上是一个用电压控制的可变电阻器。

2. 绝缘栅型场效应管

绝缘栅型场效应管是利用感应电荷的多少，改变沟道导电特性来控制漏极电流的，图 1-39 所示为绝缘栅型场效应管的实物外形。它与结型场效应管的外形相同，只是型号标记不同。

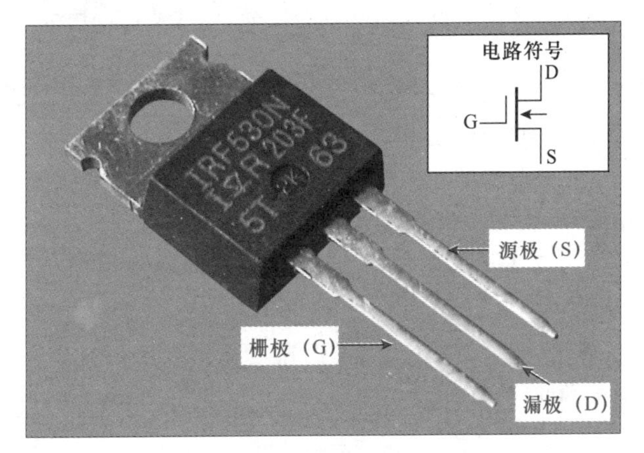

图 1-39 绝缘栅型场效应管的实物外形

绝缘栅型场效应管按其工作方式的不同分为耗尽型和增强型，同时又都有 N 沟道及 P 沟道。

绝缘栅双极型晶体管也称门控管，简称 IGBT，是一种高压、高速的大功率半导体器件。门控管是变频器驱动电路中的功率驱动器件，其实物外形和电路符号如图 1-40 所示。

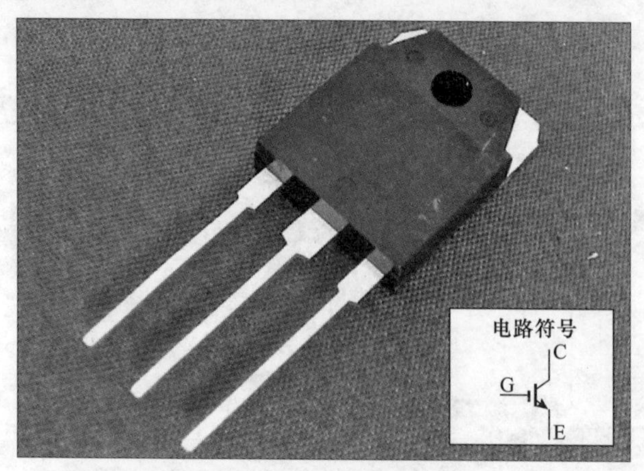

图 1-40　门控管的实物外形和电路符号

1.6.2　场效应管的功能特点

场效应管具有电压放大的作用，通常用来制作低噪声高增益放大器，图 1-41 所示为场效应管电压放大的原理示意图。

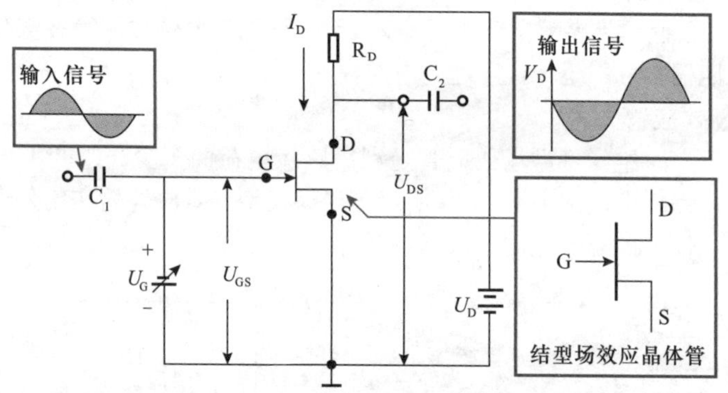

图 1-41　场效应管电压放大的原理示意图

场效应管的功能与三极管相似，可以作信号放大、振荡和调制等使用。由场效应管组成的放大器基本结构有 3 种，即共源极（S）放大器、共栅极（G）放大器和共漏极（D）放大器，如图 1-42 所示。

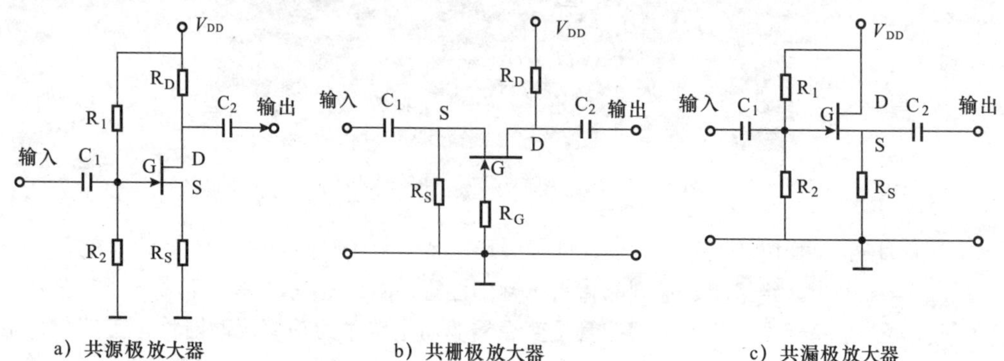

图 1-42　由场效应管构成的放大器

场效应管是一种电压控制器件，栅极不需要控制电流，只需要有一个控制电压（例如天线感应的微小信号），整个放大电路即可工作。因此，由场效应管构成的放大电路常应用于小信号高频放大器中，例如收音机的高频放大器、电视机的高频放大器等。

1.7　晶闸管的种类与功能特点

1.7.1　晶闸管的分类

晶闸管的种类很多，主要有单结晶体管、单向晶闸管、双向晶闸管、可关断晶闸管、快速晶闸管等多种类型。

1. 单结晶体管

单结晶体管（UJT）也称双基极二极管。它是由一个 pn 结和两只内电阻构成的三端半导体器件，有一个 pn 结和两个基极，图 1-43 所示为单结晶体管的实物外形。

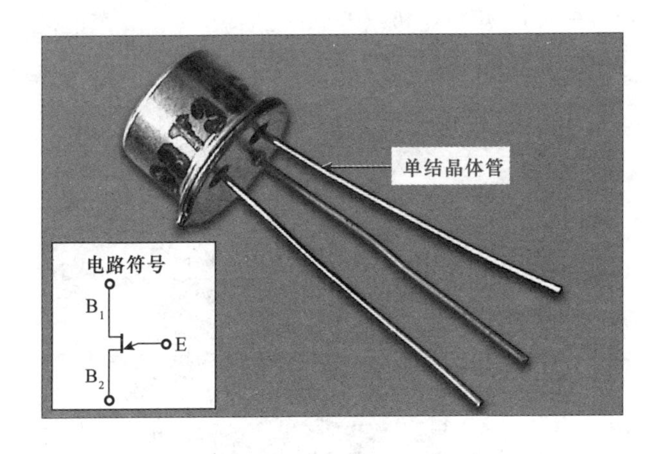

图 1-43　单结晶体管的实物外形

单结晶体管具有电路简单、热稳定性好等优点，广泛用于振荡、定时、双稳及晶闸管触发等电路。

2. 单向晶闸管

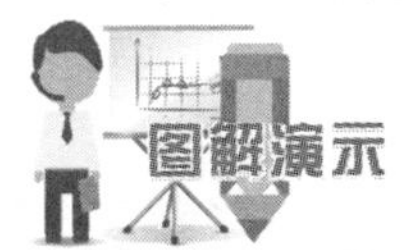

单向晶闸管（SCR）是 PNPN 共 4 层 3 个 pn 结组成的，它被广泛应用于可控整流、交流调压、逆变器和开关电源电路中。图 1-44 所示为单向晶闸管的实物外形。

当单向晶闸管的阳极 A 与阴极 K 之间加有正向电压，同时控制极 G 与阴极间加上所需的正向触发电压时，方可被触发导通。

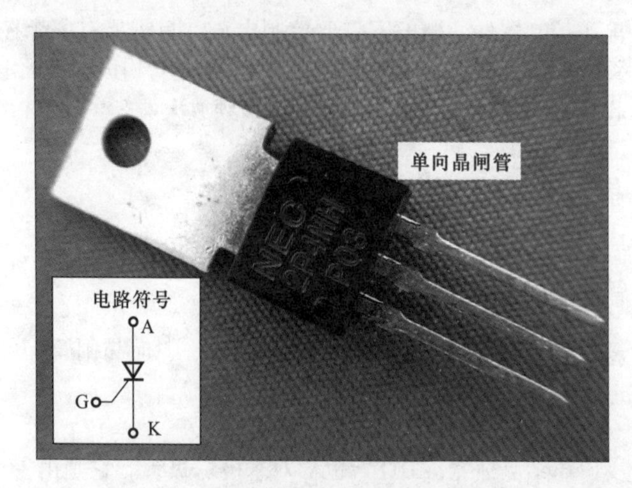

图 1-44　单向晶闸管的实物外形

3. 双向晶闸管

双向晶闸管又称双向可控硅，属于 NPNPN 共 5 层半导体器件，有第一电极（T_1）、第二电极（T_2）、控制极（G）3 个电极，在结构上相当于两个单向晶闸管反极性并联。其实物外形如图 1-45 所示。

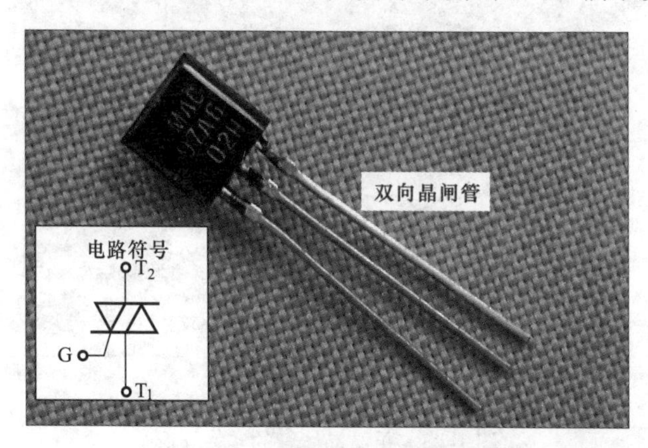

图 1-45　双向晶闸管的实物外形

双向晶闸管第一电极 T_1 与第二电极 T_2 之间，无论所加电压极性是正向还是反向，只要控制极 G 和第一电极 T_1 间加有正、负极性不同的触发电压，就可触发导通呈低阻状态。双向晶闸管一旦导通，即使失去触发电压，也能继续保持导通状态。只有当第一电极 T_1、第二电极 T_2 电流减小至小于维持电流或当 T_1、T_2 间电压极性改变且没有触发电压时，双向可控硅才截止，此时只有重新加载触发电压方可导通。因此，双向晶闸管在电路中一般用于调节电压、电流，或用作交流无触点开关。

4. 可关断晶闸管

可关断晶闸管（Gate Turn－Off Thyristor，GTO）亦称门控晶闸管。其主要特点是当门极加负向触发信号时，晶闸管能自行关断，图 1-46 所示为可关断晶闸管的实物外形。

图 1-46　可关断晶闸管的实物外形

5. 快速晶闸管

快速晶闸管是可以在 400Hz 以上频率工作的晶闸管。其导通时间为 4～8μs，关断时间为 10～60μs。主要用于较高频率的整流、斩波、逆变和变频电路。图 1-47 所示为快速晶闸管的实物外形。

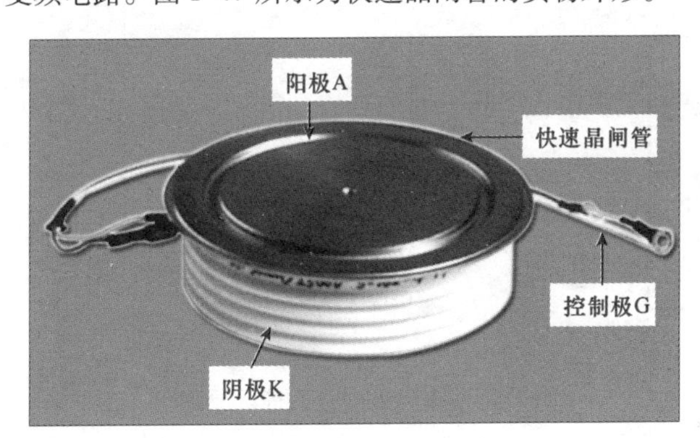

图 1-47　快速晶闸管的实物外形

快速晶闸管是一个 PNPN 4 层三端器件，其符号与普通晶闸管（见逆阻晶闸管）一样，它不仅有良好的静态特性，还有良好的动态特性。

快速晶闸管的引出线端为控制极 G，平面端为阳极 A，另一端为阴极 K；塑料封装的普通晶闸管的中间引脚为阳极 A，且多与自带散热片相连。

6. 螺栓型晶闸管

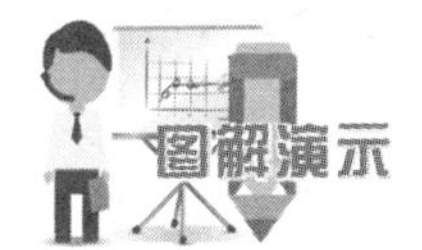

螺栓型晶闸管与普通晶闸管相同，这种结构只是便于安装在散热片上，工作电流较大的晶闸管多采用这种结构形式，图 1-48 所示为螺栓型晶闸管的实物外形。

螺栓型晶闸管的螺栓一端为阳极 A，较细的引线端为控制极 G，较粗的引线端为阴极 K。

1.7.2　晶闸管的功能特点

晶闸管可以等效地看成一个 PNP 三极管和一个 NPN 三极管的交错结构，如图 1-49 所示，图中 VT2 管为 PNP 管，VT1 管为 NPN 管。

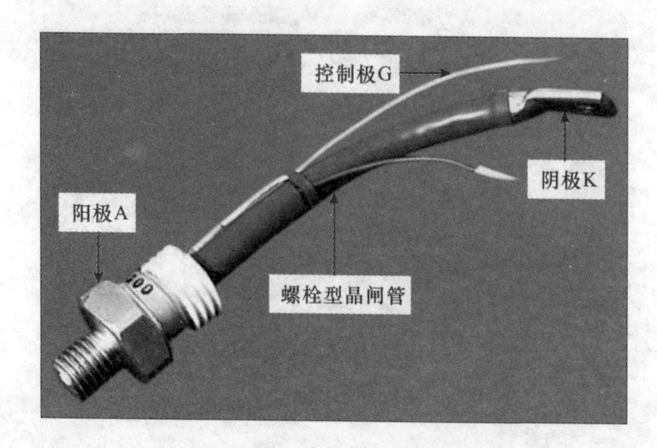

图 1-48　螺栓型晶闸管的实物外形

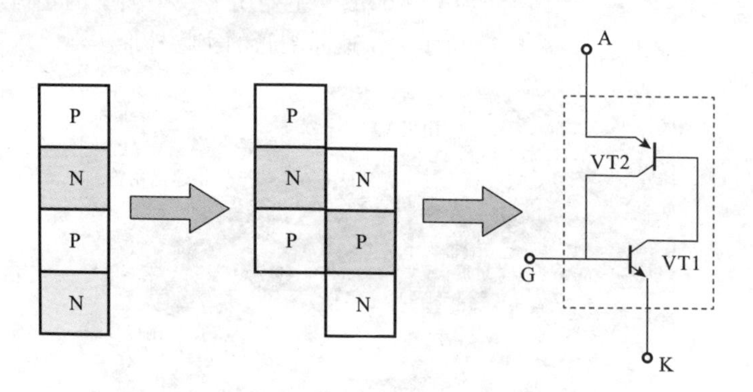

图 1-49　单向晶闸管的等效原理图

当可控硅阳极加正向电压时，三极管 VT1 和 VT2 都承受正向电压，VT2 发射结正偏，VT1 集电结反偏。如果这时在控制极加上较小的正向控制电压 U_g，则有控制电流 I_g 流入 VT1 的基极。经过放大，VT1 的集电极便有 $I_{c1}=\beta_1 I_g$ 的电流流进，此电流正是 VT2 的基极电流，经 VT2 放大，VT2 的集电极便有 $I_{c2}=\beta_1\beta_2 I_g$ 的电流流进，而该电流又注入 VT1 的基极，如图 1-50 所示。如此反复，两个三极管很快能充分导通。

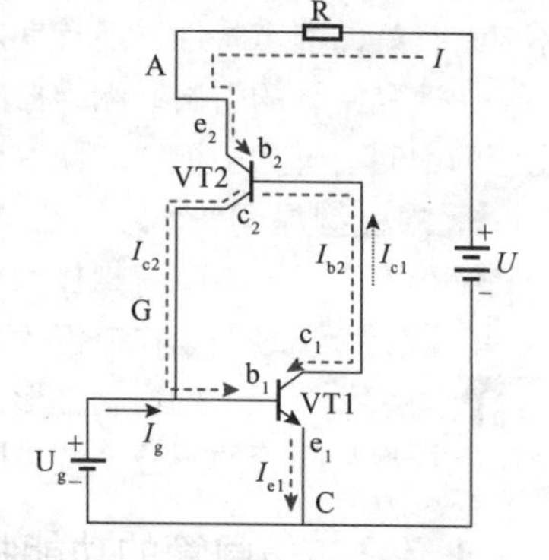

图 1-50　可控硅导通原理

可控硅导通后，VT1 的基极始终有比 I_g 大得多的电流流过。因而即使控制电压消失，可控硅仍能继续保持导通状态。

双向晶闸管可以等效为两个单向晶闸管反向并联，如图 1-51 所示。双向晶闸管可以控制双向导通，因此除控制极 G 外的另两个电极不再分阳极、阴极，而称之为主电极 T_1、T_2。

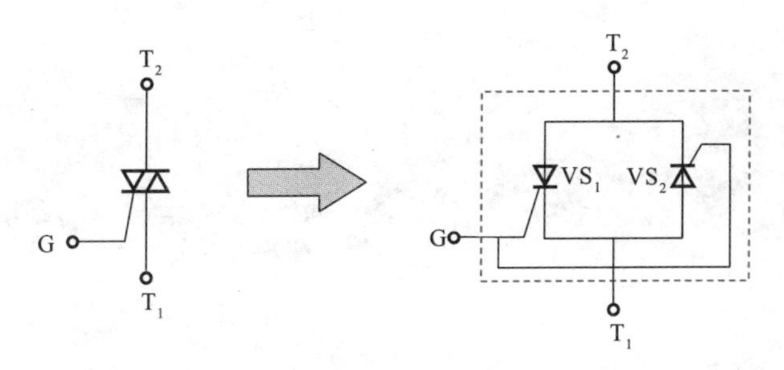

图 1-51　双向晶闸管的等效原理图

图 1-52 所示为可关断晶闸管的等效原理图。对于普通晶闸管来说，当晶闸管导通后控制极不起作用，要关断必须切断 A－K 之间电流或使流过晶闸管的正向电流小于维持电流。而可关断晶闸管克服了上述缺陷，即当控制极 G 加正脉冲电压时，晶闸管即可导通；当控制极 G 加负脉冲电压时，晶闸管便会关断。

图 1-53 所示为晶闸管（单向晶闸管和单结晶体管）构成的调压电路。可以看到，220V 交流电压经过桥式整流器后，通过 R_1、R_2以及 RP 为电容器 C 充电，当电压达到单结晶体管（双基极二极管）峰点电压时，VT 由截止变为导通，电容 C 通过双基极管的发射极、基极 B_2和 R_2后迅速放电，给晶闸管 VS 一个触发信号，从而使晶闸管 VT 导通。由于晶闸管导通后其正向压降很低（观察整流后的波形），因此第一个正半周达到最低点，即电源电压为零时，晶闸管 VS 自动关断。待下一个正半周到来时，电容 C 又充电，重复上述过程。流过晶闸管的平均电流约等于流过负载的电流（等效于控制电流）。

改变可变电阻器 RP 的阻值或电容器 C 的电容量，即可控制晶闸管的导通时间。

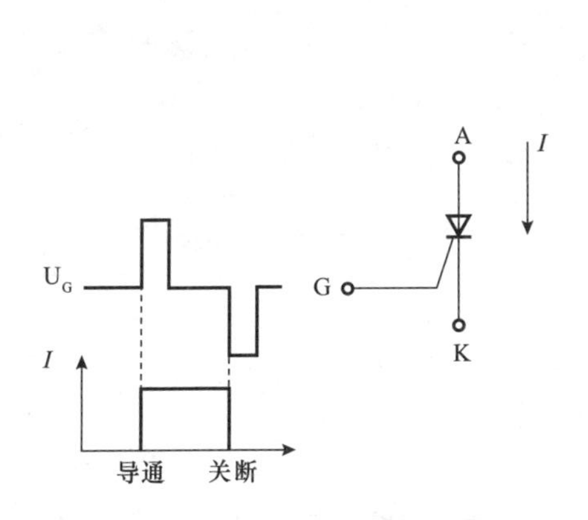

图 1-52　可关断晶闸管的等效原理图

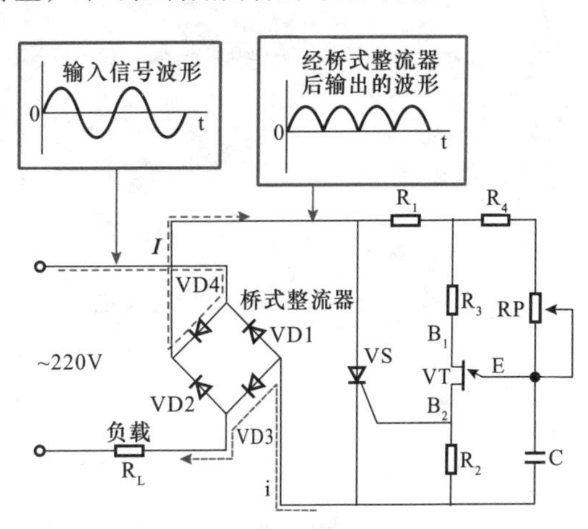

图 1-53　单结晶体管和单向晶闸管构成的调压电路

第2章 电路检修工具仪表的功能应用

2.1 电路检修工具的功能与应用

2.1.1 常用拆装工具的功能与应用

1. 螺丝刀的功能与应用

图2-1所示为常用的螺丝刀工具实物外形。常见的螺丝刀分为一字螺丝刀和十字螺丝刀。

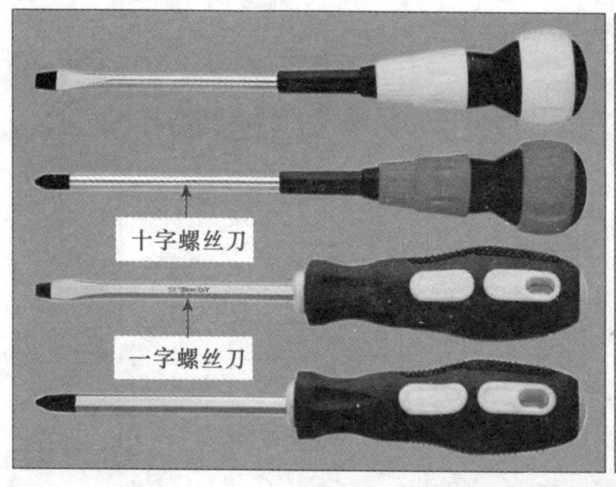

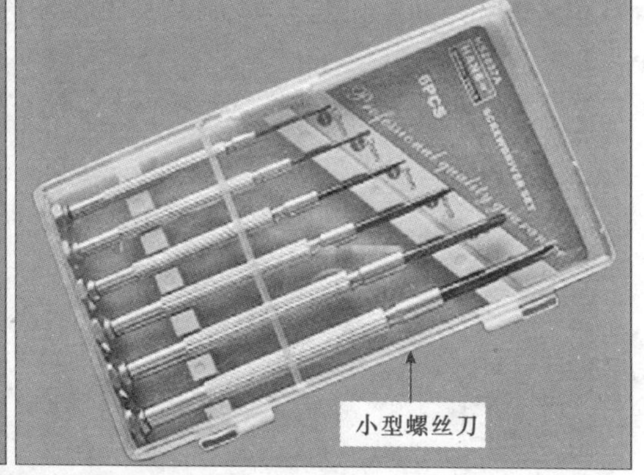

图2-1　常用的螺丝刀工具实物外形

在拆装过程中，需根据固定螺钉的规格选择相应的螺丝刀。图2-2所示为螺丝刀在拆卸过程中的应用。

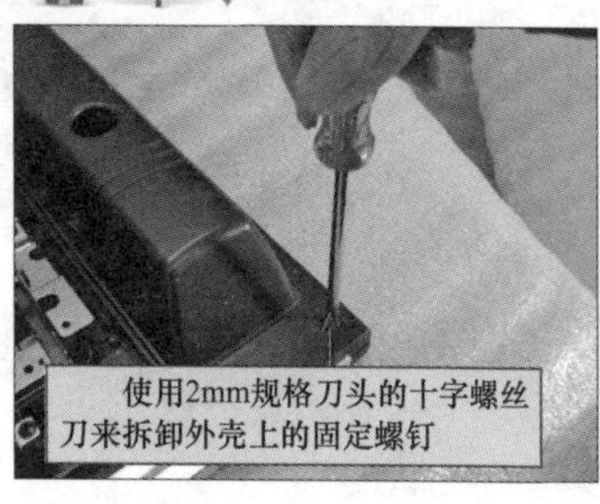

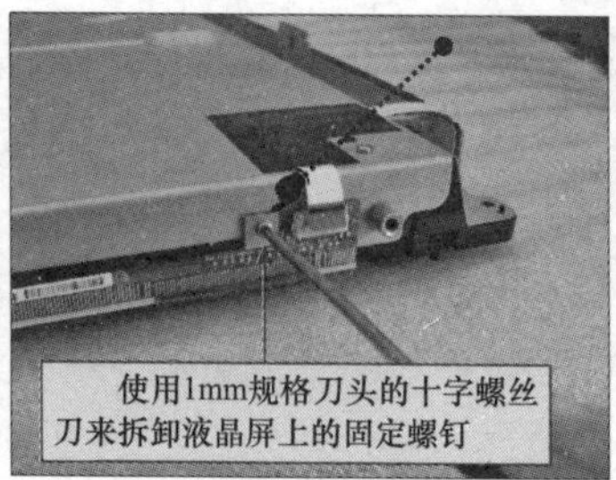

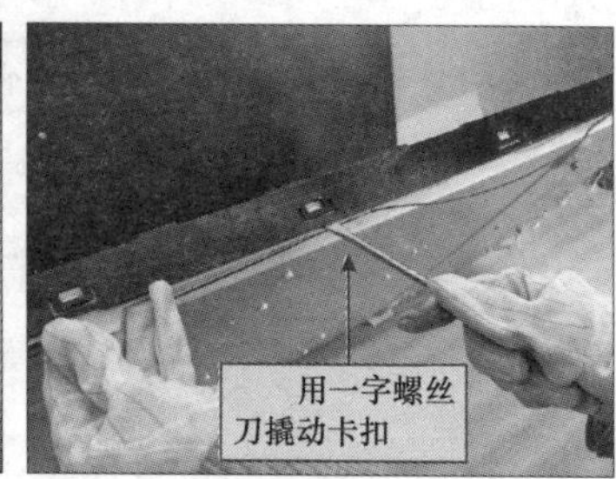

图2-2　螺丝刀在拆装过程中的应用

2. 钳子的功能与应用

常用的钳子工具实物外形如图 2-3 所示。常见的钳子分为偏口钳和尖嘴钳。

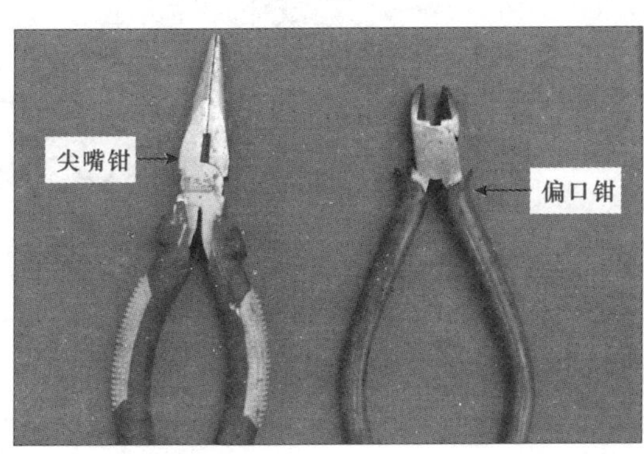

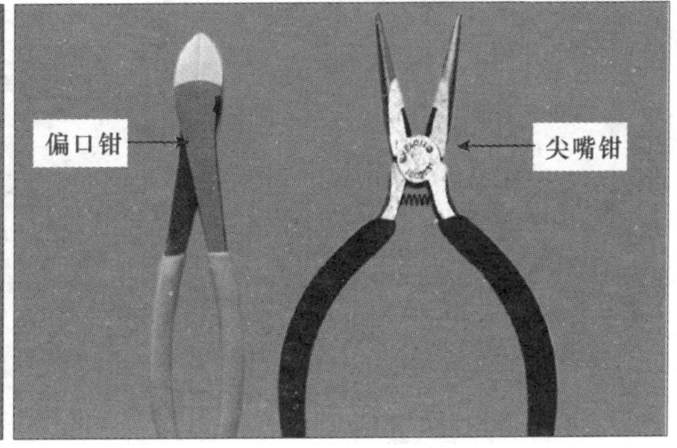

图 2-3　常用的钳子工具实物外形

图 2-4 所示为钳子在实际拆装过程中的应用。偏口钳主要用来夹断导线或损坏的元器件引脚。尖嘴钳主要用来夹持主电路板上拆卸下来的元器件或辅助拆卸强度较大的零部件。

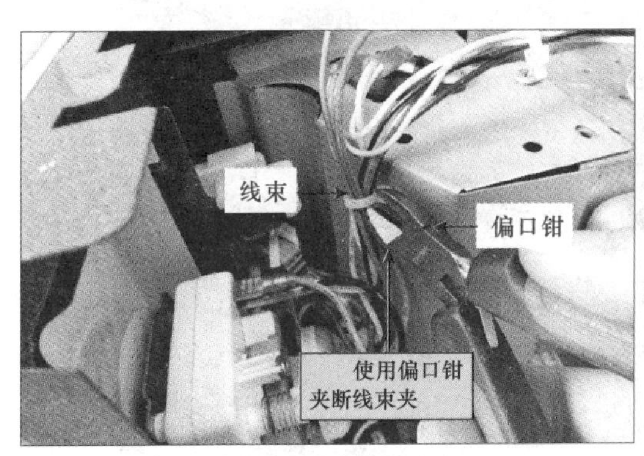

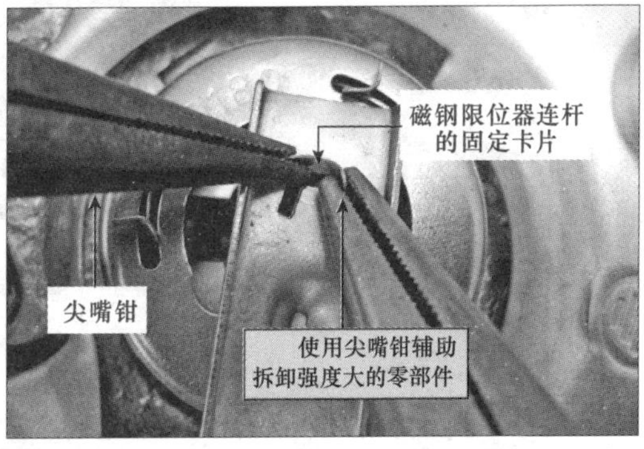

图 2-4　钳子在拆装过程中的应用

2.1.2　常用焊接工具的功能与应用

1. 电烙铁及焊接辅料的功能与应用

图 2-5 所示为电烙铁、吸锡器及焊接辅料的实物外形。

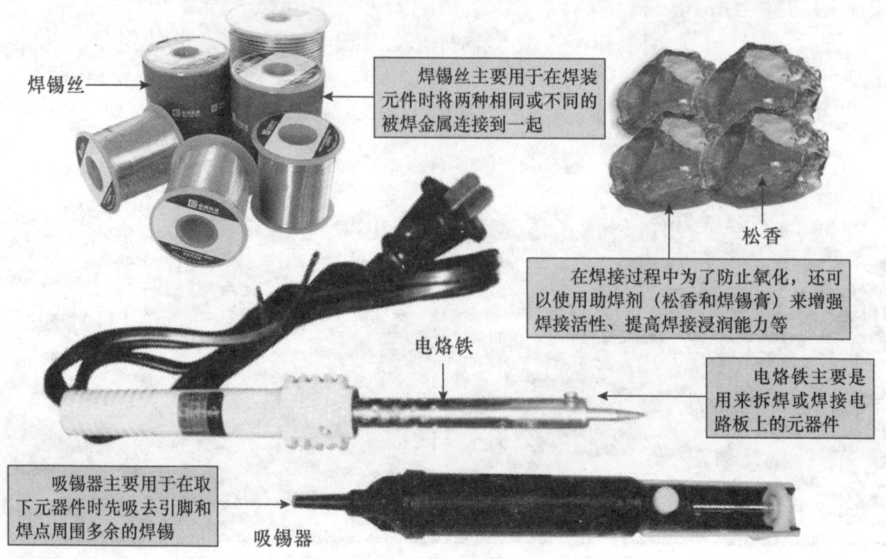

图 2-5　电烙铁、吸锡器及焊接辅料的实物外形

电烙铁、吸锡器及焊接辅料主要用于焊接或代换电路中的分立式元器件。图 2-6 所示为电烙铁及辅助工具在焊接中的实际应用。

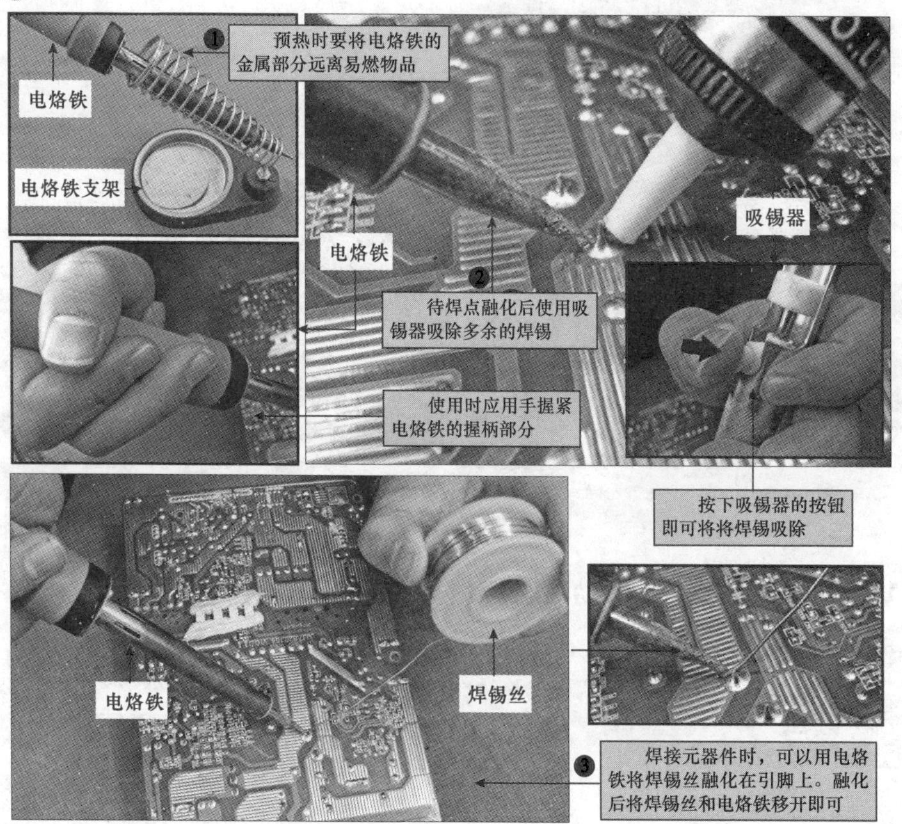

图 2-6　电烙铁及辅助工具在焊接中的实际应用

2. 热风焊机的功能与应用

热风焊机是专门用来拆焊、焊接贴片元件和贴片集成电路的焊接工具，它主要由主机和风枪等部分构成，热风焊机配有不同形状的喷嘴，在进行元件的拆卸时根据焊接部位的大小选择适合的喷嘴即可，如图2-7所示。

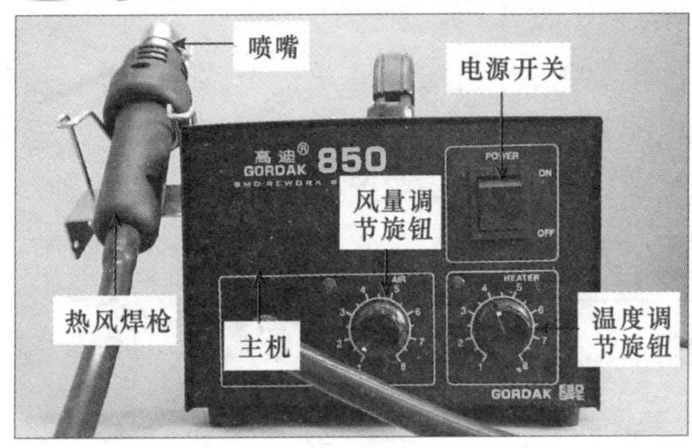

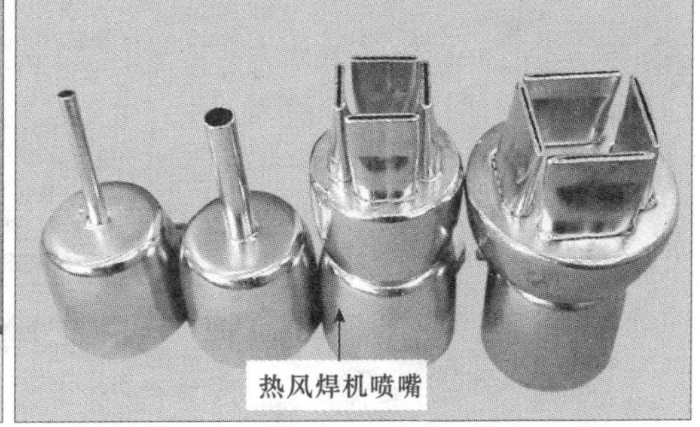

图2-7　热风焊机的实物外形

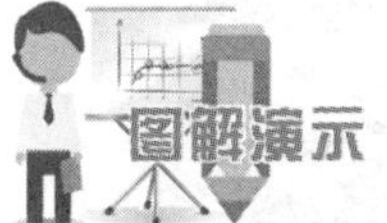

在使用热风焊机时，首先要进行喷嘴的选择安装及通电等使用前的准备，然后才能使用热风焊机进行拆卸，图2-8所示为拆卸四面贴片式集成电路的操作应用。

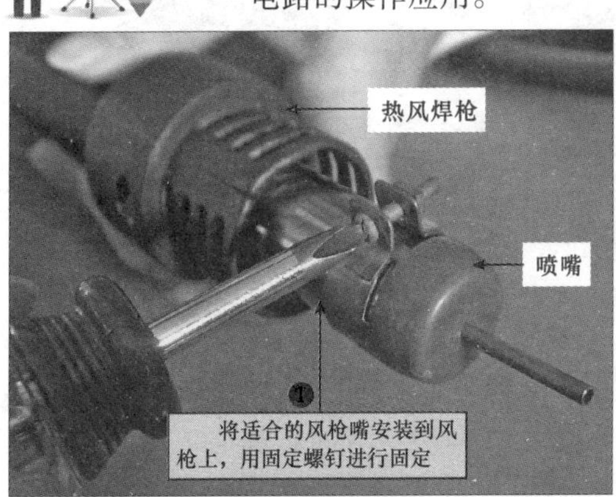

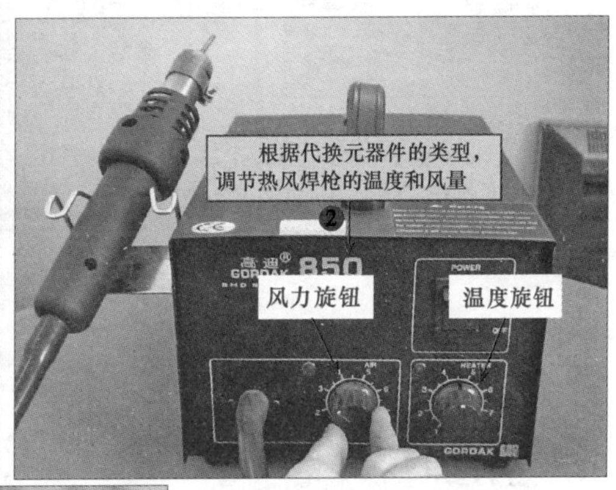

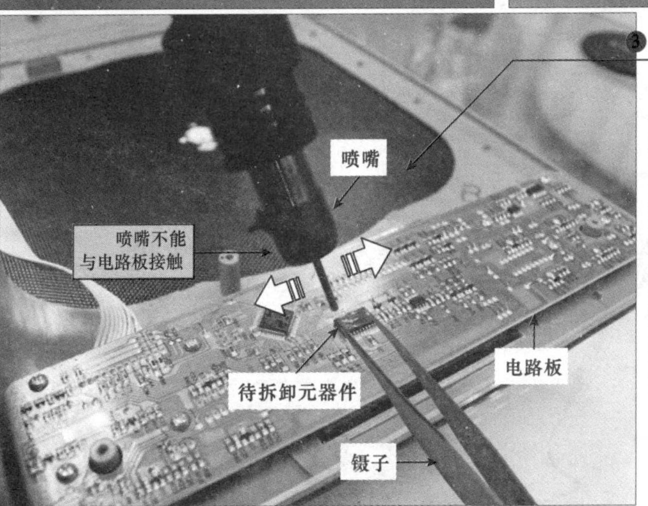

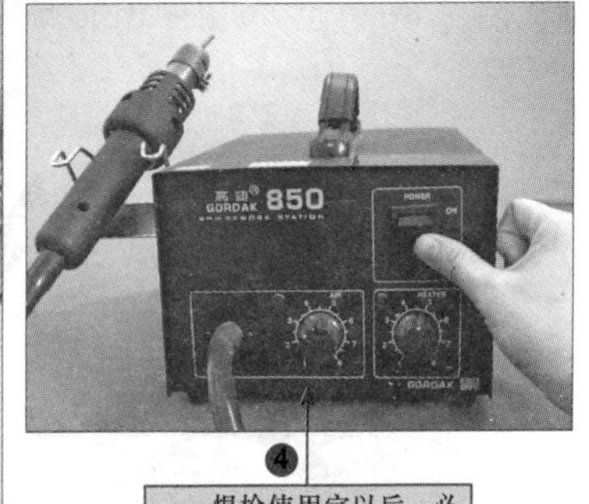

图2-8　热风焊机的实际应用

2.2 电路检测仪表的功能与应用

2.2.1 万用表的功能与应用

万用表是检测电子电路的主要工具，主要用于检测电路是否存在短路或断路故障，电路中元器件性能是否良好，供电条件是否满足等。维修中常用的万用表主要有指针万用表和数字万用表两种，其外形如图2-9所示。

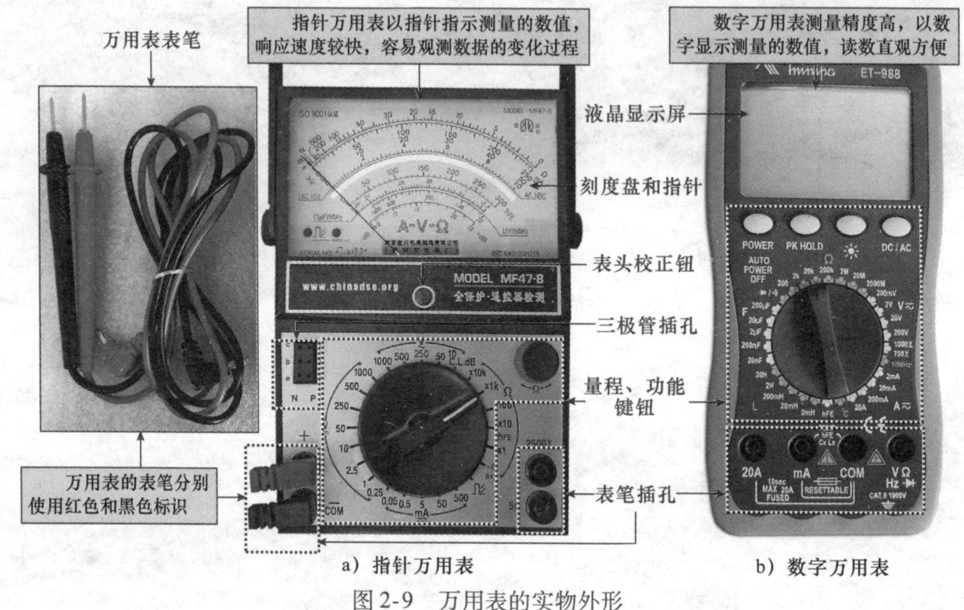

图2-9 万用表的实物外形

万用表的功能有很多，可以实现对电阻、电压、电容等的测量，对于功能强大的万用表还设有一些其他扩展功能，如可对温度、频率、晶体管放大倍数等参量进行测量。

1. 使用万用表测电阻

电阻值测量功能是万用表的测量功能之一。通过万用表对元器件电阻值的测量，即可判断元器件的性能是否良好。图2-10所示为指针万用表检测电阻值的方法。

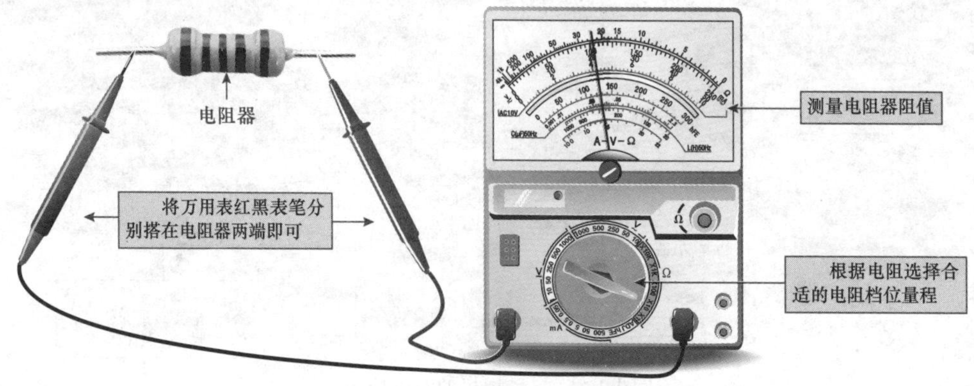

图2-10 指针万用表检测电阻值的方法

2. 使用万用表测直流电压

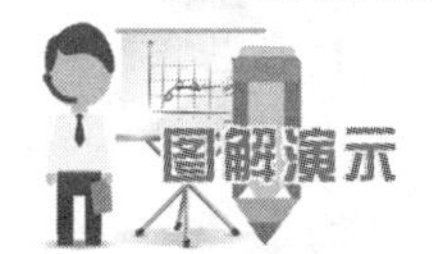

直流电压测量功能是万用表的测量功能之一，应用十分广泛。图2-11所示为指针万用表检测直流电压的方法及连接。

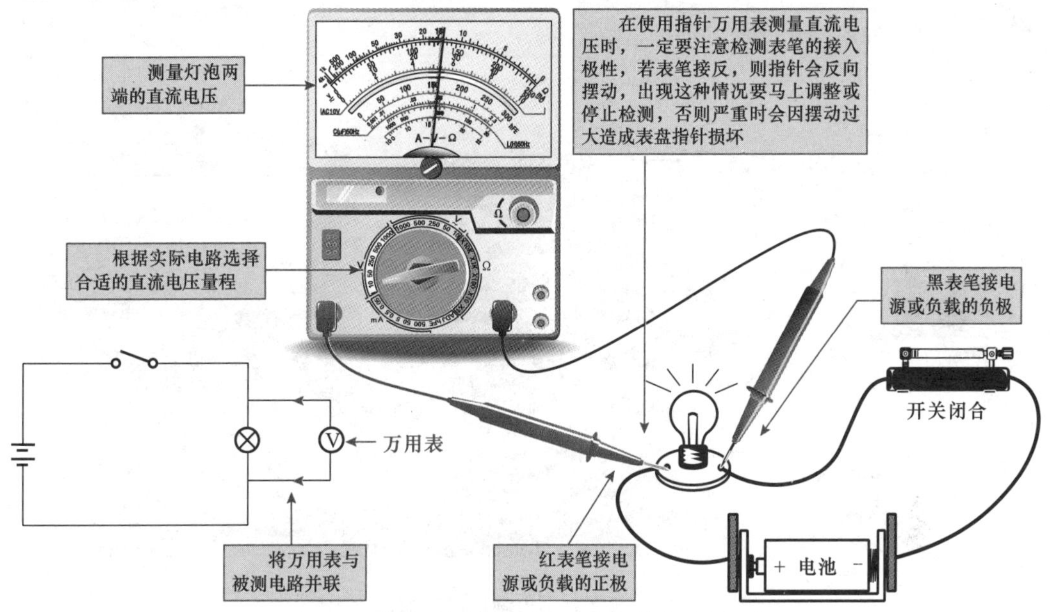

图2-11　指针万用表检测直流电压的方法及连接

3. 使用万用表测电容量

使用数字万用表测量电容量时，可借助附加测试器进行检测，将附加测试器插入数字万用表的表笔插孔中，再将电容器插入附加测试器的电容量检测插孔中进行检测，数字万用表液晶显示屏上即可显示出相应的数值。数字万用表测量电容量的示意图如图2-12所示。

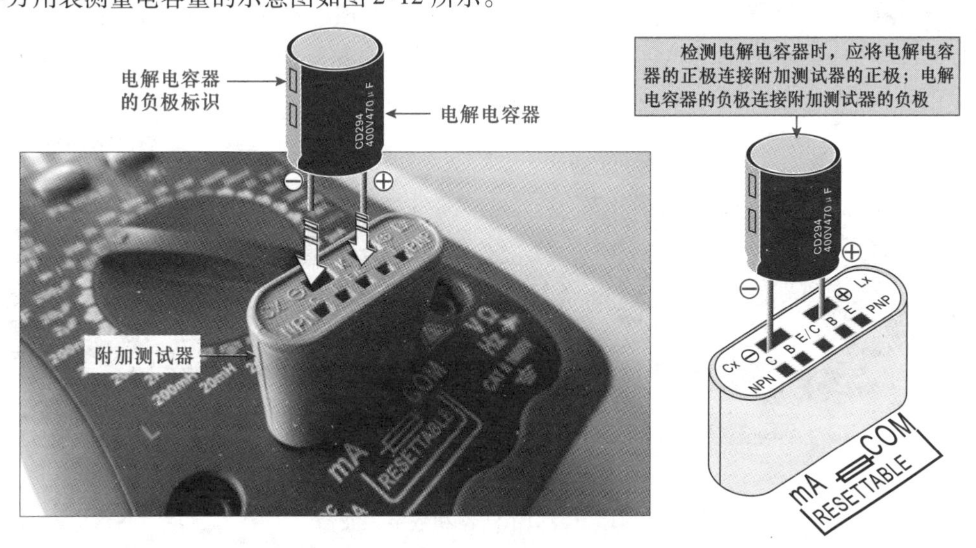

图2-12　数字万用表测量电容量的示意图

4. 使用万用表测温度

使用数字万用表测量温度时，主要是通过附加测试器和热电偶传感器结合温度检测档位进行检测的，然后由数字万用表的液晶显示屏显示出当前所测得的温度值。数字万用表测量温度的示意图如图 2-13 所示。

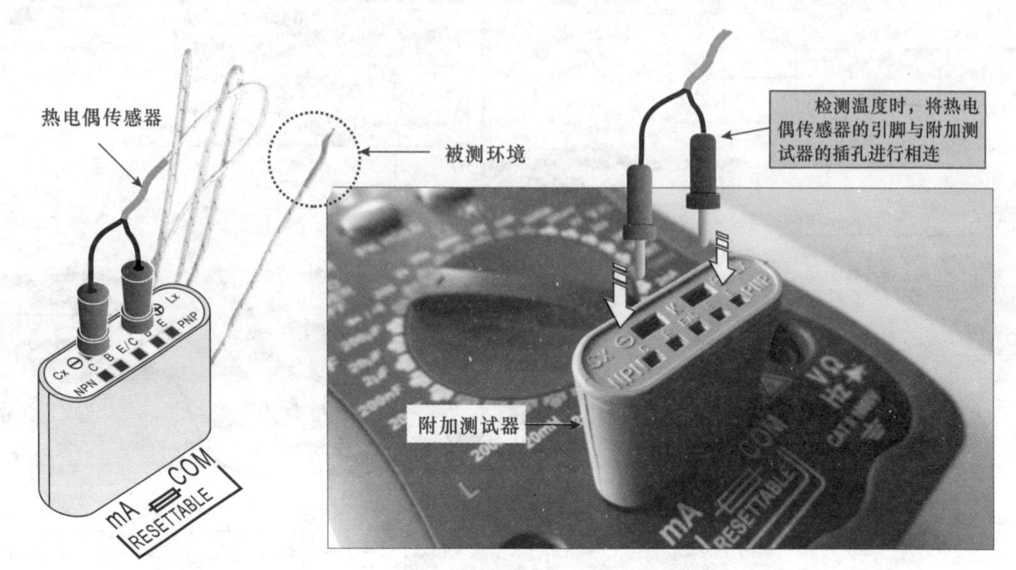

图 2-13　数字万用表测量温度的示意图

2.2.2　示波器的功能与应用

图解演示

示波器是一种用来展示和观测信号波形及相关参数的电子仪器，它可以观测和直接测量信号波形的形状、幅度和周期，因此，一切可以转化为电信号的电学参量或物理量都可以转换成等效的信号波形来观测。如电流、电功率、阻抗、温度、位移、压力、磁场等参量的波形，以及它们随时间变化的过程都可用示波器来观测。如图 2-14 所示，示波器主要可以分为模拟示波器和数字示波器两种。

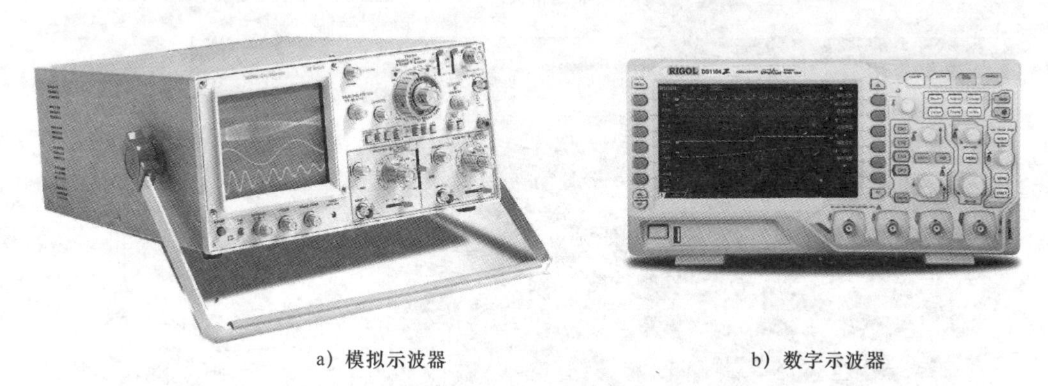

a）模拟示波器　　b）数字示波器

图 2-14　模拟示波器和数字示波器

示波器常用于电子电路的生产调试和维修领域，一般可通过观察示波器显示的信号波形，来判断电路性能是否正常。

1. 示波器在家电维修中的检测应用

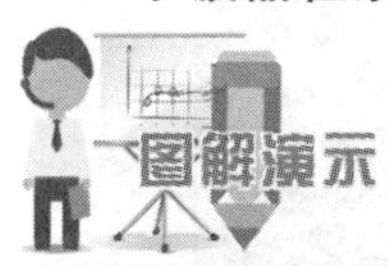

图 2-15 所示为示波器在检测电磁炉电路中的应用。正常情况下将示波器的探头靠近 IGBT，便可以感应到脉冲信号波形，若无法感应到脉冲信号，则说明前级电路中的元器件或 IGBT 已经损坏。

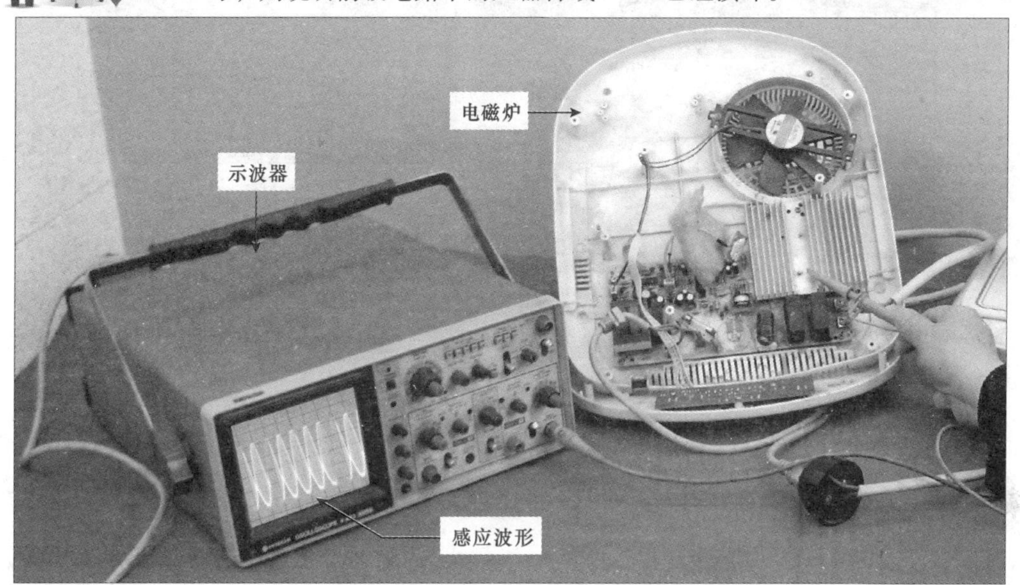

图 2-15　示波器在维修电磁炉中的应用

图 2-16 所示为使用示波器检测音视频信号的方法。在检测视频播放设备时，使用示波器直接检测输出的音频或视频信号波形，方法简便且效果直观。

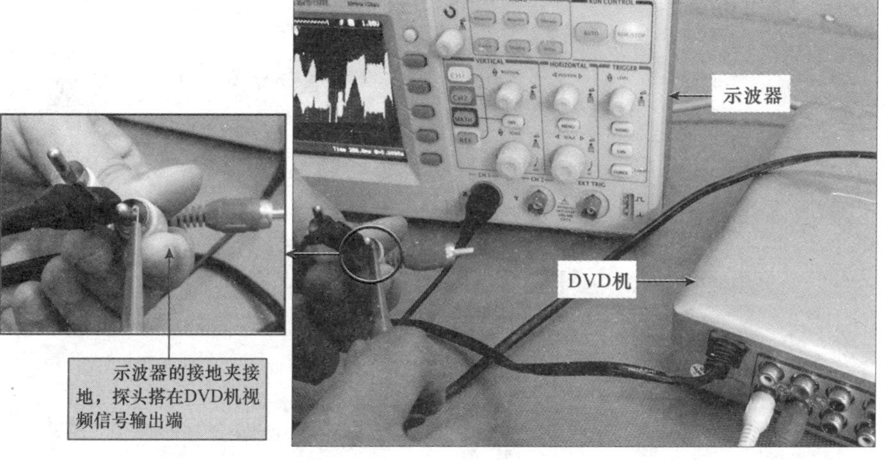

图 2-16　示波器检测音视频信号

2. 示波器在生产调试中的应用

示波器常用于电子和电器产品的生产和调试，图 2-17 所示为调谐器的生产调试现场。由于调谐器为高频器件，需要通过对内部线圈的调整，来达到所需的频率要求，因此此时就需要使用示波器来监视调整前与调整后

的波形，待波形达到相应的幅度和形状后，即完成了该电子产品的调试。

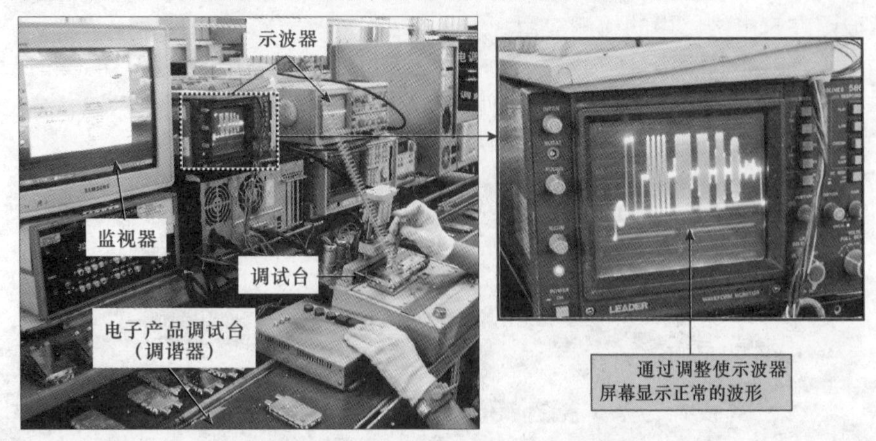

图 2-17　示波器在生产调试中的应用

2.2.3　信号发生器的功能与应用

信号发生器是一种可以产生不同频率、不同幅度及规格波形信号的仪器，它也称为信号源。信号发生器在电子产品的生产、调试以及维修中广泛应用，它可以使电子电器在特定的信号下呈现出其性能的好坏。

从输出波形类型来分，信号发生器可分为正弦信号发生器、函数（波形）信号发生器、脉冲信号发生器和随机信号发生器 4 种，如图 2-18 所示。

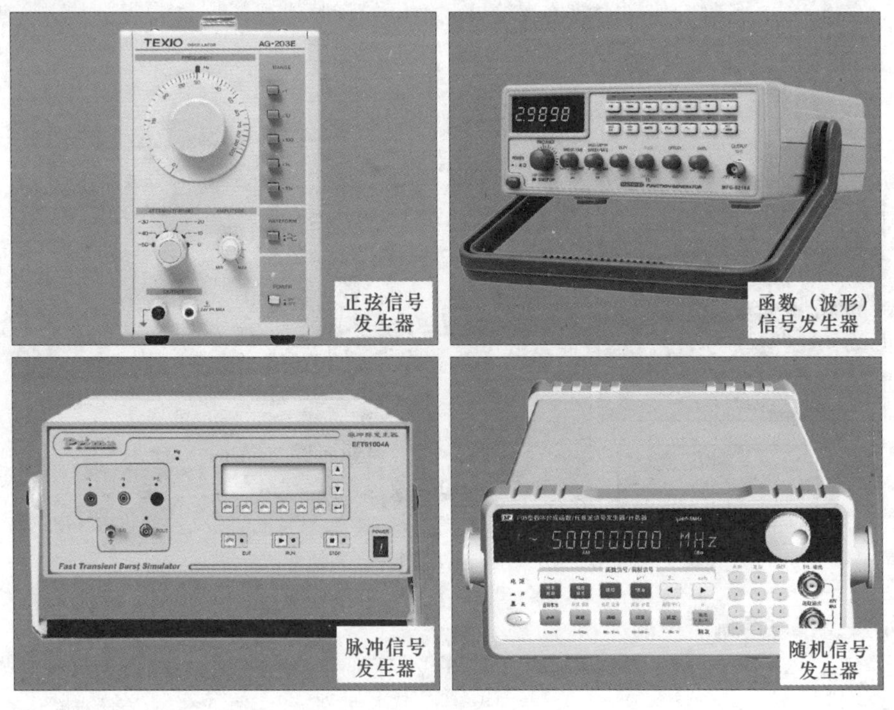

图 2-18　输出波形类型不同的信号发生器

根据信号发生器应用功能的不同，通常可分为实验用信号发生器、调幅/调频广播信号发生器和电视信号发生器，如图2-19所示。

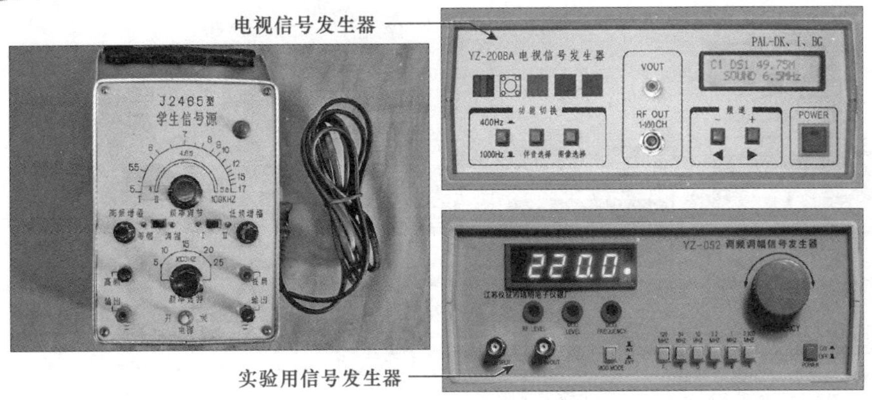

图2-19　功能不同的信号发生器

将信号发生器作为信号源直接连入被测电路的输入端，即可为被测电路提供标准的测试信号，这种方式非常简便，而且输入的测试信号可根据需要进行选择、设定或调整，是电子电路检测中常用的信号提供方法。

1. 使用信号发生器为测试电路提供正弦信号

检测电子电路时，在通电的前提下，通常会需要为其提供一定的信号，然后再使用相关的检测仪表进行实际的测量，根据结果判断该电路的性能是否正常。

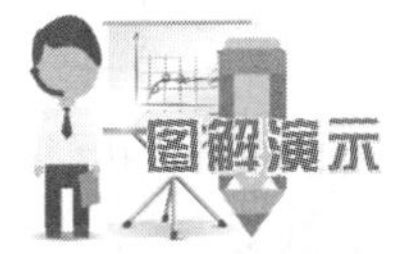

检测前，应先了解该电路需要进行检测的项目，然后根据信号类型选择正确的信号源，最后再将其接入电路中为其注入一定的信号，通过相关检测设备对电路进行检测，如图2-20所示。

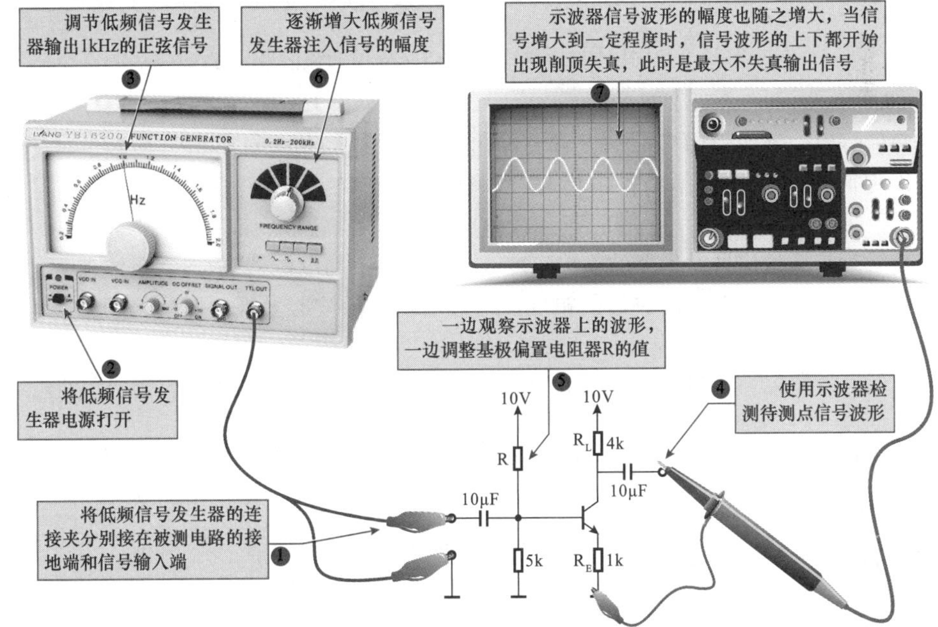

图2-20　为测试电路提供正弦信号的方法

2. 使用信号发生器为测试电路提供低频信号

在测试电路时，若需要一些低频信号，则可以使用低频信号发生器作为信号源来为测试电路提供低频信号。图 2-21 所示为使用低频信号发生器及示波器对收音机低频功率放大器的调试方法。

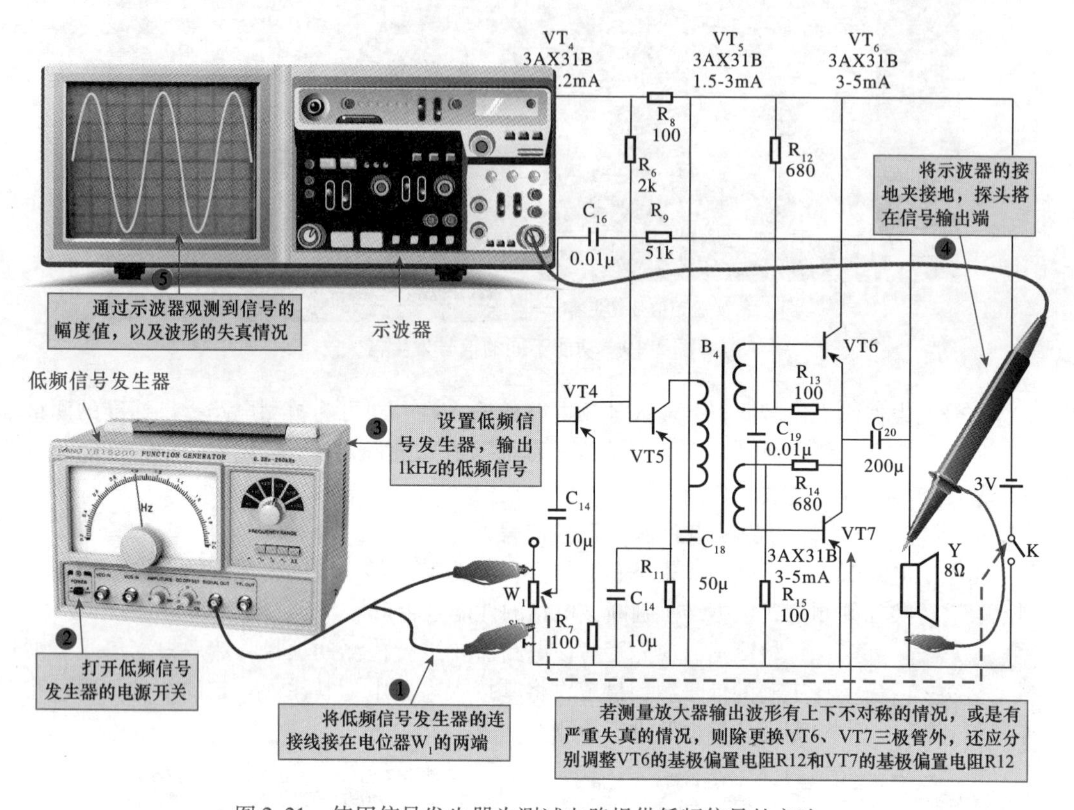

图 2-21　使用信号发生器为测试电路提供低频信号的方法

将低频信号发生器作为信号源，设置其输出 1kHz 的低频信号，将信号加到电位器 W_1 上。用示波器检测低频功率放大器的输出信号，调整电位器 W_1，使示波器上显示的信号幅度为最大。

在调整时改变低频信号发生器的输出幅度或调整电路中的电位器 W_1，看示波器上的波形变化情况。应注意最大不失真输出波形的幅度。通常可以从示波器上观测到信号的幅度值，以及波形的失真情况。

如果波形有明显失真，则表明电路焊装有问题，或选用元器件不当，应查出不良元器件并更换之。

3. 使用信号发生器为测试电路提供中频载波信号

在对中频电路进行测试时，需要为该电路提供中频载波信号，此时可以通过信号发生器为测试电路提供该信号，如图 2-22 所示。

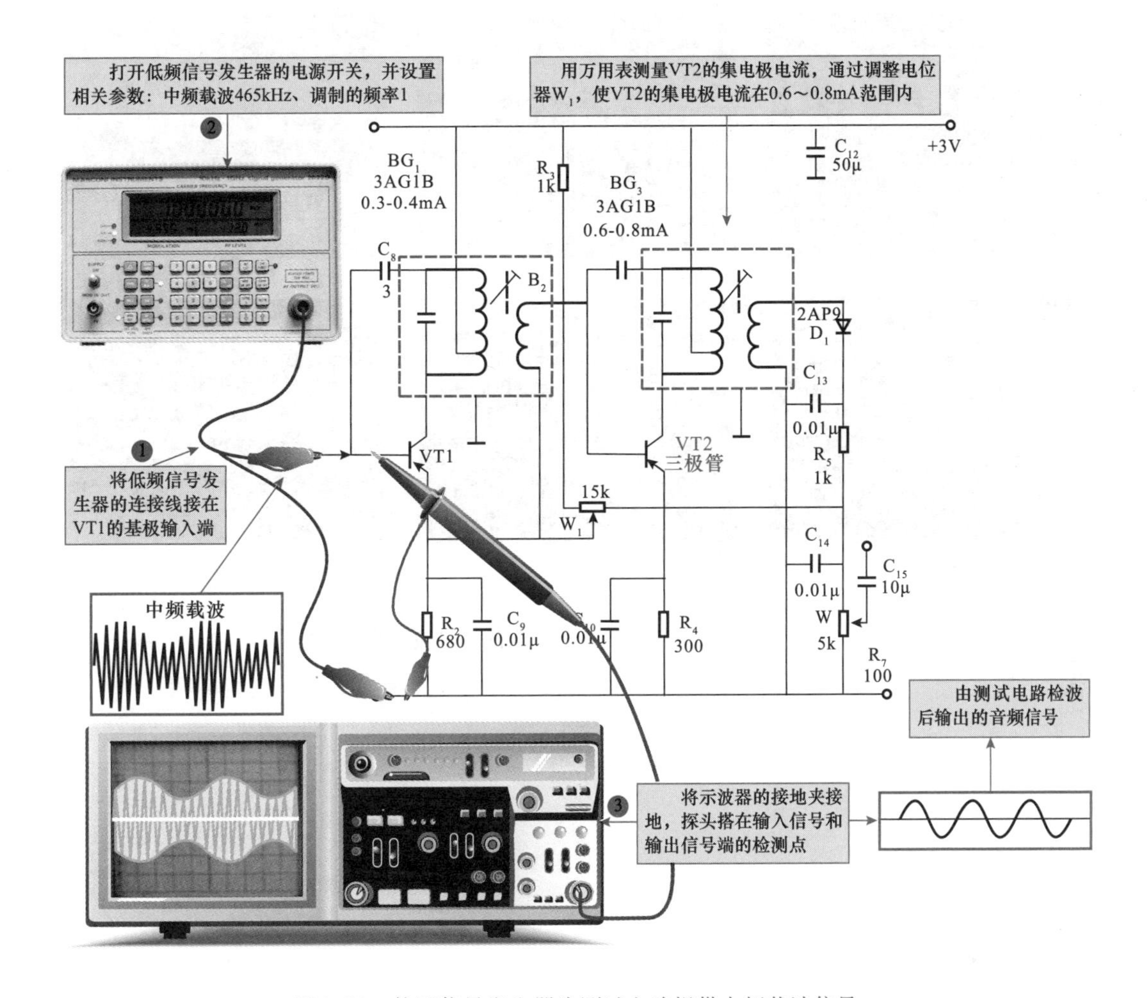

图2-22　使用信号发生器为测试电路提供中频载波信号

将三极管VT2的集电极电路断开，用万用表测量其集电极的电流，调整电位器W_1，使VT2集电极的电流在0.6～0.8mA范围内。

中放晶体管的偏置电路调整后，使用信号发生器从VT1的基极输入465kHz的中频载波，调制的频率可选400Hz或1kHz，并用示波器监测输入信号波形（调幅波波形），然后从检波后的输出端检测音频（400Hz或1kHz）的信号波形。

设备连接后，分别微调VT1和VT2集电极电路的中频变压器磁心，使示波器的波形幅度达到最大值，完成对被测电路的调试。

在使用信号发生器检测电子电路时，作为检测人员，应熟悉信号发生器送入不同波形的外形，例如电路中常见的波形有正弦波、方波、三角波、锯齿波（升斜波和降斜波）、尖峰波等，如图2-23所示。

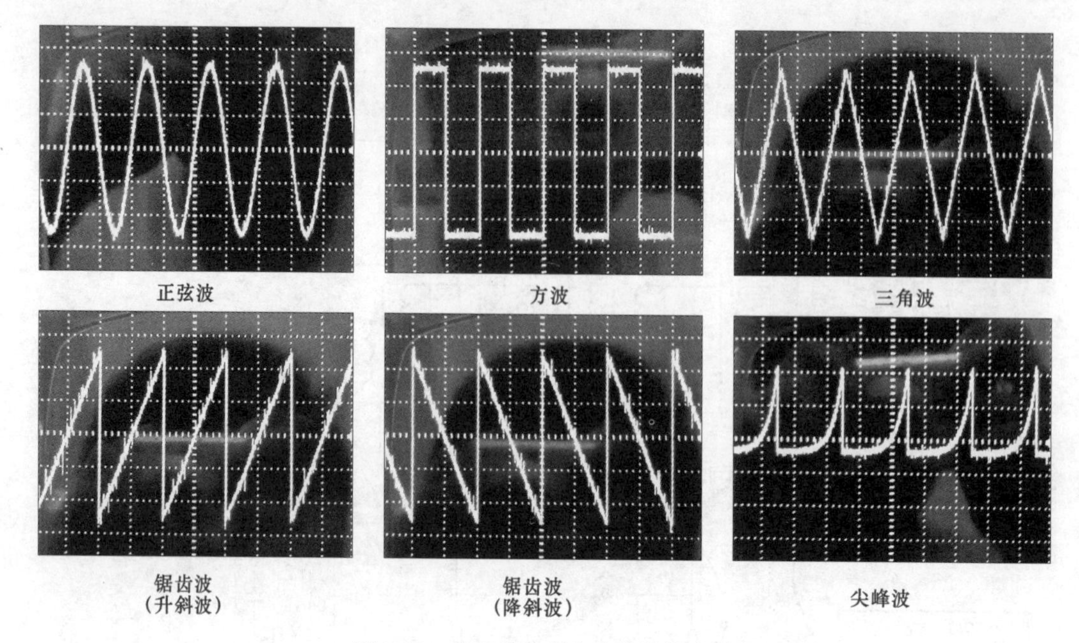

图 2-23　信号发生器产生的信号波形

电子电路识图技能

3.1 电子电路的基本连接关系

在电子电路的实际应用中，电路中只接一个负载的情况是很少的。因为我们不可能为每一个晶体管、每一个电子器件配备一个电源。因此，在实际应用中总是根据具体情况把负载按适当的方式连接起来，达到合理利用电源或供电设备的目的。电子电路中常见的连接方式有串联、并联和混联3种。

3.1.1 串联电路的连接关系

串联电路又可以分为电阻器的串联、电容器的串联、电感器的串联。

1. 电阻器的串联

把两个或两个以上的电阻器依次首尾连接起来的方式称为串联，如图3-1所示。如果将电阻串连接到电源的两极，由于串联电路中各处电流相等，则有 $U_1=IR_1$，$U_2=IR_2$，…，$U_n=IR_n$。而 $U=U_1+U_2+\cdots+U_n$，所以有 $U=I(R_1+R_2+\cdots R_n)$，因而串联后的总电阻 R 为 $R=U/I=R_1+R_2+\cdots+R_n$，串联后的总电阻为各电阻之和。

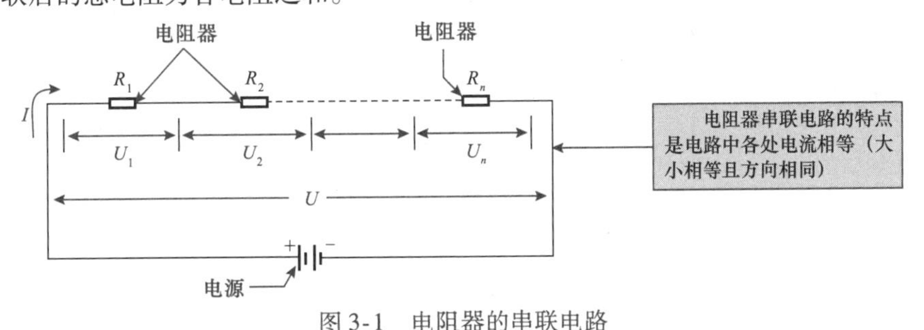

图3-1 电阻器的串联电路

2. 电容器的串联

电容器是由两片极板组成的，它具有存储电荷的能力。电容器所存的电荷量（Q）与电容器的容量和电容器两极板上所加的电压成正比，图3-2所示为电容器上电量与电压的关系。

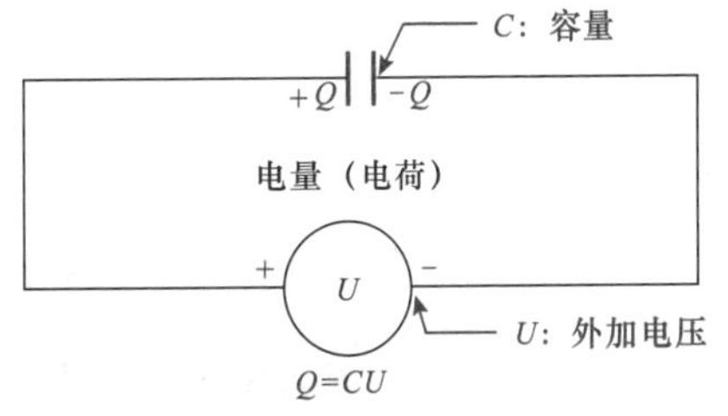

图3-2 电容器上电量与电压的关系

图 3-3 所示为 3 个电容器串联的电路示意图及计算方法，串联电路中各点的电流相等。当外加电压为 U 时，各电容器上的电压分别为 U_1、U_2、U_3，3 个电容器上的电压之和等于总电压。

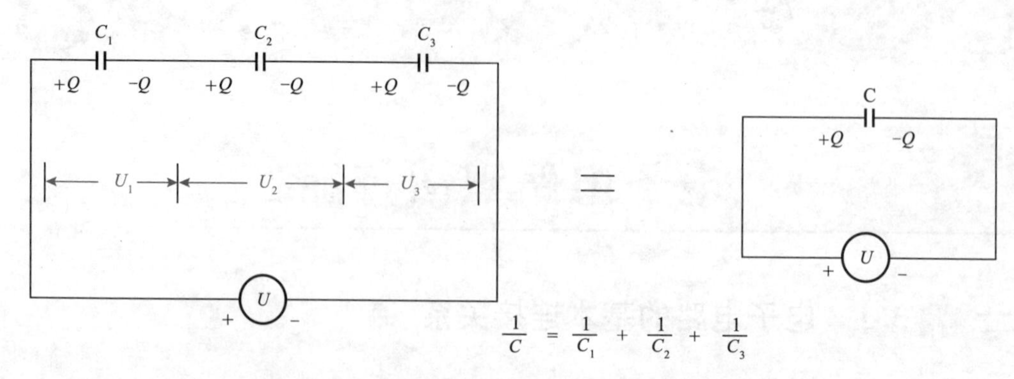

图 3-3　3 个电容器串联的电路示意图及计算方法

如果电容器上的电荷量都为同一值 Q，则

$$U_1=\frac{Q}{C_1},\ U_2=\frac{Q}{C_2},\ U_3=\frac{Q}{C_3}$$

将串联的 3 个电容器视为一个电容 C，则

$$\frac{Q}{C}=\frac{Q}{C_1}+\frac{Q}{C_2}+\frac{Q}{C_3}$$

即$\frac{1}{C}=\frac{1}{C_1}+\frac{1}{C_2}+\frac{1}{C_3}$。

从图 3-3 和上述公式可见，串联电容器的合成电容量的倒数等于各电容的倒数之和。

3. 电感器的串联

图 3-4 所示为 3 个电感器串联的电路示意图及计算方法，串联电路的电流 I 都相等，电感量与线圈的匝数成正比。实际上与电阻器的计算方法相同，即 $L=L_1+L_2+L_3$。

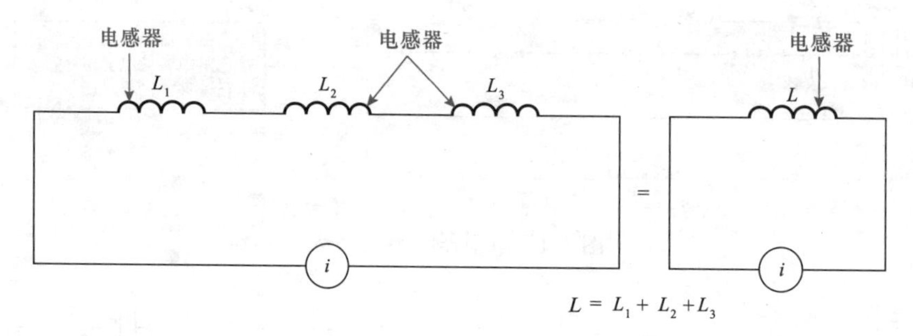

图 3-4　3 个电感器串联的电路示意图及计算方法

3.1.2　并联电路的连接关系

并联电路又可以分为电阻器的并联、电容器的并联、电感器的并联等几种。

1. 电阻器的并联

把两个或两个以上的电阻器（或负载）按首首和尾尾连接起来的方式称为电阻器的并联，如图3-5所示。

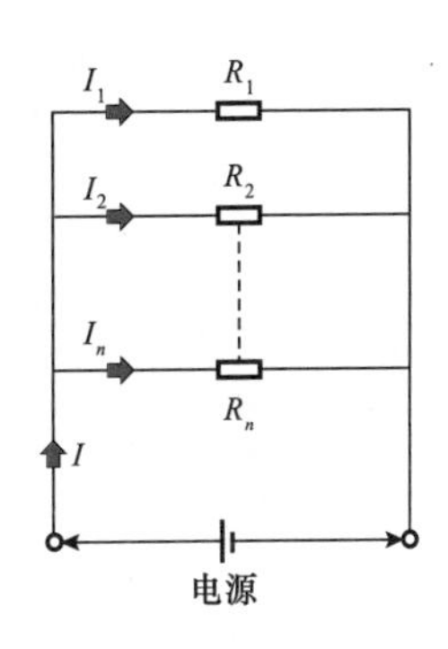

图3-5　电阻器的并联电路

由图可见，假定将并联电路接到电源上，由于并联电路各并联电阻器两端的电压相同，因而根据欧姆定律有 $I_1=U/R_1$，$I_2=U/R_2$，…，$I_n=U/R_n$，而 $I=I_1+I_2+\cdots+I_n$，所以有

$$I=U\left(\frac{1}{R_1}+\frac{1}{R_2}+\cdots\frac{1}{R_n}\right)$$

而电路的总电阻（R）与电压（U）和总电流（I）也应满足欧姆定律，即 $I=U/R$，因而可得

$$\frac{1}{R}=\frac{1}{R_1}+\frac{1}{R_2}+\cdots\frac{1}{R_n}$$

2. 电容器的并联

图3-6所示为3个电容器并联的电路示意图及计算方法，总电流等于各分支电流之和。给3个电容器加上电压 U 时，各电容器上所储存的电荷量分别为 $Q_1=C_1U$，$Q_2=C_2U$，$Q_3=C_3U$。

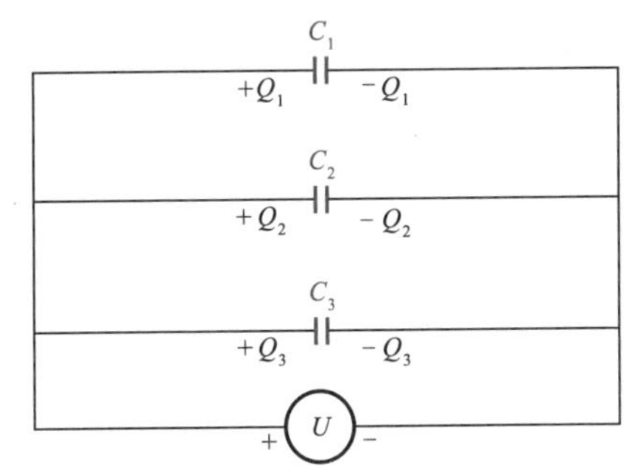

=

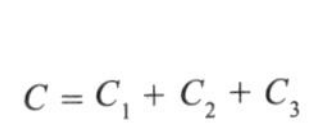

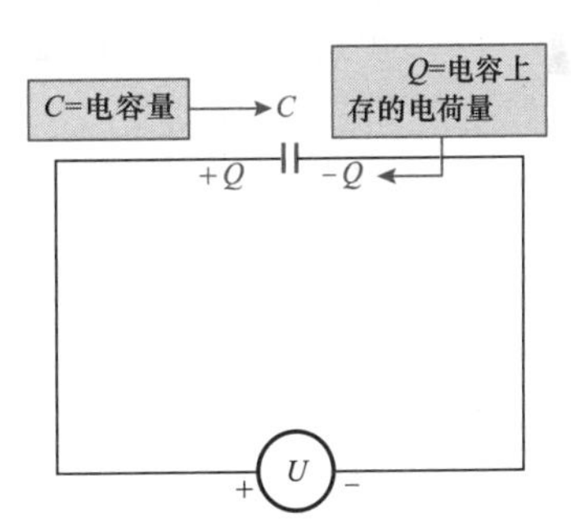

图3-6　3个电容器并联的电路示意图及计算方法

如果将 C_1、C_2 和 C_3 3个电容器视为一个电容器 C，则合成电容的电荷量 $Q=CU$，合成电容器的电荷量等于每个电容器的电荷量之和，即

$$CU=C_1U+C_2U+C_3U=(C_1+C_2+C_3)U$$

即 $C=C_1+C_2+C_3$。

从图3-6和上述公式可见，并联电容器的合成电容等于电容之和。

3. 电感器的并联

图3-7所示为3个电感器并联的电路示意图及计算方法，并联电感的倒数等于3个电感的倒数之和，即

$$\frac{1}{L}=\frac{1}{L_1}+\frac{1}{L_2}+\frac{1}{L_3}$$

3.1.3　混联电路的连接关系

在一个电路中既有电阻器的串联又有电阻器的并联时，称为混联电路。分析混联电路可采用下面的两种方法。

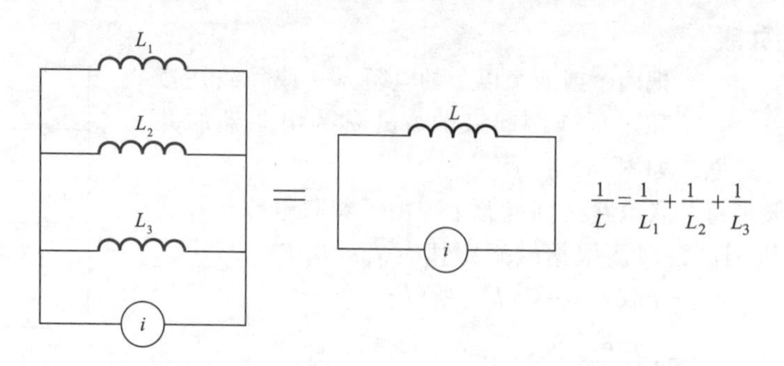

图 3-7　3 个电感器并联的电路示意图及计算方法

1. 利用电流的流向及电流的分合将电路分解成局部串联和并联的方法

图 3-8 所示为利用电流的流向及电流的分合将电路分解成局部串联和并联的方法。

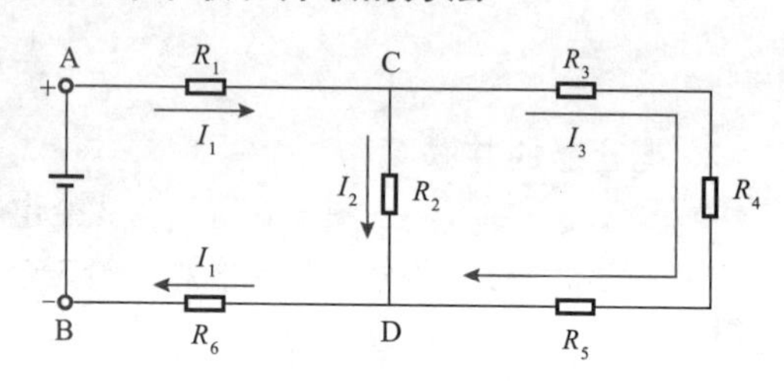

图 3-8　电阻器的混联电路

已知 $R_1=3\Omega$，$R_2=6\Omega$，$R_3=R_4=R_5=2\Omega$，$R_6=4\Omega$。假设有一个电源接在 A、B 两端，且 A 端为“+”，B 端为“−”，则电流流向如图 3-8 中箭头所示。在 I_3 流向的支路中，R_3、R_4、R_5 是串联的，因而该支路的总电阻 R'_{CD} 为

$$R'_{CD}=R_3+R_4+R_5=6\Omega$$

由于 I_3 所在支路与 I_2 所在支路是并联的，所以

$$\frac{1}{R_{CD}}=\frac{1}{R_2}+\frac{1}{R'_{CD}}$$

即

$$R_{CD}=\frac{R'_{CD}R_2}{R'_{CD}+R_2}=3\Omega$$

R_1、R_{CD} 和 R_6 又是串联的，因而电路的总电阻为

$$R_{AB}=R_1+R_{CD}+R_6=10\Omega$$

2. 利用电路中等电位点分析混联电路

图解演示

图 3-9 所示为利用电路中等电位点分析混联电路的方法。

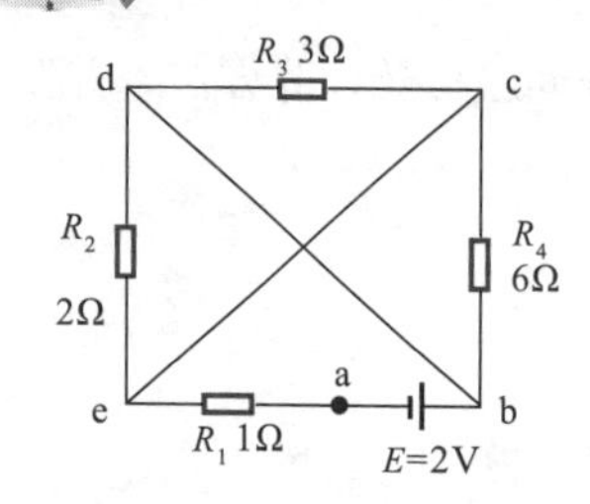

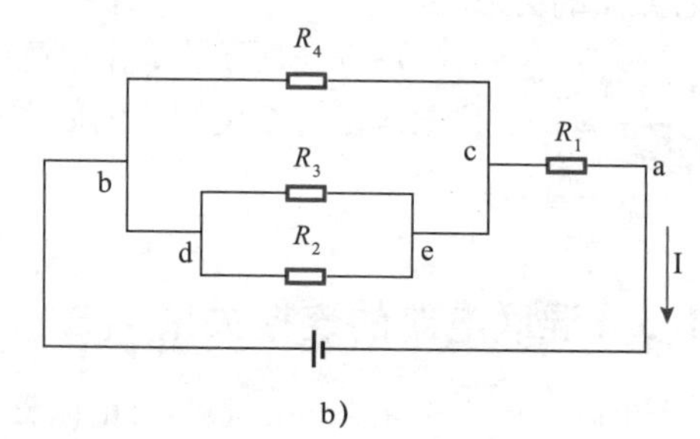

图 3-9　实际电路与等效电路

根据等电位点画出实际电路的等效电路如图 3-9b 所示。从图中可见 R_2 和 R_3、R_4 是并联的，然后再与 R_1 串联，因而总电阻 R_{ab} 为

$$R_{ab} = R_1 + R_2//R_3//R_4 = \left(1 + \frac{1}{\frac{1}{6} + \frac{1}{2} + \frac{1}{3}}\right)\Omega = 2\Omega$$

电路总电流为

$$I = E/R = \frac{2}{2}\text{A} = 1\text{A}$$

由欧姆定律可知 R_1 两端的电压为

$$U_1 = IR_1 = 1 \times 1\text{V} = 1\text{V}$$

3.2 简单电路的识读方法

3.2.1 RC 电路的识读方法

1. 简单 RC 电路的特点

根据不同的应用场合和功能，RC 电路通常有两种结构形式，一种是 RC 串联电路，另一种是 RC 并联电路，如图 3-10 所示。

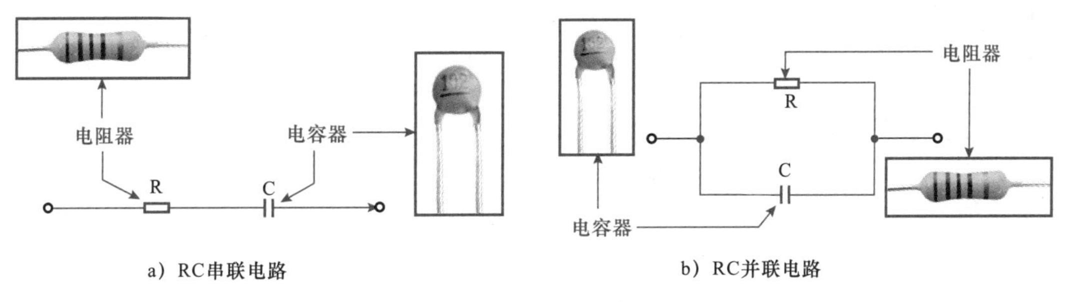

图 3-10 RC 电路的结构形式

（1）RC 串联电路

电阻器和电容器串联后的组合再与交流电源连接，称为 RC 串联电路。图 3-11 所示为典型 RC 串联电路。电路中流动的电流引起了电容器和电阻器上的电压降，这些电压降与电路中电流及各元件的电阻值或容抗值成比例。电阻器电压 U_R 和电容器电压 U_C 用欧姆定律表示为（X_C 为容抗）

$$U_R = I \times R$$
$$U_C = I \times X_C$$

（2）RC 并联电路

电阻器和电容器并联后的组合再与交流电源连接，称为 RC 并联电路。图 3-12 所示为典型 RC 并联电路。

与所有并联电路相似，在 RC 并联电路中，外加电压 U 直接加在各个支路上。因此各支路的电压相等，都等于外加电压，并且三者之间的相位相同。因为整个电路的电压相同，所以它为表示任意电路的相位差提供了基准。当知道任何一个电路电压时，将会知道所有电压值。

$$U = U_R = U_C$$

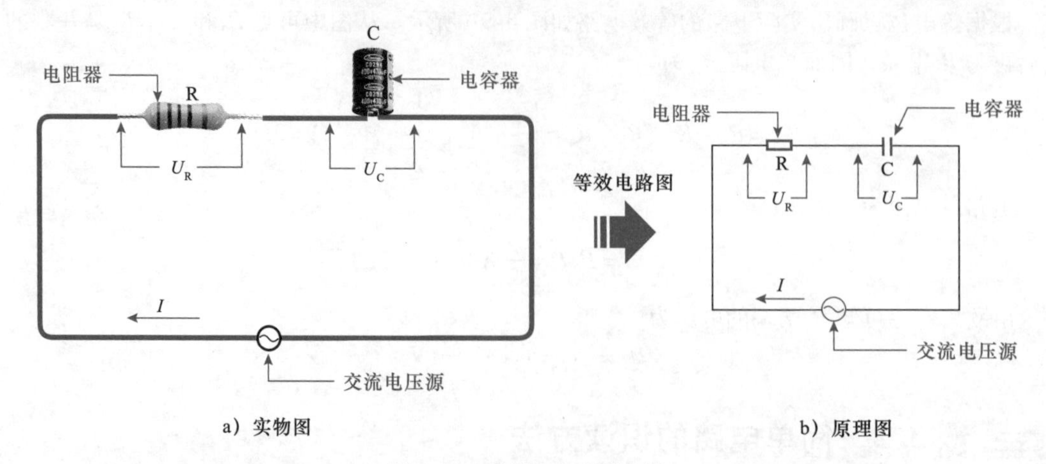

图 3-11　典型 RC 串联电路

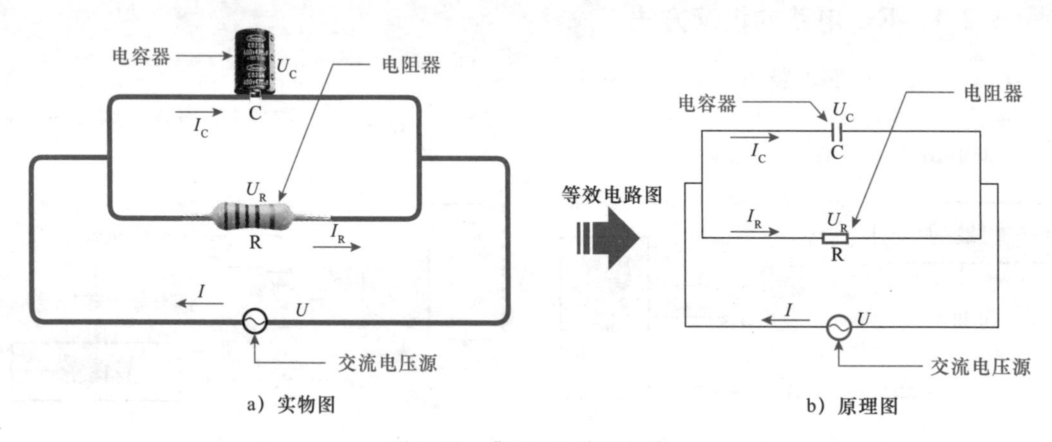

图 3-12　典型 RC 并联电路

相关资料　**RC** 元件构成的串并联电路常用于 **RC** 正弦波振荡电路。该电路是利用电阻器和电容器的充放电特性构成的。**RC** 的值选定后它们的充放电时间（周期）就固定为一个常数，也就是说它有一个固定的谐振频率。**RC** 正弦波振荡电路一般用来产生频率在 **200kHz** 以下的低频正弦信号。常见的 **RC** 正弦波振荡电路有桥式、移相式和双 **T** 式等几种，如图 **3-13** 所示。

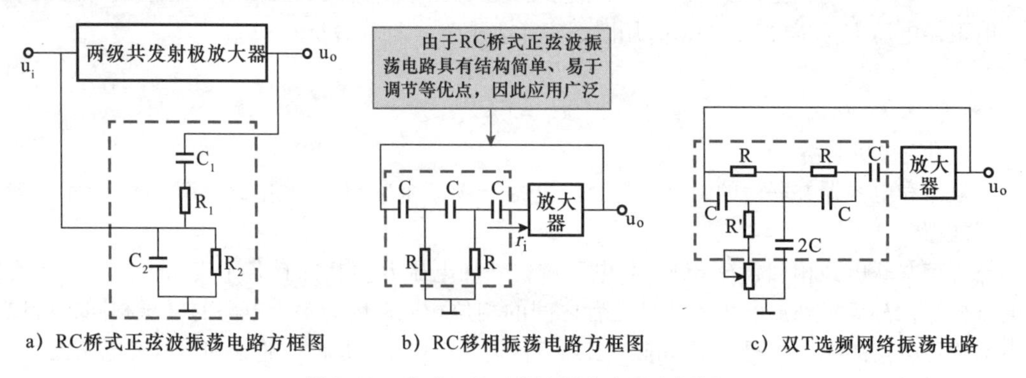

图 3-13　典型 RC 正弦波振荡电路方框图

2. 简单 RC 电路的识读

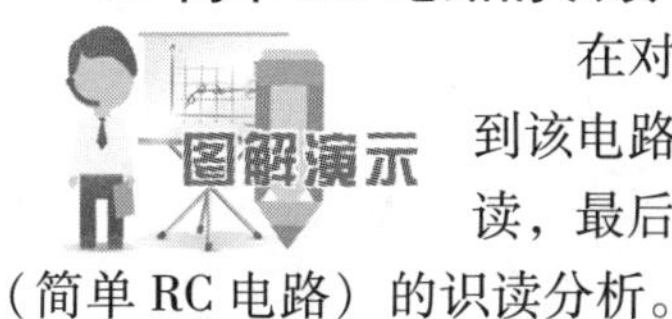

在对该电路进行识读分析时，我们首先要了解该电路的基本组成，找到该电路中由典型元件构成的功能电路，对其在整个电路中的功能进行识读，最后完成整个电路的识读过程。图 3-14 所示为简单直流稳压电源电路（简单 RC 电路）的识读分析。

根据图中输入端“AC220V”和输出端“6V”的文字标识可知，该电路主要实现了将交流220 V转换为直流6 V的过程

平滑直流

U_0

AC220V

AC8V

VD1～VD4
4×1N4001

R_1

R_2
24Ω

U_0
6V

C_1
330μ
16V

C_2
100μ
10V

变压器T1

U_i

脉动直流

经桥式整流后的直流电压有很大的脉动成分，在桥后面接有RC滤波电路，将脉动很大的直流电压平滑滤波后，输出较平滑的直流电压

该电路中有两个RC滤波器，可视为两个RC串联分压电路，滤除交流，输出直流

图 3-14　对简单直流稳压电源电路（简单 RC 电路）进行识读分析

交流 220V 变压器降压后输出 8V 交流低电压，8V 交流电压经桥式整流电路输出约 11V 直流电压，该电压经两级 RC 滤波后，输出较稳定的 6V 直流电压。

交流电压经桥式整流堆整流后变为直流电压，且一般满足 $U_{直} = 1.37U_{交}$，例如，220V 交流电压经桥式整流后输出约 300V 直流电压；8V 交流电压经桥整流堆输出约 11V 直流电压。

3.2.2　简单 LC 电路的识读方法

1. 简单 LC 电路的特点

由电容器和电感器组成的串联或并联电路中，感抗和容抗相等时，电路成为谐振状态，该电路称为 LC 谐振电路。LC 谐振电路又可分为 LC 串联谐振电路和 LC 并联谐振电路两种，如图 3-15 所示。

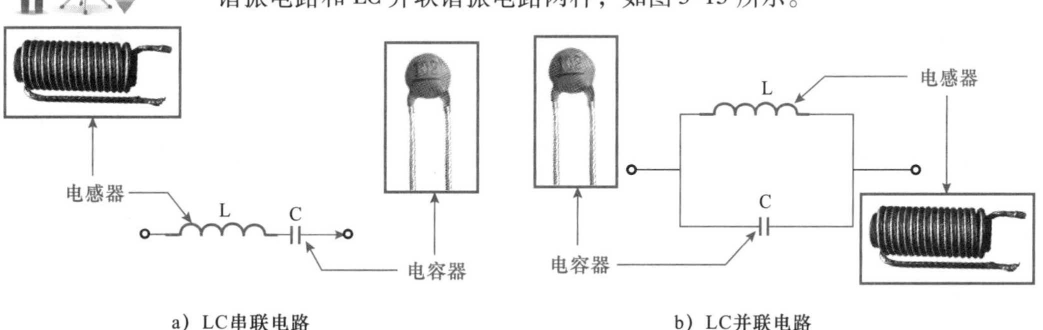

图 3-15　LC 谐振电路的结构形式

（1）LC 串联谐振电路

LC 串联谐振电路是指将电感器和电容器串联后形成的，且为谐振状态（关系曲线具有相同的谐振点）的电路。图 3-16 所示为 LC 串联谐振电路的结构及电流和频率的关系曲线。在串联谐振电路中，当信号接近特定的频

率时，电路中的电流达到最大，这个频率称为谐振频率。

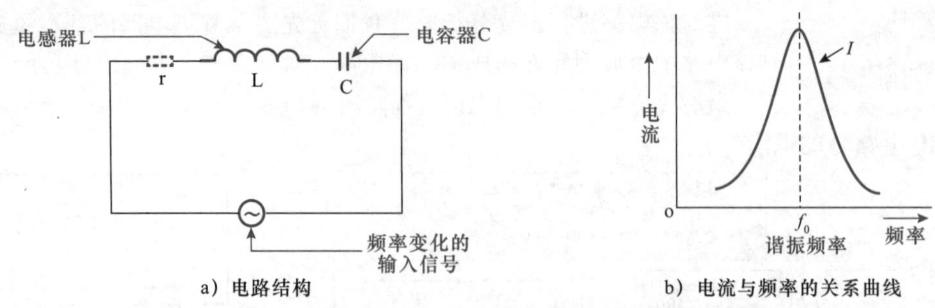

图 3-16　LC 串联谐振电路的结构及电流和频率的关系曲线

图 3-17 所示为不同频率信号通过 LC 串联谐振电路后的结果。当输入信号经过 LC 串联谐振电路时，根据电感和电容器的阻抗特性，频率较高的信号难以通过电感，而频率较低的可以通过电容器。在 LC 串联谐振电路中，在谐振频率 f_0 处阻抗最小，此频率的信号很容易通过电容器和电感器输出。此时 LC 串联谐振电路起到选频的作用。

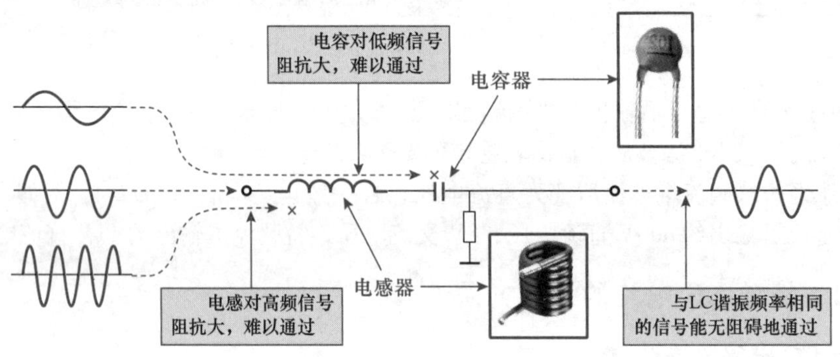

图 3-17　信号通过 LC 串联谐振电路前后的波形

（2）LC 并联谐振电路

LC 并联谐振电路是指将电感器和电容器并联后形成的，且为谐振状态（关系曲线具有相同的谐振点）的电路。图 3-18 所示为 LC 并联谐振电路的结构及电流和频率关系曲线。在并联谐振电路中，如果线圈中的电流与电容中的电流相等，则电路就达到了并联谐振状态。在该电路中，除了 LC 并联部分以外，其他部分的阻抗变化几乎对能量消耗没有影响。因此，这种电路的稳定性好，比串联谐振电路应用的更多。

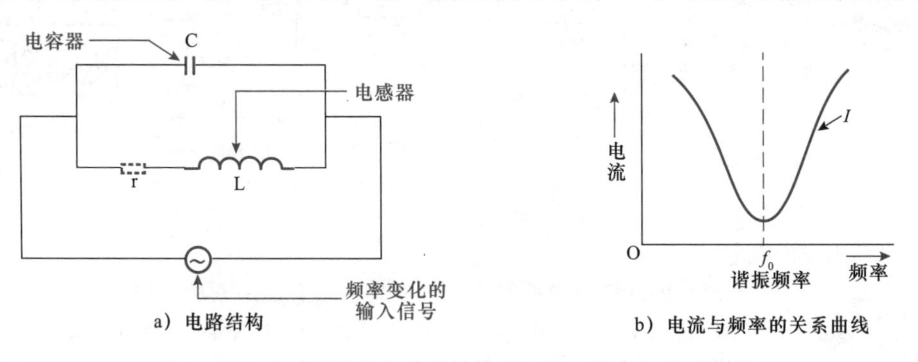

图 3-18　LC 并联谐振电路的结构及电流和频率的关系曲线

图解演示

图 3-19 所示为不同频率信号通过 LC 并联谐振电路后的结果。当输入信号经过 LC 并联谐振电路时，同样根据电感器和电容器的阻抗特性，频率较高的信号容易通过电容器到达输出端，频率较低的信号则容易通过电感器到达输出端。由于 LC 回路在谐振频率 f_0 处的阻抗最大，因此谐振频率点的信号不能通过 LC 并联振荡电路。

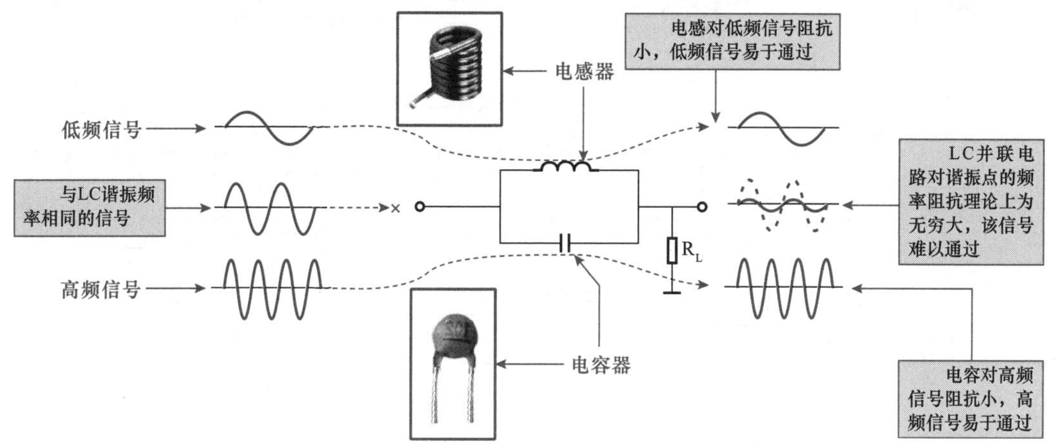

图 3-19　信号通过 LC 并联谐振电路前后的波形

2. 简单 LC 电路的识读

在对简单 LC 电路进行识读分析时，我们首先要了解该电路的基本组成，找出该电路中典型元件构成的功能电路，对其在整个电路中的功能进行识读，最后完成整个电路的识读过程。

图解演示

图 3-20 所示为稳压电源电路（简单 LC 电路）的识读分析。

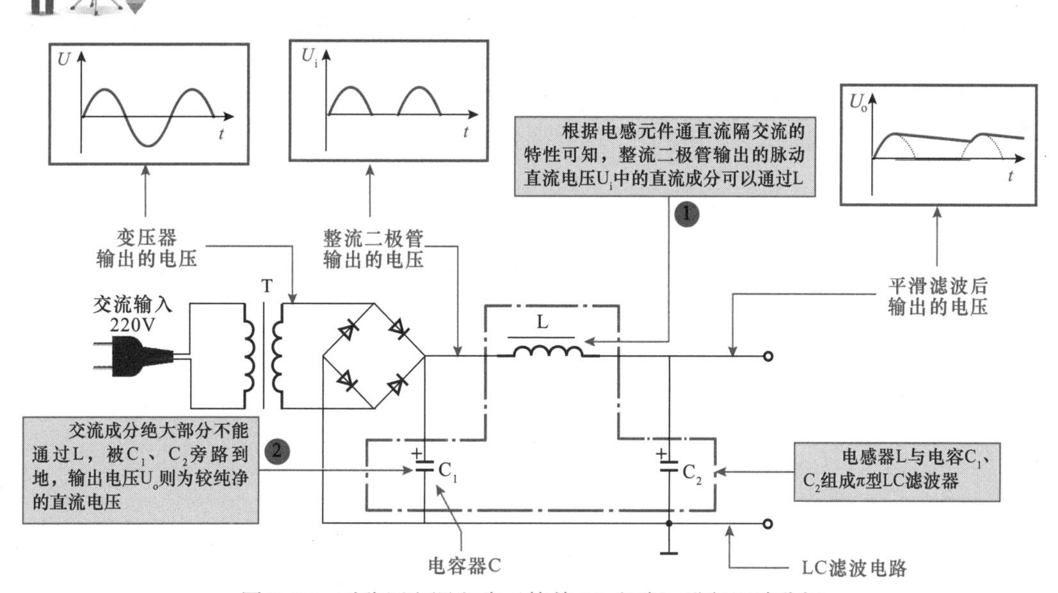

图 3-20　对稳压电源电路（简单 LC 电路）进行识读分析

图 3-21 所示为袖珍式单波段收音机电路（简单 LC 电路）的识读分析。

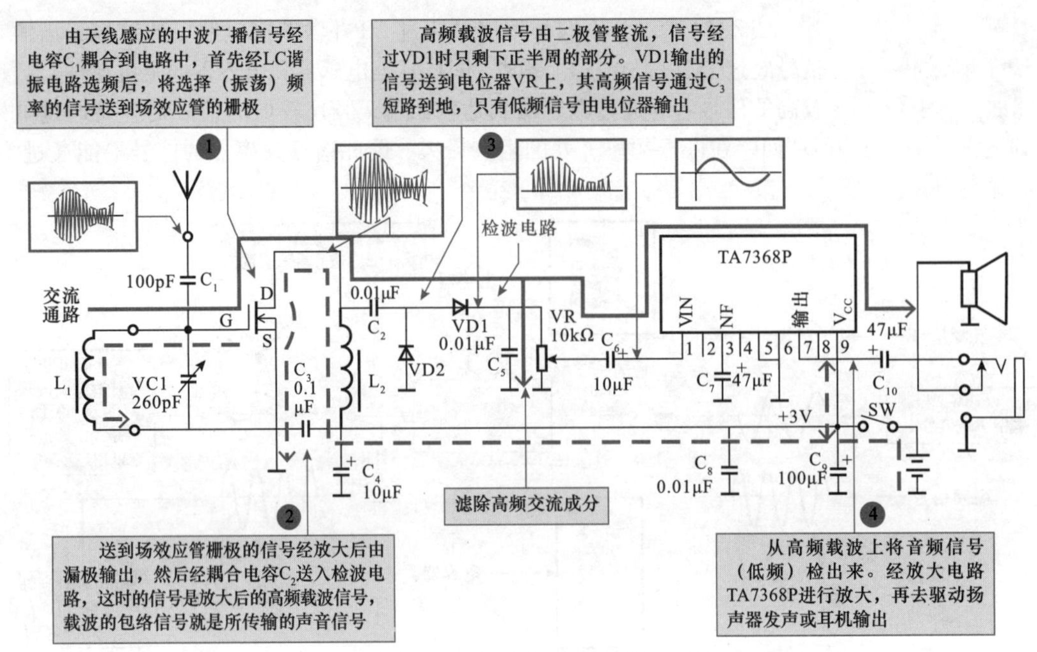

图 3-21 袖珍式单波段收音机电路（简单 LC 电路）的识读分析

3.3 基本放大电路的识读方法

3.3.1 共射极放大电路的识读方法

1. 共射极放大电路的特点

共射极放大电路是三极管放大电路的一种。共射极放大电路是指将三极管的发射极作为公共接地端的电路。

图解演示

图 3-22 所示为共射极放大电路的基本结构，该电路主要是由三极管VT，偏置电阻器 R_{b1}、R_{b2}，负载电阻 R_L 和耦合电容 C_1、C_2 等组成的。

三极管 VT 是这一电路的核心部件，三极管主要是起到对信号进行放大的作用；电路中偏置电阻 R_{b1} 和 R_{b2} 通过电源给三极管基极供电；电源通过电阻 R_C 给三极管集电极供电；两个电容 C_1、C_2 都是起到通交流隔直流作用的耦合电容；电阻 R_L 是承载输出信号的负

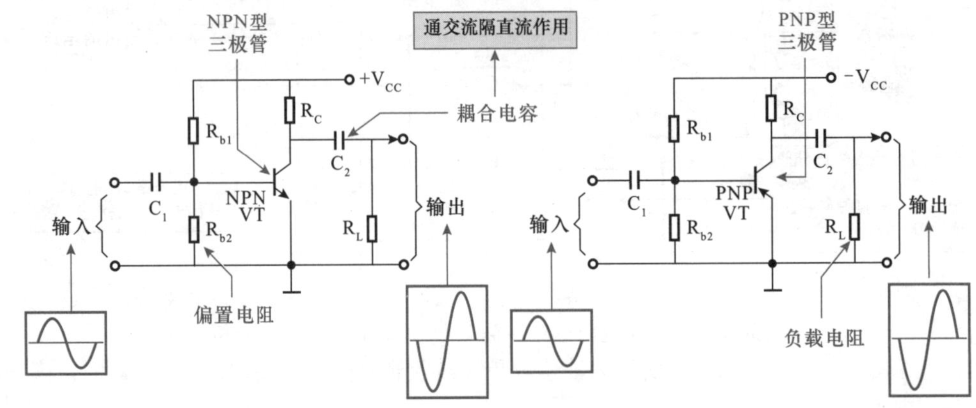

图 3-22 共射极放大电路的基本结构

载电阻。

输入信号加到三极管基极和发射极之间，而输出信号又取自三极管的集电极和发射极之间，由此可见发射极为输入信号和输出信号的公共接地端。

NPN 型与 PNP 型三极管放大电路的最大不同之处在于供电电源的极性：采用 NPN 型三极管放大电路，供电电源是正电源送入三极管的集电极；采用 PNP 型三极管放大电路，供电电源是负电源送入三极管的集电极。

2. 共射极放大电路的识读分析

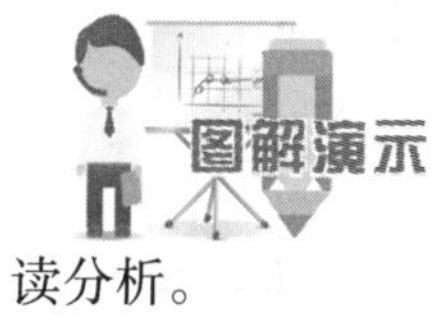

对于共射极放大电路，应首先了解电路的结构组成。然后，根据电路中各种关键元器件的作用和功能特点，对电路的信号流程进行分析，完成对共射极放大电路的识读分析。图 3-23 所示为电容耦合多级放大电路的识读分析。

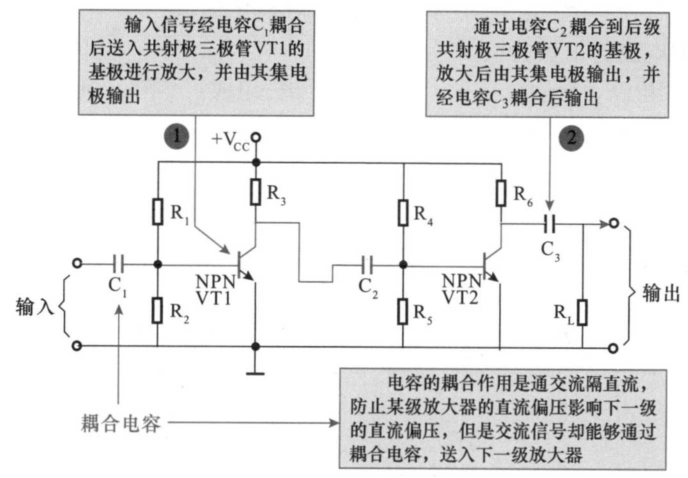

图 3-23 电容耦合多级放大电路的识读分析

3.3.2 共基极放大电路的识读方法

1. 共基极放大电路的特点

由三极管构成的放大电路具有放大作用，共基极放大电路是指将三极管的基极作为公共接地端的电路。

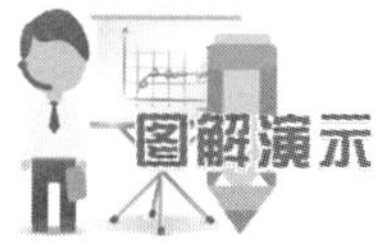

图 3-24 所示为共基极放大电路的基本结构，该电路主要是由三极管 VT，偏置电阻器 R_{b1}、R_{b2}、R_e，负载电阻 R_C、R_L 和耦合电容 C_1、C_2 等组成的。

电路中的 5 个电阻都是为了建立静态工作点而设置的，其中 R_C 是集电极的负载电阻；R_L 是负载端的电阻；C_1 和 C_2 都是起到通交流隔直流作用的耦合电容；去耦电容 C_b 是为了使基极的交流直接接地，起到去耦合的作用，即起到消除交流负反馈的作用。

输入信号加载到三极管发射极和基极之间，输出信号取自三极管的集电极和基极之间，由此可见基极为输入信号和输出信号的公共端。

电容通交流是指交流信号可以通过电容传输到下一级，隔直流是指直流电压不能通过电容加到输出端或输入端。

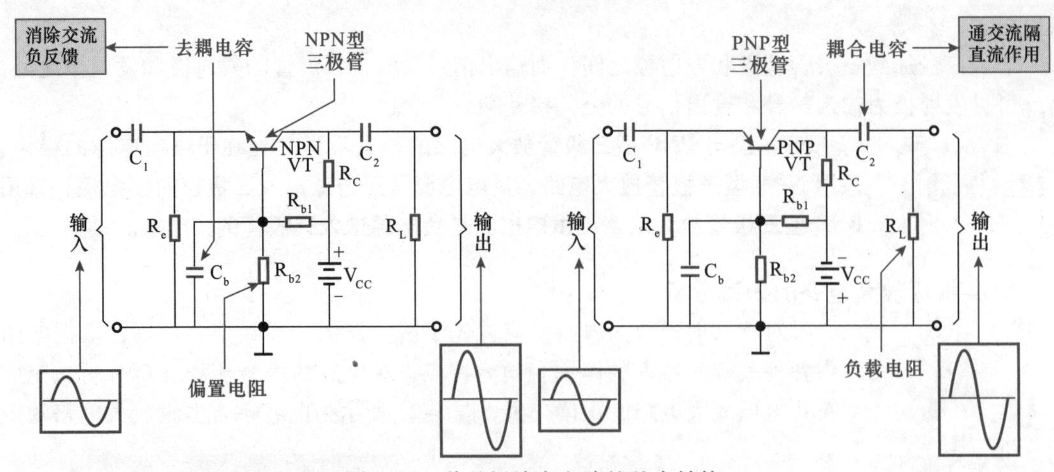

图 3-24　共基极放大电路的基本结构

2. 共基极放大电路的识读分析

对于共基极放大电路，我们应首先了解电路的结构组成。然后，根据电路中各种关键元器件的作用和功能特点，对电路的信号流程进行分析，完成对共基极放大电路的识读分析。

图 3-25 所示为典型共基极放大电路的识读分析。

图解演示

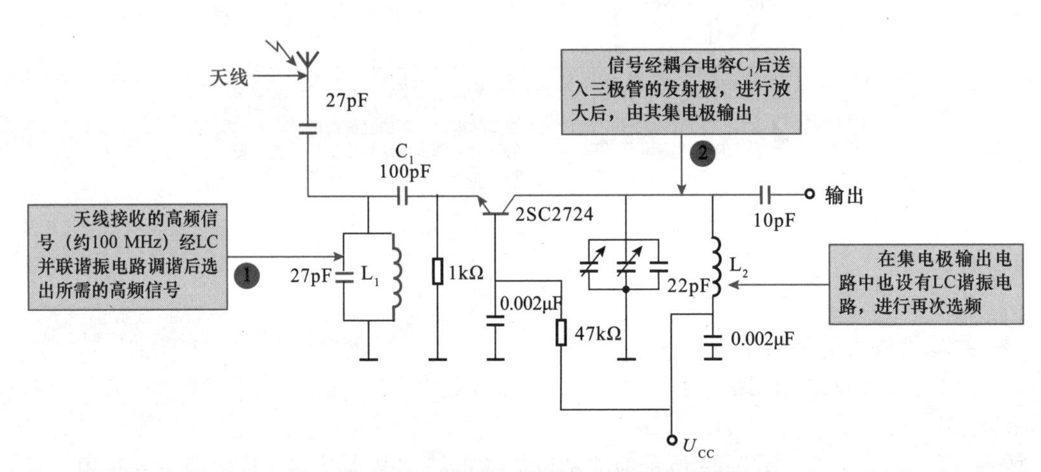

图 3-25　典型共基极放大电路的识读分析

频率高低是相对的，在中波收音机电路中，处理 1MHz 左右中波广播信号的就是高频放大电路；而驱动耳机或扬声器的信号（20kHz 以下）为低频信号；在 FM 收音机中，处理 100MHz 左右的载波信号的电路为高频电路，处理 10.7MHz 的电路为中频电路。

3.3.3　共集电极放大电路的识读方法

1. 共集电极放大电路的特点

共集电极放大电路是从发射极输出信号的，信号波形和相位基本与输入相同，因而又称射极输出器或射极跟随器，简称射随器，常用作缓冲放大器。

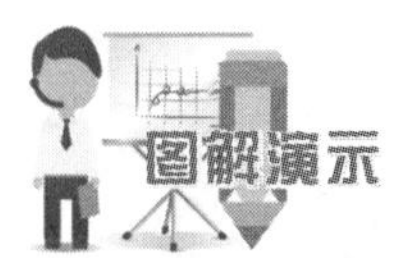

共集电极放大电路的结构与共射极放大电路基本相同，不同之处有两点：其一是将集电极电阻 R_C 移到了发射极（用 R_E 表示），其二是输出信号不再取自集电极而是取自发射极，图 3-26 所示为共集电极放大电路的基本构成。

两个偏置电阻 R_{b1} 和 R_{b2} 通过电源给三极管基极供电；R_e 是三极管发射极的负载电阻；两个电容 C_1 和 C_2 都是起到通交流隔直流作用的耦合电容；电阻 R_L 则是负载电阻。

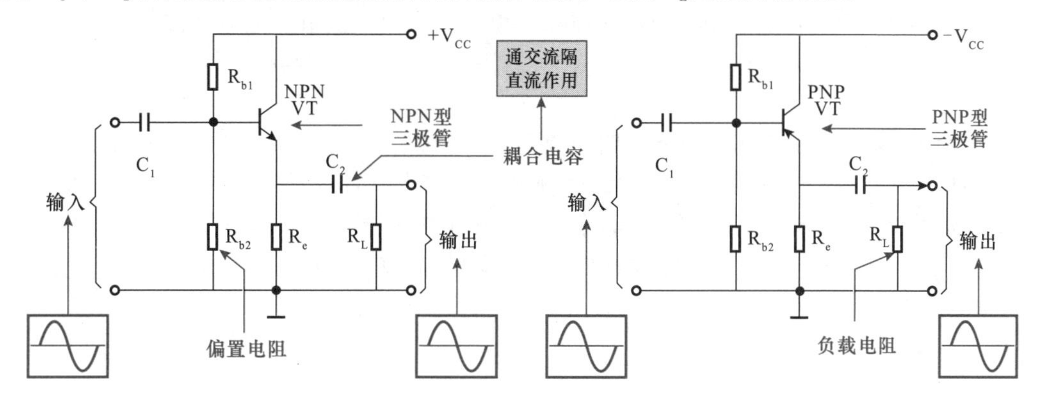

图 3-26　共集电极放大电路的基本结构

由于三极管放大器单元电路的供电电源的内阻很小，因此对于交流信号来说正负极之间相当于短路。交流地等效于电源，也就是说三极管集电极相当于接地。输入信号加载到三极管基极和发射极与负载电阻 R_e 之间，也就相当于加载到三极管基极和集电极之间，输出信号取自三极管的发射极，也就相当于取自三极管发射极和集电极之间，因此集电极为输入信号和输出信号的公共端。

2. 共集电极放大电路的识读分析

对于共集电极放大电路，我们应首先了解电路的结构组成；然后，根据电路中各种关键元器件的作用和功能特点，对电路的信号流程进行分析，完成对共集电极放大电路的识读。

图 3-27 所示为典型共集电极放大电路的识读分析。

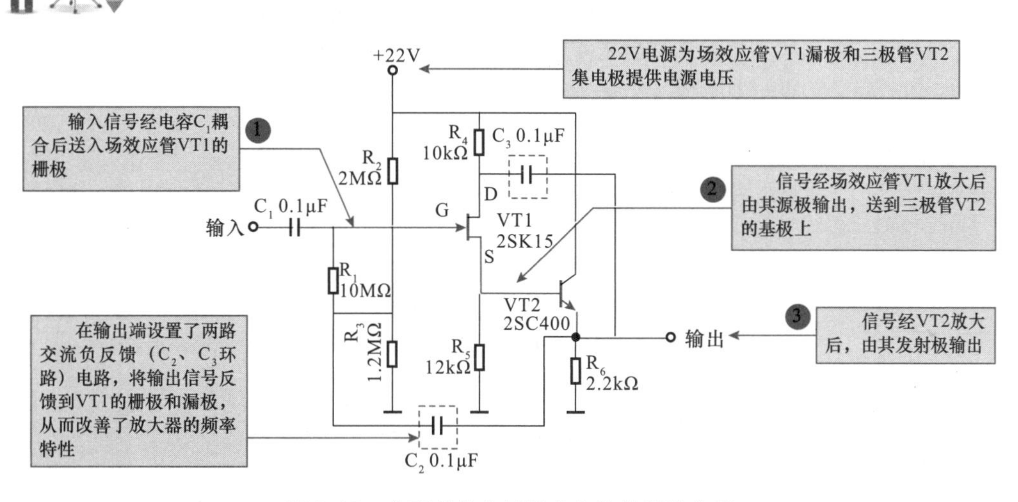

图 3-27　典型共集电极放大电路的识读分析

3.4 实用单元电路的识读方法

3.4.1 电源电路的识读方法

电源电路是为家用产品各单元电路提供工作电压的电路，该电路的电压以交流电源为主，交流电压在电源电路中被整流、滤波后，输出直流电压，为家用产品中的各部分单元电路提供电压。

在识图时，我们首先要了解电源电路的特点和基本工作流程；接下来，结合具体电路熟悉电路的结构组成；然后，依据电路中重要元器件的功能特点，对整体电路进行电路单元的划分；最后，顺信号流程，通过对各电路单元的分析，完成对电源电路的识读。

图解演示

典型电磁炉电路中直流电源供电电路如图3-28所示。

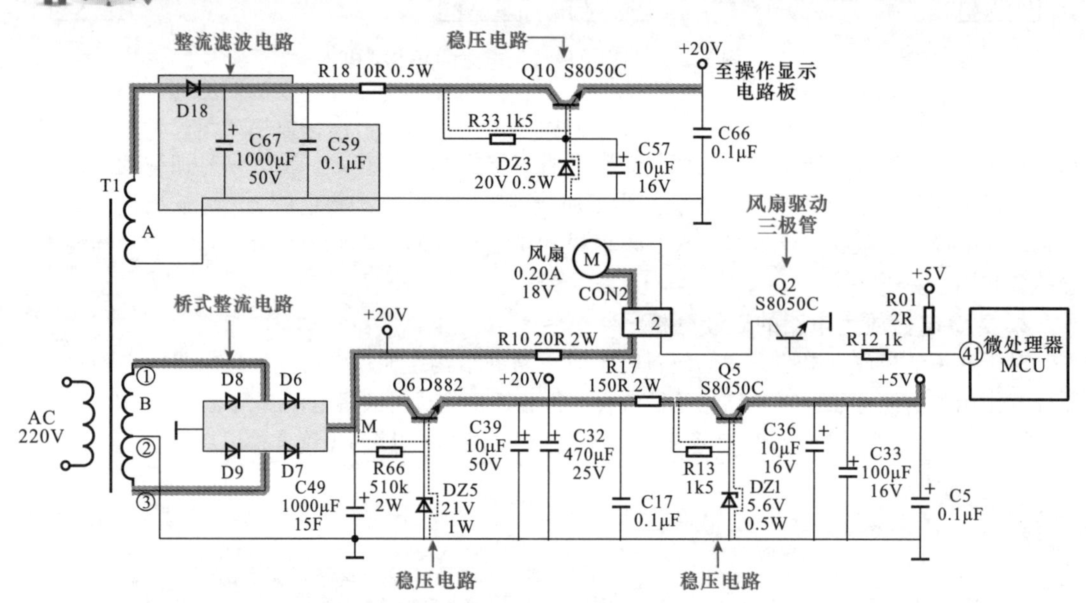

图3-28　典型电磁炉电路中直流电源供电电路

直流电源供电电路实现了将220V市电转化为多路直流电压的变换过程，交流220V电压进入降压变压器T1的初级绕组，其次级绕组A经半波整流滤波电路（整流二极管D18，滤波电容C67、C59）整流滤波，再经Q10稳压电路稳压后，为操作显示电路板输出20V供电电压。

降压变压器的次级绕组B中有3个端子，其中①和③两个端子经桥式整流电路（D6～D9）输出直流20V电压，该直流电压在M点上分为两路进行输送，即一路经插头CON2为散热风扇供电；另一路送给稳压电路，三极管Q6的基极设有稳压二极管DZ5，经DZ5稳压后三极管Q6的发射极输出20V电压，该电压再经Q5稳压电路后，输出5V直流电压。

图解演示

典型直流并联稳压电源电路如图3-29所示。

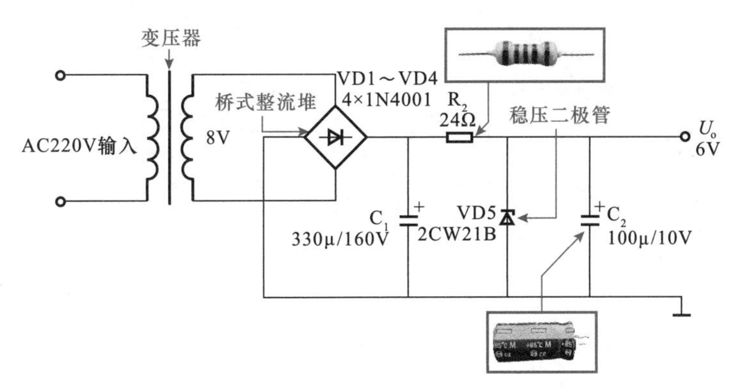

图 3-29 典型直流并联稳压电源电路

直流并联稳压电源电路主要应用于收音机电路中，交流 220V 电压经变压器降压后输出 8V 交流电压，8V 交流电压经桥式整流堆输出约 11V 直流电压，再经 C_1 滤波，R_2、VD5 稳压，C_2 滤波后输出 6V 直流稳压。电路中使用了两只电解电容进行平滑滤波。

图解演示 典型小功率可变直流稳压电源电路如图 3-30 所示。

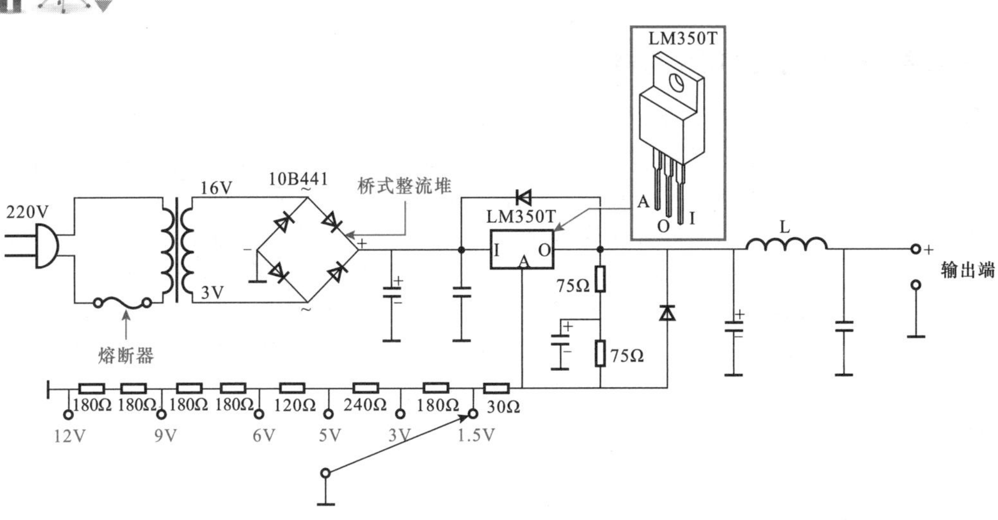

图 3-30 典型小功率可变直流稳压电源电路

在典型小功率可变直流稳压电源电路中，采用了可变输出三端集成稳压器，而且在该电路中，由 8 个电阻器组成的分压电路可以提供 6 组不同的电阻数值，通过选择不同的电阻值，在输出端可以得到不同的电压。

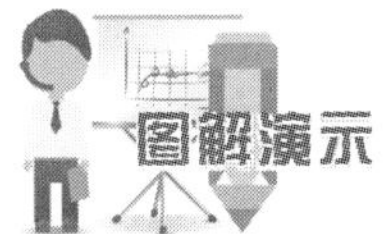

典型具有过电压保护功能的直流稳压电源电路如图 3-31 所示。

此电源电路的调整管 VT1、放大管 VT2 采用不同类型的三极管。VT1 用 PNP 型三极管，VT2 用 NPN 型三极管。电阻 R_4、R_6和稳压管 VZ1、VZ2 组成稳压管比较电桥，用于电压误差的测量，其优点是测量灵敏度高，输出电阻小，可给放大管提供较大的基极电流，有利于提高稳压精度。由 C_2、R_5构成的起动电路是此稳压电源电路所特有的，如果没有起动电路，则在接通

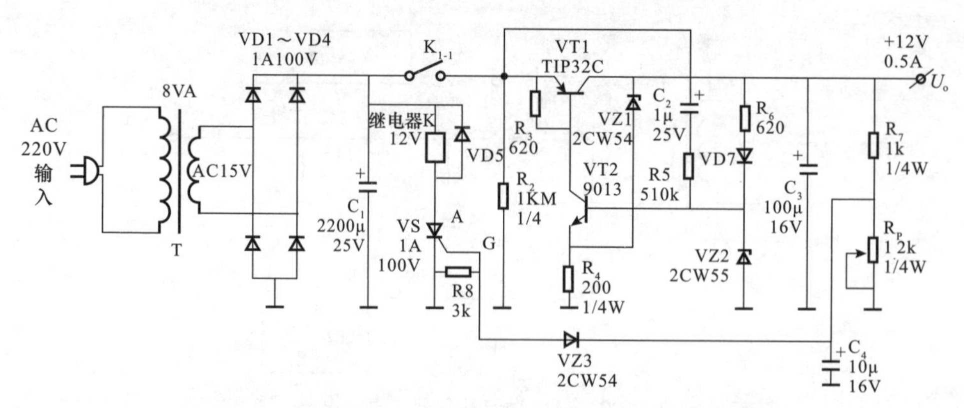

图 3-31　典型具有过电压保护功能的直流稳压电源电路

电源后，VT1、VT2 均处于截止状态，无输出电压。

附加的过电压保护电路由电阻 R_7、电位器 R_P构成的分压器、抗干扰电容 C_4、稳压管 VZ3、电阻 R_8、可控硅 VS 及继电器 K 组成。当输出电压 U_o 因某种故障原因升高到超过 R_P所设定的值时，VZ3 发生击穿，晶闸管 VS 被触发导通，继电器 K 得电动作，其常闭触点 K_{1-1}断开输出，保护了用电负载。过电压保护具有记忆性，只有切断输入电源，可控硅才能恢复截止状态。排除过电压故障后，才能恢复正常供电。

3.4.2　驱动电路的识读方法

驱动电路通常位于主电路和控制电路之间，主要用来对控制电路的信号进行放大。

在识读驱动电路时，首先要了解其特点和基本的工作流程；接下来，结合具体电路，熟悉电路的结构组成；然后，依据电路中重要元器件的功能特点，对驱动电路进行识读。

典型直流电动机稳速控制电路如图 3-32 所示。图 3-32a 所示为磁带录音机中的直流电动机驱动电路，它利用 NE555 时基集成电路输出开关脉冲，经 VQ01 三极管驱动电动机旋转。NE555 ②脚为负反馈信号输入端。通过反馈环路实现稳速控制，②脚外接电位器 VR1，可对速度进行微调。图 3-32b 所示为采用速度反馈方式的电动机驱动电路，它是在电动机上设有测速信号发生器 TG，速度信号经整流滤波后变成直流电压反馈到 NE555 的②脚，经 NE555 的检测和比较，再由③脚输出可变控制信号，从而达到稳速的目的。

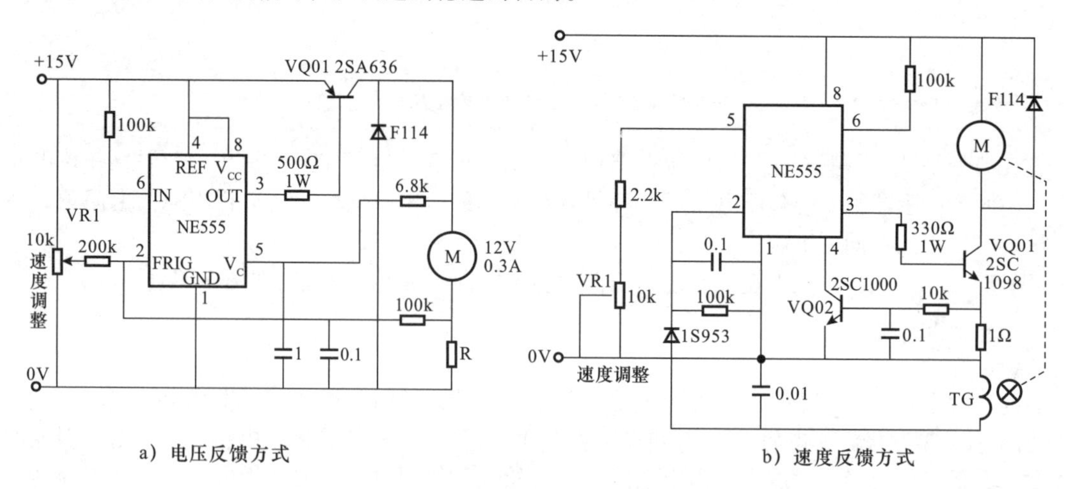

图 3-32　典型直流电机稳速控制电路

典型电动机驱动电路如图 3-33 所示。典型电动机驱动电路是一种光控双向旋转电路。光敏三极管接在 VT1 的基极电路中，有光照时，光敏三极管有电流，VT1 导通；无光照则 VT1 截止。有光照时，VT1 导通，VT2 截止，VT3 导通，VT4 导通，VT5 导通，则有电流 I_1 出现，电动机正转；无光照时，VT1 截止，VT6 导通，VT7 导通，VT8 导通，则有电流 I_2 出现，电动机反转。

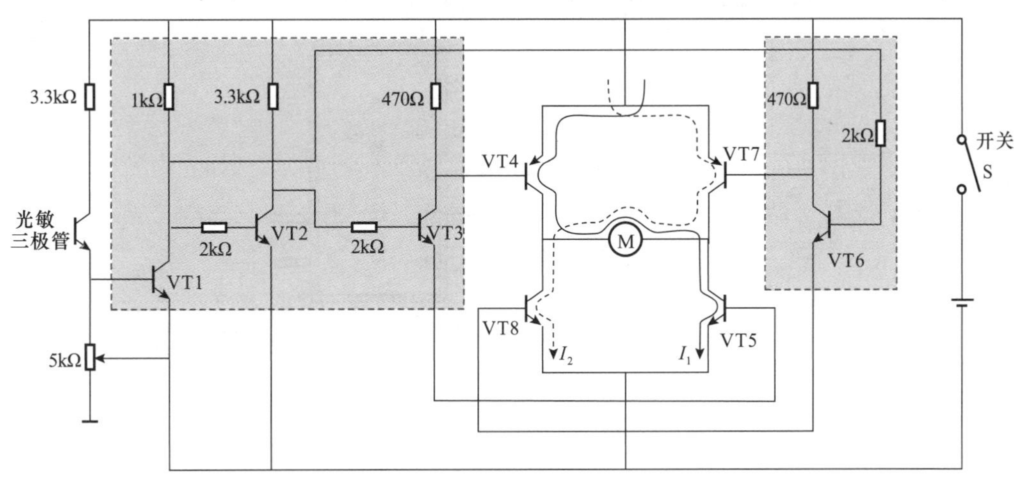

图 3-33　典型电动机驱动电路图

3.4.3　控制电路的识读方法

控制电路是对家用产品各部分进行控制的电路，不同的家用产品，控制电路的控制方式也有所不同，因此在维修家用产品之前，首先要对控制电路进行识读，了解控制电路的控制流程，以便对家用产品进行检修。

在对该电路进行识读时，应首先了解电路的基本结构，找到电路中的主要元器件，再根据主要元器件的功能和信号流程，对该电路进行识读。下面介绍几种典型控制电路的识读方法。

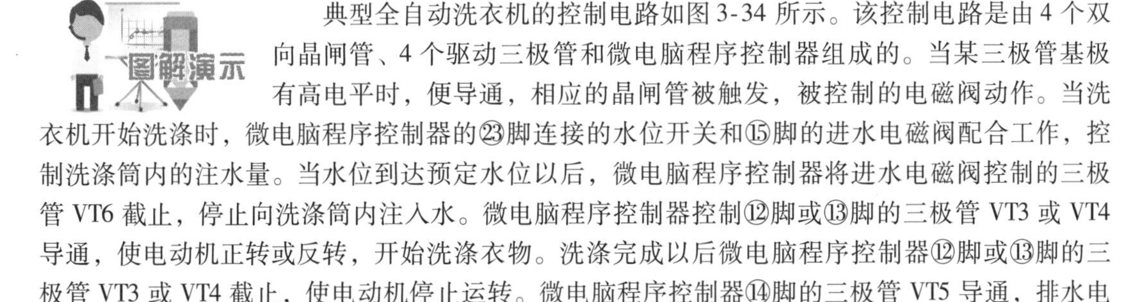

典型全自动洗衣机的控制电路如图 3-34 所示。该控制电路是由 4 个双向晶闸管、4 个驱动三极管和微电脑程序控制器组成的。当某三极管基极有高电平时，便导通，相应的晶闸管被触发，被控制的电磁阀动作。当洗衣机开始洗涤时，微电脑程序控制器的㉓脚连接的水位开关和⑮脚的进水电磁阀配合工作，控制洗涤筒内的注水量。当水位到达预定水位以后，微电脑程序控制器将进水电磁阀控制的三极管 VT6 截止，停止向洗涤筒内注入水。微电脑程序控制器控制⑫脚或⑬脚的三极管 VT3 或 VT4 导通，使电动机正转或反转，开始洗涤衣物。洗涤完成以后微电脑程序控制器⑫脚或⑬脚的三极管 VT3 或 VT4 截止，使电动机停止运转。微电脑程序控制器⑭脚的三极管 VT5 导通，排水电磁阀开始工作。当排水到最后一分钟时，微电脑程序控制器⑯脚的三极管 VT7 和 VT2 导通，蜂鸣器开始鸣叫。

典型报警灯控制电路如图 3-35 所示。在报警灯控制电路中，晶闸管起到了可控开关的作用。只要有触发信号加到晶闸管的触发端（G），晶闸管便会导通，而触发信号消失后，晶闸管仍保持导通状态。当 A 物体被移动

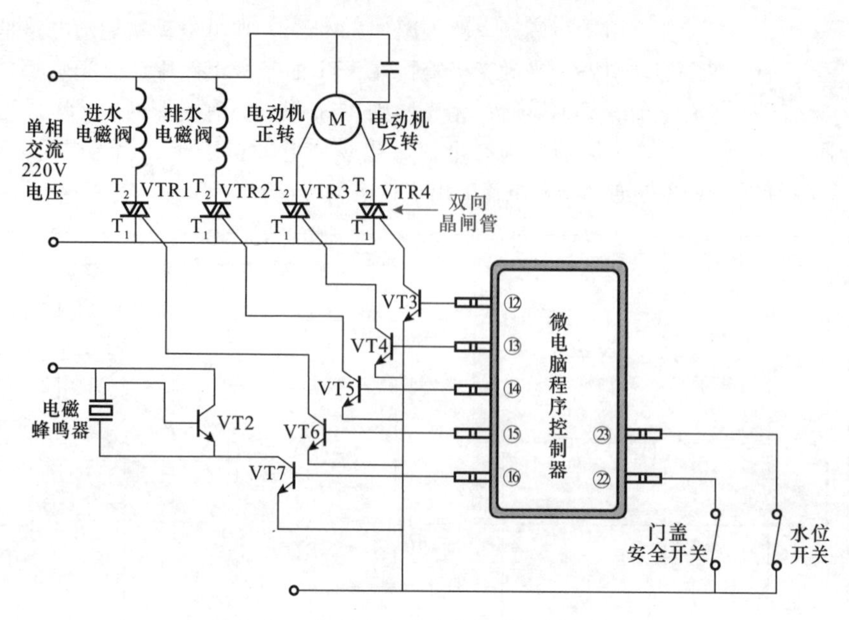

图 3-34　典型全自动洗衣机的控制电路图

到光电检测器中时，发光二极管发出的光被物体遮挡，光敏三极管因无光照射而截止。D_1的正端电压上升，呈正向偏置，电源经 R_2、D_1为三极管 VT1 提供基极电流，使 VT1 导通。VT1 导通的瞬间为晶闸管的触发端提供触发电压，于是晶闸管导通，报警灯因电流增加而发光。这种情况即使 A 物体离开光检测区，晶闸管仍处于导通状态，报警灯保持，只有关断 K1，才能使电路恢复初始等待状态。

当 A 物体不存在时，光敏三极管受光照而导通，D_1正端电压很低，VT1 处于截止状态，其发射极电压也很低，无触发信号。当 A 物体阻挡光线时，光敏三极管截止，D_1正端电压升高，VT1 发射极电压也升高并输出触发信号。

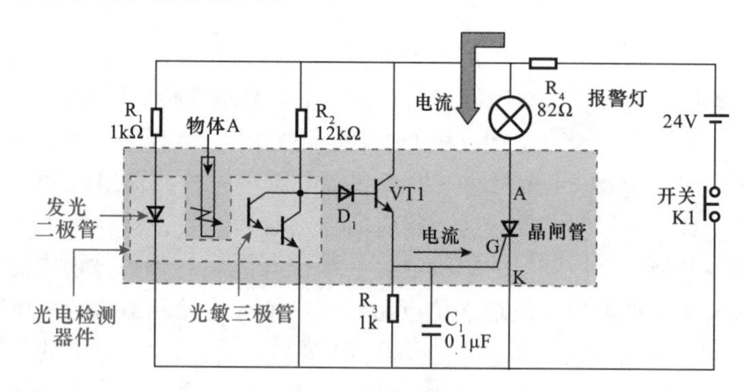

图 3-35　典型报警控制电路

3.4.4　检测电路的识读方法

检测电路的应用十分广泛，在很多家用产品中都设有检测电路，其主要功能是对产品中的某一状态进行检测或监控，并根据其检测的结果来进行相关的操作，从而实现对电路的保护、控制及显示等功能。

对检测电路进行识读时，我们首先要从电路的检测部分入手，找到主要的传感器件，了解该传感器的功能及结构特点。然后，依据传感器功能特点，进行电路单元的划分。最后，顺信号流程，通过对各电路单元的分析，完成对整体线性电源电路的识读。

典型物体位移检测电路如图3-36所示。物件位移检测电路也可用于其他环境的检测，从图可见，按键开关接通，有电压（12V）加到发光二极管及其驱动电路。开关（S）设置在被检测的机构上，在正常状态开关接通时，三极管基极处于反向偏置状态而截止，电流直接由开关流走。一旦被测机构有异常情况使开关断开，+12V电源经电路和二极管 D_1 使三极管满足导通条件，即发射结正偏，集电结反偏。发光二极管处于工作状态，发出报警信号。

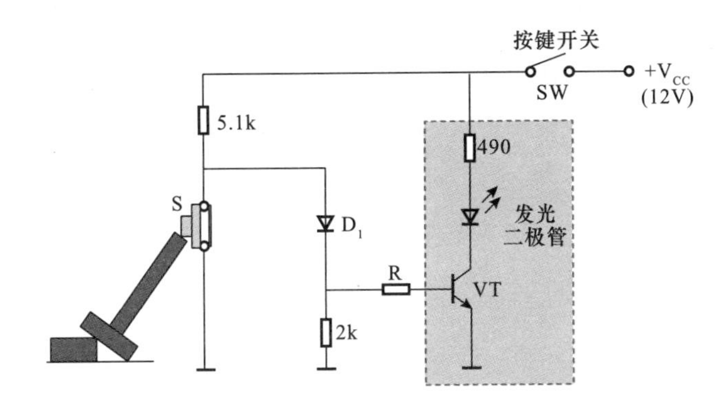

图3-36　物体位移检测电路

变频空调器室外温度检测电路如图3-37所示。室外机温度检测元件采用热敏电阻，热敏电阻的阻值会随环境温度的变化而变化，微处理器在工作中要不断地检测室外温度、盘管温度和排气管温度，为实施控制提供外部数据。设置在室外机检测部位的热敏电阻通过引线和插头接到控制电路插接件CN06上。经CN06分别与直流+5V电压和接地电阻相连，然后加到微处理器（CPU）的⑦、⑧、⑨脚上。

温度变化时，热敏电阻的值会发生变化。热敏电阻与接地电阻构成分压电路，分压点的电压值会发生变化，该电压送到微处理器中，会在接口电路中经A－D变换器将模拟电压量变成数字信号，提供给微处理器进行比较判别，以确定对其他部件的控制。

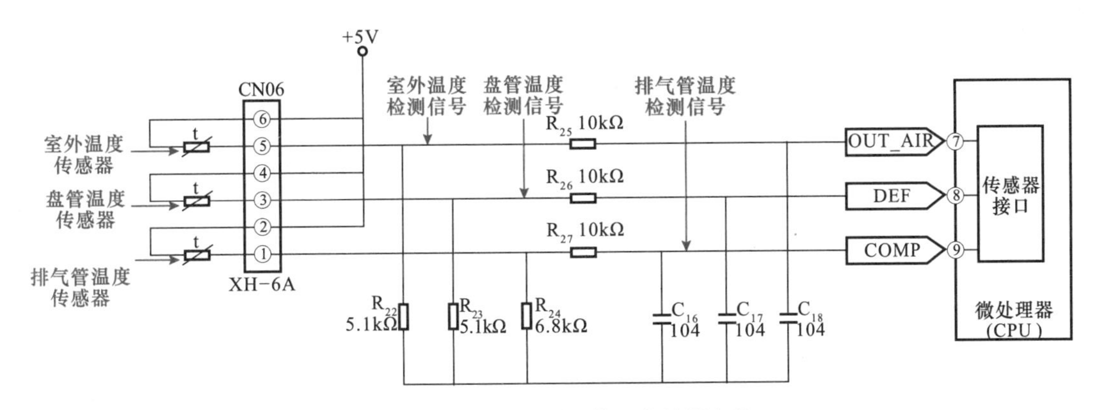

图3-37　变频空调器室外温度检测电路

3.4.5 信号处理电路的识读方法

信号处理电路主要是将信号源发出的信号进行放大、检波等，从而达到家用产品所需的信号。在识读时，我们首先要了解该电路的特点和基本工作流程，然后根据电路中各关键器件的作用和功能特点对电路进行识读。

图解演示 典型多声道音频信号处理电路如图3-38所示。多声道音频信号处理电路是AV功放设备中的立体电路，该电路有多个外部音频信号输入接口，可同时输入CD、VCD、DVD、摄录像机的音频信号（双声道），经音源选择电路选择出R、L信号。该信号送到杜比定向逻辑解码电路M69032P中，进行环绕声解码处理，解码后有4路（多声道）输出，L、R为立体声道信号，S为环绕声道信号，C为中置声道输出。S、C声道的信号经放大后驱动各自的扬声器，其中S声道再分成两路信号驱动两路扬声器。整体共5个声道，可以形成临场感很强的环绕声效果。

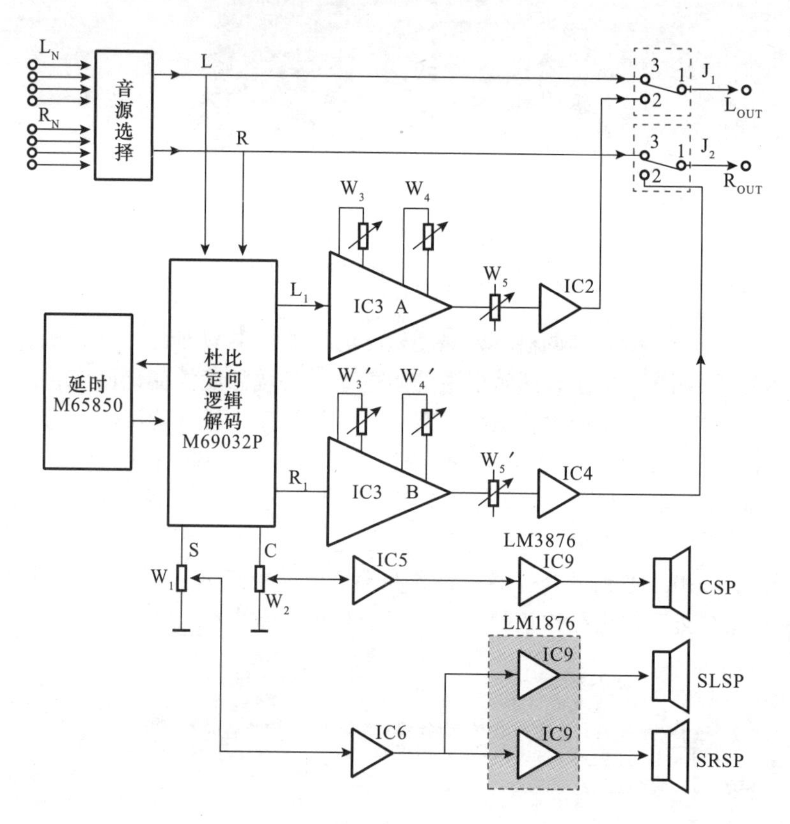

图3-38 典型多声道音频信号处理电路图

图解演示 典型回声信号处理电路如图3-39所示。回声信号处理电路多应用于数字音频处理电路，如卡拉OK电路。该电路中，话筒信号位RC耦合电路送入PT2399的⑯脚，在IC内部进行延迟处理，延迟后的音频信号由⑮脚输出，同时从输出的信号中再取一部分信号经10kΩ电阻送入⑯脚进行二次延迟处理，这样就会使输出的信号中有多次延迟的效果，形成回声效果。

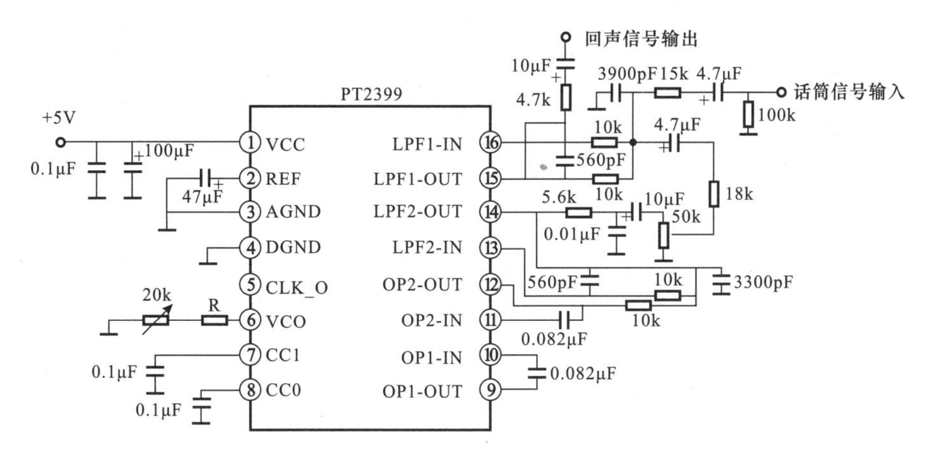

图 3-39　典型回声信号处理电路

3.4.6 接口电路的识读方法

接口电路是家用产品中进行数据输入、输出的重要元件，通过它可以实现家用产品之间的数据传输与转换。同时，接口也是家用产品中故障率较高的部位，所以在检修前，首先要了解接口电路的识读方法。

在对接口电路识图时，首先应了解该接口的特点，然后根据电路中重要元器件的特点，顺信号流程，对电路进行分析并完成其识读。

图解演示　室外机的温度传感器接口电路如图 3-40 所示。在室外机的温度传感器接口电路中，微处理器的⑮、⑯、⑰外部是温度传感器的信号输入端。热敏电阻与接口电路中的电阻构成分压电路，温度变化会引起热敏电阻阻值的变化，电阻值的变化会引起分压电路分压点电压的变化。送入微处理器中的是电压值，也就是说该温度的变化量由接口电路变成了电压的变化量，在 CPU 中经 A－D 变换器盒运算处理电路的处理，使这些数据成为微处理器控制的依据，如果温度出现异常，则微处理器会实施保护停机。

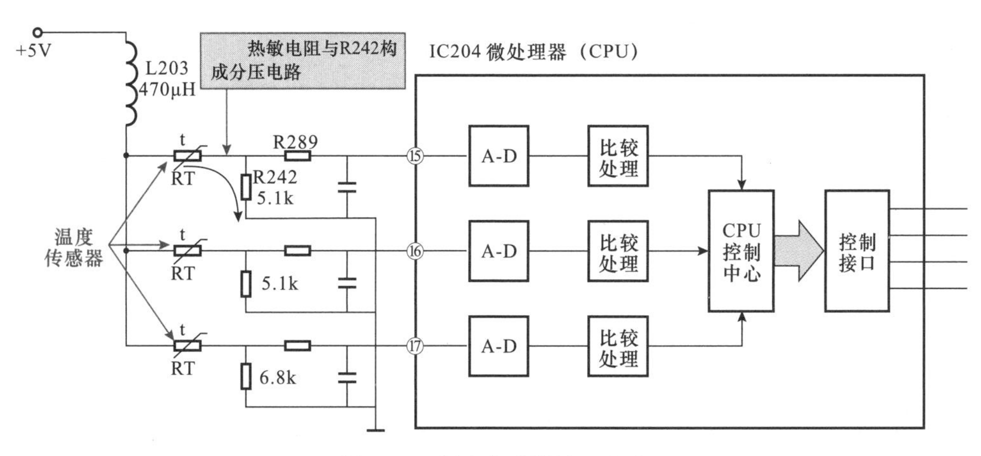

图 3-40　温度传感器接口电路

图解演示 典型笔记本电脑触摸板接口电路如图3-41所示。该电路有3.3V和5V两种直流电压，当触摸板被控制时，接口电路接收来自触摸板上的电容传感器和集成电路的控制信号，并将其送入触摸板管理芯片中，对触摸板控制信号进行识别、编码。

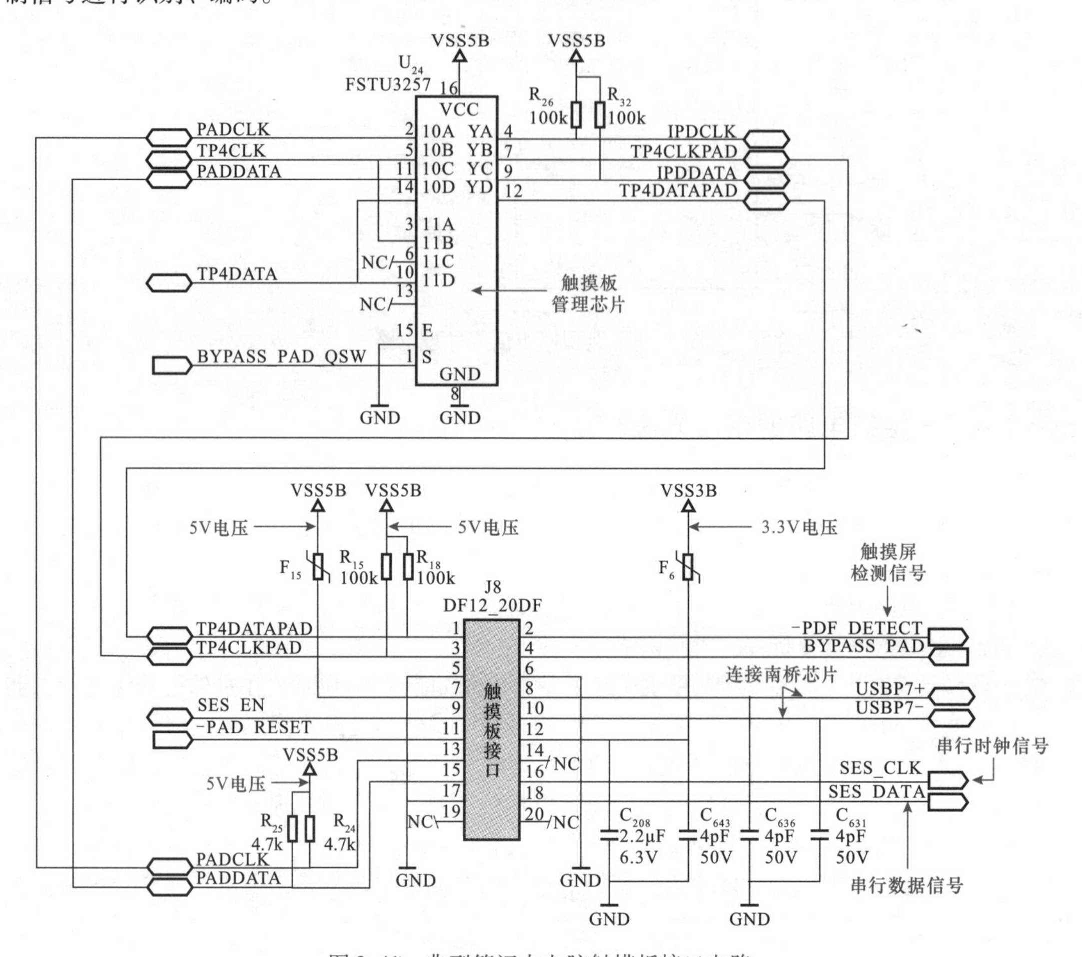

图3-41　典型笔记本电脑触摸板接口电路

电子元器件的检测技能

4.1 电阻器的检测技能

4.1.1 普通电阻器的检测

通常对于普通电阻器的检测，可通过万用表对待测电阻器的阻值进行测量，将测量结果与待测电阻器的标称阻值进行比对，即可判断电阻器的性能。

图解演示 图4-1所示为待测普通电阻器的实物外形。根据电阻器上的色环标注或直接标注识读，便能得到该电阻器的阻值。可以看到，该电阻器采用色环标注法，色环从左向右依次为“红”“黄”“棕”“金”。根据前面所学的知识可以识读出该电阻器的阻值为240Ω，允许偏差为±5%。

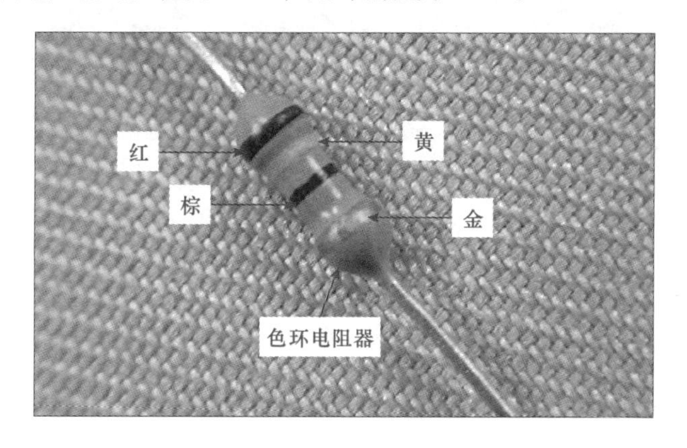

图4-1　待测普通电阻器的实物外形

在检测电阻器时，可以采用万用表检测其电阻阻值的方法，来判断其好坏。

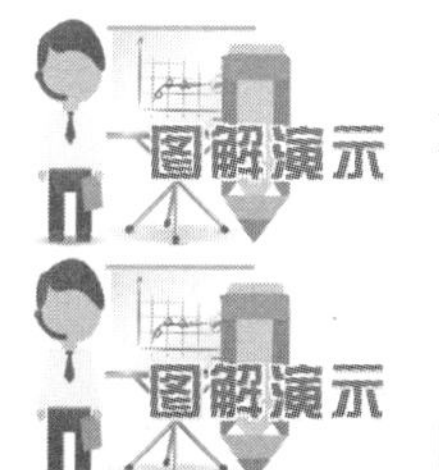

图解演示 将万用表的量程调整至电阻档，并将其档位调整至“×10Ω”档后，旋转调零旋钮，进行调零校正，如图4-2所示。

图解演示 将万用表的红、黑表笔分别搭在待测电阻器的两引脚上，观察万用表的读数，如图4-3所示。若测得的阻值与标称值相符或相近，则表明该电阻器正常；若测得的阻值与标称值相差过多，则该电阻器可能已损坏。

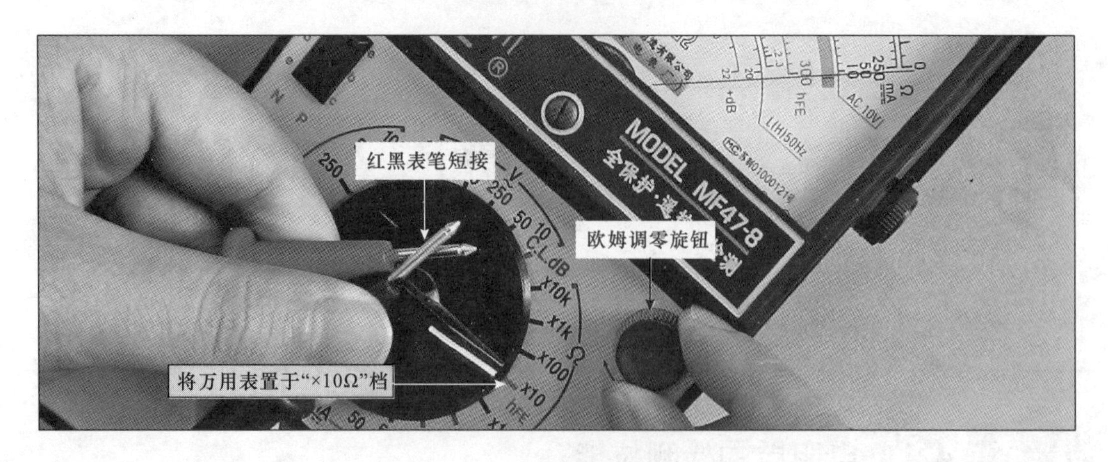

图 4-2　万用表的零欧姆校正

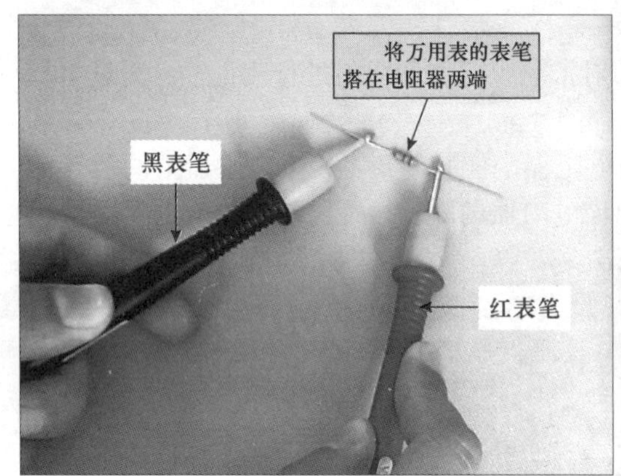

图 4-3　普通电阻器的检测方法

无论是使用指针式万用表还是数字式万用表，在设置量程时，要选择尽量与测量值相近的量程，以保证测量值准确。如果设置的量程范围与待测值之间相差过大，则不容易测出准确值。这在测量时要特别注意。

4.1.2　可变电阻器的检测

对于可变电阻器的检测，可使用万用表对待测可变电阻器的阻值进行测量。在测量过程中，调整可变电阻器的阻值。正常情况下应该能够检测出阻值的变化，否则说明可变电阻器性能异常。

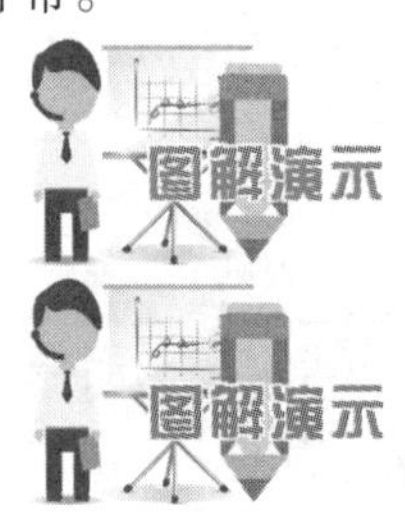

图 4-4 所示为待测可变电阻器的实物外形。

将万用表的量程调至“×2k”电阻档，将万用表红、黑表笔分别搭在可变电阻器的两定片引脚上，并调整旋钮，如图 4-5 所示。

图 4-4 待测可变电阻器的实物外形

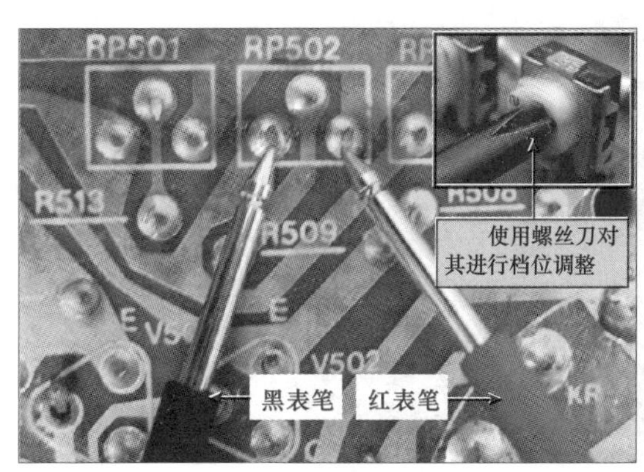

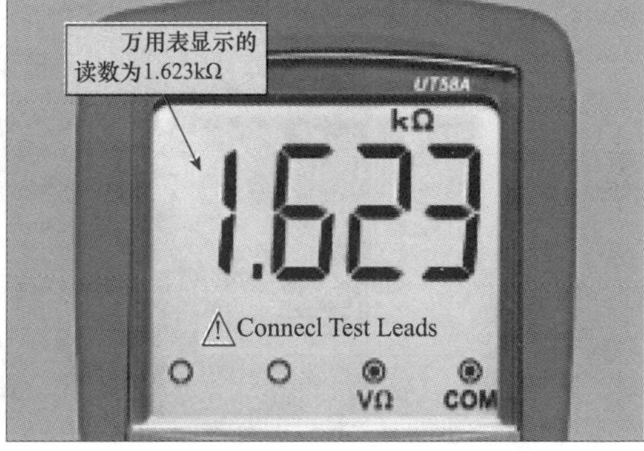

图 4-5 检测可变电阻器的最大阻值

万用表的量程不变，将万用表的红、黑表笔分别搭在可变电阻器的动片和定片引脚上，并调整旋钮，如图 4-6 所示。

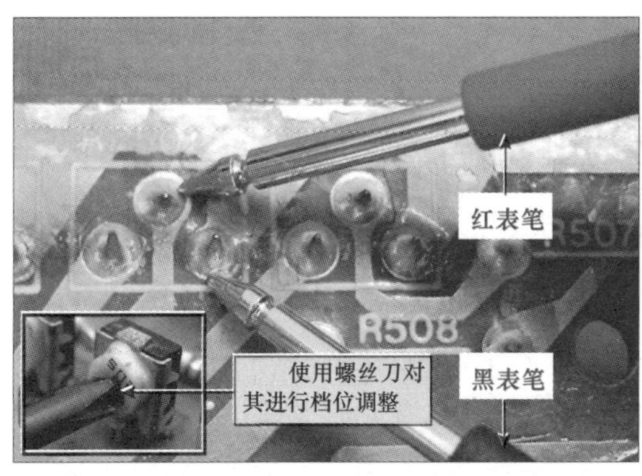

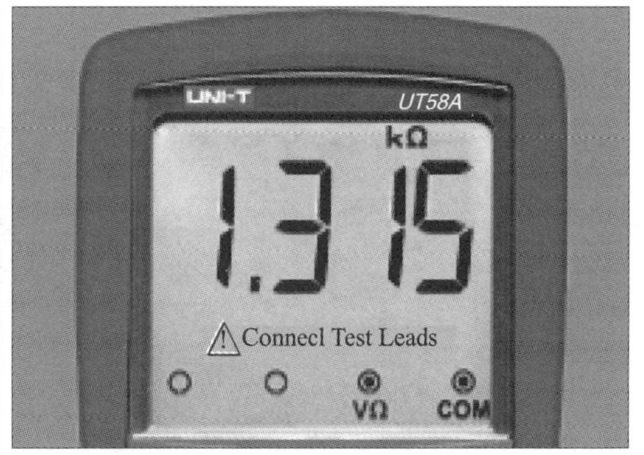

图 4-6 可变电阻器的检测方法

正常情况下，测得可变电阻器的定片与定片之间的阻值最大，测量动片与定片之间的阻值时，其阻值不固定。若检测动片与定片之间阻值时，调整旋钮，阻值没有变化，则说明该可变电阻器已损坏。

4.1.3 敏感电阻器的检测

光敏电阻器、热敏电阻器、湿敏电阻器都属于敏感电阻器，该类电阻器的阻值会随环境变化而发生变化。例如，光敏电阻器的阻值会受光照强弱的影响而变化；热敏电阻器的阻值会受环境温度的影响而变化；湿敏电阻器的阻值则会受环境湿度的影响而变化。因此，对此类电阻器的检测可在阻值测量过程中人为改变环境参数，若待测敏感电阻器的阻值随之变化，则说明性能异常。

以光敏电阻器为例，图 4-7 所示为待测光敏电阻器的实物外形。光敏电阻器的特点是当外界光照强度变化时，光敏电阻器的阻值也会随之变化。若被测光敏电阻器表面没有标称阻值，则应使用较大的量程测量，以免损坏万用表。

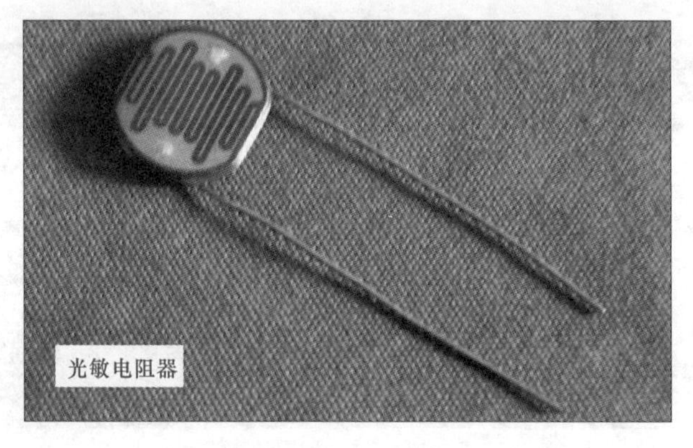

图 4-7 待测光敏电阻器的实物外形

在正常光照下，将万用表的红、黑表笔分别搭在光敏电阻器的两引脚上，并观察万用表的读数，如图 4-8 所示。

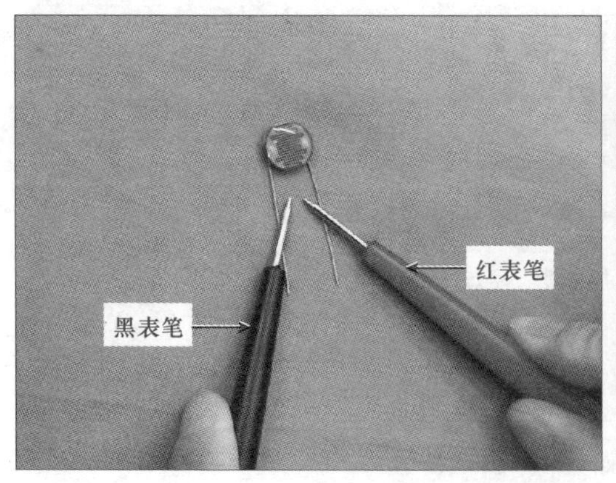

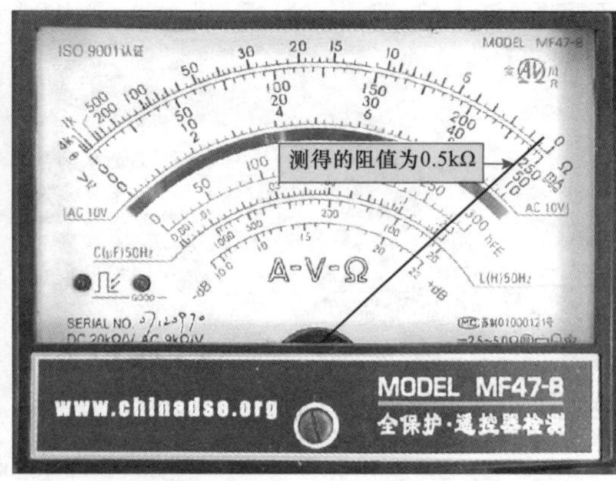

图 4-8 正常光照下检测光敏电阻器

万用表的量程和表笔位置不变，将光敏电阻器用遮光物遮住，观察万用表的读数，如图4-9所示。

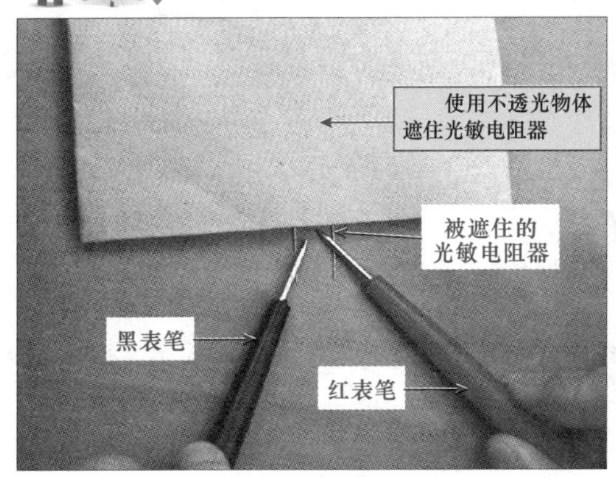

图4-9　光照不足下检测光敏电阻器

正常情况下，光敏电阻器的阻值会随光线强度的不同而发生相应变化。一般来说，光线强度越高，光敏电阻器阻值越小。

图4-10所示为热敏电阻器的检测操作。检测时根据热敏电阻器的特性改变环境温度，观察阻值的变化即可完成对热敏电阻器性能的检测。

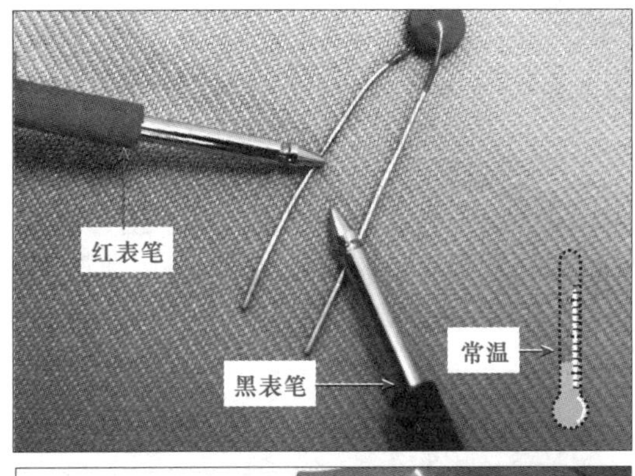

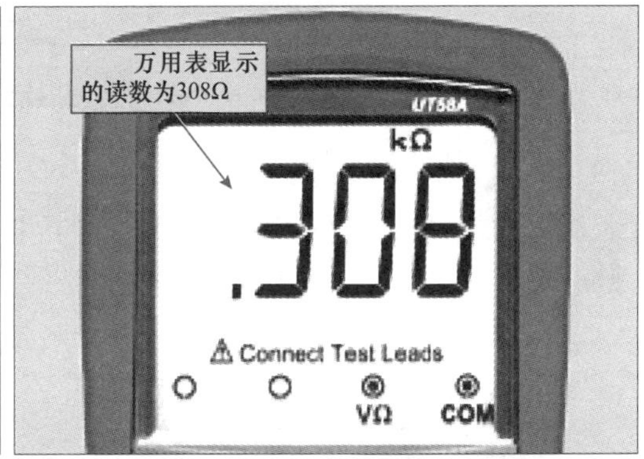

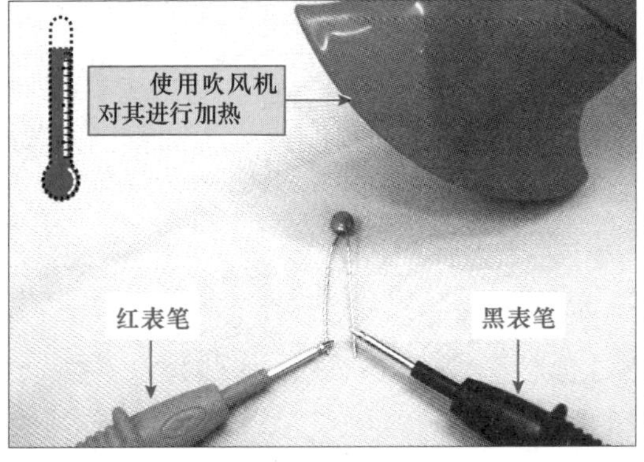

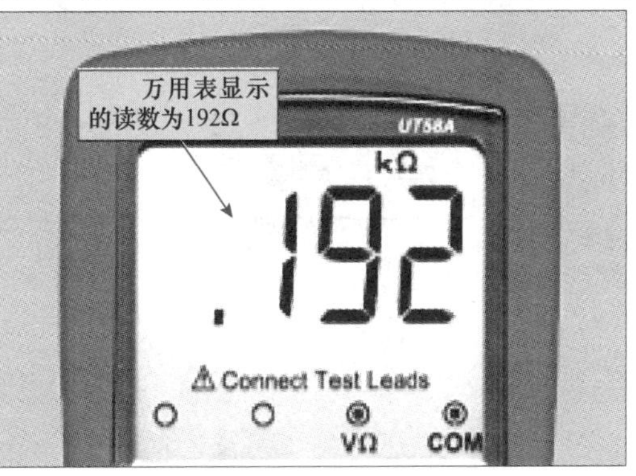

图4-10　热敏电阻器的检测操作

热敏电阻器根据随温度升高，阻值变化趋势的不同，可分为正温度系数热敏电阻器和负温度系数热敏电阻器两种。热敏电阻器的阻值随温度的升高而增大称为正温度系数热敏电阻器（FTC)；阻值随温度的升高而降低则称为负温度系数热敏电阻器（NTC)。

4.2 电容器的检测技能

4.2.1 固定电容器电容量的检测

固定电容器是指电容器一经制成后，其电容量不能发生改变的电容器。图4-11所示为待测固定电容器的实物外形，观察该电容器标识，根据标识可以识读出该电容器的标称容量值为220nF，即0.22μF。

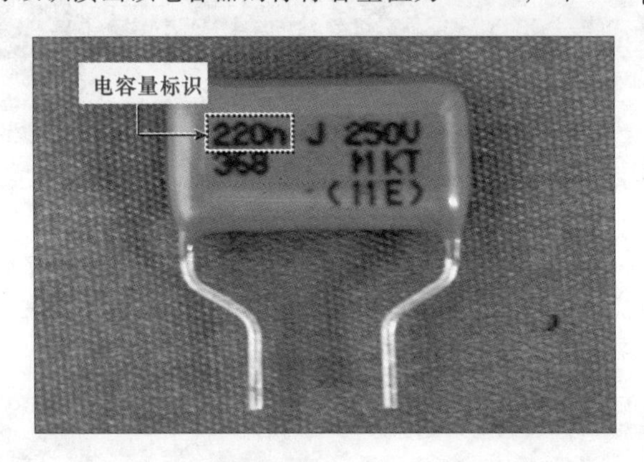

图4-11 待测固定电容器的实物外形

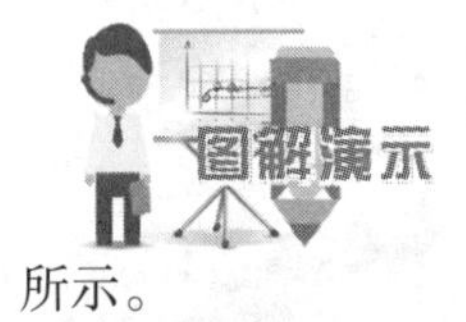

使用万用表对其进行检测，一般选择带有电容量测量功能的数字式万用表进行。首先将万用表的电源开关打开。将万用表调至电容档，根据电容器上标识的电容值，应当将万用表的量程调至“2μF 档”，如图4-12所示。

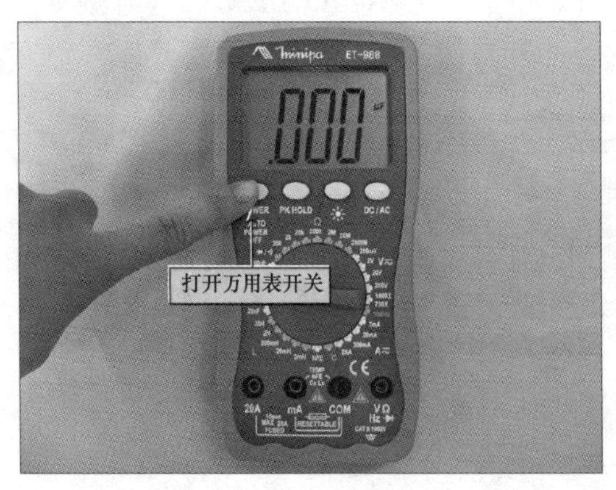

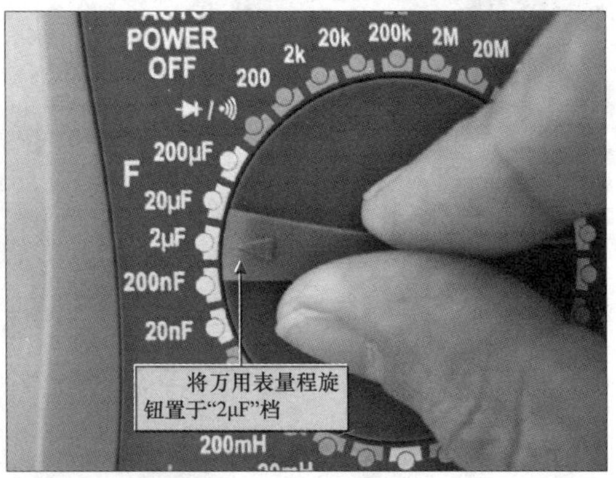

图4-12 打开万用表开关，并调整量程

然后，将附加测试器插座插入万用表的表笔插孔中，如图 4-13 所示。

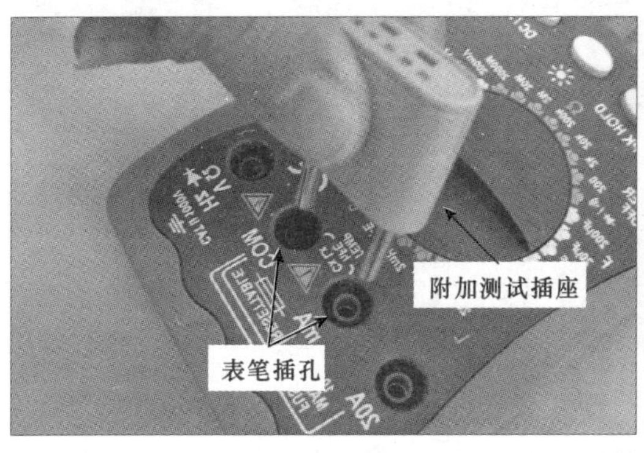

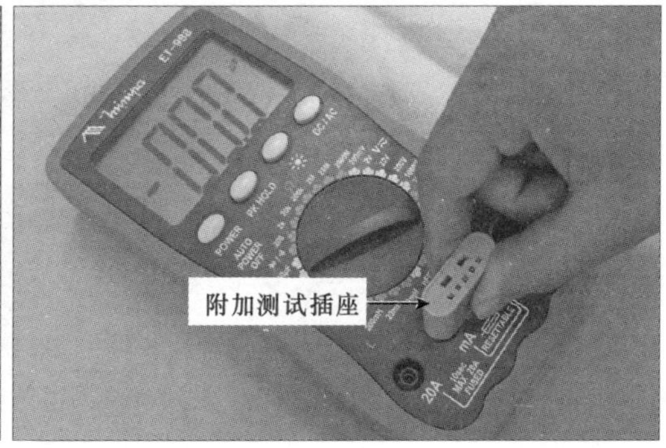

图 4-13　将附加测试器插座插入万用表的表笔插座中

将待测电容器的引脚插入测试插座的“Cx”电容输入插孔中，观测万用表显示的电容读数，测得其电容量为 0.231nF，如图 4-14 所示。根据计算，$1\mu F = 10^3 nF = 10^6 pF$，即 $0.231\mu F = 231nF$，与电容器标称容量值基本相符。

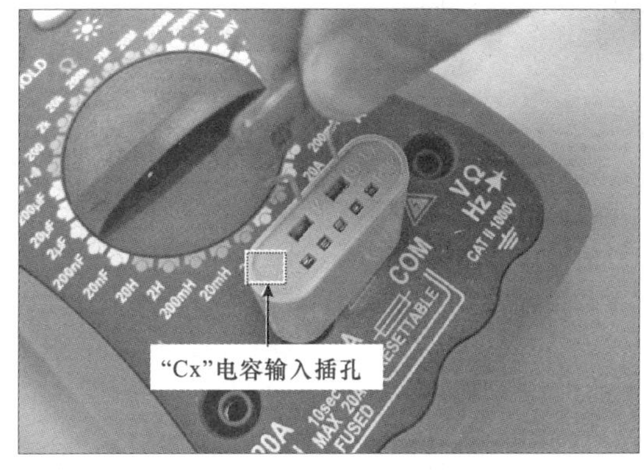

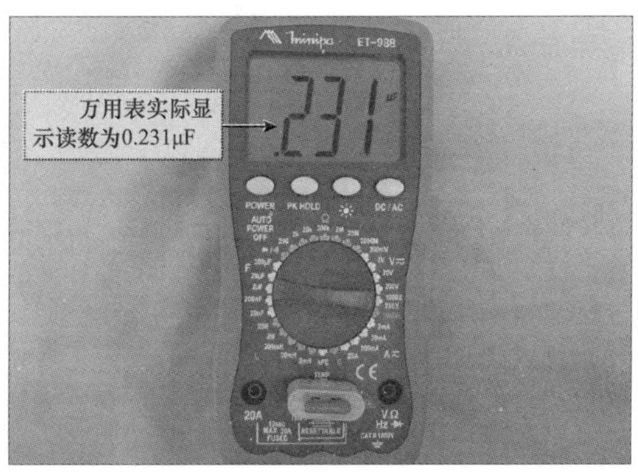

图 4-14　对固定电容器进行检测

4.2.2　电解电容器充放电性能的检测

电解电容属于有极性电容，从电解电容的外观上即可判断。一般在电解电容的一侧标记为“ - ”，即表示这一侧的引脚极性为负极，而另一侧引脚则为正极。电解电容的检测是使用指针式万用表对其漏电阻值的检测来判断电解电容性能的好坏，图 4-15 所示为待测电解电容器的实物外形。

对于大容量电解电容，在工作中可能会有很多电荷，如短路会产生很强的电流，为防止损坏万用表或引发电击事故，应先用电阻对其进行放电，然后再进行检测。对大容量电解电容放电可选用阻值较小的电阻，将电阻的引脚与电容的引脚相连即可，图 4-16 所示为电解电容器的放电过程。

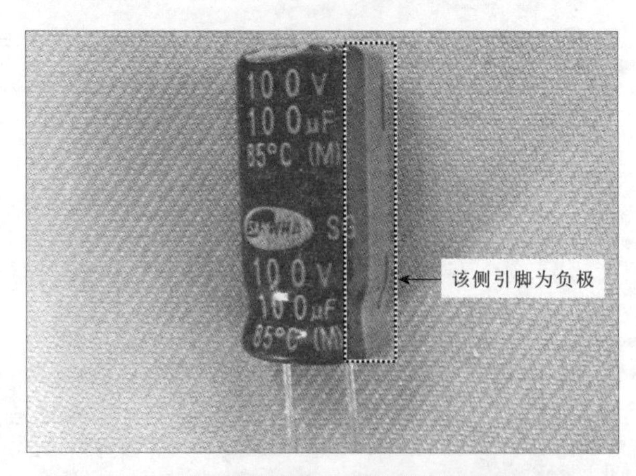

图 4-15　待测电解电容器的实物外形

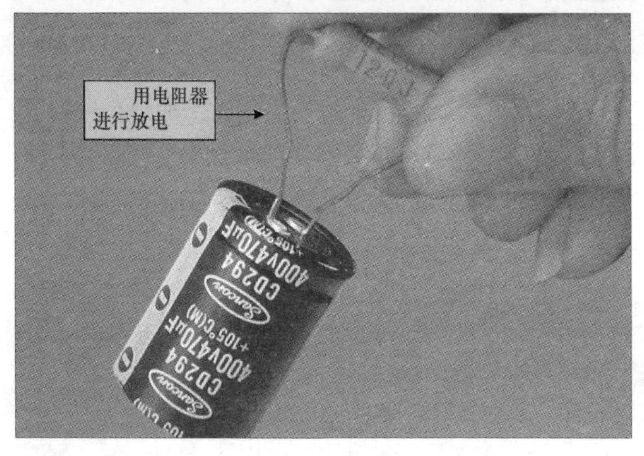

图 4-16　电解电容器的放电过程

用万用表检测电解电容器的充放电性能时，为了能够直观地看到充放电的过程，我们通常选择指针式万用表进行检测。

电解电容器放电完成后，将万用表旋至电阻档，量程调整为“×10k”档。测量电阻值需先进行欧姆调零，将万用表两表笔短接，调整调零旋钮使指针指示为“0”，如图 4-17 所示。

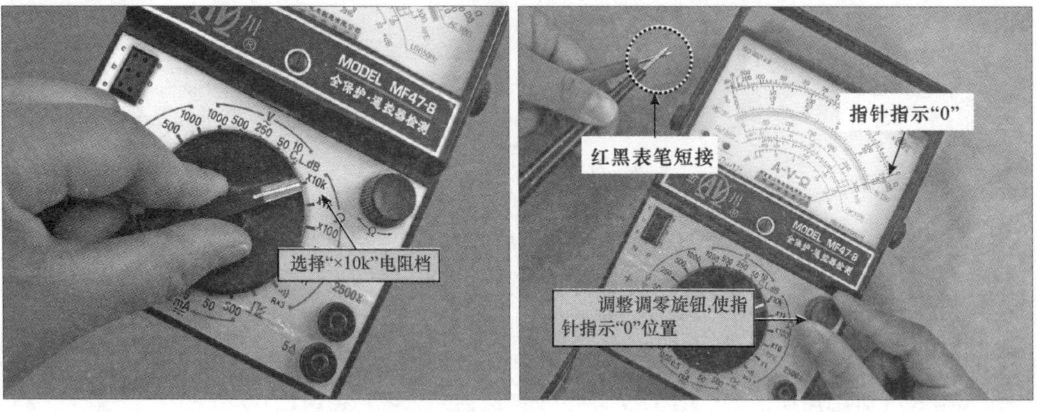

图 4-17　调整万用表量程，并进行欧姆调零

将万用表红表笔接至电解电容的负极引脚，黑表笔接至电解电容的正极引脚，观测其指针摆动幅度，如图 4-18 所示。

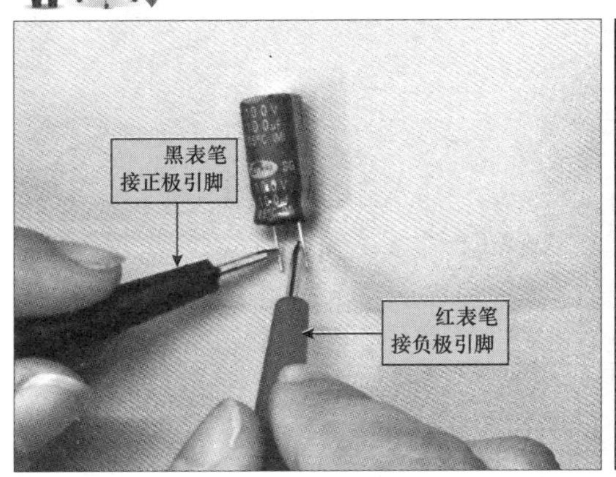

图 4-18 万用表指针向左逐渐摆回至某一固定位置

在刚接通的瞬间，万用表的指针会向右（电阻小的方向）摆动一个较大的角度。当表针摆动到最大角度后，接着又会逐渐向左回摆，直至表针停止在一个固定位置，这说明该电解电容有明显的充放电过程。所测得的阻值即为该电解电容的正向漏电阻，该阻值在正常情况下应该比较大。

若表笔接触到电解电容引脚后，表针摆动到一个角度后随即向回稍微摆动一点，即并未摆回到较大的阻值，则此时可以说明该电解电容漏电严重，如图 4-19 所示。

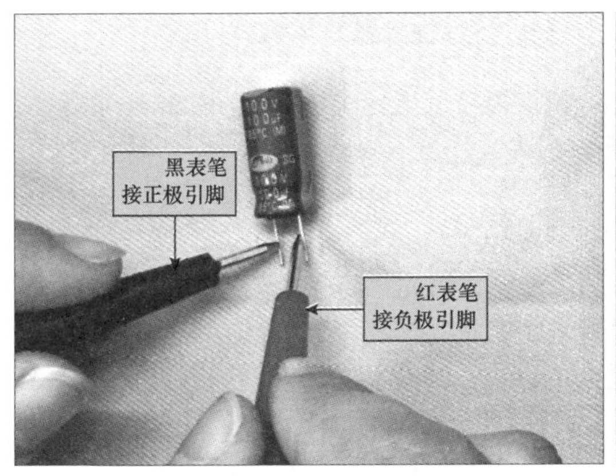

图 4-19 万用表指针达到的最大摆动幅度与最终停止时的角度

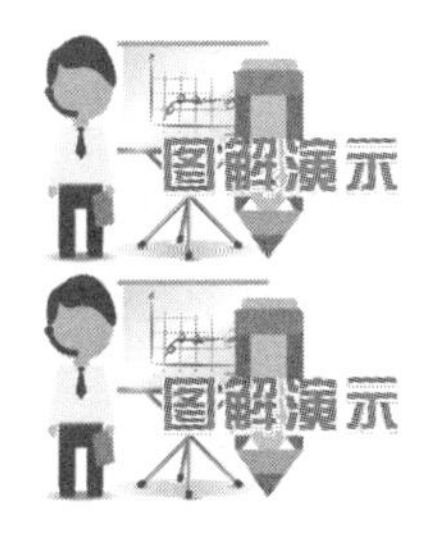

若表笔接触到电解电容引脚后，表针即向右摆动，并无回摆现象，指针指示一个很小的阻值或阻值趋近于 0，则说明当前所测电解电容已被击穿短路（损坏），如图 4-20 所示。

若表笔接触到电解电容引脚后，表针并未摆动，仍指示阻值很大或趋于无穷大，则说明该电解电容中的电解质已干涸，失去电容量（损坏），如图 4-21 所示。

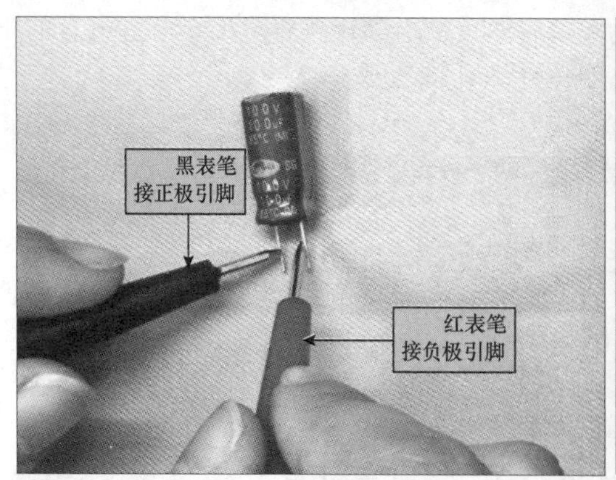

图 4-20　万用表指针向右摆动其趋近于 0

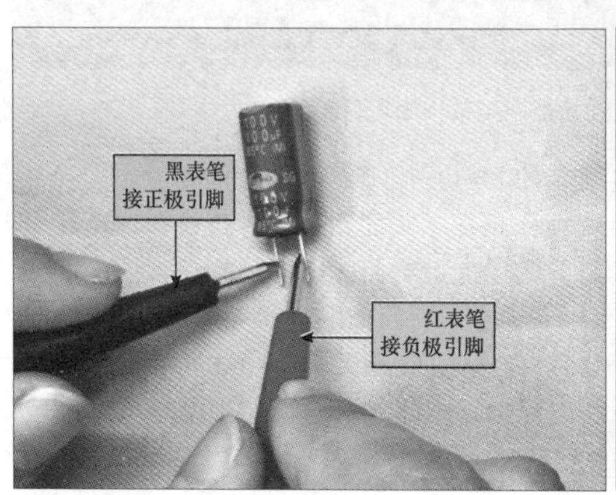

图 4-21　万用表指针无摆动其趋近于无穷大

上述方法只能用于判断电容器的好坏或性能，若需要对其电容量进行检测，则通常可使用数字式万用表的电容档进行检测（200nF ~ 100μF 范围内）。

4.2.3　可变电容器的检测

在对可变电容器进行检测之前，应首先检查可变电容器在转动转轴时是否能感觉到转轴与动片引脚之间有一定的黏合性，不应有松脱或转动不灵的情况，如图 4-22 所示。

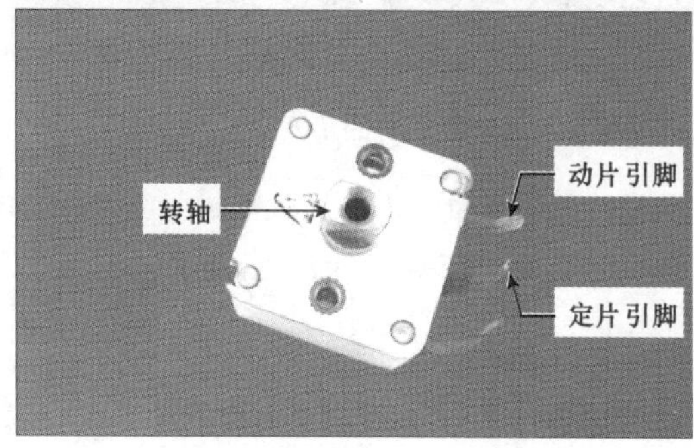

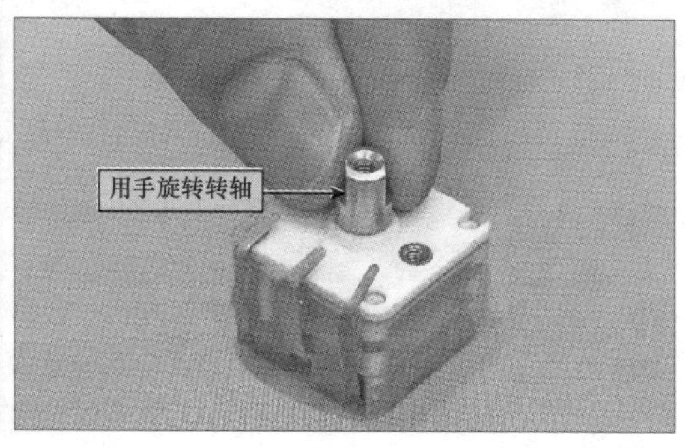

图 4-22　检查可变电容器在转轴

将万用表旋至电阻档，量程调整为“×10k”档。测量电阻值需先进行欧姆调零，将万用表两表笔短接，调整调零旋钮使指针指示为“0”，如图4-23所示。

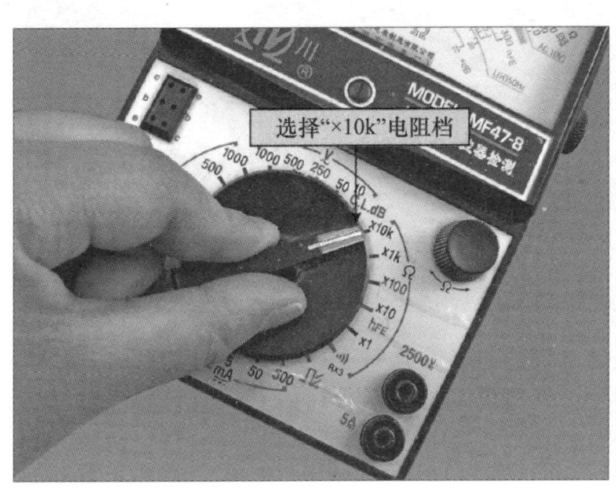

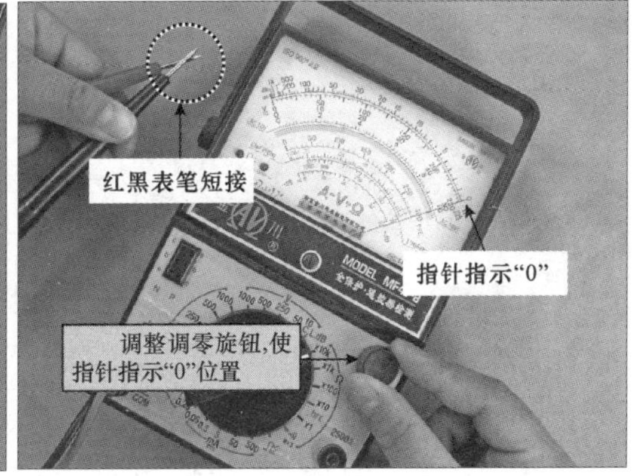

图4-23 调整万用表量程，并进行欧姆调零

将万用表的表笔分别接在可变电容动片引脚和定片引脚上，观察万用表读数为无穷大，如图4-24所示。

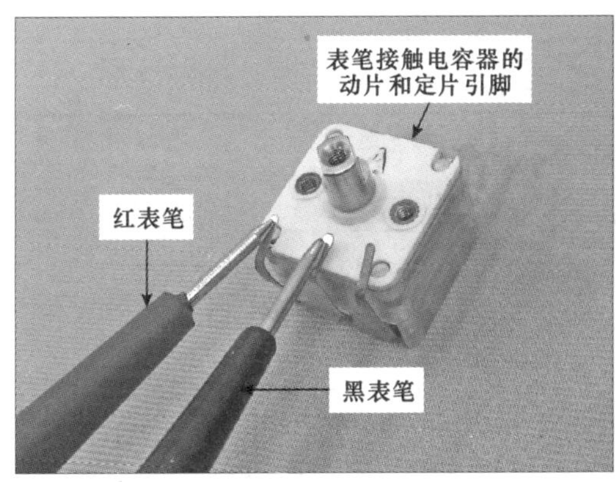

图4-24 检测压敏电阻器的阻值

用手或螺丝刀缓慢转动转轴，继续检测阻值，此时观察万用表读数为无穷大，如图4-25所示。

这种电容器的电容量很小，通常不超过360pF，用万用表检测不出其容量值，只能检测是否内部有碰片短路，即绝缘介质是否有损坏的情况，正常状态下使用万用表检测其阻值应为无穷大。若转轴转动到某一角度，万用表测得的阻值很小或为零，则说明该可变电解电容器短路，很有可能是动片与定片之间存在接触或电容器膜片存在严重磨损（固体介质可变电容器）。

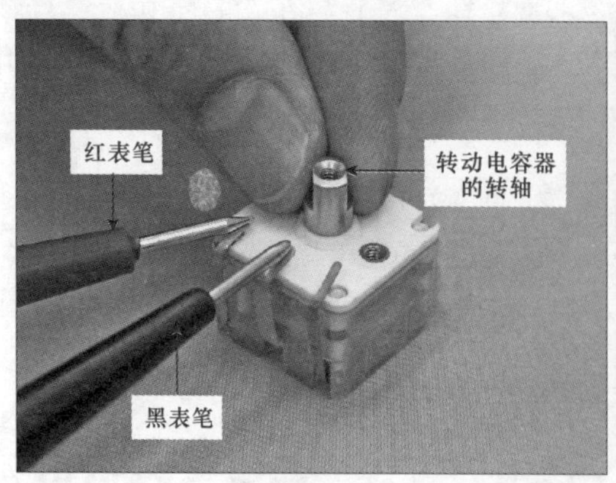

图 4-25 检测压敏电阻器的阻值

4.3 电感器的检测技能

4.3.1 固定电感器的检测

对固定电感器的检测，可使用数字万用表的电感测量功能直接检测待测电感器的电感量。图 4-26 所示为待测固定电感器的实物外形，观察该电感器色环，其采用四环标注法，颜色从左至右分别为“棕”“黑”“棕”“银”，根据色环颜色定义可以识读出该四环电感器的标称阻值为“100μH”，允许偏差值为 ±1%。

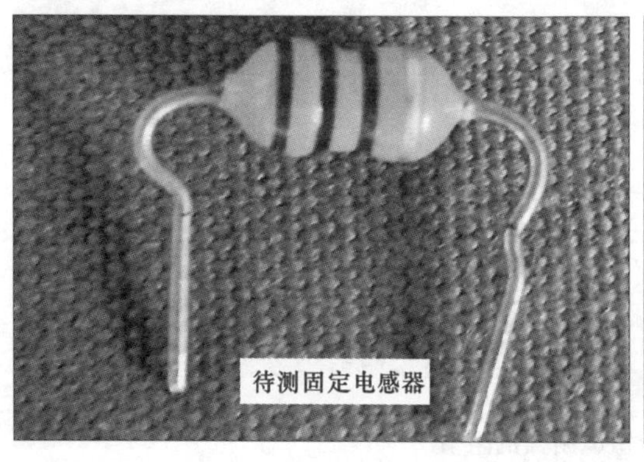

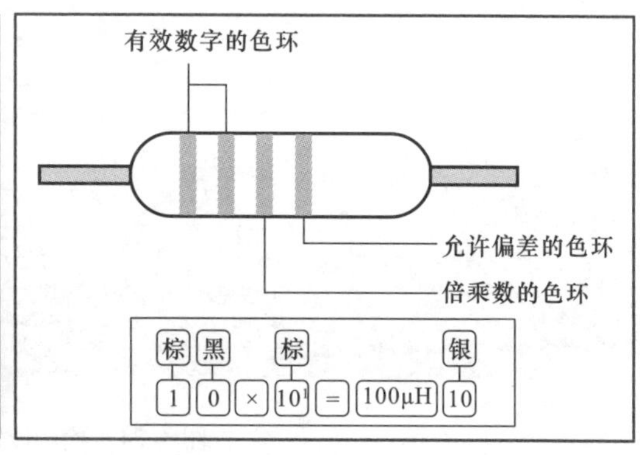

图 4-26 待测固定电感器的实物外形

如图 4-27 所示，根据待测电感器的电感量标称值，将万用表档位旋钮调至“2mH”档，然后将附加测试插座插入万用表的表笔插孔中。

将待测四环电感器插入附加测试插座“Lx”电感量输入插孔中，对其进行检测。观察万用表显示的电感读数，测得其电感量为 0.114mH，如图 4-28 所示。根据计算 $1\text{mH}=1\times10^3\mu\text{H}$，即 $0.114\text{mH}\times10^3=114\mu\text{H}$，与该电容器的标称值基本相符。

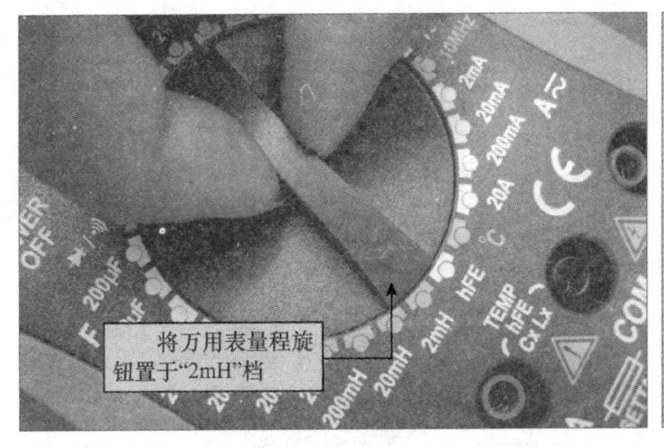

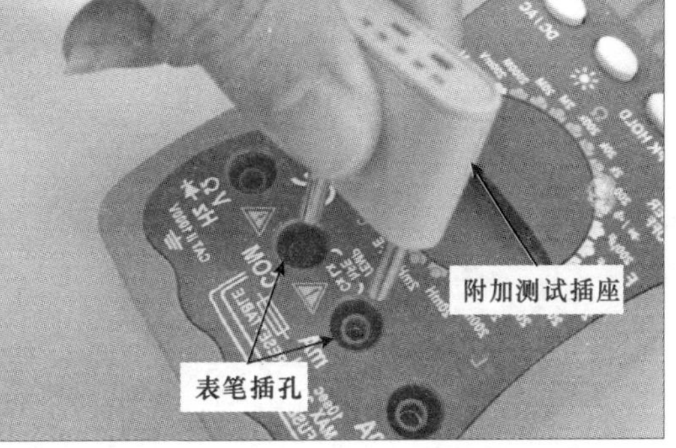

图 4-27　调整量程万用表量程，并将附加测试器插座插入万用表的表笔插孔中

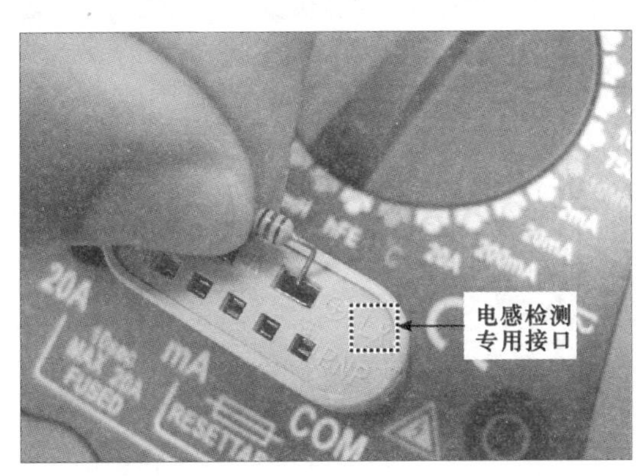

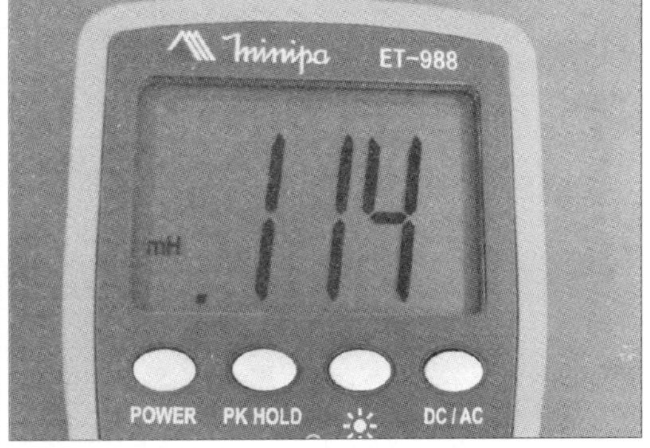

图 4-28　对固定电感器进行检测

4.3.2　微调电感器的检测

微调电感器又叫半可调电感器，这种电感器同固定电感器一样，电阻值比较小，因此可以选用数字万用表进行检测。图 4-29 所示为待测微调电感器的实物外形。

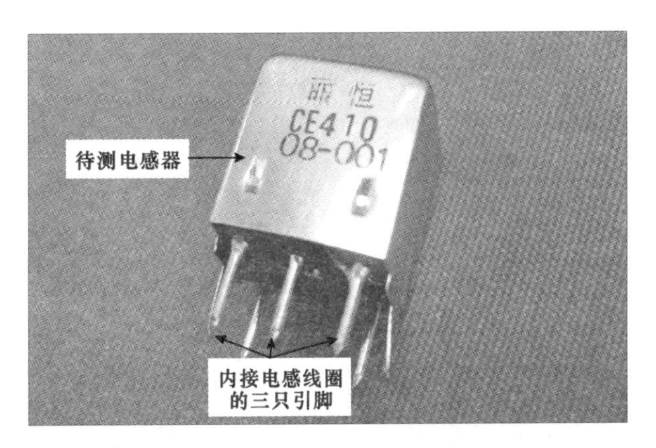

图 4-29　检查可变电容器在转轴

使用万用表对其进行检测，首先将万用表的电源开关打开。将万用表调至电阻档，由于其阻值较小，应当将万用表的量程调至“200Ω”档位，如图4-30所示。

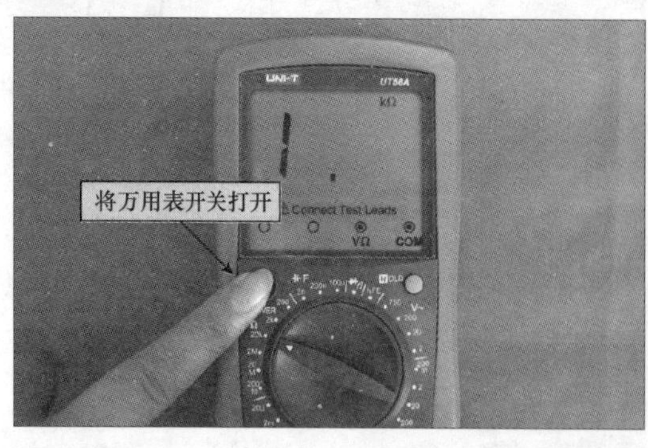

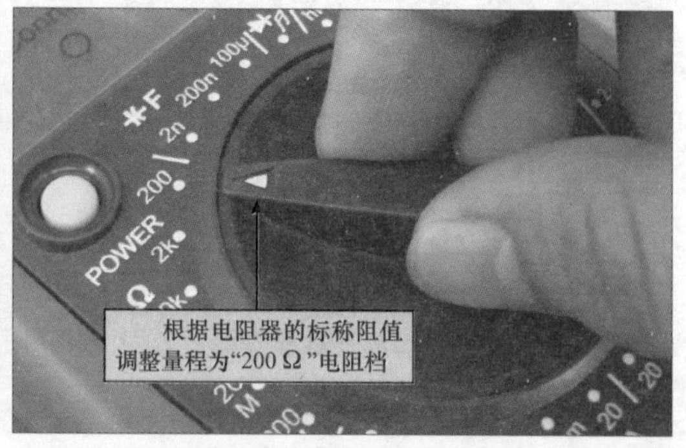

图4-30　打开万用表开关，并调整量程

将万用表的红、黑表笔分别搭在内接电感线圈及中心触头的引脚上，观察万用表的读数为0.5Ω，如图4-31所示。

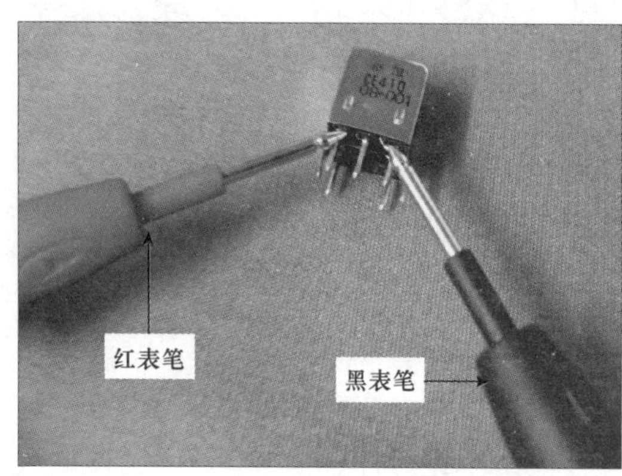

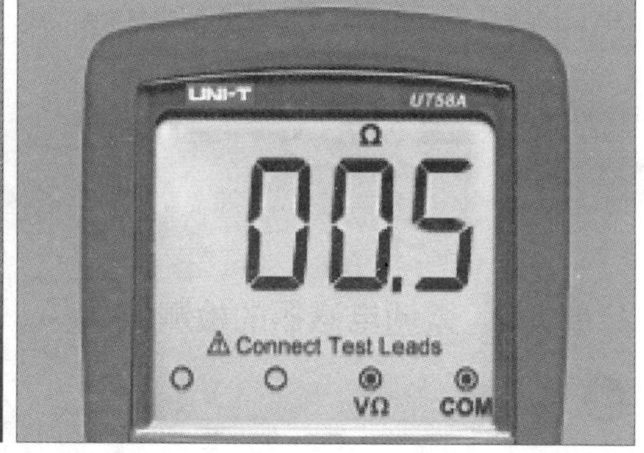

图4-31　对固定电阻器进行检测

若它们之间均有固定阻值，则说明该电感正常，可以使用；若测得微调电感器的阻值趋于无穷大，则表明电感器已损坏。

4.4　二极管的检测技能

4.4.1　普通二极管的检测

对于普通二极管的检测可利用二极管的单相导电性，分别检测正反向阻值。

首先如图4-32所示，根据二极管标识区分待测二极管引脚的阴阳极。之后，将指针万用表量程调整至“×1k”电阻档，并进行零欧姆调整。

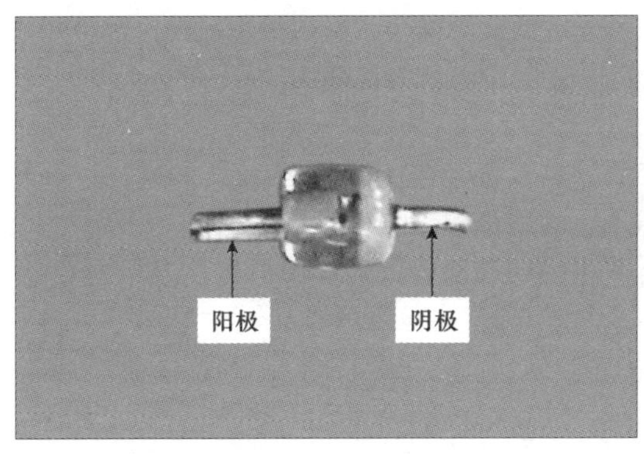

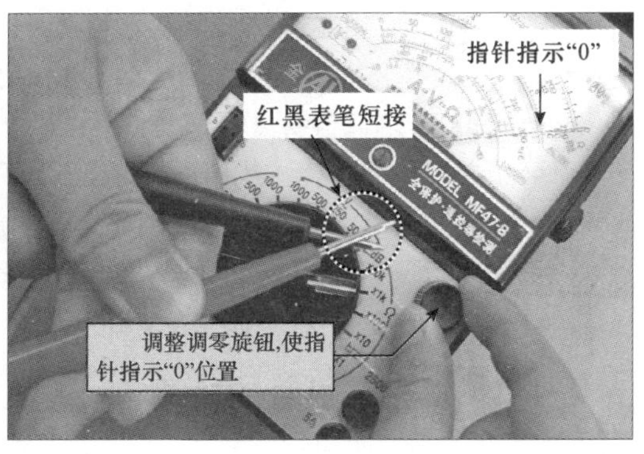

图4-32　区分待测二极管引脚的阴阳极，并对万用表进行零欧姆调整

将万用表的红表笔搭在二极管阴极引脚上，黑表笔搭在二极管阳极引脚上，测得二极管的正向阻值并记为 R_1，其电阻值约为 5kΩ，如图 4-33 所示。

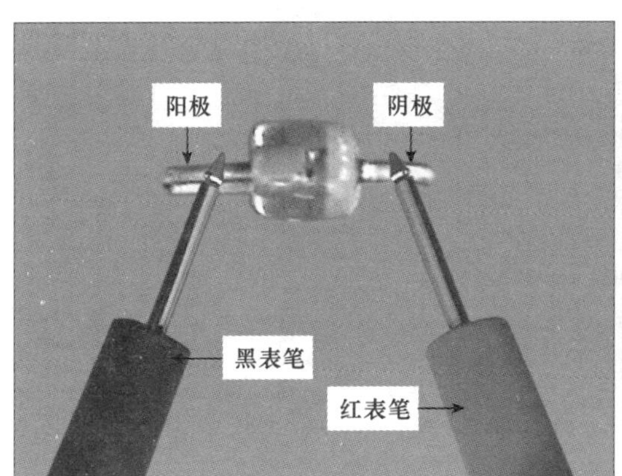

图4-33　检测二极管的正向阻值

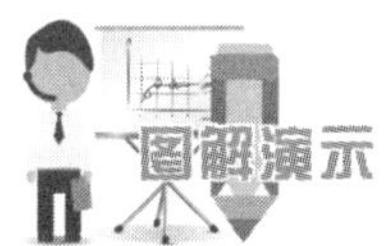

调换表笔，将黑表笔搭在二极管阴极引脚上，红表笔搭在二极管阳极引脚上，此时，测得二极管的反向阻值并记为 R_2，其电阻值趋于无穷大，如图 4-34 所示。

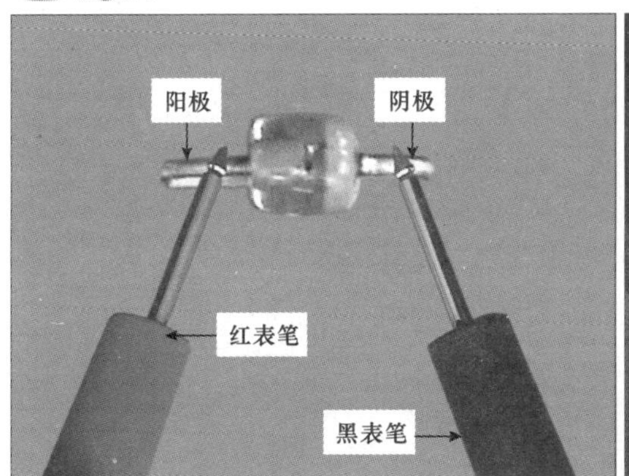

图4-34　检测二极管的反向阻值

在对二极管进行检测时，可通过其正向导通，反向截止的特性进行判断：

1）若正向阻值 R_1 有一固定电阻值，而反向阻值 R_2 趋于无穷大，则可判定二极管良好；

2）若正向阻值 R_1 和反向阻值 R_2 均趋于无穷大，则二极管存在断路故障；

3）若正向阻值 R_1 和反向阻值 R_2 电阻值均很小，则二极管已被击穿短路；

4）若正向阻值 R_1 和反向阻值 R_2 电阻值相近，则说明二极管失去单向导电性或单向导电性不良。

4.4.2 发光二极管的检测

图 4-35 所示为待测发光二极的实物外形，在对检测发光二极管进行检测时，通常需要先辨认发光二极管的阳极和阴极，引脚长的为阳极，引脚短的为阴极。

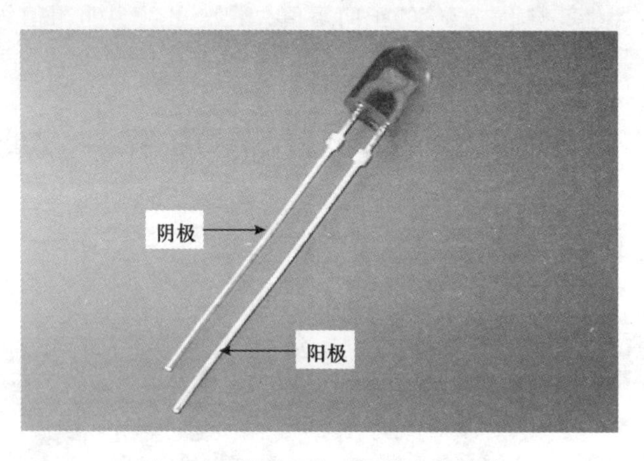

图 4-35 待测发光二极的实物外形

检测时，首先将万用表量程旋至电阻档，量程调整为“ ×1k”档。之后，再将万用表两表笔短接，调整调零旋钮使指针指示为 0，如图 4-36 所示。

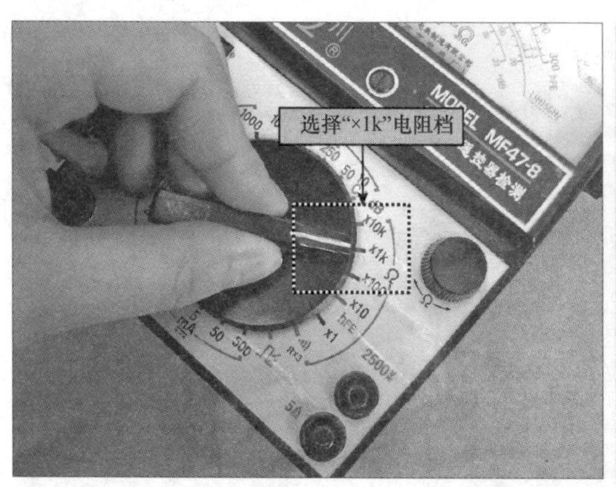

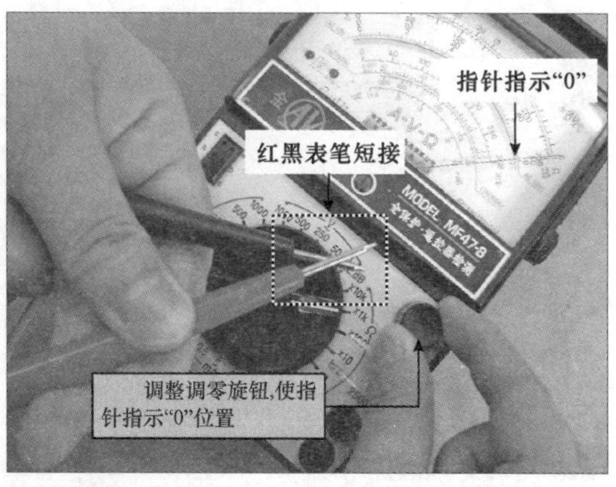

图 4-36 将万用表进行欧姆调零

将万用表黑表笔搭在发光二极管阳极引脚，红表笔搭在发光二极管阴极引脚，检测时二极管会发光。观察万用表显示读数，将所测得的正向阻值记为 R_1，其电阻值通常为 20kΩ，如图 4-37 所示。

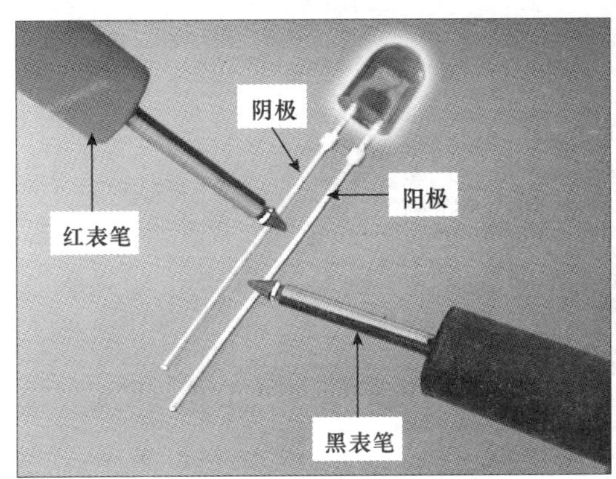

图 4-37　检测发光二极管的正向阻值

调换表笔，将黑表笔搭在发光二极管阴极引脚，红表笔搭在发光二极管阳极引脚。观察万用表显示读数，将所测得的反向阻值记为 R_2，通常为无穷大，如图 4-38 所示。

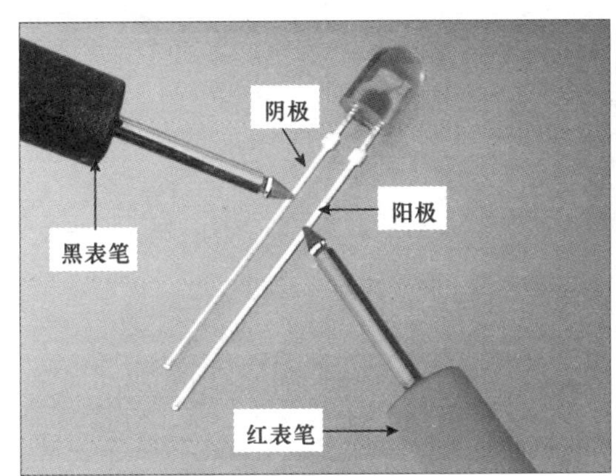

图 4-38　检测发光二极管的反向阻值

1）若正向阻值 R_1 有一固定电阻值（20kΩ），而反向阻值 R_2 趋于无穷大，则可判定发光二极管良好；

2）若正向阻值 R_1 和反向阻值 R_2 都趋于无穷大，则二极管存在断路故障；

3）若 R_1 和 R_2 数值都很小或趋于 0，则可以断定该二极管已被击穿。

4.4.3　光敏二极管的检测

光敏二极管的特点是当受到光照射时，二极管的反向阻抗会随之变化（随着光照射的增强，反向阻抗会由大到小），利用这一特性，我们可以判断出光敏二极管的好坏。

图4-39所示为光敏二极管的实物外形，检测光敏二极管时，通常需要先辨认二极管引脚的阳极和阴极。有些光敏二极管的阳极引脚较粗，阴极引脚较细。

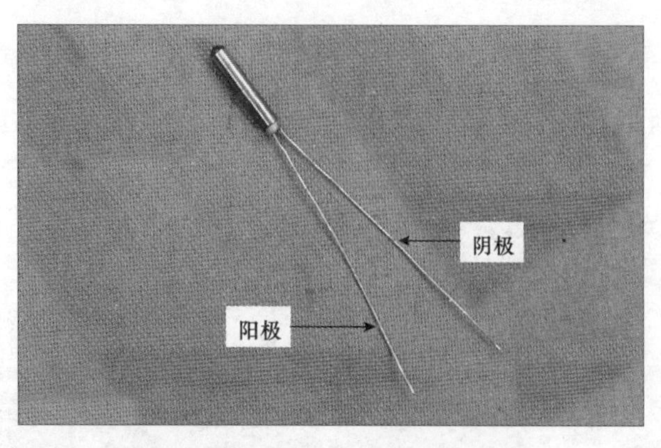

图4-39　待测光敏二极管的实物外形

将万用表旋至电阻档，量程调整为“×1k”档，并进行欧姆调零。将万用表黑表笔搭在光敏二极管阳极引脚，红表笔搭在二极管阴极引脚。观察万用表显示读数，将所测得的正向阻值记为 R_1，其电阻值为32kΩ，如图4-40所示。

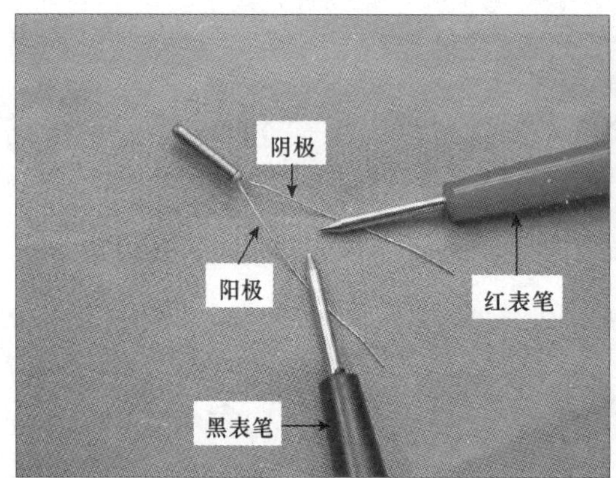

图4-40　检测光敏二极管的正向阻值

调换表笔，将黑表笔搭在光敏二极管阴极引脚，红表笔搭在光敏二极管阳极引脚，将所测得反向阻值记为 R_2，其电阻值为无穷大。

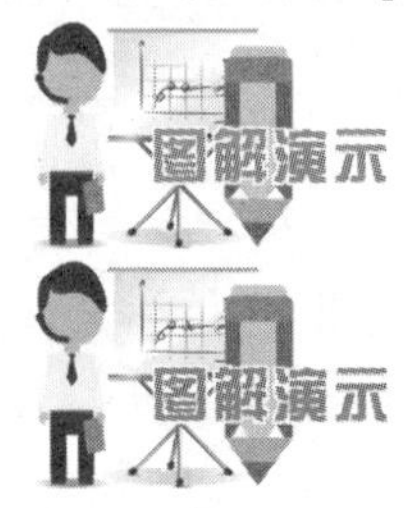

使用手电筒照射光敏二极管顶端的窗口，使光敏二极管所受到的光照增强，再次测量光敏二极管的正向阻值。观察万用表显示读数，将所测得的正向阻值记为 R_3，其电阻值为5kΩ左右，如图4-41所示。

调换表笔，继续检测光敏二极管在光照条件下的反向阻值。观察万用表显示读数，将所测得的反向阻值记为 R_4，其电阻值为30kΩ左右，如图4-42所示。

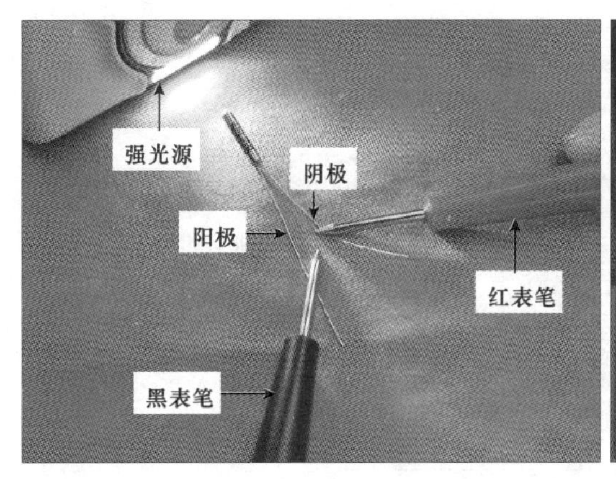

图 4-41　测量光敏二极管在强光照射下的正向阻值

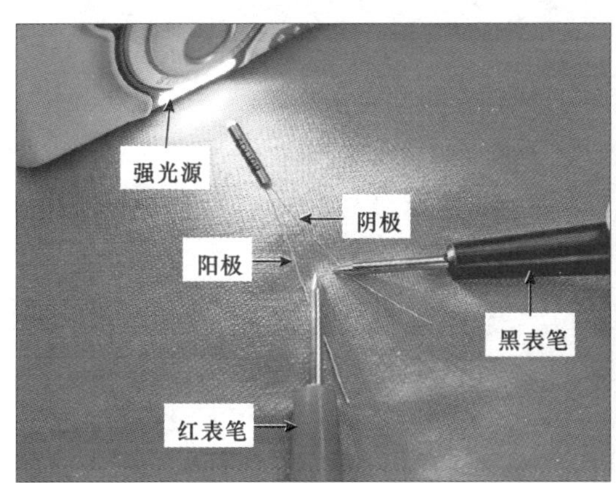

图 4-42　测量光敏二极管在强光照射下的反向阻值

判断光敏二极管的好坏：

1）若光敏二极管在正常环境下，其正向阻值 R_1 有一固定值，而反向阻值 R_2 为无穷大，则说明该光敏二极管良好。

2）若光敏二极管在强光照射下，其正向阻值 R_3 变小，反向阻值 R_4 减小并接近与 R_1，且 R_4 电阻值小于 R_2 而又大于 R_3，则可判断该光敏二极管正常；

3）若正向阻值 R_1 和反向电阻 R_2 都趋于无穷大，则光敏二极管存在断路故障；

4）若 R_1 和 R_2 数值都很小或趋于 0，则可以断定该光敏二极管已被击穿；

5）当光敏二极管受光照后，正反向电阻变化越大，可以断定该光敏二极管的灵敏度越高。

4.5　三极管的检测技能

4.5.1　三极管的阻值检测法

以 NPN 型三极管为例，使用万用表阻值检测功能检测 NPN 型三极管。当万用表黑表笔接 NPN 型三极管的基极时，检测的是三极管基极与集电极、基极与发射极之间的正向阻值，通常只有这两组值有固定数值，其他两两引脚间电阻值均为无穷大。

首先，将万用表旋至电阻档，量程调整为“×10k”档。测量电阻值需先进行欧姆调零，将万用表两表笔短接，调整调零旋钮使指针指示为0，如图4-43所示。

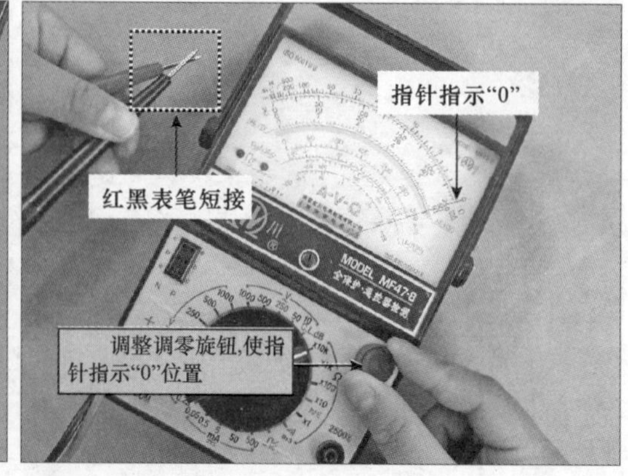

图4-43 调整万用表量程，并进行欧姆调零

将万用表的黑表笔搭在三极管的基极引脚上，红表笔搭在三极管的集电极引脚上。观察万用表显示读数，测得基极与集电极之间的正向阻值记为 R_1，其阻值为4.5kΩ，如图4-44所示。

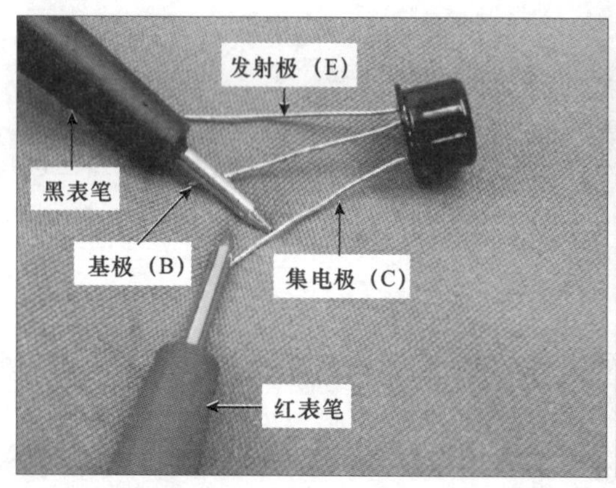

图4-44 检查三极管基极与集电极之间的正向阻值

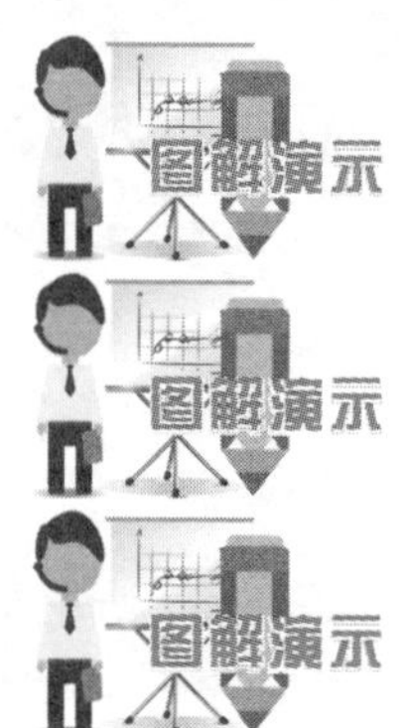

调换表笔，将万用表的红表笔搭在三极管的基极引脚上，黑表笔搭在集电极引脚上。观察万用表显示读数，测得基极与集电极之间的反向阻值记为 R_2，其电阻值趋于无穷大，如图4-45所示。

将万用表的黑表笔搭在三极管的基极引脚上，红表笔搭在三极管的发射极引脚上。观察万用表显示读数，测得基极与发射极之间的正向阻值记为 R_3，其电阻值约为8kΩ，如图4-46所示。

调换表笔，即万用表的红表笔搭在三极管的基极引脚上，黑表笔搭在三极管的发射极引脚上。观察万用表显示读数，测得基极与发射极之间的反向阻值记为 R_4，其电阻值趋于无穷大，如图4-47所示。

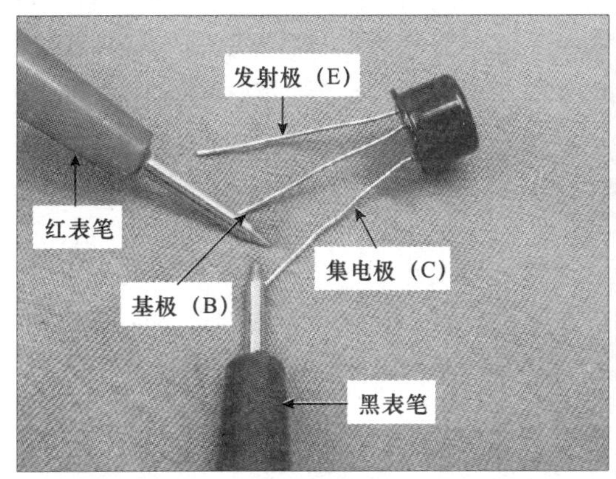

图4-45　检查三极管基极与集电极之间的反向阻值

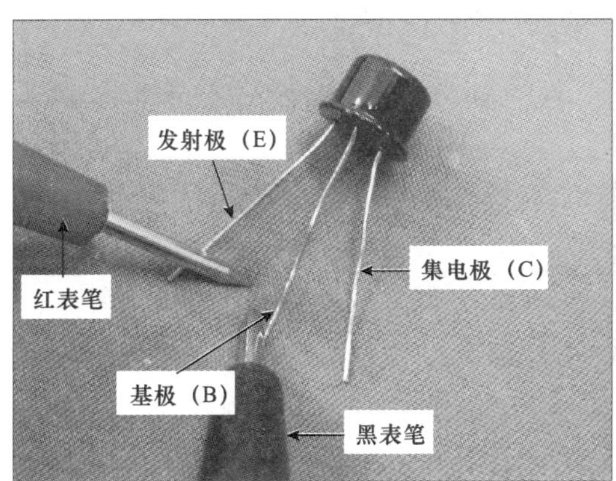

图4-46　检查三极管基极与发射极之间的正向阻值

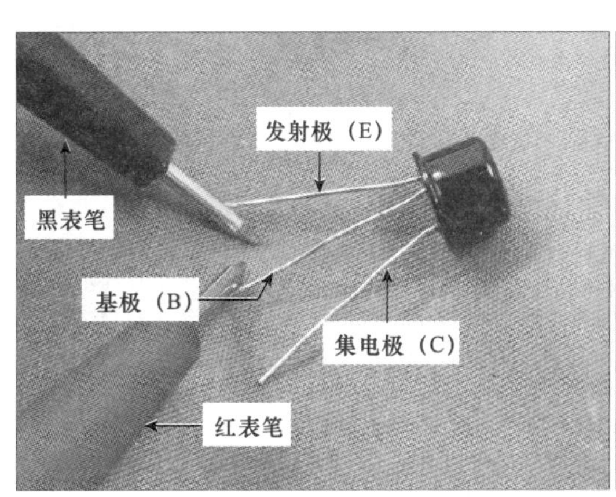

图4-47　检查三极管基极与发射极之间的反向阻值

若 R_2远大于 R_1，R_4远大于 R_3，R_1约等于 R_3，则可以断定该 NPN 型三极管正常；若以上条件有任何一个不符合，则可以断定该 NPN 型三极管不正常。

PNP型三极管的阻值检测方法与NPN型三极管基本相同，只是测量PNP型三极管时，需使用红表笔接基极，此时检测的是三极管基极与集电极、基极与发射极之间的正向阻值，且一般只有这两个值有一固定数值，其他两两引脚间电阻值均为无穷大。

4.5.2 三极管的放大倍数测量法

三极管的主要功能就是对电流起放大作用，其放大倍数一般可通过万用表的三极管放大倍数检测插孔进行检测。图4-48所示分别为数字式万用表和指针式万用表三极管放大倍数检测插孔的外形。

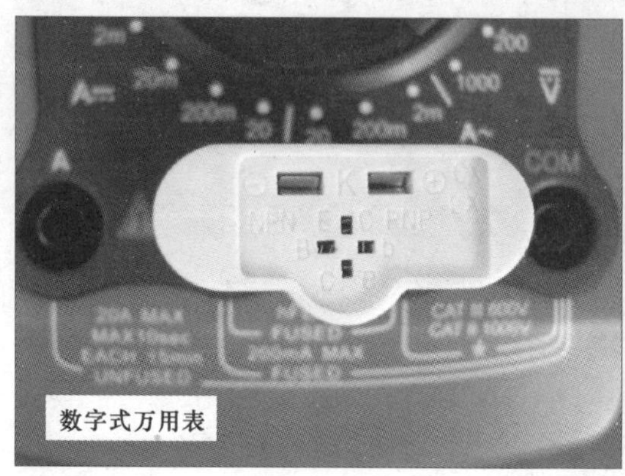

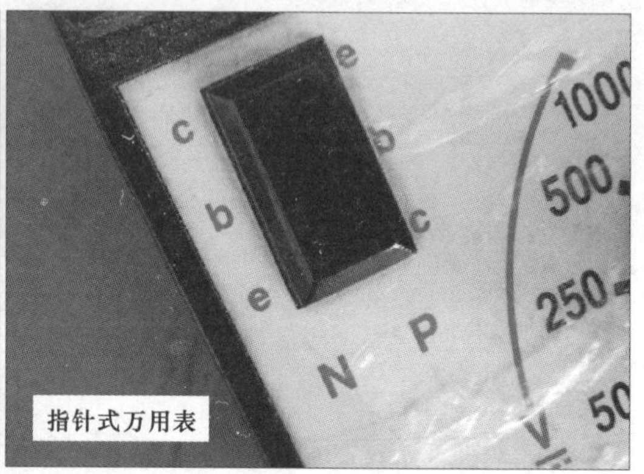

图4-48　数字式万用表和指针式万用表三极管放大倍数检测插孔的外形

使用数字万用表进行测量时，首先打开万用表的电源开关。将万用表的量程调整至专用于检测三极管放大倍数的“h_{FE}”档。将万用表附加的测试插座插入表笔的插孔中，如图4-49所示。

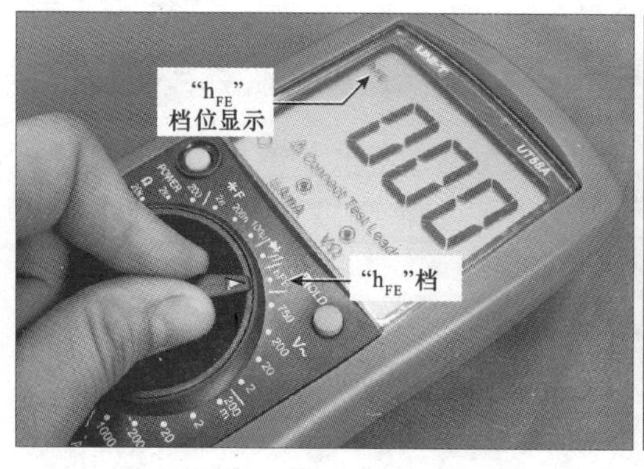

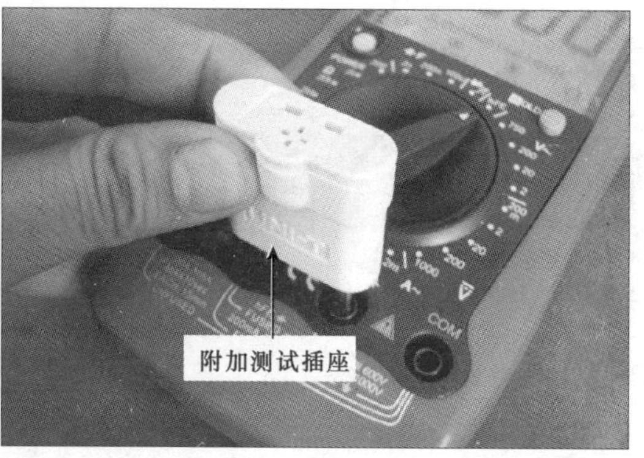

图4-49　调整万用表量程，并将附加的测试插座插入表笔的插孔中

待测的NPN型三极管插入“NPN”输入插孔，插入时应注意引脚的插入方向。观察万用表的放大倍数，得到三极管的放大倍数为354倍，如图4-50所示。

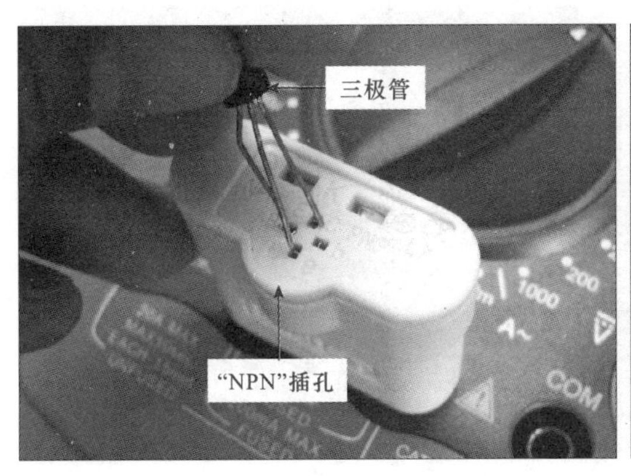

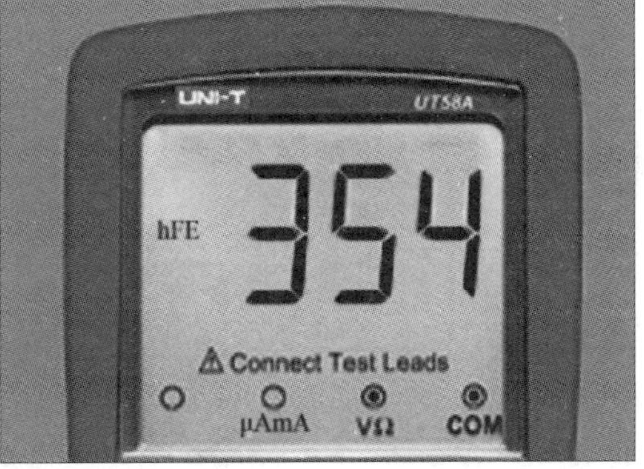

图4-50 检测三极管的放大倍数

4.6 场效应晶体管和晶闸管的检测技能

4.6.1 场效应晶体管的检测

图4-51所示为待测场效应晶体管的实物外形。

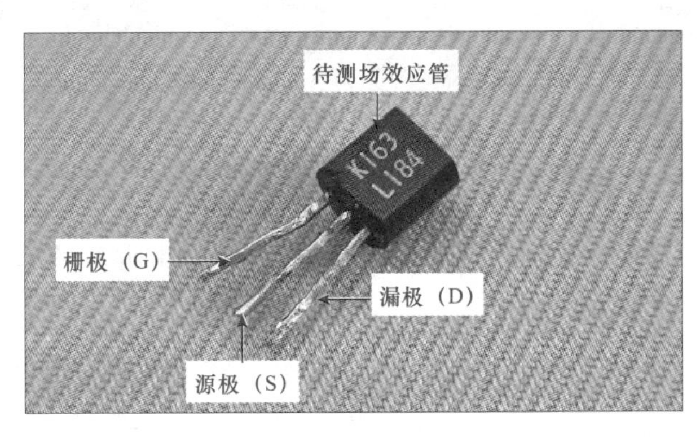

图4-51 待测场效应晶体管的实物外形

首先，将万用表旋至电阻档，量程调整为“×10”档，将万用表两表笔短接，调整调零旋钮使指针指示为0。

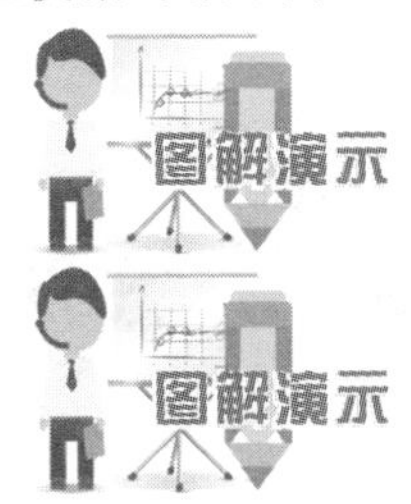

然后，如图4-52所示，将万用表的黑表笔搭在场效应晶体管的栅极引脚上，红表笔搭在场效应晶体管的源极引脚上。观察万用表显示读数，将测得电阻值记为R_1，其电阻值为170Ω。

将万用表的黑表笔搭在场效应晶体管的栅极引脚上，红表笔搭在场效应晶体管的漏极引脚上。观察万用表显示读数，将测得电阻值记为R_2，其电阻值也为170Ω，如图4-53所示。

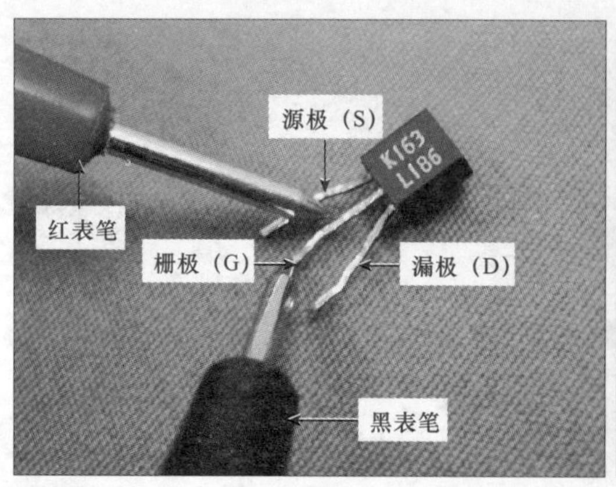

图 4-52　检测场效应晶体管的源极与栅极之间的电阻值

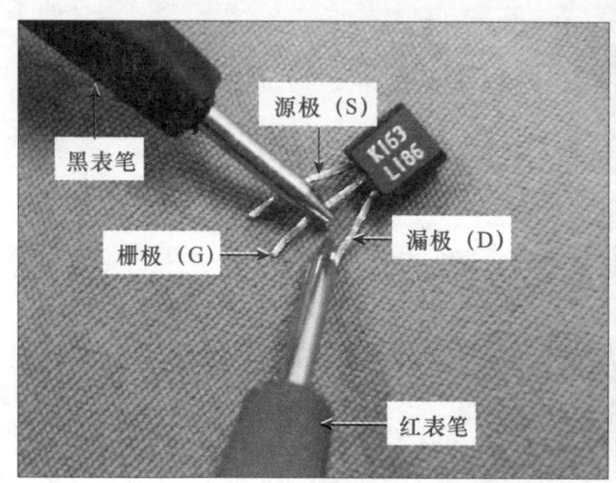

图 4-53　检测场效应晶体管的漏极与栅极之间的电阻值

将万用表旋至电阻档，量程调整为“×1k”档，再先进行欧姆调零。将万用表的黑表笔搭在场效应晶体管的漏极引脚上，红表笔搭在场效应晶体管的源极引脚上。将测得电阻值记为 R_3，其电阻值为5kΩ，如图4-54所示。

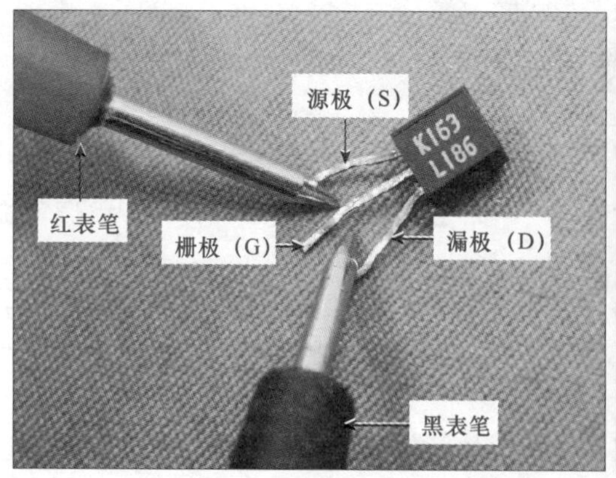

图 4-54　检测场效应晶体管的漏极与源极之间的电阻值

保持表笔不动，使用一只螺丝刀或手指接触场效应晶体管的栅极引脚。在接触的瞬间可以看到，万用表的指针会产生一个较大的变化（向左或向右均可），如图4-55所示。

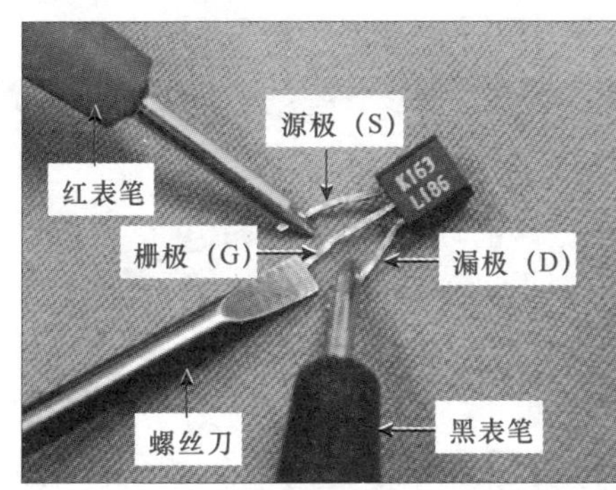

图4-55　用一只螺丝刀接触场效应晶体管的栅极引脚

1）若测得 R_1 和 R_2 均有一个固定值，反向阻值均为无穷大，则说明该场效应晶体管良好；

2）若测得 R_1 和 R_2 为零或无穷大，则说明该场效应晶体管已损坏；

3）若测得的漏极（D）与源极（S）之间的正反向阻值均有一个固定值，则说明该场效应晶体管良好；

4）若测得的漏极（D）与源极（S）之间的正反向阻值为零或无穷大，则说明该场效应晶体管已损坏；

5）当红表笔搭在场效应晶体管的漏极上，黑表笔搭在源极上，螺丝刀搭在栅极上时，万用表指针摆动幅度越大，说明场效应晶体管的放大能力越好，反之，则表明场效应晶体管放大能力越差。若当螺丝刀接触栅极时，万用表指针无摆动，则表明场效应晶体管已失去放大能力。

4.6.2　单向晶闸管的检测

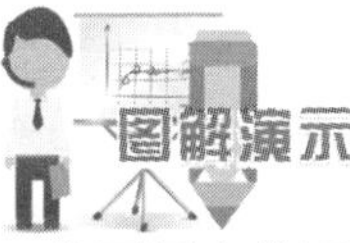

单向晶闸管（SCR）是由P－N－P－N 4层3个pn结组成的。在检测单向晶闸管时，通常需要先辨认晶闸管各引脚的极性，图4-56所示为待测单向晶闸管的实物外形。

将万用表旋至电阻档，量程调整为“×1k”档并进行欧姆调零。

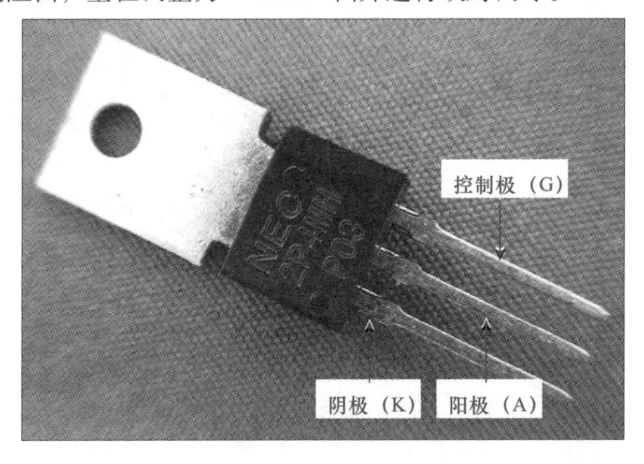

图4-56　待测单向晶闸管的实物外形

（1）将万用表的黑表笔搭在控制极（G）引脚上，红表笔搭在晶闸管的阴极（K）引脚上，检测晶闸管控制极与阴极之间的正向阻值。观察万用表显示读数，将所测得电阻值记为 R_1，其电阻值为 8kΩ，如图 4-57 所示。

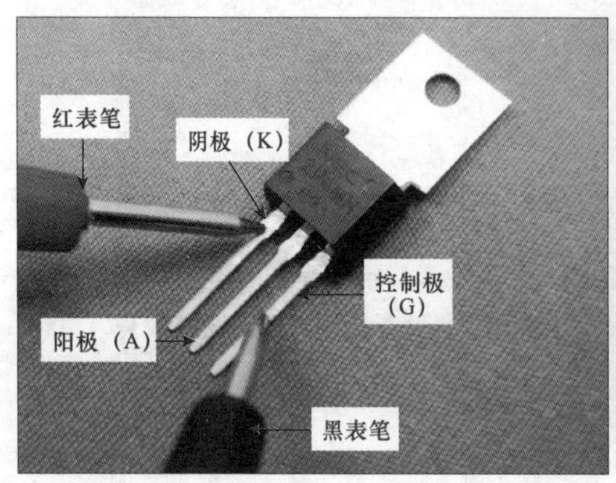

图 4-57　检测晶闸管控制极与阴极之间的正向阻值

调换表笔，将万用表的红表笔搭在晶闸管的控制极引脚上，黑表笔搭在阴极引脚上，检测晶闸管控制极与阴极之间的反向阻值，测得电阻值记为 R_2，其电阻值趋于无穷大。

（2）将万用表的黑表笔搭在晶闸管的控制极引脚上，红表笔搭在阳极引脚上，检测晶闸管控制极与阳极之间的正向阻值。观察万用表显示读数，将所测得电阻值记为 R_3，其电阻值趋于无穷大，如图 4-58 所示。

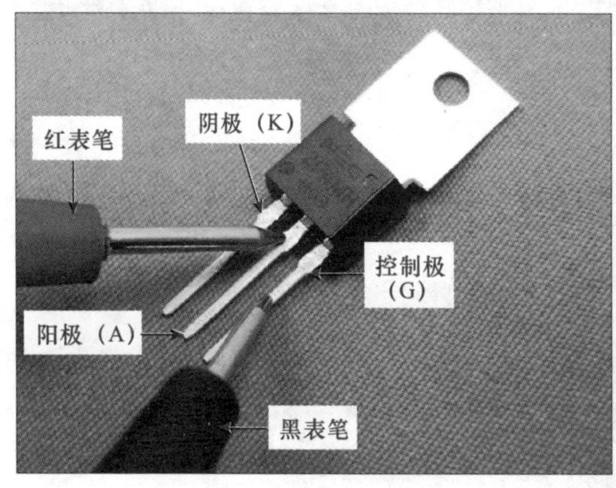

图 4-58　检测晶闸管控制极与阳极之间的正向阻值

调换表笔，检测晶闸管控制极与阳极之间的反向阻值，测得电阻值记为 R_4，其电阻值趋于无穷大。

（3）将万用表的黑表笔搭在晶闸管的阳极引脚上，红表笔搭在阴极引脚上，检测晶闸管阳极与阴极之间的正向阻值。将所测得电阻值记为 R_5，其电阻值趋于无穷大，如图 4-59 所示。

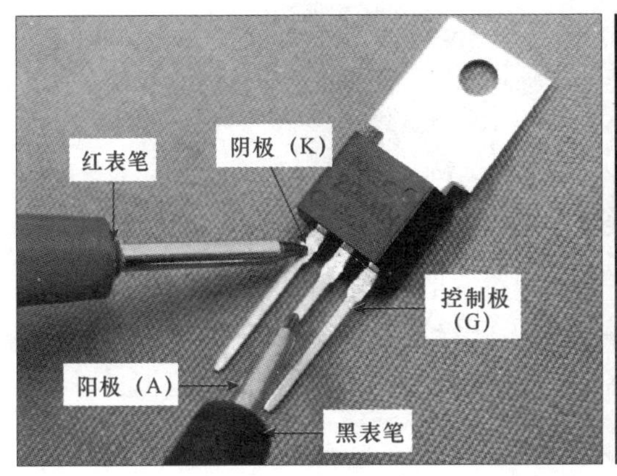

图 4-59　检测晶闸管阳极与阴极之间的正向阻值

调换表笔，检测晶闸管阳极与阴极之间的反向阻值，测得电阻值记为 R_6，其电阻值趋于无穷大。

判断单向晶闸管的好坏

正常情况下，单向晶闸管的控制极（G）与阴极（K）之间的正向阻值有一定的值，约为几千欧姆，反向阻值为无穷大，其余引脚间的正反向阻值均趋于无穷大。

1）若 R_1、R_2 均趋于无穷大，则说明单向晶闸管的控制极（G）与阴极（K）之间存在开路现象；

2）若 R_1、R_2 均趋于 0，则说明单向晶闸管的控制极（G）与阴极（K）之间存在短路现象；

3）若 R_1、R_2 值相等或接近，则说明单向晶闸管的控制极（G）与阴极（K）之间的 pn 结已失去控制功能；

4）若 R_3、R_4 的电阻值较小，则说明单向晶闸管的控制极（G）与阳极（A）之间的 pn 结中有变质的情况，不能使用。

5）若 R_5、R_6 值不为无穷大，则说明单向晶闸管有故障存在。

4.6.3　双向晶闸管的检测

双向晶闸管又称双向可控硅，属于 N－P－N－P－N 5 层半导体器件，有第一电极（T1）、第二电极（T2）、控制极（G）3 个电极，在结构上相当于两个单向晶闸管反极性并联。

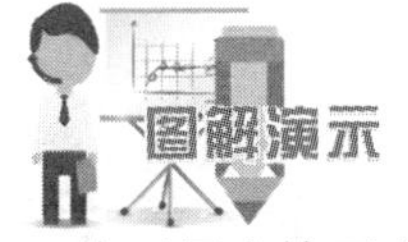

在检测待测的双向晶闸管时，应对其各引脚进行区分。图 4-60 所示为待测双向晶闸管的实物外形，在 3 个引脚中最左侧的是第一电极（T1），中间的是控制极（G），右侧的是第二电极（T2）。

将万用表旋至电阻档，量程调整为“×1k”档，并进行欧姆调零。

（1）将万用表的红表笔搭在晶闸管的控制极引脚上，黑表笔搭在第一电极引脚上，检测晶闸管控制极与第一电极之间的正向阻值。观察万用表显示读数，将所测得电阻值记为 R_1，其电阻值为 1kΩ，如图 4-61 所示。

调换表笔，将万用表的红表笔搭在晶闸管的第一电极引脚上，黑表笔搭在控制极引脚上，检测晶闸管控制极与第一电极之间的反向阻值。测得电阻值记为 R_2，其电阻值也为 1kΩ。

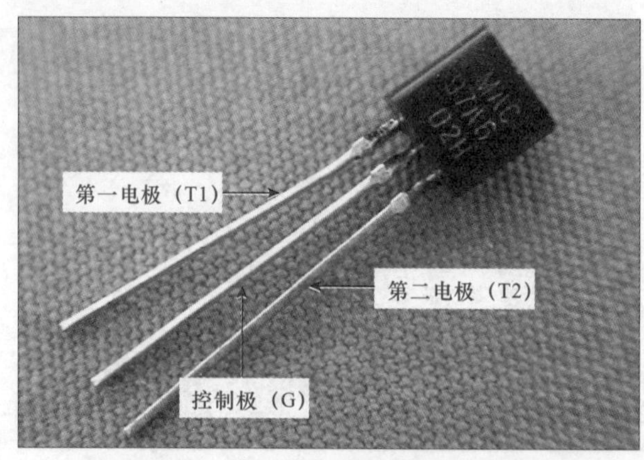

图 4-60　待测双向晶闸管的实物外形

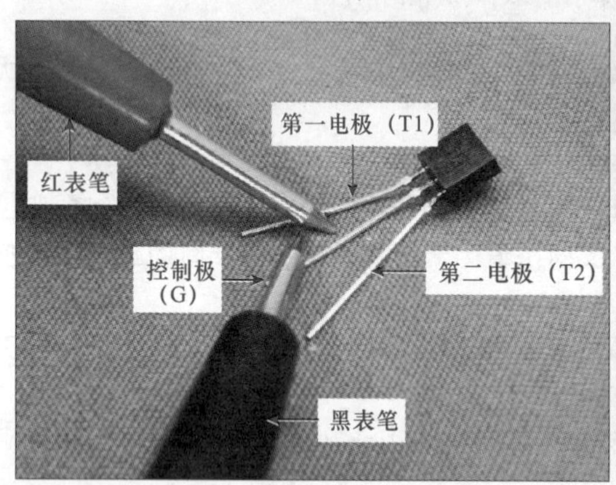

图 4-61　检测晶闸管控制极与第一电极之间的正向阻值

（2）将万用表的红表笔搭在晶闸管的第一电极引脚上，黑表笔搭在第二电极引脚上，检测晶闸管第一电极与第二电极之间的正向阻值。观察万用表显示读数，将所测得电阻值记为 R_3，其电阻值趋于无穷大，如图 4-62 所示。

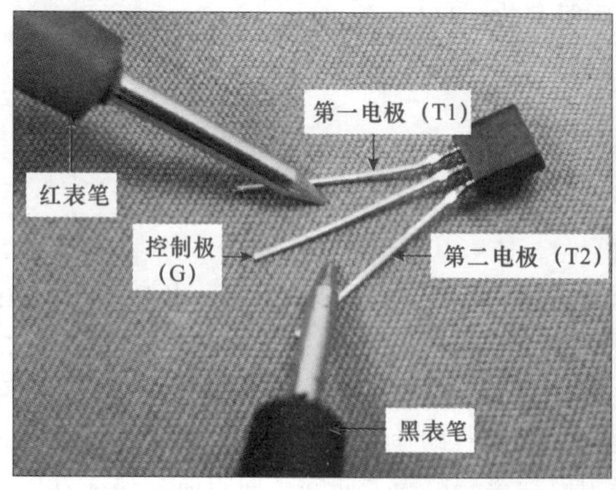

图 4-62　检测晶闸管第一电极与第二电极之间的正向阻值

调换表笔，检测晶闸管第一电极与第二电极之间的反向阻值，测得电阻值记为 R_4，其电阻值趋于无穷大。

（3）将万用表的红表笔搭在晶闸管的第二极管上，黑表笔搭在控制极引脚上，检测晶闸管控制极与第二电极之间的正向阻值。观察万用表显示读数，将所测得电阻值记为 R_5，其电阻值趋于无穷大，如图4-63所示。

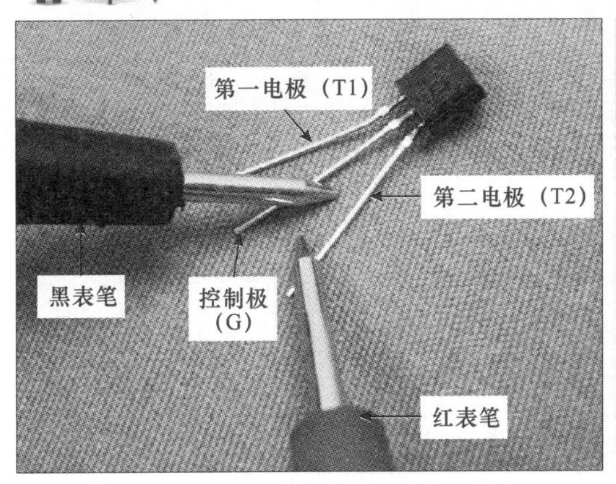

图4-63　检测晶闸管控制极与第二电极之间的正向阻值

调换表笔，检测晶闸管控制极与第二电极之间的反向阻值，测得电阻值记为 R_6，其电阻值趋于无穷大。

判断双向晶闸管的好坏：

1）若 R_1、R_2 均有一固定值存在并且电阻值接近；

2）R_3、R_4 均趋于无穷大；

3）R_5、R_6 趋于无穷大，则说明该双向晶闸管正常，如检测的值比上述值偏高过多则说明其性能不良。

4.7　集成电路的检测技能

4.7.1　集成电路对地阻值的检测训练

图4-64所示为待测开关振荡集成电路的实物外形，表4-1为该集成电路的引脚功能。

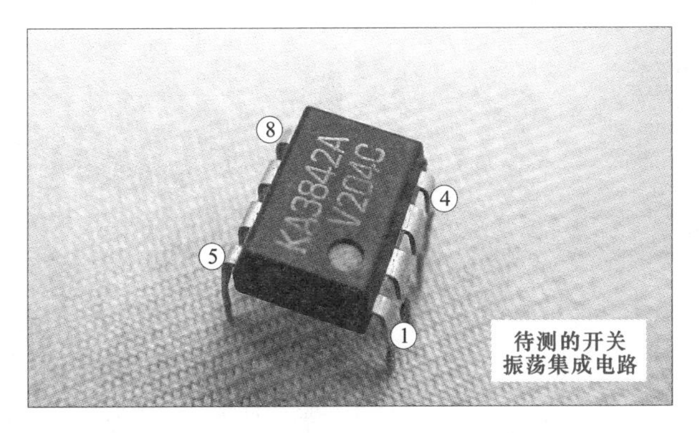

图4-64　待测开关振荡集成电路的实物外形

表 4-1 开关振荡集成电路 KA3842 的引脚功能

引脚序号	英文缩写	集成电路引脚功能	电阻参数/kΩ		直流电压参数/V
			红表笔接地	黑表笔接地	
①	ERROR OUT	误差信号输出	15	8.9	2.1
②	IN -	反相信号输入	10.5	8.4	2.5
③	NF	反馈信号输入	1.9	1.9	0.1
④	OSC	振荡信号	11.9	8.9	2.4
⑤	GND	接地	0	0	0
⑥	DRIVER OUT	激励信号输出	14.4	8.4	0.7
⑦	VCC	电源 +14V	∞	5.4	14.5
⑧	VREF	基准电压	3.9	3.9	5

(2) 检测时，选择反应灵敏的指针式万用表。将万用表的量程调整至“×1k”电阻档，并进行零欧姆校正，如图 4-65 所示。

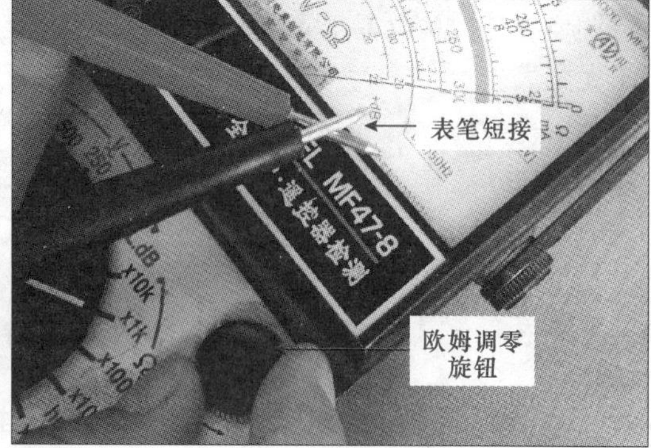

图 4-65 万用表量程调整并进行零欧姆校正

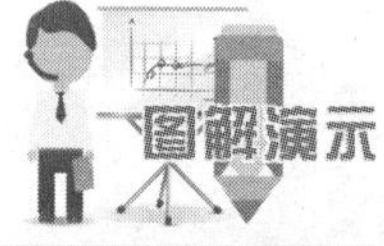

(3) 这里以②脚为例，将万用表的黑表笔搭在⑤脚，红表笔搭在②脚，观测万用表显示读数，如图 4-66 所示。

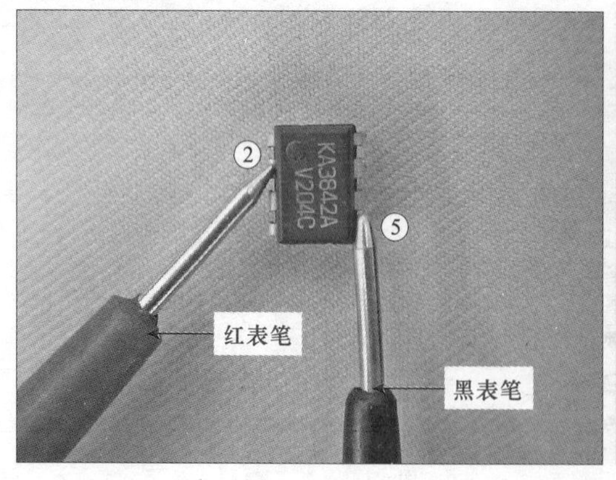

图 4-66 检测 KA3842 的②脚正向阻值

（4）经检测，该万用表显示的读数为10.5kΩ，与标准值相同。用相同的方法对该集成电路的其他引脚进行检测，若发现某一引脚与标准值相差较大，则说明该集成电路损坏；若相同，则说明该集成电路正常。

4.7.2　集成电路电压的检测训练

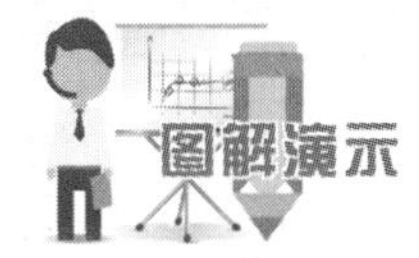

图4-67所示为待测运算放大器的实物外形，表4-2为该集成电路的引脚功能。测量电压应在正常工作状态下进行。

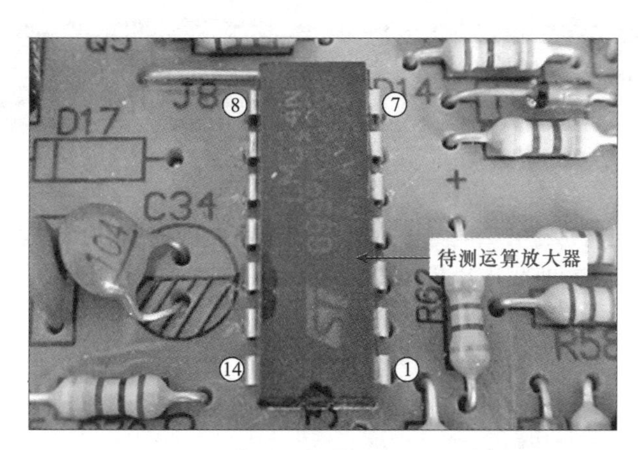

图4-67　待测运算放大器的实物外形

表4-2　LM324型运算放大器的引脚功能

引脚序号	英文缩写	集成电路引脚功能	电阻参数/kΩ		直流电压参数/V
			正笔接地	负笔接地	
①	AMP OUT1	放大信号（1）输出	0.38	0.38	1.8
②	IN1 -	反相信号（1）输入	6.3	7.6	2.2
③	IN1 +	同相信号（1）输入	4.4	4.5	2.1
④	VCC	电源 +5V	0.31	0.22	5
⑤	IN2 +	同相信号（2）输入	4.7	4.7	2.1
⑥	IN2 -	同相信号（2）输入	6.3	7.6	2.1
⑦	AMP OUT2	放大信号（2）输出	0.38	0.38	1.8
⑧	AMP OUT3	放大信号（3）输出	6.7	23	0
⑨	IN3 -	反相信号（3）输入	7.6	∞	0.5
⑩	IN3 +	同相信号（3）输入	7.6	∞	0.5
⑪	GND	接地	0	0	0
⑫	IN4 +	同相信号（4）输入	7.2	17.4	4.6
⑬	IN4-	反相信号（4）输入	4.4	4.6	2.1
⑭	AMP OUT4	放大信号（4）输出	6.3	6.8	4.2

根据表4-2可知该集成电路在工作时各个引脚的供电电压，这里以④脚为例，检测其供电电压，如图4-68所示。

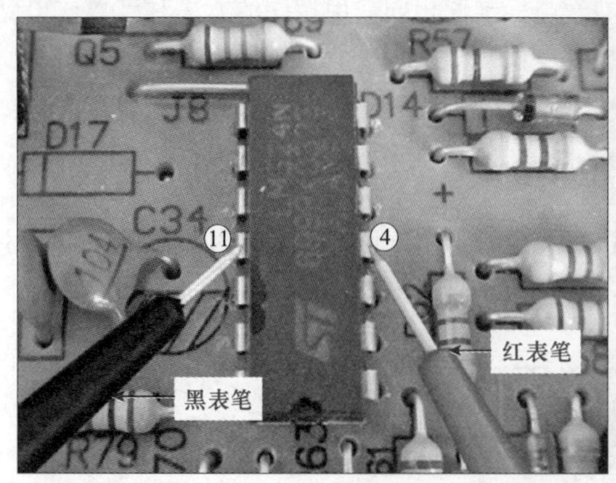

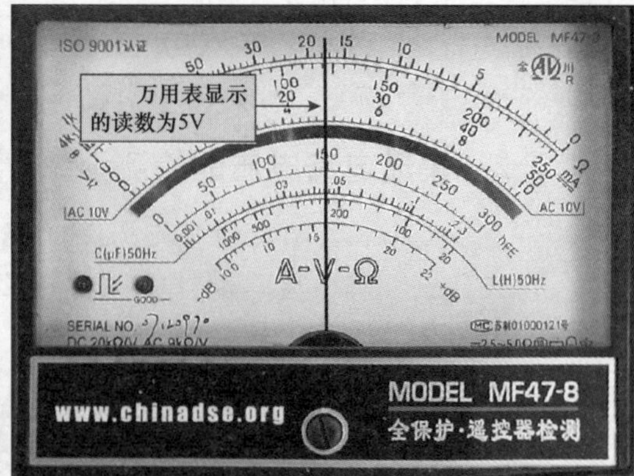

图 4-68　检测运算放大器④脚的供电电压

经检测，该集成电路④脚的供电电压为 +5V，与标准值相同，说明该集成电路的供电正常，若检测其他引脚的电压与标准值电压相差较大，则说明该集成电路已损坏。

4.7.3　集成电路输入和输出信号的检测训练

（1）图 4-69 所示为待测音频放大器的实物外形，表 4-3 为该集成电路的引脚功能。

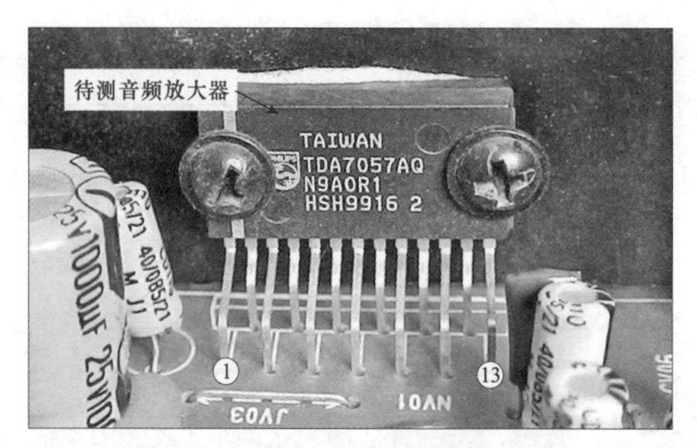

图 4-69　待测音频放大器的实物外形

表 4-3　TDA7057AQ 型音频放大器的引脚功能

引脚序号	英文缩写	集成电路引脚功能	电阻参数/kΩ		直流电压参数/V
			正笔接地	负笔接地	
①	L VOL CON	左声道音量控制信号	0.78	0.78	0.5
②	NC	空脚	∞	∞	0
③	LIN	左声道音频信号输入	27	12	2.4
④	V_{CC}	电源 +12V	40.2	5	12
⑤	RIN	右声道音频信号输入	150	11.4	2.5
⑥	GND	接地	0	0	0

（续）

引脚序号	英文缩写	集成电路引脚功能	电阻参数/kΩ		直流电压参数/V
			正笔接地	负笔接地	
⑦	R VOL CON	右声道音量控制信号	0.78	0.78	0.5
⑧	R OUT	右声道音频信号输入	30.1	8.4	5.6
⑨	GND	接地（功放电路）	0	0	0
⑩	R OUT	右声道音频信号输出	30.1	8.4	5.6
⑪	L OUT	左声道音频信号输出	30.2	8.4	5.7
⑫	GND	接地	0	0	0
⑬	L OUT	左声道音频信号输出	30.1	8.4	5.7

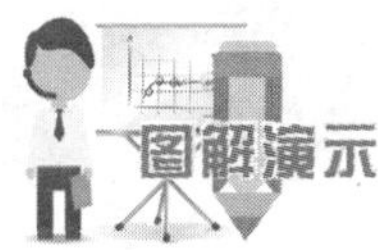

（2）对集成电路的信号进行检测，首先要确保该集成电路的工作条件正常，即供电电压正常，图4-70所示为检测该集成电路④脚的供电电压。

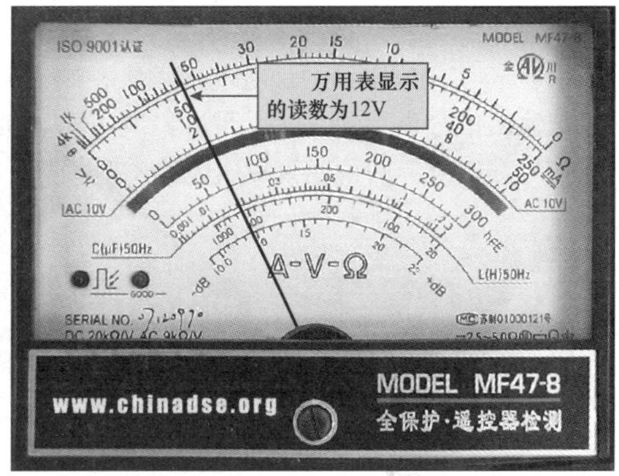

图4-70　检测集成电路④脚的供电电压

（3）经检测，该集成电路的供电电压正常，则对该集成电路输入的信号波形进行检测，这里以③脚为例，如图4-71所示。

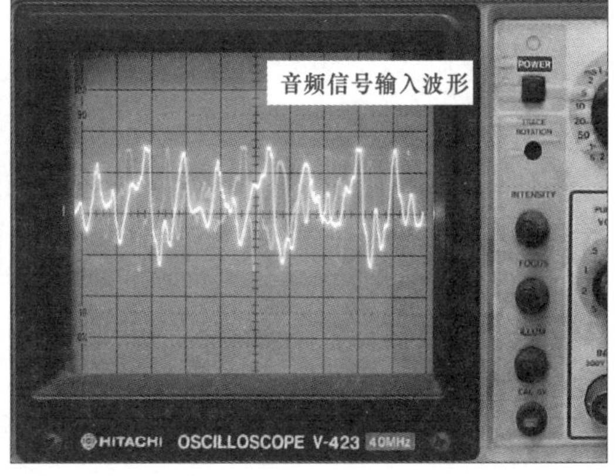

图4-71　检测集成电路输入的信号波形

（4）对输入信号检测完成后，接着检测输出的音频信号，如图 4-72 所示。

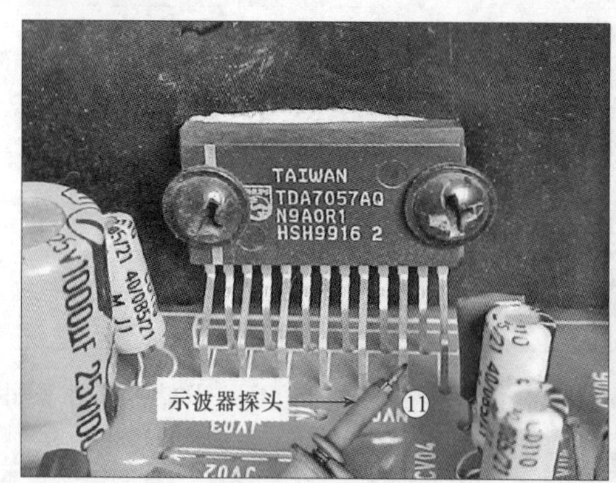

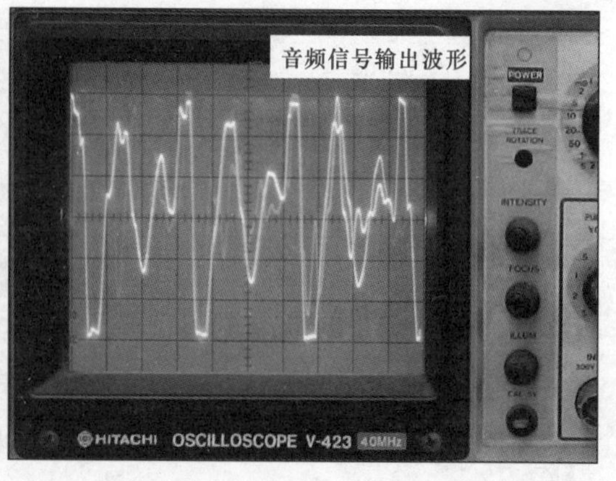

图 4-72 检测集成电路输出的信号波形

（5）若该集成电路的供电电压正常，则说明该集成电路能够正常工作，检测的输入信号正常。若输出信号也正常，则说明该集成电路能够正常工作；若输出信号不正常，而供电电压和输入信号都正常，则说明该集成电路本身损坏。

第5章

电气功能部件的检测代换技能

5.1 电源部件的检测与代换

5.1.1 电源部件的特点

由于大多数电子产品都采用220V交流市电作为电源，因此电源部件的主要作用是将交流电压转换成电子产品工作所需的直流电压。图5-1所示为典型电源电路中的主要部件。

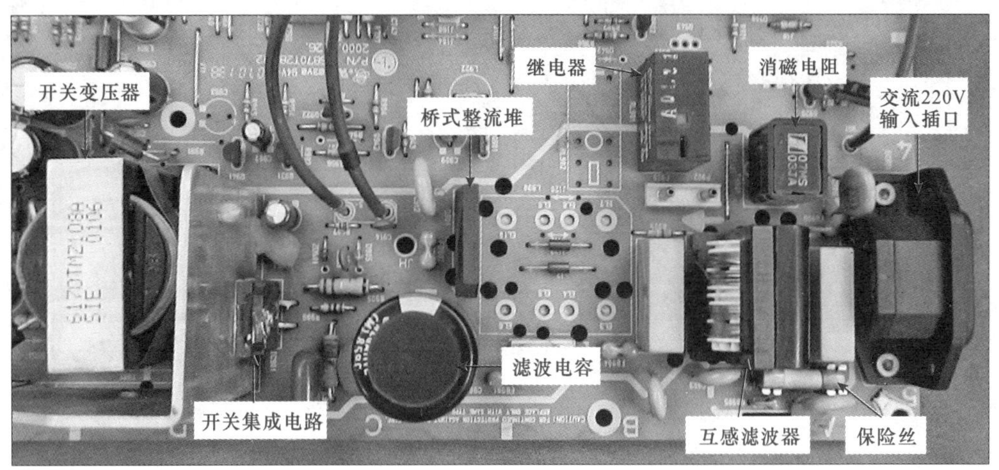

图5-1　开关电源电路的基本构成

电源电路主要有保险丝、互感滤波器、桥式整流堆（桥式整流电路）、滤波电容器、开关变压器、开关集成电路、开关场效应管或开关晶体管、光电耦合器、滤波电容和整流二极管、电源管理芯片等元器件。

保险丝又称熔断电阻，是一种安装在电源电路中，以保证电路安全运行的电器元件。在电路出现过载时，电流迅速升高，这时保险丝会因电流过大而熔断，起到保护电路的作用

互感滤波器是由两组线圈对称绕制而成的，其作用是滤除外电路的干扰脉冲，防止进入电子产品中，同时使电子产品内的脉冲信号不会对其外部电子设备造成干扰。

桥式整流堆内部集成了4个二极管，其作用是将交流电压整流后，输出直流电压。

滤波电容主要是对直流电压进行滤波，将桥式整流堆整流后的脉动直流电压滤波成平滑的直流电压。

开关变压器的主要作用是将高频高压脉冲变成多组高频低压脉冲。

光电耦合器是将开关电源输出电压的误差反馈到开关集成电路上，其内部由发光二极管和三极管集成的。

5.1.2 电源部件的检测与代换方法

前面我们介绍了电源部件中各主要元器件的功能特点，在整个电子产品中电源部件是故障率最高的部件之一。电源部件出现故障往往会导致其他组件工作不正常，甚至整个电子产品不工作。这时就需要对电源部件中的各主要元器件进行检测和代换。

1. 保险丝的检测与代换方法

电路中有过载或短路时，会使电路电流过大，进而烧坏保险丝。检测保险丝的好坏，可通过观察法先查看保险丝是否有熔丝熔断的现象，也可用万用表检测。

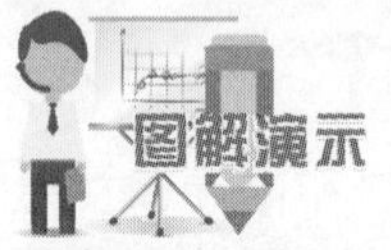

保险丝的具体检测方法如图5-2所示。正常情况下，其阻值应接近0Ω，若检测的保险丝阻值为无穷大，则说明该保险丝断路，需更换。

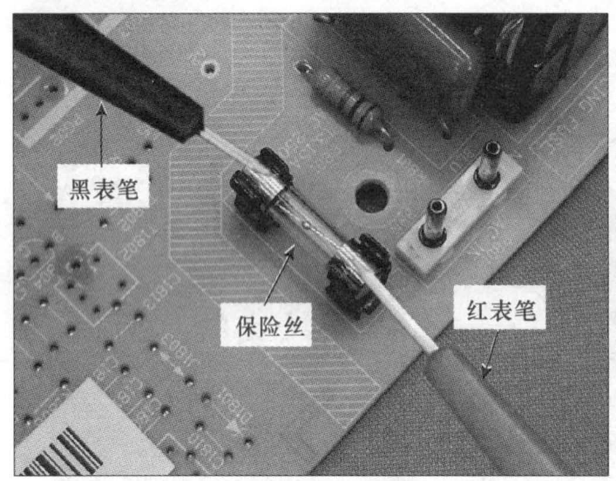

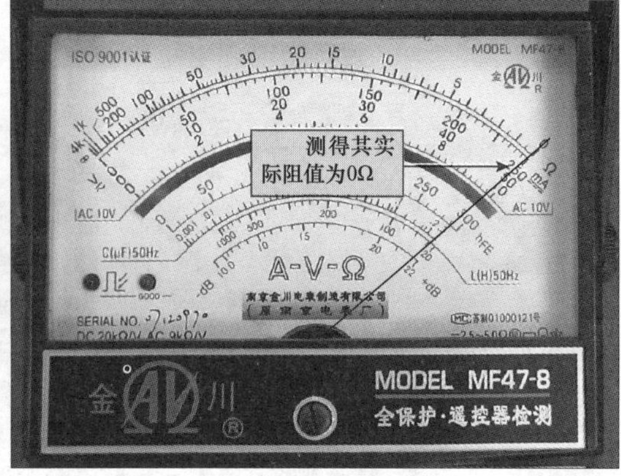

图5-2 万用表检测保险丝

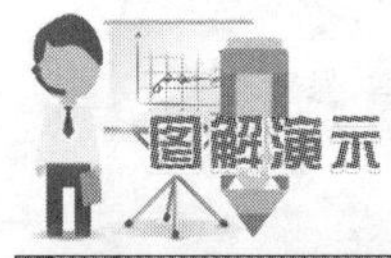

更换保险丝具体方法如图5-3所示。可直接更换性能完好、电流值相同的保险丝即可。

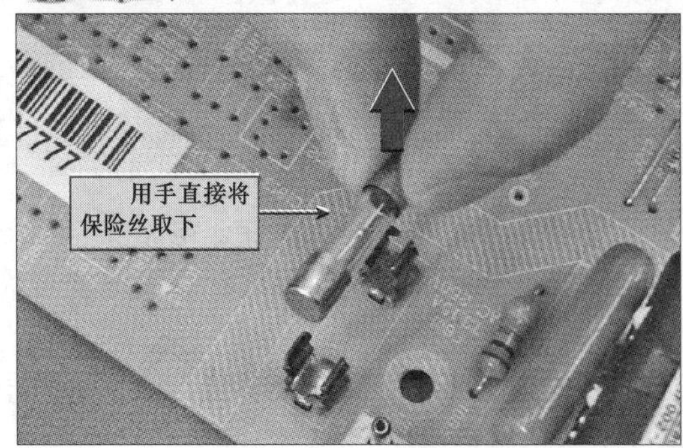

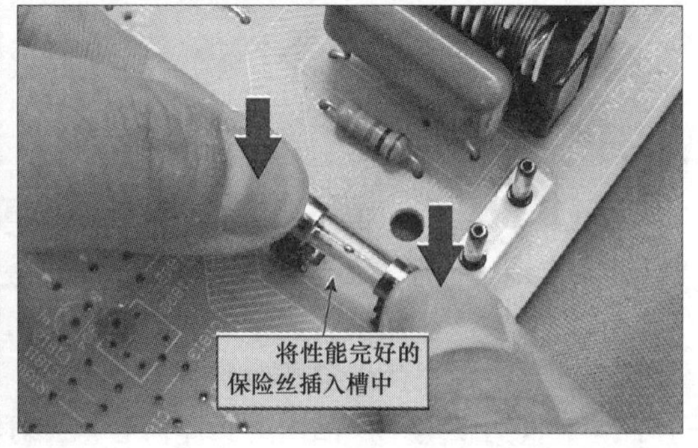

图5-3 更换保险丝

2. 互感滤波器的检测与代换方法

在电源电路中，220V 交流电压先经过保险丝，再经过互感滤波器，由电感和电容对高频信号进行滤波，然后送到桥式整流堆中。因此若互感滤波器有故障则会引起整机不工作。

互感滤波器的具体检测方法如图 5-4 所示。检测时，可将红黑表笔分别连接滤波电容的各引脚，检测其电阻值。正常情况下，测得其阻值应为 0Ω，表明此互感滤波器正常；若检测的阻值为无穷大，则说明互感滤波器断路。

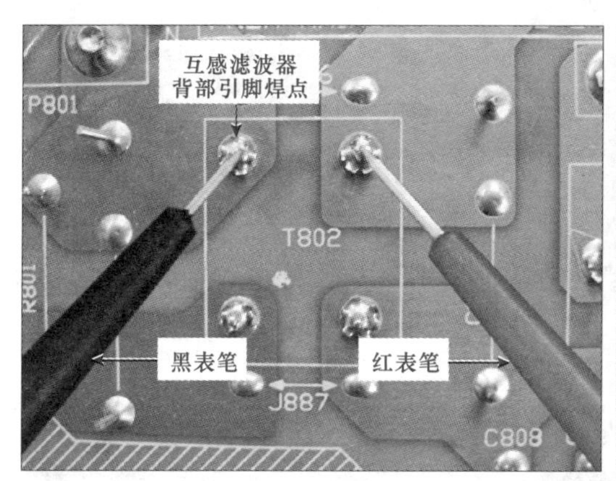

图 5-4 万用表检测互感滤波器

若检测的互感滤波器损坏，则可用电烙铁将其拆解并更换。

互感滤波器的代换方法如图 5-5 所示。用电烙铁将互感滤波器引脚处的焊锡熔化，同时可用吸锡器吸除引脚处的焊锡，待焊锡熔化和清除后，取出互感滤波器。然后将性能完好的滤波电感插入焊孔中，用电烙铁焊接。

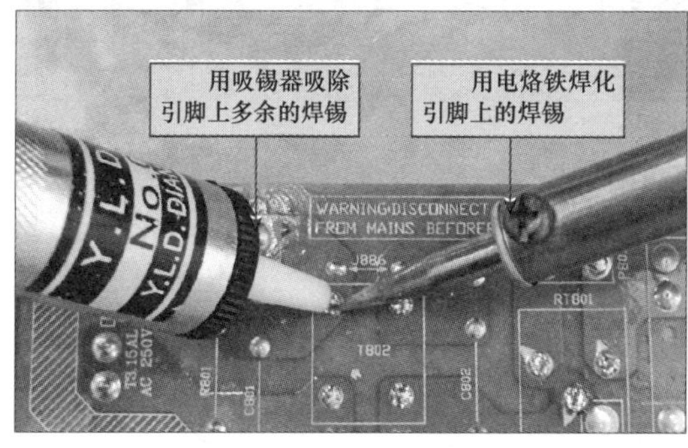

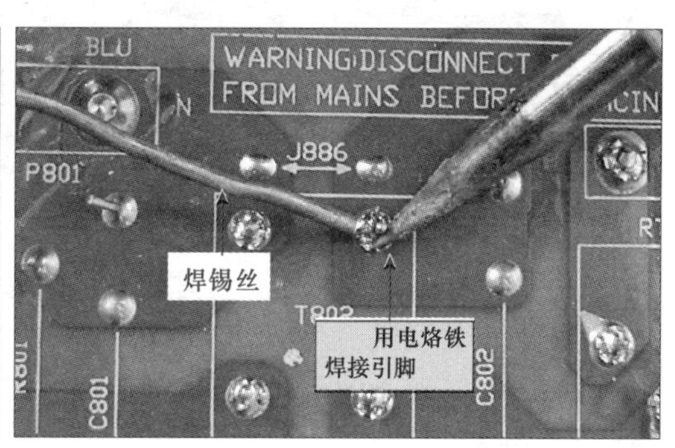

图 5-5 电烙铁拆解互感滤波器

3. 桥式整流堆的检测与代换方法

桥式整流堆的作用是将 220V 交流电整流后输出 300V 直流电，若损坏，则会使电源电路无直流电压输出。

对桥式整流堆的检测，可在断电情况下检测其引脚的阻值，或在通电情况下检测其电压值。图 5-6 所示为检测桥式整流堆 300V 直流输出电压的方法。

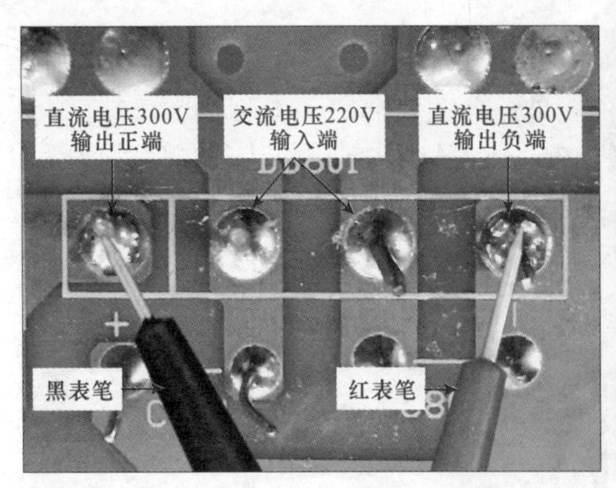

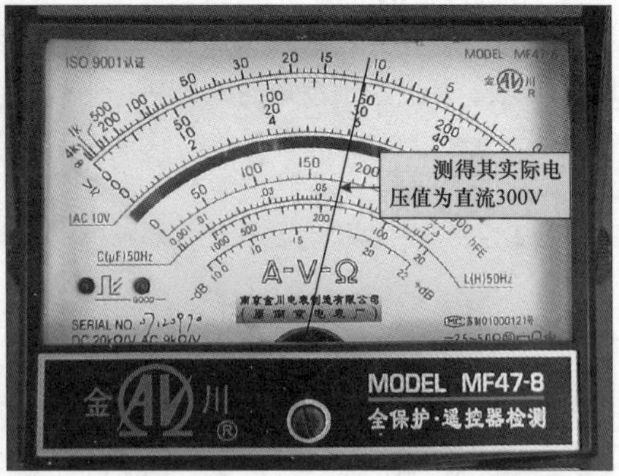

图 5-6　检测桥式整流堆 300V 直流输出电压

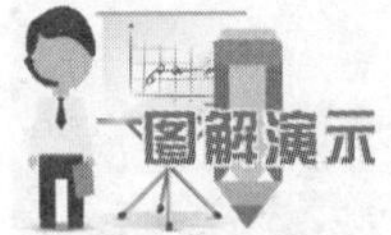

检测桥式整流堆 220V 交流输入电压如图 5-7 所示。若输入端电压正常，而无输出，则说明桥式整流堆损坏，可用电烙铁进行拆解和代换。

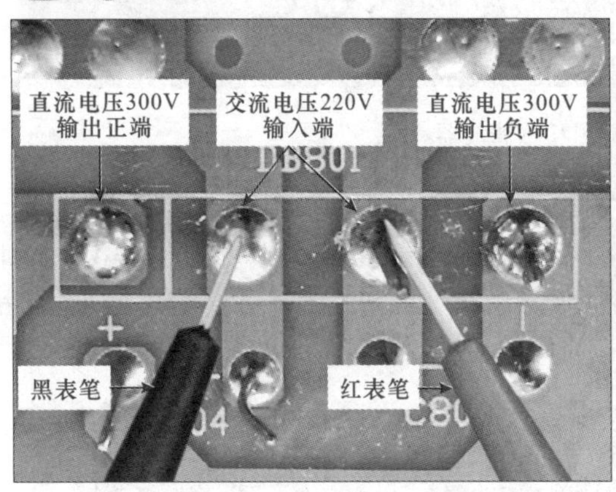

图 5-7　检测桥式整流堆 220V 交流输出电压

相关资料

在断电情况下，判断桥式整流堆好坏，可通过检测其电阻的方法进行判断。检测时，将万用表一只表笔接任意的直流输出端，另一只表笔接任意的交流输入端，然后再对调表笔，根据桥式整流堆的内部结构原理可知，此时相当于接在一只二极管的两端，正常时，测量结果应为一个无穷大，一个有一定读数（二极管特性：正向导通，反向截止）。

4. 滤波电容的检测与代换方法

滤波电容损坏也会引起电源电路不能正常工作的故障。滤波电容是否损坏可用万用表进行检测，在通电状态下，检测电压是否为 300V，来判断滤波电容是否正常。

图解演示

滤波电容电压的检测方法如图 5-8 所示。将万用表调整为直流电压档，红表笔连接正极，黑表笔连接负极。若测得电容两端电压为 0V，则表明 220V 交流输入部分不正常。

这时需要检查滤波电容是否损坏，可在不通电的情况下，用万用表进行检测。将红表笔连接正极，黑表笔连接负极，经检测此电容电阻值大约为 100Ω。

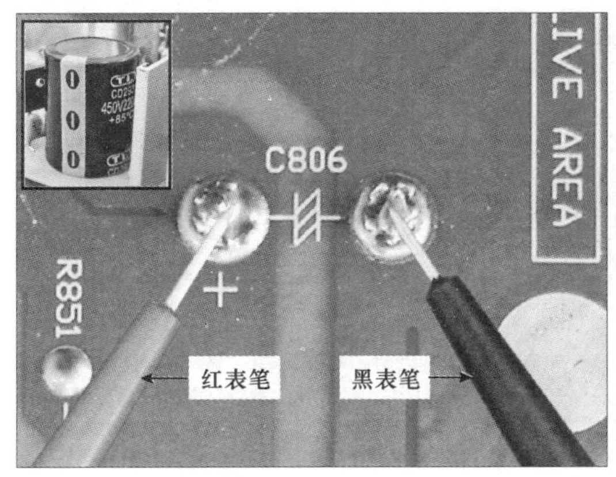

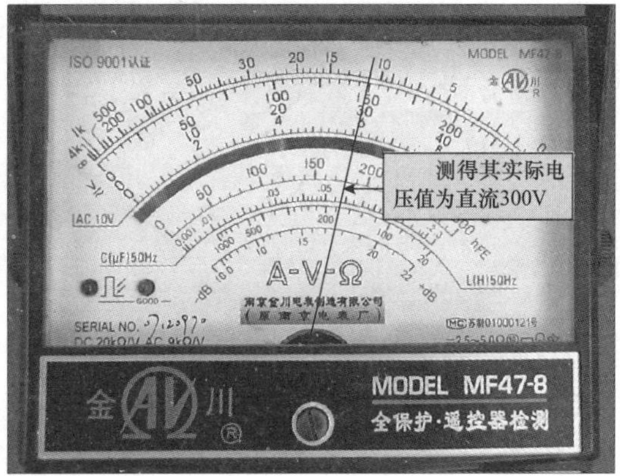

图 5-8　检测滤波电容电压值

若检测的阻值为0Ω，则该电容短路；若检测的阻值为无穷大，则该电容断路。更换损坏的电容时，同样是用电烙铁将其拆解下来，然后将性能完好的电容焊接在电路上。

5. 开关变压器的检测与代换方法

判断开关变压器是否正常工作，可用示波器探头靠近开关变压器的磁心，由于变压器输出的脉冲电压很高，因此通过绝缘层就可以感应到行脉冲信号，若电源电路工作正常，则能感应到波形。

开关变压器的检测方法如图 5-9 所示。若检测有感应脉冲信号，则说明开关变压器没有问题。

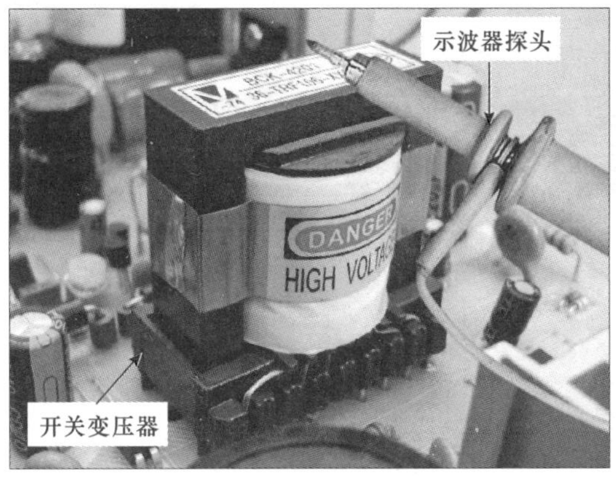

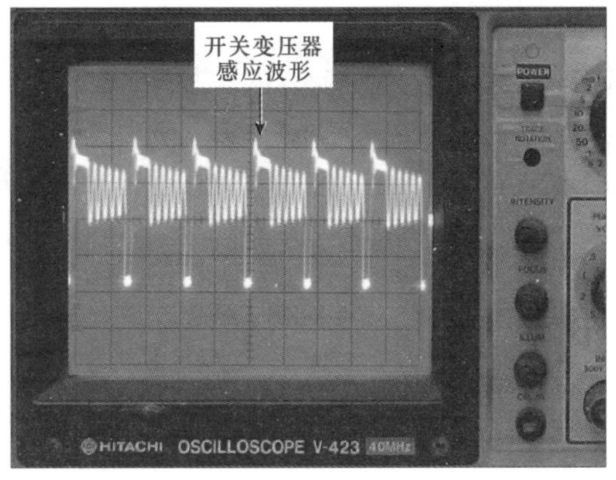

图 5-9　检测开关变压器感应波形

6. 光电耦合器的检测与代换方法

判断光电耦合器的好坏，可以在断电情况下用万用表测量其引脚之间的阻值。

图解演示

检测光电耦合器①脚和②脚的阻值如图 5-10 所示。

经检测，光电耦合器的正向阻值大约为 1. 6kΩ，对换表笔检测①脚和②脚的反向阻值大约为 1. 6kΩ。

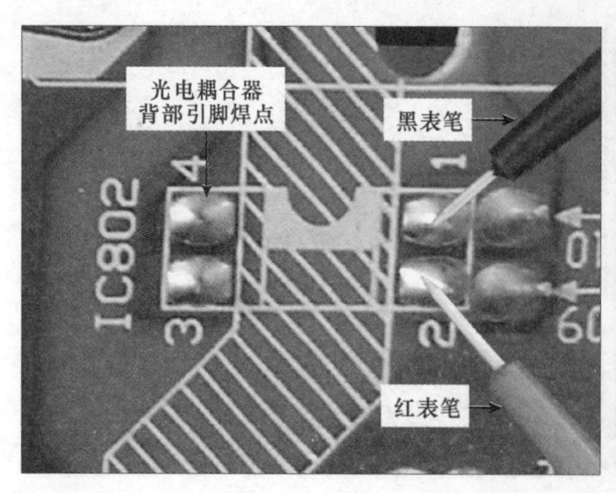

图 5-10　检测光电耦合器①脚和②脚的阻值

接下来检测③脚和④脚的阻值。图 5-11 所示为检测光电耦合器③脚和④脚阻值的方法。

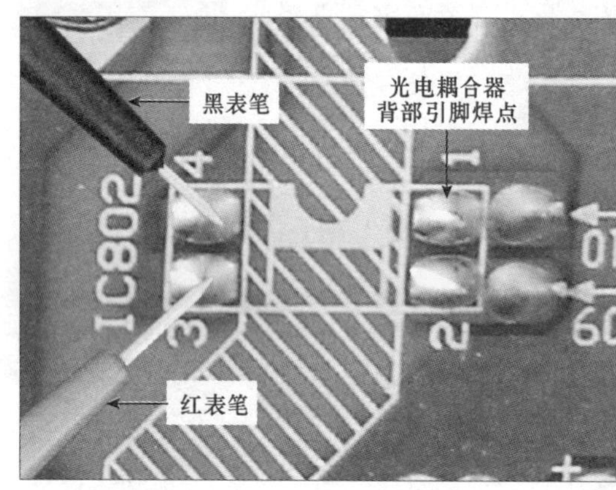

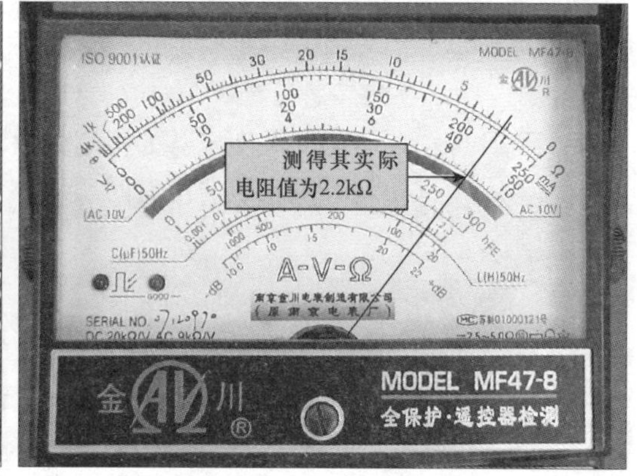

图 5-11　检测光电耦合器③脚和④脚的阻值

在正常情况下，测得③脚和④脚的正向阻值约为 2.2kΩ，然后对换表笔，再测量③脚和④脚间的反向阻值为 7.9kΩ。

若在测量过程中其阻值有异常，则可能是光电耦合器损坏，须更换该器件。

5.2　遥控部件的检测与代换

遥控部件现已广泛应用于彩色电视机、空调机、录像机、VCD/DVD 机、音响系统及各种家用电器和电子设备中，并越来越多地应用到计算机系统中。

5.2.1　遥控部件的特点

最常用的遥控部件就是红外遥控，它是一种无线、非接触控制技术，具有抗干扰能力强、信息传输可靠、功耗低、成本低、易实现等显著优点。

典型遥控部件的结构和功能如图5-12所示。遥控部件主要由遥控发射器件和遥控接收器件两部分构成。

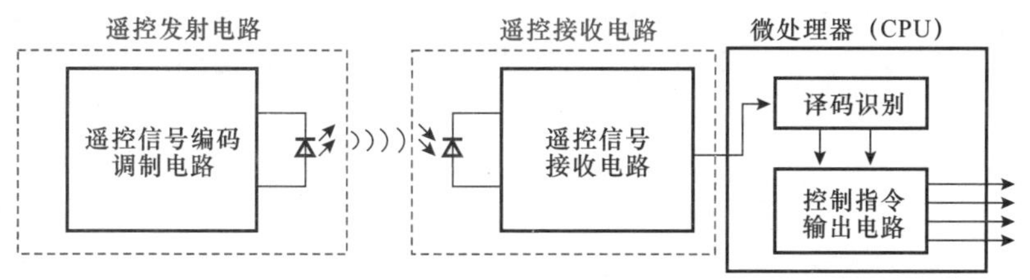

图5-12　典型遥控部件的结构和功能图

1. 遥控发射部件

如图5-13所示，遥控发射部件也称为遥控器，它是一个以微处理器为核心的编码控制电路，它所编制的串行数据信号是通过红外线二极管发射出去并完成人机交互的。用户在使用时，通过遥控器将人工指令信号发送给信号接收电路，以控制电器产品运转。

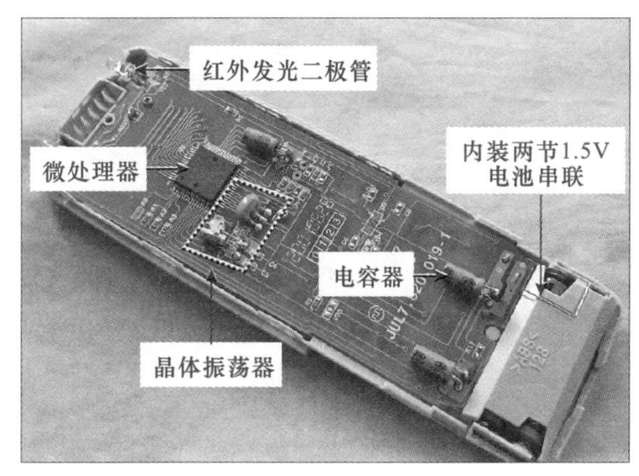

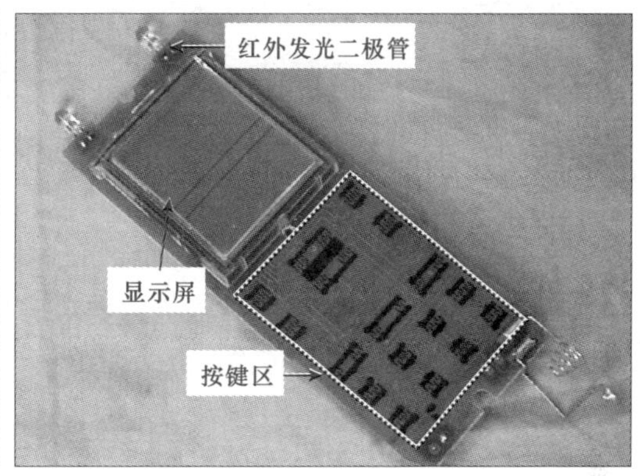

图5-13　遥控器中的主要部件

遥控器主要是由微处理器、晶体振荡器、按键区、红外发光二极管、电池以及外围的电容器、三极管等部件组成的。

微处理器可以对各种控制信息进行编码，然后将编码的信号调制到载波上，通过红外发光二极管以红外光的形式发射到红外接收电路中，红外接收电路将接收到的光信号变成电信号，并进行放大、滤波、整形，然后变成控制信号，该信号送往微处理器中，经处理后输出各种控制指令，实现遥控控制功能。

微处理器工作时需要时钟振荡信号，而时钟振荡信号又是由微处理器内部的振荡电路和外接晶体构成的。

遥控部件中的微处理器在工作时受人工指令的控制，人工指令就是由安装在前面板上的操作按键产生的。当按下任意一个操作按键时，便有键控信号送给微处理器，通过微处理器内部的编码和调制，产生驱动信号，然后经过三极管的放大后去驱动红外发光二极管，将信号发射出去。

红外发光二极管是遥控部件中不可缺少的一种器件，红外线是不可见的，在电子技术中用红外发光二极管来产生红外线。

2. 遥控接收部件

如图5-14所示，遥控接收部件主要是用来接收由遥控发射部件送来的控制信号，在遥控接收部件中设有一个红外光敏二极管，它接收红外光信号，并将光信号变成电信号，再进行放大、滤波和调制整形，再将控制信号提取出来，然后送给数字解码芯片中的微处理器，由微处理器对其他部位进行控制。

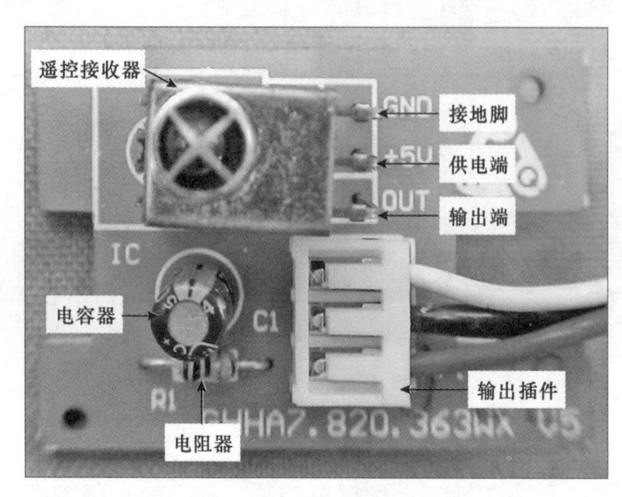

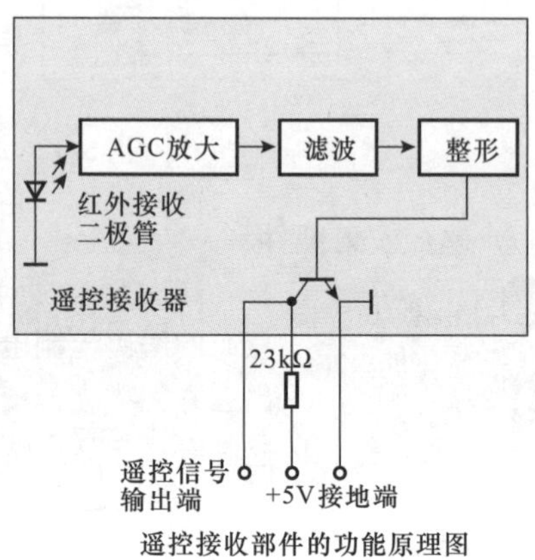

图5-14　遥控接收器中的主要部件

遥控接收器有三个输出引脚，其中有一个引脚为控制信号输出端，另一个为+5V供电端，还有一个作为接地引脚。当遥控器发出红外光遥控信号后，遥控接收器中的光电二极管将接收到的红外脉冲信号（光信号）转变为控制信号（电信号），再经AGC放大（自动增益控制）、滤波和整形后，将控制信号传输给微处理器。

5.2.2　遥控部件的检测和代换方法

若遥控部件出现失控或控制不灵的情况，则需要对遥控部件里常用的元器件等进行检测和代换。下面以空调器中的遥控器和遥控接收电路为例来向大家介绍遥控部件的检测和代换方法。

1. 红外发光二极管的检测与代换方法

红外发光二极管属于晶体二极管的一种，对于它的好坏，可用万用表测量开路状态下引脚间的正反向阻值来判断。检测前需要辨认晶体二极管引脚的阴、阳极，一般情况下，引脚长的为阳极（A），而引脚短的一侧则为阴极（K）。

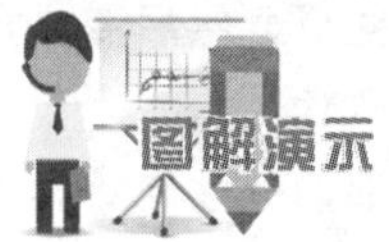

红外发光二极管的正向阻值检测方法如图5-15所示。首先将万用表设置成电阻档，将万用表的红表笔搭在红外发光二极管阴极引脚上，黑表笔搭在阳极引脚上。

调换表笔，检测红外发光二极管的反向阻值。若红外发光二极管的正向阻值固定，而反向阻值趋于无穷大，则可判断二极管良好；若正向阻值和反向阻值均趋于无穷大，则二极管可能存在开路故障；若正向阻值和反向阻值都很小或趋于0，则二极管可能已经被击穿。

若红外发光二极管损坏，则可用同等型号进行代换。

2. 晶体振荡器的检测与代换方法

判断晶体振荡器的好坏，可在路检测晶体振荡器输出的晶振信号。正常时，将示波器的探

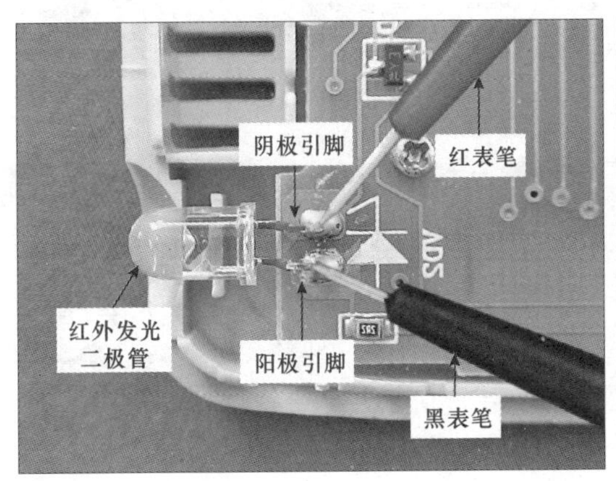

图 5-15 检测红外发光二极管的正向阻值

头接触晶体两侧的引脚时，会有晶振信号输出。

晶体振荡器的检测方法如图 5-16 所示。若测量时，无晶振波形输出或输出不正常，则可能此时晶体已经损坏。

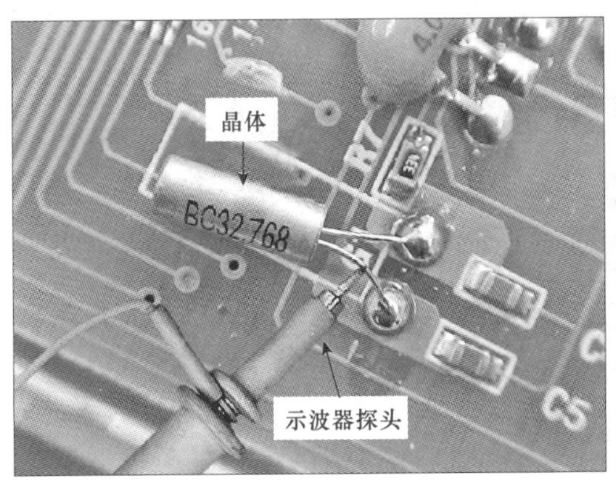

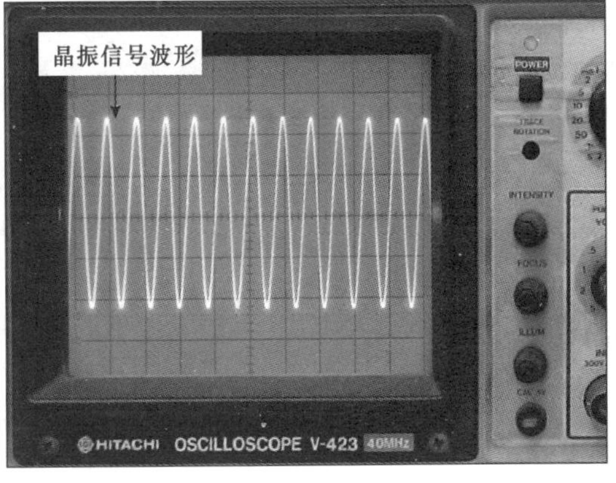

图 5-16 检测晶体振荡器的信号波形

此时，可用同等型号且性能良好的晶体进行代换。代换后，若还无晶振信号输出，则可能是振荡电路已经损坏，代换即可。

3. 遥控接收部件的检测与代换方法

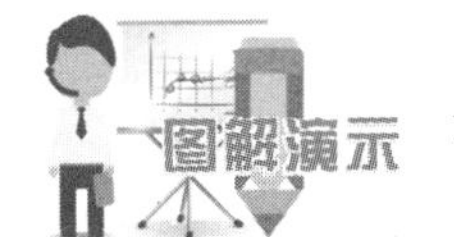

对于遥控接收器，可通过检测其输出的信号波形来直接判断它的好坏。遥控接收器输出信号波形的检测方法如图 5-17 所示。

若输出信号不正常，则需要继续检测 +5V 供电电压是否正常。

遥控接收器 +5V 供电电压的检测方法如图 5-18 所示。若电压正常，而输出波形不正常或不能正常遥控，则可能是遥控接收器损坏，用同等型号代换即可。

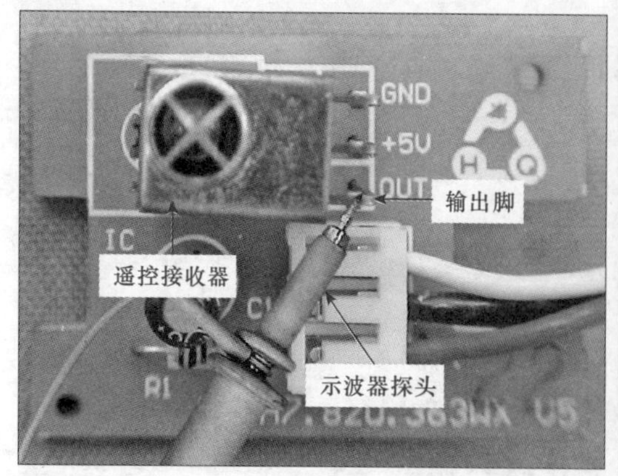

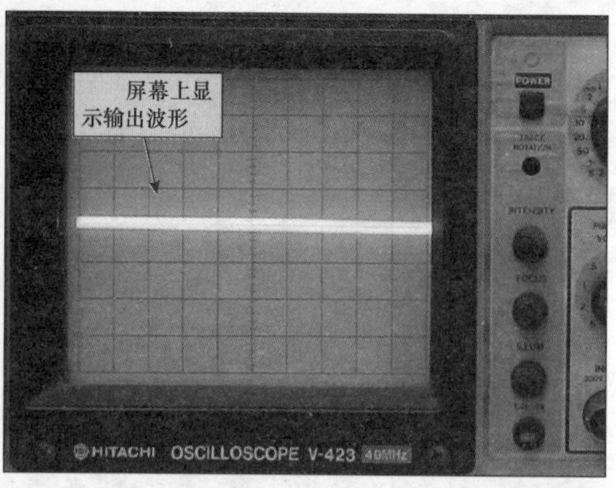

图 5-17 检测遥控接收器输出波形

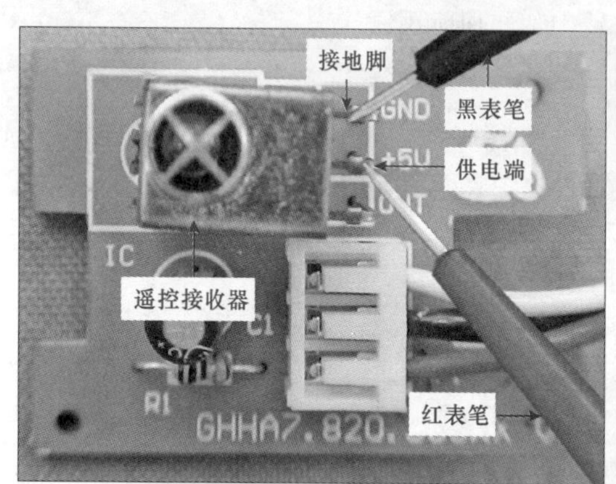

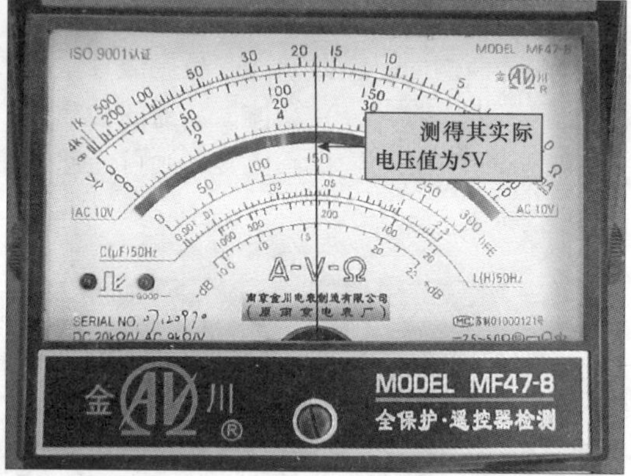

图 5-18 检测遥控接收器的供电电压

拆卸时，须用电烙铁和吸锡器进行配合，将引脚拆下即可；焊接时，选择同型号且性能良好的遥控接收器，将其焊接入电路板的焊点即可。

5.3 显示部件的检测与代换

几乎所有带有显示功能的电子产品中都用到了显示部件，电视机的显示屏，显示器的显示屏，手机、快译通、数字万用表、计算器、遥控器的显示屏以及一些电子产品的显示屏等都属于显示部件的范畴。通常这些显示部件需要由驱动电路驱动，从而显示出相应的内容信息。

5.3.1 显示部件的特点

显示部件是指能够显示各种电子产品工作状态的部件，是实现人机交互不可缺少的一种部件。

图解演示

如图 5-19 所示，显示部件主要是由显示屏和相应的驱动电路组成的，随产品型号和性能的不同，驱动电路也不相同。在电子产品的实际应用中，随产品型号和性能的不同，显示屏和驱动电路中使用的元器件也不相同，下面就以常见的数码管显示屏、CRT（显像管）显示屏、LCD（液晶）显示屏以及 LED（发光二极管）显示屏及其驱动电路为例来介绍一下显示部件的结构和功能特点。

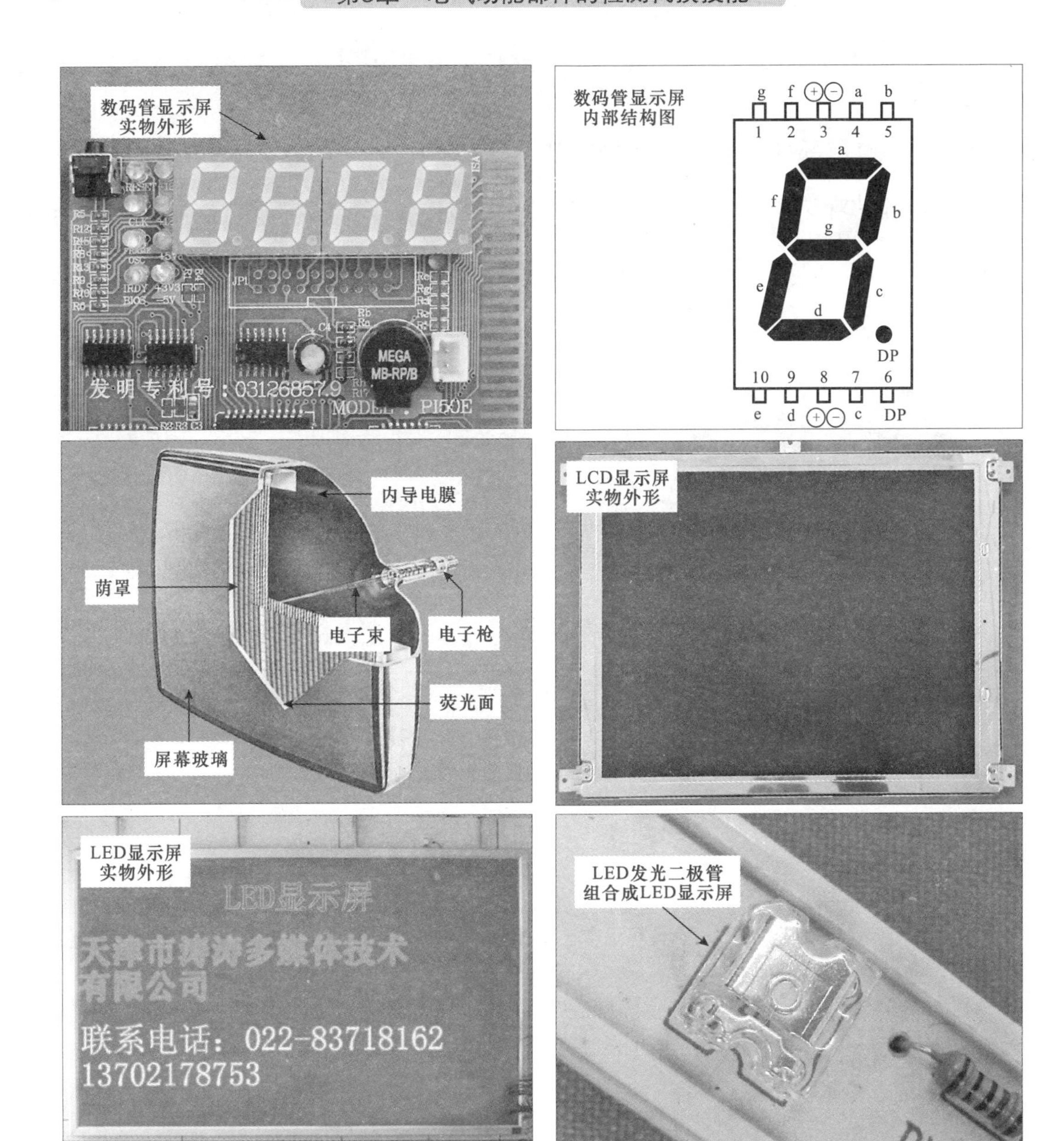

图5-19　各种显示部件的实物外形及内部结构

数码管是一种半导体发光器件，其基本单元是发光二极管。其按段数分为7段数码管和8段数码管，8段数码管比7段数码管多一个发光二极管单元（多一个小数点显示DP）；按发光二极管单元连接方式分为共阳极数码管和共阴极数码管。

CRT显示屏也是比较常见的一种显示设备，经常用于彩色电视机和显示器中作为显示器件。

LCD显示屏具有体积小、重量轻、耗电小、清晰度也越来越高等优点，是目前应用比较广泛的一种显示器件。

LED 即发光二极管，是一种半导体固体发光器件，它是利用固体半导体芯片作为发光材料，当两端加上正向电压时，半导体中的载流子发生复合，引起光子发射而产生光的。

5.3.2 显示部件的检测和代换方法

显示部件若出现故障，则会造成屏幕无法正常显示图像，这时就需要对显示部件里面的元件或电路进行检测与代换。

以 12864 图形点阵型 LCD 显示模块为例，图 5-20 所示为 12864 图形点阵型模块的实物外形。

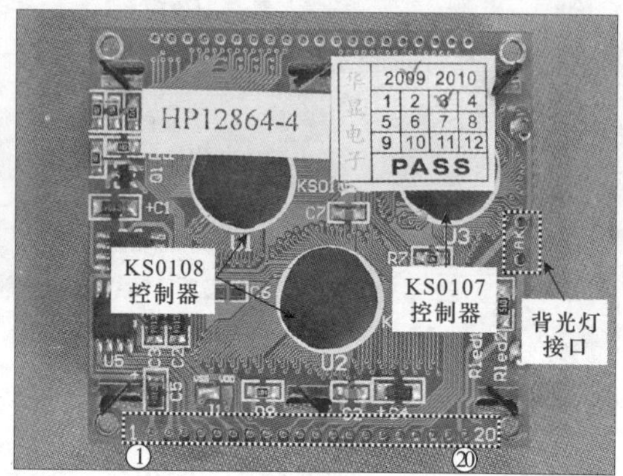

图 5-20　12864 图形点阵模块的实物外形

对于液晶显示模块的检测，可以分别通过检测其引脚的供电电压、关键脚的数据信号波形及背光灯电压来确定。

1. 电压的检测

若图形点阵型 LCD 显示模块显示不正常，或出现故障，则可首先检测其②脚的 +5V 供电电压是否正常。

12864 图形点阵型模块②脚供电电压的检测方法如图 5-21 所示。若能检测到 +5V 供电电压，则说明供电电路是正常的。

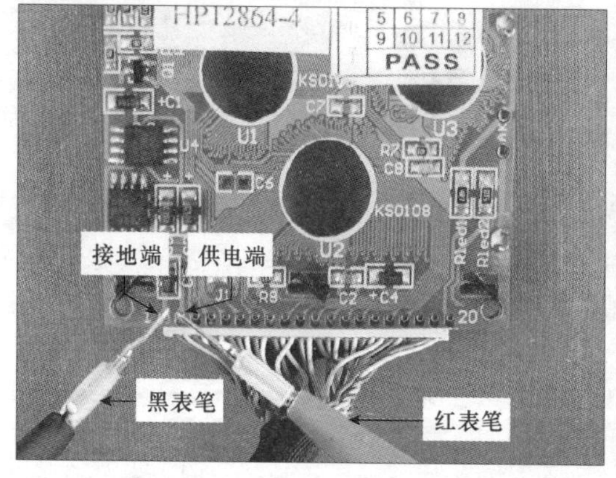

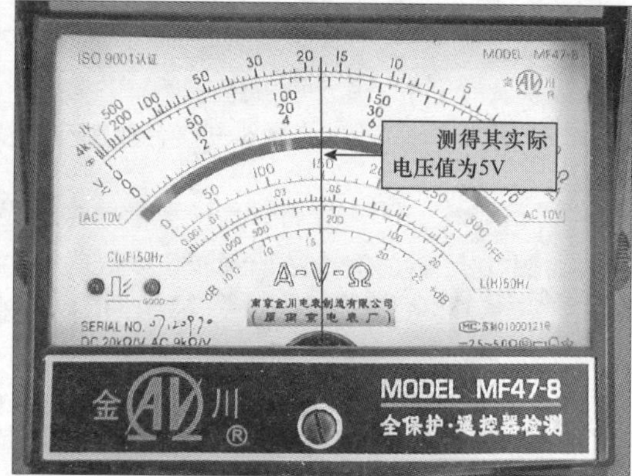

图 5-21　检测 12864 图形点阵型 LCD 显示模块的供电电压

2. 信号波形的检测

若LCD显示模块的供电正常，则可继续检测由MCU送来的数据信号是否正常。其中，该模块的⑰脚为复位信号输入端，在开机时，会有一个低电平的信号送入；⑦脚～⑭脚为数据信号端。

12864图形点阵型LCD显示模块⑰脚复位信号和⑦脚～⑭脚数据信号波形如图5-22所示。

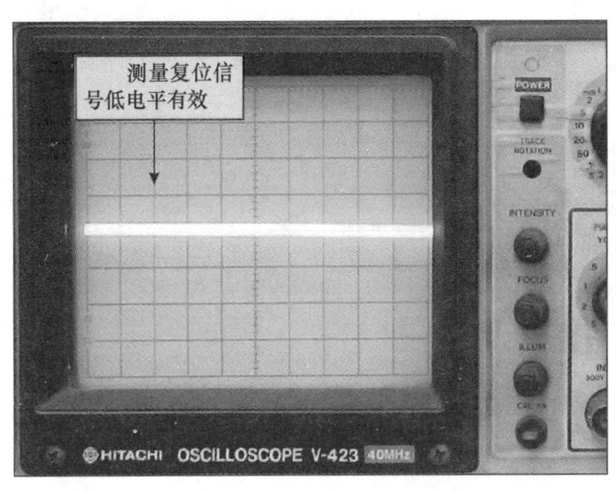

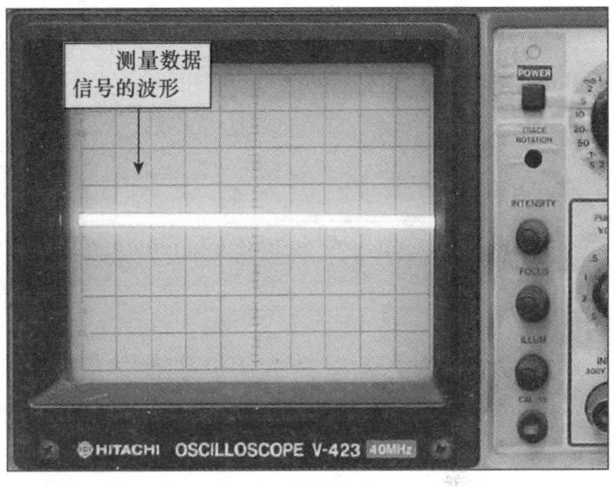

图5-22　12864图形点阵型LCD显示模块复位和数据信号波形

3. 背光灯的检测

背光灯也是LCD显示模块的一个重要的器件，该显示模块的背光灯采用LED（发光二极管）。测量时，可首先检测+5V供电电压。

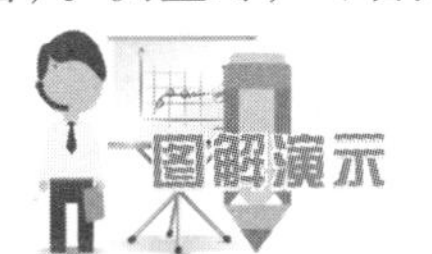

12864图形点阵型LCD显示模块背光灯+5V供电电压的检测方法如图5-23所示。

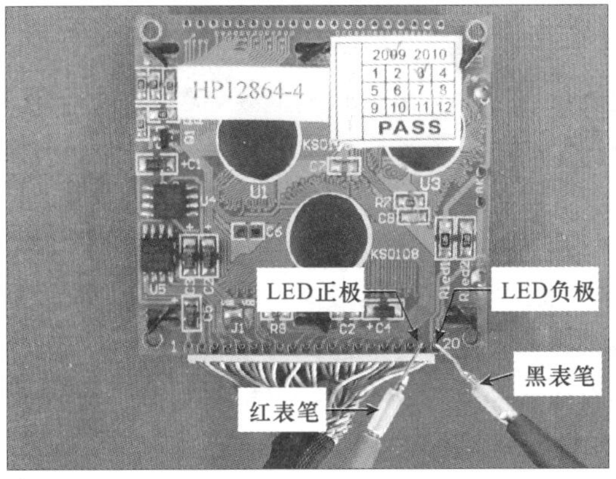

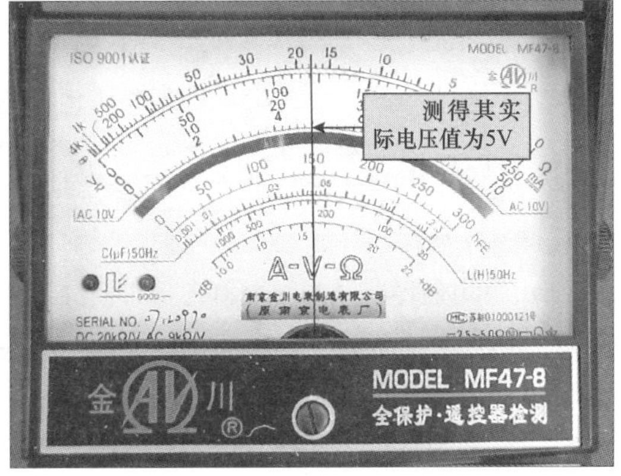

图5-23　检测12864图形点阵型LCD显示模块背光灯的供电电压

若LED背光灯的供电正常，则可通过检测LED正极（A）和负极（K）间的正、反向阻值来确定它的好坏。

12864 图形点阵型 LCD 显示模块背光灯正向阻值的检测方法如图 5-24 所示。检测时，可将万用表调至电阻档，用红表笔接负极（K）端，用黑表笔接正极（A）端。

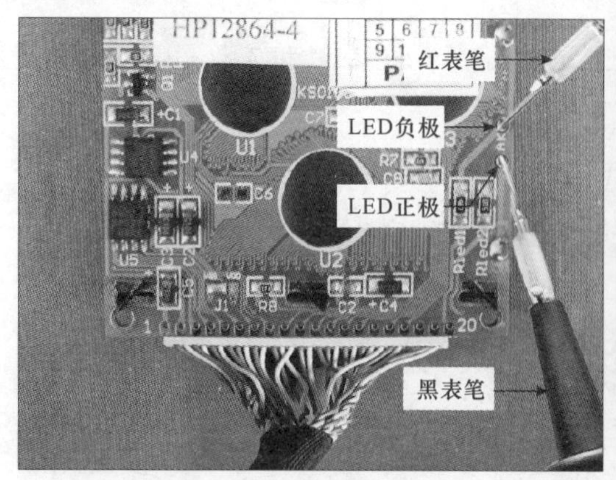

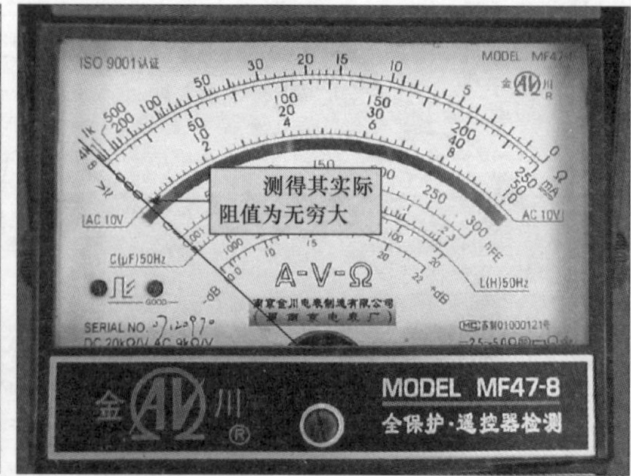

图 5-24　检测 LED 背光灯的正向阻值

正常情况下，其正向阻值应为无穷大。若测得的阻值趋于 0，则表明 LED 已经短路。

测量完毕后对调表笔，将黑表笔接负极（K）端，用红表笔接正极（A）端，可以检测到 6kΩ 左右的反向阻值。若测得的阻值趋于无穷大，则表明 LED 内部已经开路损坏。

有些大型的液晶显示屏具有自己独特的背光灯电路，例如液晶电视机或显示器的背光灯，这时需要使用逆变器电路为其进行供电，若怀疑背光灯出现故障，则可利用替换法进行检测，即利用同型号、规格及无故障的背光灯对怀疑元器件进行替换，若发现更换后，故障消除，则表明该背光灯出现故障。

5.4　调谐组件的检测与代换

5.4.1　调谐组件的特点

调谐组件主要是由可变电容、变容二极管、调谐线圈组成的，其作用是放大天线接收的微弱信号，进行选频等。图 5-25 所示为典型调谐组件的实物外形。

1. 可变电容

（1）微调电容器又叫半可调电容器，主要用于调谐电路中，通过微调电容值对电路的谐振频率实现微调。

（2）单联可变电容器的内部只有一个可调电容器，旋转转轴可以调节单联可变电容器的电容量，常用于直放式收音机电路中，可作为调谐器件来选取电台信号。

（3）双联可变电容器是由两个可变电容器组合而成的，在两组谐振电路中的两个电容可以进行同步调整。一般用于超外差式的中波、短波收音机电路中，其中的一个联作为调谐链，另一个联作为振荡链。

（4）四联可变电容器的内部包含有 4 个可变电容器，它可以同步调整 4 个谐振电路中的可变电容，使高频放大器和本振振荡器的谐振频率同步变化。

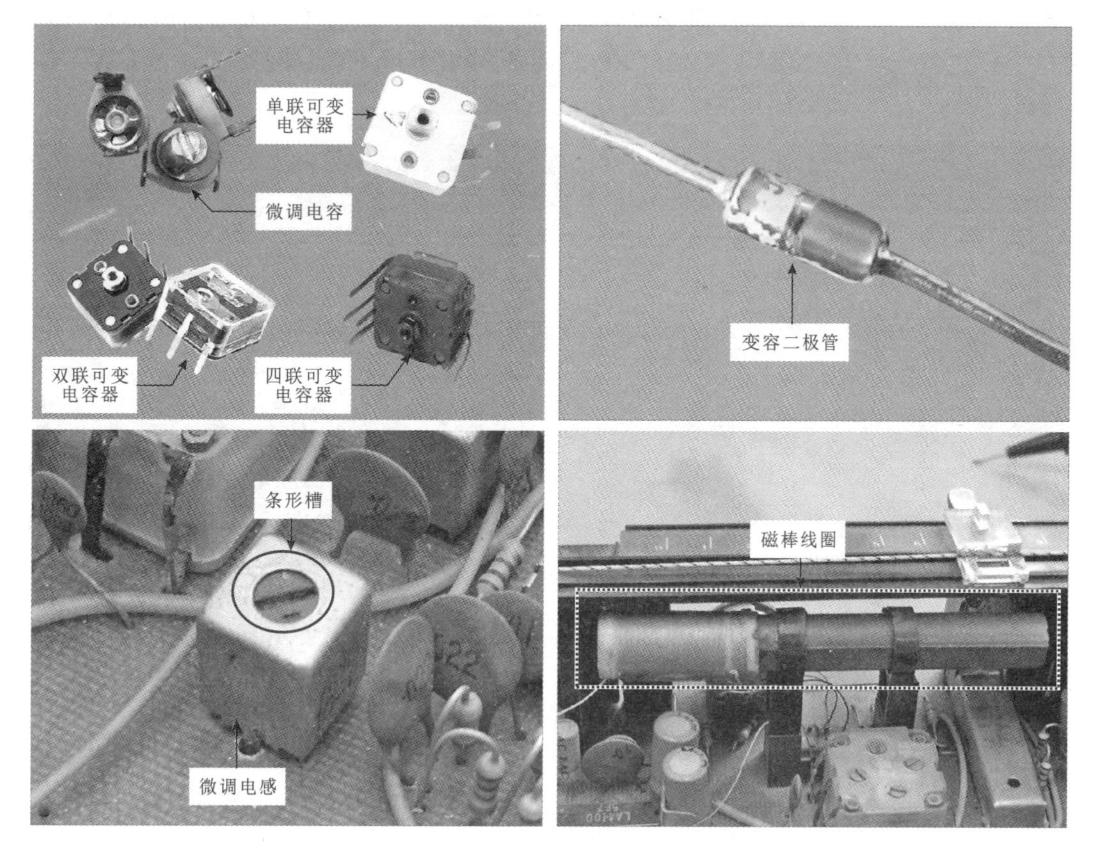

图 5-25 典型调谐组件的实物外形

2. 变容二极管

变容二极管是利用 pn 结的电容随外加偏压而变化这一特性制成的非线性半导体元件，在电路中起电容器的作用，通过施加电压就可以改变其电容量。通常替代可变电容器，应用在调谐电路中。

3. 微调电感

微调电感就是可以调整电感量的电感，外部一般设有屏蔽外壳，磁心上设有条形槽以便调整。

4. 磁棒线圈

磁棒线圈的基本结构是在磁棒上绕制线圈，这样会大大增加线圈的电感量。在收音机中常被用来制成天线谐振线圈。

5.4.2 调谐组件的检测和代换方法

调谐组件损坏会引起电子产品不能接收电台、有杂音、收音无声等故障。下面以收音机为例，讲解调谐组件的检测与代换。

1. 可变电容的检测与代换方法

对于可变电容的检测，首先可以采用用手轻轻缓慢转动可变电容器的转轴，感觉转轴与动片之间应有一定的黏合性，不应有松脱或转动不灵的情况。也可采用万用表检测可变电容的好坏，主要是检测动片之间有无接触、短路情况。下面以四联固体介质可变电容器为例进行检测。

检测可变电容动片与定片之间是否有碰片短路情况如图 5-26 所示。将万用表黑表笔接在可变电容的定片引脚上，红表笔连接动片，来回旋转可变电容的转轴。

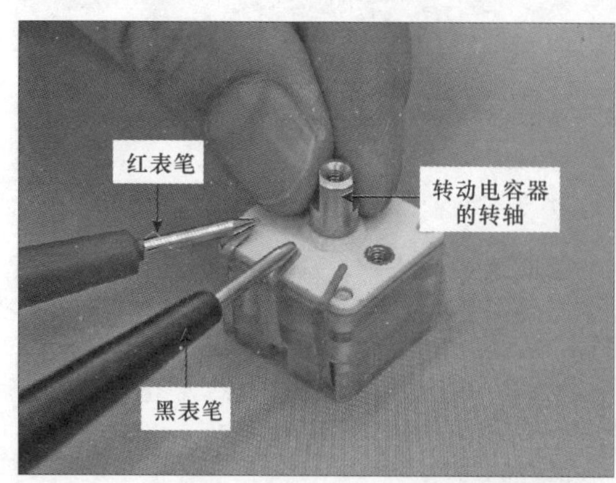

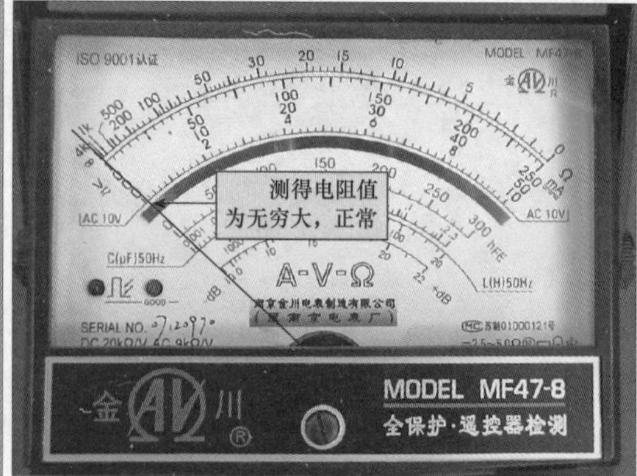

图 5-26　检测可变电容动片与定片之间是否有碰片短路情况

若指针指向无穷大，则正常。若检测时，旋转到某处指针摆动或为 0Ω，则可变电容器有短路现象（动片与定片之间接触），需更换。

单联可变电容和双联可变电容的检测方法与四联可变电容的检测方法相同。

2. 调谐线圈的检测与代换方法

微调电感的检测方法如图 5-27 所示。若检测时，测得微调电感的阻值为无穷大，则电感内部断路；若检测的阻值为 0Ω，则电感内部短路。

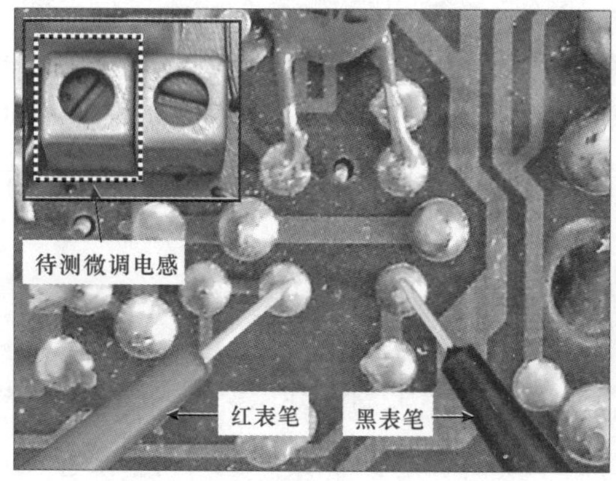

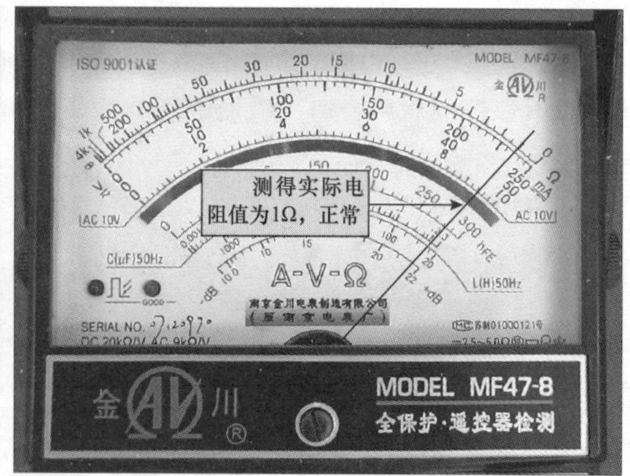

图 5-27　万用表检测微调电感

若检测的电感损坏，则用电烙铁和吸锡器将其拆解下来，然后将性能完好的电感插入焊孔中并用电烙铁焊接。

调谐线圈通常与其外接的并联电容组成谐振电路，微调磁心可以微调谐振频率，磁心破碎或线圈损坏都会使调整失常，并联的电容也有可能损坏或脱焊，如果调整失灵则也应检测电容器。

5.5　电机传动组件的检测与代换

5.5.1　电机传动组件的特点

电机传动组件是为电子产品提供机械动力的组件，其主要作用是将电能转换成机械能。

图解演示

图5-28所示为VCD/DVD机选盘机械传动组件的结构。电机传动组件是由电动机、齿轮、皮带、检测开关等部件组成的。

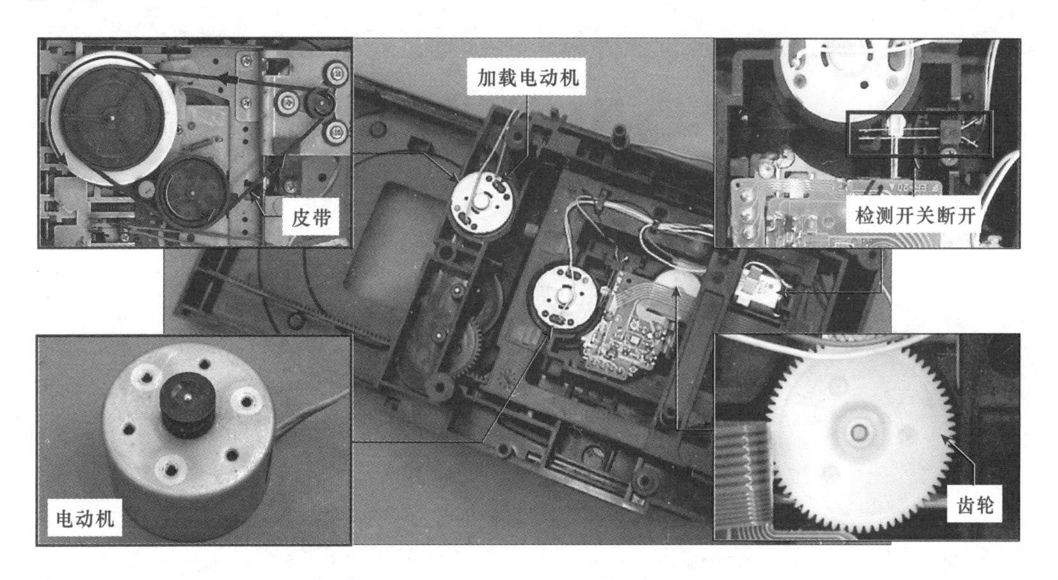

图5-28　VCD/DVD机选盘机械传动组件结构

电动机是动力核心部件，它是由电源提供工作电压，使转轴转动，带动电子产品工作的。

齿轮和皮带是主要传动部件。当电动机工作时，通过转轴带动与齿轮相连接的皮带，进而带动齿轮旋转，为电子产品提供动力。

检测开关主要是用于为微处理器提供各种工作状态（如开始、停止）的信息，这些信息都是微处理器进一步下达指令的依据。

5.5.2　电机传动组件的检测和代换方法

若机械传动组件有故障，则会无法传送，使电子产品不能正常工作。

1. 电动机的检测与代换方法

电动机是重点检测部件，电动机损坏会引起整个传动组件工作失常。

图解演示

电动机的检测方法如图5-29所示。对电动机的检测，通常可通过电动绕组之间的阻值进行判断。

经检测，电动机绕组阻值为12Ω，正常。若测得的阻值趋于无穷大或为0Ω，则表明电动机的绕组有断路或短路的故障，可使用相同型号的激光头进给电动机对其进行代换。

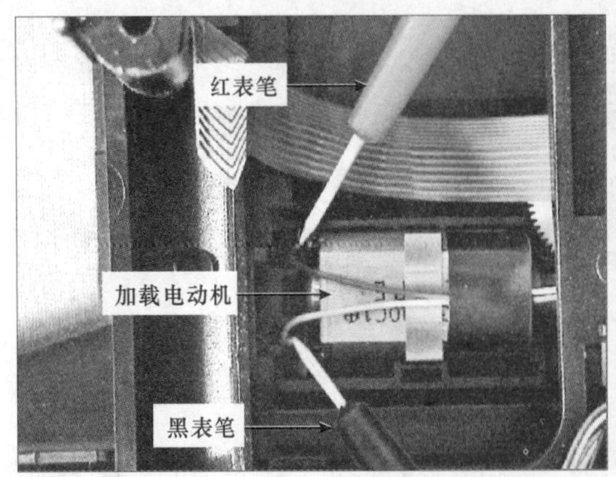

图 5-29　使用万用表检测电动机阻值

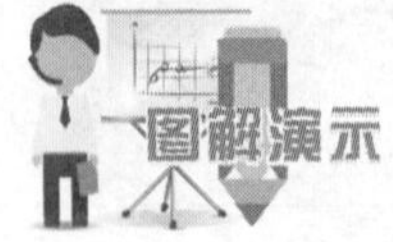

更换损坏电动机的操作步骤如图 5-30 所示。

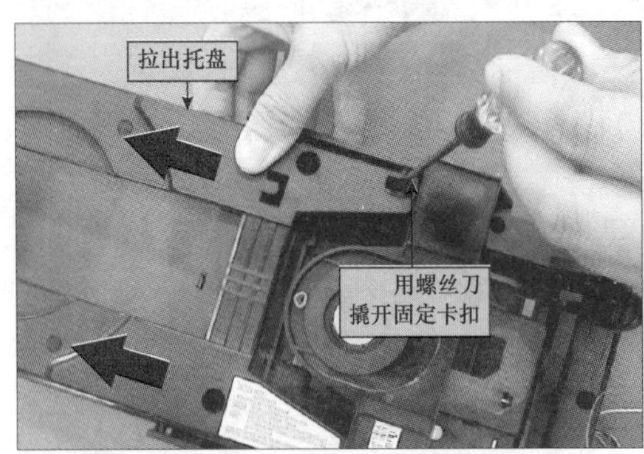

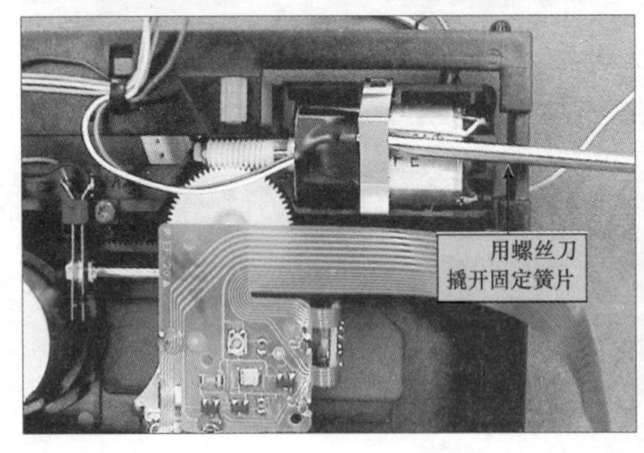

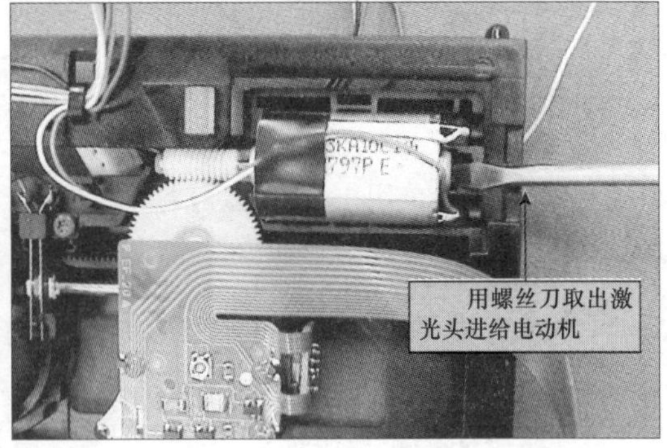

图 5-30　更换损坏的电动机

2. 齿轮的检测与代换方法

齿轮损坏会导致传动工作不良的现象，这时检测齿轮之间的缝隙是否过大、齿轮是否有损坏等情况。若齿轮损坏，则需要进行更换。

3. 皮带的检测与代换方法

皮带断裂、弹性降低、磨损都会影响传动机构的正常工作，若损坏，则直接更换大小相同、弹性良好的皮带即可。

5.6　音响组件的检测与代换

5.6.1　音响组件的特点

音响组件是指用电子设备来播放出音乐（媒体播放器、CD 唱片等）、讲话等声音信号的设备。从硬件上来看，音响组件主要包括音频输入、音频信号处理和放大以及音频输出等设备。

图解演示　音响组件的基本结构如图 5-31 所示。在音响组件中，常用的元器件有话筒和话筒放大器、扬声器（音箱、耳机等）和扬声器驱动器等。

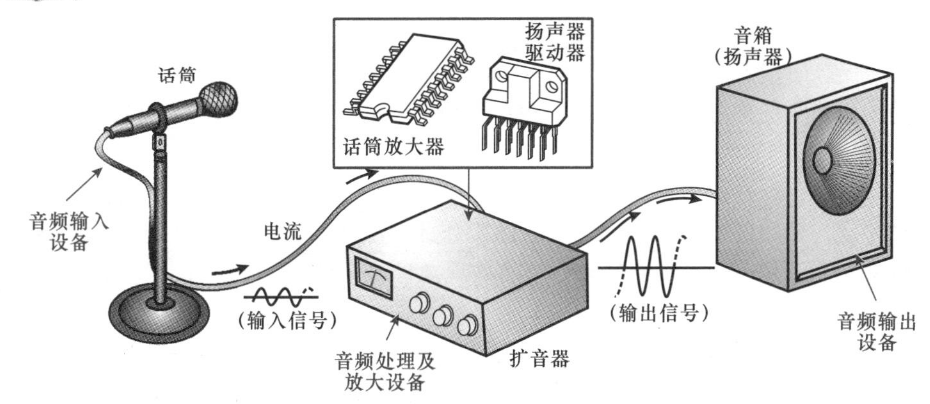

图 5-31　音响组件的基本结构

话筒又称为传声器，是一种电声器材。传声器是声电转换的换能器，通过声波作用到电声元件上产生电压，再转化为电能，用于各种扩音设备中。话筒种类繁多，电路比较简单，只需相应的话筒放大器和供电便可发出声音。

由话筒输入的声音信号经话筒放大器进行放大后才能被处理和传输。

扬声器又称喇叭，是一种十分常用的电声换能器件，在音响产品中都能见到扬声器，对于音响的效果来说，它是一个最重要的部件。

在各种音响产品的扬声器中，都离不开推动扬声器的扬声器驱动器，音频信号需要放大到足够的功率后才能驱动扬声器（音箱）发声。

5.6.2　音响组件的检测和代换方法

若音响系统中输出的音频信号不正常，则需要对音响组件进行检测和代换。

1. 话筒的检测和代换方法

话筒和话筒放大器是音响组件中的音频输入设备，若出现不能发声的现象，则无法使音频处理和输出设备得到音源，也就无法正常发出声音，这时就需要对话筒和话筒放大器进行检测与代换。

话筒的检测方法如图 5-32 所示。通常，可通过检测话筒自身阻值来判断其性能好坏。

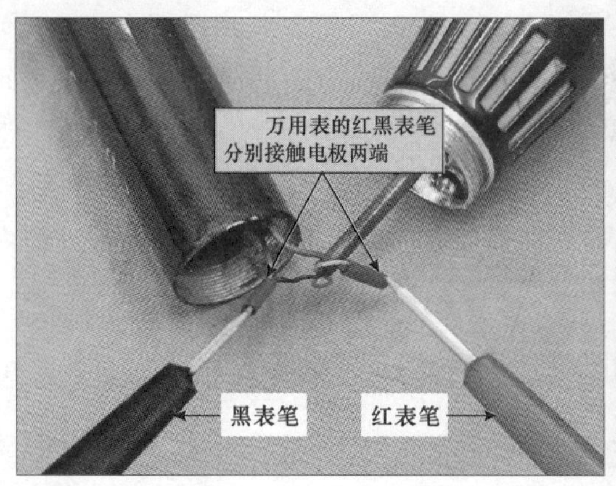

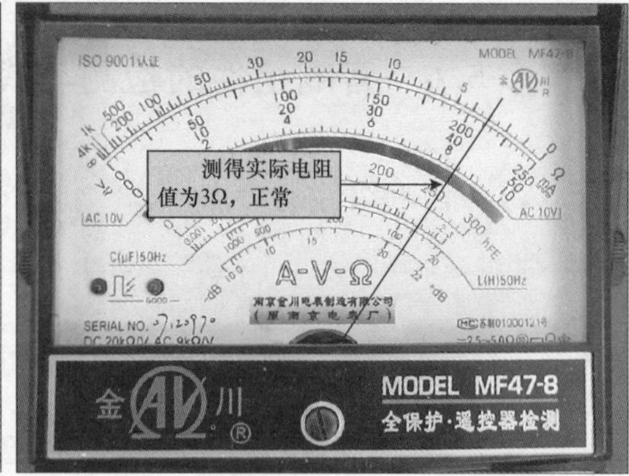

图 5-32　检测话筒电极间的阻值

若测得的阻值与标称值相等或相近，则表明话筒正常；若所测得的阻值与标称值相差太大，则表明话筒已损坏。

在检测时，把万用表的表笔接到话筒的两个电极上，实际上就构成了一个回路，万用表里面的电源就作为了话筒的供电端。此时，对着话筒吹气，万用表的指针会有一个摆动的现象，若无摆动，则说明话筒可能损坏。若话筒损坏，则需对其进行代换。

2. 话筒放大器的检测与代换方法

话筒放大器的好坏，可通过检测其输入/输出的音频信号波形以及供电电压是否正常来判断。下面我们以 TL084 型话筒放大器为例来讲解其具体的检测与代换方法。话筒放大器 TL084 的④脚为 +8.5V 供电电压输入端；⑩脚和⑦脚为音频信号输入/输出端。

检测话筒放大器 TL084 的④脚为 +8.5V 供电电压，如图 5-33 所示。

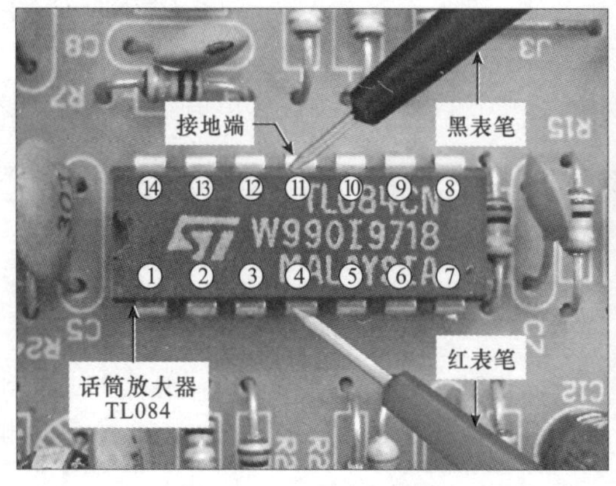

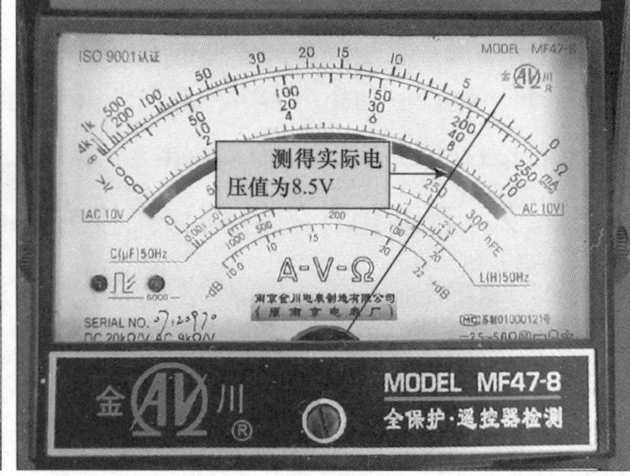

图 5-33　检测话筒放大器 TL084 的④脚为 +8.5V 供电电压

若供电正常，则可机选检测话筒放大器 TL084 ⑩脚和⑦脚的输入/输出音频信号波形。

话筒放大器 TL084 ⑩脚和⑦脚的输入/输出音频信号波形如图 5-34 所示。

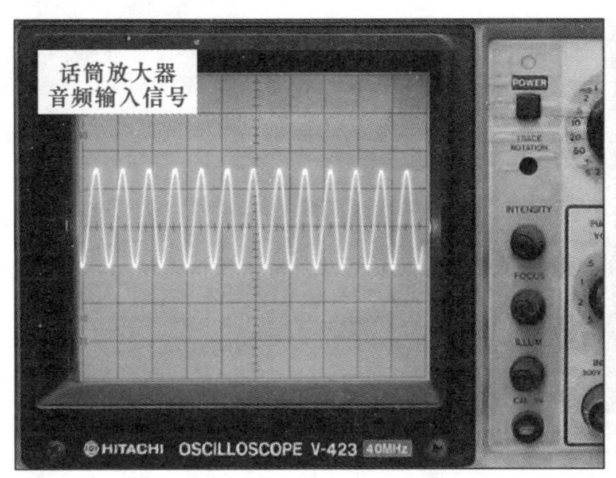

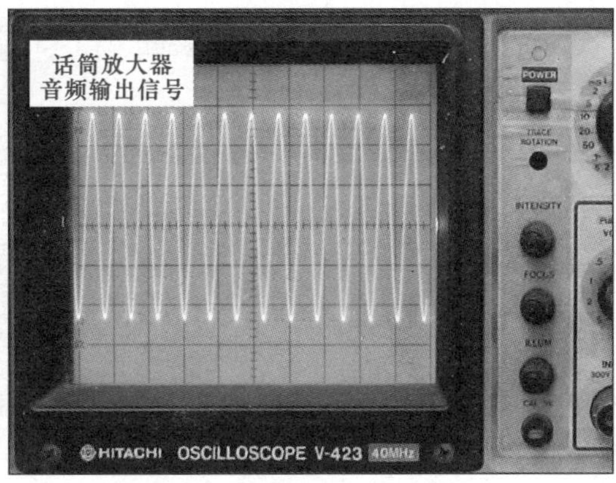

图 5-34 话筒放大器 TL084 ⑩脚和⑦脚的输入/输出音频信号波形

若供电及输入信号均正常，而话筒放大器 TL084 ⑦脚无输出信号，则表明该芯片已损坏，可用同型号的芯片对其进行代换。

3. 扬声器的检测与代换方法

扬声器和扬声器驱动器是音响组件中的输出设备，若扬声器或扬声器驱动器出现故障，则即使输入设备正常，也无法正常发出声音，此时就需要对扬声器和扬声器驱动器进行检测与代换。

扬声器的检测方法如图 5-35 所示。在对其性能好坏进行判断时，可通过对其两个电极之间的阻值进行检测。

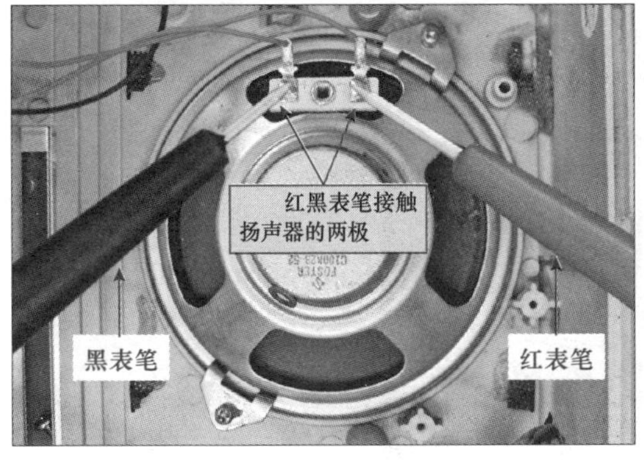

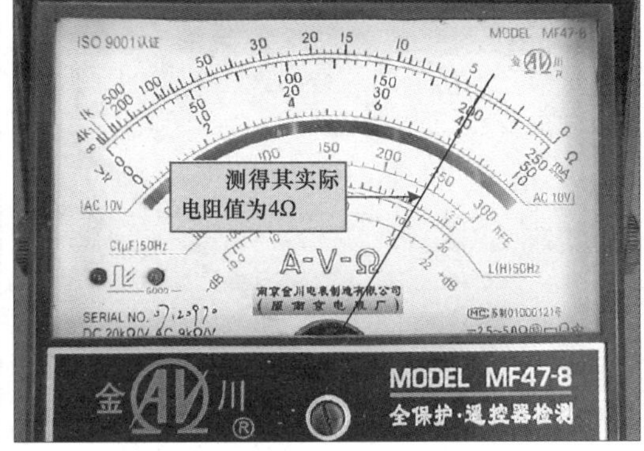

图 5-35 检测扬声器两极的阻值

经检测，该扬声器的阻值为 4Ω。若检测的实际阻值和标称值相差不大，则表明扬声器正常；若测得的阻值为零或者无穷大，则说明扬声器已损坏。若扬声器损坏，则需要用同型号且性能良好的扬声器进行代换。

在检测时，若扬声器的性能良好，则当用万用表的两只表笔接出扬声器的电极时，扬声器会发出“咔咔”的声音。若扬声器损坏，则没有声音发出。

4. 扬声器驱动器的检测与代换方法

下面以录音机里的扬声器驱动电路 LA4100 为例来介绍一下扬声器驱动器的检测与代换方法。LA4100 ⑫、⑭脚为 +6V 供电端；⑨、①脚为音频信号输入/输出端，在对其进行检测时，可参考话筒放大器的检测步骤。

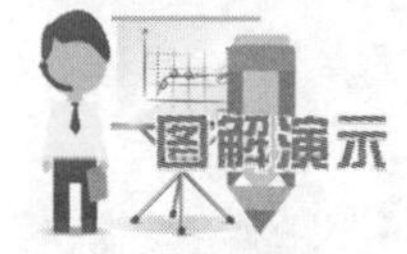

扬声器驱动电路 LA4100 的 +6V 供电端供电电压的检测方法如图 5-36 所示。

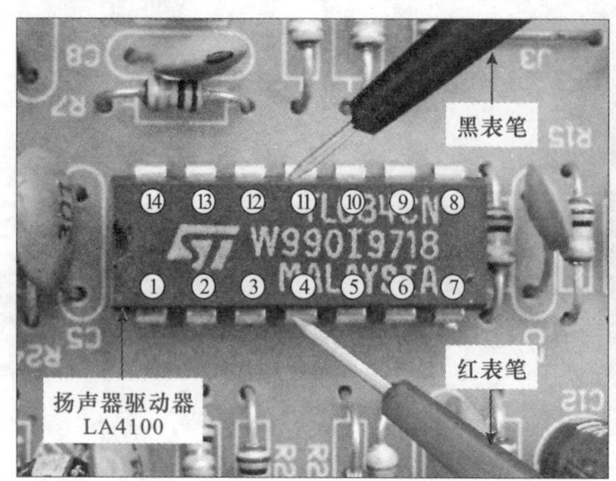

图 5-36　检测扬声器驱动电路 LA4100 的 +6V 供电端供电电压

若供电正常，则可机选检测扬声器驱动电路 LA4100 ⑨脚和①脚的输入/输出音频信号波形。

扬声器驱动电路 LA4100 ⑨脚和①脚的输入/输出音频信号波形如图 5-37所示。

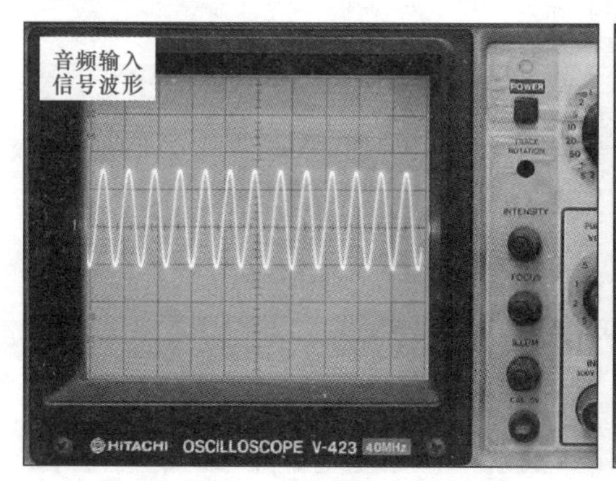

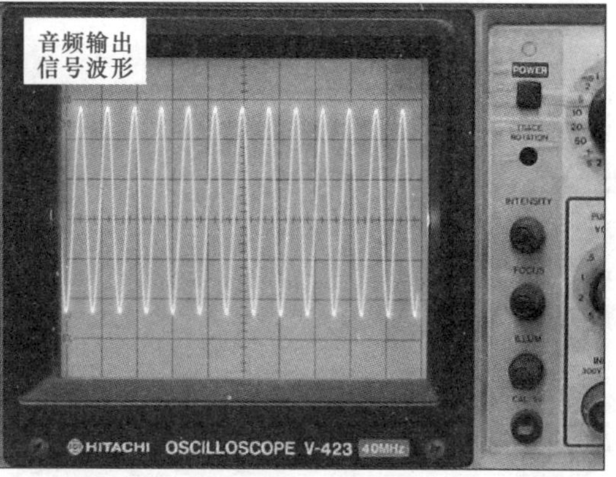

图 5-37　扬声器驱动电路 LA4100 ⑨脚和①脚的输入/输出音频信号波形

若供电及输入信号均正常，而扬声器驱动电路 LA4100 ①脚无输出信号，则表明该芯片已损坏，可用同型号的芯片对其进行代换。

电子产品信号测量技能

6.1 正弦交流信号的测量方法

6.1.1 正弦交流信号的特点

1. 正弦交流信号的特点

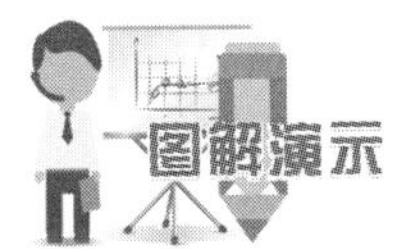

正弦交流信号是按照正弦规律变化的信号。交流电就是一种典型的正弦交流信号。正弦交流信号的波形如图 6-1 所示。

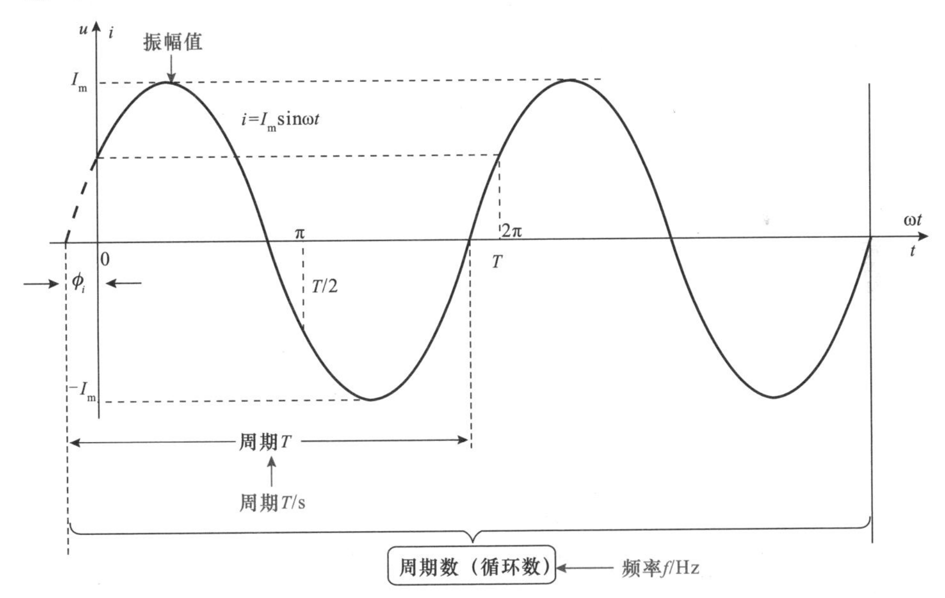

图 6-1　正弦交流信号的波形

在正弦交流信号中，随时间按正弦规律做周期变化的量称为正弦量。正弦量的振幅值、瞬时值、频率（或角频率）、周期和相位称为正弦量的主要参数。

- **振幅值：正弦交流电瞬时值中最大的数值叫做最大值或振幅值。振幅值决定正弦量的大小，通常用 U_m、I_m 表示。**
- **瞬时值：瞬时值通常用小写字母（如 u、i）表示，瞬时值的概念中含**

有大小和方向，而最大值只有大小之分，不含方向。值得注意的是，瞬时值是随时间 t 而周期性变化的（$i=I_m\sin\omega t$），而最大值却是一定的。

- **周期：正弦量变化一次所需的时间（s），用 T 表示。**
- **频率：正弦量在单位时间内变化的次数，用 f 表示，单位为赫兹，简称赫，用 Hz 表示。频率决定正弦量变化的快慢，频率是周期的倒数，其关系为 $f=1/T$。**
- **角频率：正弦量单位时间内变化的弧度，用 ω 表示，单位为弧度/秒，用 rad/s 表示，角频率和频率的关系表示为 $\omega=2\pi/T=2\pi f$。**
- **相位、初相位和相位差：相位反映正弦量变化的进程。正弦量是随时间而变化的，要确定一个正弦量还必须从计时起点（$t=0$）上看。所取的时间起点不同，正弦量的初始值（$t=0$）就不同，到达最大值或某一特定值所需的时间也就不同。**

2. 正弦交流信号的相关电路

（1）产生正弦交流信号的条件

正弦交流信号产生电路的功能就是使电路产生一定频率和幅度的正弦波，一般是在放大电路中引入正反馈，并创造条件，使其产生稳定可靠的振荡。

正弦波产生电路的基本结构是引入正反馈的反馈网络和放大电路。其中，形成正反馈是产生振荡的首要条件，它又被称为相位条件。产生振荡必须满足幅度条件，要保证输出波形为单一频率的正弦波，必须具有选频特性，同时它还应具有稳幅特性。因此，正弦波产生电路一般包括放大电路、反馈网络、选频网络、稳幅电路 4 个部分。

（2）RC 正弦波振荡电路

按选频网络的元件类型分类，可以把正弦振荡电路分为 RC 正弦波振荡电路、LC 正弦波振荡电路、石英晶体正弦波振荡电路。

常见的 RC 正弦波振荡电路如图 6-2 所示。

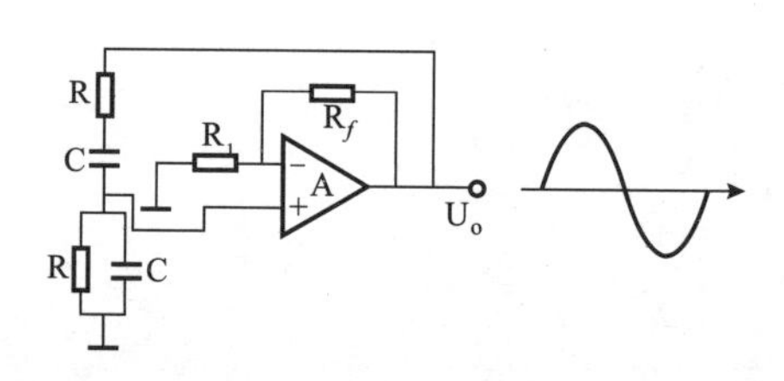

图 6-2　RC 正弦波振荡电路

该电路是 RC 串并联式正弦波振荡电路，它又被称为文氏桥正弦波振荡电路。串并联网络在此作为选频和反馈网络。

它的起振条件为 $R_f>2R$，它的振荡频率为 $f_o=\dfrac{1}{2\pi RC}$。由于 RC 正弦波振荡电路主要用于低频振荡，因此要想产生更高频率的正弦信号，应采用 LC 正弦波振荡电路，振荡频率为 $f_o=\dfrac{1}{2\pi\sqrt{LC}}$，而石英振荡器的特点是其振荡频率特别稳定，因此常用于振荡频率高度稳定的场合。

6.1.2　正弦交流信号的测量

对于正弦交流信号，一般采用示波器进行测量，即用示波器测试探头测试电子产品中包含正弦交流信号的部位，即可将信号直观地显示在示波器显示屏上。下面我们以信号发生器产生的正弦交流信号的检测操作为例，演示正弦交流信号的测量方法。

信号发生器一般可以产生频率和幅度可调的正弦波，将其输出端与示波器测试端相连接即可进行测试。

检测前，根据信号发生器上的功能标识找到正弦波输出功能区。首先将信号发生器与示波器进行连接，然后分别打开信号发生器和示波器的电源开关，将示波器探头连接信号发生器的信号输出端即可。

图6-3所示为信号发生器和示波器的连接操作。将示波器的探头与信号发生器的输出端连接。

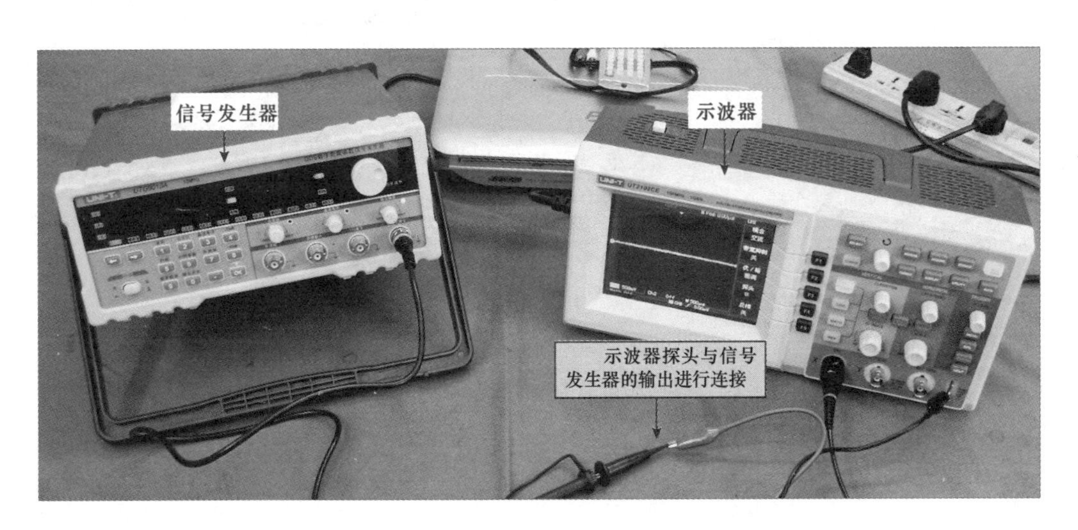

图6-3　信号发生器与测试仪器（示波器）的连接

连接好测试仪器后，如图6-4所示，调整信号发生器使其输出正弦波信号，也适当调整示波器功能旋钮，使测试到的波形清晰地显示在示波器显示屏上，便于观察。

测量时，示波器档位调整设置不同，示波器显示屏显示的正弦交流信号波形也会有所区别。

图6-5所示为125Hz、250Hz、500kHz、1kHz和6kHz信号波形。当正弦交流信号波形频率在不同的波段时，示波器上显示的正弦信号会随着频率不同而产生变化。

当幅度过大、过小或有其他因素影响时，会使正弦信号发生失真现象。如图6-6所示，从两图的对比中可以发现正弦交流信号顶部产生了失真现象。

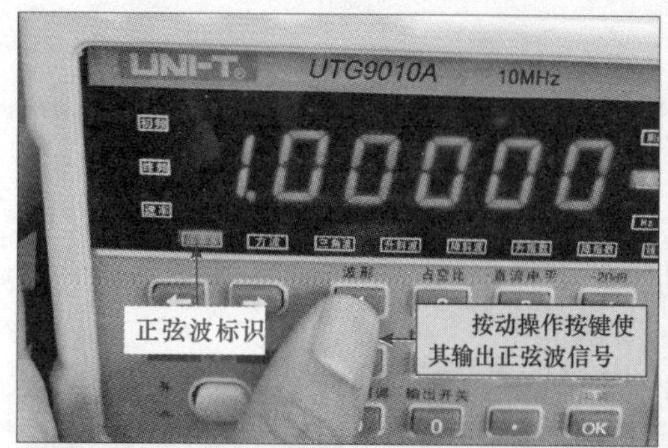

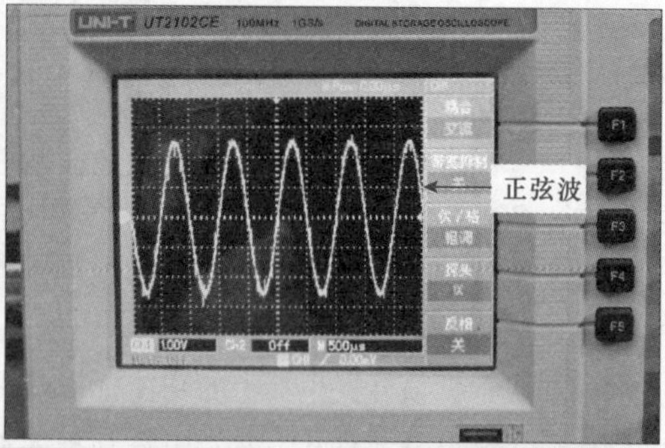

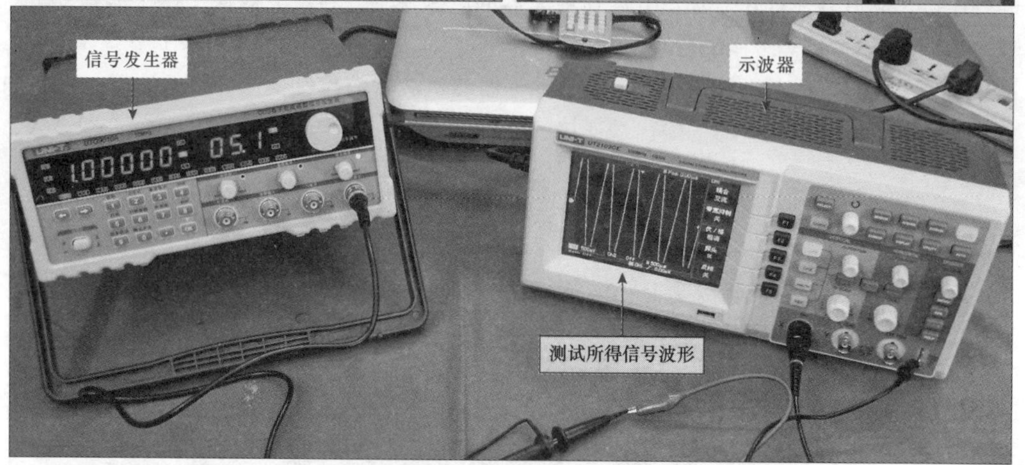

图 6-4　信号发生器产生的正弦交流波信号的检测方法

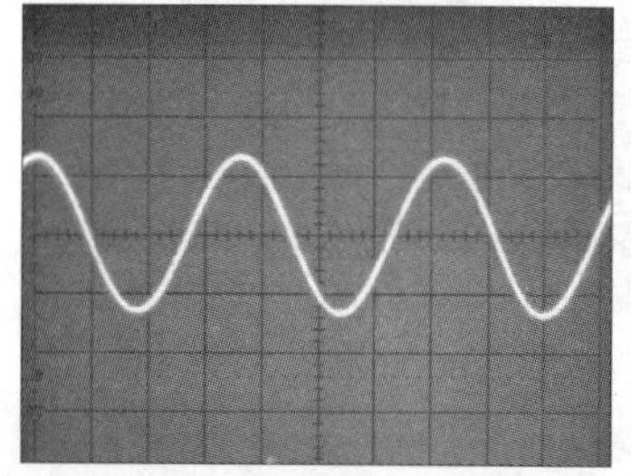

a）60Hz时的正弦交流信号

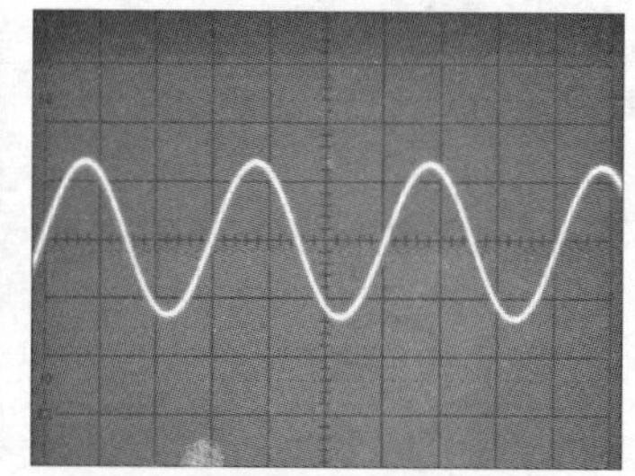

b）125Hz时的正弦交流信号

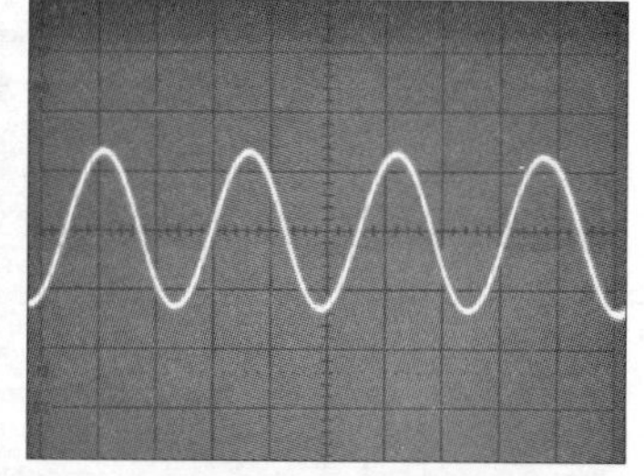

c）250Hz时的正弦交流信号

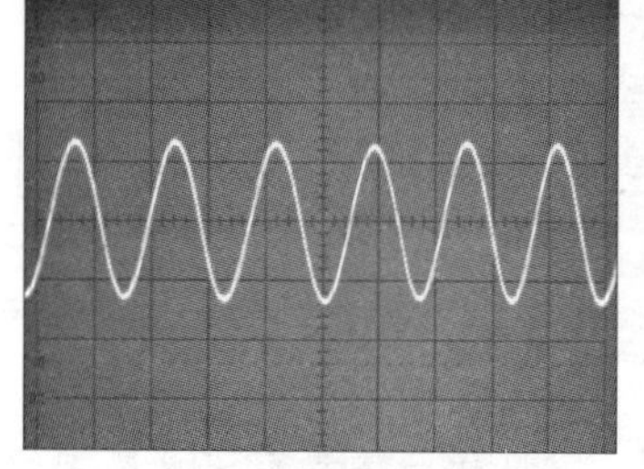

d）500Hz时的正弦交流信号

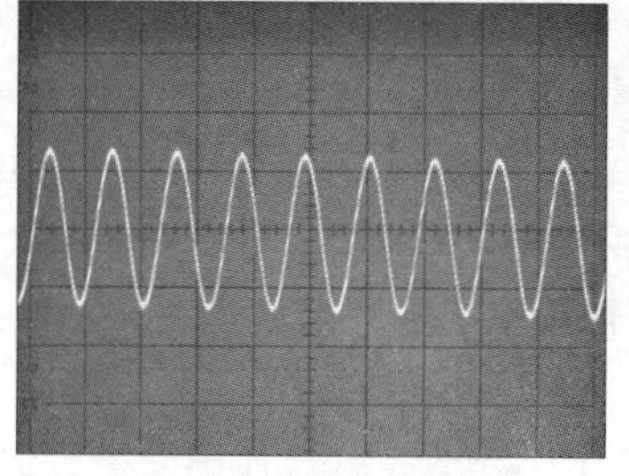

e）1kHz时的正弦交流信号

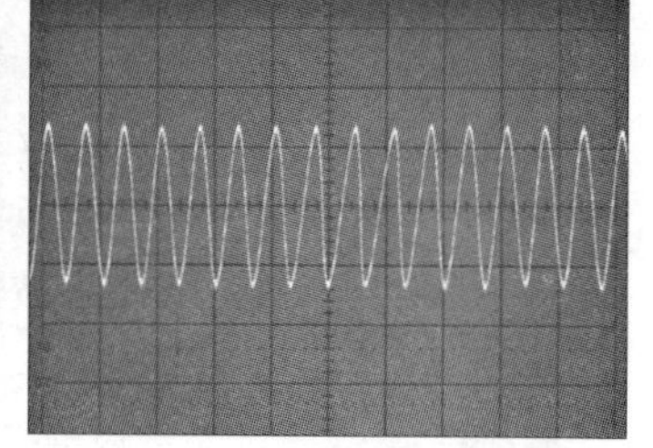

f）3kHz时的正弦交流信号

图 6-5　不同频率的正弦交流波形

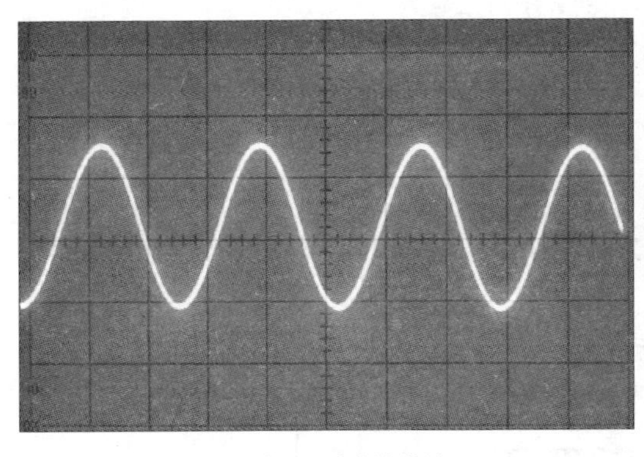

a）正常的正弦交流信号

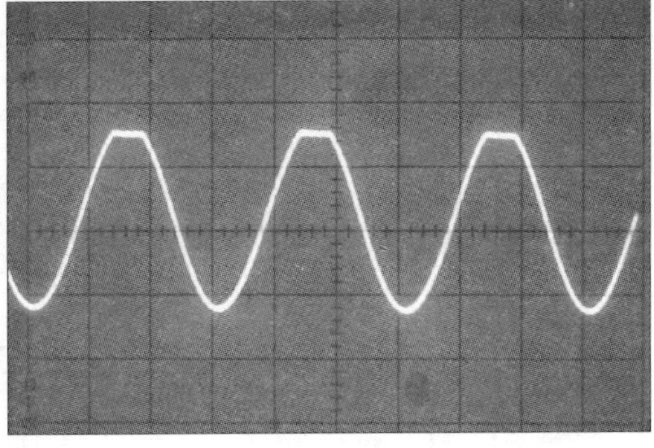

b）产生失真的正弦信号

图 6-6　交流信号产生失真

6.2　音频信号的测量方法

6.2.1　音频信号的特点

音频信号是指带有语音、音乐和音效的信号。音频信号的频率和幅度与声音的音调和强弱相对应。声音的三个要素是音调、音强和音色。

在电子产品中，音频信号分为模拟音频信号和数字音频信号两种。

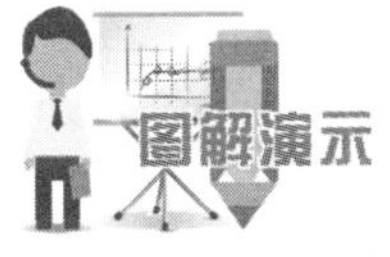

电子产品中常见的模拟音频信号和数字音频信号波形如图 6-7 所示。

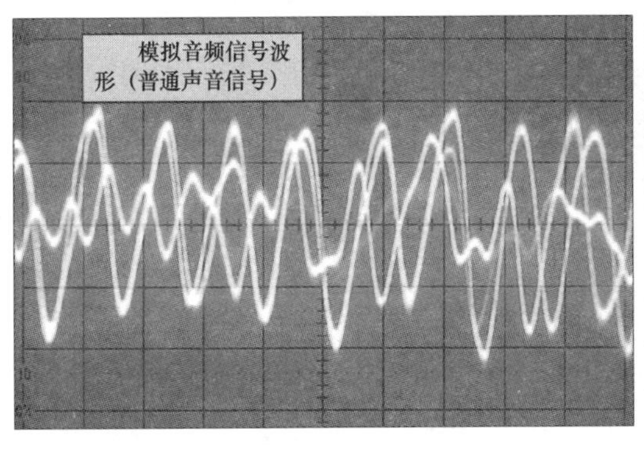

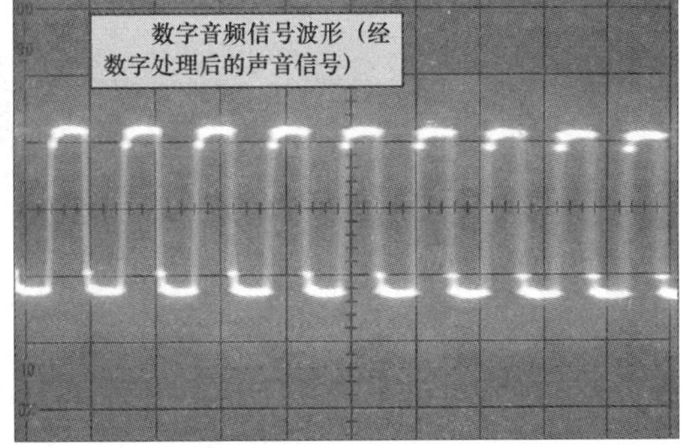

图 6-7　模拟音频信号和数字音频信号波形图

1. 模拟音频信号的特点

模拟信号在时间轴上是连续的信号，可以用它的某些参数去模拟连续变化的物理量，或是该物理量的数值大小。比如我们面对话筒演唱或讲话时，声波会使话筒的声膜振动。在动圈式话筒中，声膜与处于磁场中的线圈连在一起，声膜振动时线圈也会随之振动。根据电磁感应原理，线圈在磁场中振动时会产生感应电流，这就将声音的波动转变成了电信号。音频信号往往是由多个正弦信号合成的。

话筒的结构功能及原理如图 6-8 所示。

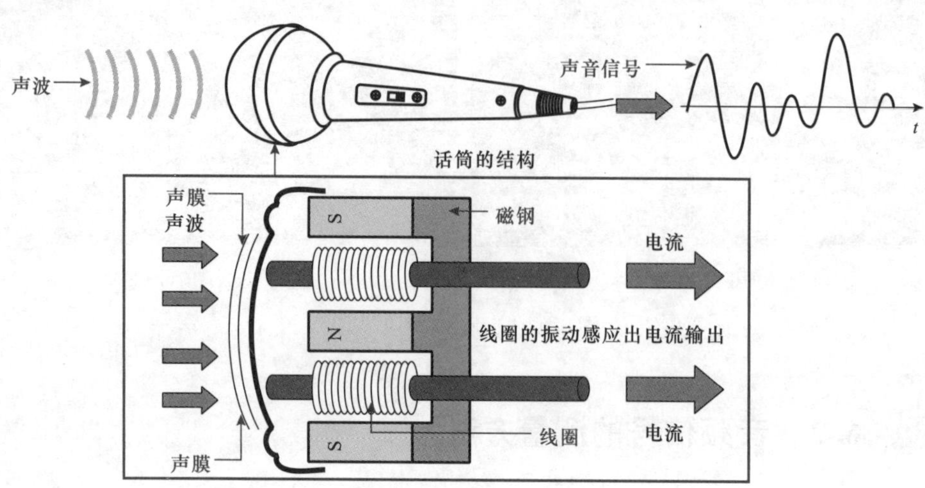

图 6-8　话筒的功能及原理

话筒中感应电流的变化频率和幅度与声音的频率和强弱相对应，话筒输出的这种电信号就是模拟音频信号。

用信号的幅度值模拟音量的高低，音量高，信号的幅度值就大。用信号的频率模拟音调的高低，音调高，信号的频率就高。

音乐信号中包含了不同幅度和频率的正弦信号，其波形如图 6-9 所示。

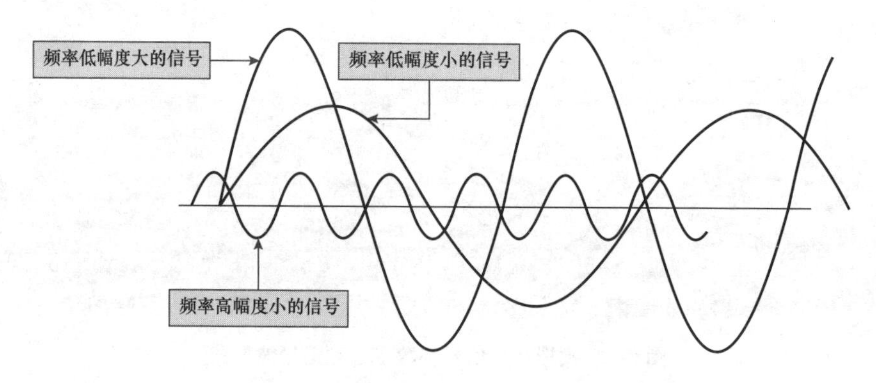

图 6-9　模拟音频信号的波形（音乐信号）

模拟信号具有直观、形象的特点，但是模拟信号精度低，表示的范围小，且容易受到干扰。如果模拟信号受到干扰信号的侵扰，信号就会变形，就不能准确地反映原信号的内容。在电子设备中，模拟信号经种种处理和变换，往往会受到噪声和失真的影响。在电路中，从输入端到输出端，尽管信号的形状大体没有变化，但信号的信噪比和失真度可能已经大大变差了。在模拟设备中，这种信号的劣化是无法避免的。

模拟音频信号传输（广播）方式如图 6-10 所示。

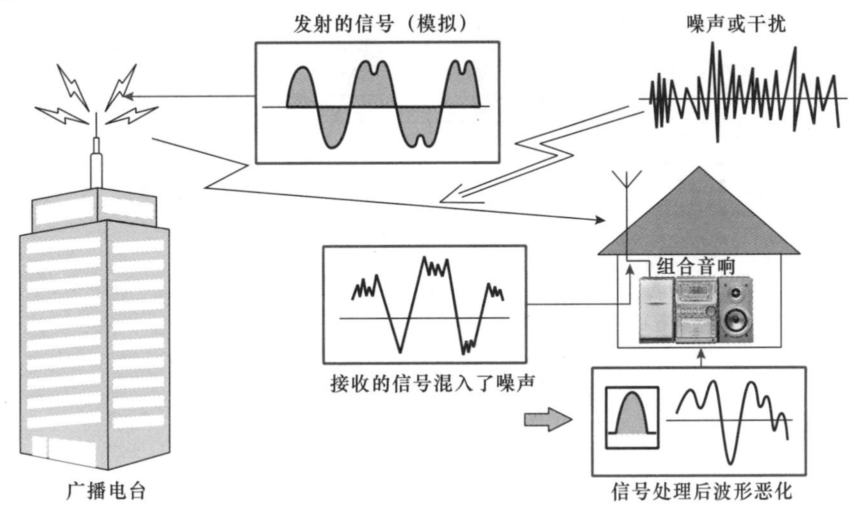

图 6-10 模拟音频信号传输（广播）方式

模拟信号经传输后会受到噪声和干扰的影响，使接收的信号中混入噪声和干扰信号，这种情况采取一些技术措施（滤波、限波）也不能消除噪声的影响。

2. 数字音频信号的特点

为了克服上述模拟信号的缺点，可将模拟信号转换成数字信号，并以数字的形式进行处理、传输或存储等。数字信号的特点是代表信息的物理量以一系列数据组的形式来表示，它在时间轴上是不连续的。以一定的时间间隔对模拟信号取样，再将取样值用数字组来表示。可见数字信号在时间轴上是离散的，表示幅度值的数字量也是离散的，因为幅度值是由有限个状态数来表示的。

模拟信号的数字化过程如图 6-11 所示。

模拟信号的数字化过程就是取样、量化和编码的过程。图 6-11 所示为一个模拟信号变换为用 4 位二进制数表示的一组取样脉冲的数字化过程。显然，取样点越多，量化层越细，就越能逼真地表示模拟信号。从原理上讲，一个信号的数字化必须遵循取样定理，这就要求取样频率必须大于所要处理信号中最高频率的两倍，才能将数字信号还原为不失真的模拟信号，否则有部分信号将不能恢复，并会产生频谱混叠现象。

通过取样，模拟信号变成为一个离散的脉冲信号，然后再进行量化。量化数就意味着对一个最大幅值为固定的信号的分层数，若分层数较少，则会有较大的量化噪声。在 VCD/DVD 机中，量化数量用二进制数，也就是 0 和 1 的脉冲表示。而用二进制数所能代表的实际量化电平的多少，是由二进制的 bit（位）数来决定的，并等于 2 的幂。例如，8 位二位制数所能表示的量化电平为 $2^8=256$。量化数实际上是 A－D 变换时的分辨率。

数字信号只有两种状态，即 0 或 1，这样单个信号本身的可靠性大为改善，而多个信号的组合数又几乎不受限制。这样依靠彼此离散的多位二进制信号的组合就可以表示复杂的信息，它又有脉冲型数字信号和电平型数字信号两种形式。

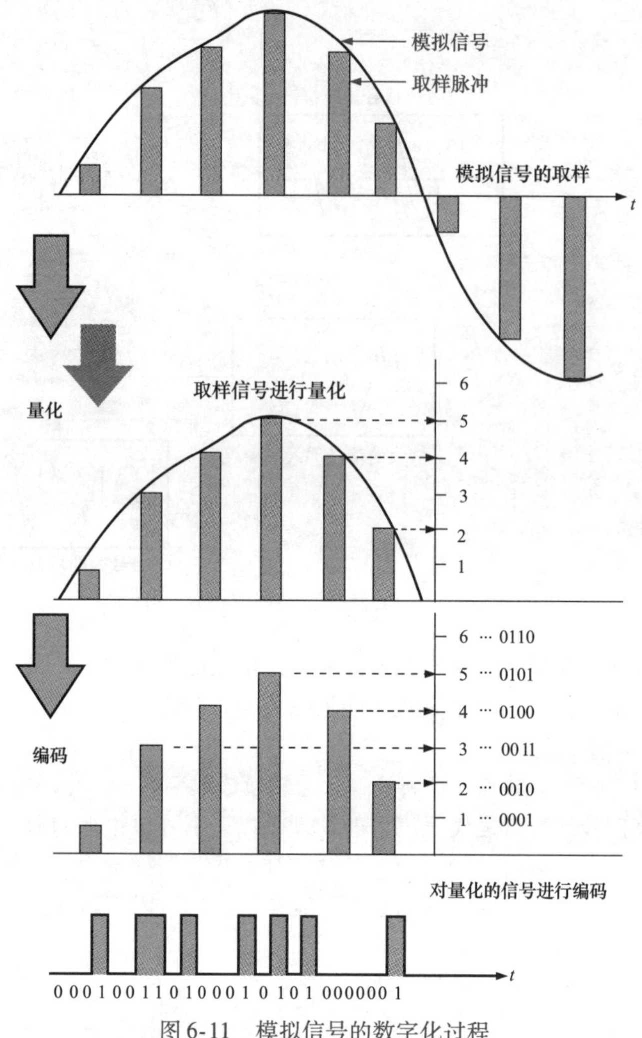

图 6-11　模拟信号的数字化过程

脉冲型数字信号是一种随时间分布的不连续的呈脉动形状的信号，可以用脉冲的有无区分为0或1，如果脉冲为1，则无脉冲为0，这种信号用电路处理比较容易。如果用十进制信号1～10，则需要10种信号状态，用电路则很难处理。

电平型数字信号是一种维持时间相对较长的信号，一般定义高电平表示1，低电平表示0，对同一系统而言，电压持续时间较长的为电平信号，而维持时间相对较短的为脉冲信号。不论多复杂的模拟信号都可以由一组一组简单的脉冲信号来表示。

数字脉冲信号具有较强的抗干扰能力，即使信号受到一定程度的干扰，只要我们可以区分出信号电平的高低或是脉冲信号的有无，就能正确地识别所表示的数字1或数字0，甚至较大的噪声和干扰也不会有任何影响。这是因为数字脉冲只有0和1这两个值，振幅性的干扰可以通过限幅加以消除。

数字信号的另一个优点是经过处理、变换或传输后，干扰杂波不会积累。处理数字信号的电路具有一致性好、互换性强、稳定性高的特点，便于大规模集成化生产。数字信号的波形简单，物理上容易实现，因而它也便于存储、延迟和变换。通过改变存储器的读出顺序，又可以在空间坐标轴上对数字信号实现各种空间变换。

数字信号的传输（广播）方式如图 6-12 所示。

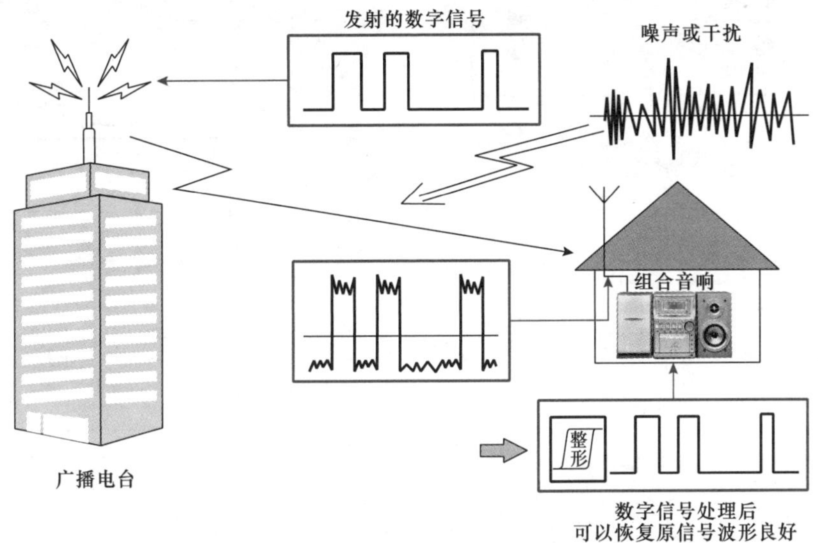

图 6-12　数字信号传输（广播）方式

数字信号在传输过程中同样会受到噪声和干扰的影响。由于数字信号传输的是脉冲信号，脉冲信号经限幅处理后可以消除幅度噪声和干扰的影响，因而，采用数字信号的方式可以消除波形恶化的问题。

3. 音频信号的相关电路与应用

音频信号的应用十分广泛，几乎所有能发声的设备，如电声、电视等影音类家电产品中都存在音频信号，其中主要的相关电路包括音频信号输入接口部分、音频信号切换电路、音频信号处理电路和音频信号功率放大器等。

例如，我们欣赏电视节目时，就是电视机将接收的电台信号，还原为声音信号的过程，那么该音频信号就始终贯穿在“处理”的过程中，如接收并输出音频信号的电路（调谐器）、音频信号处理电路、音频信号功率放大电路等。

彩色电视机中与音频信号相关的电路及对应的音频信号波形如图 6-13 所示。

当一个电声产品出现无声的故障时，通过检测与音频相关的电路模块中输入与输出的音频信号即可以判断电路故障的具体部位。

6.2.2　音频信号的测量

音频信号的检测通常使用示波器进行。检测前应首先了解待测电子产品中音频信号处理通道的关键器件，然后理清音频信号处理通道中相关电路的信号流程，接着用示波器顺着电路的信号流程逐级检测各器件音频信号输入和输出引脚的信号即可。

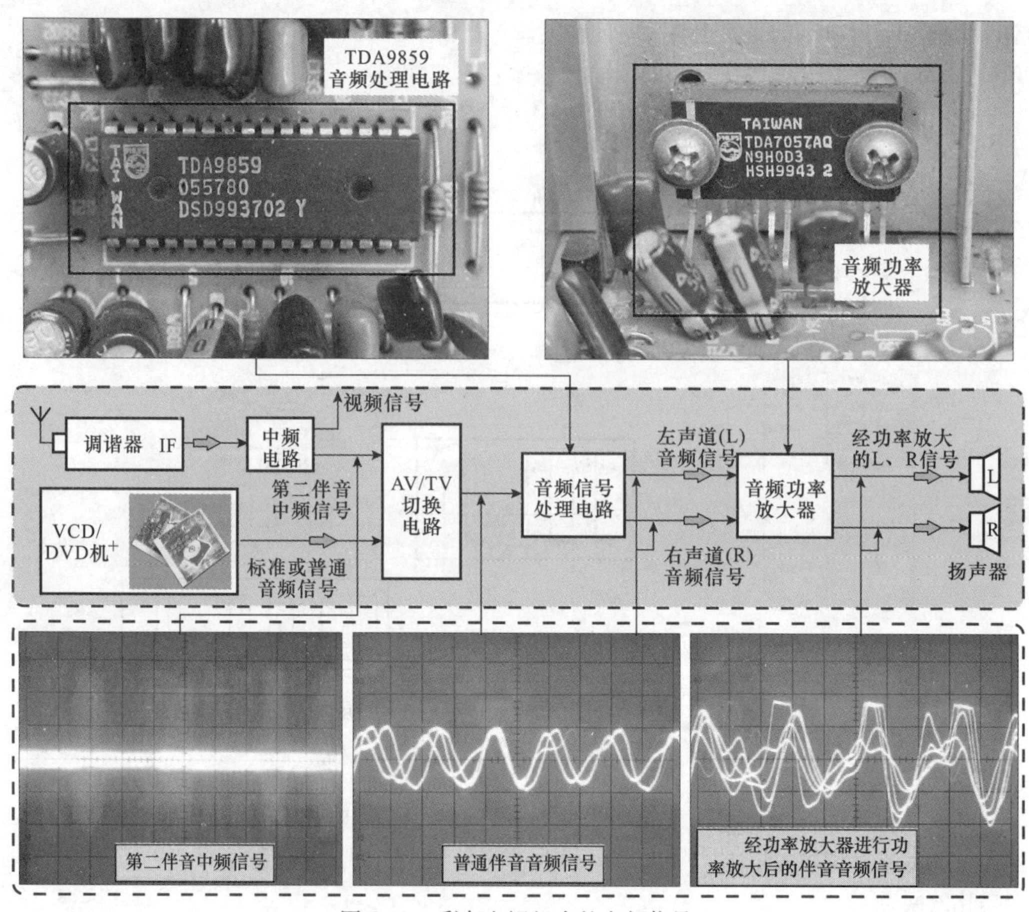

图 6-13　彩色电视机中的音频信号

下面我们以检测液晶电视机中的音频信号为例，具体介绍其测量方法。

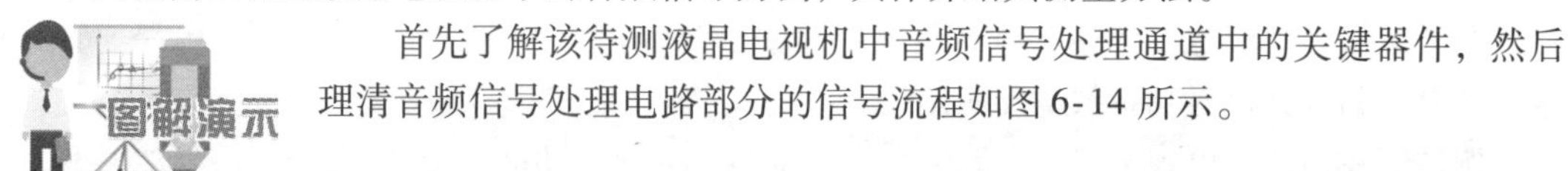

首先了解该待测液晶电视机中音频信号处理通道中的关键器件，然后理清音频信号处理电路部分的信号流程如图 6-14 所示。

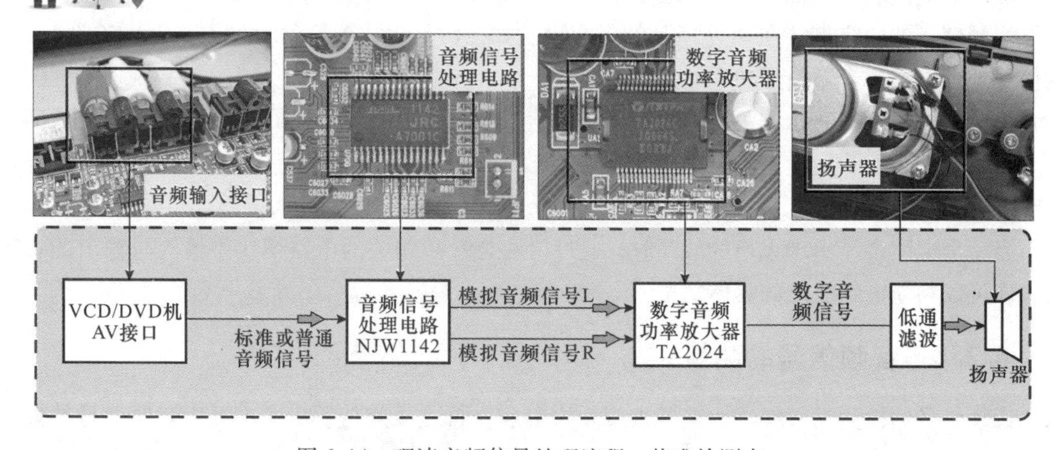

图 6-14　理清音频信号处理流程，找准检测点

根据上述信号流程，找到图6-14中接口、音频信号处理电路、数字音频功率放大器及扬声器的音频信号输入和输出引脚，用示波器进行测试，检测前首先将示波器接地夹接地，具体检测方法如图6-15所示。

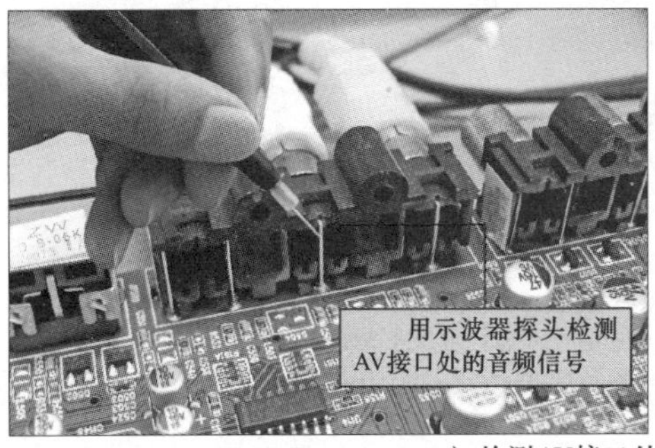

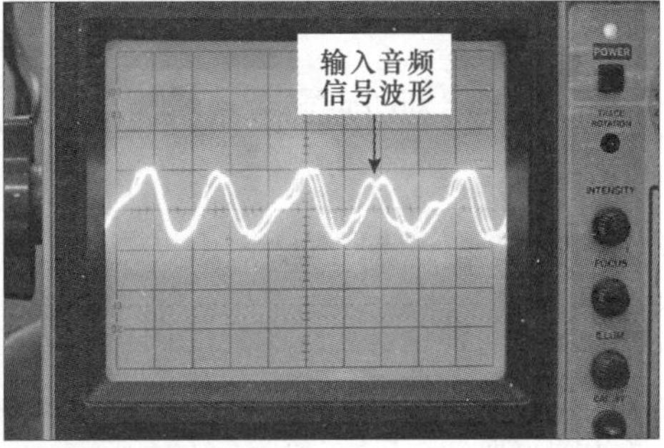

a）检测AV接口处输入的音频信号

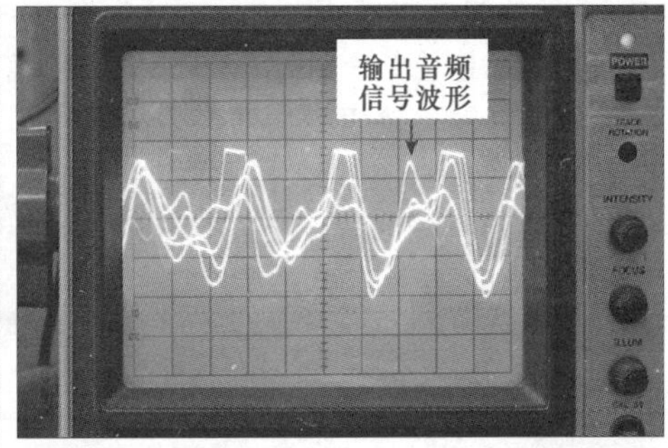

b）检测音频信号处理电路输出的音频信号

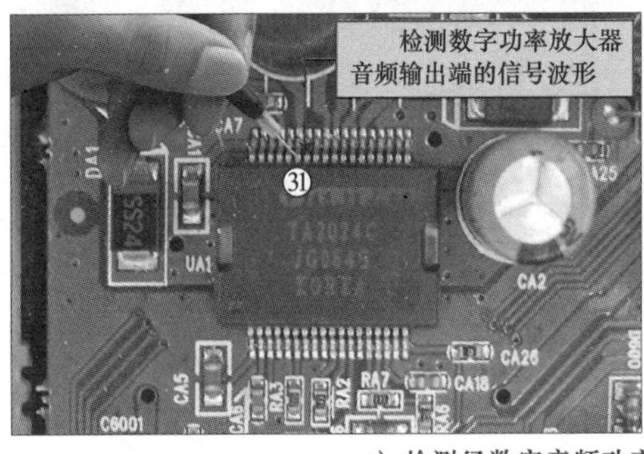

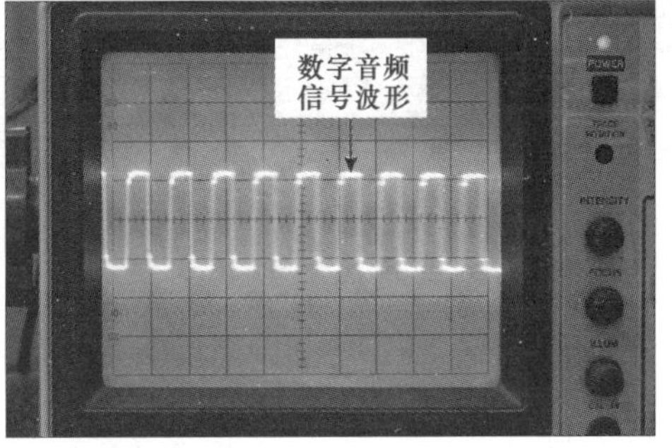

c）检测经数字音频功率放大器输出的音频信号

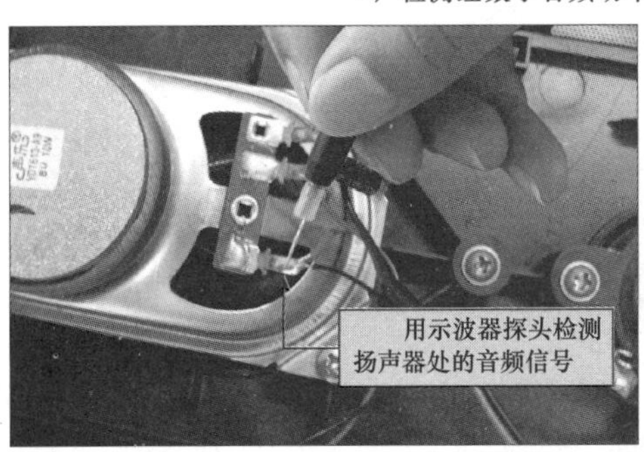

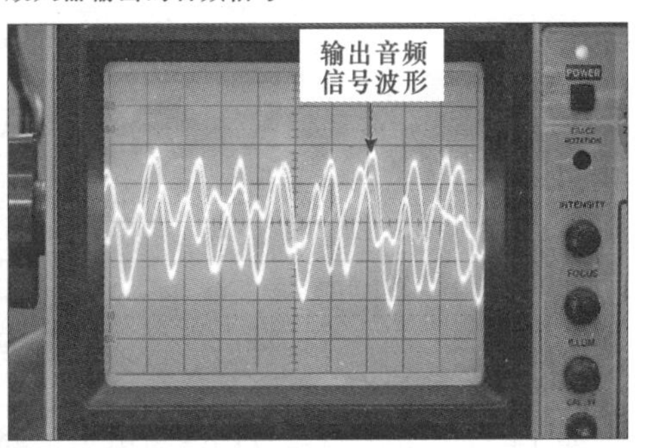

d）检测扬声器输出的音频信号

图6-15　用示波器检测液晶电视机中音频信号处理电路的基本方法

上述检测过程是根据信号流程逐级递进的，前级器件的输出与后一级器件的输入处信号应该是相同的。若经检测某一器件处的输入端信号正常，则还需要借助万用表检测各个器件的电压条件是否正常，若电压也正常，而无输出信号，则表明该器件本身故障。由此也可以看到，掌握音频信号的检测方法对于学习电声类家用电子产品十分关键。

6.3 视频信号的测量方法

6.3.1 视频信号的特点

视频信号是一种包含亮度和色度图像内容的信号，其中还包含行同步、场同步和色同步等辅助信号，这些信号都是对图像还原起着重要作用的。认识这些信号的特征对于检测电路和判别故障是非常重要的。

1. 视频信号的基本特点

视频信号简单地说是一种显示图像信息的信号波形，其具体波形形状随图像内容的不同而有所不同，例如，对于普通景物图像，视频信号波形随图像内容的变化而变化；对于标准的彩条图像信号或黑白阶梯图像来说，其输出信号波形基本保持不变。

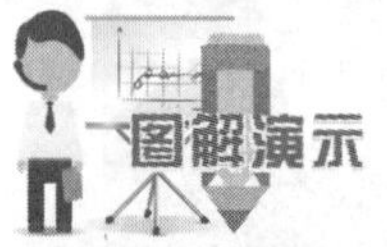

黑白阶梯图像及其相应信号波形如图 6-16 所示。

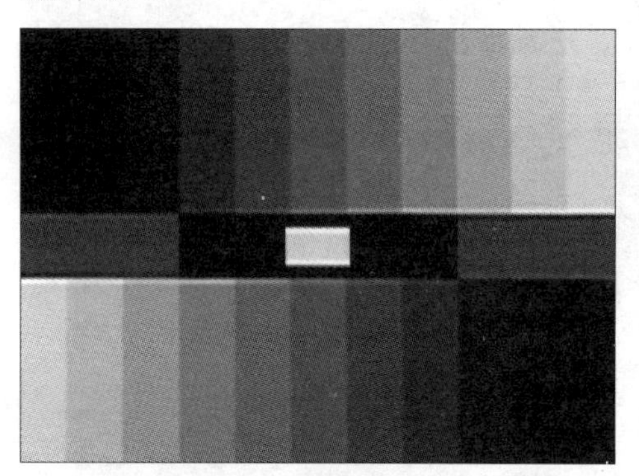

a）黑白阶梯图像(标准测试卡)

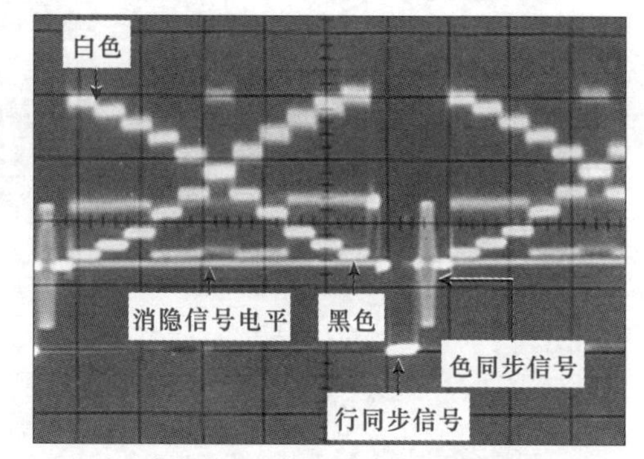

b）当电视机输入黑白阶梯图像(标准测试卡)时，测得的视频信号波形

图 6-16　黑白阶梯图像及其信号波形

图 6-16a 所示为一个黑白阶梯图像标准测试卡。在该图像的上半段，右侧为白色，左侧为黑色，中间从白色到黑色的变换是呈阶梯状逐级加深的。在图像的下半段，左侧为白色，右侧为黑色，由白色到黑色的过渡也是呈阶梯状的。图 6-16b 所示为将该黑白阶梯图像送入显示器或电视机后测得的信号波形。

这个图像的波形内容为：最下面低的脉冲为行同步信号，旁边的为色同步信号，上面最高的电平是表示白色的图像部分，最低的表示黑色的图像，从白色到黑色的变换在信号表现上是呈阶梯状变化的。由于黑白阶梯图像是由上下两部分组成的，上面部分从左向右是由黑色到白色的阶梯变化，下面部分与上面正好相反，其变化效果是从左向右由白色到黑色。所以在这个波形中呈现为两个阶梯的信号波形，即交叉的两条阶梯的信号波形。

通常，在图像信号中用电平的高低表示图像的明暗，图像越亮电平越高，图像越暗电平越低，白色物体的亮度电平最高，而黑色电平和消隐电平基本相等。

标准彩条图像及其相应信号波形如图6-17所示。

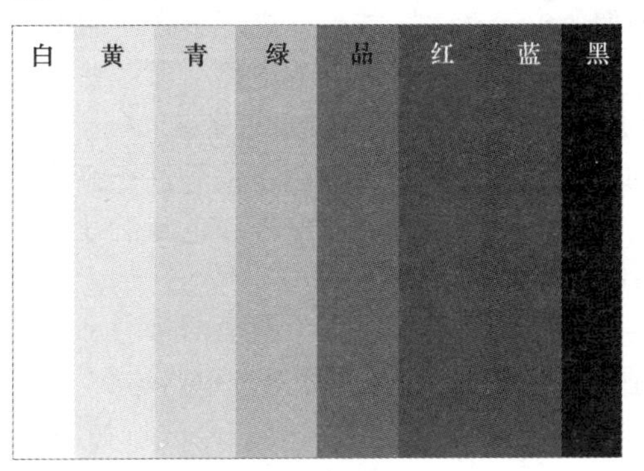

a）标准彩条图像

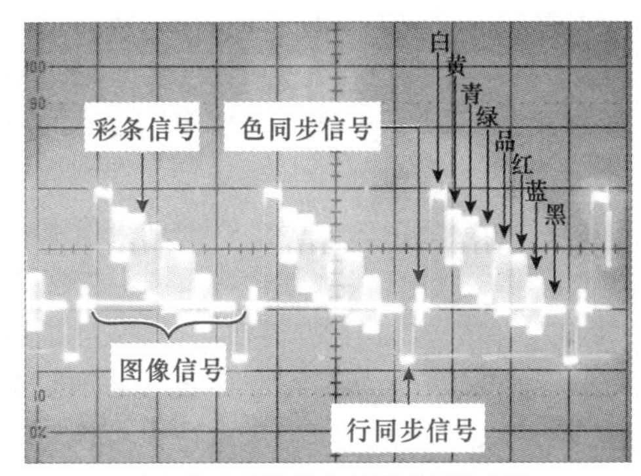

b）当电视机输入标准彩条图像时，测得的视频信号波形

图6-17 标准彩条图像及其信号波形

图6-17a所示为一个标准的彩条图像测试卡。从左到右颜色的变化依次为白、黄、青、绿、品、红、蓝、黑。图6-17b所示为将该标准的彩条图像送入显示器或电视机后测得的信号波形。

这个图像的波形内容为：从左侧的行同步到右侧最近的行同步为一行信号，头朝下的脉冲是行同步信号；在行同步信号右侧的一小段信号是色同步信号；两组同步信号之间的部分是图像信号，它与彩条测试卡的排列相对应，每一种颜色的彩条信号里面，由4.43MHz的色副载波的相位不同表示不同的颜色；彩条信号最左侧为白信号，白信号是没有色副载波的；彩条信号最右侧，与消隐电平重合的为黑信号。

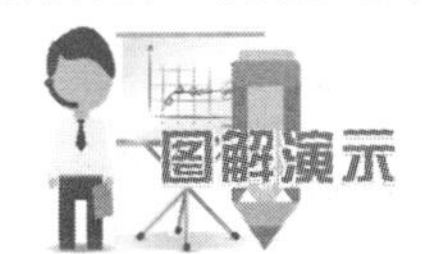

普通景物图像及其相应信号波形如图6-18所示。

a）普通景物图像

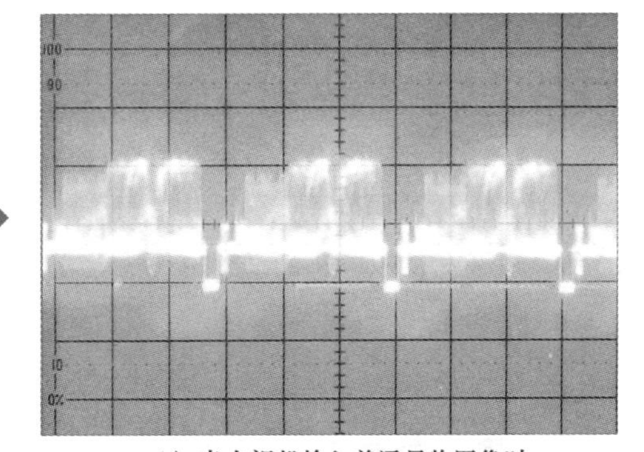

b）当电视机输入普通景物图像时，测得的视频信号波形

图6-18 普通景物图像及其信号波形

当接收景物图像时，视频信号的波形随景物内容变化。图6-18a所示为一个普通的景物图

像。图6-18b所示为将该景物图像送入显示器或电视机后测得的信号波形。

行同步信号是由摄像机在拍摄景物时由编码形成的信号，要在电视机或显示器中对其进行解码，即先将其中的亮度信号和色度信号分离，然后对色度信号进行分解，将色度信号变成色差信号，最后再形成控制显像管三个阴极的RGB信号，才能够在显像管上重现图像信号。

2. 视频信号的相关电路及应用

视频信号的应用十分广泛，几乎所有能显示图像的电子产品，如电视机等影音产品中都存在视频信号，其中亮度信号和色度信号处理电路就是处理视频图像信号的电路，即对亮度信号和色度信号分别进行处理，把摄像机拍摄的图像还原出来，这是解码电路的任务。

亮度和色度信号处理电路又是处理视频信号的电路，因为它主要对色度信号进行解码，所以又称为视频解码电路，都是指处理亮度和色度信号的电路，因为亮度信号和色度信号合起来叫视频信号，可能在名称上有些不同但是实质上是一样的。

例如，我们欣赏电视节目时，就是电视机将接收的电台信号，还原为图像信号的过程，那么该过程中视频信号就始终贯穿在“处理”的过程中，如亮度、色度信号处理电路等。

图解演示

彩色电视中与视频信号相关的电路及对应的视频信号波形如图6-19所示。

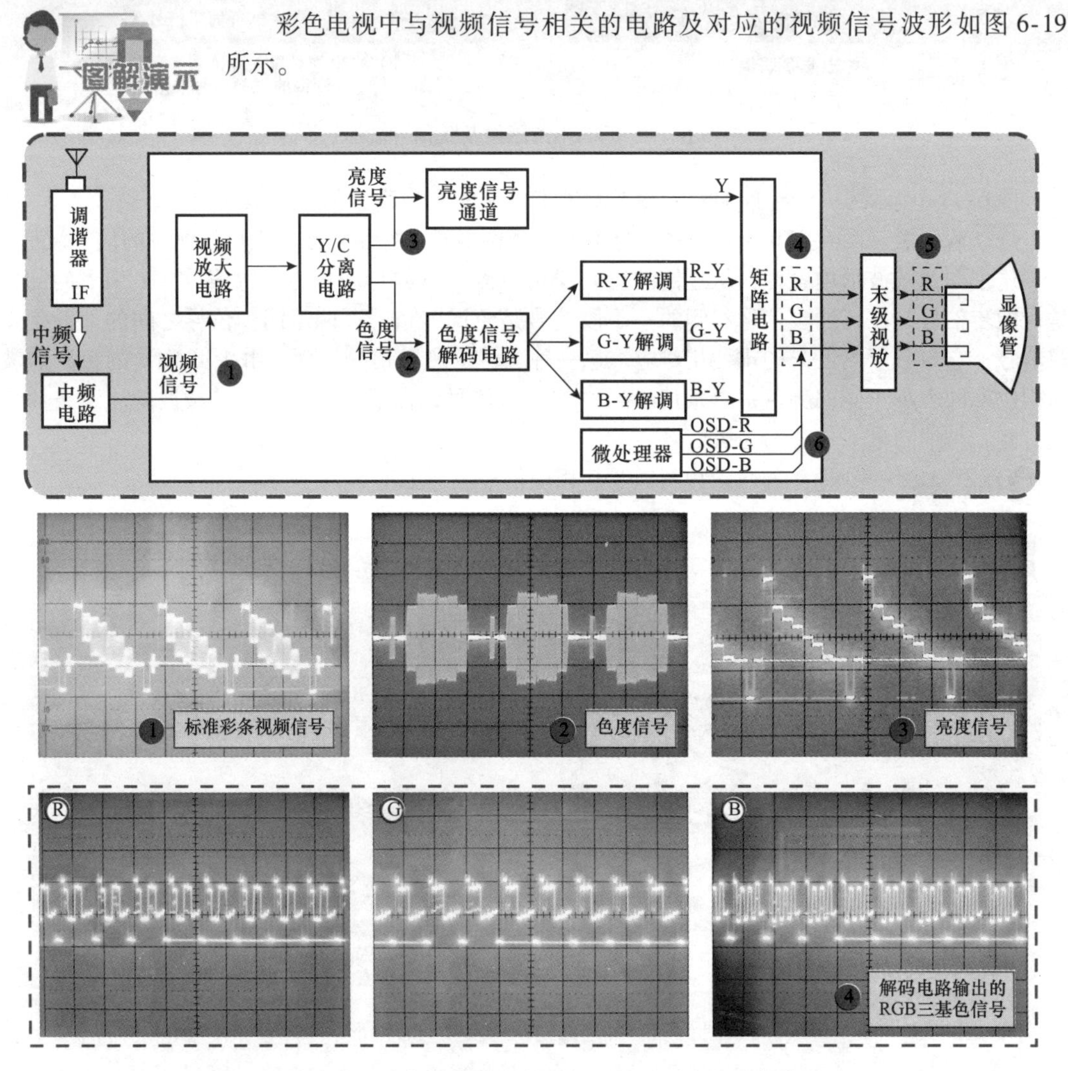

图6-19　彩色电视中与视频信号相关的电路及对应的视频信号波形

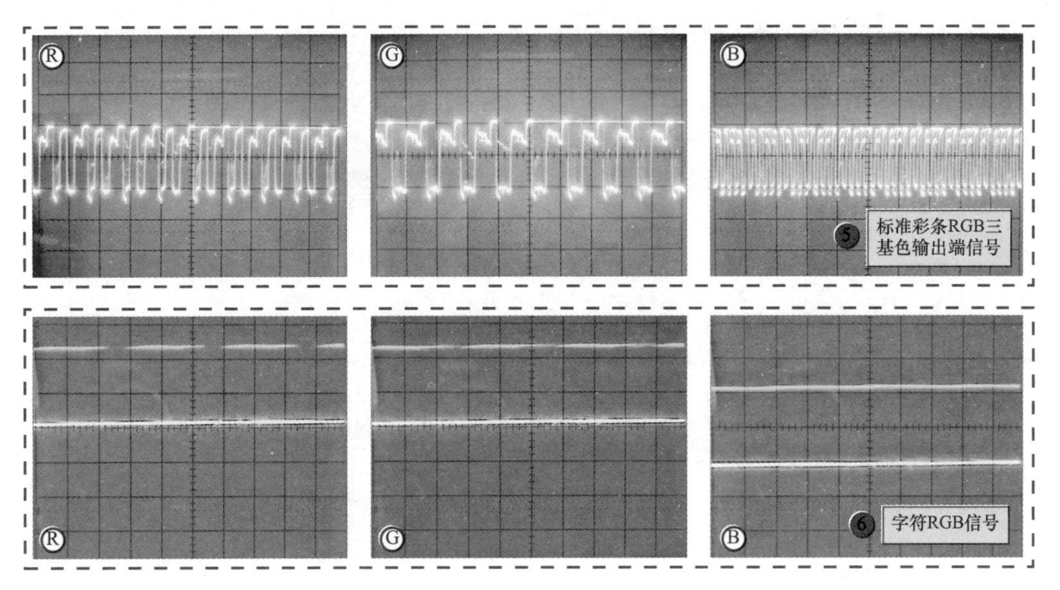

图 6-19　彩色电视中与视频信号相关的电路及对应的视频信号波形（续）

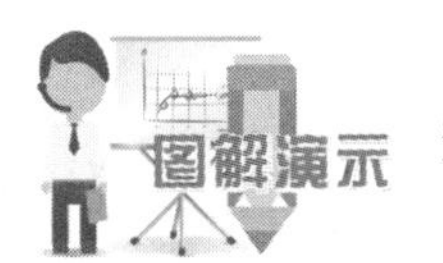

除上述电路及相关的视频信号外，很多数码影音产品中还包含有处理数字视频信号的电路，如图 6-20 所示。

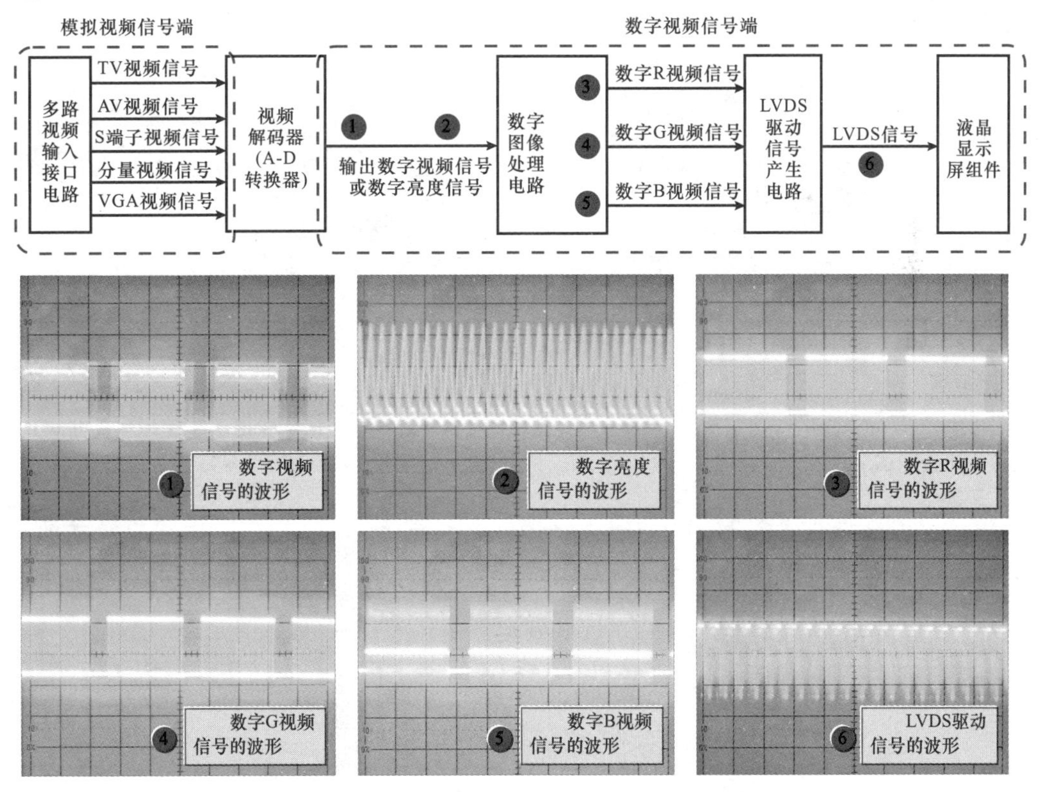

图 6-20　处理数字视频信号的电路及相关信号波形（液晶电视机）

6.3.2 视频信号的测量

视频信号的测量方法与音频信号基本相同，一般也使用示波器进行检测。检测前应首先了解待测电子产品中视频信号处理通道的关键器件，然后理清视频信号处理通道中相关电路的信号流程，接着用示波器顺着电路的信号流程逐级检测各器件视频信号输入和输出引脚的信号即可。

以 VCD/DVD 机为例，视频信号的处理过程如图 6-21 所示。使用示波器可在输出接口检测输出的视频信号。

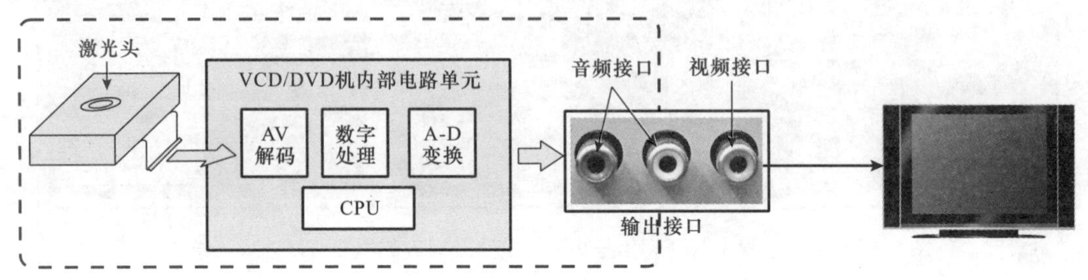

图 6-21　VCD/DVD 机的信号处理过程

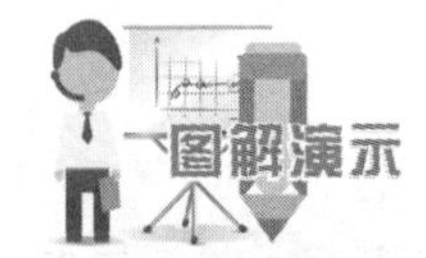

具体检测前首先如图 6-22 所示，将 AV 测试线接入待测 VCD/DVD 机的 AV 输出端口。为便于观测波形，可使用 VCD/DVD 机播放标准测试光盘。

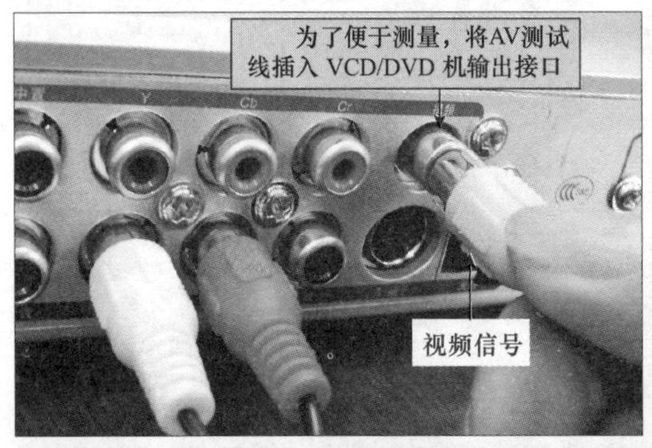

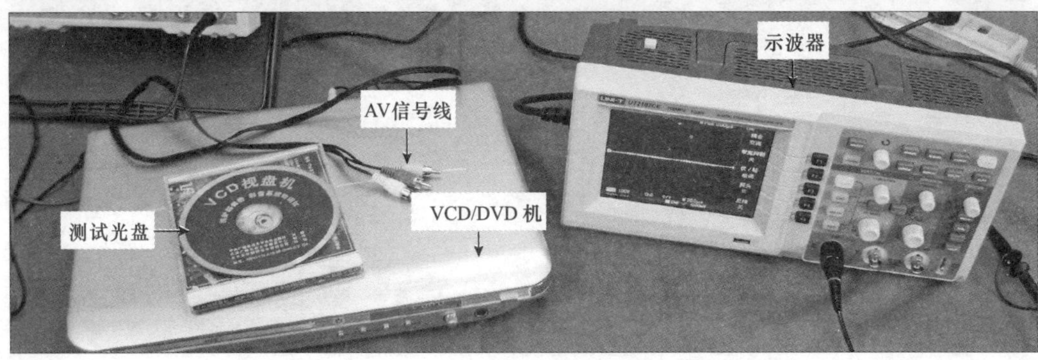

图 6-22　视频信号测量前的准备工作

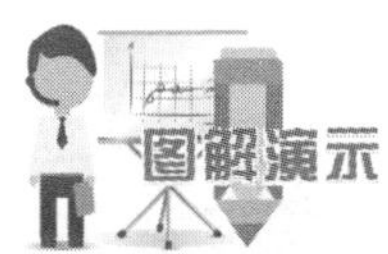

准备工作就绪，即可使用示波器探头对 AV 信号线输出的视频信号进行测量，具体操作如图 6-23 所示。

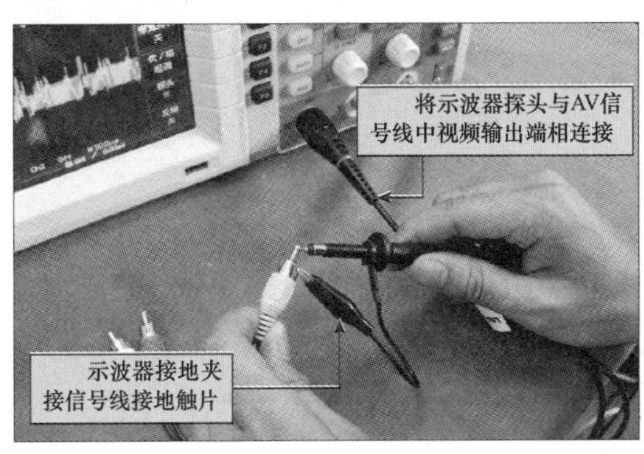

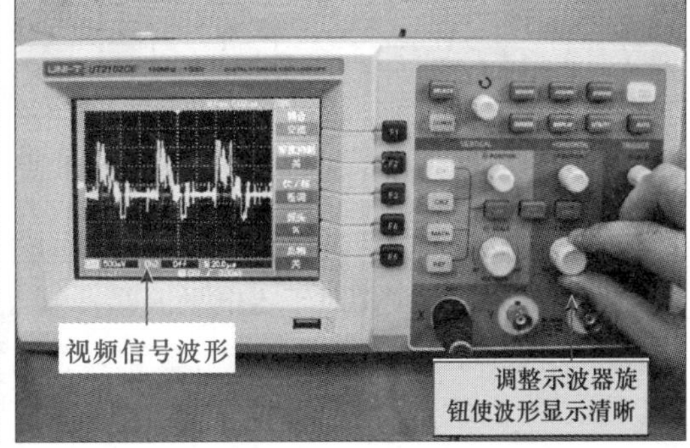

图 6-23　检测视频信号波形

值得注意的是，当 VCD/DVD 机播放光盘内容为标准彩条图像时，测试其信号波形如图 6-24 所示，若经检测该信号波形正常，则表明 VCD/DVD 机输出正常。

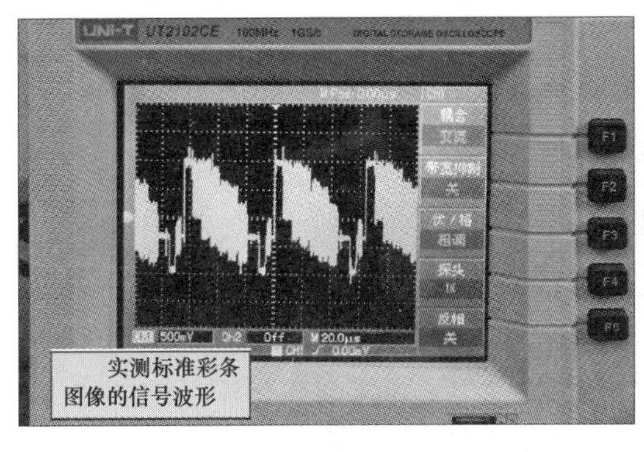

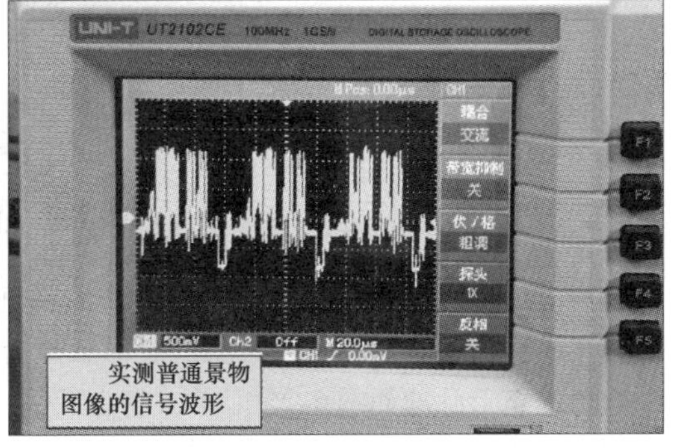

图 6-24　实测 VCD/DVD 机输出标准彩条图像的信号波形

6.4　脉冲信号的测量方法

6.4.1　脉冲信号的特点

1. 脉冲信号的基本特点

脉冲信号是一种持续时间极短的电压或电流波形。从广义上讲，凡不具有持续正弦形状的波形，几乎都可以称为脉冲信号。它可以是周期性的，也可以是非周期性的。

几种常见的脉冲信号波形如图 6-25 所示。

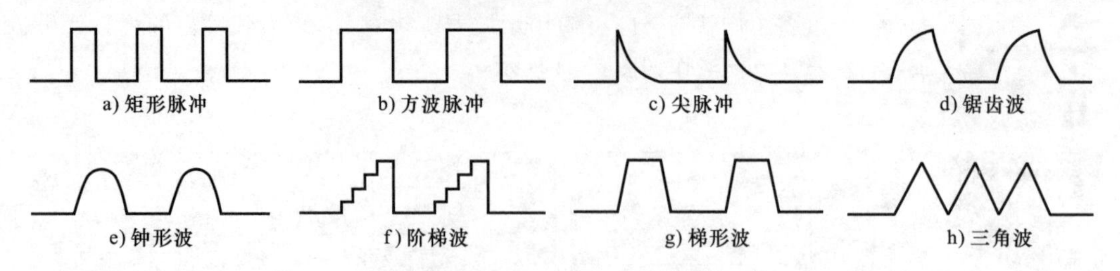

图 6-25　常见的脉冲信号波形

具体为矩形脉冲、方波脉冲、尖脉冲、锯齿波、钟形波、阶梯波、梯形波、三角波。

若按极性分，常把相对于零电平或某一基准电平，幅值为正时的脉冲称为正极性脉冲，反之称为负极性脉冲。

正、负脉冲如图 6-26 所示。其中图 6-26a 所示为正脉冲，图 6-26b 所示为负脉冲。

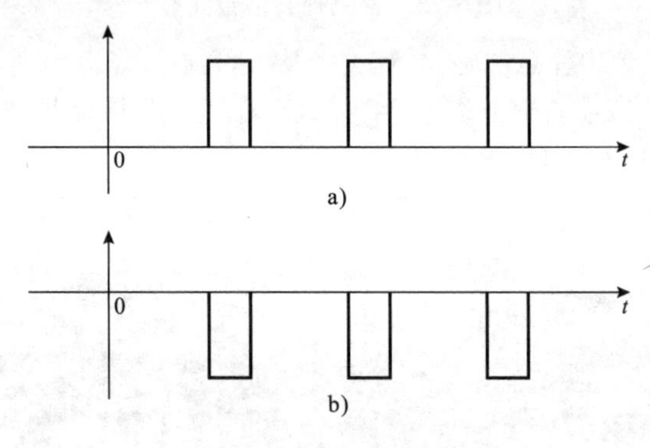

图 6-26　正、负脉冲

任何波形都可以用一些参数来描述它的特征，但由于脉冲波形多种多样，因此对不同的波形需定义不同的参数。下面以常见的矩形脉冲为例介绍它的几个主要参数。

理想的矩形脉冲如图 6-26 所示，它由低电平到高电平或从高电平到低电平，都是突然垂直变化的。但实际上，脉冲从一种电位状态过渡到另一种电位状态总是要经历一定时间的，且与理想波形相比，波形也会发生一些畸变。

实际矩形脉冲波形如图 6-27 所示。

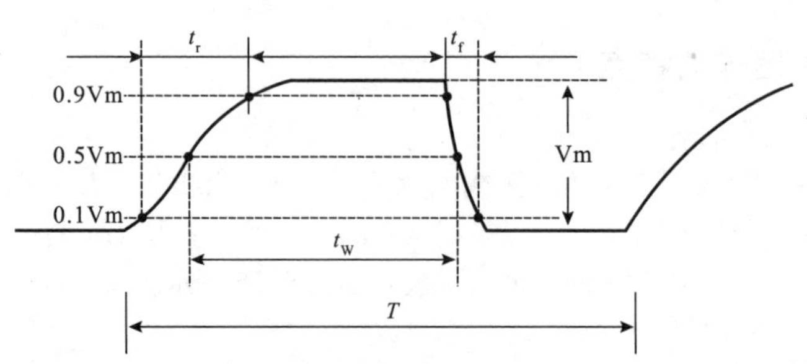

图 6-27　实际矩形脉冲波形

2. 脉冲信号的相关电路及应用

（1）脉冲信号产生电路

脉冲信号产生电路是数字脉冲电路中的基本电路，它是指专门用来产生脉冲信号的电路。通常，我们将能够产生脉冲信号的电路称为振荡器。常见的脉冲信号产生电路主要可分为晶体振荡器和多谐振荡器两种。

脉冲信号产生电路的基本工作流程如图6-28所示。

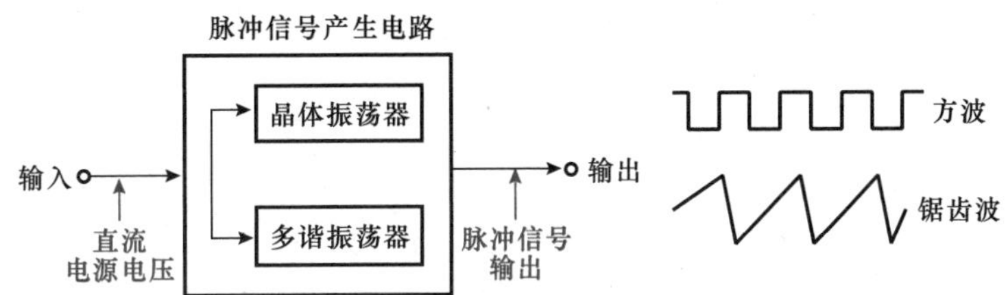

图6-28　脉冲信号产生电路的基本工作流程

1）晶体振荡器。晶体振荡器是一种高精度和高稳定性的振荡器，被广泛应用于彩电、计算机、遥控器等各类振荡电路中，用于为数据处理设备产生时钟信号或基准信号。

晶体振荡器主要是由石英晶体和外围元件构成的谐振器件。石英是一种自然界中天然形成的结晶物质，具有一种称为压电效应的特性。晶体受到机械应力的作用会发生振动，由此产生的电压信号的频率等于此机械振动的频率，当晶体两端施加交流电压时，它会在该输入电压频率的作用下振动。在晶体的自然谐振频率下，会产生最强烈的振动现象。晶体的自然谐振频率由其实体尺寸以及切割方式来决定。

一般来说，使用在电子电路中的晶体由架在两个电极之间的石英薄芯片以及用来密封晶体的保护外壳所构成。

晶体及晶体功能如图6-29所示。

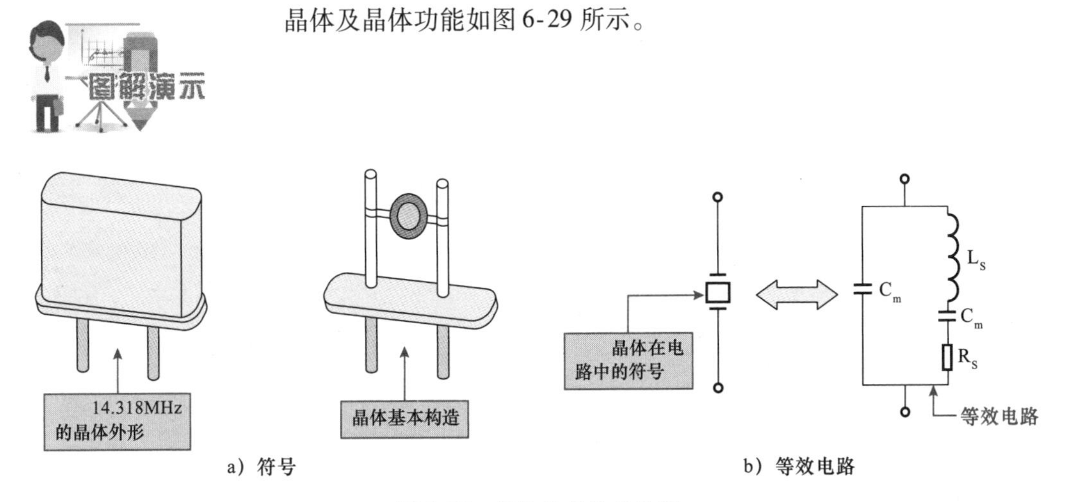

a）符号　　b）等效电路

图6-29　晶体及晶体的功能

2）多谐振荡器。多谐振荡器是一种可以自动产生一定频率和幅度的矩形波或方波的电路，其核心器件为对称的两只晶体管，或将两只晶体管进行集成后的集成电路部分。

(2) 脉冲信号整形和变换电路

晶体振荡器和多谐振荡器是数字电路中用来产生脉冲信号的电路，其产生的信号波形多为正负半轴对称的脉冲波形，而实际应用中有时可能只需用到其正半周波形，此时就需要用到脉冲整形电路和变换电路。

常见的脉冲信号整形和变换电路主要有 RC 微分电路（将矩形波转换为尖脉冲）、RC 积分电路、单稳态触发电路、双稳态触发电路等。这些电路有一个共同的特点，即它们不能产生脉冲信号，只能将输入端的脉冲信号整形或变换为另一种脉冲信号。

由 RC 构成的微分和积分脉冲信号整形和变换电路，以及其输入和整形后输出的脉冲信号如图 6-30 和图 6-31 所示。

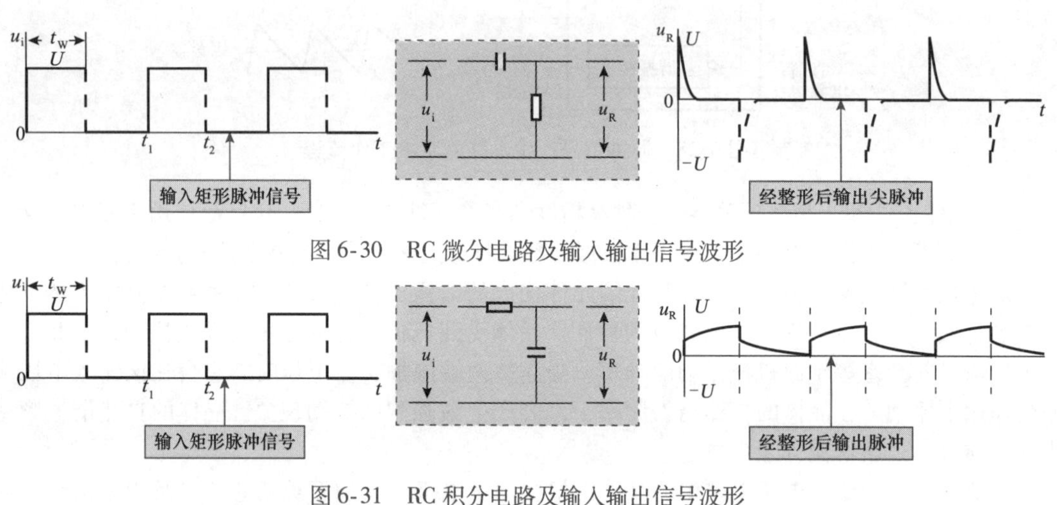

图 6-30　RC 微分电路及输入输出信号波形

图 6-31　RC 积分电路及输入输出信号波形

(3) 脉冲信号的实际应用

脉冲信号是电子产品中的重要信号，数字电路中的时钟信号、数据信号、控制信号、指令信号、地址信号、编码信号等都是由脉冲信号组成的。

家电产品中，常见的脉冲信号类型多种多样，如电视机行电路中的行/场同步脉冲信号、行场激励信号，电源电路中的开关振荡脉冲信号，系统控制电路中的数据总线和地址总线信号等。

几种常见脉冲信号的实物外形如图 6-32 所示。

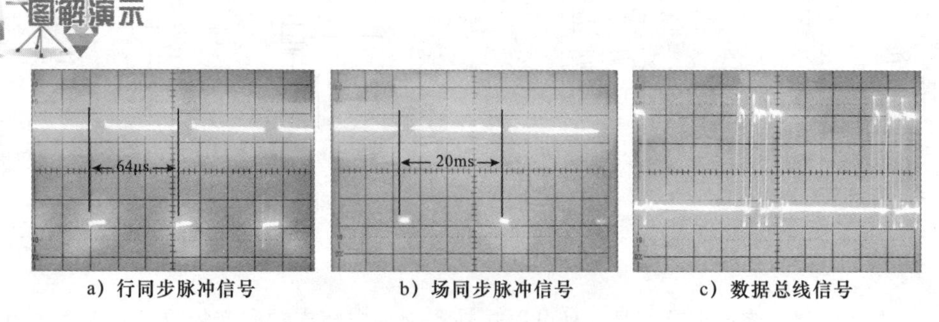

a）行同步脉冲信号　b）场同步脉冲信号　c）数据总线信号

图 6-32　几种常见脉冲信号的实物外形

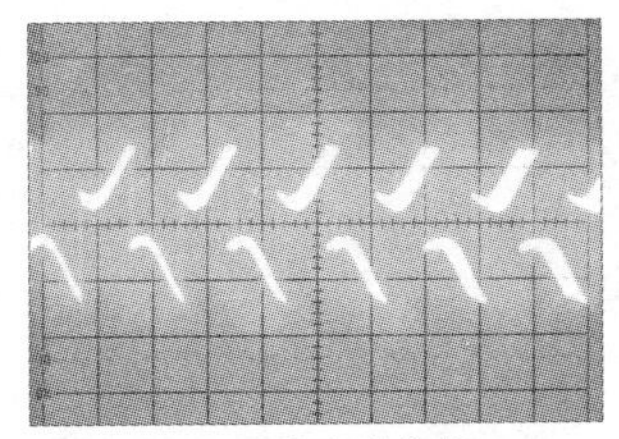

d）开关脉冲信号

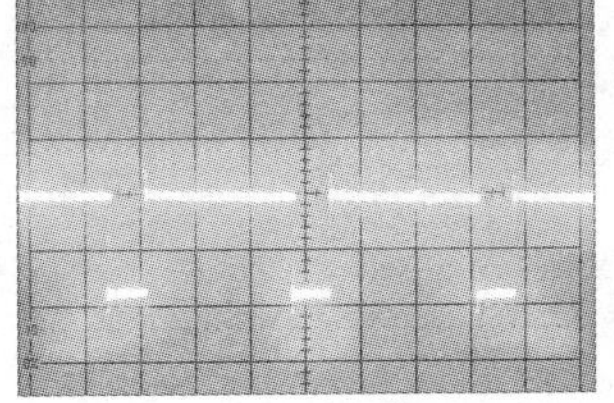

e）PWM控制信号

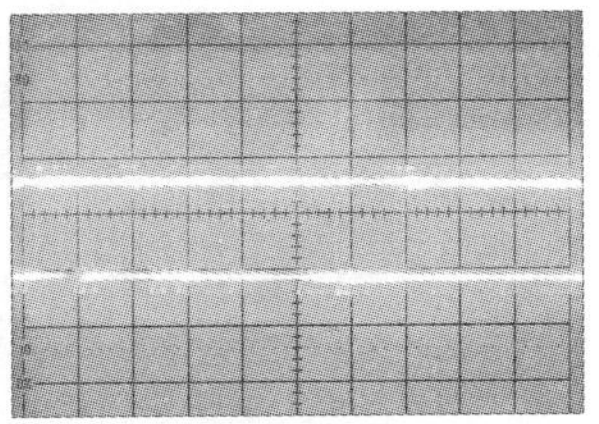

f）地址总线信号

图6-32　几种常见脉冲信号的实物外形（续）

6.4.2　脉冲信号的测量

脉冲信号通常也使用示波器进行检测。在检测前也应首先了解待测设备中脉冲信号的具体检测部位或检测点，然后用示波器探头搭在相关部件脉冲信号输出引脚上即可。

下面我们以检测彩色电视机场扫描电路中的脉冲信号为例，具体介绍其测量方法。

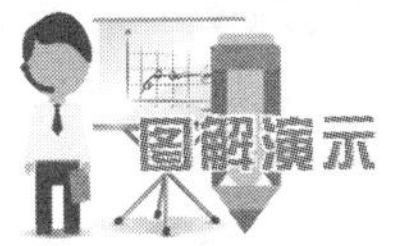

彩色电视机场扫描电路中的脉冲信号是用于驱动场集成电路的信号，经场输出集成电路处理后由其输出端输出场锯齿波信号，最后驱动场偏转线圈，图6-33所示为典型场脉冲信号处理过程。

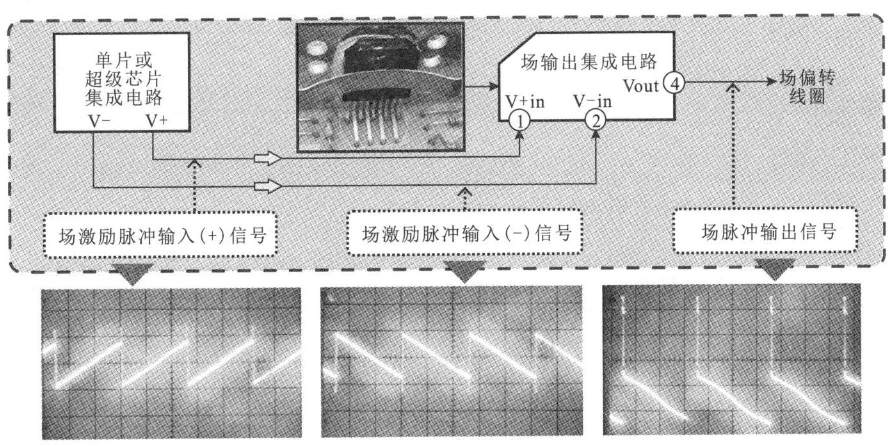

图6-33　场脉冲信号处理过程

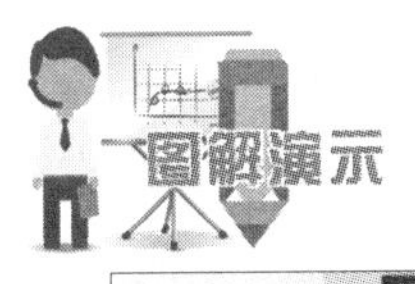

彩色电视场扫描电路中脉冲信号的测量方法如图6-34所示。

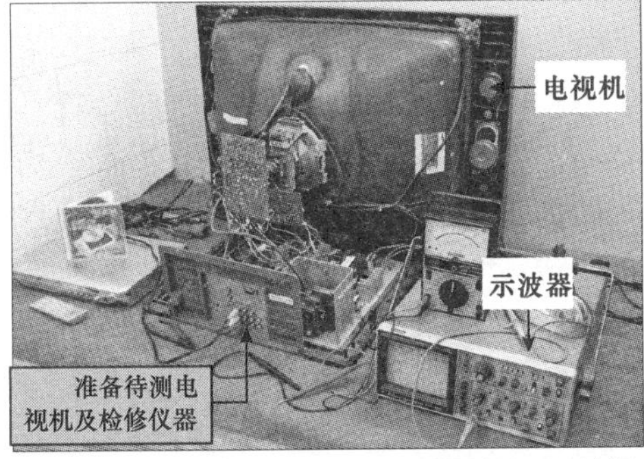

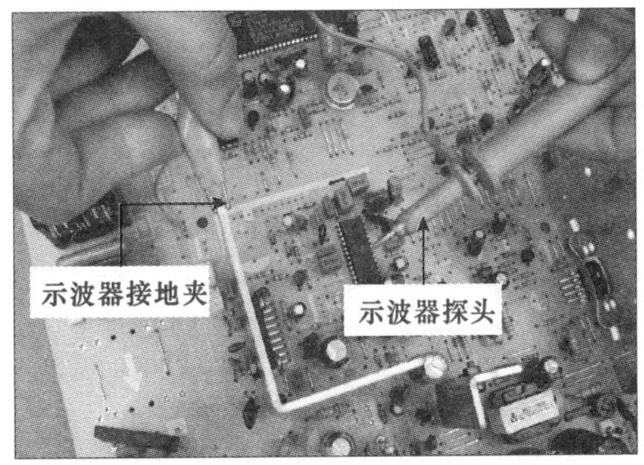

a）准备测量用示波器，并将示波器接地夹接地

图6-34　彩色电视场扫描电路中脉冲信号的测量方法

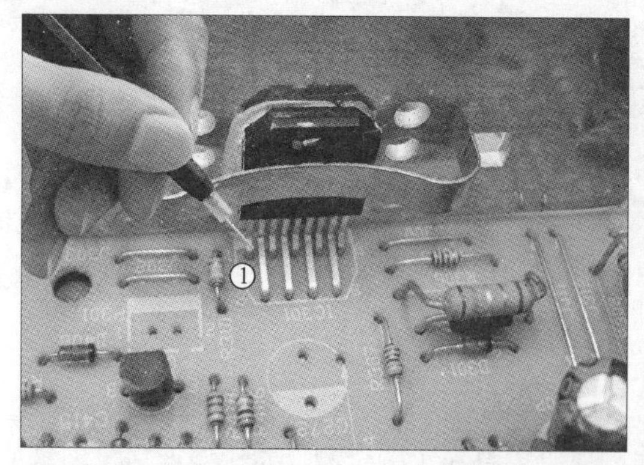

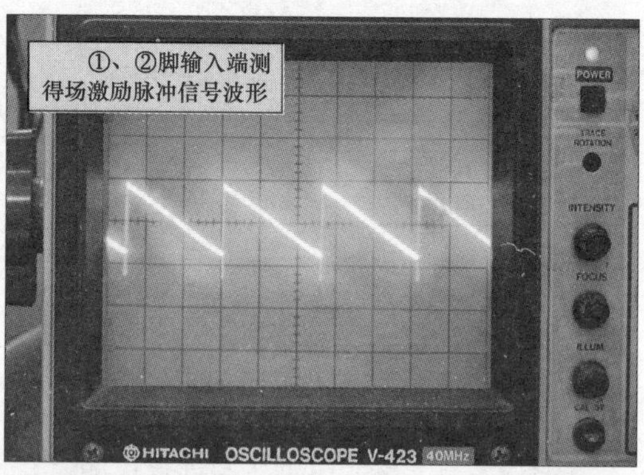

b）检测场输出集成电路输入端激励脉冲信号

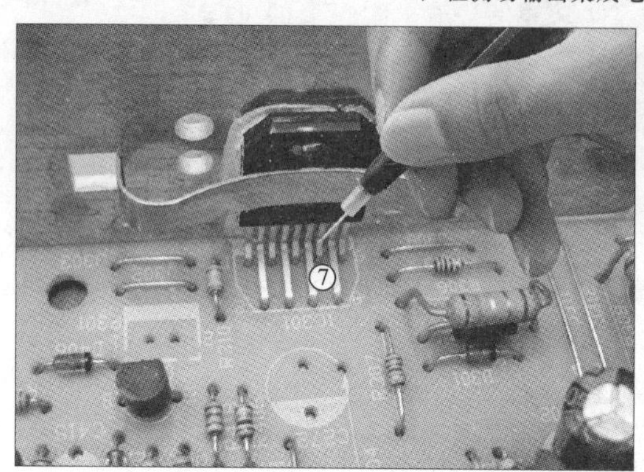

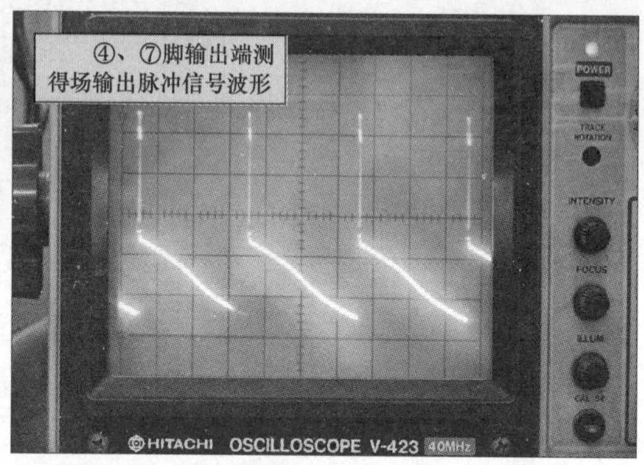

c）检测场输出集成电路输出端脉冲信号

图 6-34　彩色电视场扫描电路中脉冲信号的测量方法（续）

6.5　数字信号的测量方法

6.5.1　数字信号的特点

1. 数字信号的特点

数字信号大都是由“0”和“1”组成的二进制信号，在数字电路中，“0”和“1”往往是由电压的“低”和“高”来表示的（也可以用电流的有无或其他的电量来表示）。要表示很多的数字信号，即很多的低电平和高电平组合的信号就是脉冲信号。因而数字信号是由脉冲信号来表现的，处理数字信号的电路就是处理脉冲信号的电路。但脉冲信号并不一定就是数字信号，这个关系要清楚。

数字信号的特点是代表信息的物理量以一系列数据组的形式来表示，它在时间轴上是不连续的。以一定的时间间隔对模拟信号取样，再将取样值用数字组来表示。可见数字信号在时间轴上是离散的，表示幅度值的数字量也是离散的，因为幅度值是由有限个状态数来表示的。

模拟信号和数字信号的波形有很大的区别，如图 6-35 所示。一个是连续变化的物理量，一个是离散的数字量，即脉冲状的信号。

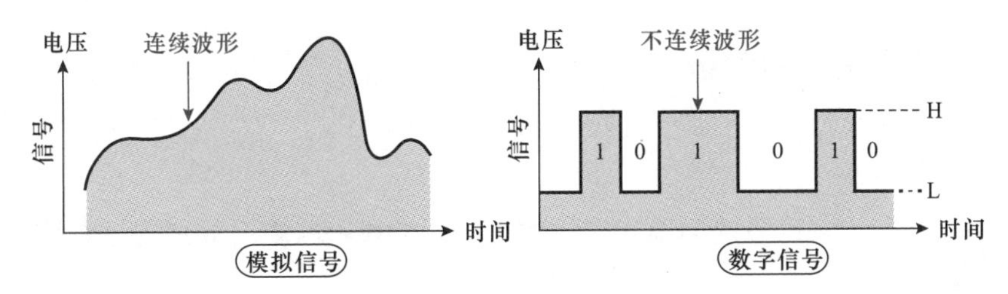

图 6-35 模拟信号和数字信号的波形

数字信号的波形也有不同的特点，如图 6-36 所示。数字信号有 2 值数字信号和多值数字信号。在实际的产品中大多采用 2 值数字信号。

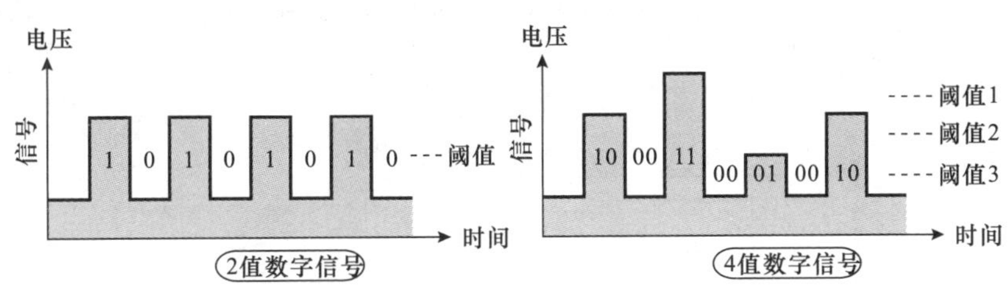

图 6-36 数字信号的种类

2. 数字信号的相关电路及应用

数字信号是用“0”和“1”表示的二进制信号，在电路中数字信号大都是用脉冲信号的波形来表示的，因而其相关电路也都是与脉冲电路相关的。

目前在数字电视、数码音响、影碟机和数码外设等产品中都实现了数字化，与此同时也开发了各种数字信号处理集成电路，我们将处理数字信号的电路称为数字电路，如常见的 D－A 变换电路等。

典型数码影碟机中的数字信号如图 6-37 所示。

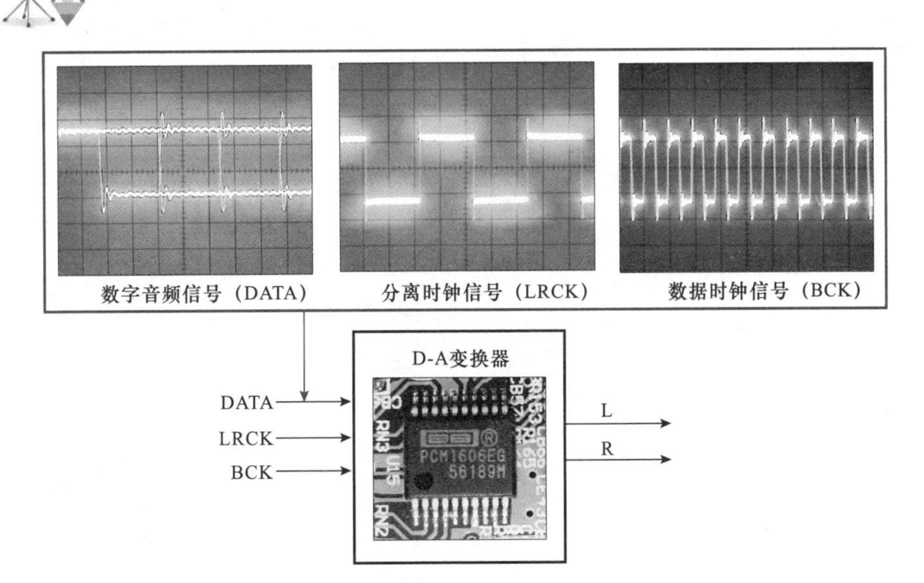

图 6-37 数码影碟机中的数字信号

6.5.2 数字信号的测量

根据上述内容我们了解到，数字信号是由脉冲信号组成的，由此可知，测量数字信号实际上就是测量脉冲信号的过程。

以测量 VCD/DVD 机中 D－A 变换电路中的数字信号为例，图 6-38 所示为数字信号的测量方法。

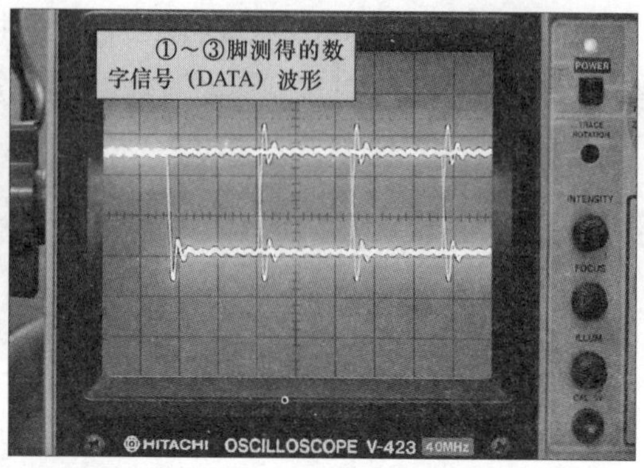

a）检测D-A变换器的数字信号波形

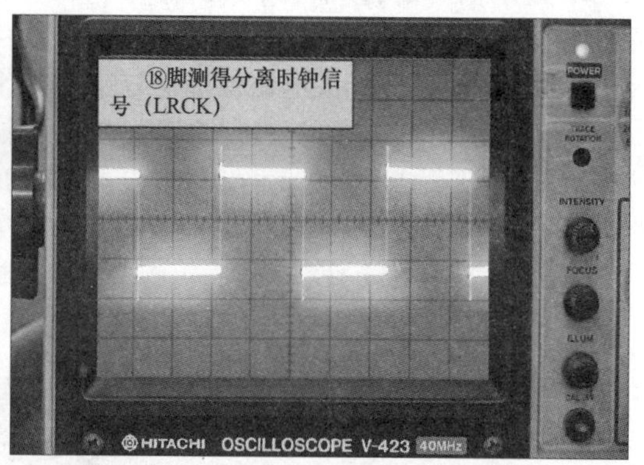

b）检测D-A变换器的分离时钟信号波形

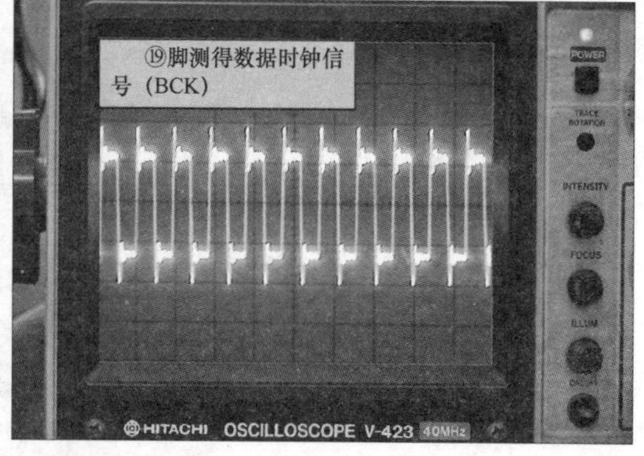

c）检测D-A变换器的数据时钟信号波形

图 6-38　VCD/DVD 机 D－A 变换电路数字信号的测量方法

电子产品实用电路测量技能

7.1 电源电路的测量

7.1.1 整流电路的测量

整流电路是一种将交流电变换成直流电的电路。由于半导体二极管具有单向导电性，因此可以利用二极管组成整流电路。二极管是整流电路中的关键器件，整流后的电流为脉动直流。

典型交流（220V）输入和整流电路的测量如图 7-1 所示。这是一个典型的交流（220V）输入和整流电路。交流 220V 电压通过插件 SC901 输入到电路后，经滤波电容 C_{901}、互感滤波器 L_{901}、滤波电容 C_{902} 滤波后，送入桥式整流堆 D_{901} 中，经 D_{901} 整流后输出约 300V 的直流电压，即在滤波电容 C_{908} 上应有约 300V 的直流电压，这个直流电压加到开关振荡电路。

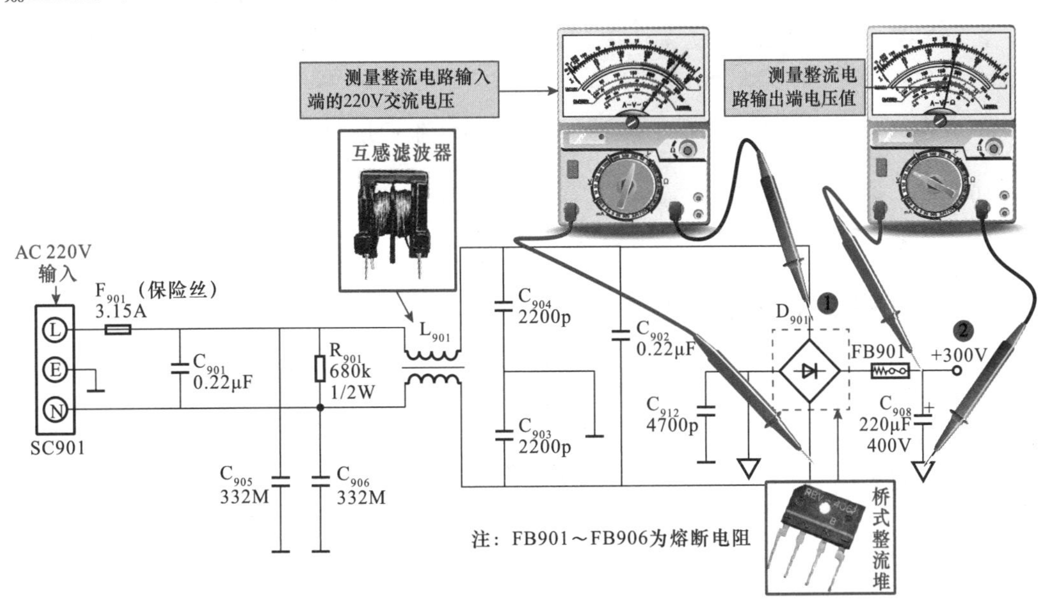

图 7-1　220V 整流电路的测量操作

测量时：

1）检测该整流电路的交流电压输入端，该电压是由 220V 经滤波电路后得到的，当电路达到工作状态后，用万用表即可测量到约 220V 的交流电压值；

2）检测整流电路的输出端，当该电路工作良好时，用万用表即可测量到约 300V 的直流电压值。

7.1.2 滤波电路的测量

1. 小型直流电源中滤波电路的测量

小型直流电源中滤波电路的测量如图 7-2 所示。这是一个小型直流电源中的滤波电路。从图中可以看到，交流 220V 输入，经变压器和桥式整流堆整流后输出的脉动直流电压再经滤波线圈和滤波电容后，输出比较平稳的 +12V 直流电压。电路中的线圈实际上就是一个电感元件，它的主要作用就是用来阻止直流电压中的交流分量。

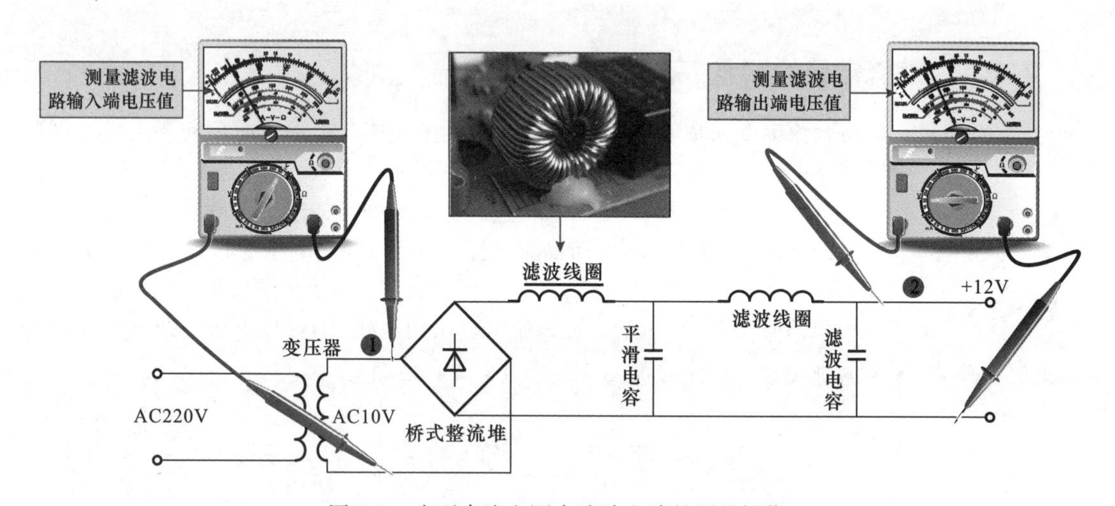

图 7-2　小型直流电源中滤波电路的测量操作

测量时：

1）检测降压变压器输出的交流电压，当电路达到工作状态后，用万用表即可测量到约 10V 的交流电压值；

2）检测整流滤波后的直流电压，当该电路工作良好时，用万用表即可测量到约 12V 的稳定的直流电压值。

2. 笔记本电脑中平滑滤波电路的测量

笔记本电脑中平滑滤波电路的测量如图 7-3 所示。由于笔记本电脑对电压稳定性和可靠性要求比较高，因此该电路中采用多级 LC 滤波电路进行滤波，用来滤除电源中的干扰和噪波，使芯片稳定工作。

测量时：

1）检测三端稳压器直流电压输出端，当电路达到工作状态后，用万用表即可测量到约 3.3V 的直流电压值；

2）检测滤波后的电压输出端，当该电路工作良好时，用万用表即可测量到约 2.5V 的稳定的直流电压值。

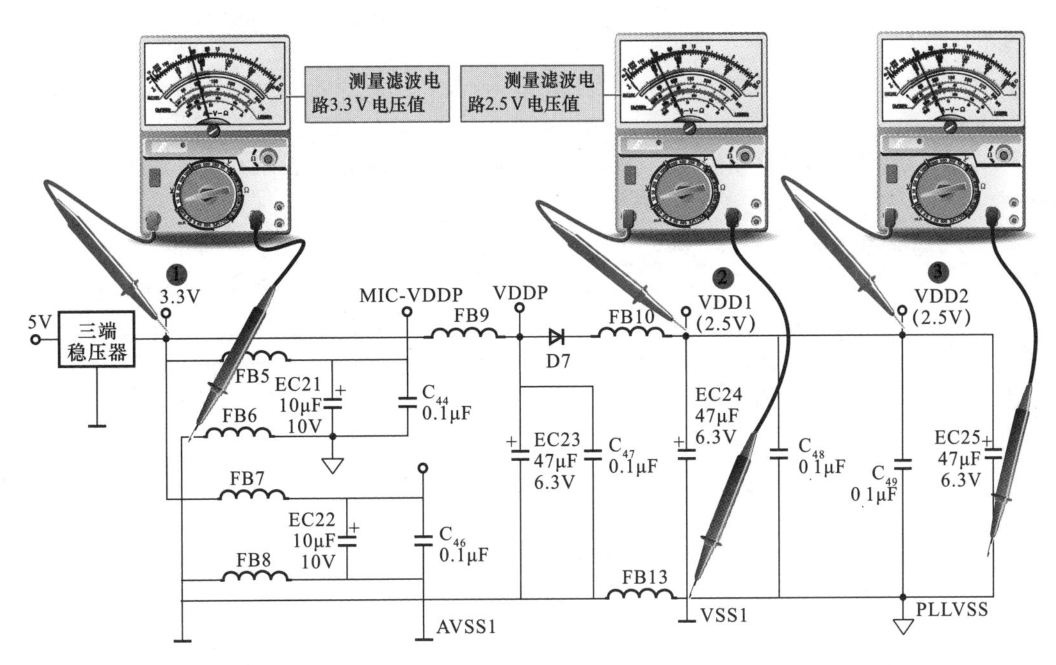

图 7-3　笔记本电脑中平滑滤波电路的测量操作

7.1.3　稳压电路的测量

1. 收音机稳压电路的测量

图解演示

收音机稳压电路的测量如图 7-4 所示。这是一种收音机中使用的直流稳压电源电路，交流 220V 电压经变压器降压后输出 8V 交流低压，8V 交流电压经桥式整流电路整流后输出约 11V 直流电压，再经 C_1 滤波，R 限流、D_5 稳压，C_2 滤波后输出 6V 稳压直流。电路中使用了两只电解电容进行平滑滤波。

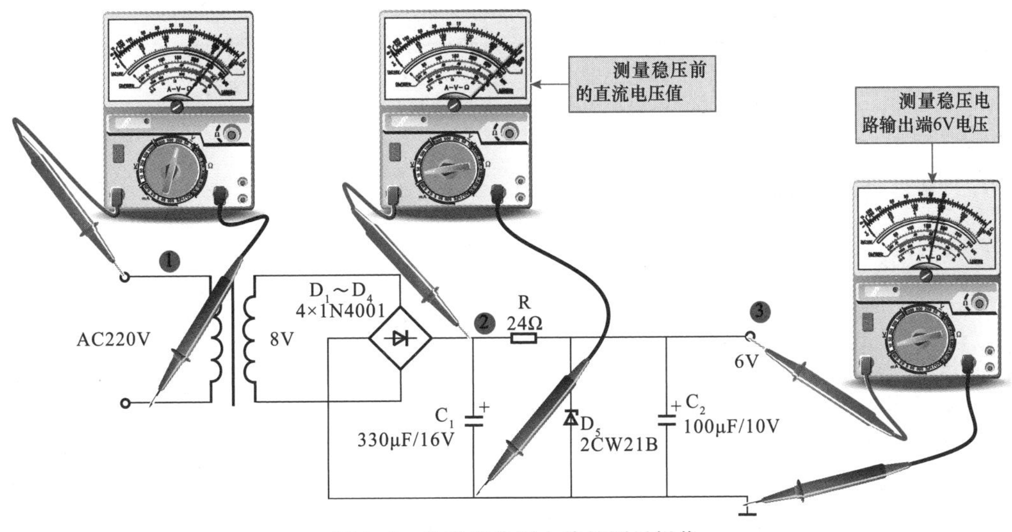

图 7-4　收音机稳压电路的测量操作

测量时：

1）先检测 220V 交流电压输入端，当将电路接入市电插座后，用万用表即可测量到约 220V

的交流电压值；

2）检测整流后的直流电压，当电路进入工作状态后，用万用表即可测量到一个大于8V的直流电压值；

3）检测稳压电路的直流输出端，当该电路工作良好时，用万用表即可测量到约6V的直流电压值。

2. 集成稳压电路的测量

图解演示　集成稳压电路的测量如图7-5所示。这是一种集成稳压电路，交流220V电压经降压变压器降压后输出一个较低的交流电压，再经二极管VD整流后变为约13.5V的直流电压，该电压经稳压集成电路U1（7805）稳压后，输出约5V直流电压，为后级电路供电。

测量时：

1）检测稳压集成电路的输入端，当电路达到工作状态后，用万用表即可测量到一个约13.5V的直流电压值；

2）检测稳压集成电路的输出端，当该电路工作良好时，用万用表即可测量到一个约5V的直流电压值。

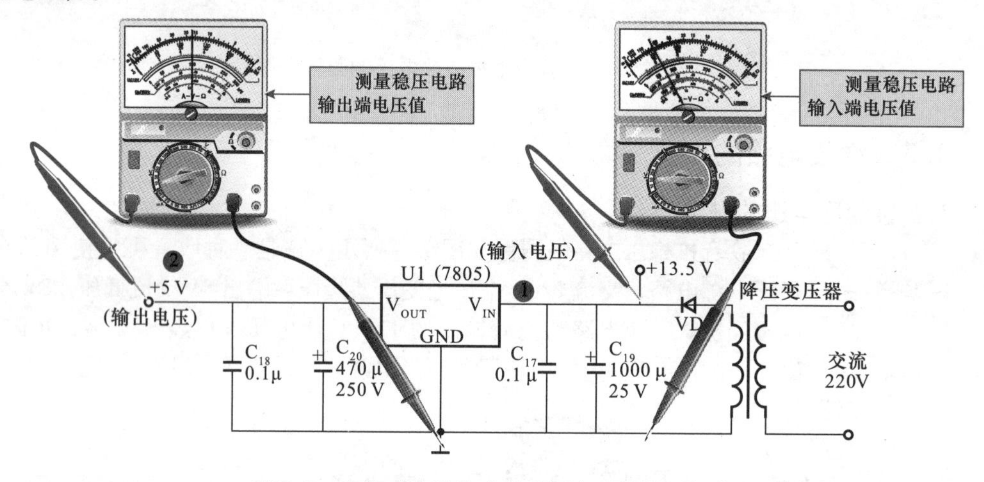

图7-5　由集成电路构成的稳压电路的测量操作

7.1.4　开关电源电路的测量

1. 典型数字卫星接收机中开关电源电路的测量

图解演示　典型数字卫星接收机中开关电源电路的测量如图7-6所示。这是一种典型数字卫星接收机（金泰克KT－D8320F型）中的开关电源电路。该电路中，交流220V电压先经交流输入电路、桥式整流及滤波电路，得到＋300V左右的直流电压，为开关电源电路供电。＋300V左右的直流电压，一路通过开关变压器TF的①～④绕组，加到IC1（5M0380R）的②脚（即5M0380R内部的场效应开关管漏极）；另一路则通过起动电阻R_2降压后，加到IC1的③脚（5M0380R的供电脚），为IC1提供起动电压。当C_7两端电压充至13V左右时，IC1内部的振荡电路开始工作，并输出额定占空比的PWM信号去驱动IC1内部的功率开关管，使其工作在开关状态。这时，TF的①～④绕组便有高频脉冲电流流过，其次级绕组也会产生高频感应脉冲电压，其中③～⑤绕组产生的高频脉冲电压经VD2整流、R_3限流、C_7滤波后，得到＋18V左右的直流电压，该电压被称为正反馈电压，直接送到IC1的③脚，为IC1的内部电路提供正常工作所需电压，使电源电路能够正常、稳定地工作下去。另外，变压器的其他4组次级绕组输出+3.3V、+5V、+21V、+31V和+12V电压，为后级电路提供电源。

测量时：

1）先测量桥式整流堆整流后的电压，当将该电路接入市电220V，并按下开机键后，用万用表即可测量到一个约300V的直流电压值；

2）再检测开关电源电路中最终的直流电压输出端，当该电路达到工作状态后，用万用表即可测量到5组直流电压值，如图7-6中测得数值为21V；

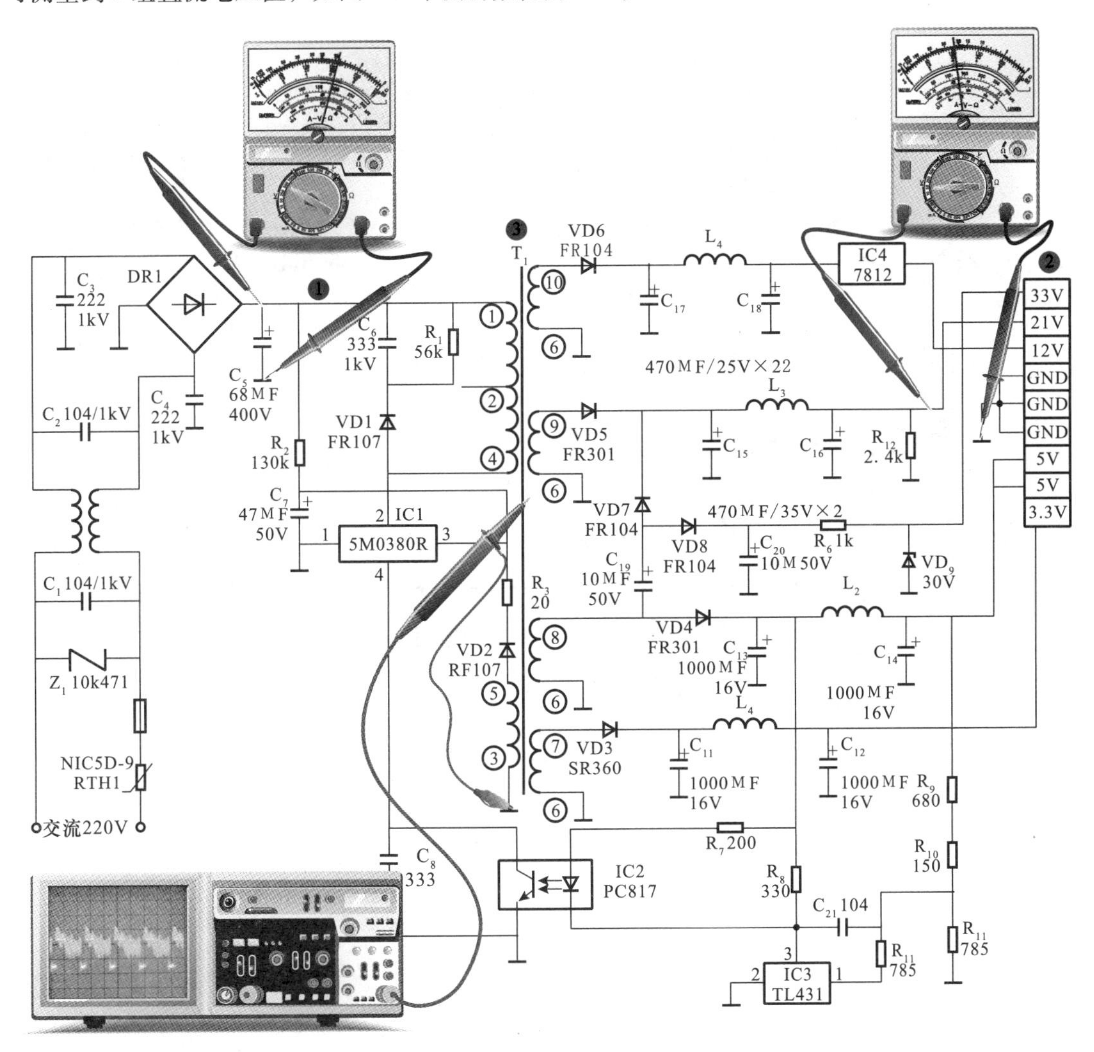

图7-6 典型数字卫星接收机中开关电源电路的测量操作

3）也可用示波器探头靠近开关变压器铁心部分，若该电路工作良好时，则用示波器即可测量到明显的脉冲信号波形。

开关电源电路的测量是进行电子产品调试和检修中应用最为广泛的一项技能，通常情况下判断一个开关电源电路是否工作，可首先检查其输出端的电压值，若输出端电压与图纸资料参考电压基本相同，则表明该开关电源工作良好；若输出端无电压，则可顺电路的信号流程逐级向前检测，电压消失

的地方即为重要的故障线索和部位。

除此之外，该类电路中开关振荡集成电路的启动电压也是重要的测量项目。

2. 典型 VCD/DVD 机开关电源电路的测量

典型 VCD/DVD 机开关电源电路的测量如图 7-7 所示。这是一个典型 VCD/DVD 机（中龙 ZL－2801A 型）中的开关稳压电源电路。220V 交流电压经滤波、桥式整流堆 D1～D4、滤波电容 C3 处理后输出约 300V 的直流电压，该电压经开关变压器 T1 的初级绕组①～③加到 IC1 的⑤～⑧脚，⑤～⑧脚内接开关场效应管的漏极。

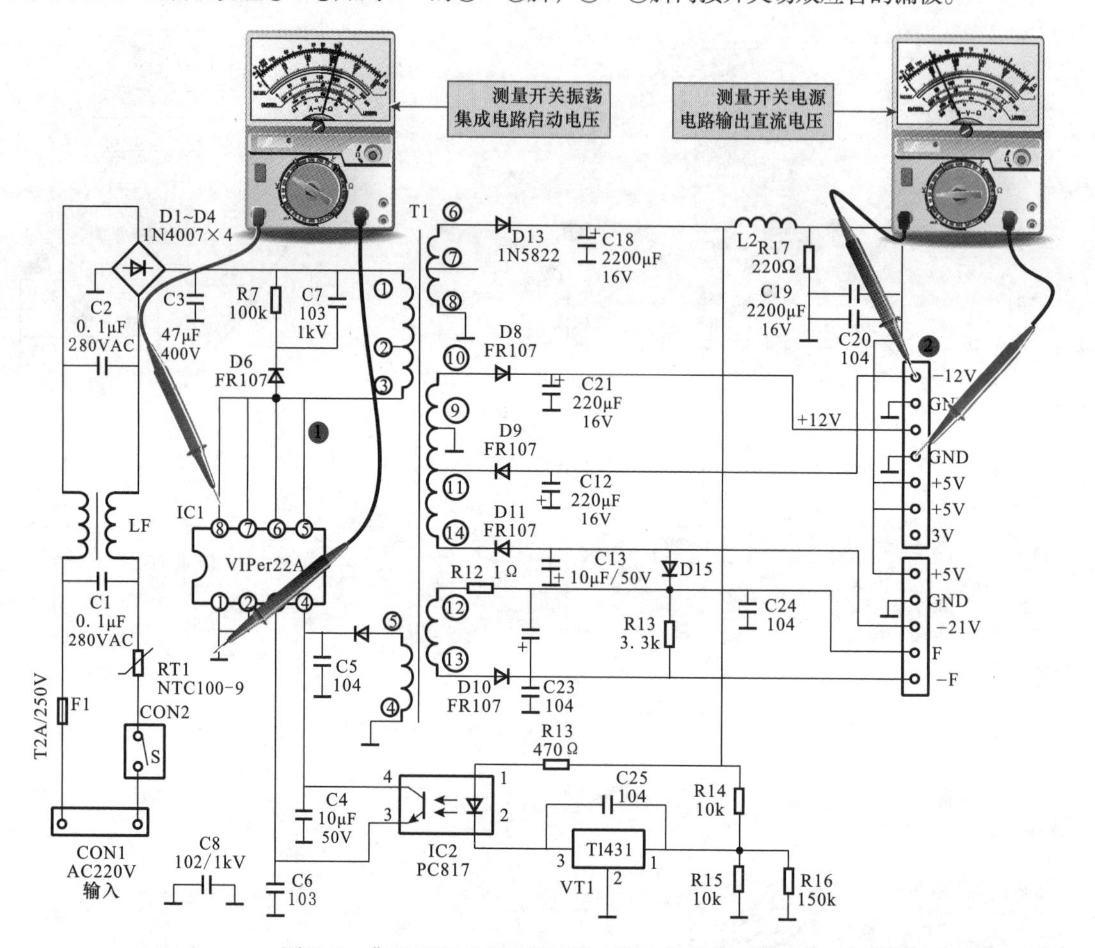

图 7-7　典型 VCD/DVD 机开关电源电路的测量操作

在开机的同时，300V 直流电压加到 IC1 的⑤～⑧脚，使 IC1 内的振荡电路起振，开关变压器 T1 的初级绕组中开始有开关电流产生。T1 的次级绕组④～⑤会感应出开关信号，⑤脚的输出经整流滤波和稳压电路形成正反馈信号并叠加到 IC1 的④脚，保持④脚有足够的直流电压来维持 IC1 中振荡电路的振荡，使开关电路进入稳定的振荡状态。另外，T1 的次级有多个绕组，每个绕组的输出端都接有整流滤波电路，分别输出－12V、＋12V、＋5V、－27V 等电压。测量时：

1）首先检测开关振荡集成电路的供电电压，当该电路达到工作状态后，用万用表即可测量到约 270V 的直流电压；

2）然后检测开关电源电路的直流电压输出端，当该电路达到工作状态后，用万用表即可测量到 4 组直流电压值，如图 7-7 中测得数值为 12V。

7.2　实用变换电路的测量

实用变换电路是电子产品中非常重要的单元电路，在电子产品生产、设计、调试或维修过程中常常需要通过对实用变换电路的测量，进而对电路性能做出判断或调整。因此，实用变换电路的测量技能是电子技术人员必须掌握的专业技能。

在实际应用中，实用变换电路的形式多种多样，常见的实用变换电路主要有电压 - 电流变换电路、电流 - 电压变换电路、交流 - 直流变换电路、光 - 电变换电路、A - D 和 D - A 变换电路等。由于不同的结构组成，其原理、功能也各不相同，因此，对不同类型实用变换电路的测量方法也存在差异。

7.2.1　电压 - 电流变换电路的测量

电压 - 电流变换电路就是将电压变换成电流的电路，一般用于电压检测和指示电路中。

电池充电器电路中电压 - 电流变换电路的测量如图 7-8 所示。这是一种简易的单电池和多电池充电器电路，市电 220V 经过变压器 T 变成交流 12V 电压后，由桥式整流电路 VD1 ~ VD4 进行桥式整流。再经电容 C 滤波、电阻 R_3 限流后由三极管 VT 输出充电电流。滤波电容 C 仅用于平滑滤波，限流电阻 R_3 用于限流保护三极管 VT，并为 LED2 提供工作电压。三极管 VT 和电阻 R4 组成调压电路，通过调整输出电压来适应对不同数量电池进行充电的需要，并控制充电电流。LED1 为电源指示，LED2 为充电指示，R_1、R_2 分别是指示灯的限流电阻。

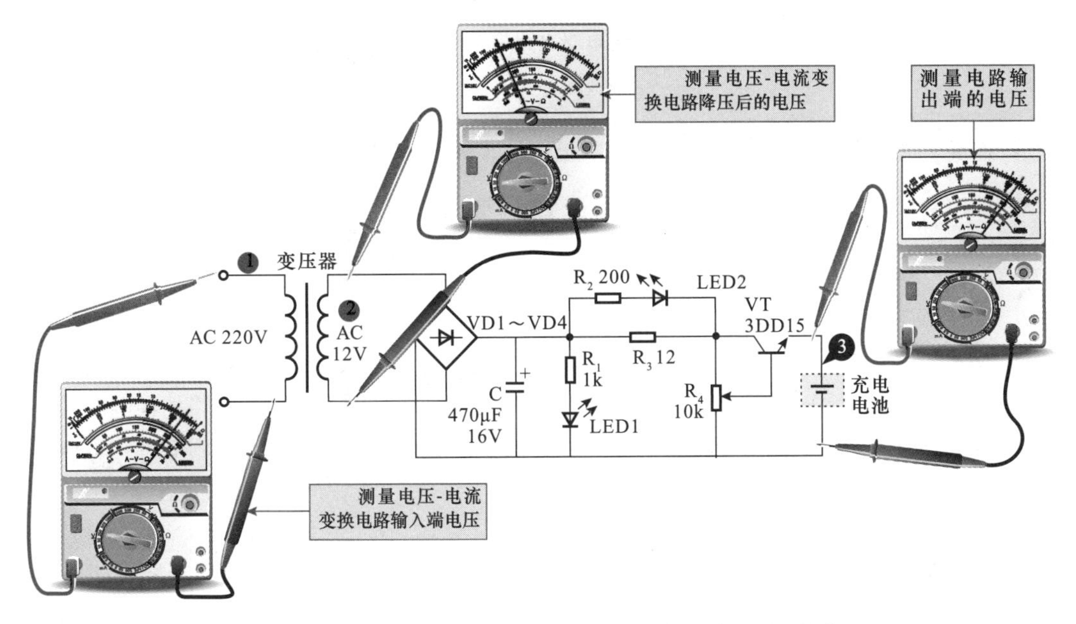

图 7-8　电池充电器电路中电压 - 电流变换电路的测量操作

测量时：

1）首先检测充电器的交流输入端，当该电路接入市电后，用万用表即可测量到 220V 交流电压；

2）然后检测变压器降压后的交流输出端，当电路处于工作状态时，用万用表即可检测到约为 12V 的交流电压；

3）最后检测充电电路的输出端，即充电电池连接端，当该充电电路工作良好时，用万用表检测即可测量到输出的3V左右的直流充电电压。

检测该电路时，可以检测充电电池两端的充电电压（大于3V），也可以将万用表串入充电电路中测量充电电流，正常情况下，该充电电池两端的电流最大可达1.2A左右，然后逐渐减小。

电池充电器电路中充电电流的测量操作如图7-9所示。首先将充电电池一端的连接线断开，将万用表量程选择“直流20A电流档”（根据测量范围，这里我们选用数字式万用表），红表笔搭在断开的线路端，黑表笔与电池一端连接，即与充电电池形成串联连接方式，即可对其充电电流进行测量。

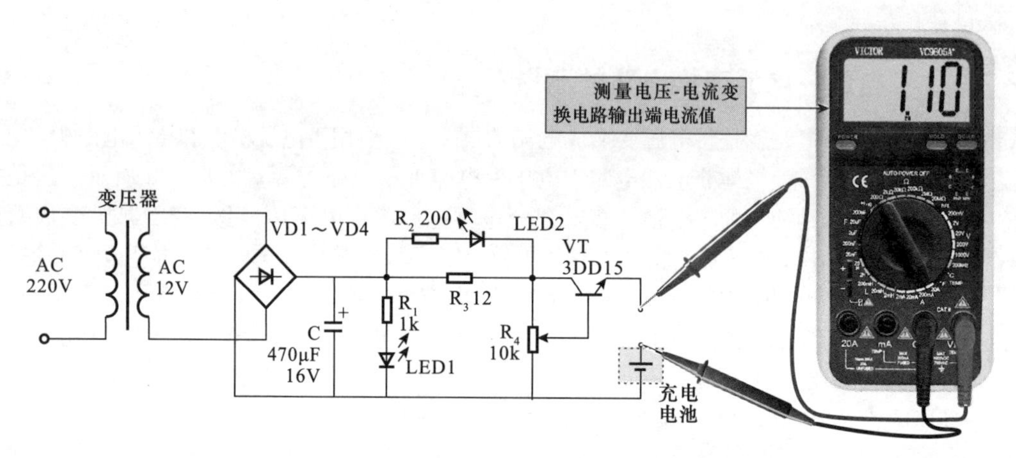

图7-9 典型电池充电器电路中充电电流的测量操作

7.2.2 电流－电压变换电路的测量

电流－电压变换电路简单来说就是将电流变换成电压的电路，一般用于信号转换电路、测量电路以及相关的设备电路中。

典型变频空调器中电流－电压变换电路的测量如图7-10所示。这是一个变频空调器中的电流检测电路，当交流220V电源为压缩机供电时，电流互感器L_2感应出电压信号，然后经VD2整流、R_{10}和R_{11}分压以及C_{13}滤波后，输入到MB89865的⑱脚。电流互感器和整流二极管VD2将压缩机的耗电电流转换成直流电压送到CPU的⑱脚，在CPU中进行A－D变换和检测，若电压升高，则会进行保护。二极管VD1作为钳位二极管，当VD2的输出电压高过5V时，VD1将直流电压钳位在5V。

测量时：

1）首先检测电流互感变压器的输出电压，当电路达到工作状态后，用万用表即可测量到变压器次级输出的交流电压；

2）然后检测整流滤波后的直流电压，当电路工作状态良好时，用万用表即可检测到一个直流电压值，一般该值不大于5V。

上述变频空调器中的电流检测电路，主要是用来检测压缩机电动机供电电流的大小。当电流过大时，可能会损坏压缩机中的电动机，甚至会烧毁电动机线圈，利用电流检测电路对供电电流进行检测，如发现供电电流异常，则空调器将会自动显示故障代码并立即进行保护。

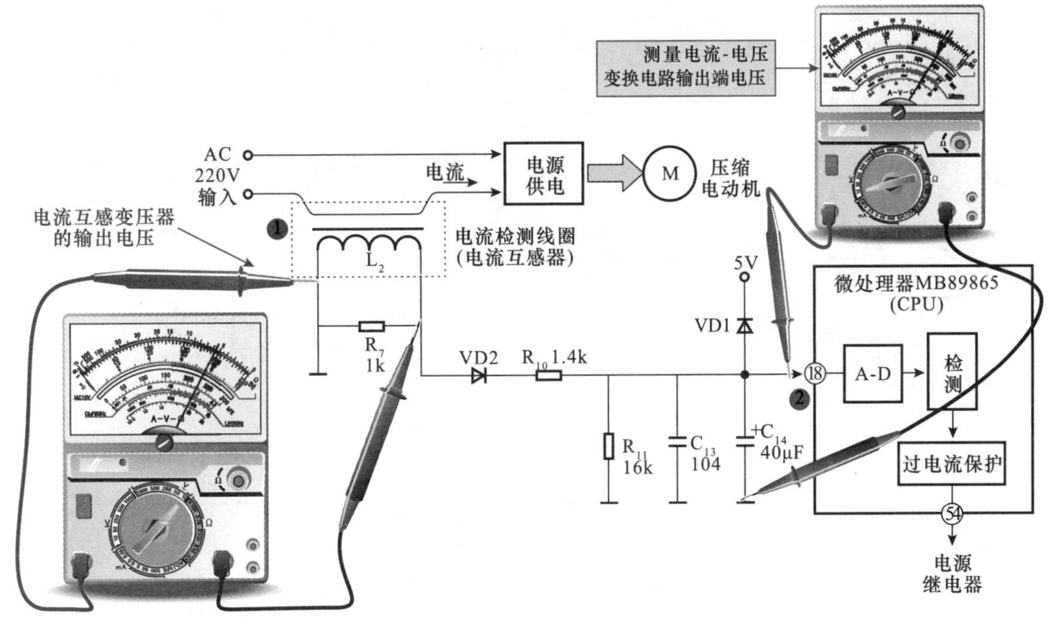

图7-10 变频空调器电流检测电路中电流－电压变换电路的测量操作

7.2.3 交流－直流变换电路的测量

交流－直流变换电路是指采用整流二极管、集成电路等元器件将交流电变为直流电的电路，主要用于电源电路、检测及保护等电路中。

1. 空调器中交流－直流变换电路的测量

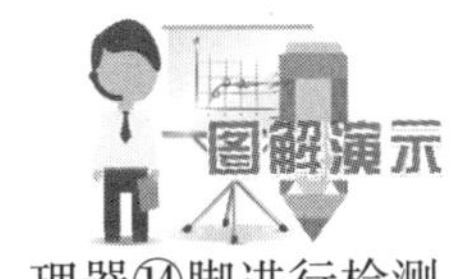

空调器中交流－直流变换电路的测量如图7-11所示。这是一个空调器的电压检测电路。该电路中220V交流电压经降压变压器T_3后，变成交流低电压作为电压检测端，经VD4半波整流以及R23、C24滤波之后，由微处理器⑭脚进行检测，交流输入电压高于260V或低于160V时，T3输出经VD4整流后的直流电压也会相应地升高，该电压经CPU识别处理后，将报警并进行待机保护。

测量时：

1）首先检测降压变压器的次级输出电压，当空调器接入市电220V后，由变压器T_3将220V交流电压变为交流低压，用万用表即可测量到经降低的交流电压值；

2）然后检测二极管VD4整流后的直流电压，当空调器进入工作状态后，用万用表即可检测到该处直流电压的值，一般该值随输入电压的变化而变化。

2. 电源适配器中交流－直流变换电路的测量

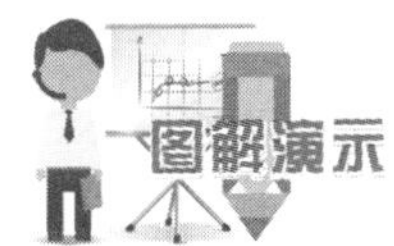

电源适配器中交流－直流变换电路的测量如图7-12所示。这是一个常见的电子产品的电源适配器电路，交流220V电压经变压器后，由变压器的次级绕组输出降压后的多种交流低压，此时拨动开关可以选择输出电压的档位，变压后的交流电压经桥式整流电路和滤波电路后形成直流电压输出。

测量时：

1）首先检测变压器的次级输出电压，当该电路达到工作状态后，将滑动开关拨动到不同的档位，用万用表即可测量到相应档位的交流电压值；

2）然后检测整流滤波后的直流电压，当该电路工作良好时，用万用表即可测量到输出的直

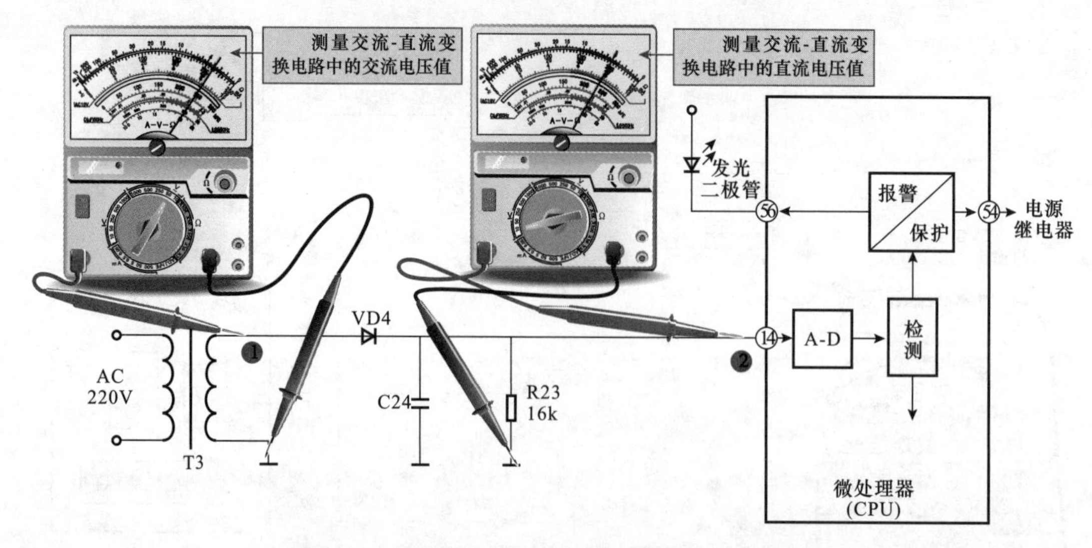

图 7-11　空调器中交流－直流变换电路的测量操作

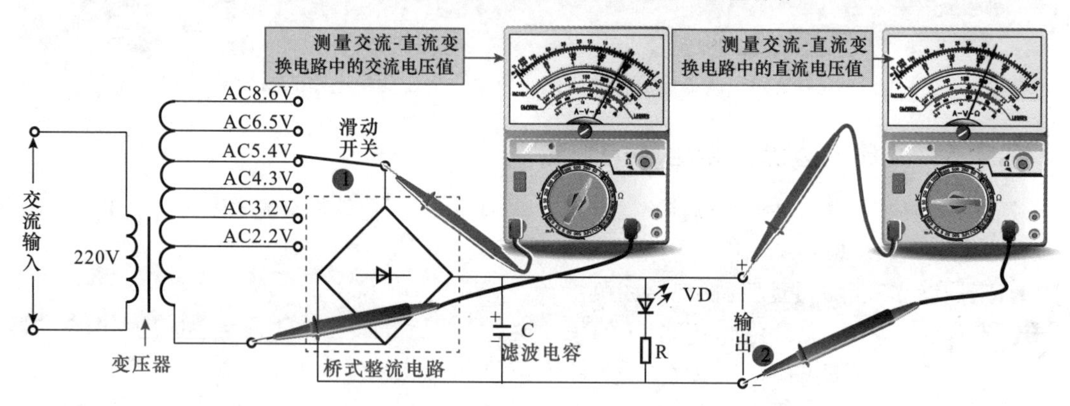

图 7-12　电源适配器中交流－直流变换电路的测量操作

流电压值。一般根据后级不同电路或设备的需要，可通过调整滑动开关的位置来得到不同数值的直流电压值。

7.2.4　光－电变换电路的测量

光－电变换电路主要是利用发光器件或光敏器件将光能转变为电信号或电能的电路，它主要应用在一些光电控制、变换和传输电路中。

1. 光信号转换放大电路的测量

图解演示

光信号转换放大电路的测量如图 7-13 所示。这是一种最基本的光信号处理电路，在该电路的后级控制部分可根据实际需要设计各种各样的电路，构成自动光控电路。该电路中的主要器件为光敏二极管 VD1 和三极管 VT1。光敏二极管 VD1 将接收的光信号直接转换为电信号并加到三极管 VT1 的基极上。光照强度不同，其输出的电流也不相同。通常，光敏二极管随光照强度的增加，呈低阻状态，即光照强度越大，光敏二极管加到 VT1 基极的电流越大，VT1 的集电极电流也越大，则输出端的电压 U_o越低。

测量时：

1）检测光－电变换电路中光能转换为电能的关键检测点，正常情况下，当该电路达到工作

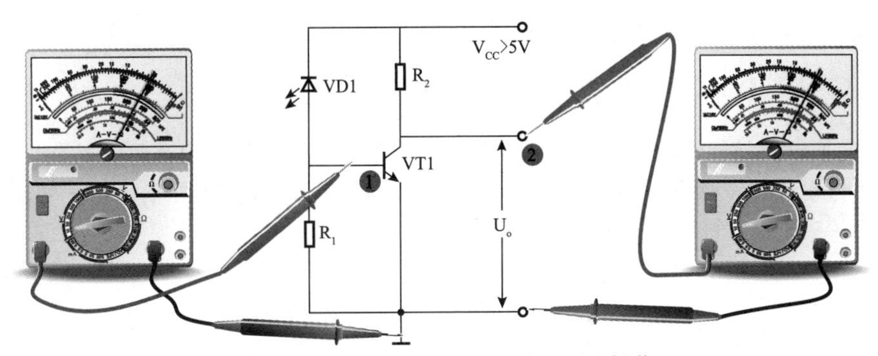

图 7-13　光信号转换放大电路的测量操作

状态后，用万用表即可测量到一定的电压值，且该电压值随电路中光敏二极管 VD1 感受光强度的变化而变化；

2）检测该光－电变换电路的电能输出端，当该电路工作良好时，用万用表即可测量到相应的直流电压值，而且该电压值也随光敏二极管 VD1 感受光强度的变化而变化。

2. 光控开关中光－电变换电路的测量

图解演示

光控开关中光－电变换电路的测量如图 7-14 所示。这是一个由光敏电阻器等元器件构成的光控开关电路。当光照强度下降到光敏电阻的设定值时，光敏电阻 R_c的阻值升高使 VT1 导通，VT2 的集电极电流使继电器 K 线圈得电，其常开触点闭合，常闭触点断开，从而实现对外电路的控制。

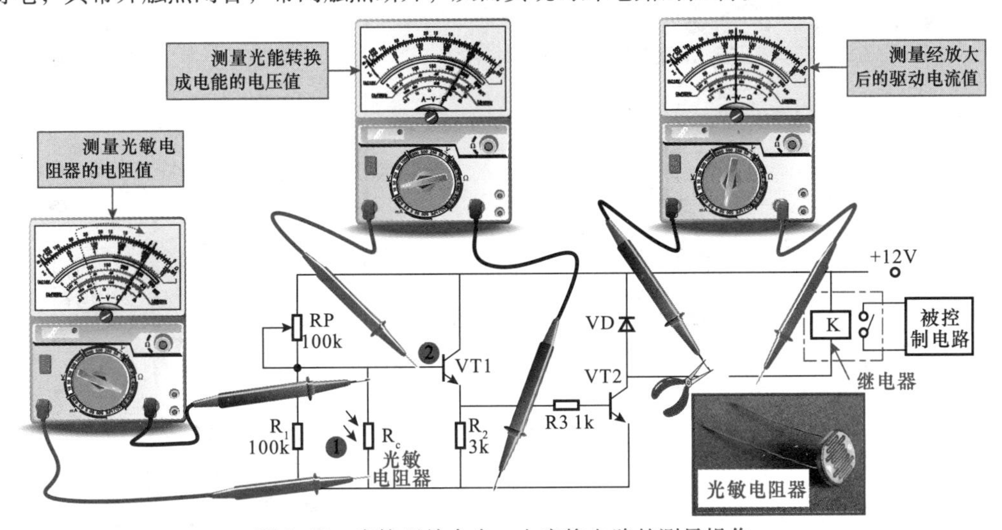

图 7-14　光控开关中光－电变换电路的测量操作

测量时：

1）检测光－电变换电路中的光敏电阻器，它是该电路中的核心元件，其阻值随光照强度的变化而变化，一般情况下，当光照强度增强时，光敏电阻器的阻值会明显减小，当光照强度减弱时，其阻值会显著增大，因此当该电路达到工作状态后，用万用表即可测量到一个随光照强度变化而变化的电阻值；

2）检测光－电变换电路中的光能转换为电能的关键体现部位，当该电路工作良好时，用万用表即可测量到一个直流电压值；

3）检测光－电变换电路中的输出部分，当该电路工作良好时，用万用表即可测量到一个用于驱动继电器线圈得电的直流电流值。

7.2.5 A－D 和 D－A 变换电路的测量

A－D 变换电路是指将模拟信号转变为数字信号的电路，通常称为 A－D 变换器；D－A 变换电路是将数字信号转换为模拟信号的电路。A－D 变换电路和 D－A 变换电路主要用于各种数码音响产品等采用数字信号处理电路的电器中。

1. 液晶电视机中 A－D 变换电路的测量

液晶电视机中 A－D 变换电路的测量如图 7-15 所示。该电路可将 VGA 接口输入的模拟 R、G、B 视频信号进行变换，变为数字视频信号后送入后级电路进行处理。该电路中三路模拟 R、G、B 视频信号分别由 A－D 转换

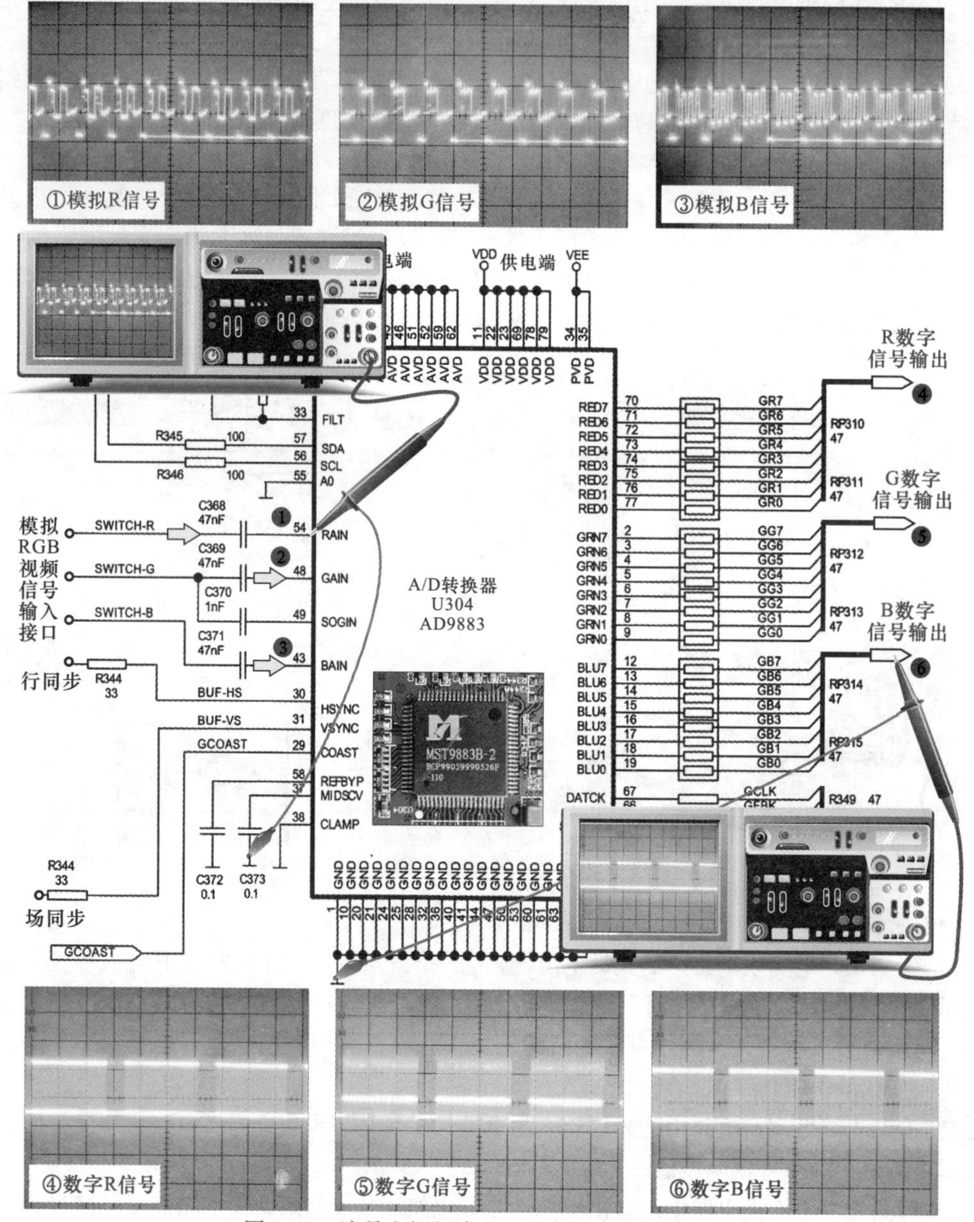

图 7-15　液晶电视机中 A－D 变换电路的测量

器 AD9883 的㊾脚、㊽脚和㊸脚输入，经内部电路进行钳位、放大以及 A－D 转换等处理后，由输出引脚输出三路 24 位的数字视频信号，送往后级电路中进行处理。

测量时：

1）检测点①～③为该 A－D 变换电路的模拟信号输入端，当电路达到工作状态后，用示波器分别检测模拟 R、G、B 信号的输入引脚，即可测得上述三个模拟信号波形；

2）检测点④～⑥为该 A－D 变换电路的数字信号输出端，当电路工作良好时，用示波器分别检测三处数字信号输出端的引脚，即可测得上述三个数字信号波形。

由于大多数电子产品中的 A－D 变换电路都采用集成电路的形式，因此对于该电路的测量，可以首先查找集成电路的功能框图，图 7-16 所示为 A－D变换器 AD9883 的内部功能框图，通过框图，我们可以更加清楚地了解到模拟到数字的变换过程，那么再对其进行测量时，具体的测量方法和检测点也就十分清晰明了了。

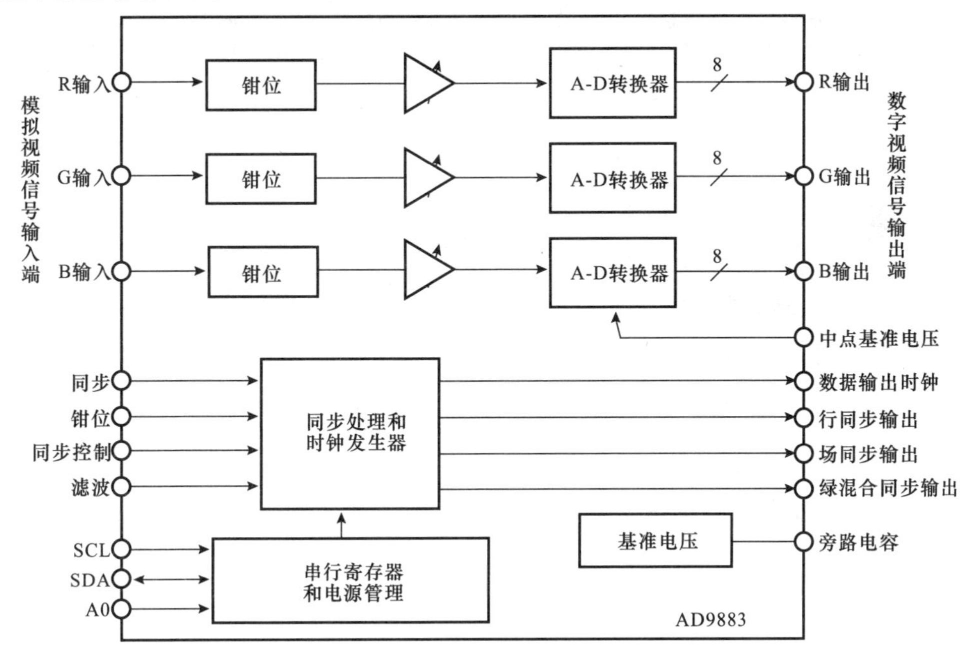

图 7-16 A－D 转换器 AD9883 的内部功能框图

2. VCD/DVD 机中音频 D－A 变换电路的测量

VCD/DVD 机中音频 D－A 变换电路的测量如图 7-17 所示。该电路可将输入的串行音频数据信号进行处理，变为 6 路多声道环绕立体声模拟信号后输出。由图可知，PCM1606 的①脚、②脚、③脚为三路串行数据信号输入端，数据信号经该芯片内部进行 D－A 变换后，由⑧～⑬脚输出 5.1 声道模拟信号。PCM1606 的⑱脚、⑲脚分别为左右分离时钟信号和数据时钟信号，配合数据信号进行 D－A 转换处理。

测量时：

1）检测该 D－A 变换电路的数字信号输入端，当该电路达到工作状态后，用示波器即可测量到输入的数字音频信号波形；

2）检测该 D－A 变换电路的模拟信号输出端，当该电路工作良好时，用示波器即可测量到输出的模拟音频信号波形。

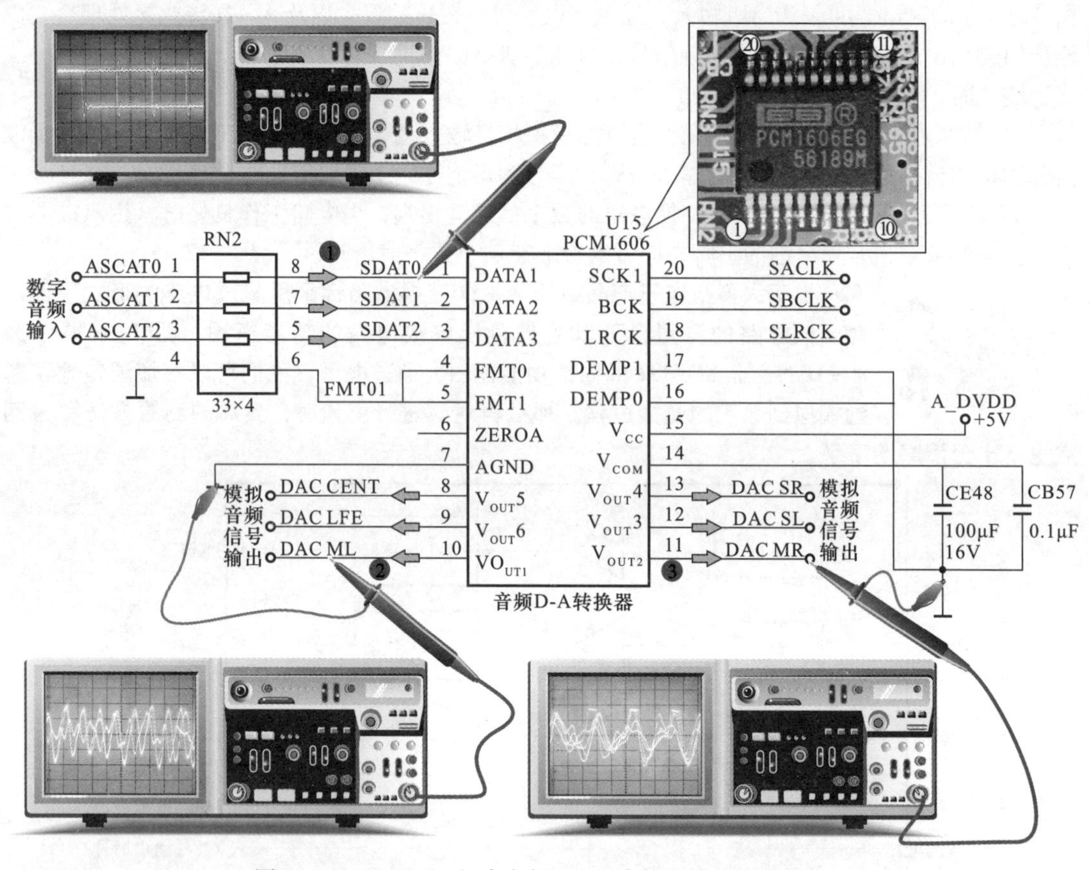

图 7-17　VCD/DVD 机中音频 D－A 变换电路的测量操作

通常情况下，对 A－D 和 D－A 这类变换电路进行测量时，除了需要用示波器检测其输入信号和输出信号波形的方法来判断电路的基本性能外，集成电路的供电电压也是测量的重要项目之一。

图解演示

D－A 变换电路 PCM1606 供电电压的测量如图 7-18 所示。

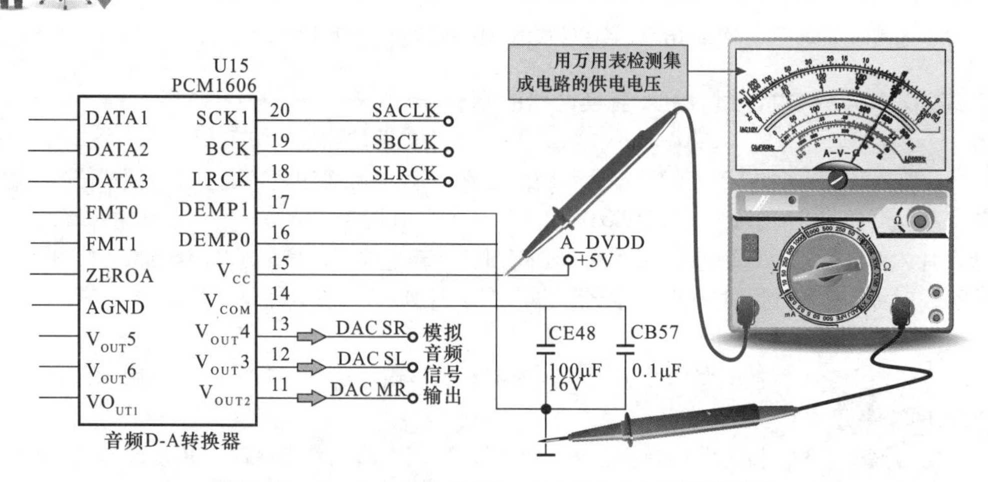

图 7-18　D－A 变换电路 PCM1606 供电电压的测量操作

正常情况下，实测集成电路的供电电压约为5V。

7.3　低频信号放大电路的测量

低频信号放大电路是电子产品中非常重要的单元电路，在电子产品生产、设计、调试或维修过程中常常需要通过对低频信号放大电路的测量，进而对电路性能做出判断或调整。因此，低频信号放大电路的测量技能是电子技术人员必须掌握的专业技能。

在实际应用中，低频信号放大电路的形式多种多样，常见的低频信号放大电路主要有低频小信号放大器、差动放大电路、运算放大电路等。由于不同的结构组成，其原理、功能也各不相同，因此，对不同类型低频信号放大电路的测量方法也存在差异。

7.3.1　低频小信号放大器的测量

低频小信号放大器通常是处理微弱低频信号的电路，例如，话筒信号放大器、磁头信号放大器、传感器信号放大器等。

1. 话筒信号放大器的测量

图解演示

话筒信号放大器的测量如图7-19所示。这是一个1.5V供电的话筒信号放大器，该电路中由VT2、VT3构成的差动放大器是主要的放大部分，VT6作为共发射极电压放大器，由集电极输出放大后的信号。输入的话筒信号由VT2的基极输入，VT1的集电极和基极短路，为VT2的基极提供直流偏压，VT4、VT5与发射极电阻构成的电路为VT2、VT3提供集电极偏压。使用三极管可以降低电阻的功耗，能得到理想的放大效果。

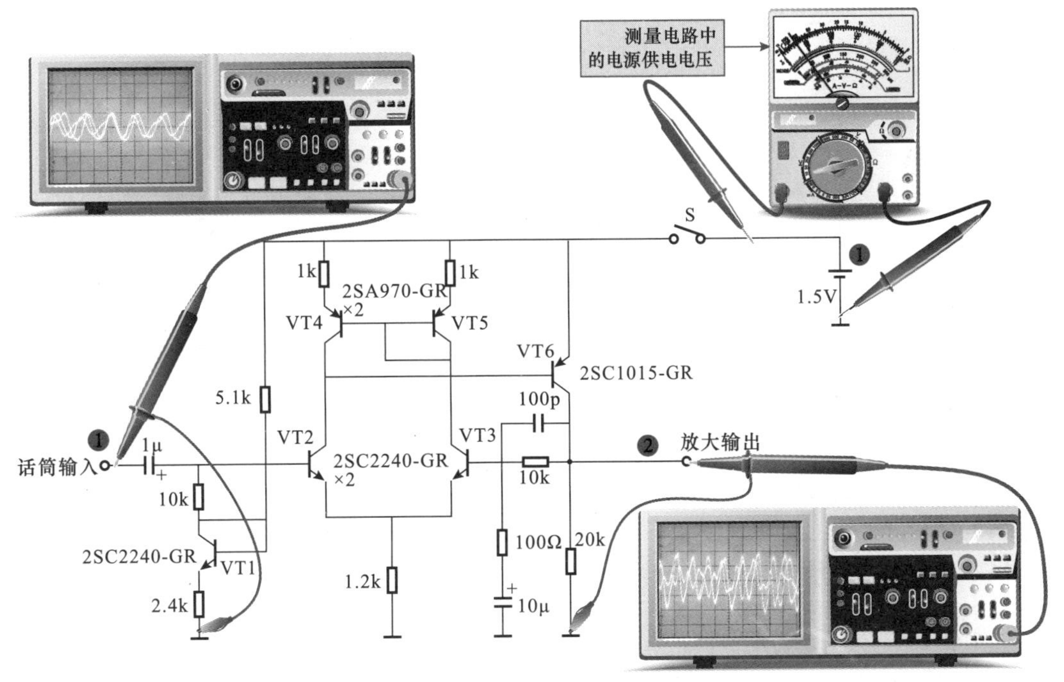

图7-19　话筒信号放大器的测量操作

测量时：

1）检测低频小信号放大器的信号输入端，当该电路达到工作状态后，用示波器即可测量由话筒送入的较低频的信号波形；

2）检测低频小信号放大器的信号输出端，当该电路工作良好时，用示波器即可测量经电路放大后的信号波形；

3）检测低频小信号放大器的电源供电端，是该电路正常工作的前提条件，若供电正常，则用万用表即可测量到约 1.5V 的直流电压值。

2. 音频立体声功放电路的测量

音频立体声功放电路的测量如图 7-20 所示。这是一个输出功率为 70W×2 的主体音频功率放大器，功率放大电路的主要部分是 STK086G 集成电路。送来的音频信号经电容器耦合后送入集成电路的①脚，经放大后由⑦脚输出。

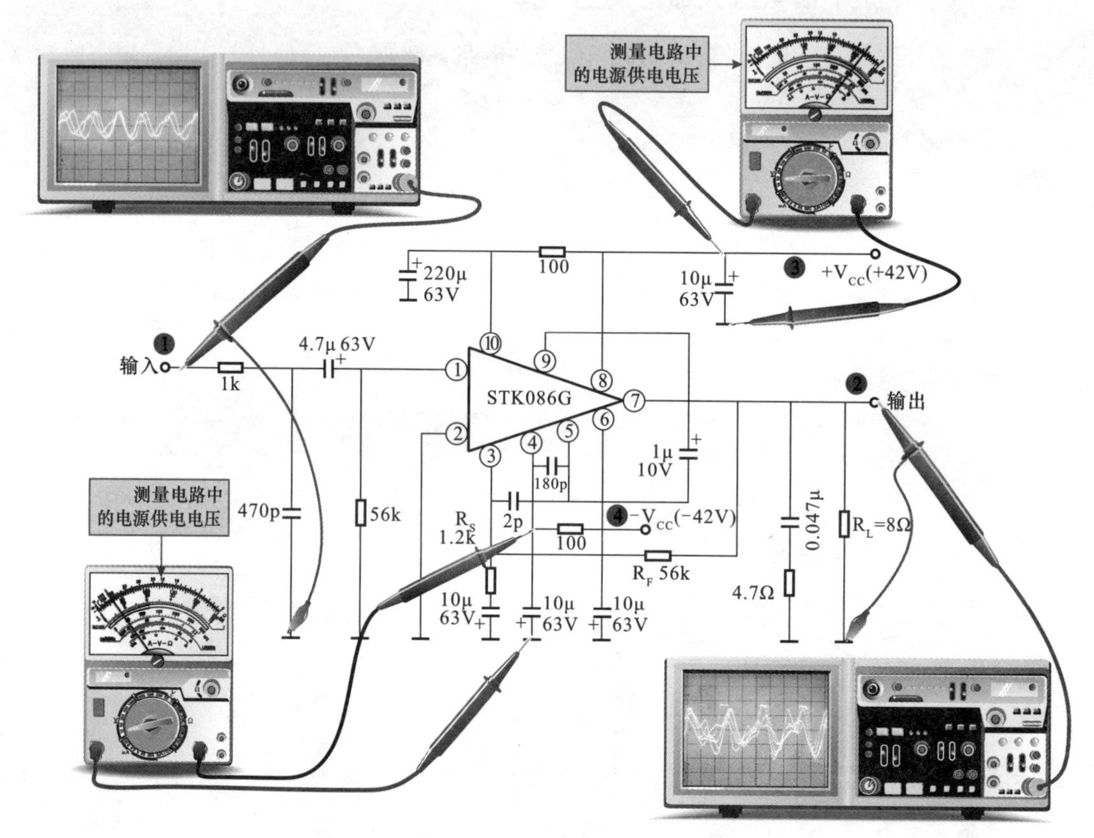

图 7-20　音频立体声功放电路的测量操作

测量时：

1）检测低频小信号放大器的信号输入端，当该电路达到工作状态后，用示波器即可测量由话筒送入的较低的音频信号波形；

2）检测低频小信号放大器的信号输出端，当该电路工作良好时，用示波器即可测量经电路放大后的音频信号波形；

3）分别检测该低频小信号放大器中核心元件的电源供电端，是该电路正常工作的前提条件，若供电正常，则用万用表即可分别测得 ±42V 的直流电压值。

7.3.2　差动放大电路的测量

差动放大电路是一种能有效抑制零点漂移的直流放大电路，它又称为差分放大电路，多应用在多级放大电路的前置级，也是运算放大器中的基本电路。

差动放大电路的测量方法与上述低频小信号放大器的测量方法基本相同，用示波器测量电路输入与输出端的信号波形，再用万用表测量该电路的供电条件是否正常即可。

典型差动放大电路的测量如图7-21所示。这是一个OTL音频功率放大器电路，它是差动放大器电路的典型应用实例。图中，VT1和VT2管构成单端输入、单端输出式差动电路，是一级电压放大器。VT3是推动管，VD4和VD5为功放输出管的静态偏置二极管，VT6～VT9构成复合互补对称式OTL电路，是输出级电路。

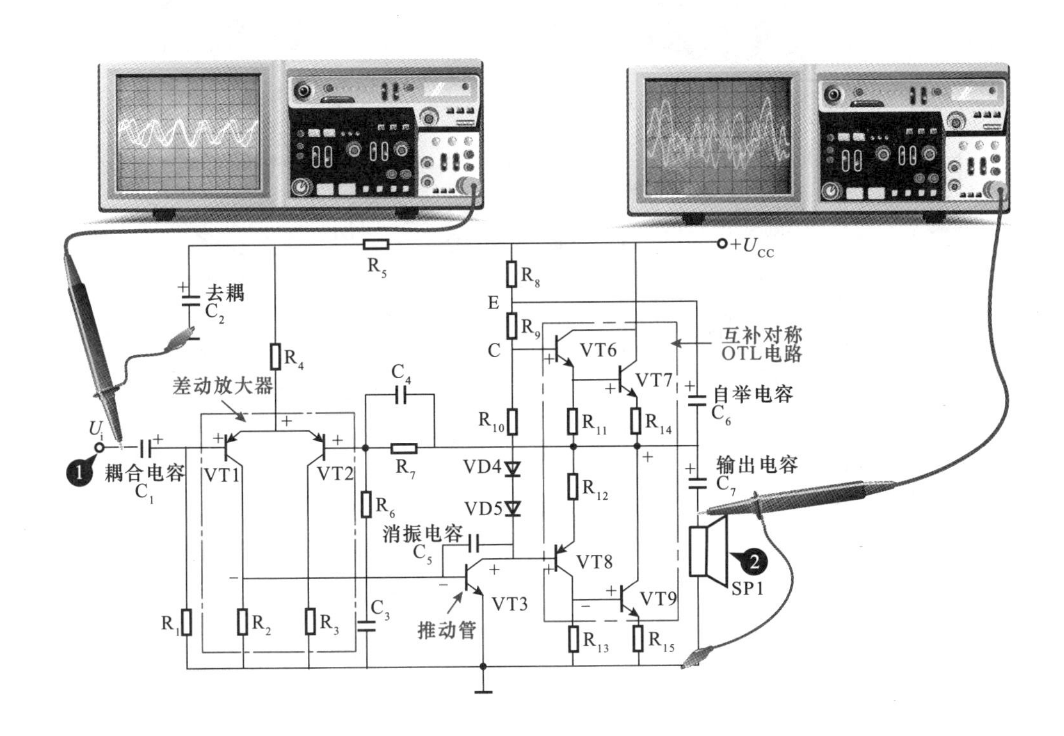

图7-21　典型差动放大电路的测量操作

输入信号U_i经过耦合电容C_1加到VT1管的基极，经放大后从其集电极输出，直接耦合到VT3管的基极，放大后从其集电极输出。VT3管集电极输出的正半周信号经VT6和VT7放大，由C_7耦合到SP1中，VT3管集电极输出的负半周信号经VT8和VT9放大，也由C_7耦合到SP1中，在SP1上获得正、负半周一个完整的信号。测量时：

1）检测差动放大电路的信号输入端，当该电路达到工作状态后，用示波器即可测量到输入的音频信号波形；

2）检测功率放大电路的信号输出端，当该电路工作良好时，用示波器即可测量到经差动放大器和功率放大后的音频信号波形。

7.3.3 运算放大电路的测量

1. 水位指示电路的测量

图解演示

水位指示电路的测量如图7-22所示。这是一种由运算放大器构成的水位指示电路，该电路是由水箱内的水位检测电极和电压比较器构成的。当水超过某电极时，相应电极（经水的电阻到地）的电压会降低，所接电压比较低时会输出高电平，使所接的发光二极管发光，从而根据4个发光二极管的指示情况，指示出水箱中水位的高低。

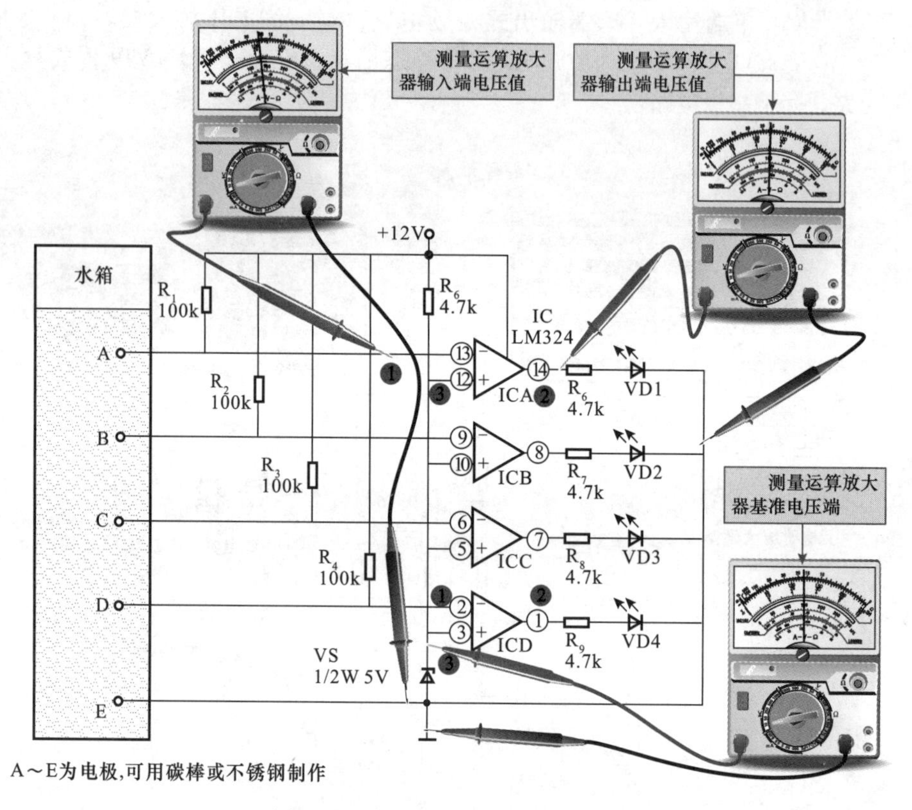

图7-22　水位指示电路的测量操作

测量时：

1）检测该运算放大电路的反相输入端，当电路中水位达到相应位置后，用万用表即可测量到不大于5V的直流电压值；

2）检测该运算放大电路的输出端，根据输入端电压与基准电压端电压进行比较结果输出相应的电压值，当电路工作良好时，用万用表即可测量到一个高电位电压值；

3）检测该运算放大电路的基准电压端，来自供电电源的12V电压，经限流电阻器R_4（4.7kΩ）后送到运算放大器的③、⑤、⑩和⑫脚，正常情况下，应能够用万用表测得约5V的直流电压值。

该由运算放大器构成的水位指示电路中，当向水箱中注入水使水位上升至D电极时，水的电阻将D、E两个电极连接在一起，此时运算放大器ICD的反向输入端②脚电压低于+5V，①脚输出高电平，使发光二极管VD4正向导通而发光，从而指示出水位已达到D电极处。随着水位的不断提高，水箱中的检测电极 C、B、A 依次接入电路中，使运算放大器 ICC、ICB、ICA 逐次输出高电平，由此依次点亮二极管 VD3、VD2、VD1，当4只二极管均点亮发光后，表明水箱中已加满水。

2. 电池放电器电路的测量

电池放电器电路的测量如图 7-23 所示。这是一个采用 LM358 运算放大器的镍镉电池放电器电路，用于单节电池放电，在电池电压下降到 0.95～1.0V 时自动停止放电。该电路中，交流 220V 经电源变压器降压，再经桥式整流堆整流后，经滤波电容 C 滤波及 IC1 稳压后输出 5V 电压输送到运算放大器 IC2 中。

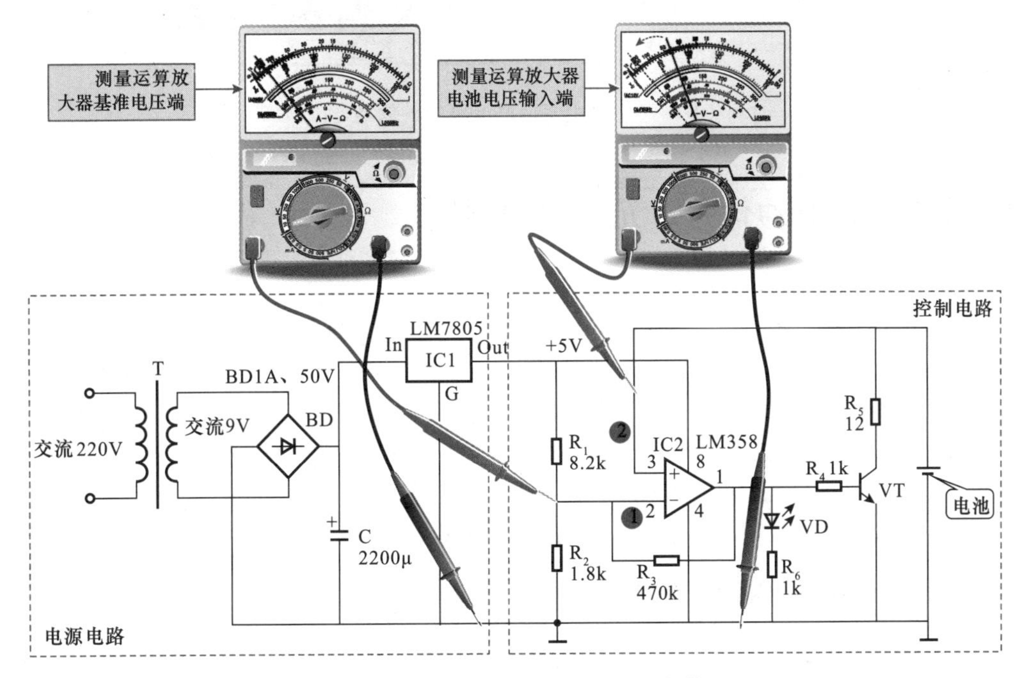

图 7-23　电池放电器电路的测量操作

IC2 的②脚为反相输入端，作为基准电压端，基准电压（0.95～1.0V）由电阻 R_1 和 R_2 分压后取得；IC2 的③脚为正相输入端，作为电池电压检测端与待测放电电池的正极相连接。测量时：

1）检测该运算放大电路的反相输入端，当该电路达到工作状态后，用万用表即可测量到不大于 1V 的直流电压值；

2）检测该运算放大电路的正相输入端，当该电路工作良好时，用万用表即可在该检测点检测电池当前电压值，若接入电池电压为 1.5V，则用万用表即可测量到电池电压从 1.5V 降低到不大于基准电压（0.95～1.0V）的变化过程。

在上述电池放电器电路中，当将待放电的电池安装好后，若电池电压高于基准电压，则 IC2 的①脚输出高电平，使 VD 发光，VT 导通，电池经 R_5 和 VT 放电。我们可以用万用表测量此时的放电电流来判断电路性能是否良好，如图 7-24 所示。

首先将电池正极端电路断开，然后将万用表的红表笔连接电池的正极，黑表笔连接另一端，测得放电电流约为 75mA；当电池的电压下降到基准电压（0.95～1.0V）时，IC2 输出低电平，使 VT 截止，电池停止放电，同时发光二极管 VD 熄灭，电池放电结束，此时放电电流应为 0A。

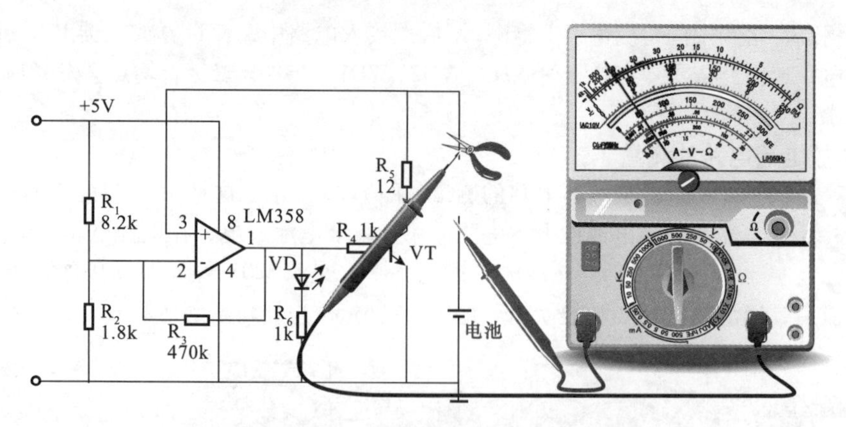

图 7-24　用万用表检测电路中的放电电流

7.4　脉冲信号单元电路的测量

脉冲信号单元电路是电子电路中另一大类电路的数字电子电路。它加工和处理的对象是不连续变化的数字信号。在电子产品设计、生产、调试或维修过程中常常需要通过对脉冲信号单元电路的测量，进而对电路性能做出判断或调整。因此，脉冲信号单元电路的测量技能是电子技术人员必须掌握的专业技能。

在实际应用中，脉冲信号单元电路的形式多种多样，常见的脉冲信号单元电路主要有脉冲信号发生器电路、多谐振荡器电路、脉冲信号放大器电路、计数分频电路等。由于不同的结构组成，其原理、功能也各不相同，因此，对不同类型脉冲信号单元电路的测量方法也存在差异。

7.4.1　脉冲信号发生器电路的测量

脉冲信号发生器电路是专门用来产生脉冲信号的电路，它是数字脉冲电路中的基本电路。

1. 时钟振荡器电路的测量

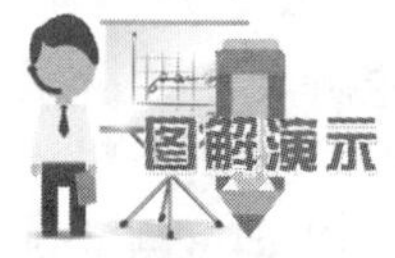

时钟振荡器电路的测量如图 7-25 所示。这是一个 32kHz 晶体时钟振荡器，是为数字电路提供时间基准信号的电路，它采用 CMOS 集成电路 CD4007 作为振荡信号放大器。

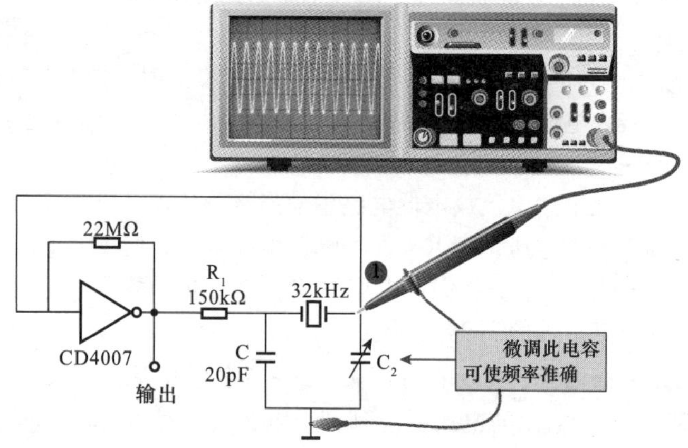

图 7-25　时钟振荡器电路的测量操作

测量时，若该电路达到工作状态，则用示波器检测 32kHz 晶体，即可测得相应频率的信号波形。

2. 键盘输入电路的测量

键盘输入电路的测量如图 7-26 所示。这一个利用键盘输入电路的脉冲信号产生电路。通过图 7-26 可知，该键盘脉冲信号产生电路主要是由操作按键 S，反相器（非门）A、B、C、D，与非门 E 等组成的。

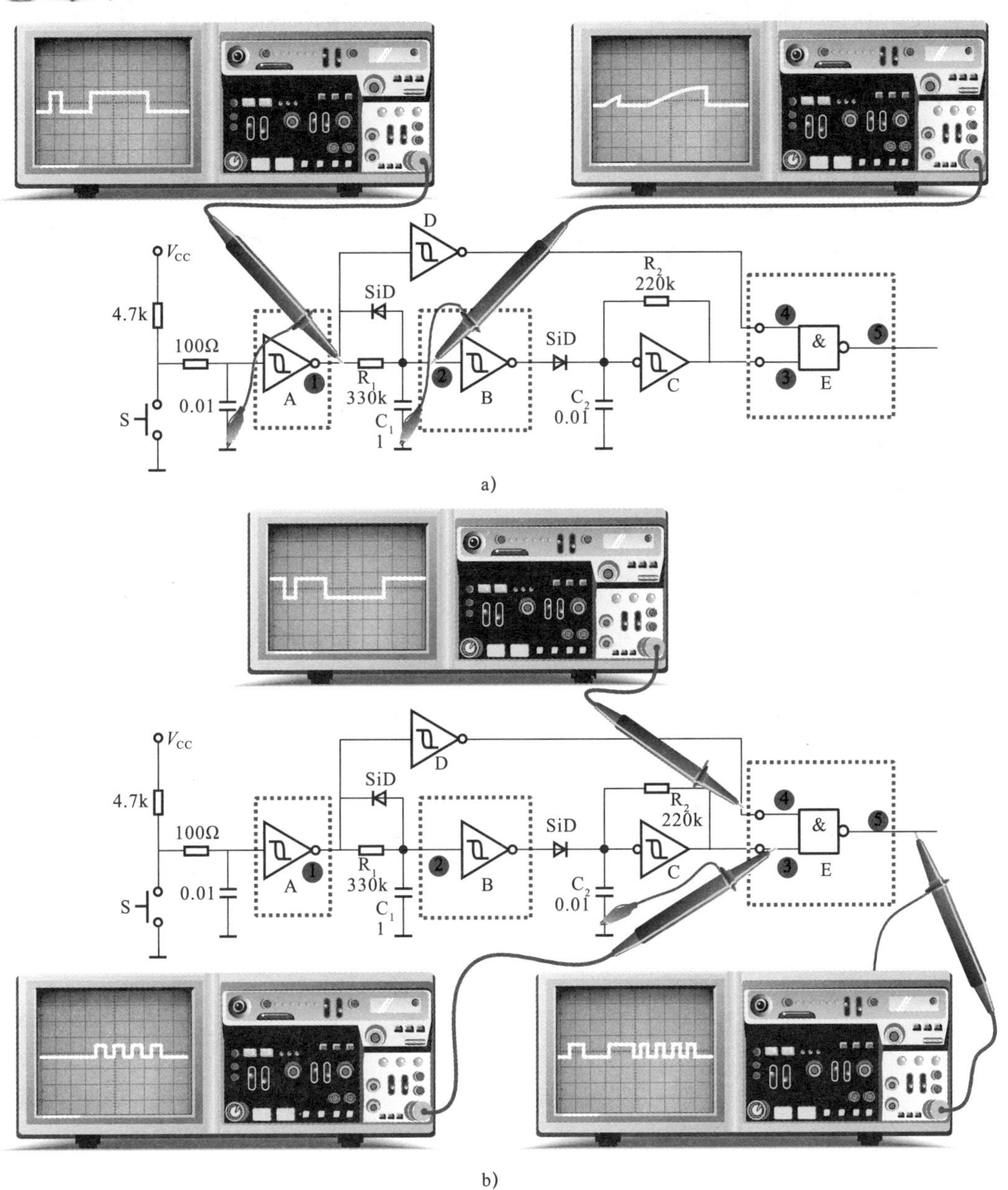

图 7-26　键盘输入电路的测量操作

按动一下开关 S，反相器 A 的①脚会形成启动脉冲，②脚的电容被充电形成积分信号，②脚的充电电压达到一定电压值时，反相器控制脉冲信号产生电路 C 开始振荡，③脚输出脉冲信号，同时①脚的信号经反相器 D 后，加到与非门 E，⑤脚输出键控信号。测量时：

1）检测键盘输入电路中放大器 A 形成的启动脉冲信号，当该电路达到工作状态后，可利用示波器测量该处的脉冲信号波形；

2）检测键盘输入电路中放大器 A 引脚附近的电容 C_1 被充电形成积分信号，即放大器 B 输入端的信号波形，当电路工作良好时，可利用示波器测量该处的积分信号波形；

3）检测键盘输入电路中，当放大器 B 的充电电压达到一定时，反相器控制脉冲信号产生电路 C 振荡输出的脉冲信号，当电路工作良好时，可利用示波器测量该处的脉冲信号波形；

4）检测键盘输入电路中放大器 A 的信号经反相器 D，加到与非门 E 的信号波形，当电路工作良好时，可利用示波器测量该处的脉冲信号波形；

5）检测键盘输入电路中非门 E 输出的键控信号，当电路工作良好时，可利用示波器测量该处的键控信号波形。

上述键盘输入电路中①~⑤各测试点的波形时序关系如图 7-27 所示。

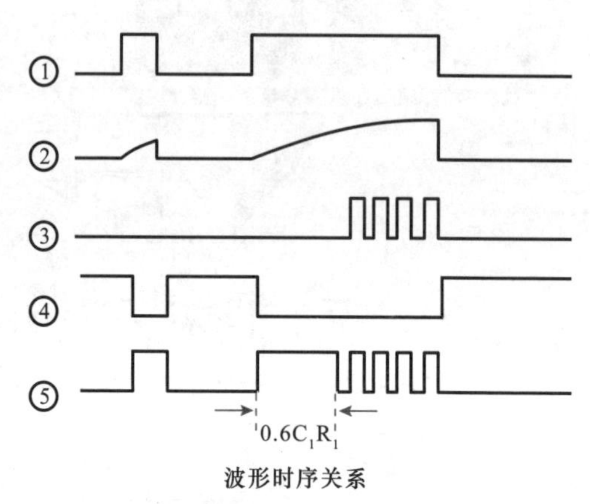

图 7-27　键盘输入电路中①~⑤各测试点的波形时序关系

3. 方波信号产生器电路的测量

方波信号产生器电路的测量如图 7-28 所示。这一个典型的方波信号产生器电路，它也是一种多谐振荡器，利用双稳态多谐振荡器产生方波信号，可同时输出两个相位相反的方波信号。该电路由两个对称的三极管组成，有两个输出端，即输出 A 和输出 B，它们分别输出两组相位相反的脉冲方波信号，另外两个三极管的输出又经 R_{c1} 和 R_{c2} 互相耦合到两个三极管的基极，从而形成正反馈状态。

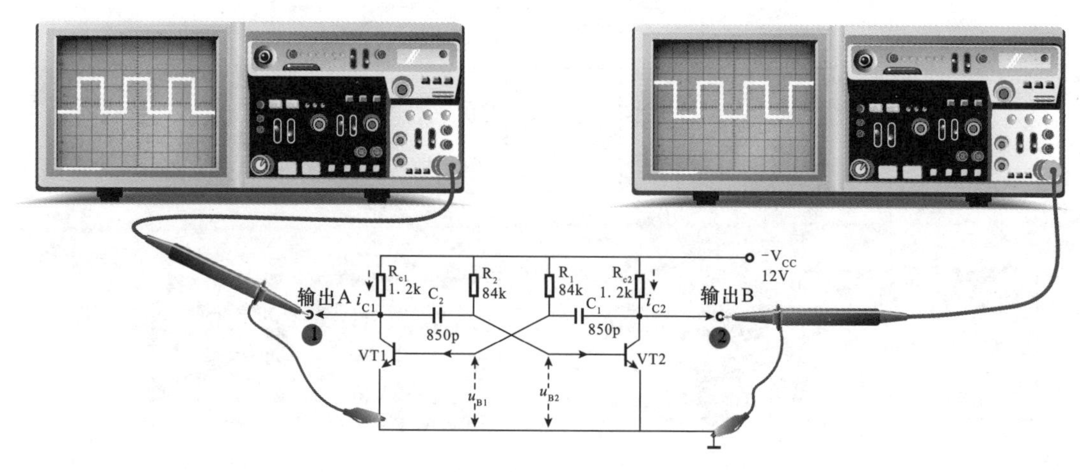

图 7-28　方波信号产生器电路的测量操作

测量时：

1）检测方波信号产生器电路 A 输出端，当该电路达到工作状态后，可利用示波器测量该处的脉冲信号波形；

2）检测方波信号产生器电路B输出端，当电路工作良好时，可利用示波器测量该处的脉冲信号波形。

我们将能够产生脉冲信号的电路称为振荡器。常见的脉冲信号产生电路主要可分为晶体振荡器和多谐振荡器两种。

晶体振荡器是一种高精度和高稳定度的振荡器，被广泛应用于彩电、计算机、遥控器等各类振荡电路中，用于为数据处理设备产生时钟信号或基准信号。

多谐振荡器是一种可自动产生一定频率和幅度的矩形波或方波的电路，其核心器件为对称的两只三极管，或将两只三极管进行集成后的集成电路部分。多谐振荡器在脉冲和数字电路中使用得非常多，广泛地使用在脉冲信号的产生和整形电路中。

7.4.2　脉冲信号放大器电路的测量

脉冲信号放大器电路就是利用放大器对信号进行放大的电路，常见的有脉冲升压电路和脉冲信号隔离放大传输电路。

1. 脉冲升压电路的测量

图解演示

脉冲升压电路的测量如图7-29所示。这是两个简单的脉冲信号放大器，具有提升输入信号电压的作用，因此称其为脉冲升压器，图7-29a所示电路可使输出脉冲幅度为输入幅度的2倍，图7-29b所示电路可得到负极性2倍幅度的脉冲。

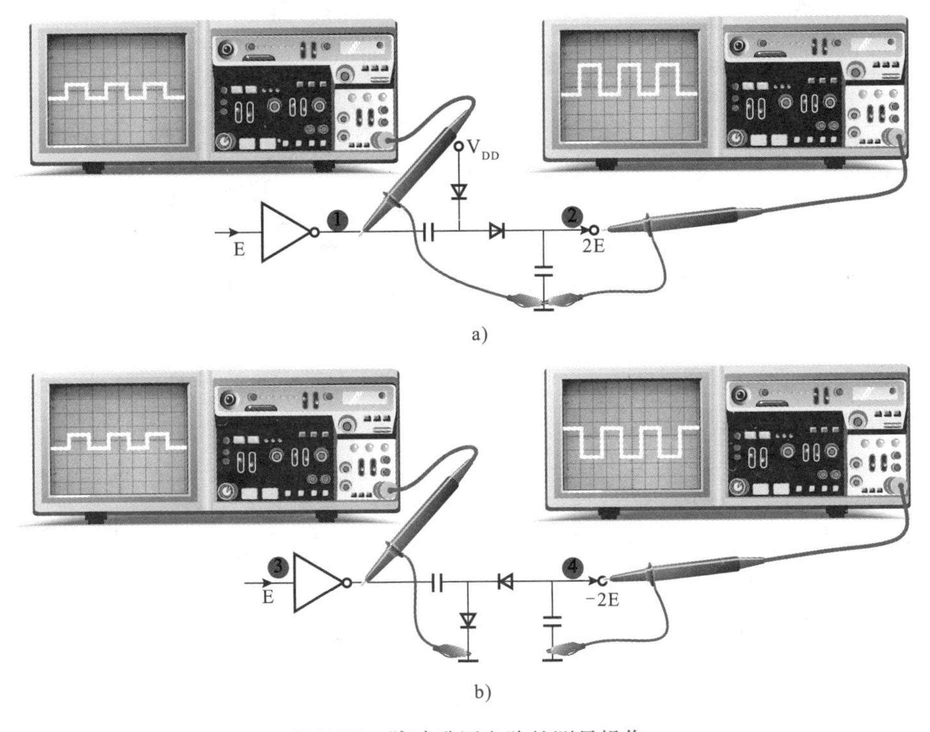

图7-29　脉冲升压电路的测量操作

测量时：

1）检测脉冲升压电路7-29a）的信号输入端，当该电路达到工作状态后，可利用示波器测量该处的脉冲信号波形；

2）检测脉冲升压电路7-29a）的信号输出端，当电路工作良好时，可利用示波器测量到幅度放大2倍的脉冲信号波形；

3）检测脉冲升压电路7-29b）的信号输入端，当该电路达到工作状态后，可利用示波器测量该处的脉冲信号波形；

4）检测脉冲升压电路7-29b）的信号输出端，当电路工作良好时，可利用示波器测量到反相的、幅度放大2倍的脉冲信号波形。

2. 脉冲信号隔离放大传输电路的测量

脉冲信号隔离放大传输电路的测量如图7-30所示。这是一种利用光电耦合器传输脉冲信号的电路，光电耦合器采用TLP570，信号的输入和输出均采用反相器（非门）74LS04。这样可使发送电路与接收电路在电气上相互隔离。

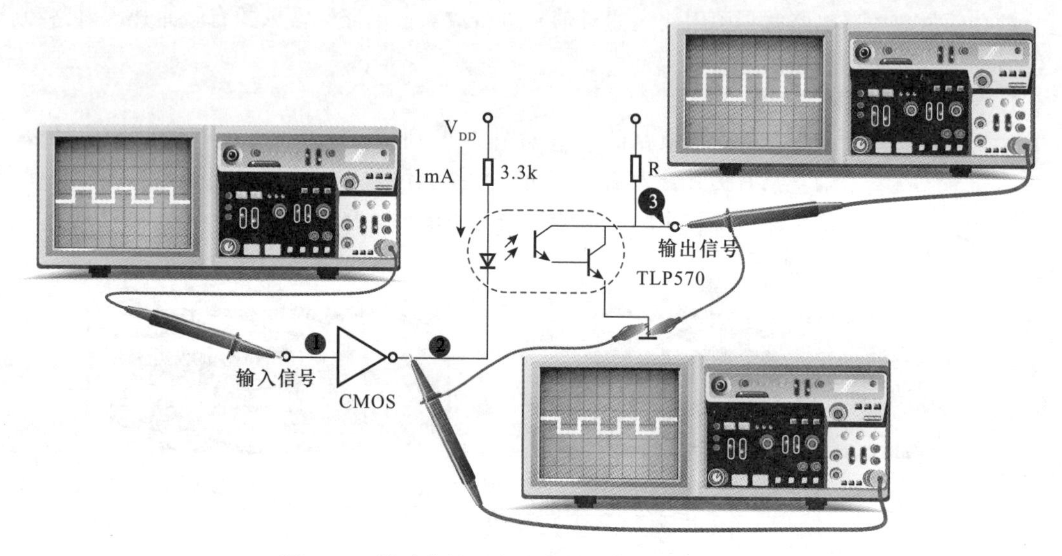

图7-30 脉冲信号隔离放大传输电路的测量操作

测量时：

1）检测该脉冲信号隔离放大传输电路的信号输入端，当电路达到工作状态后，可利用示波器测量该处的脉冲信号波形；

2）检测该脉冲信号隔离放大传输电路经非门后的输出信号，当电路工作良好时，可利用示波器测量到与输入端反相的脉冲信号波形；

3）检测该脉冲信号隔离放大传输电路的输出信号，当电路工作良好时，可利用示波器测量到与输入端信号同相的、放大的脉冲信号波形。

3. PWM驱动电路的测量

PWM驱动电路的测量如图7-31所示。这是一个常用于电磁炉炉盘线圈的PWM驱动电路，其功能是为炉盘线圈提供放大的驱动脉冲信号，控制其辐射功率。由脉冲信号产生电路送来的脉宽调制信号从①脚送到TA8316S的内部，脉宽信号经过一个比较电路和一个驱动电路将电流放大，以便对两个输出三极管进行驱动。然后将功率放大后的脉宽调制信号输出，送往门控管（IGBT），驱动门控管使其工作在高频脉冲状态。

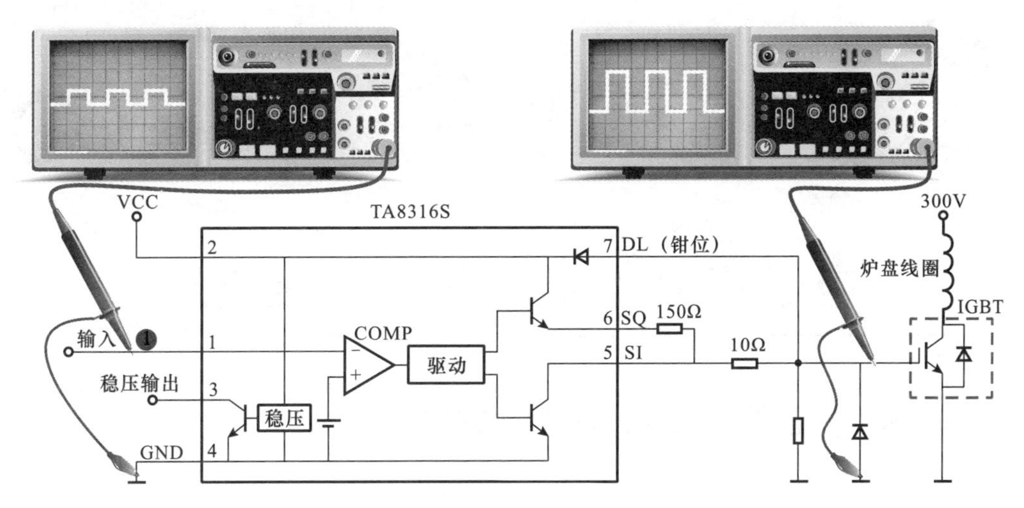

图 7-31　PWM 驱动电路的测量操作

测量时：

1）检测该 PWM 驱动电路的 PWM 信号输入端，当电路达到工作状态后，可利用示波器测量该处的脉冲信号波形；

2）检测该 PWM 驱动电路的输出端，当电路工作良好时，可利用示波器测量到经放大后的脉冲信号波形。

电子产品检修方法与焊接技能

8.1 电子产品检修的基本方法

8.1.1 电子产品的常用检修方法

常见的电子产品电路检修方法主要有直观检查法、对比代换法、信号注入和循迹法和电阻、电压检测法几种。

1. 直观检查法

直观检查法是维修判断过程的第一步，也是最基本、最直接、最重要的一种方法，主要是通过看、听、嗅、摸来判断故障可能发生的位置和原因，记录其发生时的故障现象，从而有效地制定解决办法。

在使用观察法时应该重点注意以下几个方面：

1）观察电子产品是否有明显的故障现象，如是否存在元器件脱焊断线，电动机是否转动，印制板有无翘起、裂纹等并记录下来，以此缩小故障判断的范围。

采用观察法检查电子产品明显故障的实例如图8-1所示。

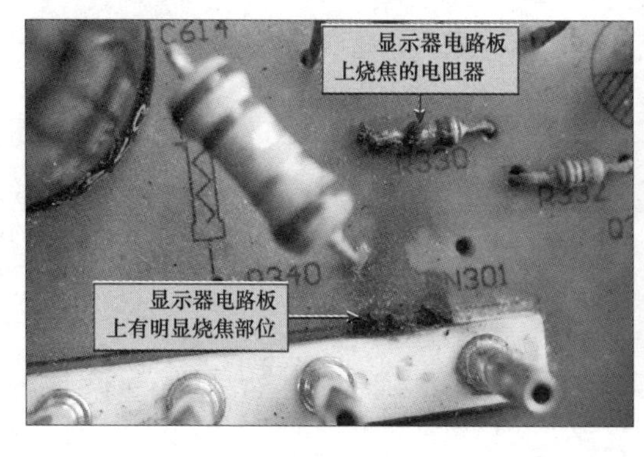

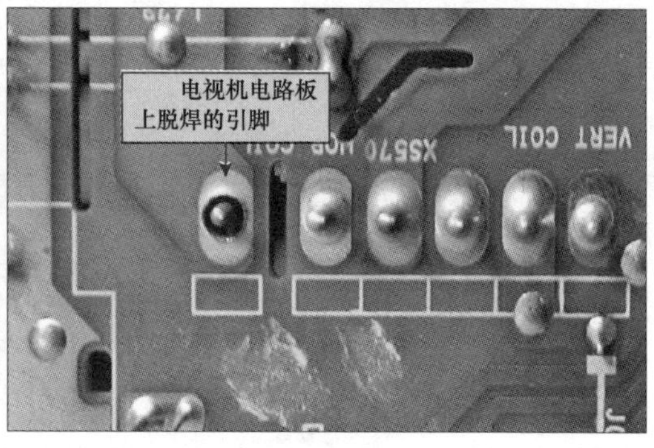

图8-1 采用观察法检查电子产品明显故障的实例

2）听产品内部有无明显声音，如继电器吸合、电动机磨损噪声等。

3）打开外壳后，依靠嗅觉来检查有无明显烧焦等异味。

4）利用手触摸元器件，如三极管、芯片是否比正常情况下发烫或松动；机器中的机械部有无明显卡紧无法伸缩等。

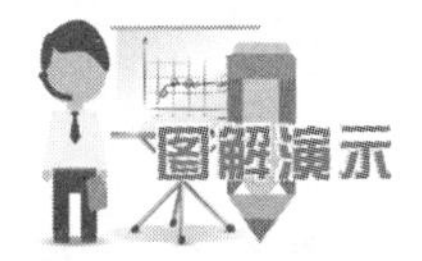

采用触摸法检查电子产品的故障实例如图 8-2 所示。

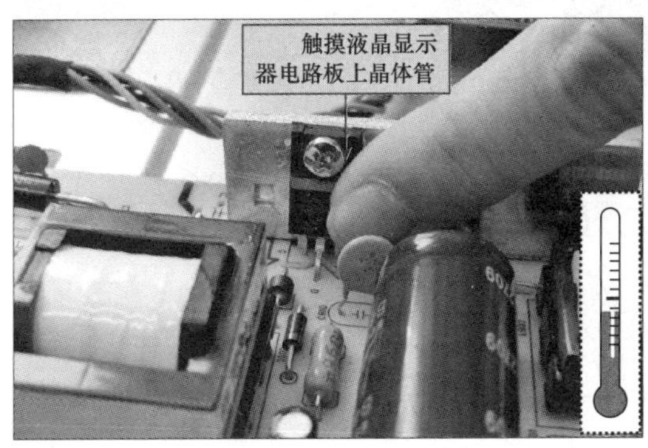

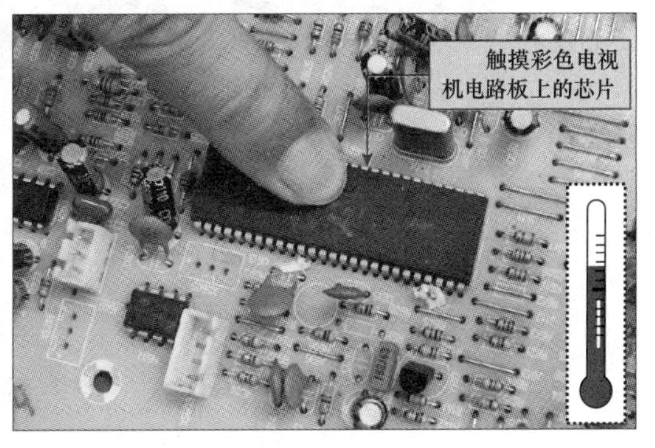

图 8-2　采用触摸法检查电子产品的故障实例

在采用触摸法时，应特别注意安全，一般可将机器通电一段时间，切断电源后，再进行触摸检查。当必须在通电情况下进行时，触摸的必须是低电压电路，严禁用双手同时接触交流电源附近的元器件，以免发生触电事故。在拨动有关元器件时，一定仔细观察故障现象有何变化，机器有无异常声音和异常气味，不要人为添加新故障。

2. 对比代换法

对比代换法是用好的部件去代替可能有故障的部件，以判断故障可能出现的位置和原因。

例如，对电磁炉等产品进行检修时，若怀疑 IGBT（电磁炉中关键的器件）故障，则可用已知良好的 IGBT 进行替换。

使用对比代换法代换电磁炉中的 IGBT 如图 8-3 所示。

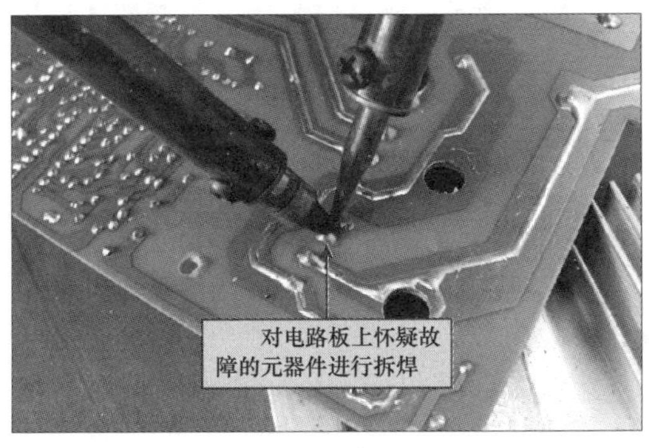

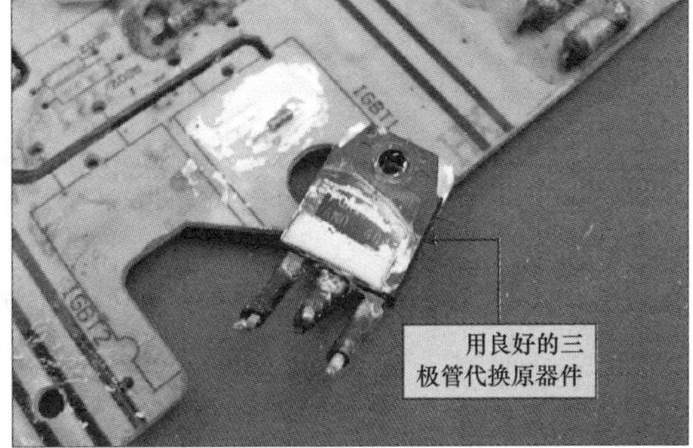

图 8-3　使用对比代换法检修电磁炉 IGBT 故障实例

若代换后故障排除，则说明可疑元器件确实损坏；如果代换后，故障依旧，则说明可能另有原因，需要进一步核实检查。通常，检修代换 IGBT 后，检查故障是否排除时，为了避免扩大故障范围，还通常采用用白炽灯代替炉盘线圈的方法进行检查。

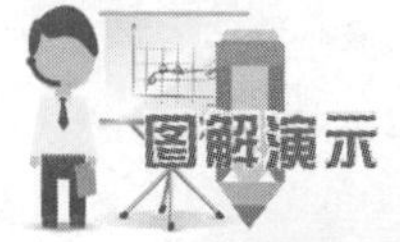

白炽灯代替炉盘线圈的具体操作如图 8-4 所示。

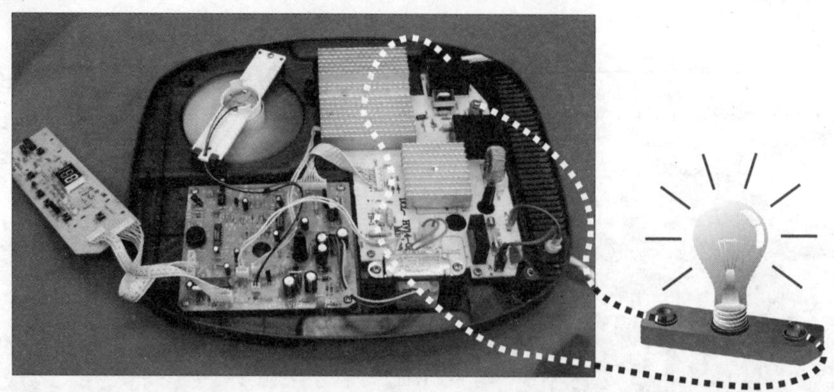

图 8-4　白炽灯代替炉盘线圈的具体操作方法

IGBT 更换后，可使用60 ~ 150W/220V 的白炽灯代替炉盘线圈，再对电磁炉通电，检测电路是否正常。电磁炉通电开机后，如果白炽灯不亮则说明故障已经排除，如果白炽灯亮则说明电磁炉 IGBT 击穿的故障仍然存在，需要进一步检查。

使用替换法时还应该注意以下几点：

（1）依照故障现象判断故障。根据故障的现象类别来判断是不是某一个部件引起的故障，从而考虑需要进行替换的部件或设备。

（2）按先简单后复杂的顺序进行替换。电子产品通常发生故障的原因是多方面的，而不是仅仅局限于某一点或某一个部件上。在使用代换法检测故障而又不明确具体的故障原因时，需要按照先简单后复杂的顺序来进行测试。

（3）优先检查供电故障。优先检查怀疑有故障的部件的电源、信号线，其次是代换怀疑有故障的部件，再次是代换供电部件，最后是与之相关的其他部件。

（4）重点检测故障率高的部件。经常出现故障的部件应最先考虑。当判断可能是由于某个部件所引起的故障，但又不敢肯定是否一定是此部件的故障时，便可以先用好的部件进行部件代换以便测试。

3. 信号注入和循迹法

信号注入和循迹法是应用最为广泛的一种检修方法，具体的方法是：为待测设备输入相关的信号，通过对该信号处理过程的分析和判断，检查各级处理电路的输出端有无该信号，从而判断故障所在。

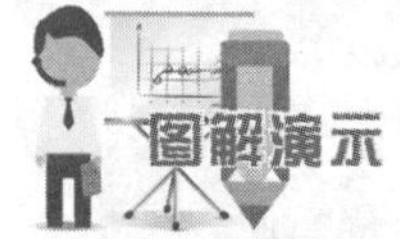

信号注入和循迹法的基本流程如图 8-5 所示。

该方法遵循的基本判断原则即为若一个器件输入端信号正常，而无输出，则可怀疑为该器件损坏（注意有些器件需要为其提供基本工作条件，如工作电压，只有输入信号和工作电压均正常的前提下，无输出时，才可判断为该器件损坏）。

下面我们看几种采用信号注入和循迹法进行检修的操作实例。

采用信号注入和循迹法检修彩色电视机如图 8-6 所示。

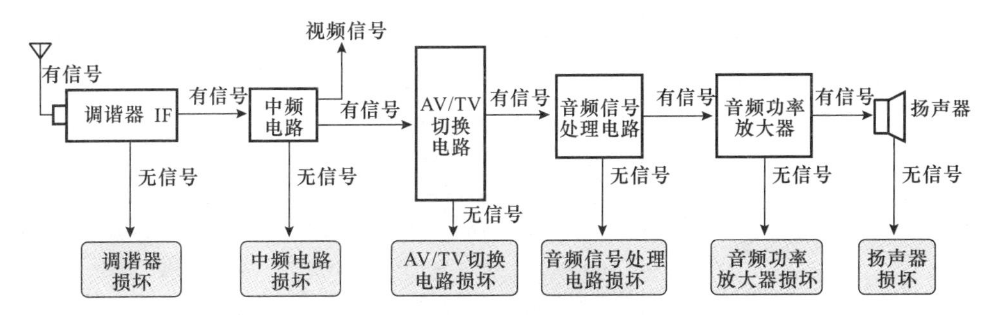

图 8-5 信号注入和循迹法的基本操作

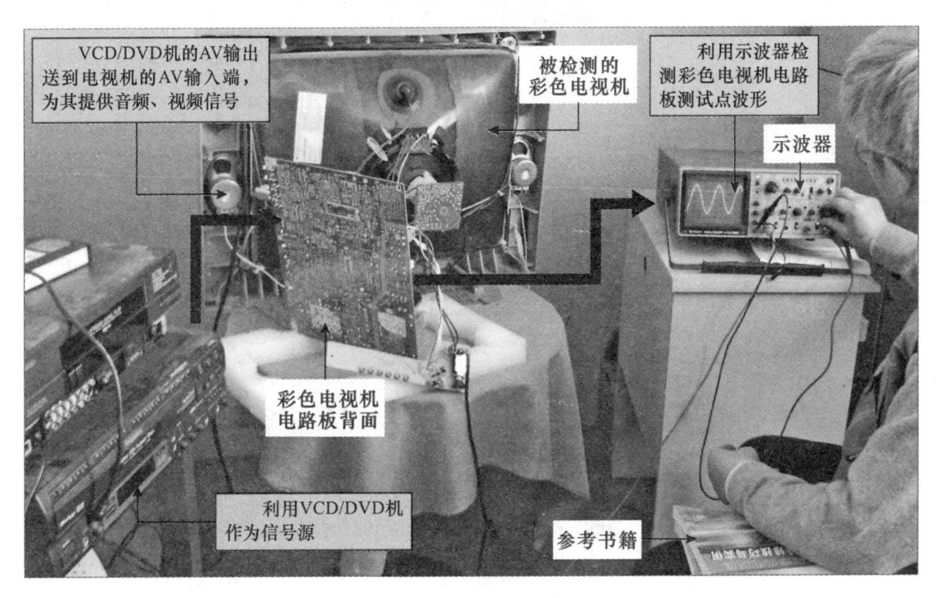

图 8-6 采用信号注入和循迹法检修彩色电视机实例

采用信号注入和循迹法检修液晶显示器如图 8-7 所示。

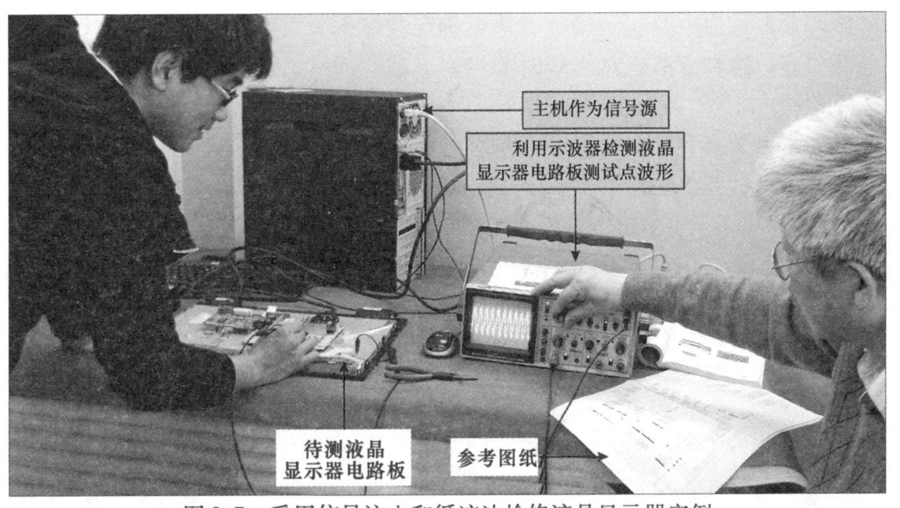

图 8-7 采用信号注入和循迹法检修液晶显示器实例

采用信号注入和循迹法检修数码组合音响如图 8-8 所示。

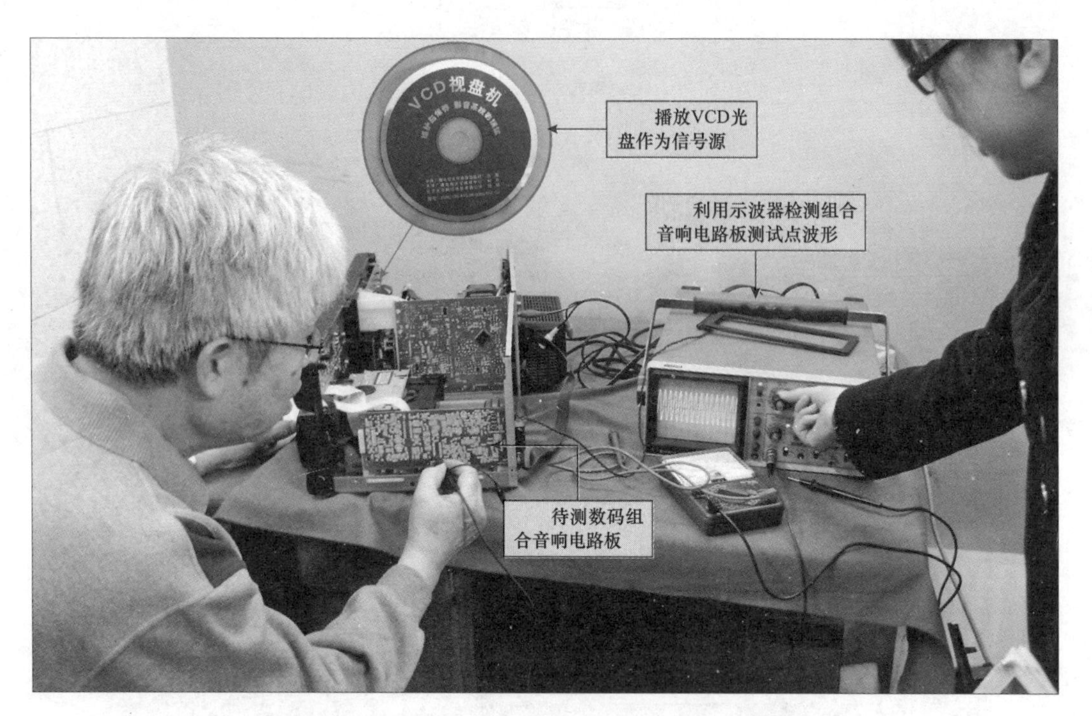

图 8-8　采用信号注入和循迹法检修数码组合音响实例

4. 电阻、电压检测法

电阻、电压检测法则主要是根据电子产品的电路原理图，按电路的信号流程，使用检测仪表对怀疑的故障元器件或电路进行检测，从而确定故障部位。采用该方法检测时，万用表是使用最多的检测仪表，这种方法也是维修时的主要方法。通常，这种方法主要应用于电子产品电路方面的故障检修中。

（1）电阻检测法是指使用万用表在断电状态下，检测怀疑的故障元器件的阻值，并根据对检测阻值结果的分析，判断出待测设备中的故障范围或故障元器件。

利用电阻检测法测量典型电子产品阻值的方法如图 8-9 所示。

（2）电压检测法是指使用万用表在通电状态下，检测怀疑的故障电路中某部位或某元器件引脚端的电压值，并根据对检测电压值结果的分析，来判断出待测设备中的故障范围或故障元器件。

利用电压检测法测量典型电子产品阻值的方法如图 8-10 所示。

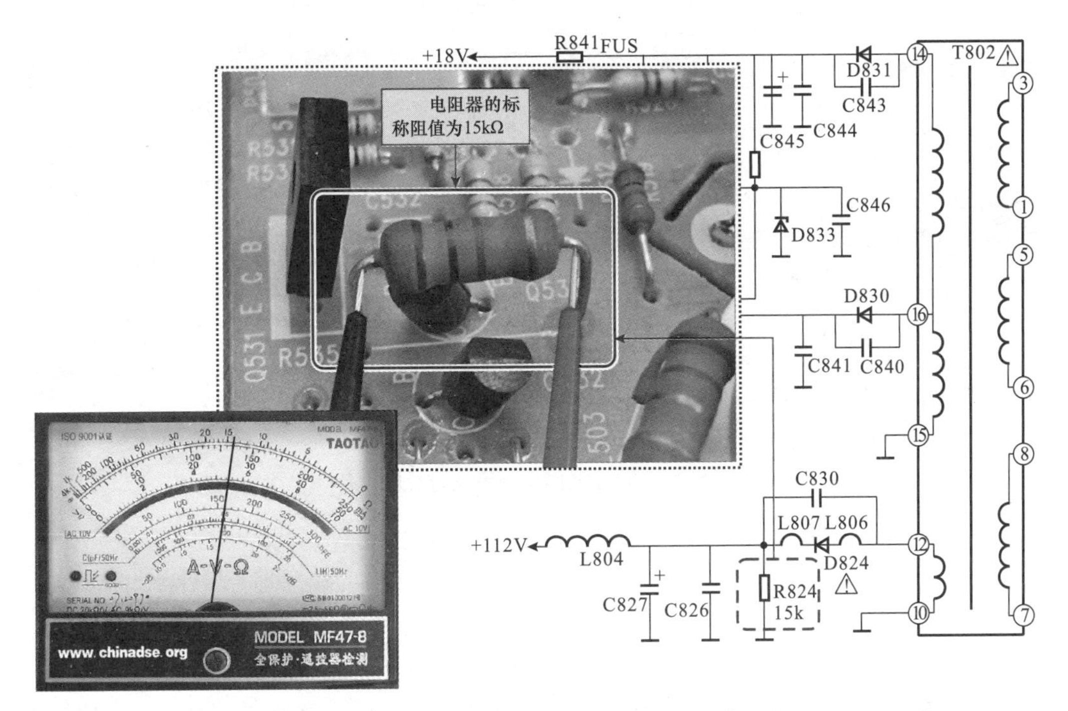

图 8-9　利用电阻检测法测量典型电子产品阻值的方法

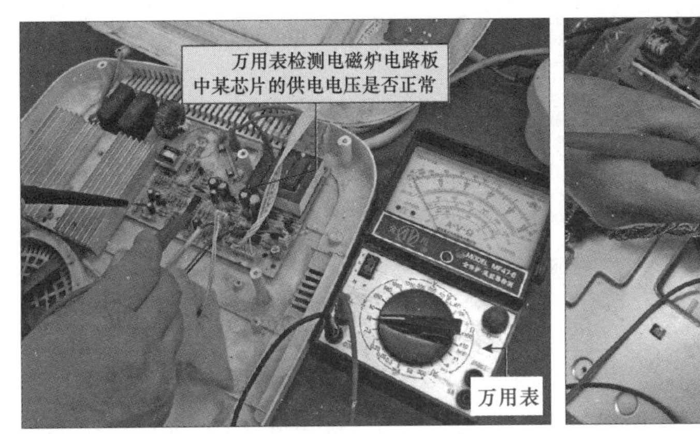

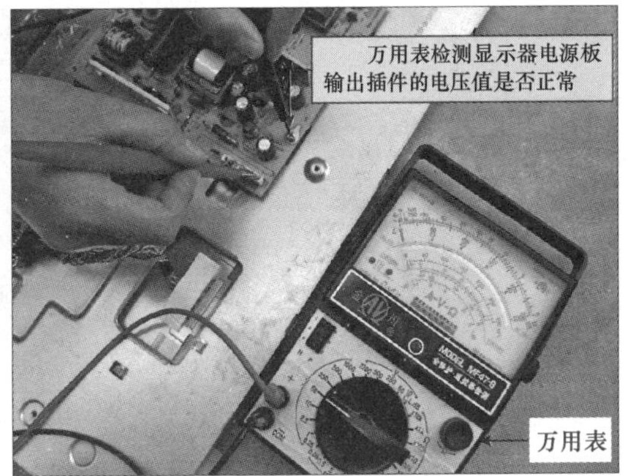

图 8-10　利用电压检测法测量典型电子产品阻值的方法

8.1.2　电子产品检修的安全注意事项

1. 电子产品拆装过程中的安全注意事项

（1）注意操作环境的安全

在拆卸电子产品前，首先需要对现场环境进行清理，另外，对于一些电路板集成度比较高、内部元器件多采用贴片式元器件的电子产品拆装时，应采取相应的防静电措施，如操作台采用防静电桌面、佩戴防静电手套、手环等。

防静电操作环境及防静电设备如图 8-11 所示。

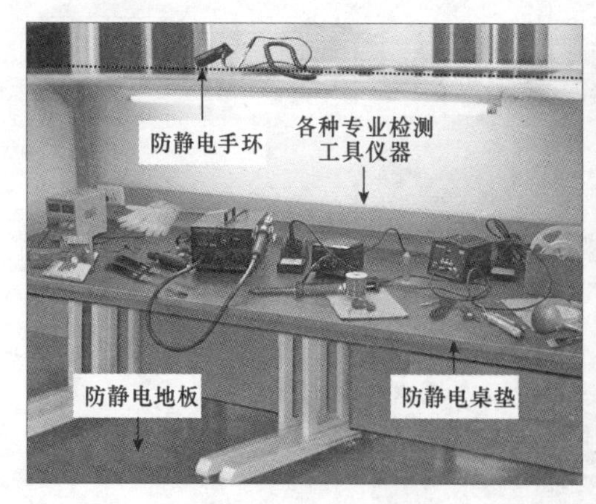

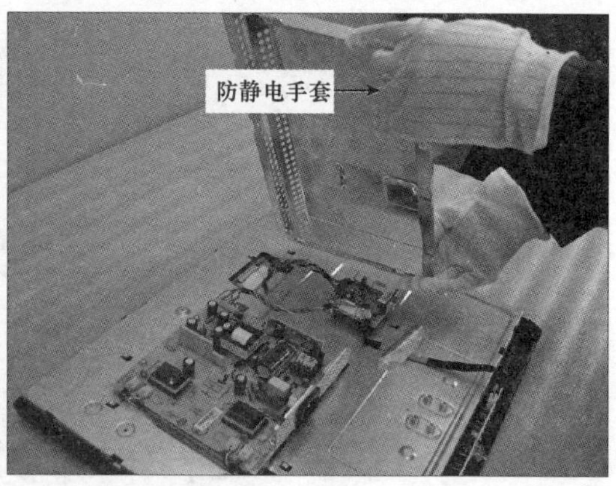

图 8-11　防静电操作环境及防静电设备

（2）操作方面注意安全

1）目前，很多电子产品外壳采用卡扣卡紧，因此在拆卸产品外壳时，首先应注意先“感觉”一下卡扣的位置和卡紧方向，必要时应使用专业的撬片（如对液晶显示器、手机拆卸时），避免使用铁质工具强行撬开，否则会留下划痕，甚至会造成外壳开裂，影响美观。

2）拆卸电子产品，取下外壳操作时，应注意首先将外壳轻轻提起一定缝隙，然后通过缝隙观察产品外壳与电路板之间是否连接有数据线缆，再进行相应操作。

电子产品外壳拆卸注意事项如图 8-12 所示。

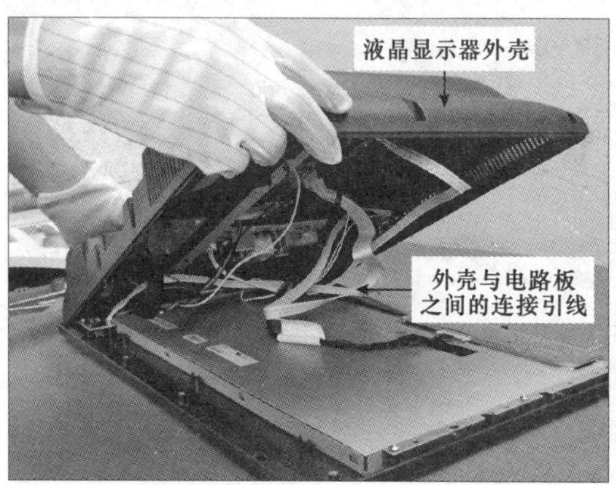

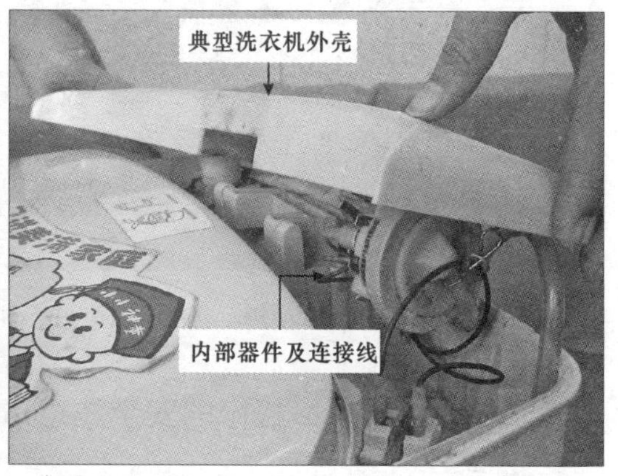

图 8-12　拆卸外壳时的注意事项

3）拔插一些典型部件时，首先整体观察所拆器件与其他电路板之间是否有引线连接、弹簧、卡扣等，并注意观察与其他部件或电路板的安装关系、位置等，防止安装不当引起故障。

拆卸电子产品典型部件注意事项如图 8-13 所示。

图解演示

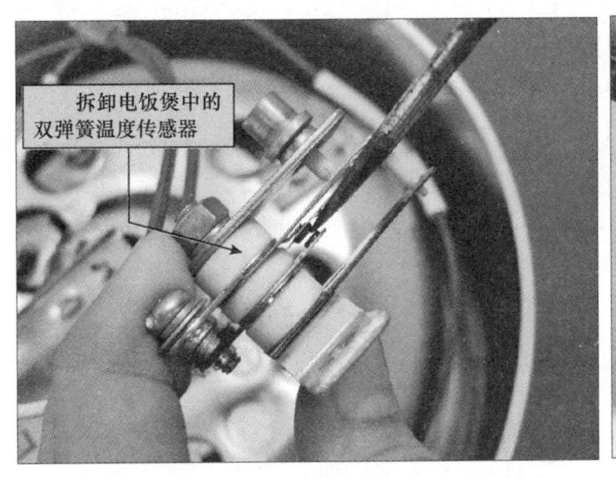

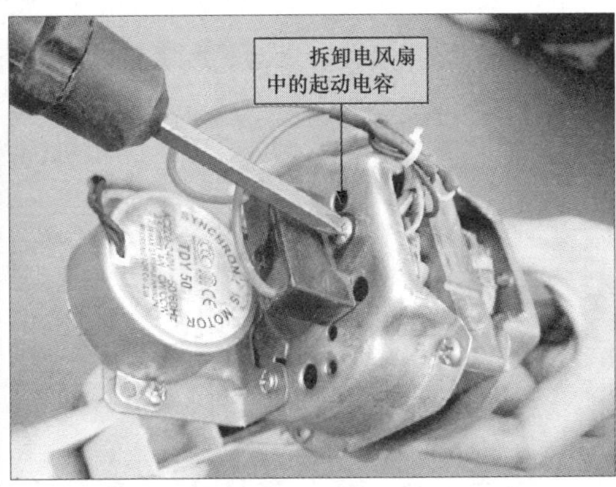

图 8-13　拆卸电子产品典型部件注意事项

4）在对电子产品内部进行接插件插拔操作时，一定要用手抓住插头后再将其插拔，切不可抓住引线直接拉拽，以免造成连接引线或接插件损坏。另外，插拔时还应注意查找插件的插接方向。

图解演示　拔插引线注意事项如图 8-14 所示。

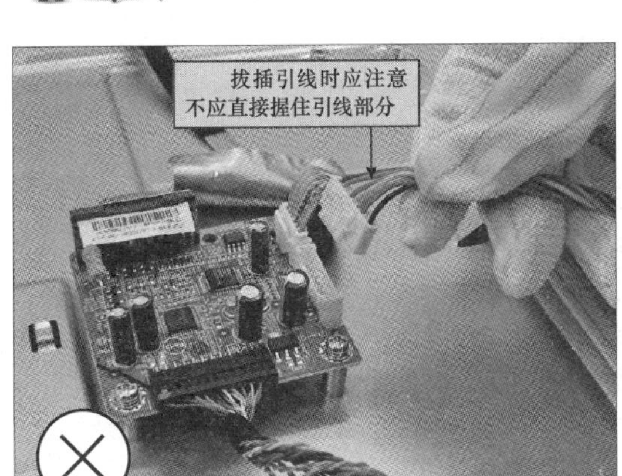

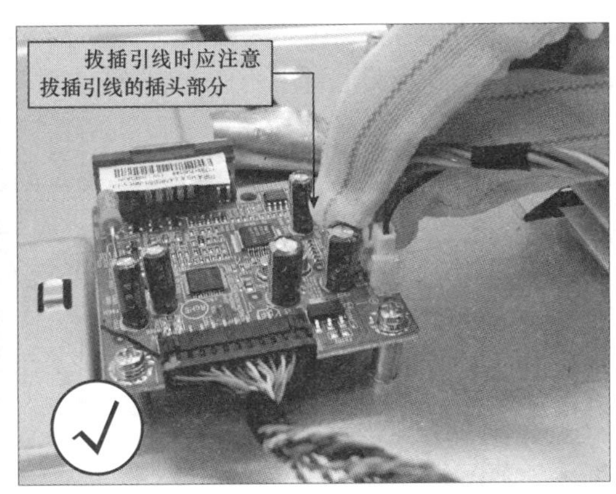

图 8-14　拔插引线注意事项

2. 电子产品检测中的安全注意事项

为了防止在检测过程中出现新的故障，除了遵循正确的操作规范和良好的习惯外，针对不同类型元器件的检测应采取相应正确的安全操作方法，在此我们详细归纳和总结了几种元器件在检测中的安全注意事项，供读者参考。

（1）分立元器件的检修注意事项

分立元器件是指普通直插式的电阻、电容、三极管、变压器等元器件，在动手对这些元件进行检修前，首先需要了解其基本的检修注意事项。

1）静态环境下检测注意事项。静态环境下的检测是指在不通电的状态下进行的检测操作。通常在这种环境下的检测较为安全，但作为合格的检修人员，也必须严格按照工艺要求和安全规范进行操作。

另外值得一提的是，对于大容量的电容器等元件，即使在静态环境下检测，在检测之前仍需要对其进行放电操作。因为，大容量电容器存储有大量电荷，若不进行放电而直接检测，则极易造成设备损害。

例如，检测照相机闪光灯的电容器时，错误和正确的操作方法如图8-15所示。

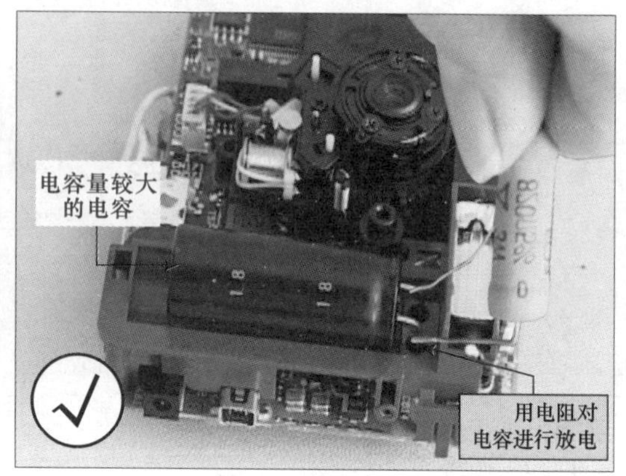

图 8-15　检测照相机闪光灯的电容器时，错误和正确的操作

从图中可以看到，由于未经放电，电容器内大量电荷瞬间产生的火球差点对测量造成危害。正确的方法是在检测前可用一只小电阻与电容器两引脚相接，释放存储于电容器中的电量，防止在检测时烧坏检测仪表。

2）通电环境下检测注意事项。在通电检测元器件时，通常是对其电压及信号波形的检测，此时需要检测仪器的相关表笔或探头接地，因此要先找到准确的接地点后，再进行测量。

首先了解电子产品电路板上哪一部分带有交流220V电压，通常与交流相线相连的部分被称之为“热地”，不与交流220V电源相连的部分被称之为“冷地”。在电子产品中，大多数开关电源的部分属“热地”区域，检测部位在“冷地”范围内一般不会有触电的问题。

典型电子产品电路板（彩色电视机）上的“热地”区域标识及分立元器件如图8-16所示。

图 8-16　“热地”区域标识

除了要注意电路板上的“热地”和“冷地”外，还要注意在通电检修前要安装隔离变压器，严禁在无隔离变压器的情况下，用已接地的测试设备去接触带电的设备。严禁用外壳已接地的仪器设备直接测试无电源隔离变压器的电子产品，虽然一般的电子产品都具有电源变压器，但当接触到较特殊的，尤其是输出功率较大或对采用的电源性质不太了解的设备时，要弄清该电子产品是否带电，否则极易与带电的设备造成电源短路，甚至损坏元器件，造成故障进一步扩大。

3）接地安全注意。检测时需注意应首先将仪器仪表的接地端接地，避免测量时误操作引起短路的情况。若某一电压直接加到晶体管或集成电路的某些引脚上，则可能会将元器件击穿损坏。

检测中，应根据电路图纸或电路板的特征确定接地端。检测设备和仪表接地操作如图 8-17 所示。

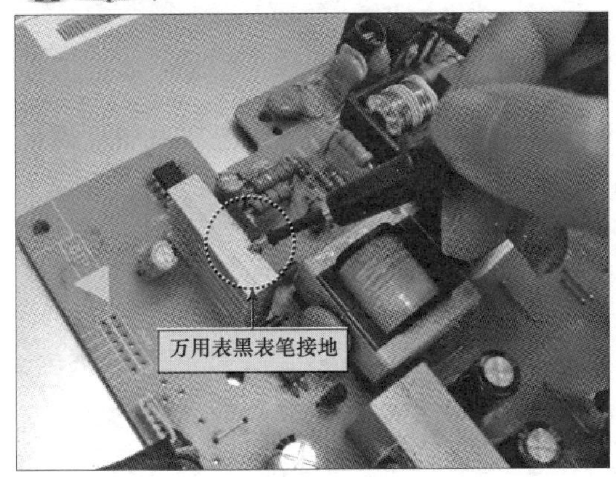

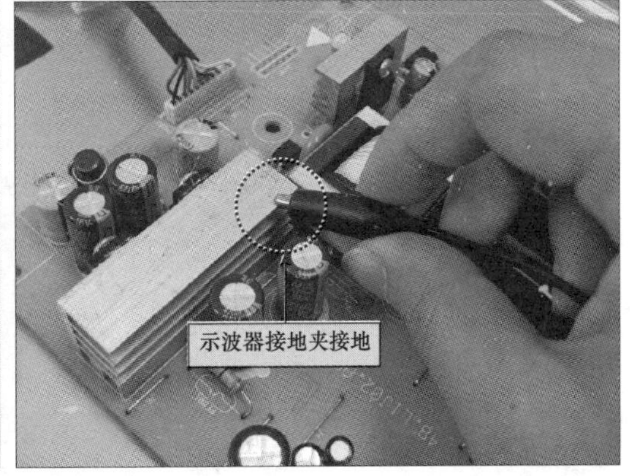

图 8-17　检测设备接地端接地

另外，在维修过程中不要佩戴金属饰品，例如有人带着金属手链维修液晶显示器，手链滑过电路板时会造成某些部位短路，损坏电路板上的晶体管和集成电路，使故障扩大。

（2）贴片元器件的检修注意事项

常见的贴片元器件有很多种，如贴片电阻、贴片电容、贴片电感、贴片晶体管等。相对于分立元器件来说，贴片元器件的体积较小，集成度较高，在对该类元器件进行检修前，也需要先了解具体操作的注意事项。

使用仪器、仪表通电检测贴片元器件时，要注意将电子产品的外壳进行接地，以免造成触电事故。对于引脚较密集的贴片元器件，要注意仪器、仪表的表笔准确对准待测点，为了测量准确也可将大头针连接到表笔上，这样可避免因表头的粗大造成测量失误或造成相邻元器件引脚短接损坏。

自制万用表表笔及示波器探头如图 8-18 所示。

（3）集成电路的检修注意事项

集成电路的内部结构较复杂，引脚数量较多，在检修集成电路时，需注意以下几点：

1）检修前要了解集成电路及其相关电路的工作原理。检查和修理集成电路前首先要熟悉所用集成块的功能、内部电路、主要电参数、各引脚的作用以及各引脚的正常电压、波形、与外围元器件组成电路的工作原理。为进行检修做好准备。

2）测试时不要使引脚间造成短路。由于多数集成电路的引脚较密集，因此在通电状态下用万用表测量集成电路的电压或用示波器探头测试信号波形时，表笔或探头要握准，防止笔头滑动打火而造成集成电路引脚间短路，任何瞬间的短路都容易损坏集成电路。最好在与引脚直接连通的外围印制电路板上进行测量。

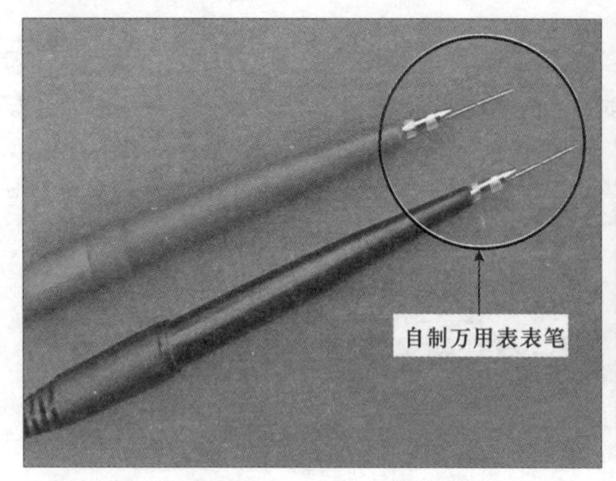

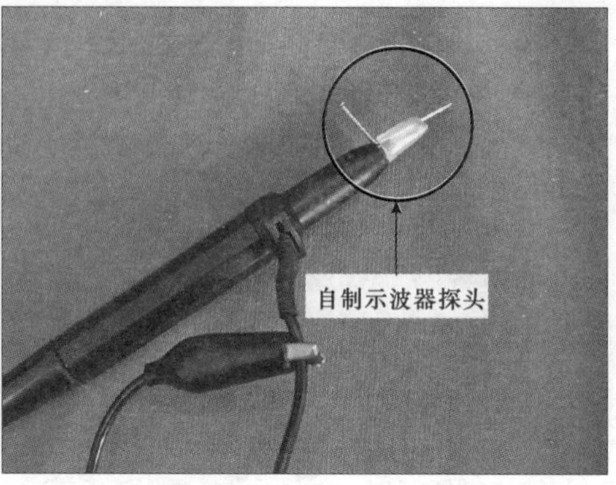

图 8-18　自制万用表表笔及示波器探头

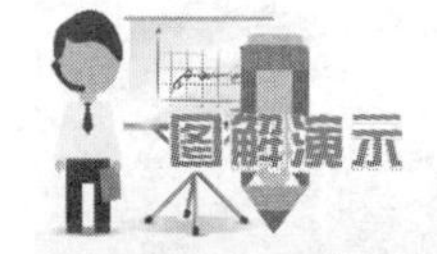

利用印制电路板检测点检测操作如图 8-19 所示。

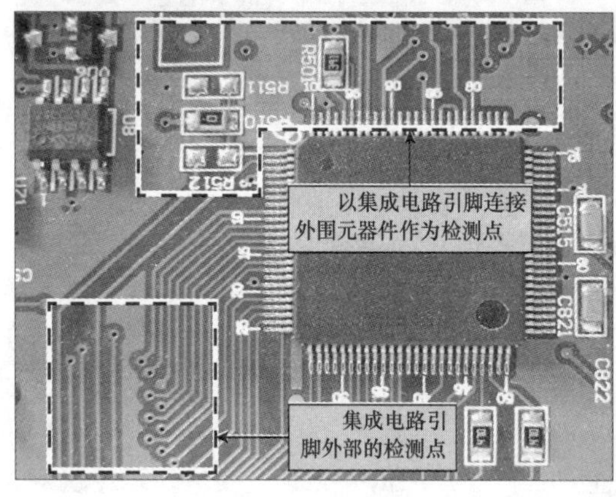

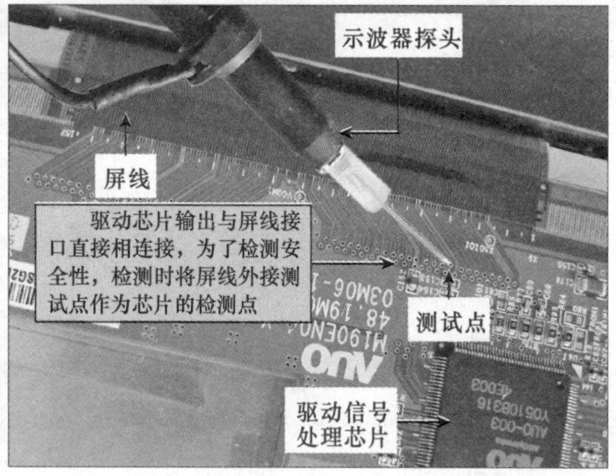

图 8-19　利用印制电路板检测点检测操作

3. 电子产品在焊装中的安全注意事项

在电子产品的检修过程中，找到故障元器件对元器件进行代换是检修中的关键步骤，该步骤中经常会使用到电烙铁、吸锡器等焊接工具，由于焊接工具是在通电的情况下使用的并且温度很高，因此，检修人员使用焊接工具时要正确使用，以免烫伤。

焊接的实际操作如图 8-20 所示。

图解演示

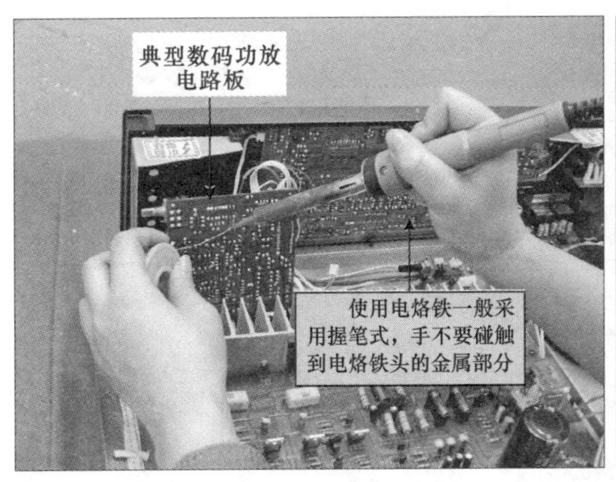

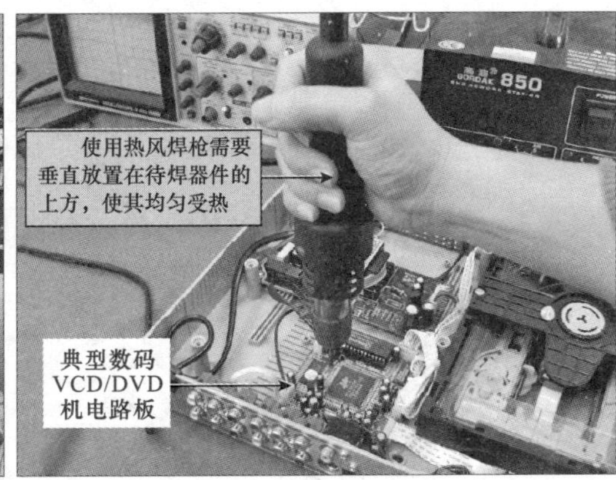

图 8-20　焊接的实际操作

焊接工具使用完毕后，要将电源切断，放到不易燃的容器或专用电烙铁架上，以免因焊接工具温度过高而引起易燃物燃烧，导致火灾。

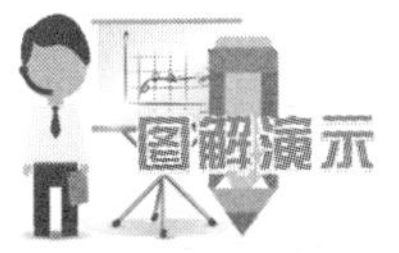

电烙铁的正确放置如图 8-21 所示。

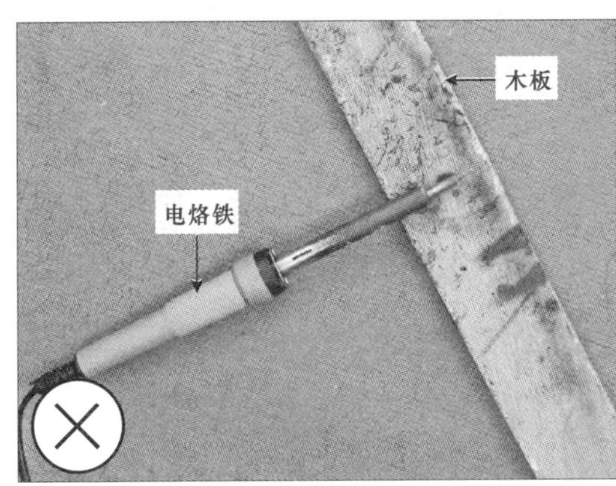

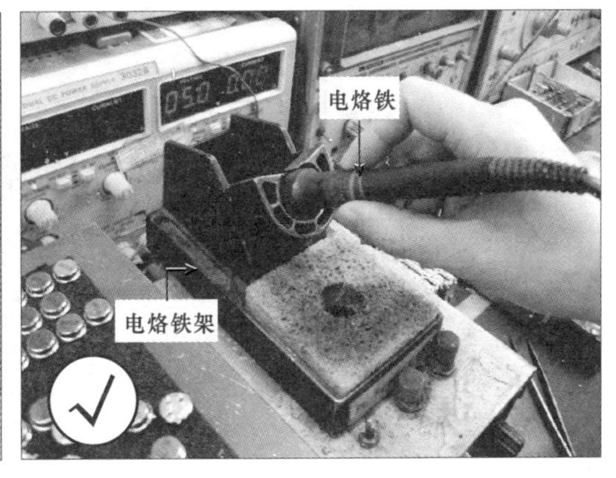

图 8-21　电烙铁的正确放置

另外，当焊接场效应管和集成块时，应先把电烙铁的电源切断后再进行，以防烙铁漏电造成元器件损坏。通电检查功放电路部分时，不要让功率输出端开路或短路，以免损坏厚膜块或三极管。

4. 代换可靠性安全注意事项

对电子产品故障进行初步判断、测量后，代换损坏元器件是检修中的重要步骤，在该环节需要特别注意的是，保证代换的可靠性。例如，应使修复或代换的元器件或零部件排除故障彻底，不能仅仅满足临时使用。具体注意细节主要包含以下几个方面。

（1）更换大功率三极管及厚膜块时，要装上散热片。若管子对底板不是绝缘的，则应注意安装云母绝缘片。

更换大功率三极管及厚膜块操作如图 8-22 所示。

图 8-22　更换大功率三极管及厚膜块操作

（2）对一般的电阻器、电容器等元件进行代换时，应尽量选用与原器件参数、类型、规格相同的元件，另外，选用元件代换时应注意元件质量，切忌不可贪图便宜使用劣质产品。

（3）对于一些没有替换件的集成块或厚膜块等，需要采用外贴元器件修复或用分立元器件来模拟替代时，也要反复试验，确认其工作正常，确保其可靠后才能替换或改动。

值得注意的是，检修过程中要注意维修仪表和电子产品的安全问题，除上述归纳和总结的一些通性的事项外，还有一些也应引起我们的注意。

1）在拉出线路板进行电压等测量时，要注意线路板的放置位置，注意背面的焊点不要被金属部件短接，可用纸板加以隔离。

2）不可用大容量的保险丝去代替小容量的保险丝。

3）更换损坏后的元器件后，不要急于开机验证故障是否排除，应注意检测与故障元器件相关的电路和元器件，防止存在其他未排除故障，在试机时，再次烧坏所替换上的元器件。例如，在检查电视机电路中发现电源开关管、行输出管损坏后，更换新管的同时要注意行输出变压器是否存在故障，可先对行输出变压器进行检测，不能直接发现问题时，应在更换新管后开机一会儿后立即关机，用手摸一下开关管、行输出管是否烫手，若温度高则要进一步检查行输出变压器，否则会再次损坏开关管、行输出管。值得注意的是，不仅仅是行输出变压器故障会再次损坏行输出晶体管。

8.2　电路元器件焊接前预加工处理

8.2.1　电路板元器件的布局

印制电路板又称印制板，是各种电子元器件的集合载体，负责将所有电子元器件进行连接，组成一个通电回路，用以实现电子电路的多种功能。

通常把没有装载元器件的印制电路板叫做印制基板，基板上的印制电路是连接各个元器件的“导线”，元器件的通电引线可以通过焊接连接到电路中，形成通电回路，所以电子元器件的布局应进行合理化。

1. 整体布局原则

电子元器件在印制电路板上进行整体布局时，应遵循以下几条原则：

1）电子元器件在印制电路板上的布局应使电磁场的影响减小到最低限度，以避免电路之间的干扰并防止外来的干扰，保证电路性能指标的实现。特别是一些多功能小型电子产品，不要使其各元器件之间的距离过小，如图 8-23 所示，若元器件排列不合理，则会引发各种电路干扰问题，如部分高电压、高电流、高发热的元器件无法散热。

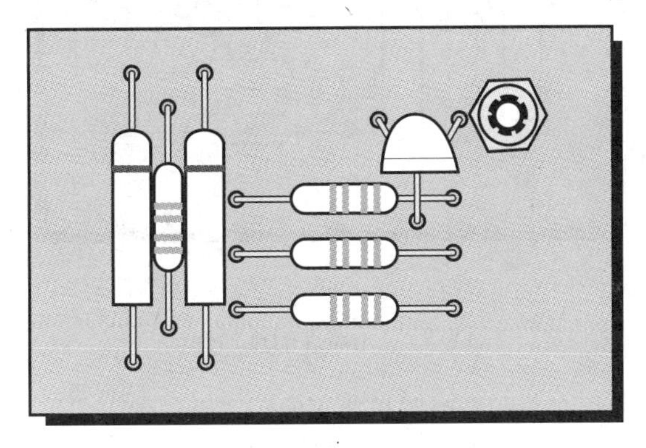

图 8-23　电子元器件的排列过于紧密

2）电子元器件的布局直接影响以后的布线，布线长度和走线路径、走线方向必须合理，以免增加分布参数或产生寄生耦合的情况，图 8-24 所示为电子元器件走线路径不合理的案例，由图可以看出电子元器件的引线发生了扭曲变形，而且出现布线长度过长的现象。

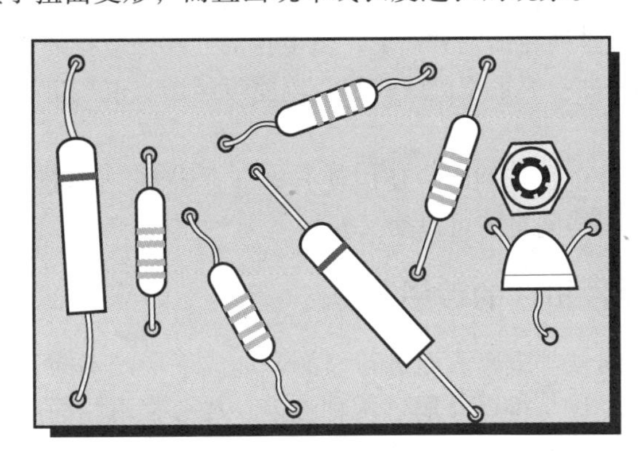

图 8-24　电子元器件的走线路径不合理

3）电子元器件的布局要求结构紧凑、层次分明、排列美观、疏密一致、重量均衡，应具有一定的防振功效；

4）电子元器件的布局最好可以实现功能单元区域的划分，每个单元在安装、调试、维修等操作过程中都具备一定的独立性。

2. 元器件的排列方法及要求

电子元器件在印制电路板上的具体安插位置，很大程度上取决于电路的功能和设计需求。若是机器内部结构有一定的限制，则可遵循电路信号的传递顺序按一定路线排列，或排列成一角度，或双排并行排列，或围绕某一中心元器件适当布设。无论何种形式的排列，有一些必须遵守的规则，如图 8-25 所示。

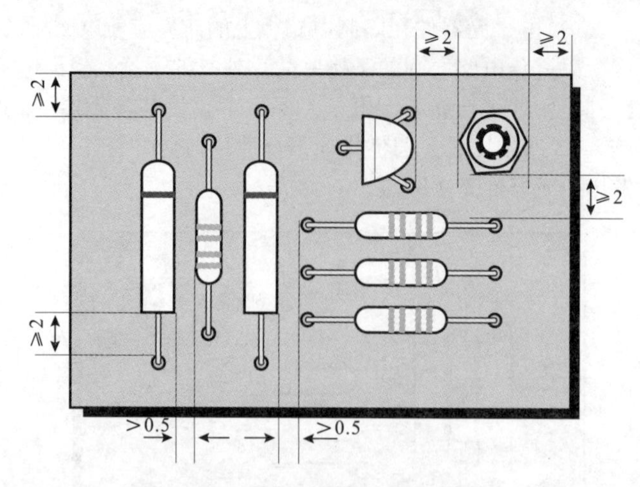

图 8-25　元器件的排列标准

1）电子元器件的引线焊盘与印制电路板边缘的距离必须大于或等于 2mm；

2）电子元器件的外壳至引线焊盘的距离必须大于或等于 2mm；

3）电子元器件的外壳至其他元器件引线焊盘的距离必须大于或等于 2mm；

4）相邻电子元器件的外壳间距必须大于 0. 5mm，若是带有 200V 高压的元器件，则相邻间距不得少于 1mm；

5）机械固定用的垫圈等零件与印制电路板边缘的距离必须大于或等于 2mm；

6）机械固定用的垫圈等零件与元器件引线焊盘之间的距离必须大于或等于 2mm；

7）高电位的元器件应排列在横轴方向上，低电位的元器件应排列在纵轴方向上；

8）轴向引出线的元器件一般采用卧式跨接，高密度组装，电气上有特殊要求的电路，可以采用立式跨接。

除此之外，在对元器件进行排列时，还应使其整齐、工整，不可以随便倾斜放置；元器件之间不可以叠加、横跨，引线间也不可以交叉安插。

8. 2. 2　电路元器件引线的镀锡

镀锡是指用液态焊锡对被焊金属表面进行浸润，形成一层既不同于被焊金属又不同于焊锡的结合层。该结合层是将焊锡与待焊金属这两种性能、成分都不相同的材料牢固连接起来。为了提高焊接的质量和速度，最好在电子元器件的待焊面镀上焊锡，这是焊接前一道十分重要的工序，尤其是对于一些可焊性较差的元器件，镀锡更是至关紧要的。

通常情况下，对电子元器件进行批量镀锡时，可以使用锡锅进行。锡锅的作用是保持焊锡的液态，但是温度不能过高，否则锡的表面将很快被氧化。镀锡时将元器件适当长度的引线插入熔融的锡铅合金中，待润湿后取出即可。

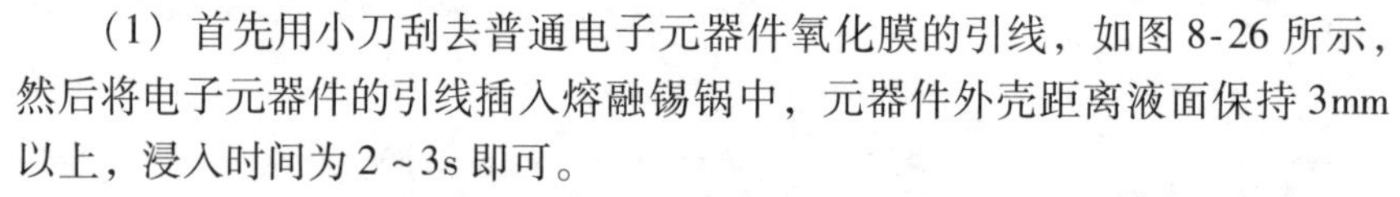

（1）首先用小刀刮去普通电子元器件氧化膜的引线，如图 8-26 所示，然后将电子元器件的引线插入熔融锡锅中，元器件外壳距离液面保持 3mm 以上，浸入时间为 2 ~ 3s 即可。

（2）一些半导体元器件对热度比较敏感，所以在对其进行镀锡时，其外壳应距离液面保持 5mm 以上，浸入时间约为 1 ~ 2s，如图 8-27 所示，若浸入时间过长，大量热量传到器件内部，则易造成器件变质、损坏。

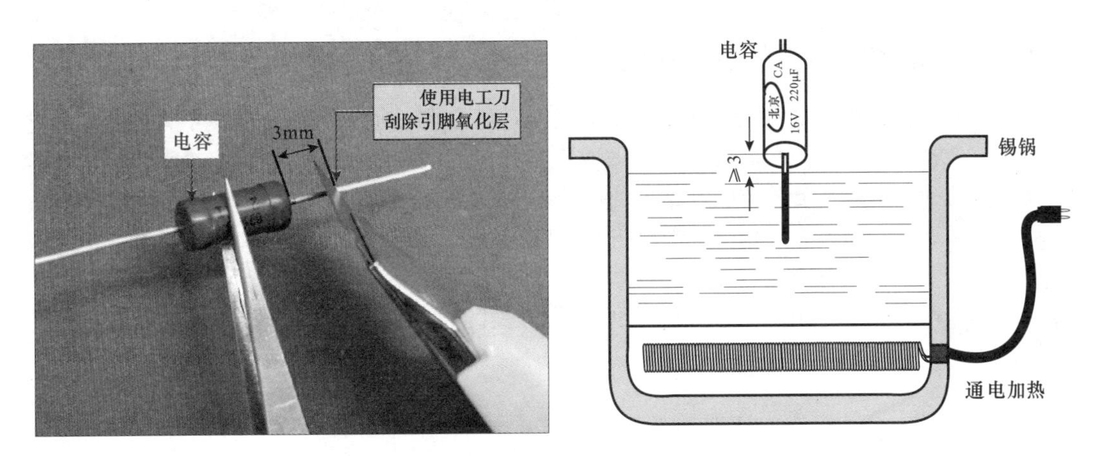

图 8-26　普通电子元器件镀锡的方法

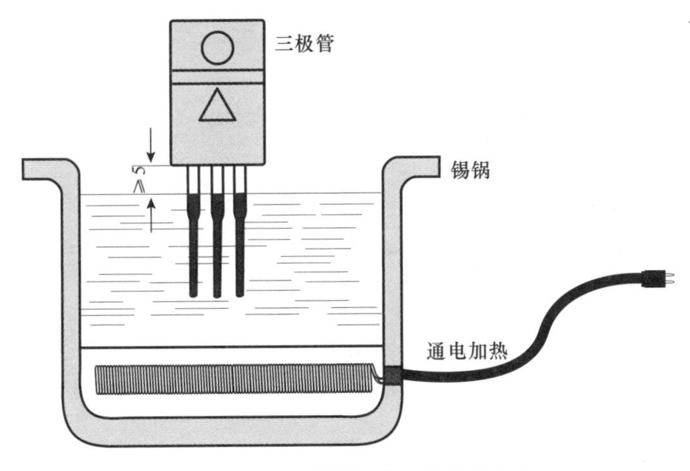

图 8-27　半导体器件的引线镀锡方法

除此之外，当对有孔的小型焊片进行镀锡处理时，浸入的深度应要没过孔 2～5mm，保持小孔畅通无堵，便于芯线在焊片小孔上网绕，如图8-28所示。

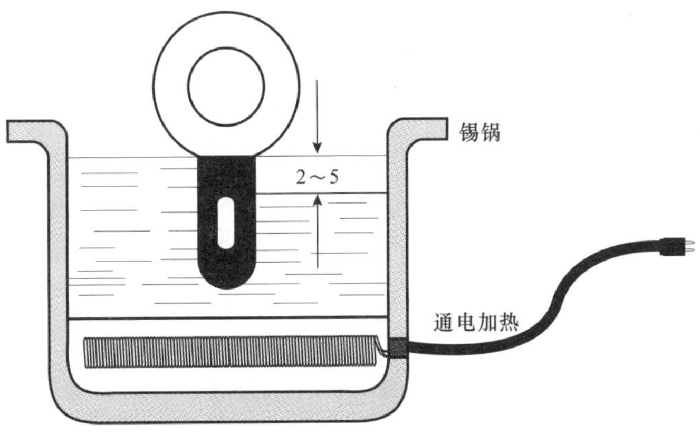

图 8-28　带孔小型焊片的镀锡方法

8.2.3 电路元器件的引线成型

不同元器件在插接到电路板之前，需要对引线进行必要的加工处理。对电子元器件引线进行成型时，要根据电路板插孔的设计需求做成需要的形状。引线折弯成型要符合后期的安插需求，使它能迅速而准确地插入印制电路板的插孔内。

在对电子元器件进行引线成型时，通常可以分为卧式跨接和立式跨接两种方法，如图 8-29 所示，使用尖嘴钳或镊子对轴向元器件的引脚进行弯折，用手捏住元器件的引脚，尖嘴钳或镊子夹住需要弯折的部位，进行调整。

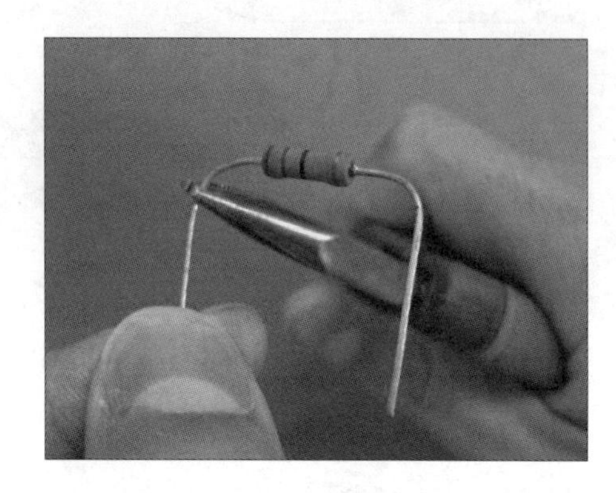

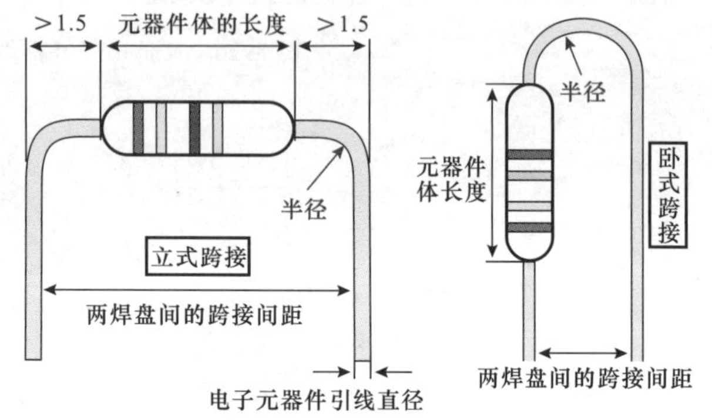

图 8-29 电子元器件引线成型

对于一些对温度十分敏感的电子元器件，可以适当增加一个绕环，从而可以防止壳体因引线根部受热膨胀而开裂，如图 8-30 所示。

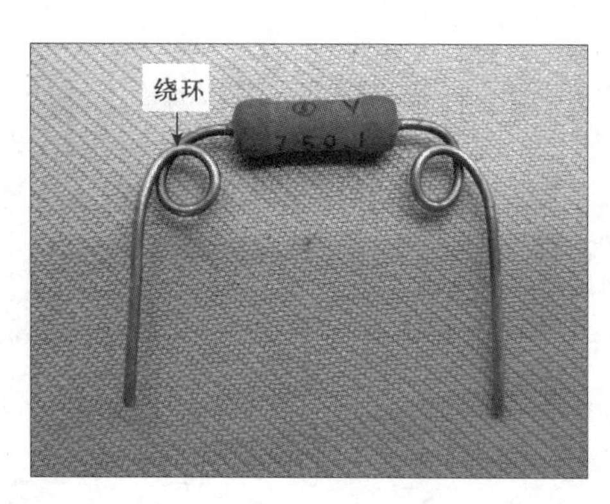

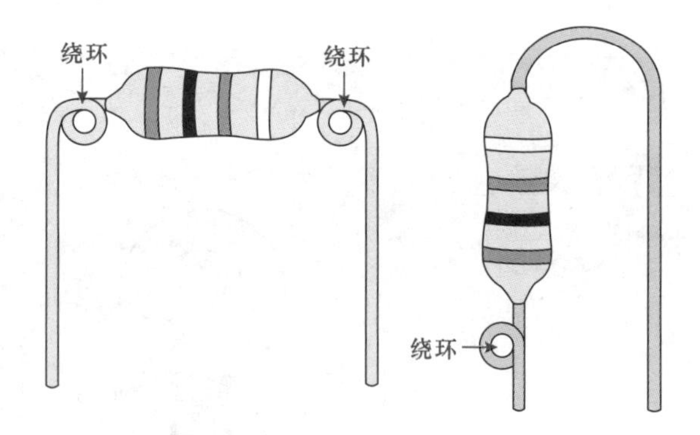

图 8-30 带有绕环的引脚弯折形式

8.2.4 电路元器件的插装

不同功能的元器件外形、引线设置、特性等都有很大的区别，安装方法也各有差异，下面介绍几种常见的安装方法。

1. 常规插装方法

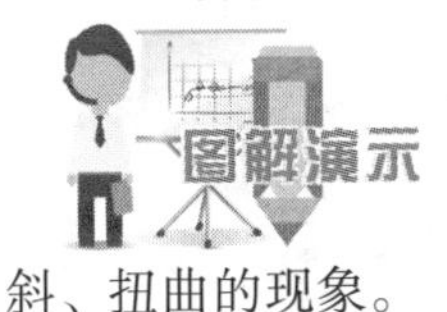

对于普通的直立式元器件，使用镊子夹住元器件外壳，将引脚对应插到电路板的插孔中即可，如图 8-31 所示。对于集成电路，其引脚都是加工好的，可以直接插入电路板的插孔中，在安装元器件时，引脚不要出现歪斜、扭曲的现象。

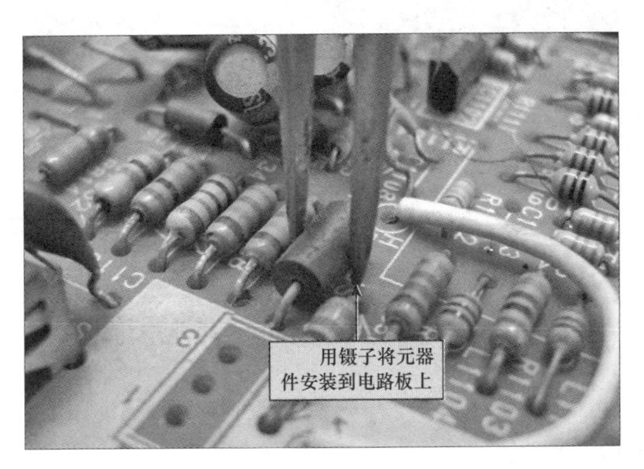

图 8-31　插接元器件的安装

2. 贴板安装

贴板安装就是将元器件贴紧电路板面进行安装，元器件与电路板之间的间隙在 1mm 左右，如图 8-32 所示。贴板安装具有稳定性好、插装简单等特点，但不利于散热，不适合高发热元器件的安装。

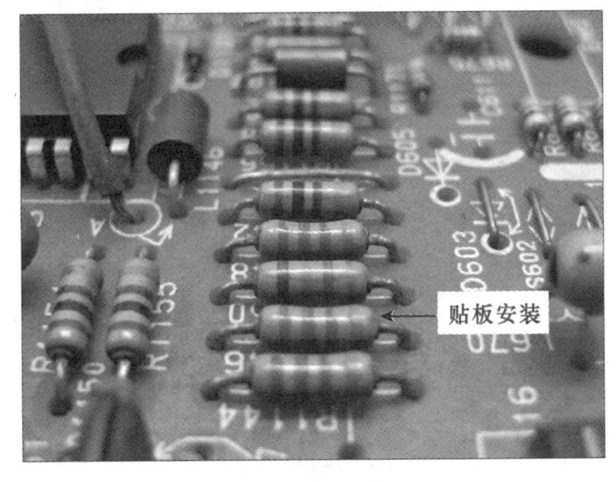

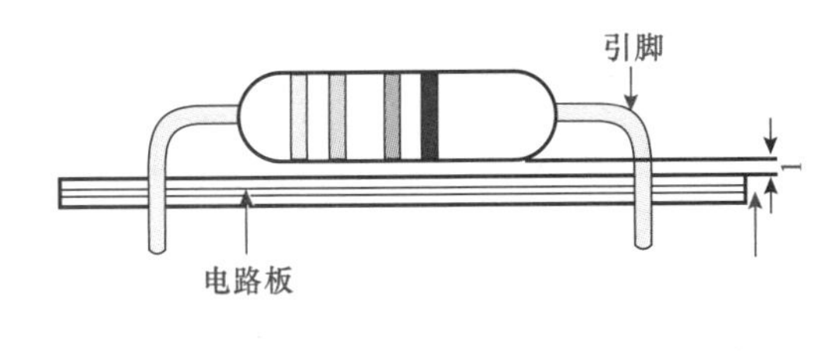

图 8-32　贴板安装

值得注意的是，当元器件为金属外壳，而壳体下方又有印制线时，为了避免互相接触而造成短路，元器件外壳应加装管套或在下方加垫绝缘衬垫（或硅胶），如图 8-33 所示。

3. 悬空安装

悬空安装就是将元器件壳体远离电路板进行安装，安装间隙在 3 ~ 8mm 左右，如图 8-34 所示，对于容易发热的元器件和怕热元器件一般都采用这

种安装方式。

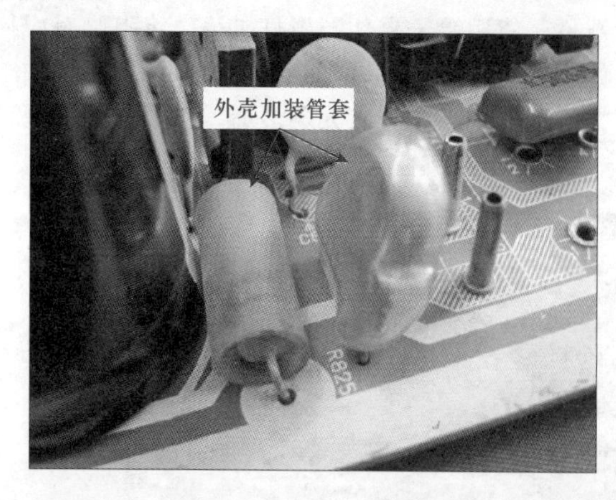

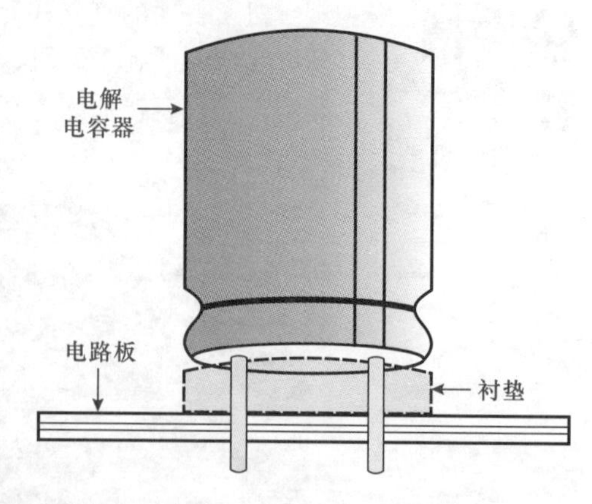

图 8-33 电子元器件外壳加装管套

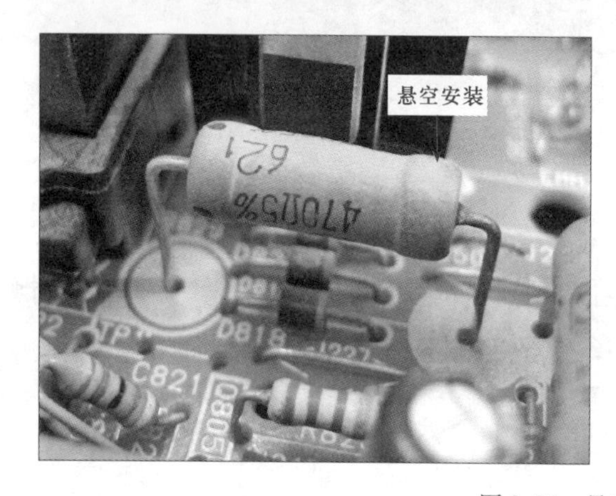

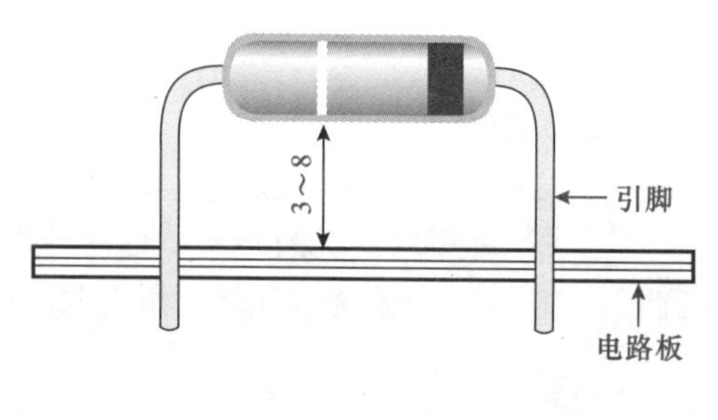

图 8-34 悬空安装

值得注意的是，某些怕热元器件为了防止引脚焊接时，大量的热量传递到元器件上，会在引脚上套上套管，阻隔热量的传导，如图 8-35 所示。

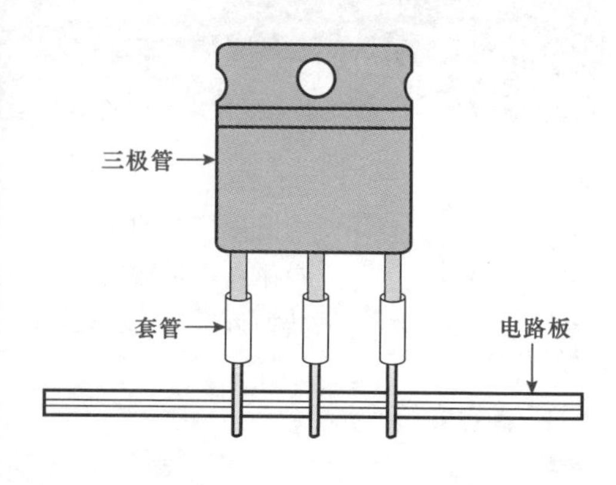

图 8-35 引脚加装管套

4. 弯折安装

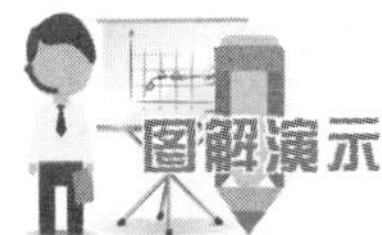

弯折安装就是在安装高度有特殊限制时，将元器件引脚垂直插入电路板插孔后，壳体再朝水平方向弯曲的安装方式，如图 8-36 所示，这种安装方式可以有效缩短电路板的垂直空间，但不适合重量较大的元器件使用。

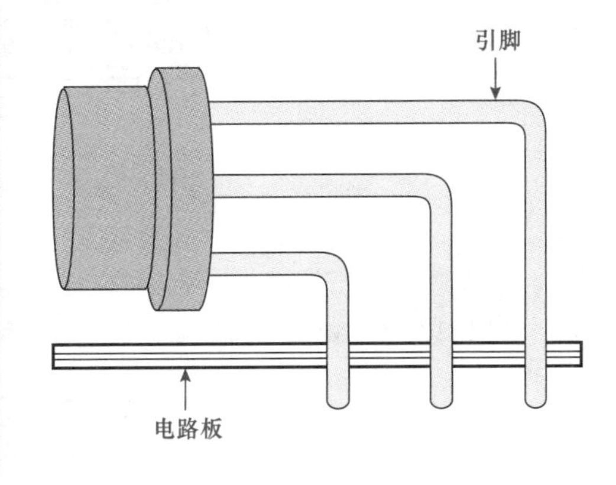

图 8-36 弯折安装

为了防止部分重量较大的元器件歪斜、引脚因受力过大而折断，弯折后应采用硅胶粘固的措施，将元器件壳体固定在水平位置上，如图 8-37 所示。

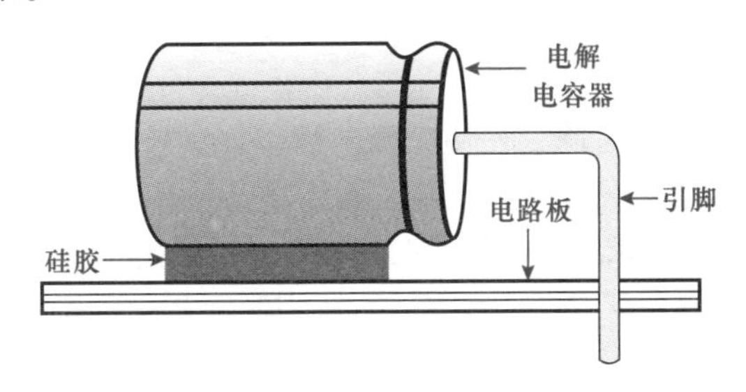

图 8-37 粘固安装

5. 其他安装方法

除了上述的几种电子元器件安装方法外，还有垂直安装、嵌入式安装、支架固定安装等方式。其中，垂直安装是指轴向双向引线的元器件壳体竖直安装，如图 8-38 所示，部分高密度安装区域采用该方法进行安装，但重量大且引线细的电子元器件不宜采用这种形式。

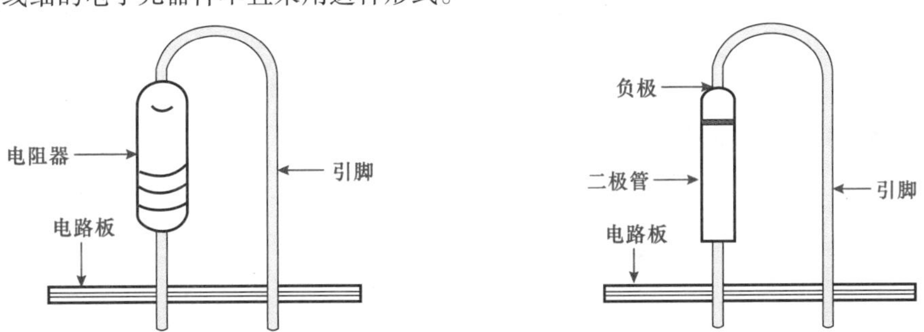

图 8-38 垂直安装的示意图

嵌入式安装俗称埋头安装，就是将元器件部分壳体埋入印制电路板嵌入孔内，如图 8-39 所示，一些需要防振保护的元器件采用该方式可以增强元器件的抗振性，降低安装高度。

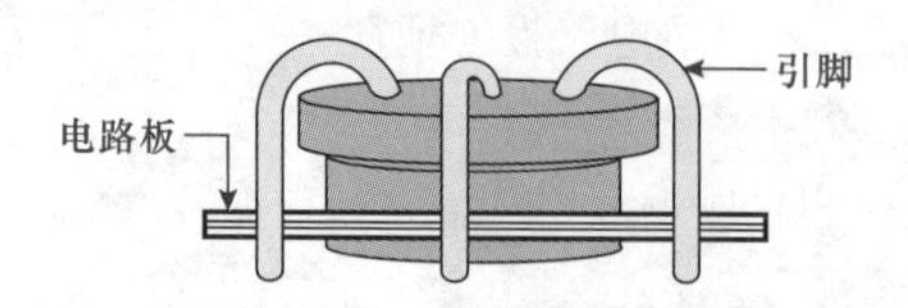

图 8-39　嵌入式安装示意图

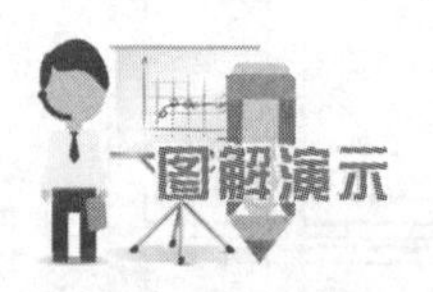

支架式安装就是用支架将元器件固定在印制电路板上，如图 8-40 所示，一些小型继电器、变压器、扼流圈等重量较大的元器件采用该方式安装，可以增强元器件在电路板上的牢固性。

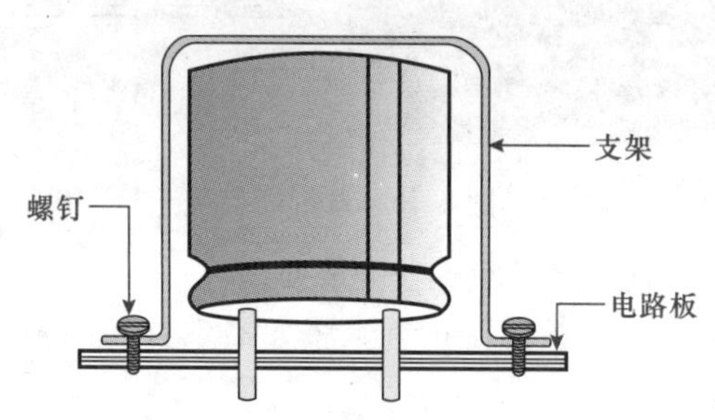

图 8-40　支架式安装示意图

在对电子元器件进行插装时，除了使用正确的插装方法外，还需要对一些技术要求进行学习，通过学习相关的技术要求，使电子元器件在插装过程中更加合理化、规范化。

1）安装高度应符合规定要求，同一规格的元器件应尽量安装在同一高度上；

2）安装顺序一般为先低后高，先轻后重，先易后难，先一般元器件后特殊元器件；

3）元器件外壳与引线不得相碰，要保证 1mm 左右的安全间隙，无法避免接触时，应套绝缘套管；

4）元器件的引线直径与印制电路板焊盘孔径应有 0.2～0.4mm 的合理间隙；

5）元器件的极性不得装错，根据电路板标识或在安装前套上相应的套管；

6）应注意元器件字符标记方向应一致，易于辨认，并按从左到右、从下到上的顺序，符合阅读习惯；

7）安装时不要用手直接碰元器件引线和印制电路板上的铜箔；

8）一些特殊元器件的安装处理：MOS 集成电路的安装应在等电位工作台上进行，以免产生静电损坏器件。

8.3　电路元器件的焊接

8.3.1　手工焊接的基本方法

使用手工焊接元器件时，通常可以分为 5 个步骤，即准备工作、加热焊件、熔化焊料、移开焊锡丝以及移开电烙铁。

1. 准备工作

手工焊接之前，应先将可能需要用到的工具准备齐全，例如电烙铁、镊子、剪刀、斜口钳、尖嘴钳、焊料以及助焊剂等工具，并将这些工具放置在便于操作的地方。

焊接前，电烙铁需要加热到能够熔锡的温度，并将电烙铁头放在松香或蘸水海绵上轻轻擦拭，方便除去氧化物的残渣；然后把少量的焊料和助焊剂加到清洁的电烙铁头上，让电烙铁随时处于可焊接状态。

2. 加热焊件

对需要加热的元器件进行加热处理，将电烙铁头放置在被焊件的焊接点上，使焊接部位均匀受热，如图8-41所示，电烙铁头对焊点不要施加力量，也不要加热过长时间。

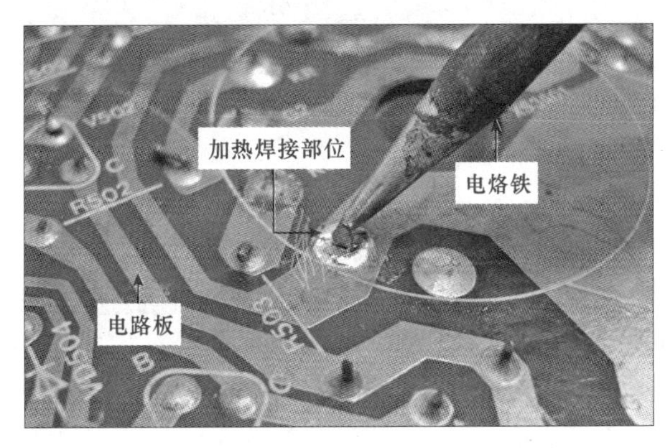

图8-41　加热焊件

3. 熔化焊料

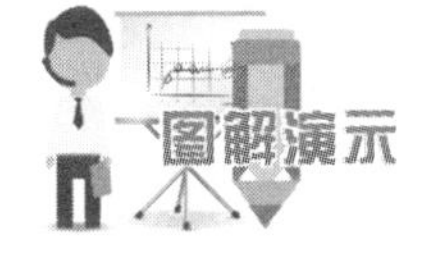

待电烙铁加热完成后，接下来则需要对焊料进行熔化，如图8-42所示，将焊接点加热到一定温度后，用焊锡丝触到焊接处，熔化适量的焊料，焊锡丝应从电烙铁头的对称侧加入，而不是直接加在电烙铁头上。

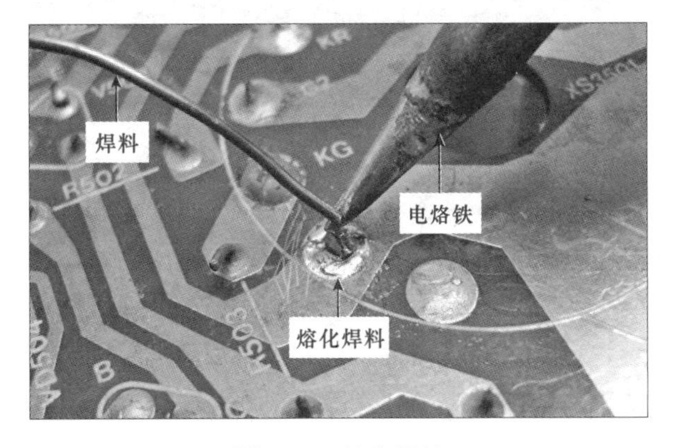

图8-42　熔化焊料

4. 移开焊锡丝

当焊锡丝熔化后，将适量的焊料流动覆盖到焊接点上面，应迅速移开电烙铁，如图8-43所示，在焊接时，要有足够的热量和温度，如温度过低，则焊锡流动性差，很容易凝固，形成虚焊；如温度过高，则将使焊锡流淌，焊点不易存锡，助焊剂分解速度加快，使金属表面加速氧化，并导致印制电路板上的焊盘脱落。

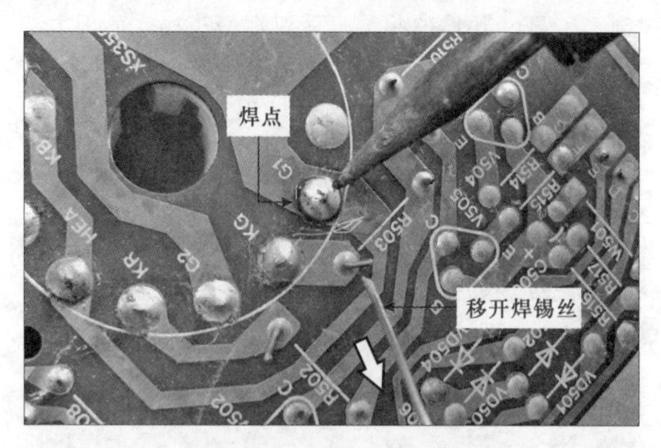

图 8-43　移开焊锡丝

5. 移开电烙铁

当焊接点上的焊料流散接近饱满，助焊剂尚未完全挥发，也就是焊接点上的温度最适当、焊锡最光亮、流动性最强的时刻，应迅速拿开电烙铁头，如图 8-44 所示。移开电烙铁头的时间、方向和速度，决定着焊接点的焊接质量。正确的方法是先慢后快，烙铁头沿 45°角方向移动，并在将要离开焊接点时快速往回一带，然后迅速离开焊接点。

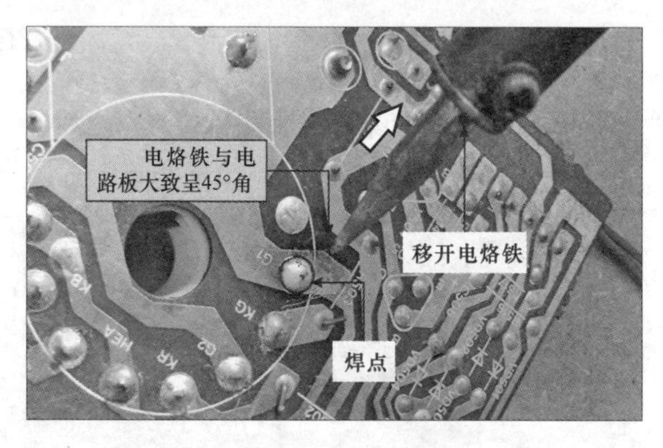

图 8-44　移开电烙铁

8.3.2　浸焊的基本方法

浸焊是指把插装好元器件的印制电路板放在融化有焊锡的锡槽内，同时对印制板上所有的焊点进行焊接的一种方法，该方法可以一次性完成众多焊点的焊接。

在浸焊操作时，应先将安装好元器件的印制电路板背部及其引脚浸润松香等助焊剂，使焊盘上涂满助焊剂，如图 8-45 所示，为了节约大量的锡，并增加印制电路板的美观，还可以在不需要焊接的部分涂抹阻焊剂，适当的阻焊剂可以避免各种搭焊的弊病。

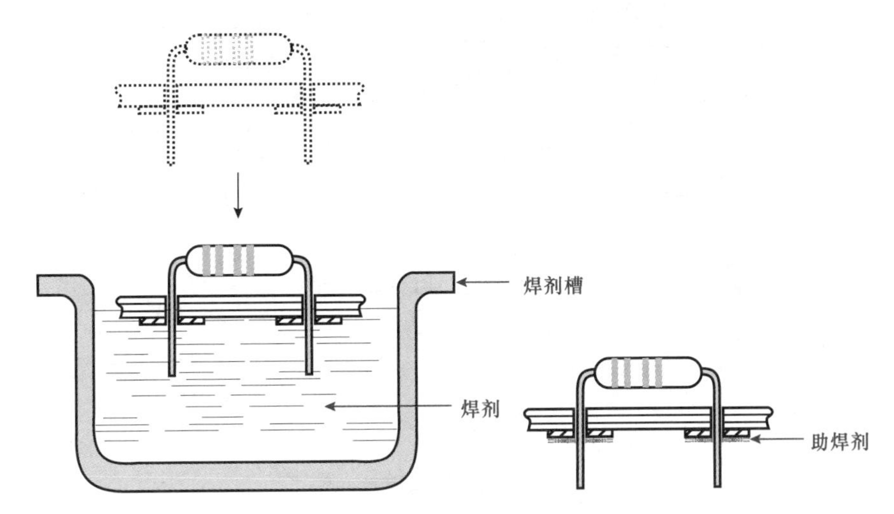

图 8-45　涂抹助焊剂

接下来，将涂抹有助焊剂的印制电路板进行浸焊操作，如图 8-46 所示，把印制电路板水平浸入锡温在 250 ~ 280℃ 的锡炉中，浸入的深度以印制电路板厚度的 1/2 ~ 2/3 为宜，焊接表面与印制电路板的焊盘完全接触，浸焊的时间约为 3 ~ 5s。

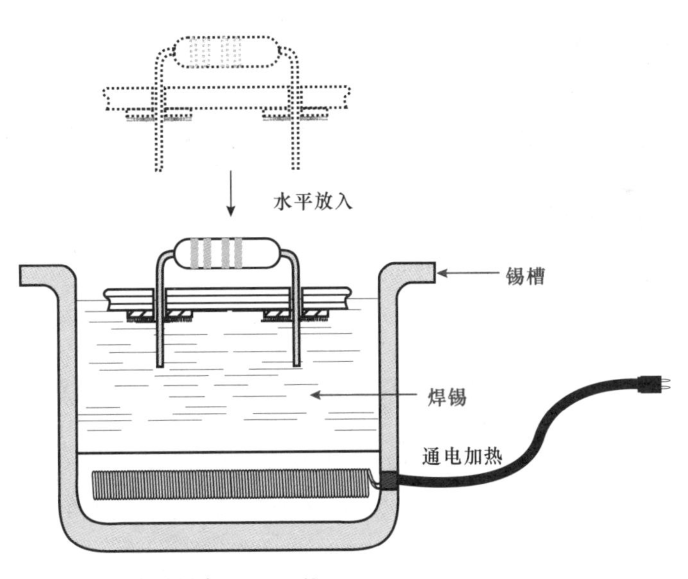

图 8-46　浸焊操作

当达到浸焊的时间后，需要将印制电路板竖直撤离锡槽的液面，以免发生焊点变形的情况，如图 8-47 所示，浸焊可同时对多个元器件进行焊接，比手工焊效率高，设备也较简单，但是锡槽内液态焊锡表面的氧化物容易粘在焊接点上且工作室温度过高，容易烫坏电路板或元器件，影响焊接效果。

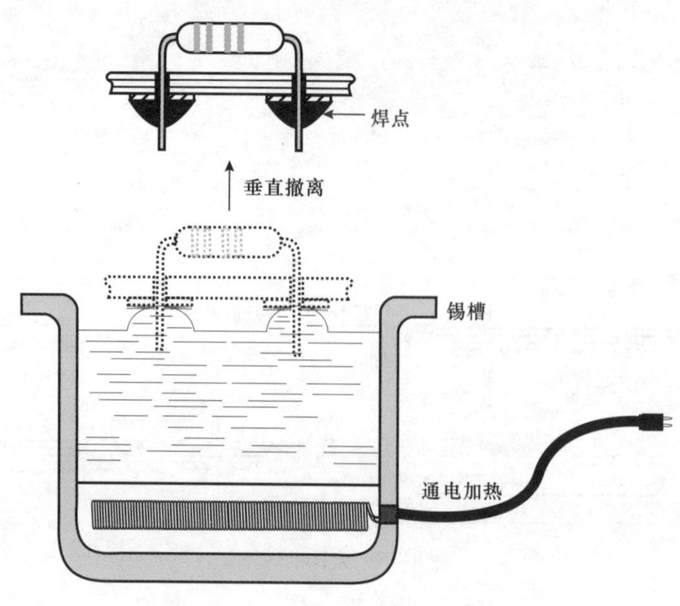

图 8-47　将印制电路板竖直撤离锡槽

8.4　电路元器件焊接质量的检验

8.4.1　焊接质量的要求

1. 电气性能良好

高质量的焊点应该是焊料与工件金属界面形成牢固的合金层，这样才能保证良好的导电性能。不能简单地将焊料堆附在工件金属表面而形成虚焊。

2. 具有一定的机械强度

焊点的作用是连接两个或两个以上的元器件，要使电气接触良好，焊点必须具有一定的机械强度。

3. 焊点上的焊料要适量

焊点上的焊料过少，不仅会降低机械强度，而且由于表面氧化层逐渐加深，会导致焊点早期失效；焊点上的焊料过多，既增加成本，又容易造成焊点桥连（短路），也会掩盖焊接缺陷，因此焊点上的焊料要适量。焊接印制电路板时，焊料布满焊盘，外形以焊接导线为中心，匀称、呈裙形拉开，焊料的连接面呈半弓形凹面，焊料与焊件交界平滑，接触角尽可能小。

4. 焊点表面应光亮且均匀

良好的焊点表面应光亮且色泽均匀，无裂纹、无针孔、无夹渣。

5. 焊点不应有毛刺、空隙

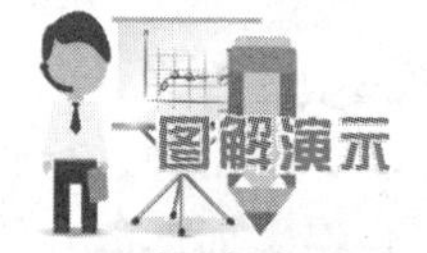

若焊点表面存在毛刺、空隙，则不仅不美观，还会给电子产品带来危害，尤其在高压电路部分，将会产生尖端放电而损坏电子设备，图 8-48 所示为没有达到要求的焊点。

6. 焊点表面必须清洁

焊点表面的污垢，尤其是焊剂的有害残留物质，如果不及时清除，酸性物质则会腐蚀元器件引线、接点及印制电路，同时会造成漏电甚至短路燃烧等现象，从而带来严重隐患。

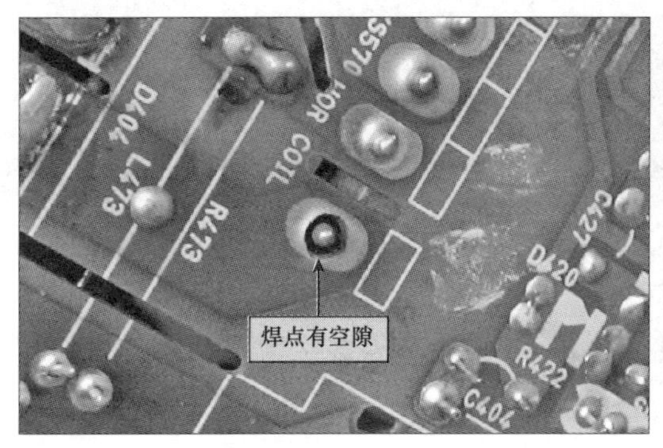

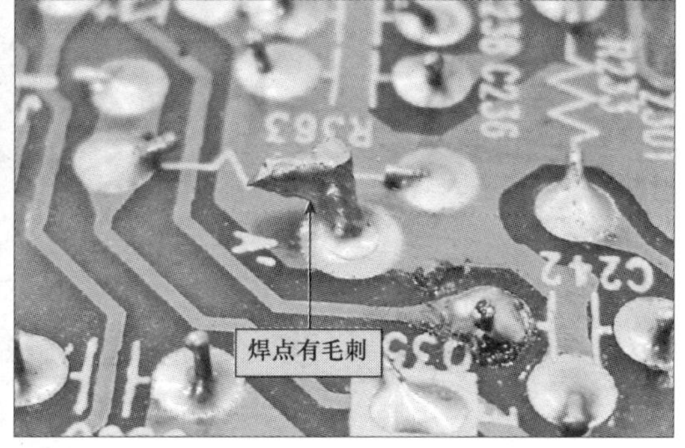

图 8-48　没有达到要求的焊点

8.4.2　焊接质量的基本检验方法

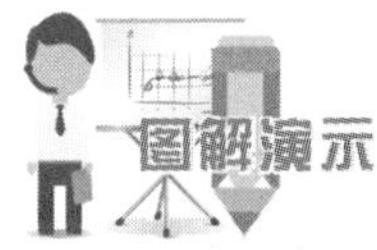

对于良好的焊点，焊料与被焊接金属界面上应形成牢固的合金层，这样才能保证良好的导电性能，且焊点也具备一定的机械强度。在外观方面，焊点的表面应光亮、均匀且干净清洁，不应有毛刺、空隙等瑕疵，如图 8-49 所示。

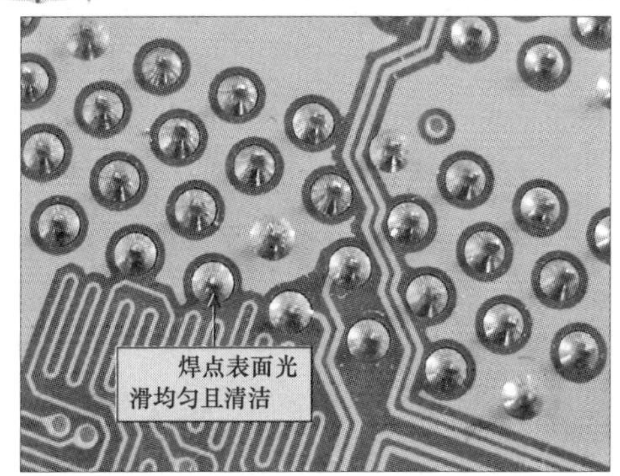

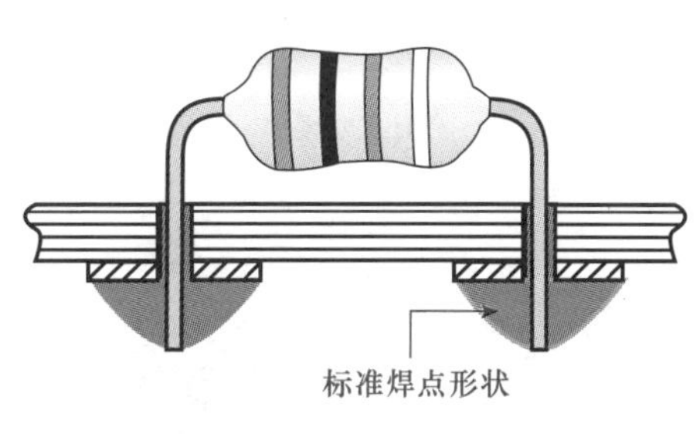

图 8-49　焊接良好的焊点

焊接质量的检查可根据具体电子元器件的安装方法，采取不同的方式进行。常见的方法主要有目测法、放大镜检查法等，如图 8-50 所示。对于一般采用直插式的较大体积的元器件可采用目测法进行检查，体积较小的元器件可借助放大镜等设备进行检查。

图 8-50　焊接质量的检查方法

小家电的结构原理与检修技能

9.1 电风扇的结构原理与检修技能

9.1.1 电风扇的结构特点

电风扇是夏季用于增强室内空气流动，达到清凉目的的一种家用设备。图9-1所示为不同设计风格的电风扇。通过对比不难发现，不论电风扇的设计如何独特，外形如何变化，我们都可以在电风扇上找到扇叶、网罩、控制组件、支架等。

图9-1 不同设计风格的电风扇

图 9-2 所示为典型电风扇（美的 FTS35 – M2）的实物外形。电风扇主要是由网罩及扇叶、电动机组件和控制组件构成的。

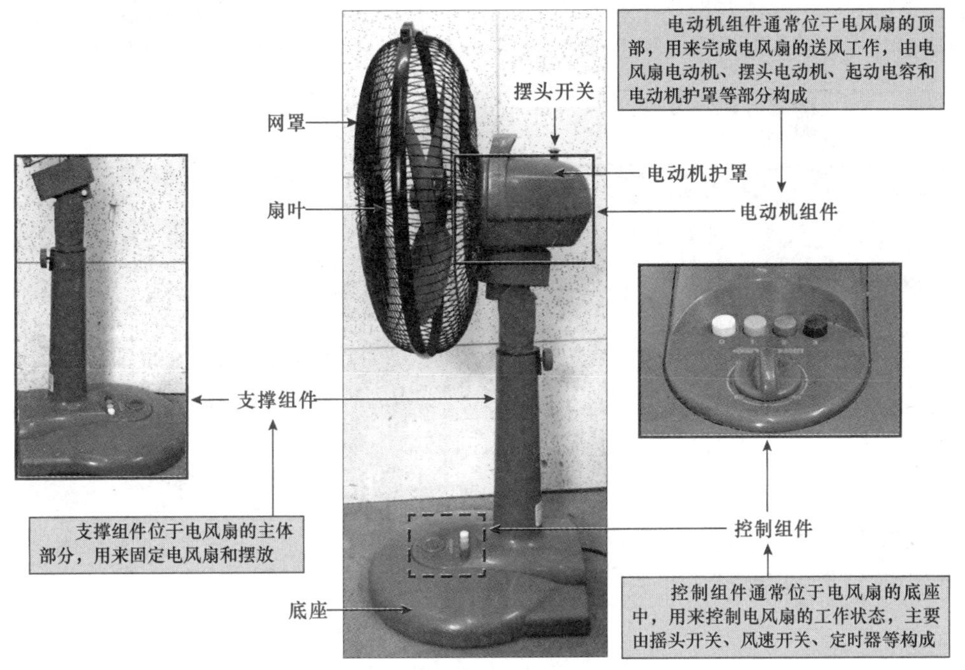

图 9-2 典型电风扇的实物外形

1. 网罩及扇叶

如图 9-3 所示，电风扇的扇叶安装固定在电风扇的电动机转轴上。网罩则安装在扇叶的外围，主要起保护作用（既防止扇叶损坏，同时也确保人员安全）。

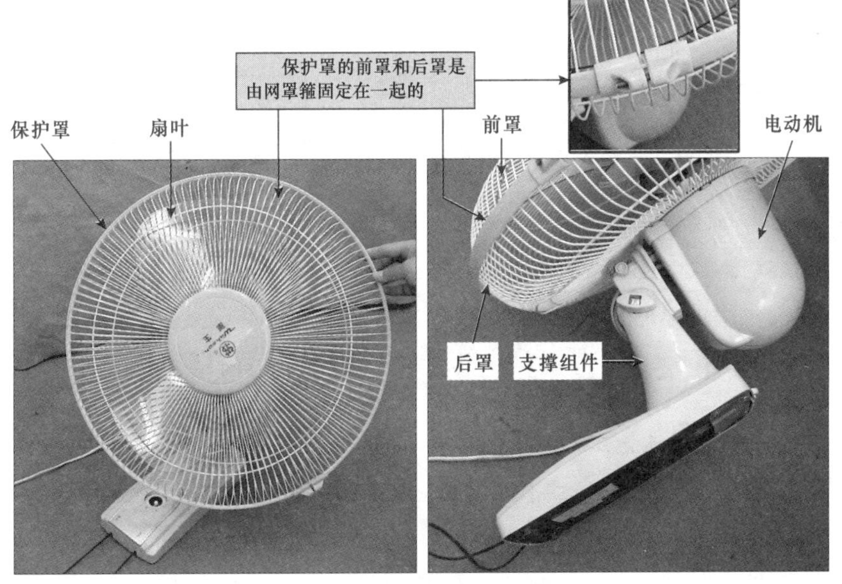

图 9-3 电风扇的网罩及扇叶

2. 电动机组件

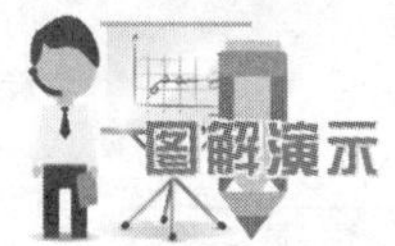

如图9-4所示，电风扇的电动机组件安装固定在电风扇的支撑组件上。电动机组件是电风扇的核心组件，主要由电风扇电动机、摆头电动机、起动电容构成。其中电风扇电动机和摆头电动机主要为电风扇工作提供动力，起动电容的作用是辅助电风扇电动机起动，电动机护罩主要起保护电风扇电动机的作用。

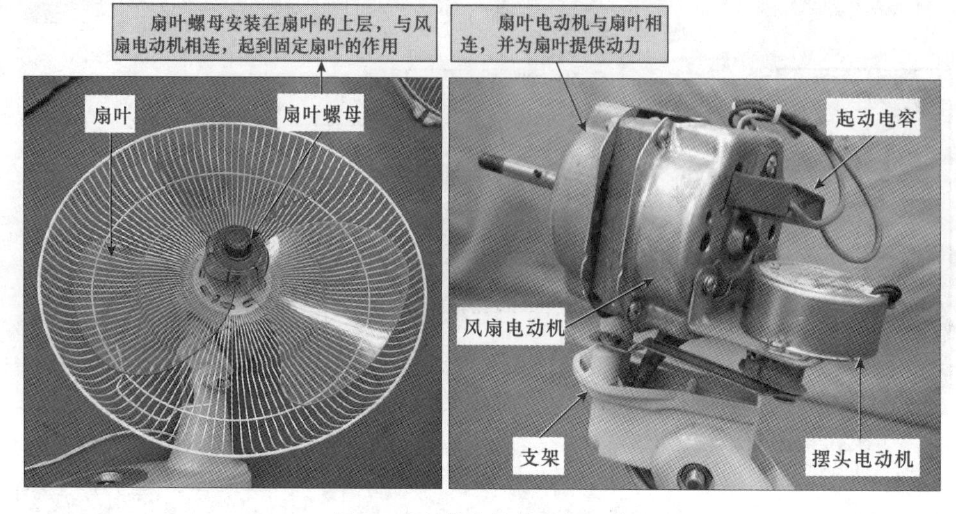

图9-4　电风扇的电动机组件

不同电风扇其主要风扇组件也有所不同。如有些电风扇中采用的摆头动力源为摆头电动机；而有些电风扇中的摆头动力源是通过传动部件（偏心轮、连杆）控制的，动力源来自风扇电动机，该类电风扇采用的是摆头组件，如图9-5所示。

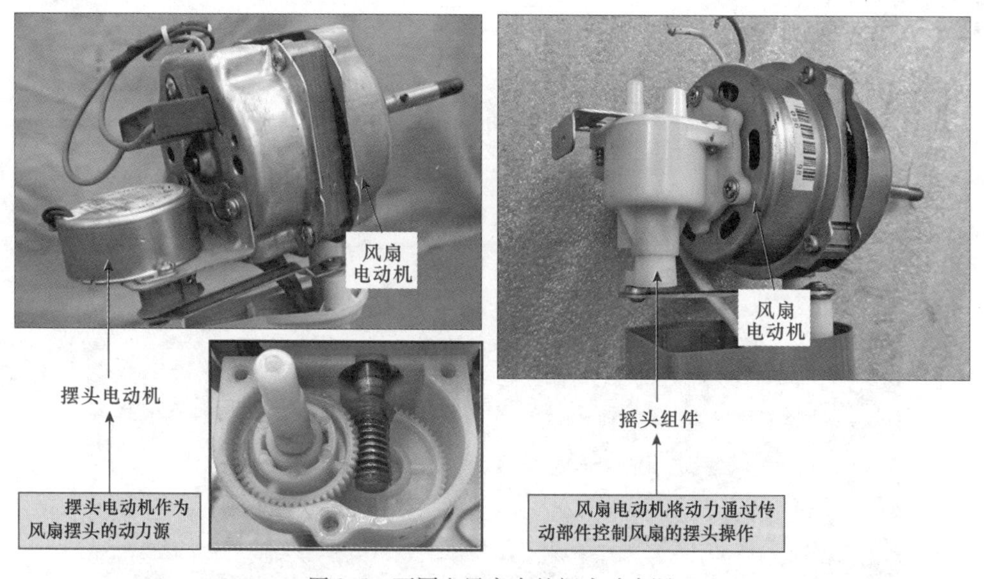

图9-5　不同电风扇中的摆头动力源

3. 控制组件

如图9-6所示，电风扇控制组件主要由调速开关、摆头开关等构成，并通过连接引线与电风扇其他功能部件相连，主要用于控制电风扇的工作。

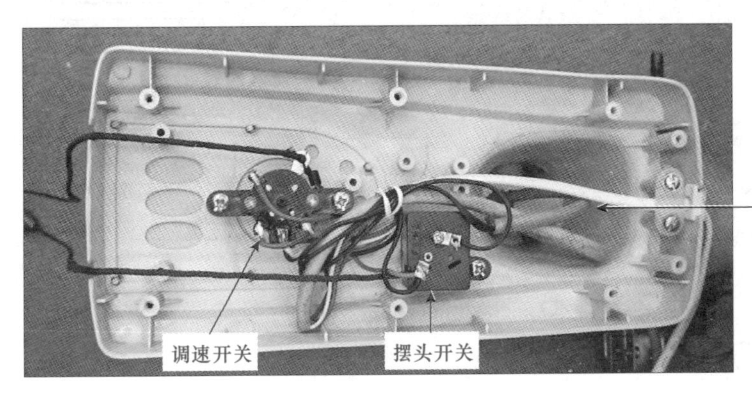

图9-6　电风扇的控制组件

根据电风扇功能的不同，有些电风扇具有定时功能，该类电风扇的内部通常会设置有定时器，如图9-7所示，通过定时器控制风扇电动机的起动或停止。

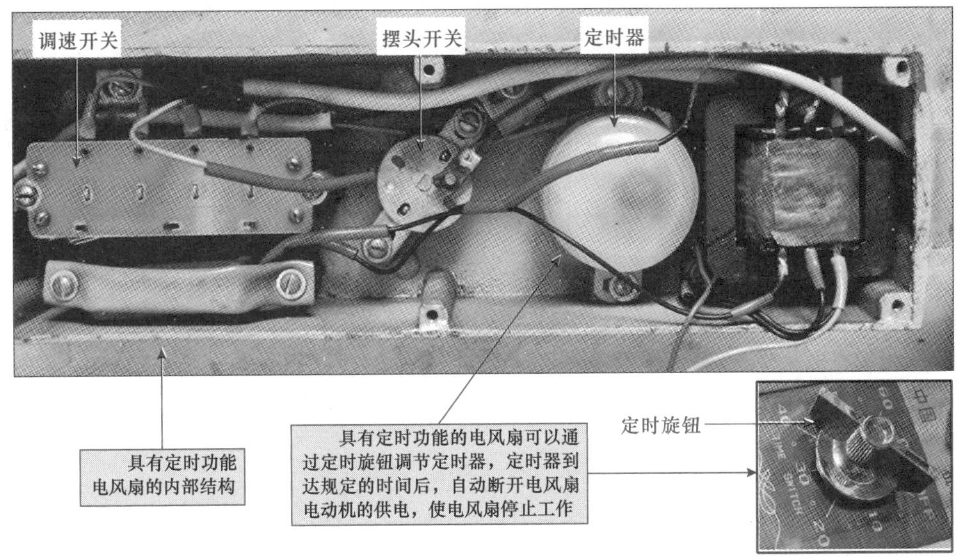

图9-7　带有定时功能的控制组件

9.1.2　电风扇的工作原理

图9-8所示为典型电风扇的整机控制过程。由图可知，电风扇通电后，通过风速开关使电风扇电动机旋转，同时电风扇电动机带动扇叶一起旋转，由于扇叶带有一定的角度，旋转时会切割空气，从而促使空气加速流通，完成送风操作。当需要电风扇摆头送风时，可以通过控制摇头开关控制电风扇头部的摆动。

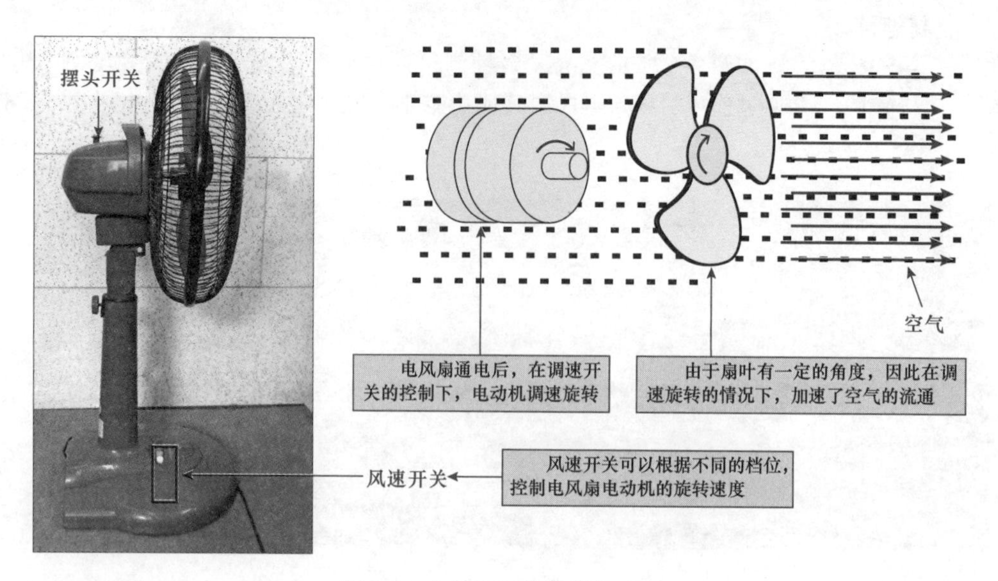

图 9-8　电风扇的整机控制过程

图 9-9 所示为电风扇电动机的工作原理示意图。电风扇中的风扇电动机多为交流感应电动机，它具有两个绕组（线圈），主绕组通常作为运行绕组，另一辅助绕组作为启动绕组。

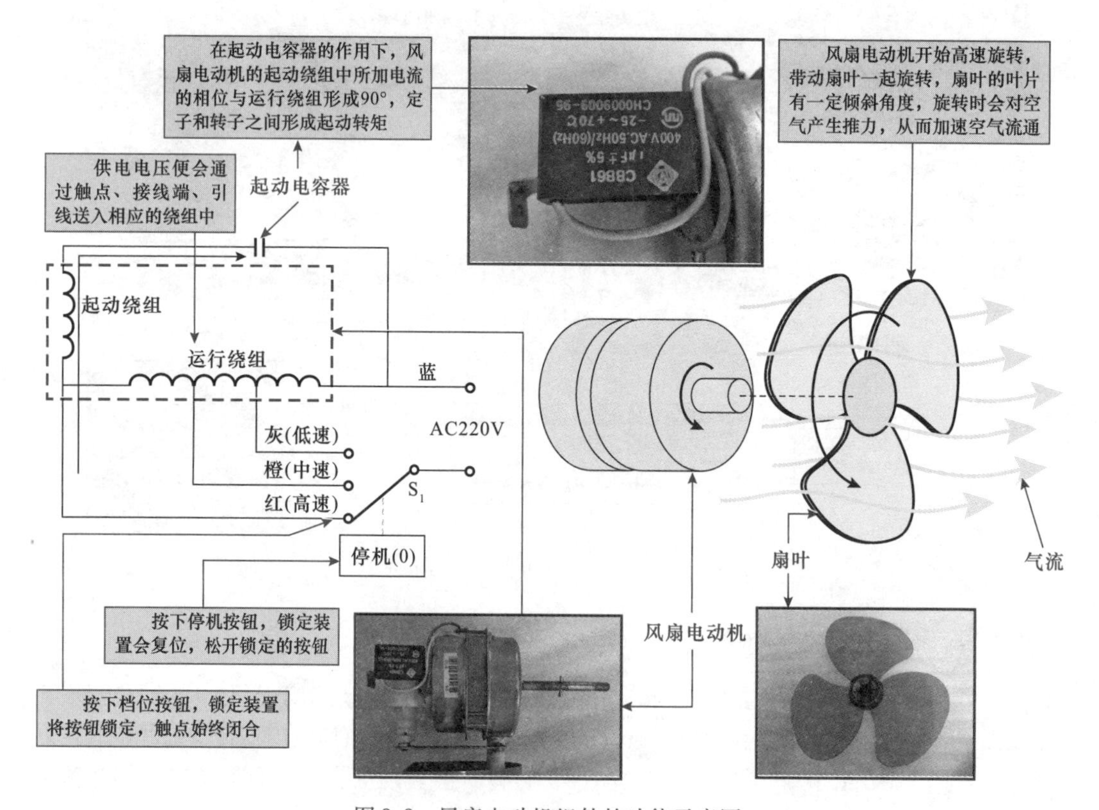

图 9-9　风扇电动机组件的功能示意图

电风扇通电起动后，交流供电经启动电容加到启动绕组上，在启动电容器的作用下，启动绕组中所加电流的相位与运行绕组形成90°，定子和转子之间形成启动转矩，使转子旋转起来。风扇电动机开始高速旋转，并带动扇叶一起旋转，扇叶旋转时会对空气产生推力，从而加速空气流通。

风速开关是电风扇的控制部件，它可以控制风扇电动机内绕组的供电，使风扇电动机以不同的速度旋转。

1. 普通电风扇的电路原理

图9-10所示为典型电风扇模拟自然风运行的工作原理图，它是由交流供电电路、风扇电动机、控制电路和自然风控制电路构成的。

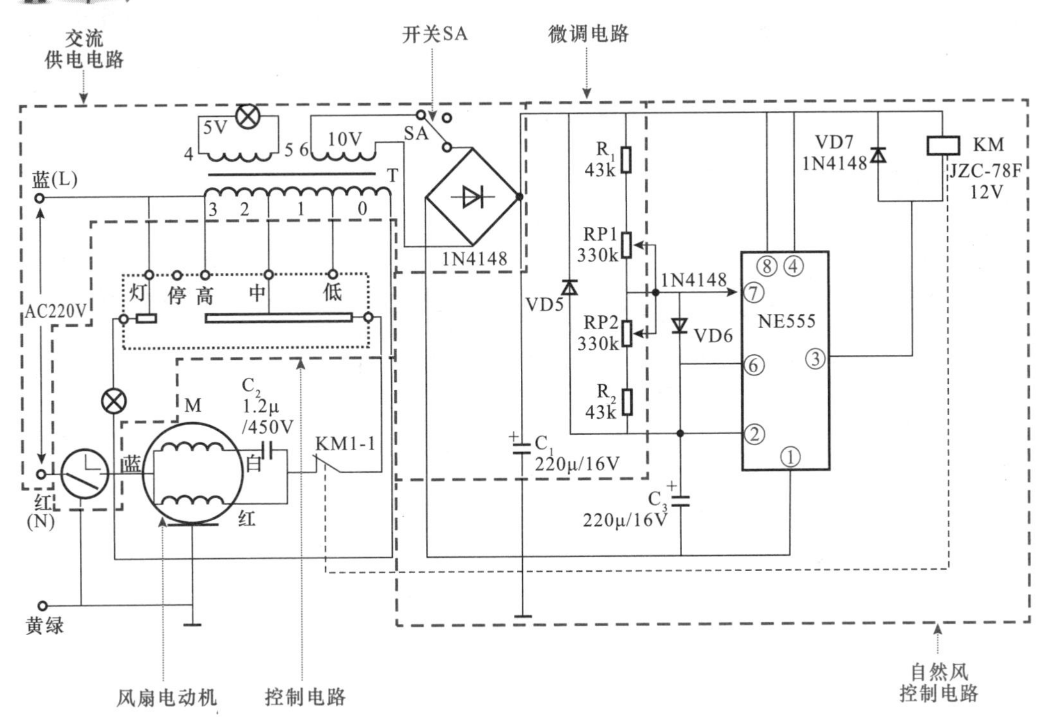

图9-10　电风扇模拟自然风运行的工作原理图

交流220V电压输入后，经控制电路对风扇电动机的转速和运转时间进行控制，当开关SA闭合时，电流送入自然风控制电路，自然风控制电路控制风扇电动机间歇式工作，NE555③脚输出间歇脉冲KM1－1时通时断，从而形成自然风。

在该电路中定时器可以设定为15分钟、30分钟、45分钟、60分钟和长时间运转，当定时器达到设定时间后，内部触点断开，整个电路形成断路，风扇电动机停止运行。

在控制电路中，由琴键开关控制电动机的低速运转、中速运转、高速运转和停机，照明灯又由琴键开关内的单独按钮进行控制。

自然风开关SA控制自然风电路的运转，当其断开时停止电风扇的自然风功能，当SA闭合时电风扇的自然风功能可以正常使用。

例如，当将定时器设定为15分钟，琴键开关设定于中档，电风扇的风扇电动机进行中速运转，开关SA闭合时，供电电压经变压器T后，送入桥式整流堆中进行整流，再经电容器C_1滤波后为集成电路 NE555 供电，同时经微调电路为⑦、⑥、②脚提供控制信号，使③脚按一定规律输出高电平和低电平信号，当输出高电平时，继电器 KM 不动作，当输出低电平时 KM 动作，继电器常闭触点 KM1 断开，风扇电动机停止工作，整个电路形成断路；继电器 KM 失电，使其常闭触点闭合，风扇电动机运转。继电器在 NE555 的控制下有规律地工作，使电动机间歇式运转，形成自然风。

当不需要自然风时，可将开关 SA 断开，自然风控制电路停止运行，但不影响电风扇电路的工作。

2. 带遥控功能电风扇的电路原理

通常，带遥控功能电风扇的电路分为两部分，一部分是遥控发射器电路；另一部分是风扇电动机和驱动电路。

图 9-11 所示为电风扇的遥控发射器电路图（先锋 KYT－30D），它是由遥控信号的编码调制控制芯片 IC RTS715－2 和红外发光二极管等部分构成的。

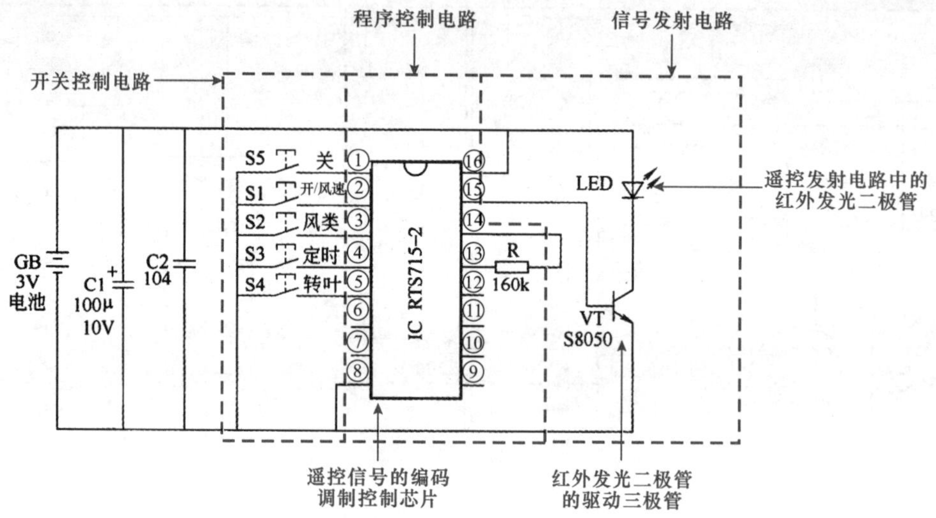

图 9-11　电风扇的遥控发射器电路图

电池 GB 为遥控发射器供电，控制芯片 IC 的①～⑤脚外接人工操作按键，这些键是给控制芯片 IC 输入人工操作指令的微动开关；按下任意操作按键后，控制芯片 IC 的①～⑤脚中会有任一脚接地，控制芯片经引脚功能识别后，形成功能控制信号，该信号在 IC 内部进行编码，由⑮脚输出信号驱动三极管 VT 导通，信号经三极管 VT 驱动红外发光二极管（LED），红外发光二极管将控制信号以光的形式发射出去。

图 9-12 所示为风扇电动机及驱动电路（先锋 KYT－30D），该电路的主体是集成电路控制芯片 IC RTS511B－000，它的⑲脚连接红外接收器，接收控制信号，并对信号进行处理，再由相应的②～⑥脚输出控制信号。风扇电动机的公共端接到交流 220V 的相线端（L），高速、中速和低速控制端由三个双向晶闸管 VS2、VS3、VS4 进行控制，速度控制触发信号分别由 IC RTS511B－000 的②、③、④脚输出，并分别控制晶闸管的触发端。

此外在电风扇中还设有摆头电动机，摆头电动机是由双向晶闸管 VS1 控制的，图 9-12 中地线端为交流 220V 的零线。控制触发信号由 IC RTS511B－000 的⑥脚输出，控制信号触发摆头指示灯 LED11 点亮，并触发晶闸管 VS1 的触发端，晶闸管 VS1 导通，摆头电动机 M2 旋转。

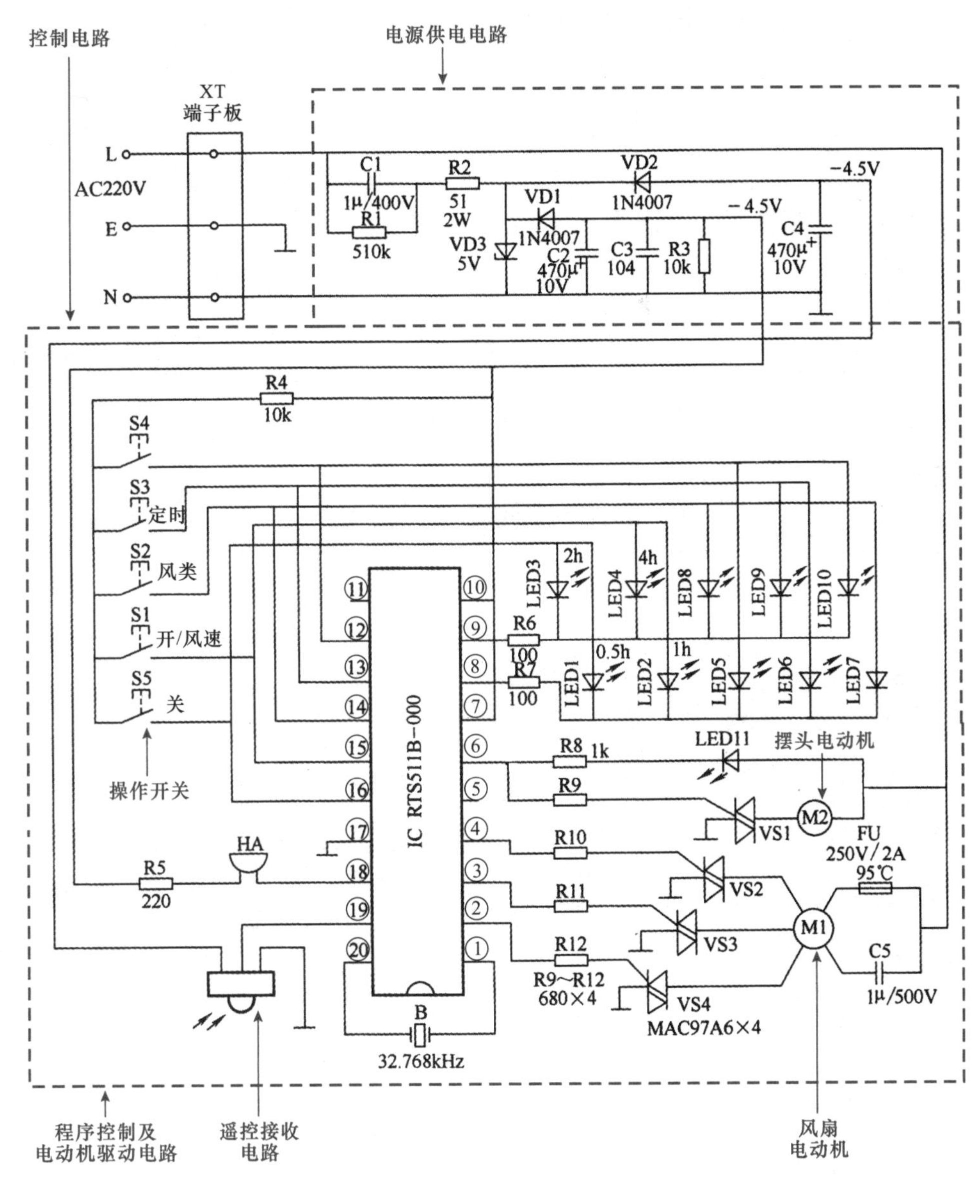

图 9-12　风扇电动机和驱动电路

IC RTS511B-000 控制芯片的①、⑳脚外接晶体，为芯片提供时钟信号。IC RTS511B-000 的⑱脚外接蜂鸣器 HA，当收到控制信号或进行功能转换时会发出声响提醒用户。IC RTS511B-000 芯片再进行控制时，相应的 LED 发光指示，在风扇主体上也设有人工指令键，用来选择风扇的工作方式。

9.1.3　电风扇的故障特点与检修方法

电风扇出现故障后，经常会引起电风扇扇叶转动异常、调速失灵、不能摆头等现象。对该电路进行检修时，可依据电风扇整机的控制过程对可能产生故障的组件部分进行逐级排查。如图 9-13 所示，若电风扇出现故障，则应重点对电风扇的风扇组件和控制组件部分进行检修。

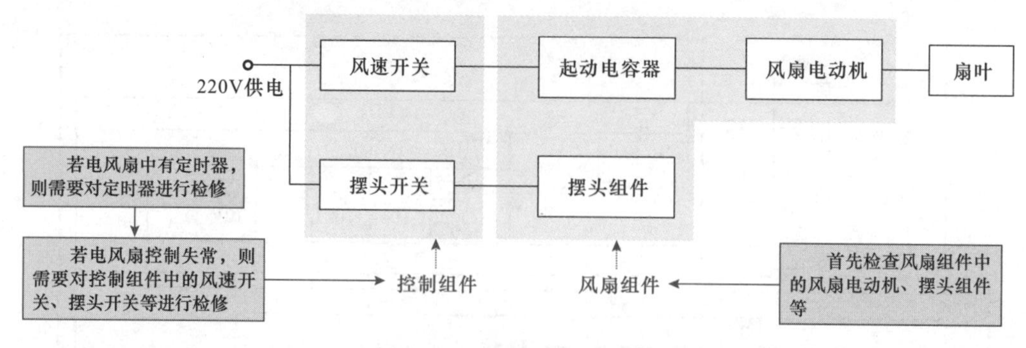

图 9-13　电风扇的检修分析

1. 电动机组件的检修方法

风扇电动机是带动扇叶旋转的核心器件，若风扇电动机不能正常运行，则电风扇的扇叶将无法旋转。检测时可先对风扇电动机的起动电容器进行检修。风扇电动机中起动电容器的检修方法如图 9-14 所示。

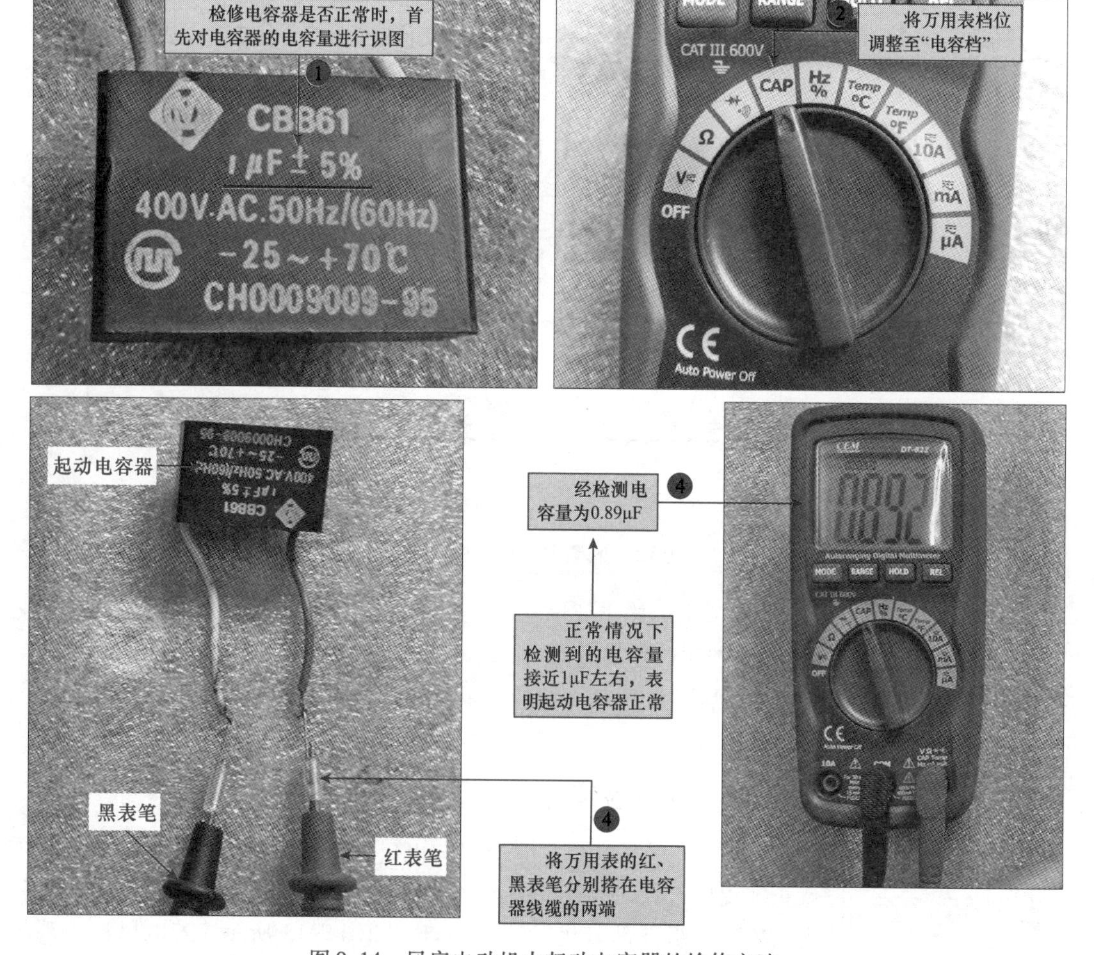

图 9-14　风扇电动机中起动电容器的检修方法

经检测起动电容器正常时，需要进一步对风扇电动机本身进行检修，判断风扇电动机是否正常时，可使用万用表检测风扇电动机内各绕组之间的阻值是否正常。

图解演示

风扇电动机的检修方法如图 9-15 所示。可使用万用表对电动机绕组间的阻值进行测量。

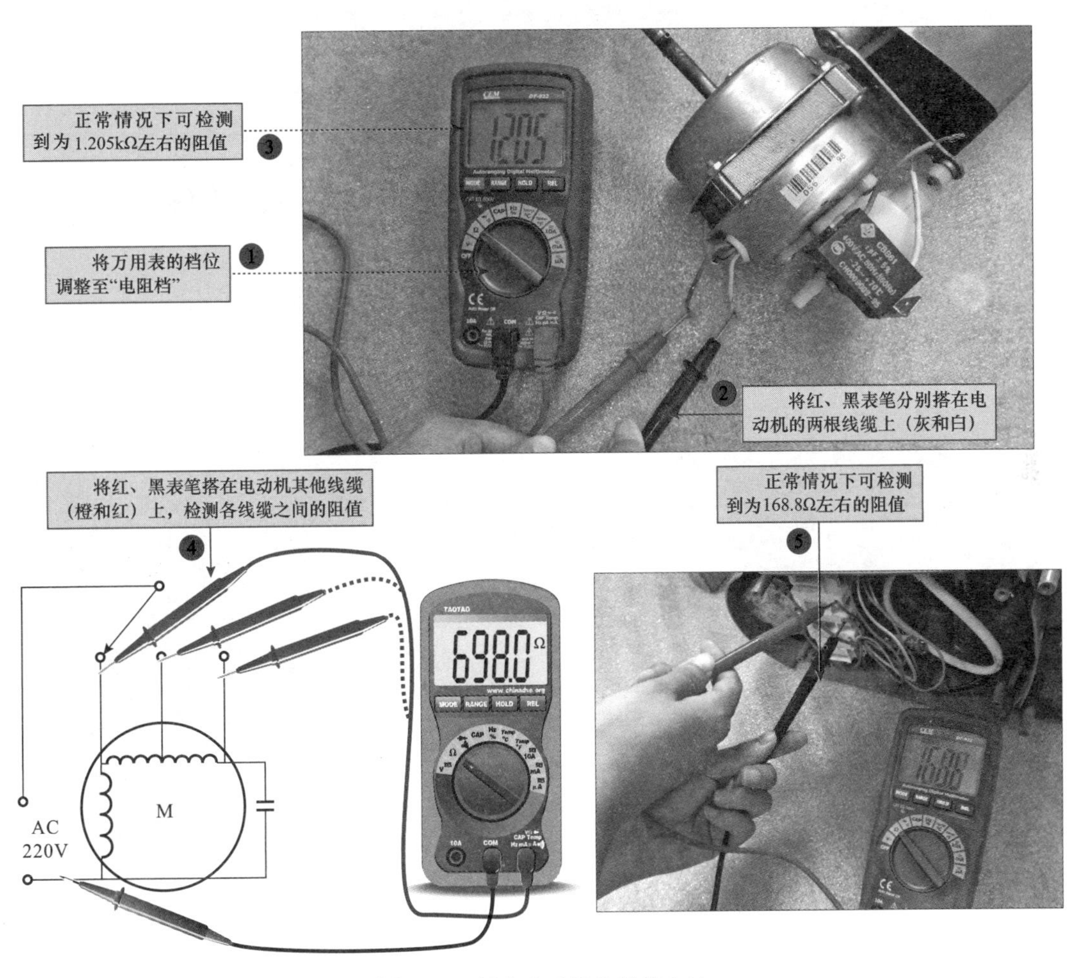

图 9-15 风扇电动机的检修方法

经实际检测，风扇电动机各引线之间的阻值见表 9-1。

表 9-1 电动机各引线之间的阻值 （单位：Ω）

检测线缆	阻值	检测线缆	阻值	检测线缆	阻值
灰 - 橙	136.4	橙 - 红	168.8	红 - 白	529
灰 - 红	3.04.6	橙 - 白	698	红 - 灰	675
灰 - 白	833	橙 - 灰	507	白 - 灰	1205
灰 - 灰	372	—	—	—	—

在检修风扇电动机时，除了检测绕组阻值外，还可通过直观查看风扇电动机的线圈外观有无明显烧毁现象进行判断，如图 9-16 所示。若观察风扇电动机线圈绕组有发黑，或者固定绕组线圈的器件出现熔断现象，则均表明该风扇电动机已经损坏，需要用同规格的风扇电动机进行代换。

图 9-16　检查电风扇电动机内部有无烧毁

若上述检查均正常，则还需要检查风扇电动机内部机械部件的状态，如旋转风扇电动机的轴承，以检查风扇电动机的轴承是否出现松动、无法转动或磨损等现象，如图 9-17 所示。

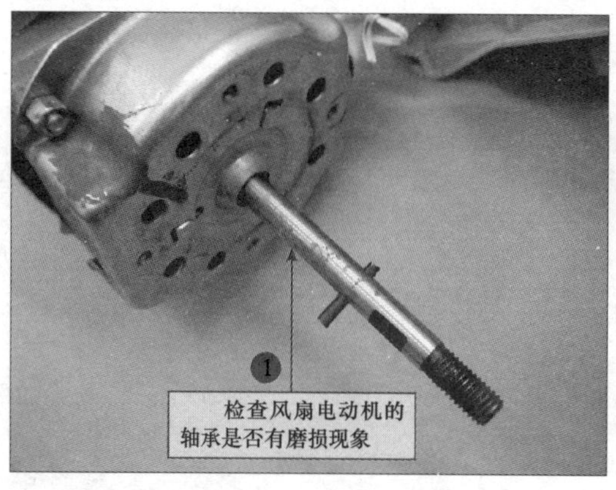

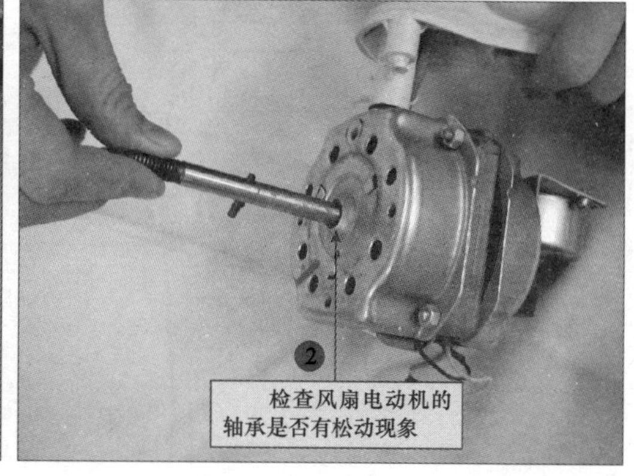

图 9-17　检查风扇电动机轴承

2. 摆头组件的检修方法

摆头组件为电风扇的摆头提供动力，若摆头组件损坏，则会使电风扇出现不摆头，或一直摆头等现象，怀疑摆头组件出现故障时，需要对摆头传动部分、偏心轮、连杆等进行检查。摆头组件的检修方法如图 9-18 所示。

3. 控制组件的检修方法

当电风扇出现控制失常的故障时，通常需要对控制组件进行检修，根据故障现象的不同，检修的重点也有所不同。

当电风扇出现定时失常的故障时，应重点对定时器进行检修；当电风扇出现风速调整失常的故障时，应重点对风速开关进行检修；当电风扇出现摇头异常的故障时，应重点检修摇头开关。下面，我们分别对这些控制组件的检修方法进行介绍。

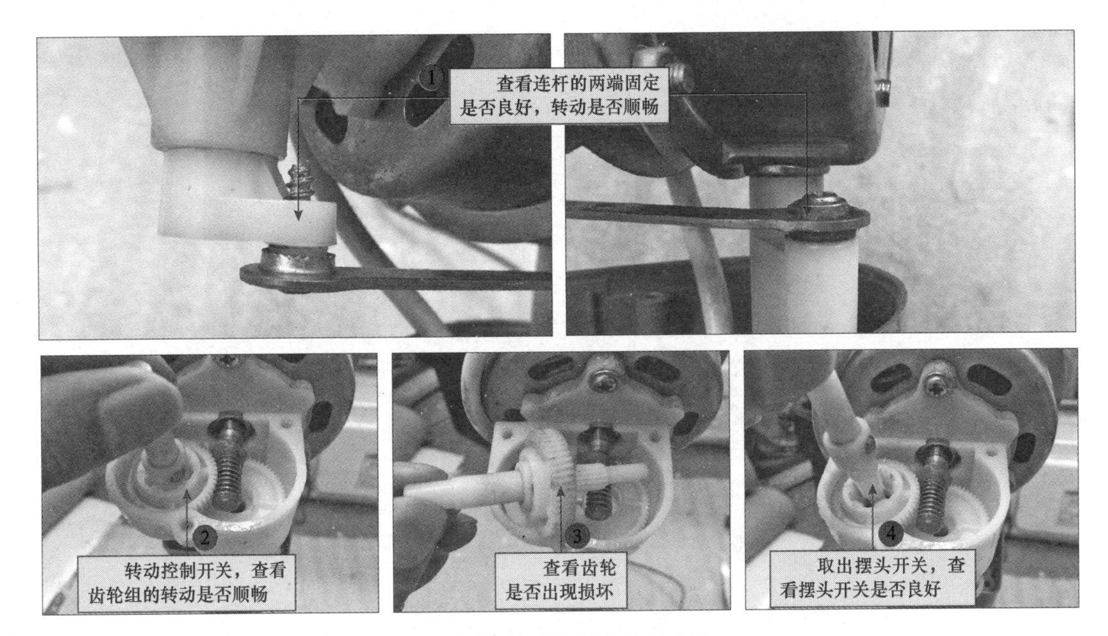

图9-18 摆头组件的检修方法

(1) 定时器的检修方法

在一些电风扇中会设计有定时器，它可以控制电风扇的运行时间，当设定的时间到达后，会自动切断电风扇的供电，使电风扇停止工作。当定时器损坏时，经常会导致电风扇不能进行定时操作。

在对定时器进行检修时，应重点对定时器内的齿轮组、触点以及引线焊点等进行检查。定时器的检修方法如图9-19所示。

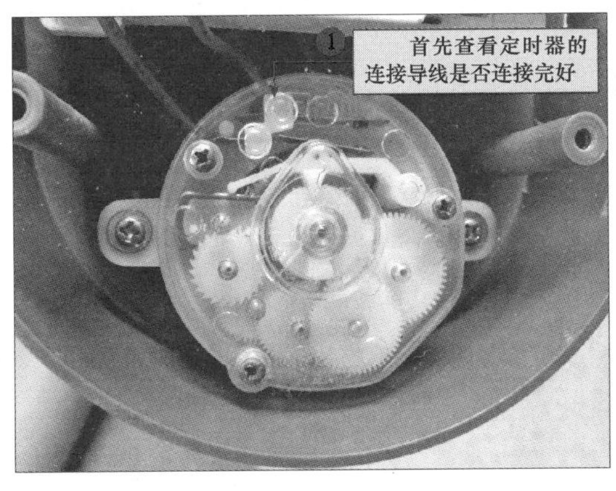

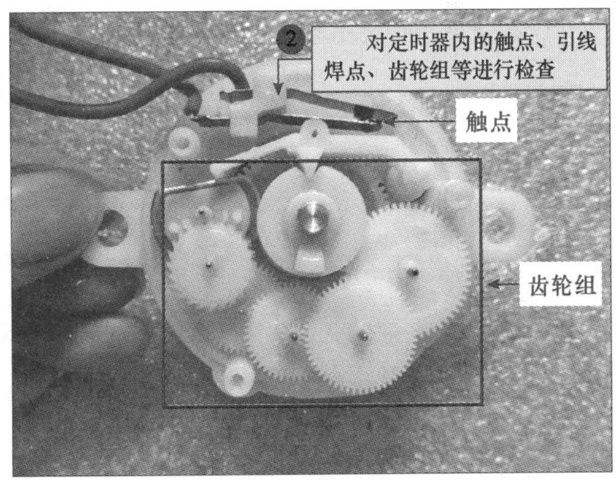

图9-19 定时器的检修方法

(2) 风速开关的检修方法

电风扇的风速主要是由风速开关进行控制的，当风速开关损坏时，经常会引起电风扇扇叶不转动或无法改变电风扇风速的故障。

在对风速开关进行检修时，应先查看风速开关与各导线的连接是否良好，然后再对内部的主要部件进行检验。风速开关的检修方法如图 9-20 所示。

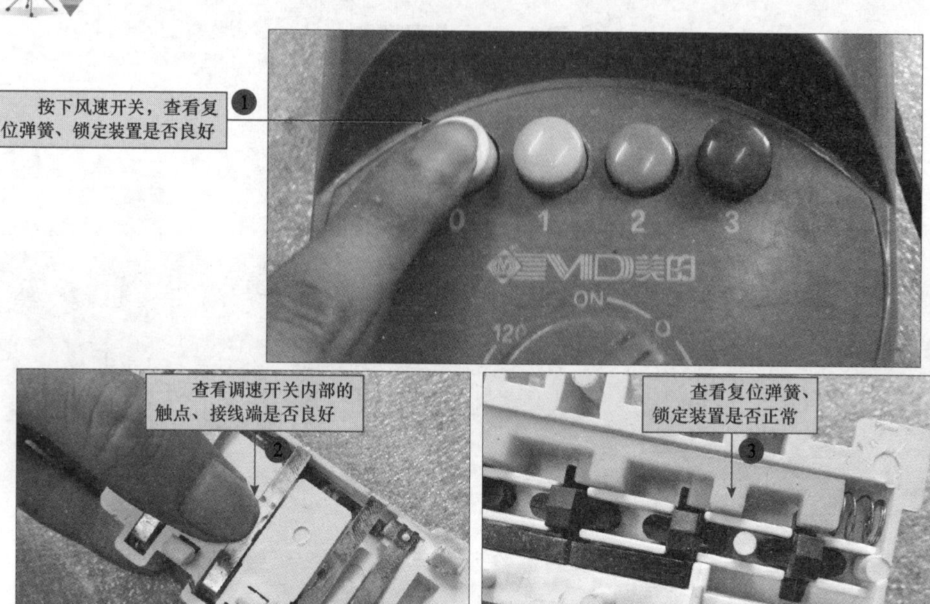

图 9-20　风速开关的检修方法

9.2　电热水壶的结构原理与检修技能

9.2.1　电热水壶的结构特点

图 9-21 所示为典型电热水壶的外部结构图。可以看到电热水壶的外部结构比较简单，主要是由指示灯、分离式电源底座、电热水壶自身底座、蒸汽式自动断电开关、上盖、出水口、水壶提手以及透明水尺等构成的。

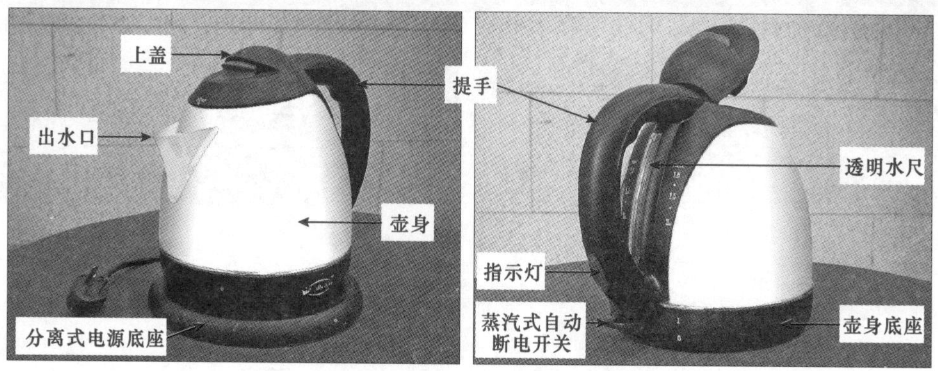

图 9-21　电热水壶的外部结构图

在电热水壶中，分离式电源底座是用于为电热水壶供电的主要部件，主要是由一个圆形的底座和一个可以与水壶底座吻合的底座插座，以及电源线构成的，如图9-22所示。

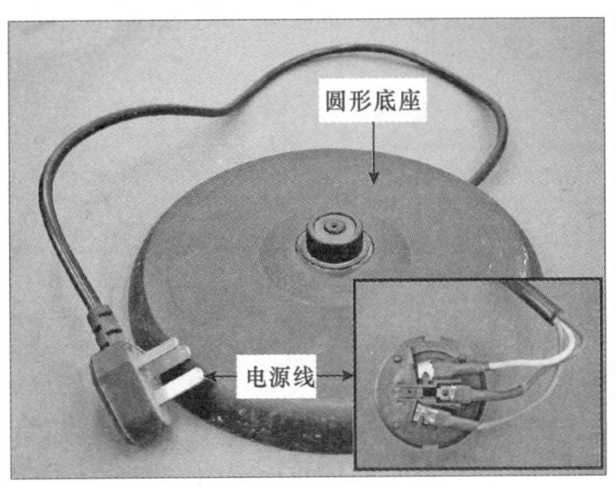

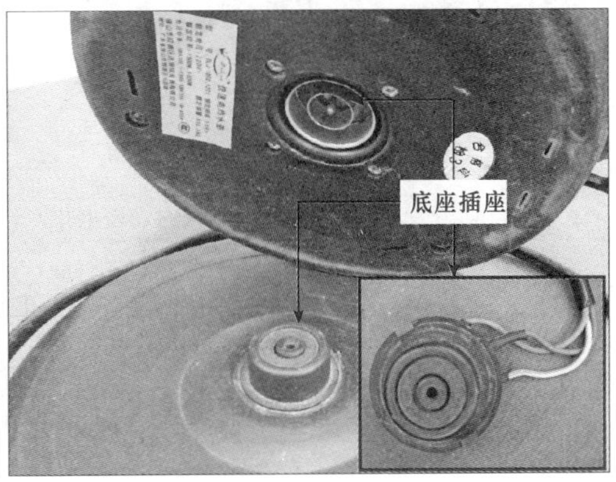

图9-22　分离式电源底座

将电热水壶的壶体与壶身底座分离后，即可看到电热水壶壶身底座的内部结构，如图9-23所示，可以看到其内部主要包含了蒸汽式自动断电开关、水壶插座、发热盘、温控器、热熔断器以及指示灯（氖管）等。

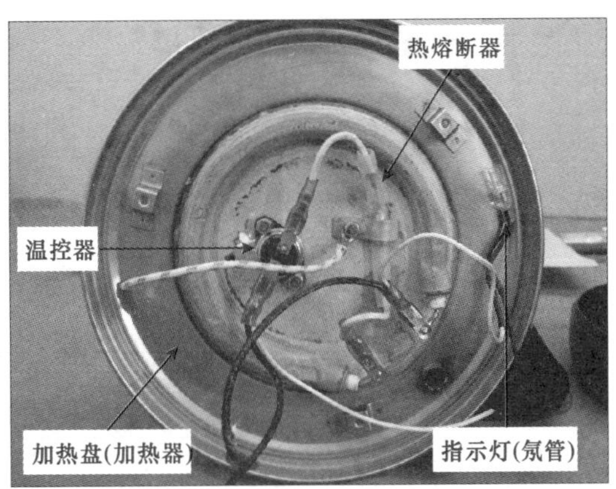

图9-23　电热水壶壶身的内部结构

电热水壶中的电路是用来控制加热盘（加热器）对水进行加热和自动断电的。图9-24所示为电热水壶的电路结构，该电路主要由加热盘、热熔断器、温控器、水壶插座（供电端）、蒸汽式自动断电开关和指示灯（氖管）组成。

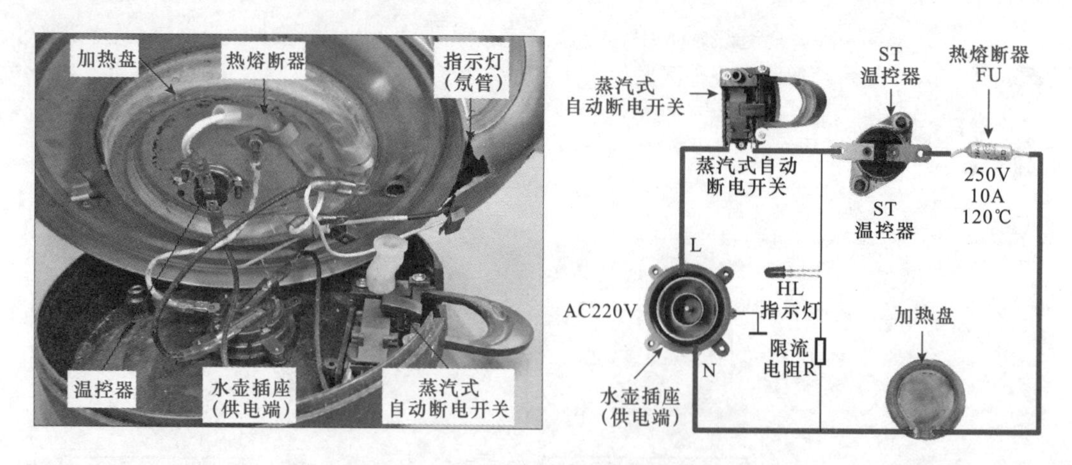

图9-24　典型电热水壶的电路结构

9.2.2　电热水壶的工作原理

电热水壶是用来快速加热饮用水的家用电器，也是目前很多家庭中的生活中必备品。电热水壶的工作原理如图9-25所示，当电热水壶中加水后，接通交流220V电源，交流电源的L（相线）端经蒸汽式自动断电开关、温控器ST和热熔断器FU加到加热盘的一端，经过煮水加热盘与交流电源的N（零线）端形成回路，开始加热。

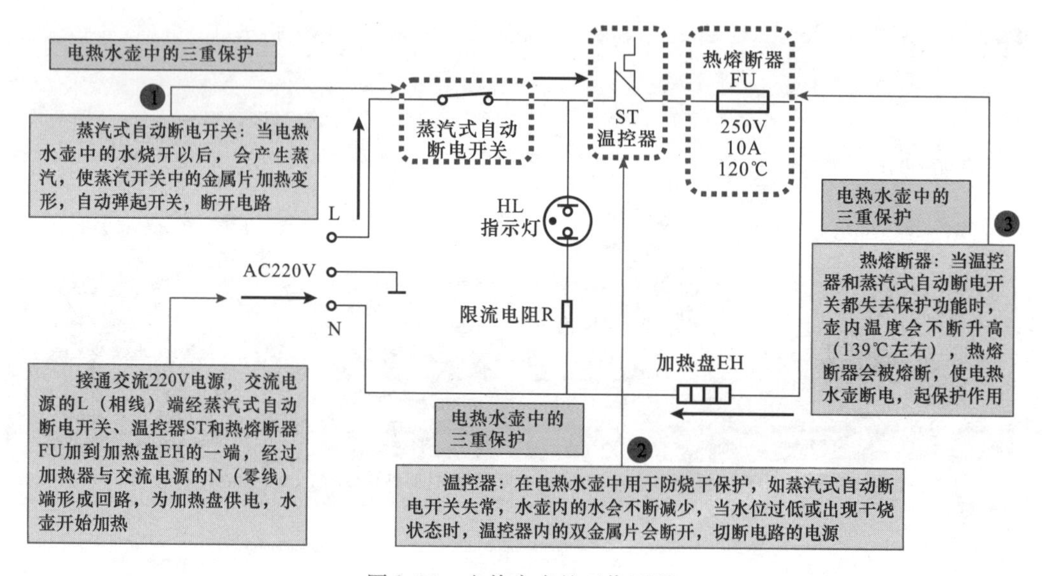

图9-25　电热水壶的工作原理

在电热水壶中指示灯（氖管）HL和限流电阻R串联，与煮水加热盘处于并联状态，当电热水壶电路处于通路煮水状态，煮水加热盘有电压工作时，HL会发光，指示煮水加热状态。当水温高于96℃，蒸汽式自动断电开关断开后，电热水壶电路处于断路状态，指示灯HL熄灭。

1. 蒸汽式自动断电开关的工作原理

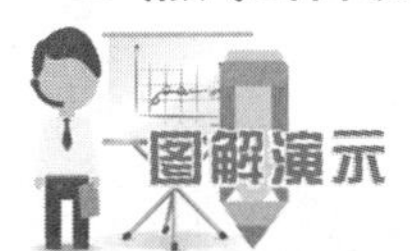

蒸汽式自动断电开关是感应水蒸气的器件，当水烧开后，蒸汽式自动开关断开，图 9-26 所示为蒸汽式自动断电开关的工作原理图。

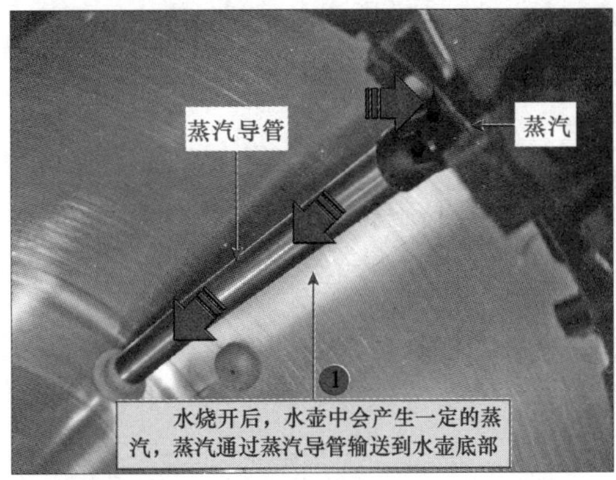

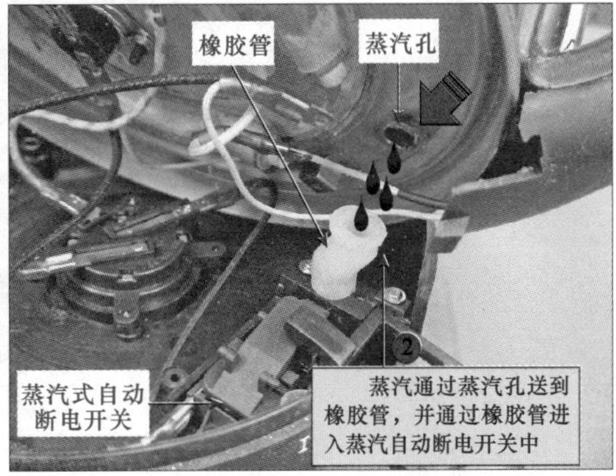

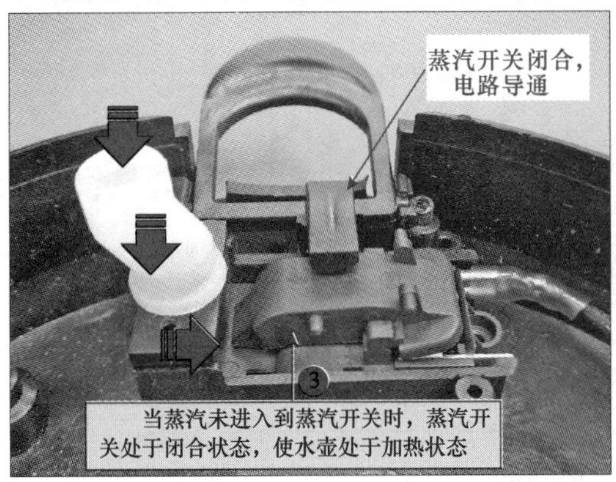

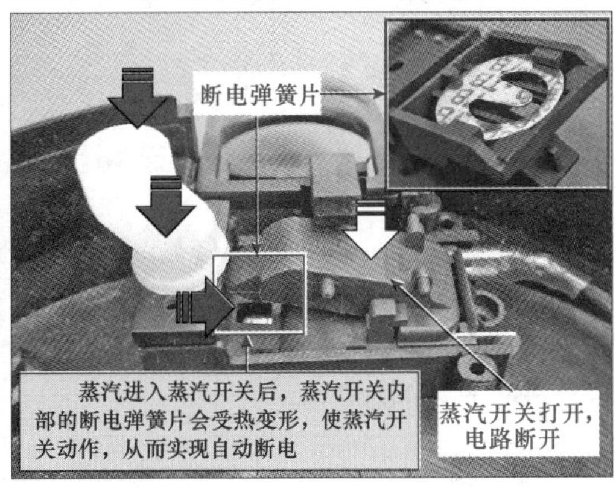

图 9-26　蒸汽式自动断电开关的工作原理

当水壶内的水烧开以后，产生的水蒸气经过水壶内的蒸汽导管送到水壶底部的橡胶管，由橡胶管再将蒸汽送入蒸汽开关内。蒸汽开关内部的断电弹簧片会受热变形，使蒸汽开关动作，从而实现自动断电。

2. 加热盘的工作原理

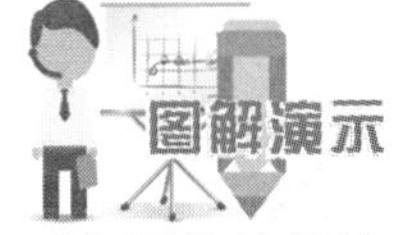

电热水壶的加热盘是实现煮水加热功能的核心器件，它一般与壶身制成一体，通过连接引脚与控制电路相连，如图 9-27 所示。

加热盘工作的实质是将电能转换成热能，也就是当有电流流过导体时，由于焦耳热的缘故，通电导体会发热，发热公式为：热量 = 导体电阻值 × 电流 × 电流 × 时间，由此可见，只要把加热盘中的电阻做得很大（比电线的电阻值大很多），在通电电流和通电时间相同的情况下，加热盘所产生的热量就会比电线的热量大很多，从而实现加热效果。

3. 过热保护组件的工作原理

电热水壶中的过热保护组件主要包括温控器和热熔断器，它们均能够因过热切断电路而起到过热保护作用。图 9-28 所示为典型电热水壶中的过热保护组件。

图 9-27　电热水壶加热盘

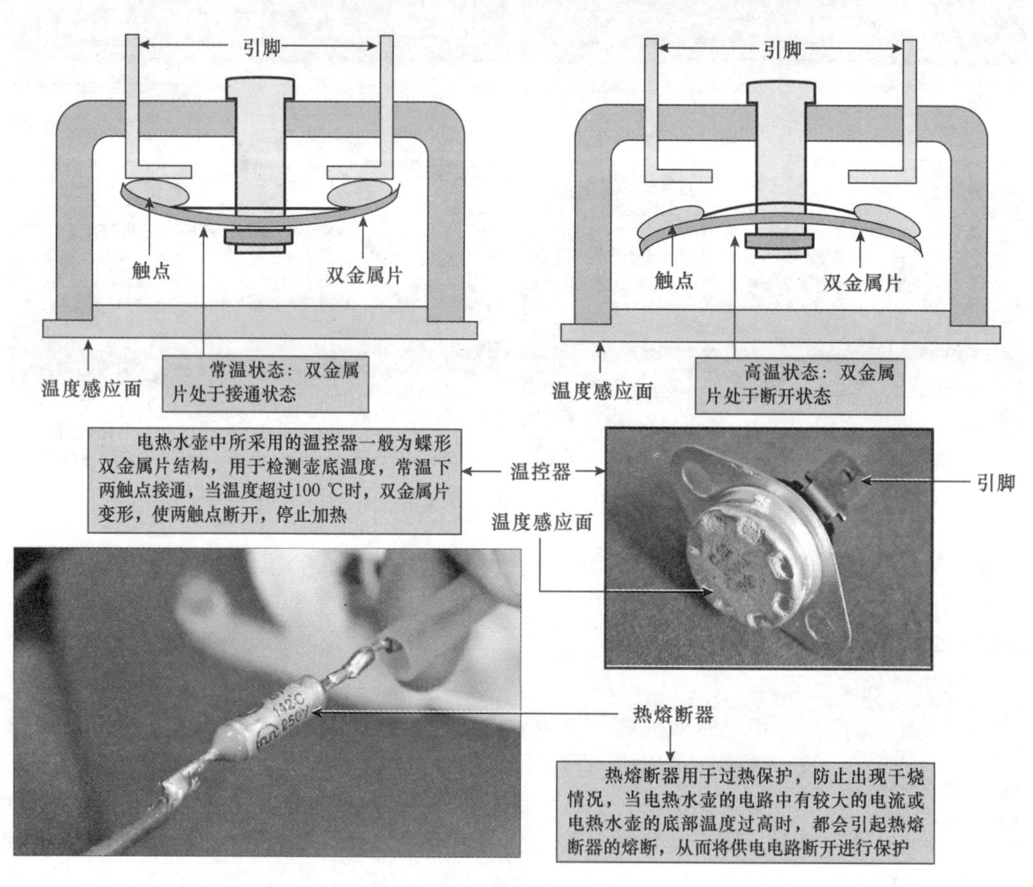

图 9-28　过热保护组件

9.2.3　电热水壶的故障特点与检修方法

电热水壶出现故障时主要表现为无法通电、通电后不加热、水开后不能自动断电等。电热水壶作为一种典型的家用电热产品，其核心组件就是电热部件，该部件由相应的控制部件控制。

因此，在电热水壶出现上述故障后，除了对基本机械部件和电源线通断进行检查外，还应重点对加热盘、蒸汽式自动断电开关、温控器、热熔断器等进行检测。图9-29所示为电热水壶的检修分析。

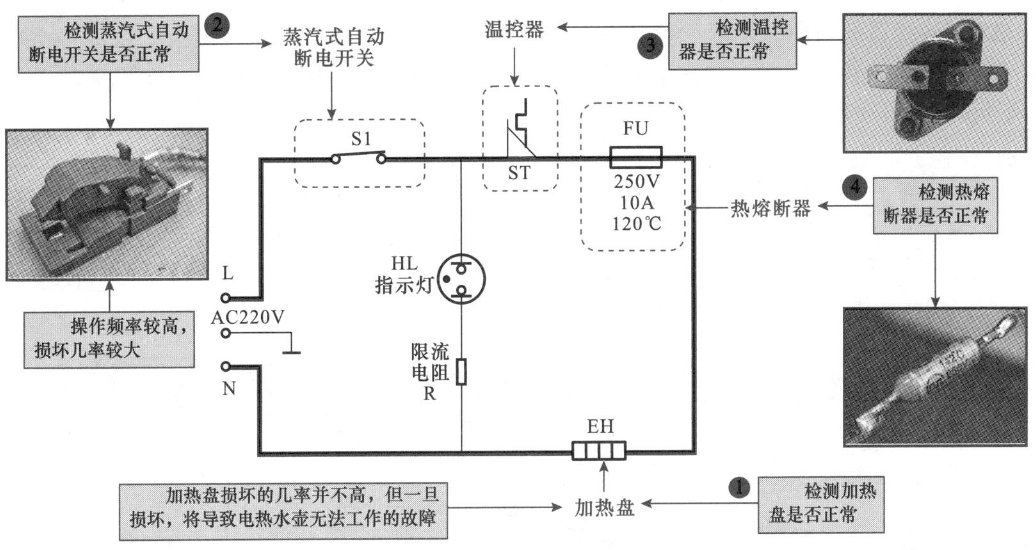

图9-29　电热水壶的检修分析

1. 加热盘的检修方法

加热盘是为电热水壶中的水进行加热的电热器件。加热盘不容易损坏，若损坏则会导致电热水壶无法正常加热。对加热盘进行检查时，可以使用万用表检测加热盘阻值的方法来判断其好坏。电热水壶加热盘的检测方法如图9-30所示。

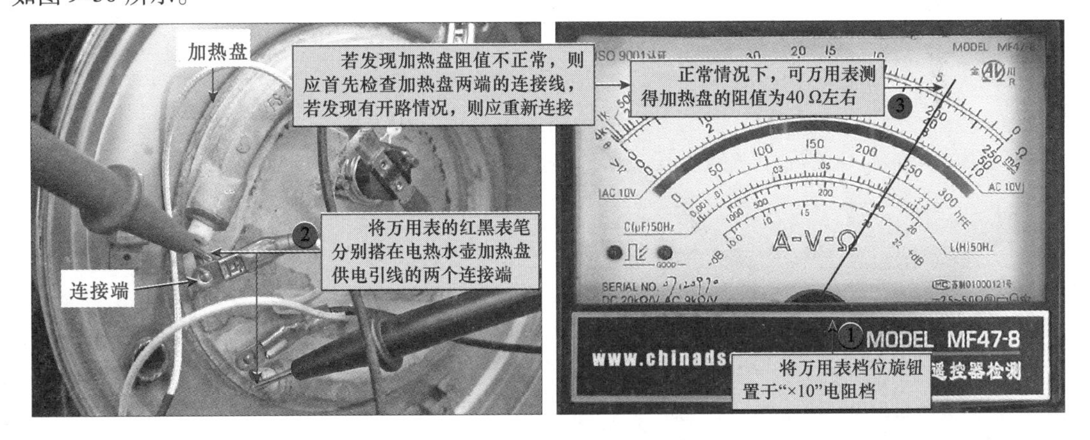

图9-30　加热盘的检测方法

正常情况下，使用万用表检测加热盘的阻值为应为几十欧姆；若测得阻值为无穷大或零甚至几百至几千欧姆，则均表示加热盘已经损坏。

在检修的过程中，若加热器阻值出现无穷大，则有可能是由于加热器的连接端断裂导致加热器阻值不正常，需检查后对加热器的连接端进行检修，再次检测加热器的阻值，从而排除故障。

电热水壶的加热器是用来进行煮水加热的，而且是和壶身制成一体的，在加热器两端连接控制电路对其进行控制。

但由于加热盘主要用来加热电热水壶内的水，因此如果加热盘的阻值过大，将会消耗太多的电能，导致电热水壶加热水的时间变长。

2. 蒸气式自动断电开关的检修方法

蒸汽式自动断电开关是控制电热水壶自动断电的装置，如果损坏则可能会导致壶内的水长时间沸腾无法自动断电，还有可能导致电热水壶无法进行加热。

在对其进行检修时，可先通过直接观察法检查开关与电路的连接、橡胶管的连接、蒸汽开关、压断电弹簧片、弓形弹簧片以及接触端等部件的状态和关系，即先排除机械故障。若从表面无法找到故障，则可再借助万用表检测蒸汽式自动断电开关能否实现正常的“通”“断”控制状态。图9-31所示为蒸汽式自动断电开关的检测方法。

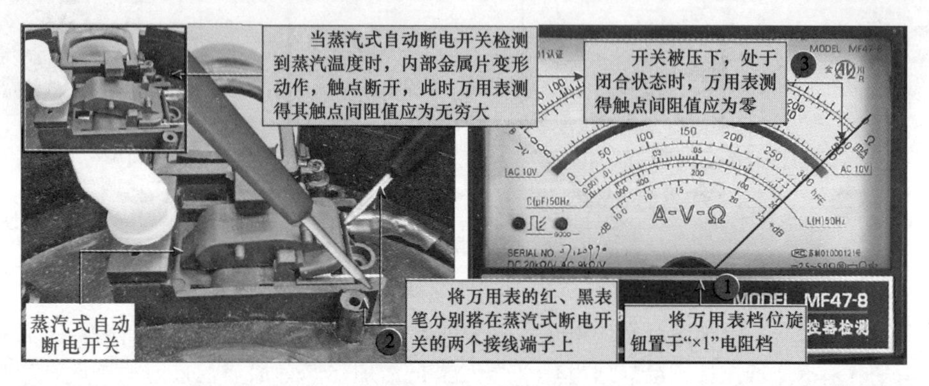

图9-31 蒸汽式自动断电开关的检测方法

3. 温控器的检修方法

温控器是电热水壶中关键的保护器件，用于防止蒸汽式自动断电开关损坏后，水被烧干。如果温控器损坏，则会导致电热水壶加热完成后不能自动跳闸，以及无法加热的故障。可使用万用表电阻档检测其在不同温度条件下两引脚间的通断情况，来判断其好坏。图9-32所示为温控器的检测方法。

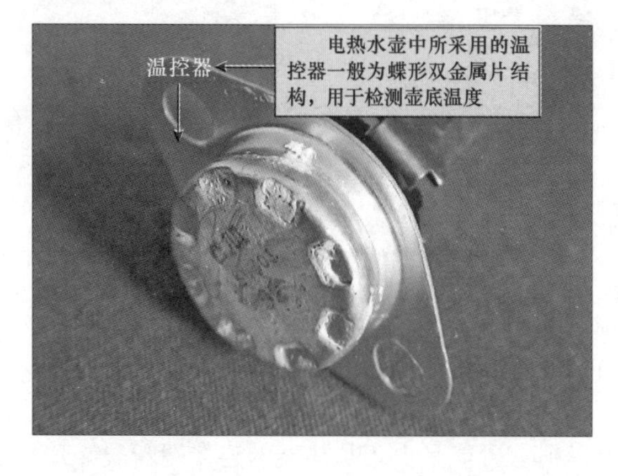

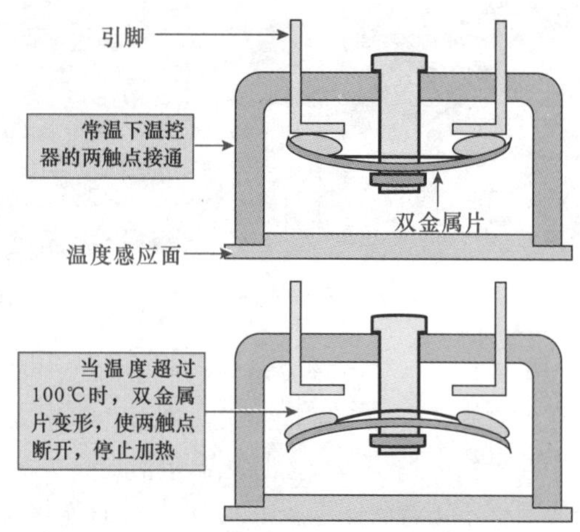

图9-32 温控器的检测方法

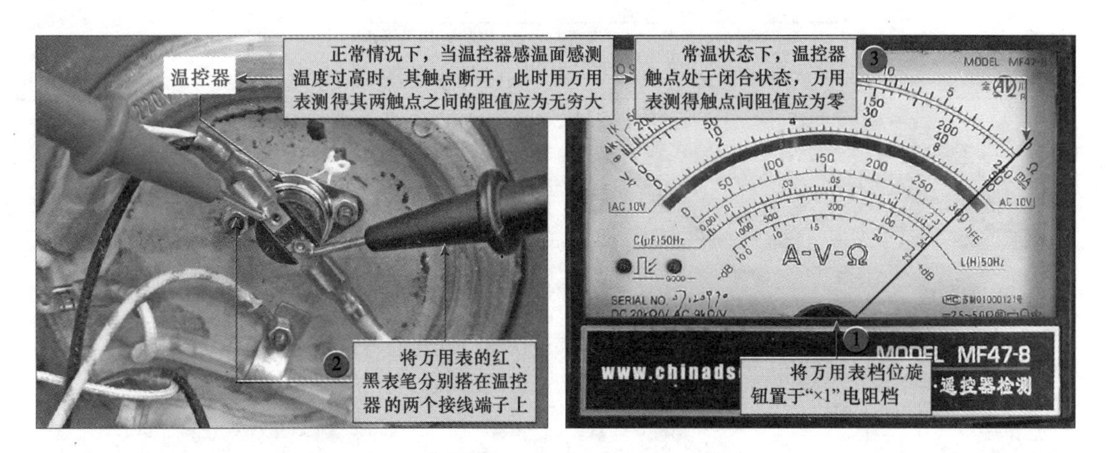

图9-32　温控器的检测方法（续）

4. 热熔断器的检测方法

热熔断器是整机的过热保护器件，若该器件损坏，则可能会导致电热水壶无法工作。

图9-33所示为热熔断器的检测方法。判断热熔断器的好坏可使用指针式万用表电阻档检测其阻值。正常情况下，热熔断器的阻值为零，若实测阻值为无穷大，则说明热熔断器损坏。

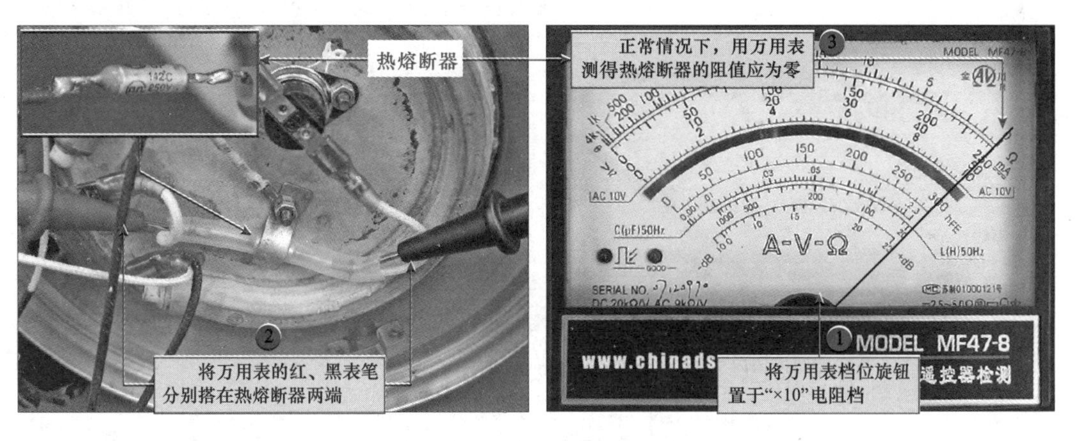

图9-33　热熔断器的检测方法

9.3　吸尘器的结构原理与检修技能

9.3.1　吸尘器的结构特点

吸尘器是家庭日常生活中必备的小家电产品之一，是借助吸气的作用吸走灰尘或污物（如线、纸屑、头发等）的清洁电器。图9-34所示为典型吸尘器的实物外形。

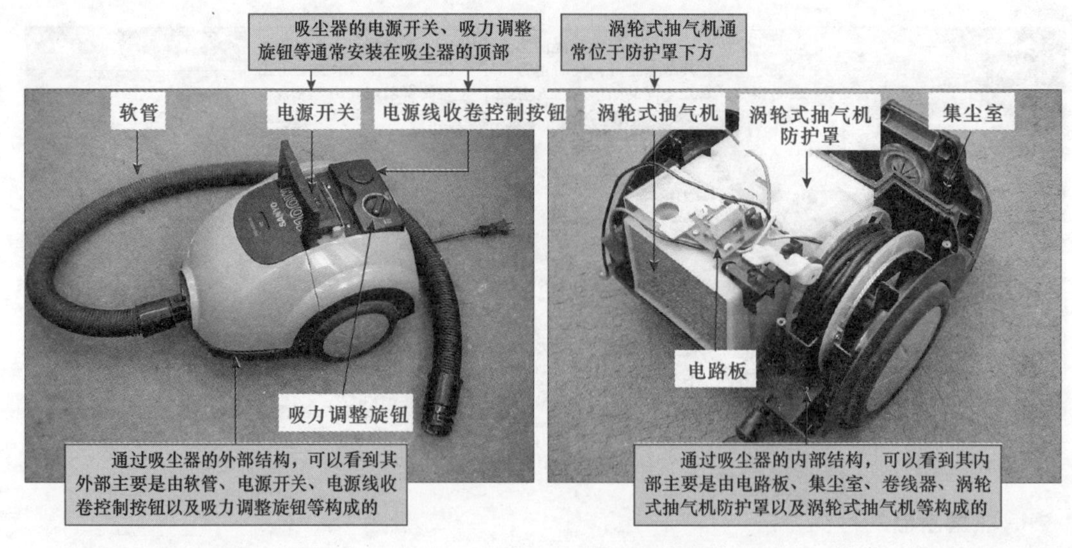

图 9-34　典型吸尘器的实物外形

1. 电源线收卷控制按钮

新型吸尘器都具有电源线自动收卷功能，当用户按压电源线收卷控制按钮时，电源线便会自动收回到吸尘器内部，非常方便。图 9-35 所示为电源线收卷控制按钮。电源线收卷控制按钮内部装有复位弹簧，按压后可以自动复位。

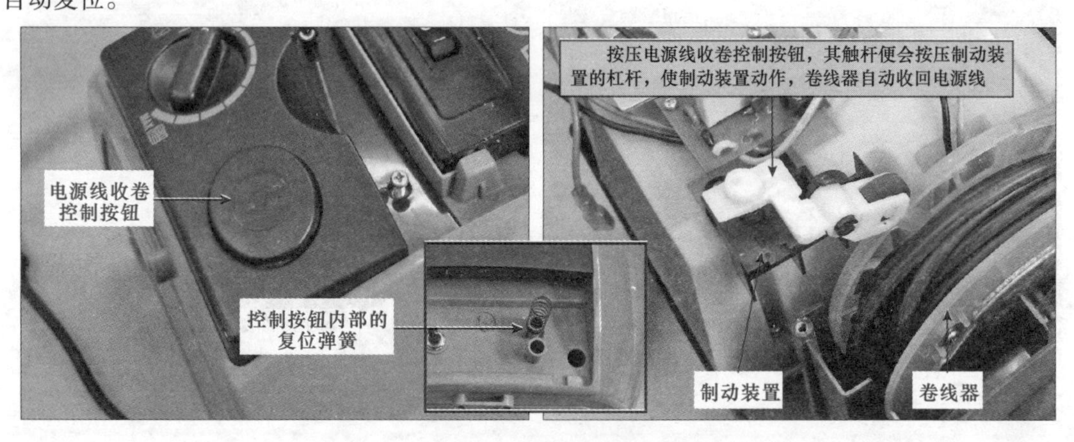

图 9-35　电源线收卷控制按钮的实物外形

2. 吸力调整旋钮

吸力调整旋钮可对吸尘器吸气力度的大小进行调节，其实物外形如图 9-36 所示。实际上，吸力调整旋钮与一个电位器相连，通过转动旋钮到不同的位置，可改变电位器阻值的大小，进而改变吸尘器的吸气力度。

3. 涡轮式抽气机

涡轮式抽气机是一个带涡轮叶片的电动机，它是一种电动抽气装置。图 9-37 所示为典型吸尘器中涡轮式抽气机的结构。可以看到涡轮式抽气机主要包括两部分，一部分为涡轮抽气装置，内有涡轮叶片；另一部分为涡轮抽气驱动电动机，简称驱动电动机。

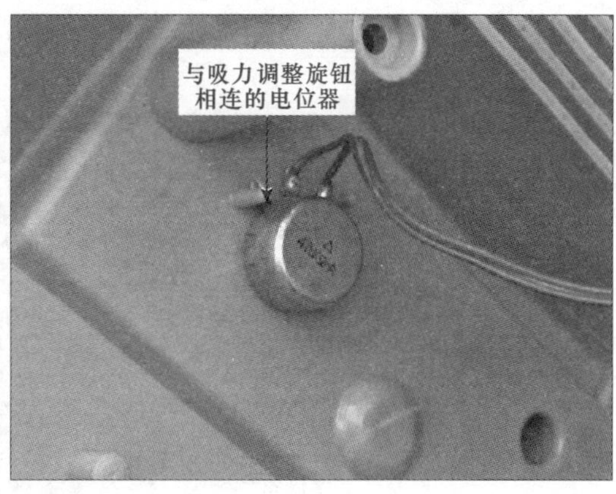

图 9-36　吸力调整旋钮

图 9-37　吸尘器中涡轮式抽气机的结构

驱动电动机就是常见的单相交流感应电动机。涡轮式抽气机工作的时候，会带动周围的空气，沿着涡轮叶片的轴向运动，再从排风口排出，如图 9-38 所示。

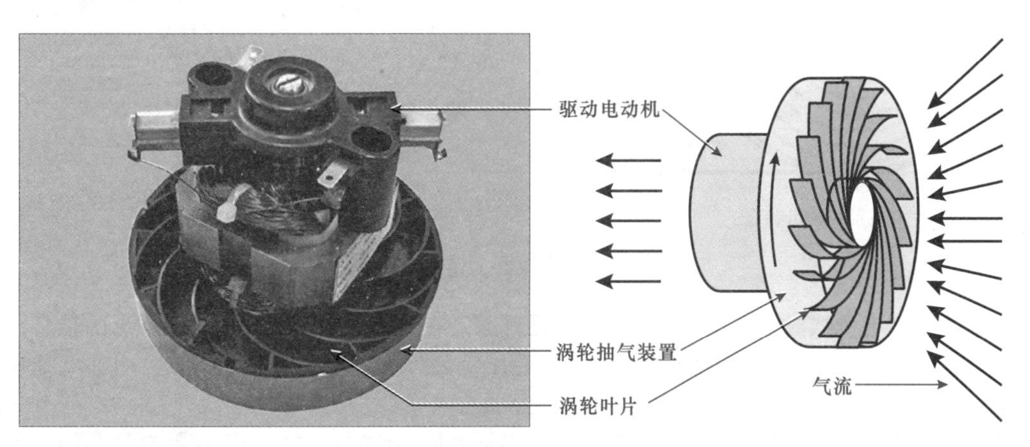

图 9-38　涡轮式抽气机工作原理图

4. 卷线器

卷线器是用于收卷电源线的设备，可以使吸尘器的外观更为美观，图9-39所示为吸尘器中卷线器的结构，其主要包括电源触片、摩擦轮、轴杆、护盖、螺旋弹簧、电源线以及制动装置。

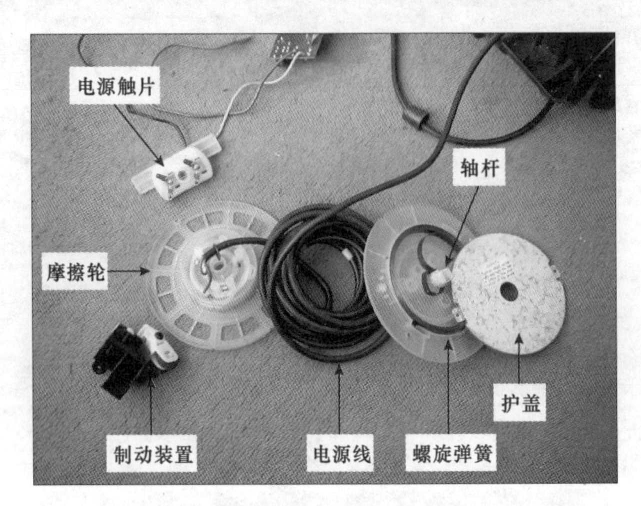

图9-39　吸尘器中卷线装置的整体结构

图解演示

卷线器的内部结构与卷尺相似，如图9-40所示。

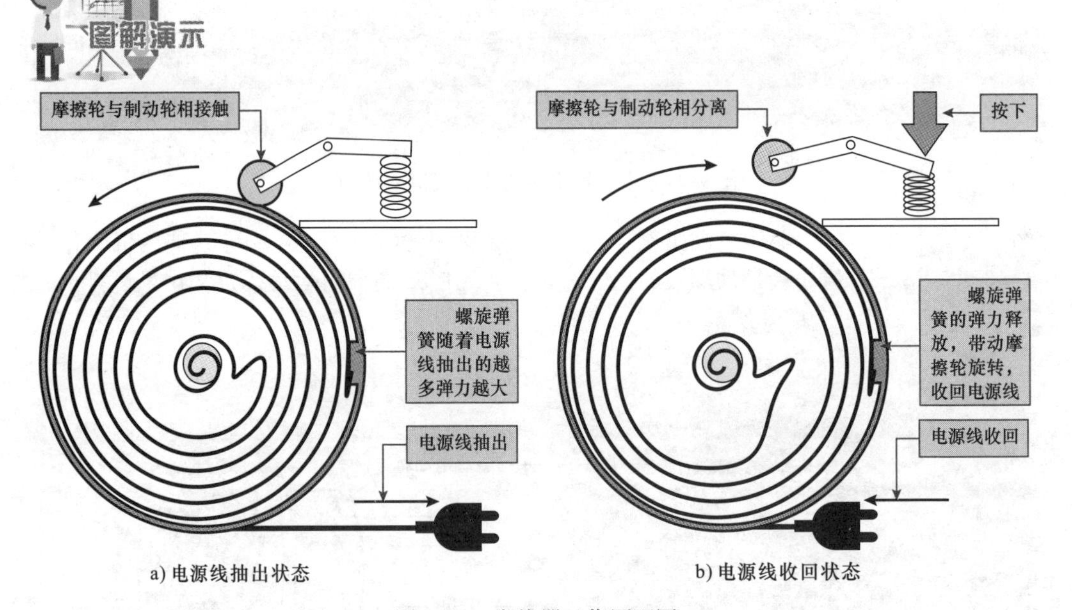

图9-40　卷线器工作原理图

1）当抽出电源线时，由于螺旋弹簧的首尾都固定在摩擦轮中，因此电源线抽出的越多，螺旋弹簧的弹力越大，但是制动轮又阻碍了摩擦轮中螺旋弹簧的释放。此时卷线器中的电源线可以随意抽取。

2）当不需要使用吸尘器时，电源线太长，很不方便。此时，可以按下制动杠杆，将制动轮与摩擦轮分离。没有了制动轮的阻碍，卷线器内部螺旋弹簧的弹力就会释放出来，并带动摩擦轮旋转。摩擦轮旋转时电源线也跟着一起收回到卷线器中。此时卷线器中的电源线已经缠绕到摩擦轮上。

5. 制动装置

制动装置是用来辅助卷线器工作的设备，图9-41所示为吸尘器中制动装置的结构，制动装置是由制动轮、制动杠杆、制动弹簧等构成的。

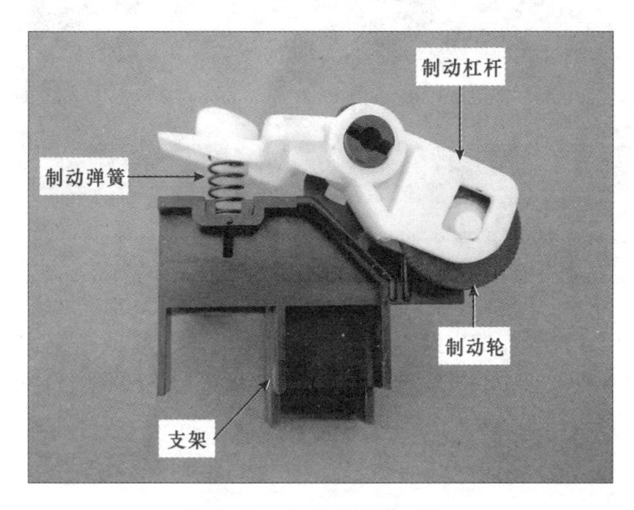

图9-41 制动装置的结构

制动轮之所以能够控制摩擦轮，是因为两个轮上都有螺纹，如图9-42所示。这些螺纹大大增加了摩擦力，能够使制动轮阻碍摩擦轮中螺旋弹簧的释放。

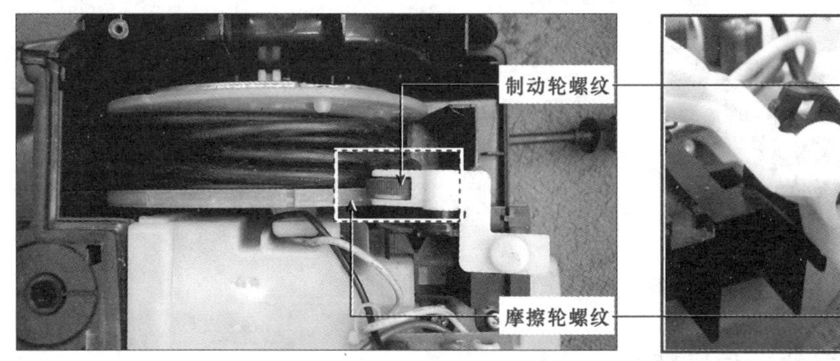

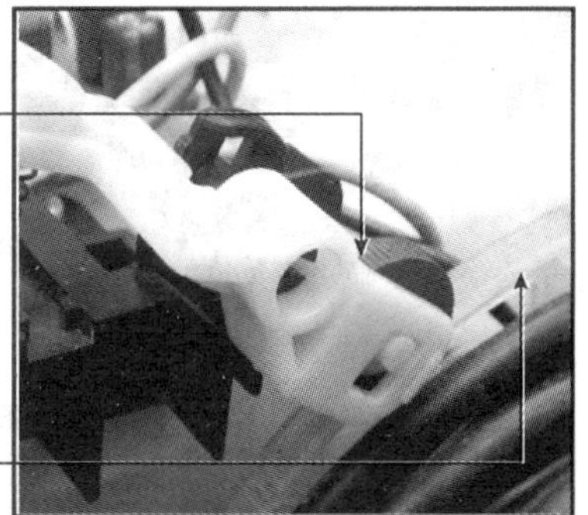

图9-42 摩擦轮和制动轮的螺纹

6. 集尘室和集尘袋

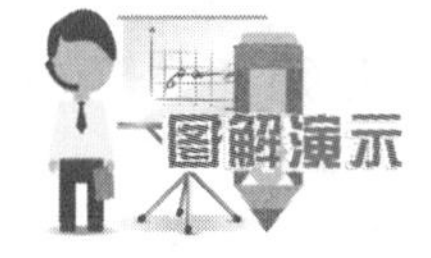

集尘室和集尘袋就是用来收集灰尘和垃圾的地方。集尘袋的袋口与吸风口紧密相连，并由一个锁定装置密封，如图9-43所示，可有效避免灰尘散落。

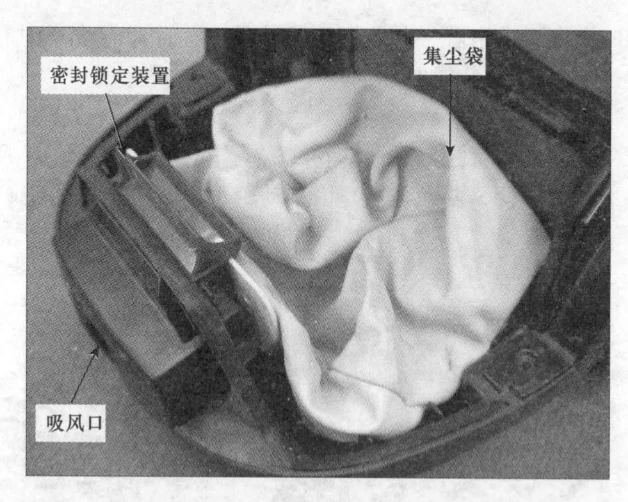

图 9-43　集尘袋密封锁定装置

7. 电路板

吸尘器的电路板承载着控制吸尘器工作或动作的所有电子元器件，它是吸尘器中的关键部件。图 9-44 所示为典型吸尘器中电路板的结构，可以看到，其主要是由双向二极管、双向晶闸管、电容器、电阻器以及调速电位器连接端等构成的，这些电子元器件按照一定的原则连接成具有一定控制功能的单元电路，进而控制吸尘器的工作状态。

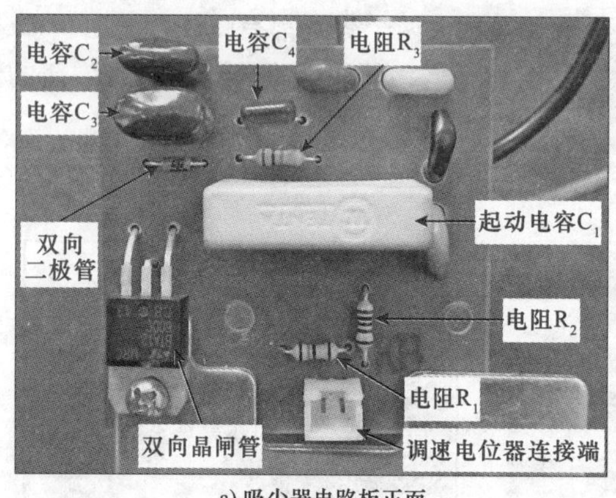

a) 吸尘器电路板正面

a) 吸尘器电路板反面

图 9-44　吸尘器的电路结构

9.3.2　吸尘器的工作原理

图 9-45 所示为典型吸尘器的工作原理示意图。当吸尘器通电按下工作按钮后，内部抽气扇片高速旋转，吸尘器内的空气迅速被排出，使吸尘器内的集尘室形成一个瞬间真空的状态。在此时外界气压大于集尘室内的气压，形成一个负压差。使得与外界相通的吸气口会吸入大量的空气，空气中的灰尘等脏污一起被吸入吸尘器内，收集在集尘袋中，空气可以通过过滤网排出吸尘器，形成一个循环，只将脏污收集到集尘袋中。

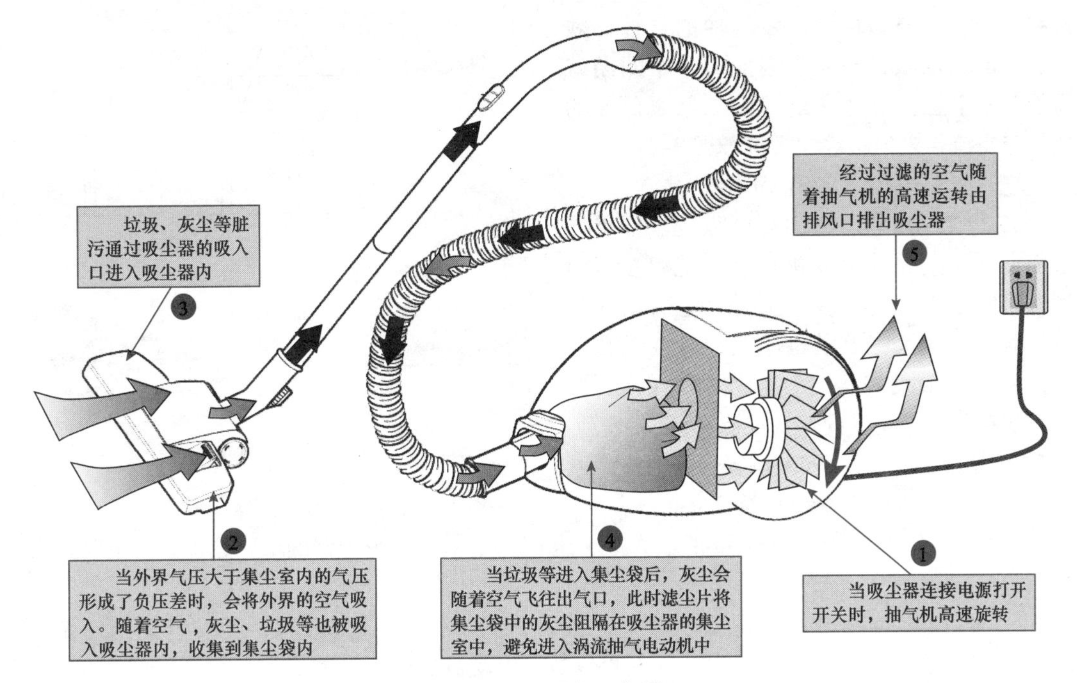

图 9-45　吸尘器的工作原理

1. SANYO 1100W 型吸尘器的电路原理

图解演示

图 9-46 所示为 SANYO 1100W 型吸尘器电路原理图。交流 220V 电源经电源开关 S 为吸尘器电路供电，交流电源经双向晶闸管 VS 为驱动电动机提供电流，控制双向晶闸管 VS 的导通角（每个周期中的导通比例），就可以控制提供给驱动电动机的能量，从而达到控制驱动电动机速度的目的。

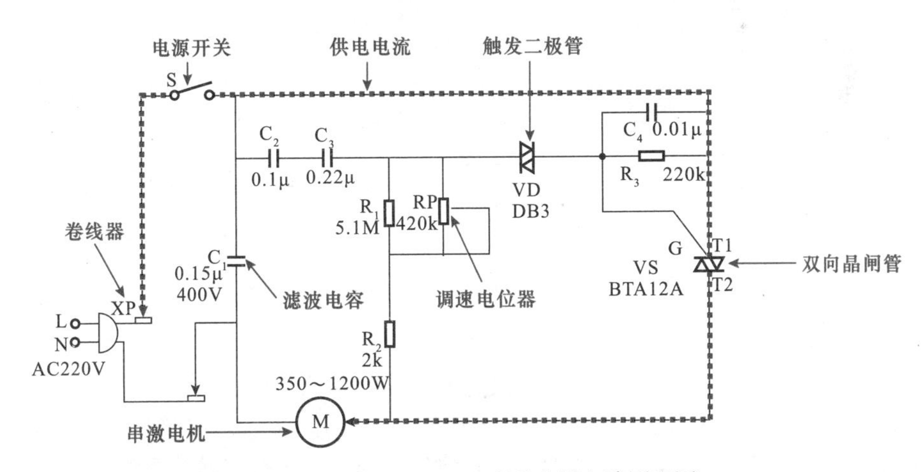

图 9-46　SANYO 1100W 型吸尘器电路原理图

提示说明

双向晶闸管 T2 和 T1 极之间可以双向导通，这样便可通过交流电流。双向晶闸管导通的条件是 T1 和 T2 极之间有电压的情况下，控制极 G 有脉冲信号。当该电路中的开关 S 接通后，交流电源经 C_2、C_3 和双向二极管 VD，会在双向晶闸管的 G 极形成触发脉冲，使双向晶闸管导通，为驱动电动机供电。由于双向晶闸管

接在交流供电电路中，触发脉冲的极性必须与交流电压的极性一致，因此每半个周期就需要有一个触发脉冲送给 G 极。触发脉冲的极性与交流供电的极性和相位如图 9-47 所示。

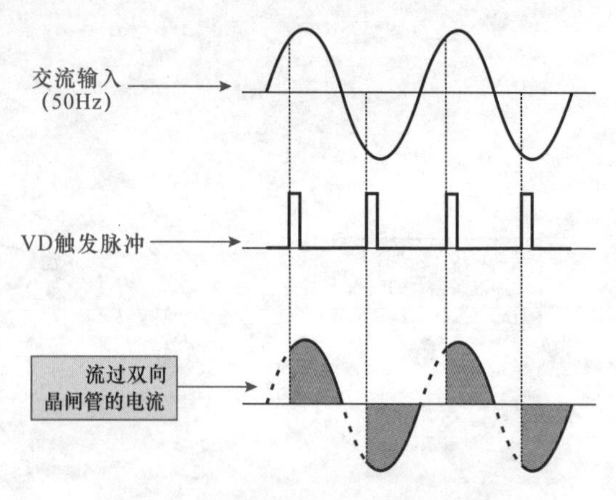

图 9-47　触发脉冲与导通电流的关系

输入交流电压（220V 50Hz）是连续的，而双向晶闸管的导通时间是断续的。如果导通周期长，则驱动电动机得到的能量多、速度快；反之，则速度慢。控制导通周期的是电位器 RP，调整 RP 的电阻值，可以调整双向二极管（触发二极管）触发脉冲的相位，从而实现驱动电动机的速度控制。

2. 富士达 QVW－90A 型吸尘器的电路原理

图解演示　图 9-48 所示为富士达 QVW－90A 型吸尘器的电路原理。它主要是由直流供电电路、转速控制电路以及电动机供电电路等部分构成的。交流输入 220V 电源经过双向晶闸管为吸尘器驱动电动机供电。通过控制双向晶闸管的导通角（每个供电周期内的相位），就可以实现电动机的速度控制。

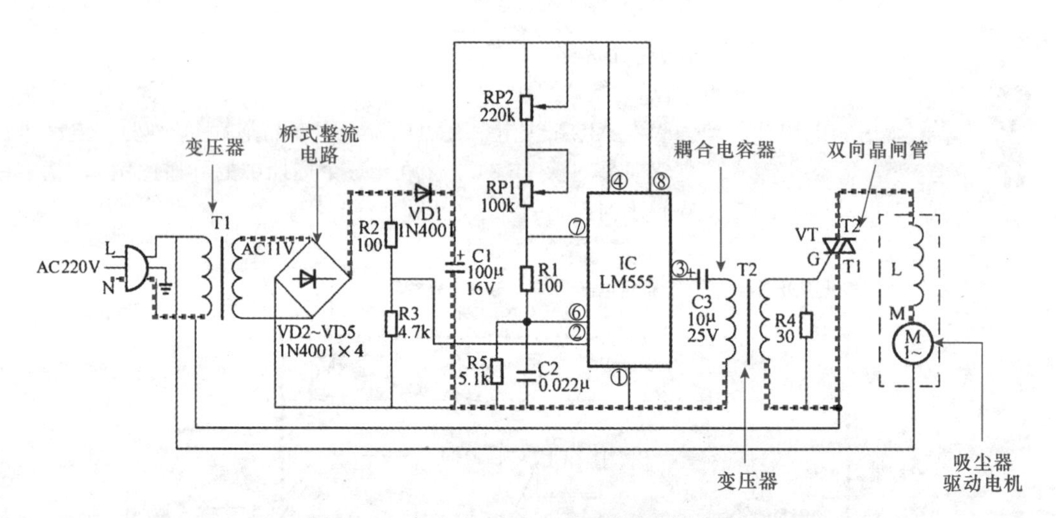

图 9-48　富士达 QVW－90A 型吸尘器电路

在该电路中交流 220V 输入电压经变压器 T1 降压成交流 11V 电压，经桥式整流和 C1 滤波后变成直流电压，为 IC 供电，由 R2、R3 分压点取得的 100Hz 脉动信号加到 LM555 的②脚作为同步基准，LM555 的③脚则输出触发脉冲信号，经 C3 耦合到变压器 T2 的初级，于是 T2 的次级输出触发脉冲加到晶闸管的控制极 G 端，使双向晶闸管导通，电动机旋转，调整 LM555 的⑦脚外接电位器，可以调整触发脉冲的相位，即可实现速度调整。

9.3.3　吸尘器的故障特点与检修方法

吸尘器的故障主要表现为开机后无法正常工作、吸尘器出风口排出气体过热、吸尘器吸力下降、吸尘器在使用中有噪音、自动卷线机构无法将电源线取出或自动收回、灰尘指示器失灵等。

图 9-49 所示为吸尘器的检修分析。吸尘器作为一种典型的小家用电器，其核心器件就是电动机，并由机械部件、控制部件进行控制，因此在其出现上述故障后，对其进行检修时，应重点检修吸尘器的机械部件和控制部件。

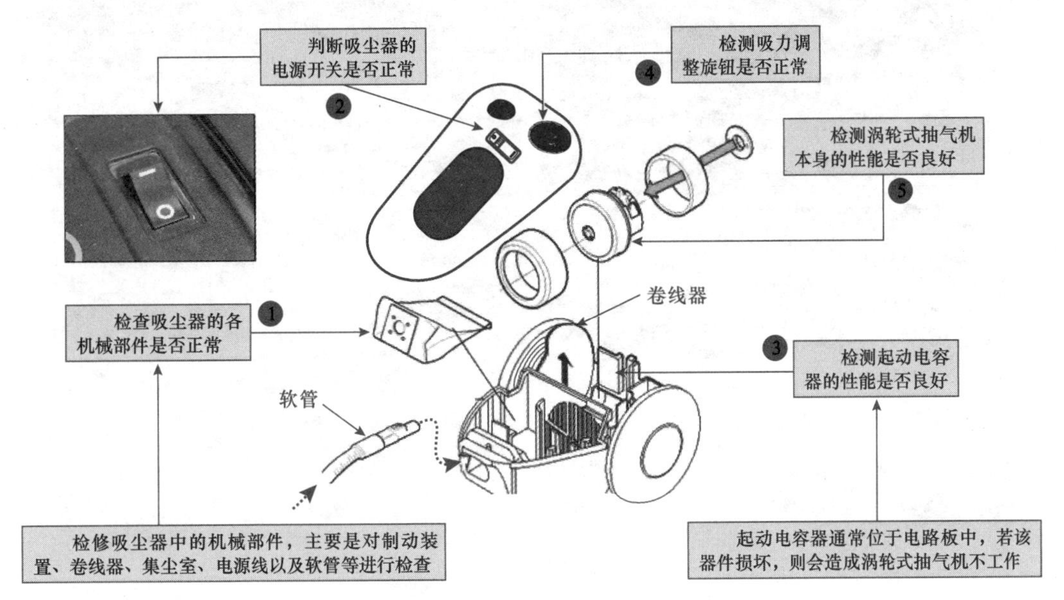

图 9-49　吸尘器的检修分析

1. 制动装置的检修方法

制动装置用来控制吸尘器卷线轴的运转，若其出现故障则可能会导致吸尘器的电源线无法从卷线器中抽出或收回。在对其进行检修时，应检查制动装置的制动弹簧和制动杠杆，以及制动装置支撑架之间的连接状况。制动装置的检修方法如图 9-50 所示。

2. 卷线器的检修方法

卷线器是用来实现电源线自动收卷的装置，可以带动电源线进行抽出和收回，也是吸尘器的供电端。当吸尘器出现电源线无法正常抽出、收回或漏电现象时，应重点对卷线器进行检修。

在对卷线器进行检修时，主要检查卷线器与电源触片连接是否良好，摩擦轮的磨损情况，卷线器的螺旋弹簧是否出现弹力过小现象等。卷线器的检修方法如图 9-51 所示。

然后，应检查卷线器的电源触片是否完好，如图 9-52 所示。

检查电源线与线盘的焊点是否存在虚焊、脱焊现象，如图 9-53 所示。最后，对卷线器的螺旋弹簧进行检查，观察其是否变形等，如图 9-54 所示。

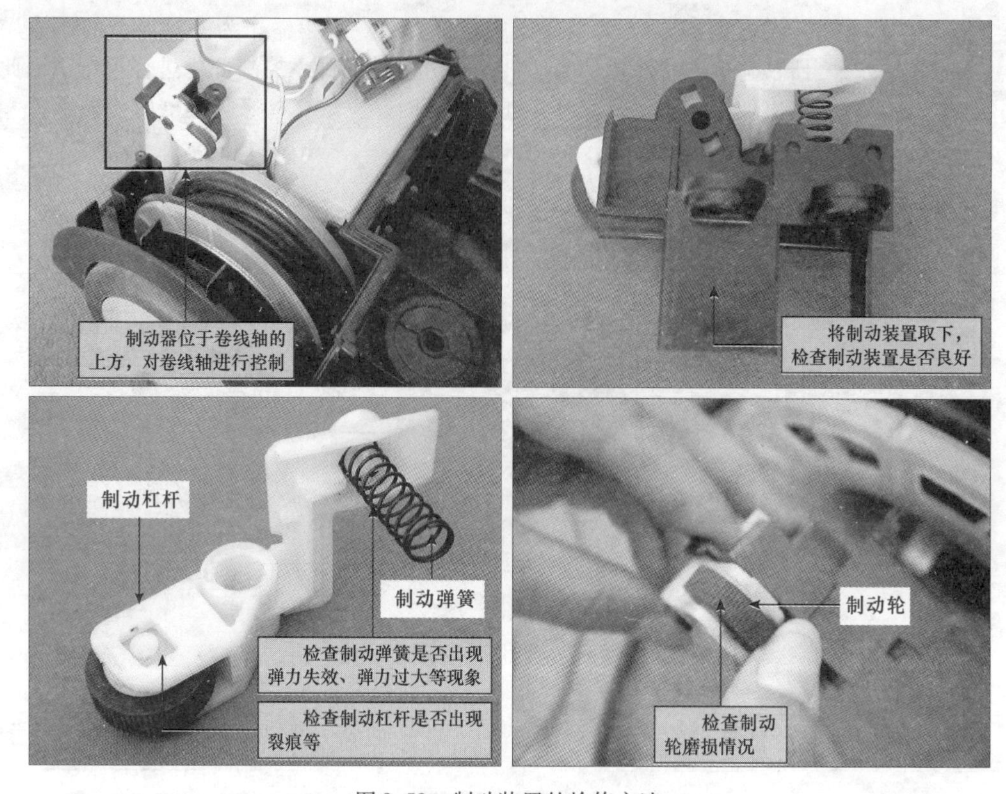

图 9-50　制动装置的检修方法

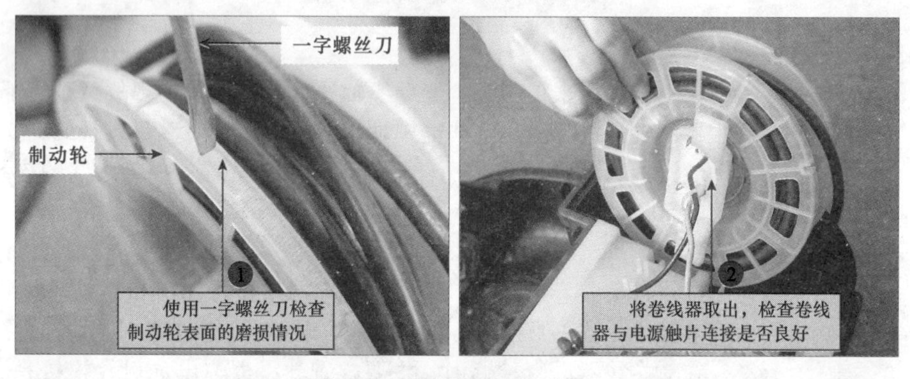

图 9-51　卷线器的检修方法

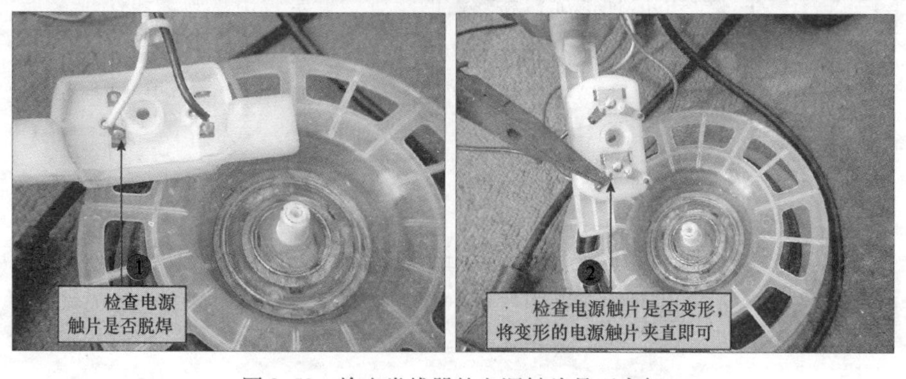

图 9-52　检查卷线器的电源触片是否完好

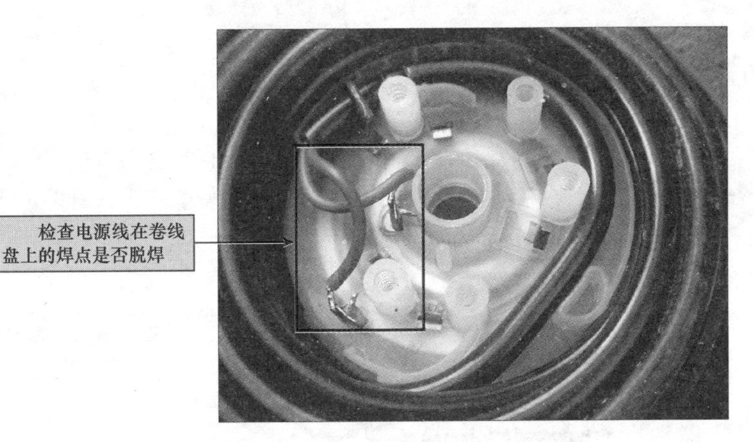

图 9-53　检查电源线与线盘的焊点

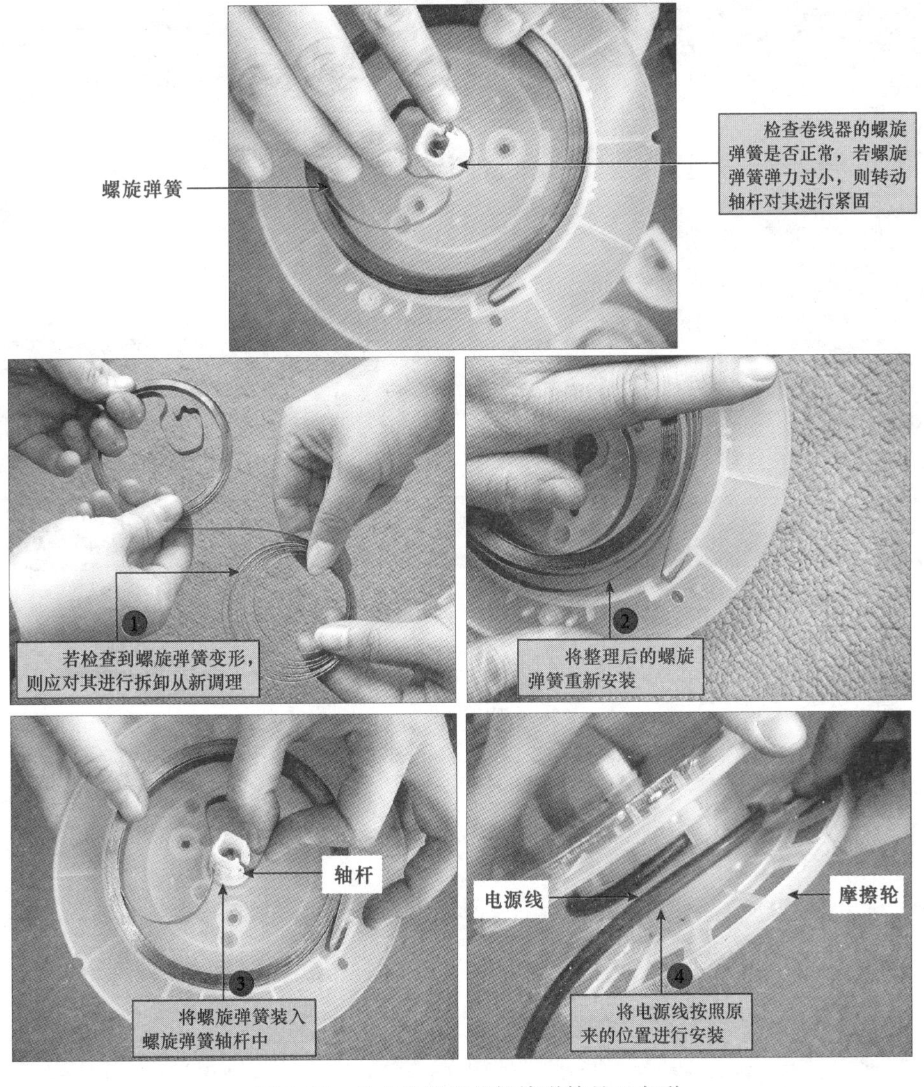

图 9-54　检查卷线器的螺旋弹簧是否变形

3. 集尘室的检修方法

吸尘器的集尘室是用来存放灰尘和脏污的，当集尘室出现无法存放灰尘、脏污或有泄漏现象时，可重点对集尘室进行检查。

检查集尘室是否正常时，应重点检查集尘袋是否损坏、吸风口是否被堵塞或者滤尘片是否损坏等。集尘室的检修方法如图 9-55 所示。

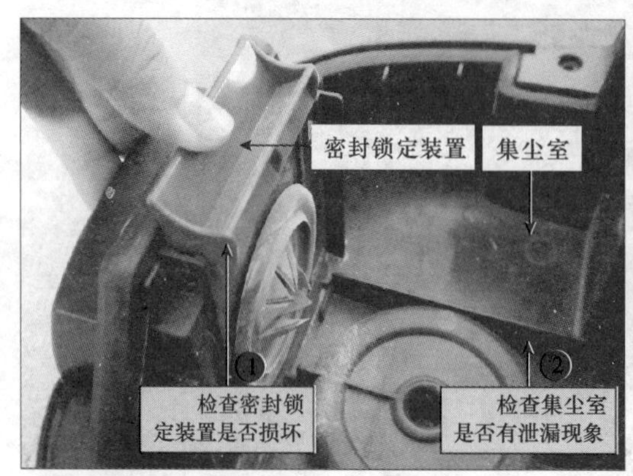

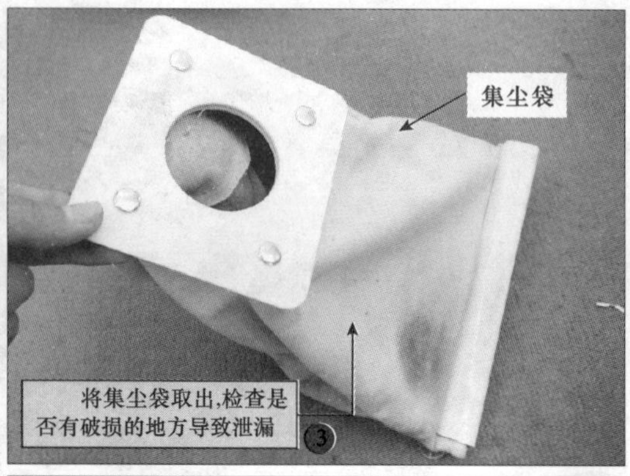

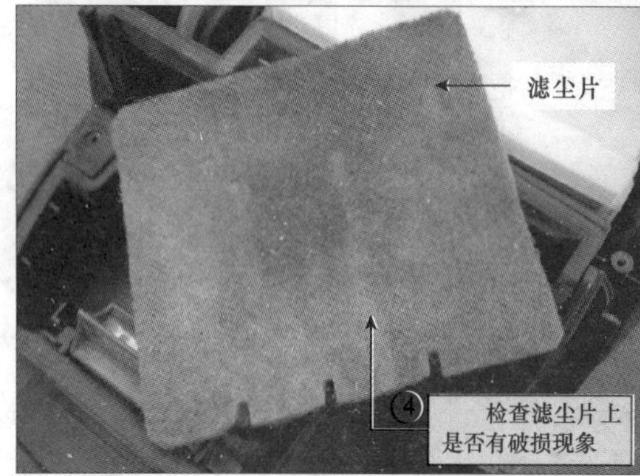

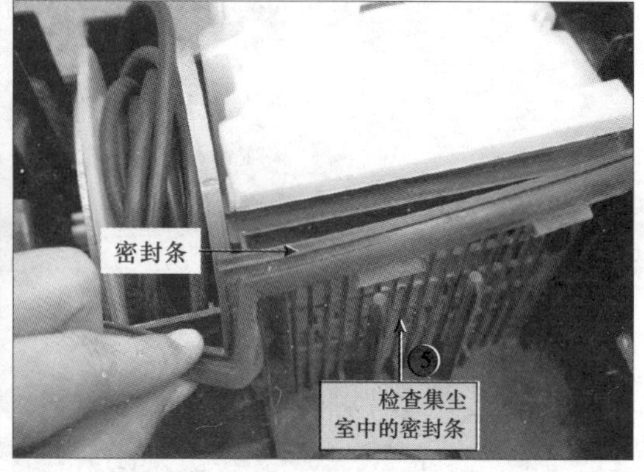

图 9-55 集尘室的检修方法

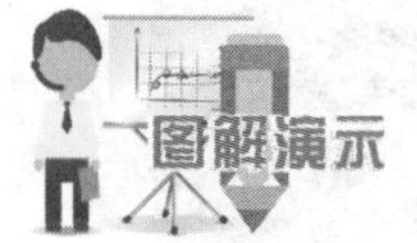

然后，应接近一步检查吸风口是否堵塞，如图 9-56 所示。

4. 电源线的检修方法

电源线是为整个吸尘器提供工作电压的重要器件。当电源线出现断路或短路故障时，将导致吸尘器无法正常工作。

一般可使用万用表电阻档检测电源线中相线或零线以及两根线之间的通断情况来判断电源线及连接部分是否出现断路或短路故障。电源线的检修方法如图 9-57 所示。

5. 吸尘器起动电容器的检修方法

若吸尘器接通电源后，涡轮式抽气机不能正常运行，则应在排除电源线及电源开关的故障后，对抽气机的起动电容器进行检测。

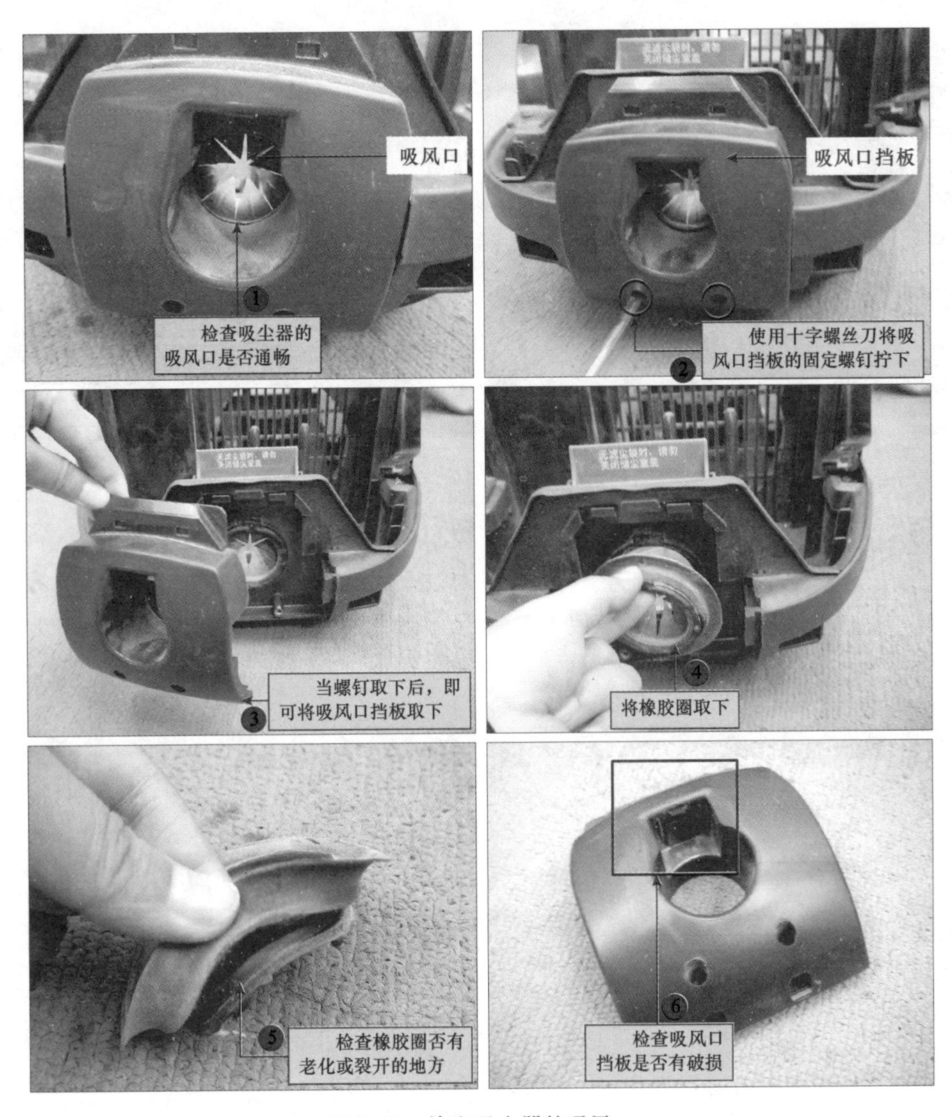

图9-56　检查吸尘器的吸风口

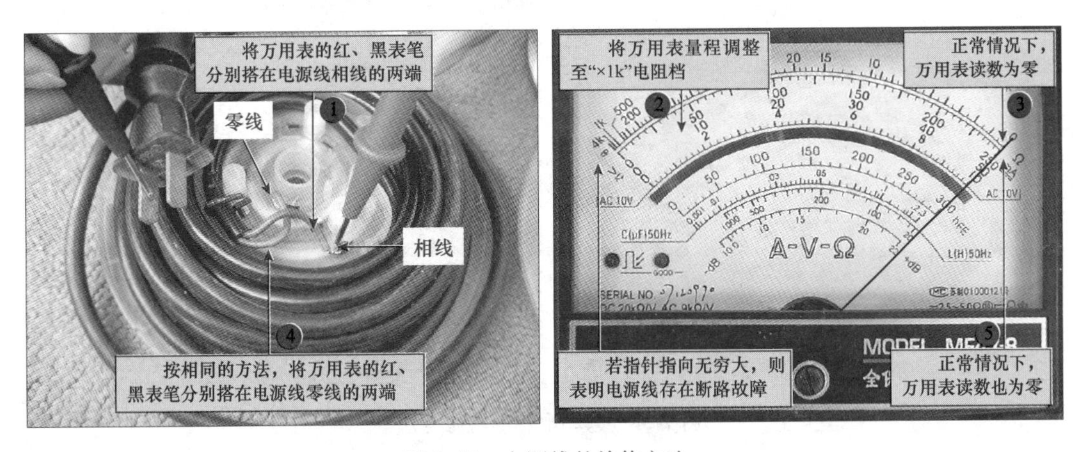

图9-57　电源线的检修方法

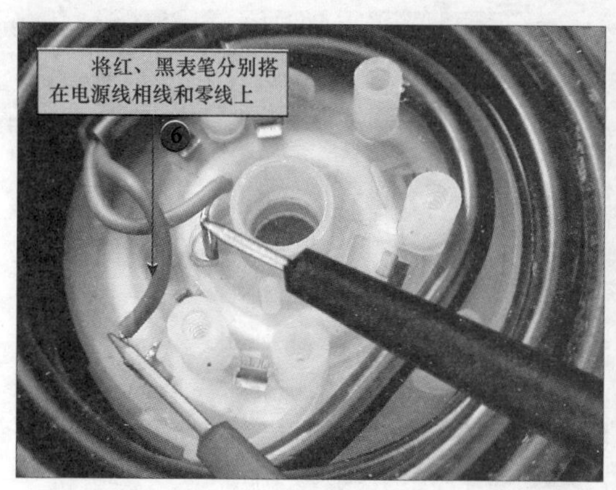

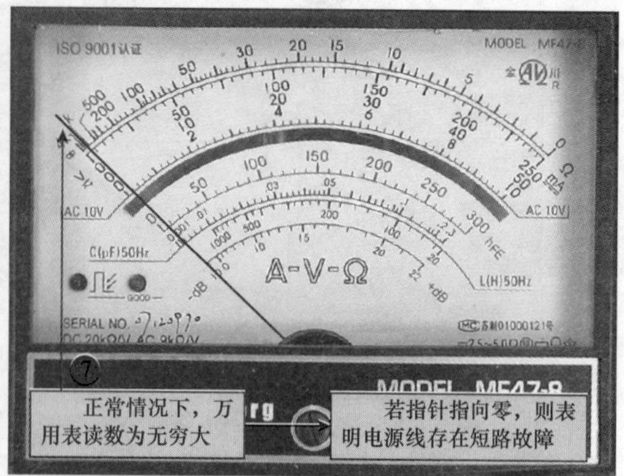

图 9-57　电源线的检修方法（续）

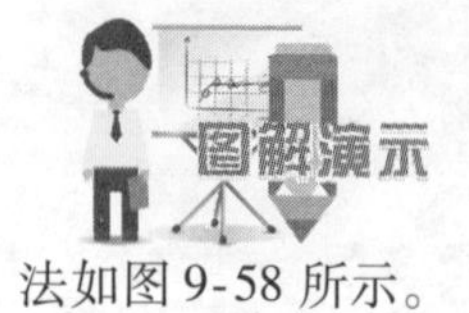

起动电容器是吸尘器中控制涡轮式抽气机进行工作的重要元件，若其损坏则会导致吸尘器电动机不转的故障。可以使用万用表检测其充放电的过程，若其没有充放电的过程，则怀疑其可能损坏。起动电容器的检修方法如图 9-58 所示。

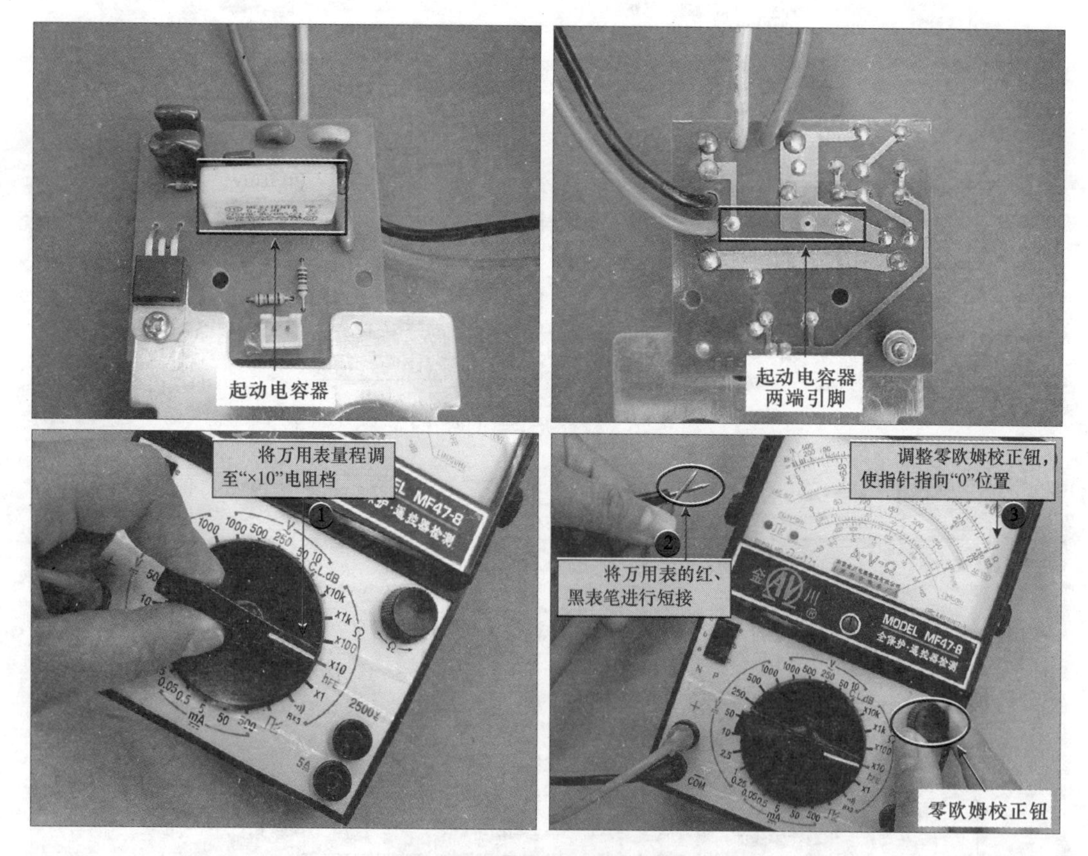

图 9-58　起动电容的检修方法

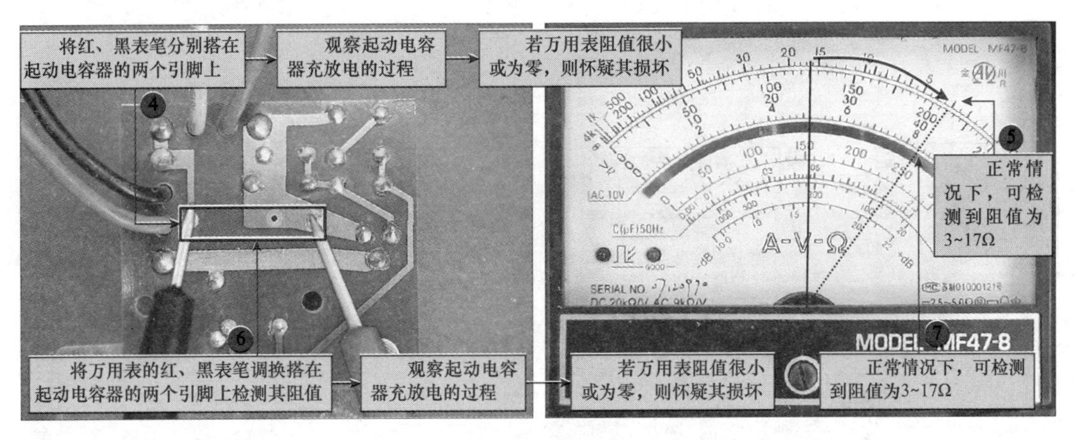

图 9-58　起动电容的检修方法（续）

6. 吸力调整电位器的检修方法

图解演示

吸力调整电位器主要用于调整涡轮式抽气机的风力大小。若吸力调整电位器损坏，则可能会导致吸尘器控制失常。当吸尘器出现该类故障时，应先对吸力调整电位器进行检修，一般可以使用万用表电阻档检测吸力调整电位器位于不同档位时电阻值的变化情况来判断其好坏。应首先检查电位器是否磨损，然后检测电位器与电路板插件间的导线是否存在短路现象，如图 9-59 所示。

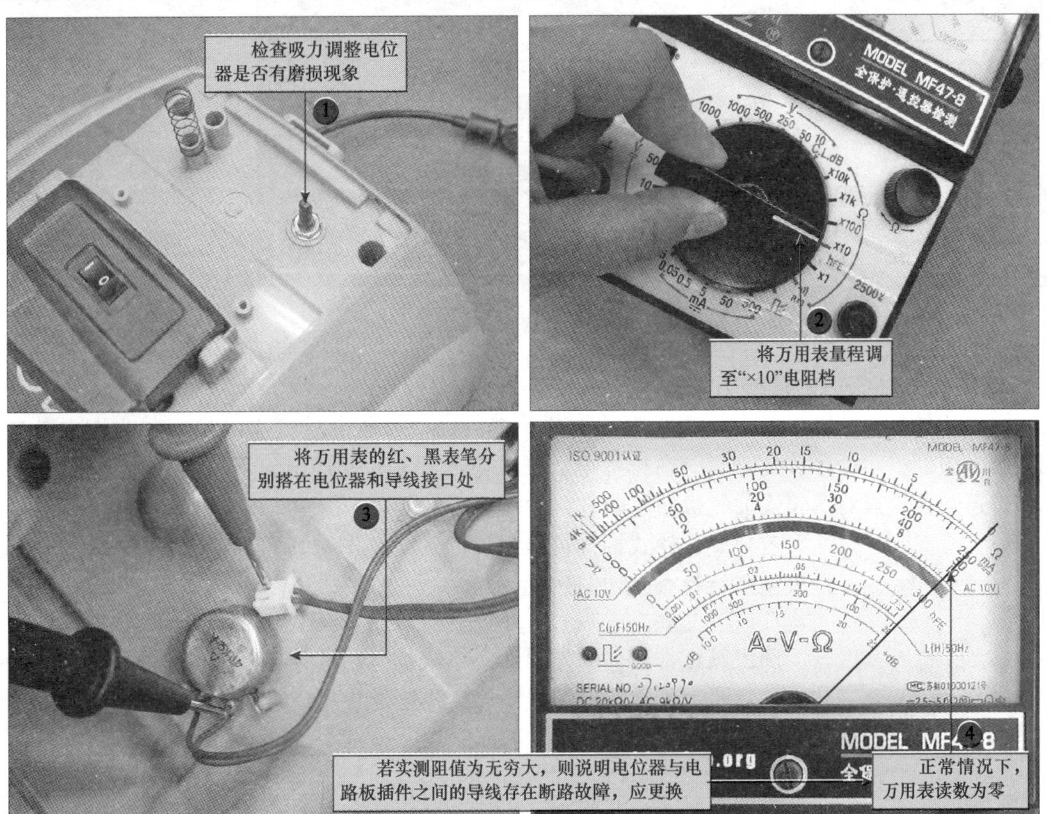

图 9-59　检查电位器与导线间是否短路

然后进一步检测吸力调整电位器位于不同档位时电阻值的变化情况，如图9-60所示。

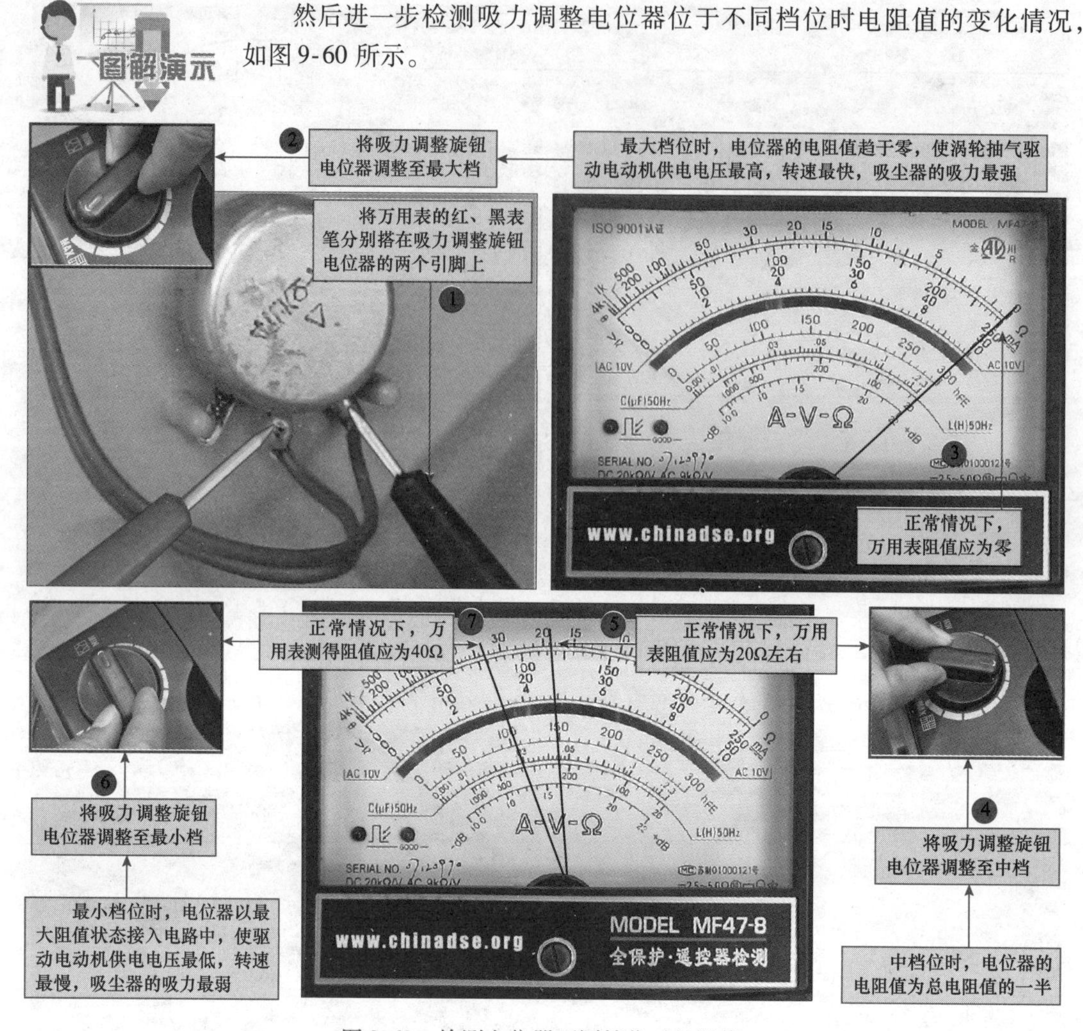

图9-60　检测电位器不同档位时的阻值

7. 涡轮式抽气机的检修方法

涡轮式抽气机是吸尘器中实现吸尘功能的关键器件，当通电后吸尘器出现吸尘能力减弱、无法吸尘或开机不动作等故障时，在排除电源线、电源开关、起动电容以及吸力调整旋钮的故障后，还需要重点对涡轮式抽气机的性能进行检查。

若怀疑涡轮式抽气机出现故障，则应先对其内部的减振橡胶块和减振橡胶帽进行检查，如图9-61所示。

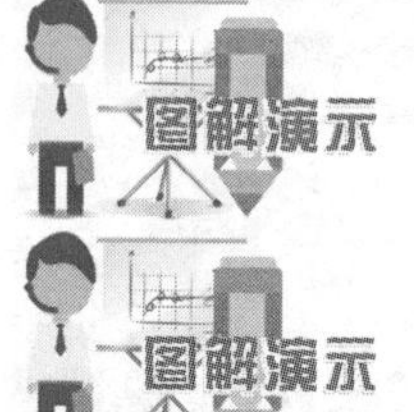

确定其正常后，应先明确涡轮式抽气机4个连接端的关系，并检查涡轮式抽气机定子连接端与线圈连接线是否断开，如图9-62所示。

确定涡轮式抽气机定子连接端与线圈连接线连接正常后，应进一步检测涡轮式抽气机的绕组，检查操作如图9-63所示。

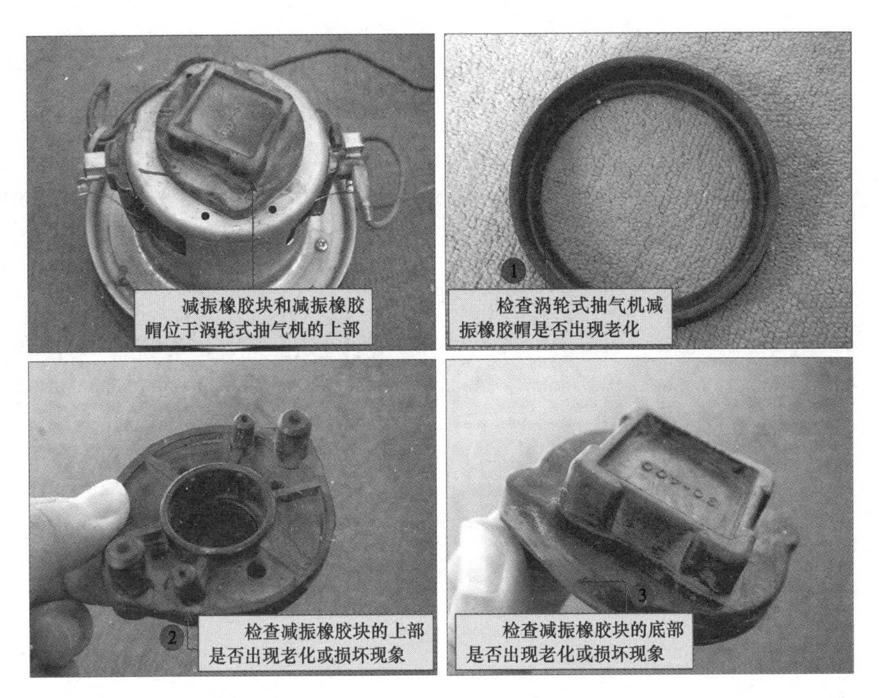

图 9-61　检查减震橡胶块和减震橡胶帽

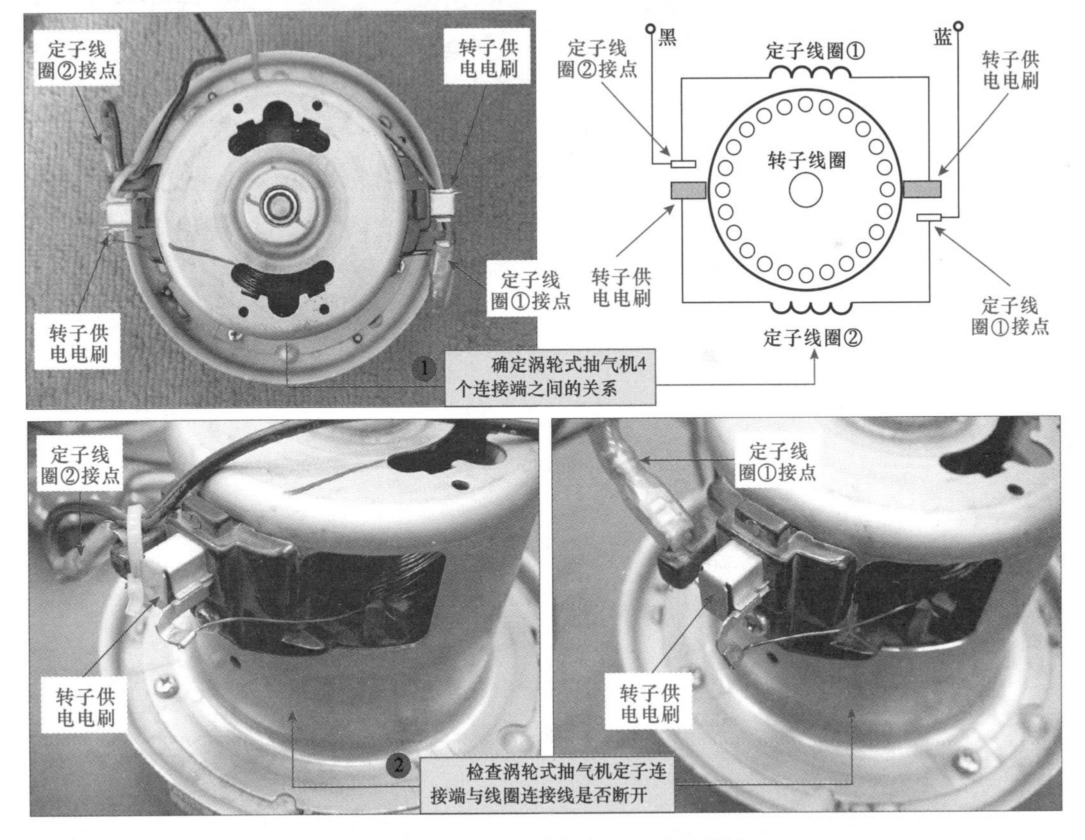

图 9-62　检查涡轮式抽气机 4 个连接端

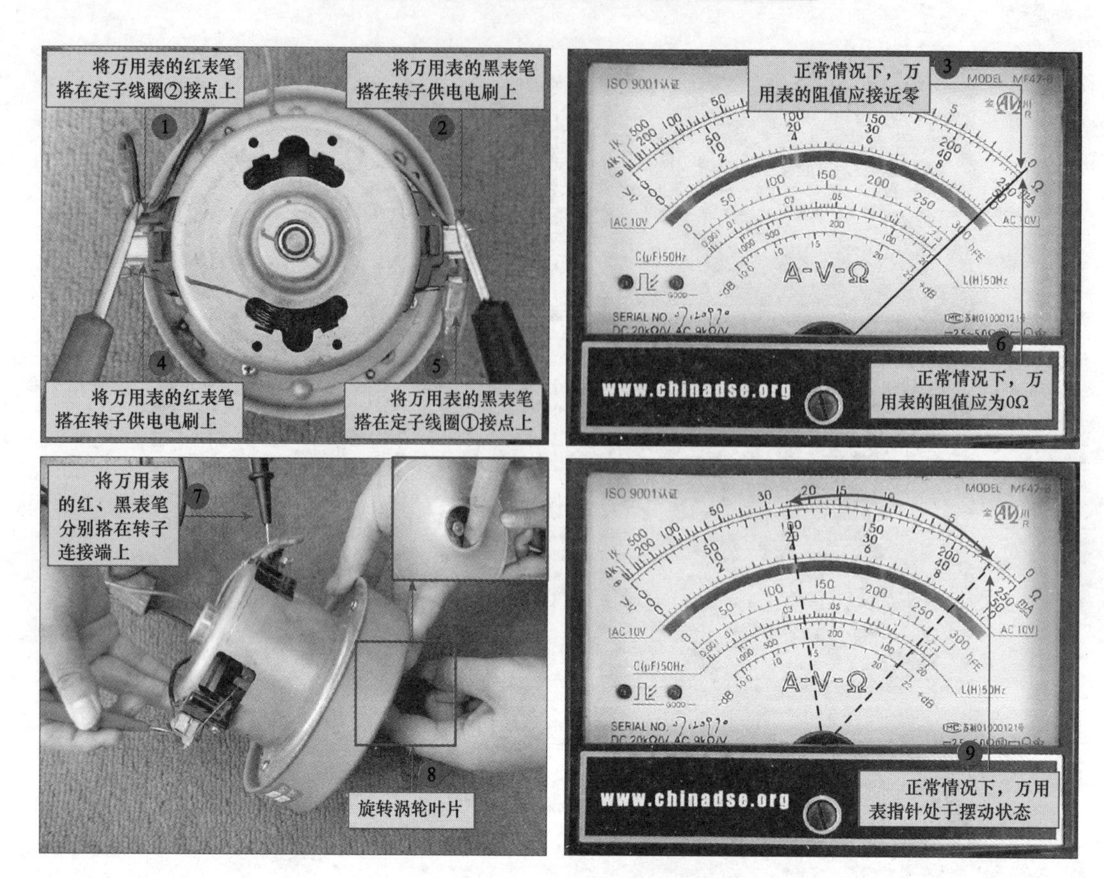

图 9-63　检查涡轮式抽气机绕组阻值

厨房电器的结构原理与检修技能

10.1 电饭煲的结构原理与检修技能

10.1.1 电饭煲的结构特点

1. 机械控制式电饭煲的结构特点

图10-1所示为典型机械控制式电饭煲的内部结构。可以看到，除了操作显示面板和排气橡胶阀处，电饭煲的内部主要有加热盘、磁钢限温器、双金属片恒温器、加热杠杆开关、供电微动开关、热熔断器和外锅等。

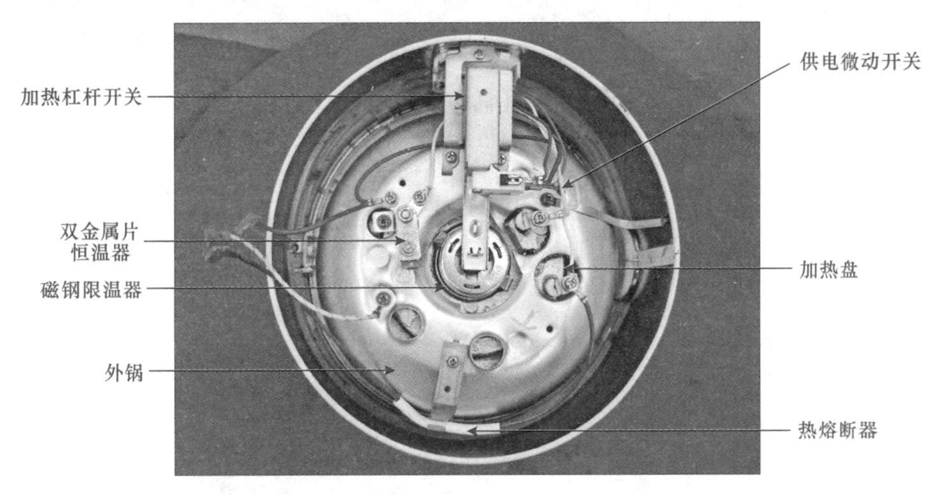

图10-1 机械控制式电饭煲内部结构

（1）加热盘

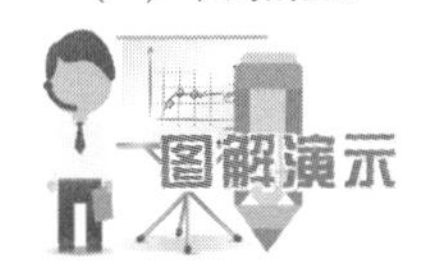

加热盘安装于内锅的底部，是用来为电饭煲提供热源的部件，如图10-2所示，加热盘的供电端位于锅体的底部，通过连接片与供电导线相连。

不同型号的电饭煲，内部加热盘的外形也有所不同，如图10-3所示。

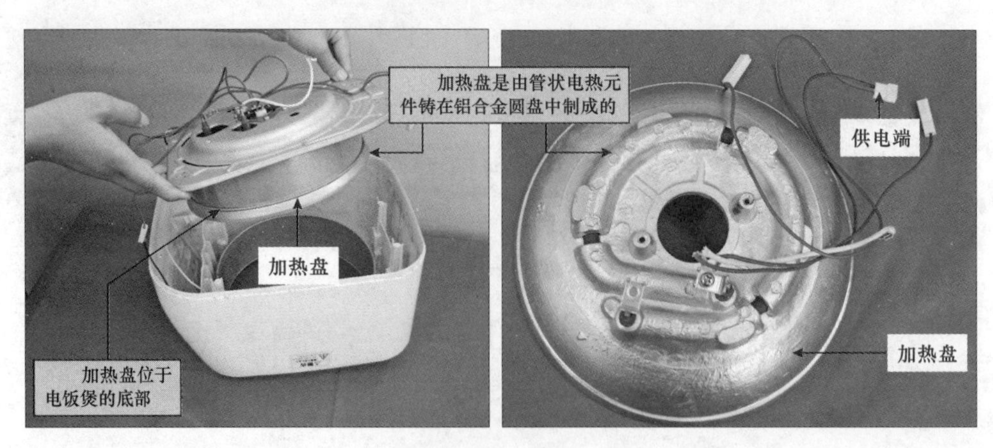

图 10-2　电饭煲中的加热盘

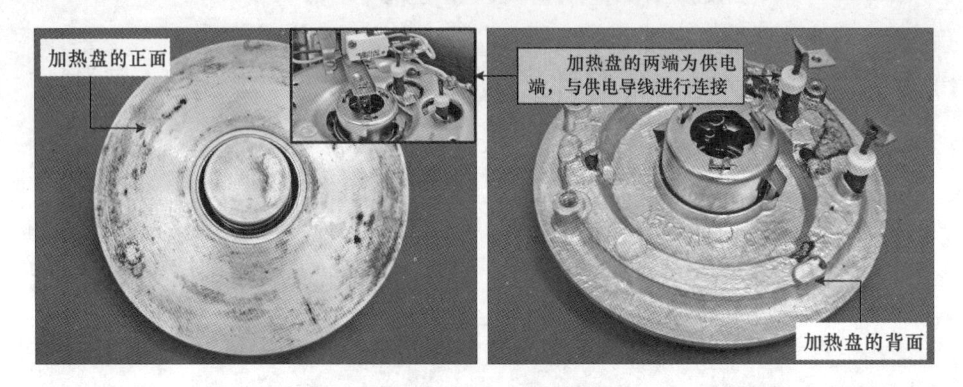

图 10-3　不同外形的加热盘

（2）磁钢限温器

磁钢限温器安装在电饭煲的底部，以便于控制电饭煲的炊饭工作，如图 10-4 所示，当锅内的食物煮熟后，磁钢限温器切断加热盘的供电电源，电饭煲停止加热。

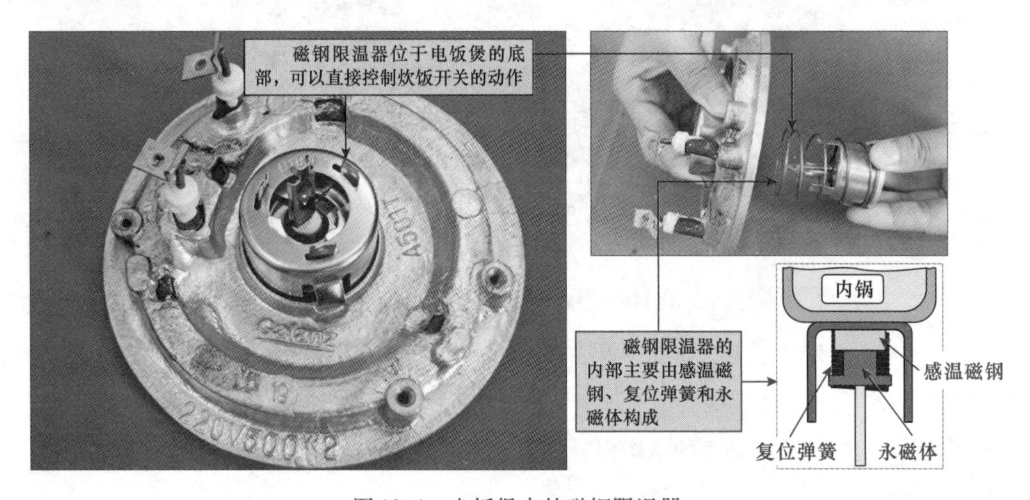

图 10-4　电饭煲中的磁钢限温器

有一些电饭煲中的限温器采用热敏电阻式感温器，如图10-5所示。该类电饭煲是通过热敏电阻检测电饭煲的温度，再由控制电路对加热盘进行控制。

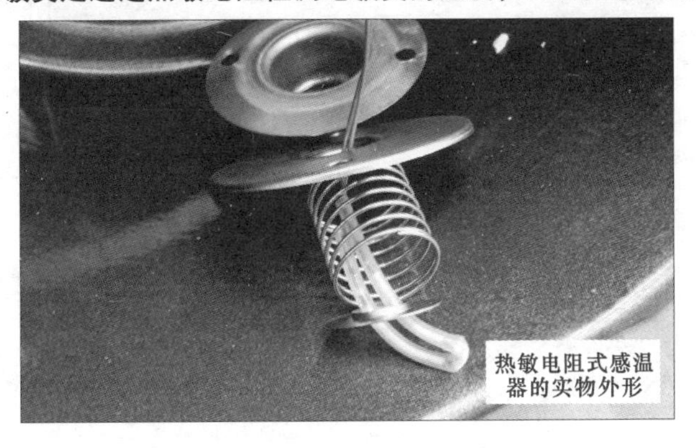

图10-5　采用热敏电阻式的感温器

（3）双金属片恒温器

双金属片恒温器在电饭煲中与磁钢限温器并联安装，如图10-6所示，是电饭煲中的自动保温装置。

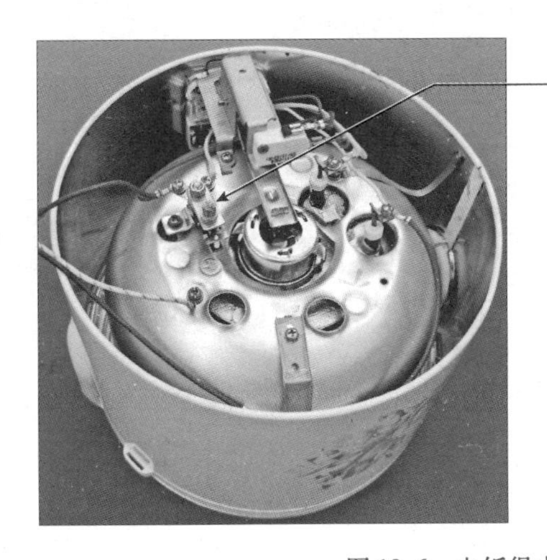

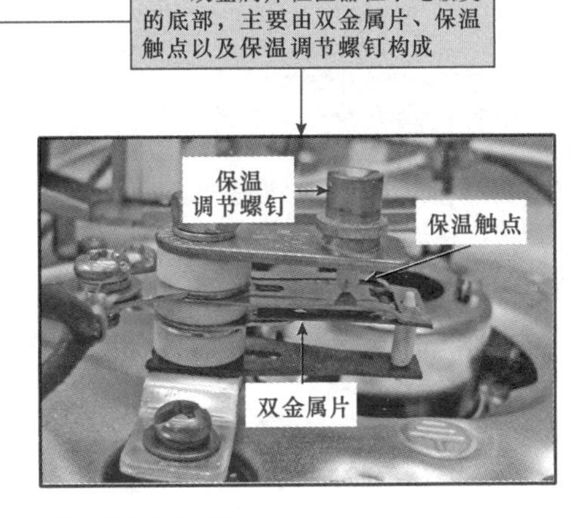

图10-6　电饭煲中的双金属片恒温器

2. 微电脑控制式电饭煲的结构特点

图10-7所示为微电脑控制式电饭煲的内部结构图。由图可看出，微电脑控制式电饭煲主要由控制电路、电源电路、温度检测传感器、加热盘、上部保温加热器和开盖按钮等组成。

图10-8所示为典型微电脑控制式电饭煲的操作控制电路板。它主要通过接收的人工指令完成对电饭煲的智能化控制。

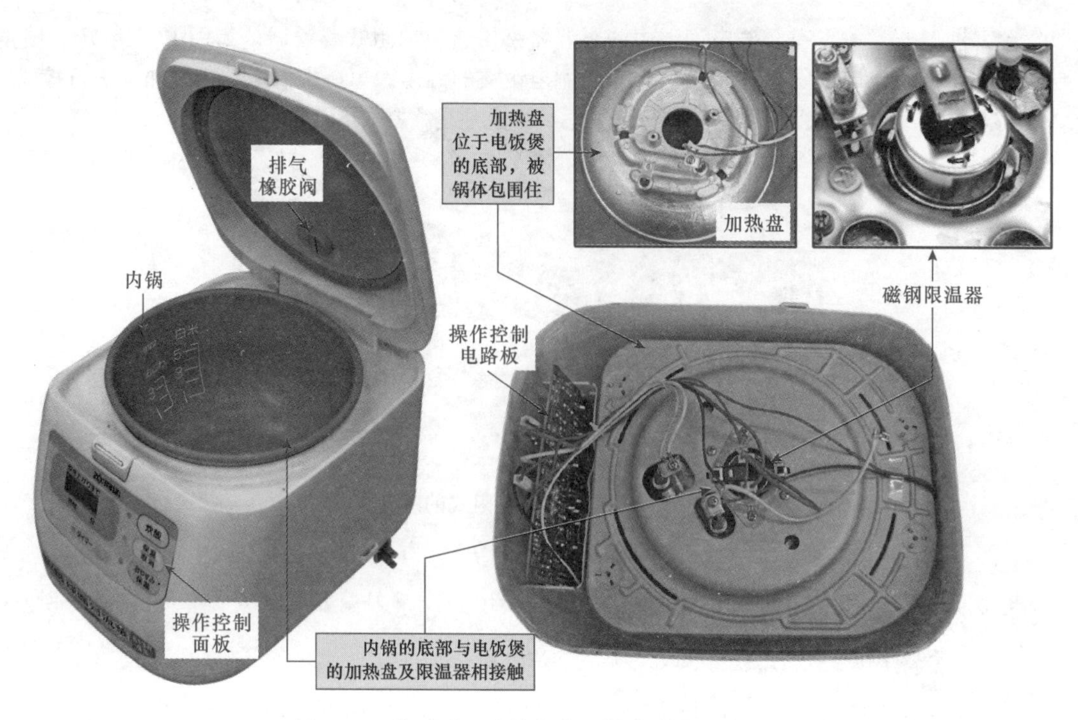

图 10-7 典型微电脑控制式电饭煲的内部结构

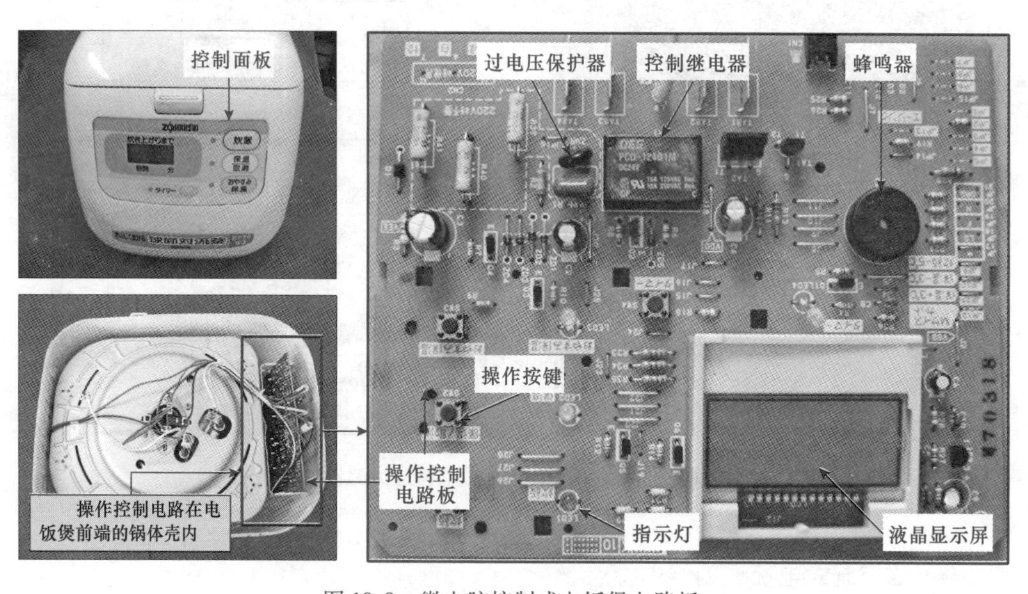

图 10-8 微电脑控制式电饭煲电路板

10.1.2 电饭煲的工作原理

1. 电饭煲的整机工作原理

图 10-9 所示为机械控制式电饭煲的炊饭整机原理图，交流 220V 电压经电源开关加到加热盘上，加热盘发热，开始炊饭。而在加热盘上并联有一只氖灯，氖灯发光以指示加热盘正在工作过程中，磁钢限温器设在锅底，

当饭熟后温度会上升超过100℃，于是电饭煲转为保温状态。

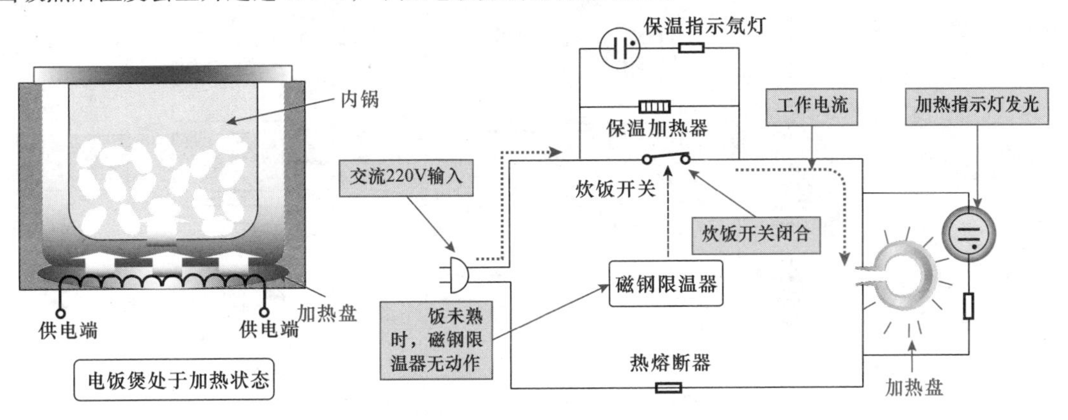

图10-9 机械控制式电饭煲炊饭原理

图解演示

当饭煮好时，电饭煲内的水便会蒸发，由液态转为气态。物体由液态转为气态时，要吸收一定的能量，叫做“潜热”，此时，电饭煲内便已经含有一定的热量。这时候，温度会一直停留在沸点，直至水分蒸发后，电饭煲里的温度便会再次上升。电饭煲里面有温度传感器和控制电路，当它检测到温度再次上升，超过100℃后，感温磁钢失去磁性，释放永久磁体，使炊饭开关断开，保温加热器串入电路之中，加热盘上的电压下降，电流减小，进入保温加热状态，如图10-10所示。通常电饭煲中的磁钢限温器与电源开关连动，按下炊饭开关，同时使感温磁钢与永久磁体吸合。

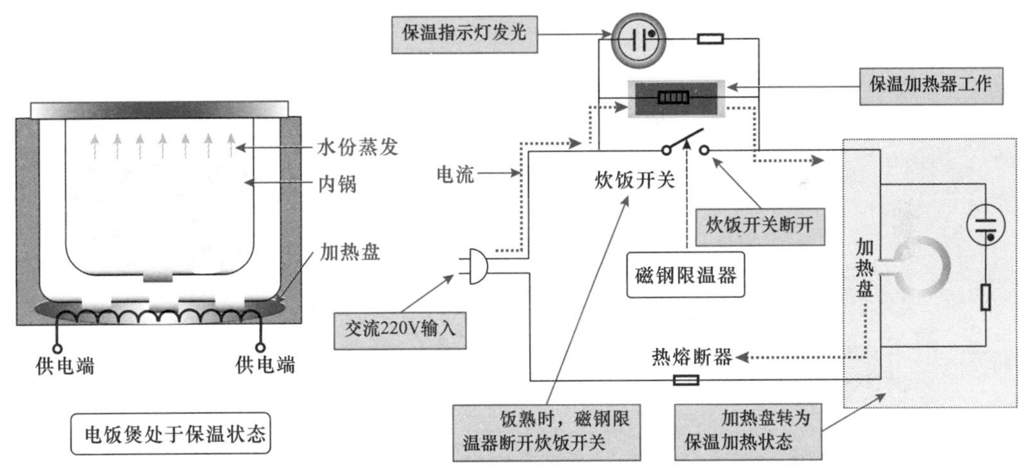

图10-10 机械控制式电饭煲保温原理

图解演示

图10-11所示为微电脑控制式电饭煲炊饭加热的整机原理图。接通电源后，交流220V市电通过电源部分进行降压处理，再经过整流滤波和稳压后，为控制电路提供直流电压。当通过操作按键输入人工指令后，将人工指令输入到微处理器中，通过微处理器做出加热的判断，将信号输入到继电器驱动电路，驱动继电器的触点接通，此时，交流220V的电压触电器触点便加到加热盘上，为加热盘提供220V的交流工作电压，进行炊饭加热。当加热盘开始加热时，微处理器将显示信号输入到显示部分，以显示电饭煲当前的工作状态。

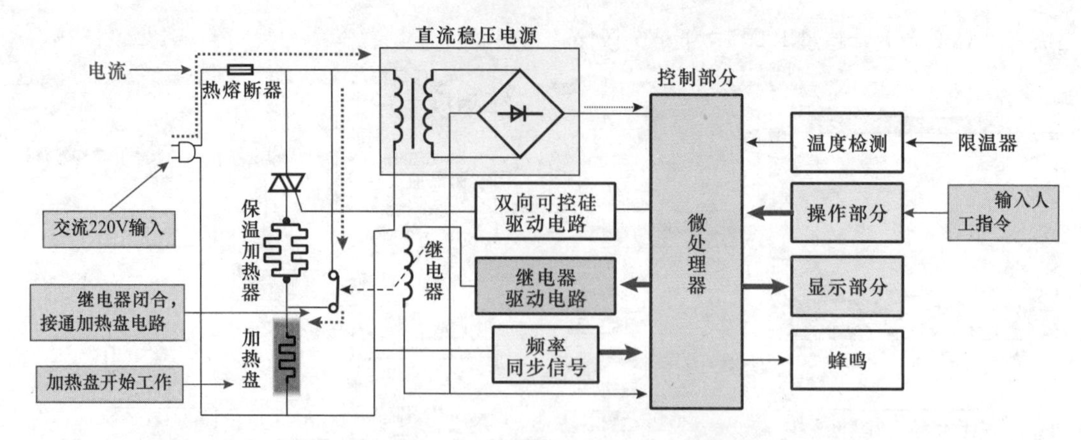

图 10-11　微电脑控制式电饭煲炊饭整机原理

提示说明

当加热盘进行炊饭加热时，锅底的限温器不断地将温度信息传送给微处理器，当水分大量蒸发，锅底没有水时，其温度会超过100℃，此时微处理器判别饭已熟（不管饭有没有熟，只要内锅内不再有水，微处理器便做出饭熟的判断）。当饭熟之后，继电器释放触点，停止加热，此时，控制电路启动晶闸管（可控硅），晶闸管导通，通过晶闸管将交流220V电压加到保温加热器和加热盘上，两种加热部件串联。由于保温加热器的功率较小、电阻值较大，因此加热盘上只有较小的电压，这种情况的发热量较小，只起保温的作用。微处理器同时对显示部分输送保温显示信号。

2. 电饭煲的电路原理

图10-12所示为典型电饭煲信号流程图。可以看出电饭煲的信号传输大致分为8路，即电源供电电路、操作显示电路、加热控制电路、保温控制电路、温度检测电路、压力保护控制、蜂鸣器驱动电路和微电脑控制电路等。

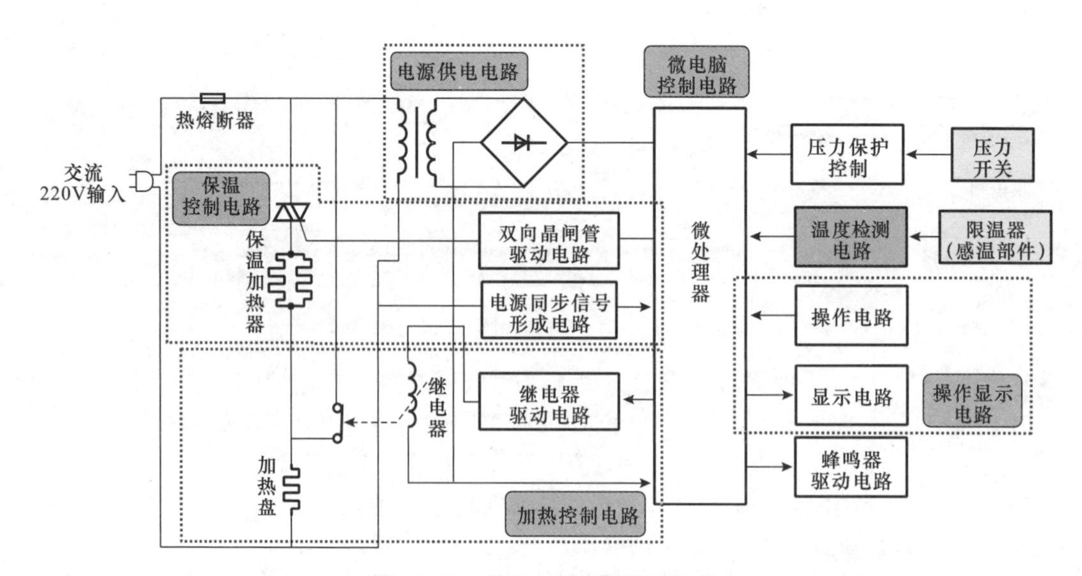

图 10-12　典型电饭煲信号流程图

(1) 电源供电电路

图 10-13 所示为典型电饭煲的电源供电电路。电源供电电路由交流输入电路、降压变压器、整流滤波和稳压电路等部分构成。

交流 220V 经降压变压器降压后，输出交流低电压。交流低电压再经过桥式整流电路整流为直流电压后，由滤波电容器进行平滑滤波，使其变得稳定。为了满足电饭煲中不同电路供电电压的需求，经过平滑滤波的直流电压，一部分经过稳压电路，稳压为 +5V 左右的电压后，再输入到电饭煲的所需电路中。

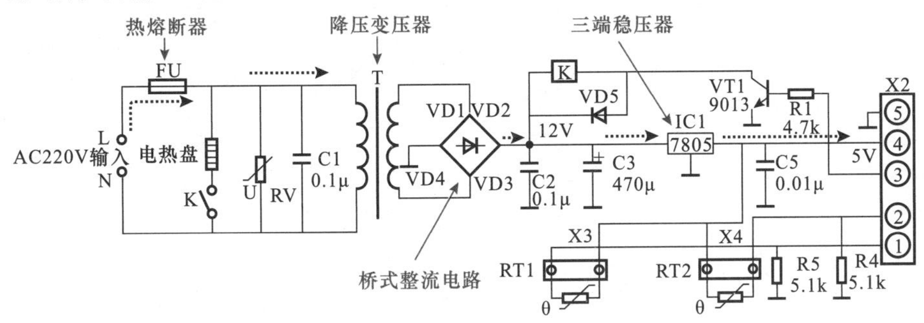

图 10-13 典型电饭煲的电源供电电路

对于机械控制式电饭煲而言，其电源供电电路比较简单，图 10-14 所示为海尔电饭煲的电源供电电路。

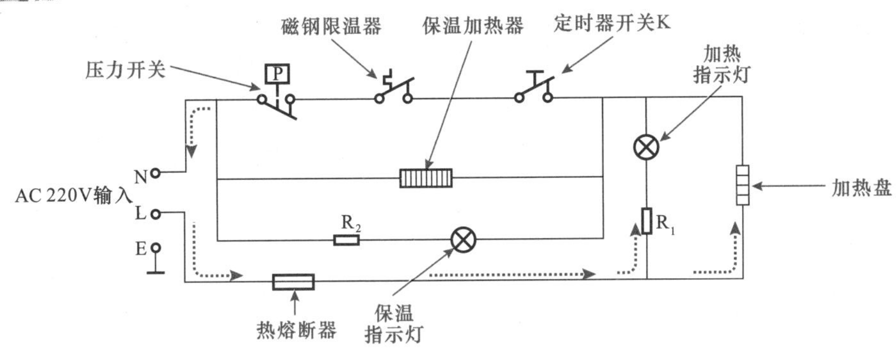

图 10-14 海尔电饭煲的电源供电电路

交流 220V 电源经过热熔断器进入电饭煲电路中，经过多个开关为电饭煲的加热盘、指示灯、定时器开关、磁钢限温器等提供工作电压。

(2) 操作显示电路

图 10-15 所示为典型电饭煲的操作显示电路。从该图中可以看出，操作电路与显示电路都由微处理器直接控制。

电饭煲通电后，操作电路有 +5V 的工作电压，按动电饭煲的操作按键，输入人工指令，对电饭煲进行操作。

人工指令信号由操作电路输入到微处理器中，微处理器处理后，根据当前的电饭煲工作状态，直接控制指示灯的显示。

指示灯（LED）由微处理器控制，根据当前电饭煲的工作状态，进行相应的指示。

当通过操作电路对电饭煲进行定时设置时，数码显示管通过驱动电路的驱动，显示电饭煲

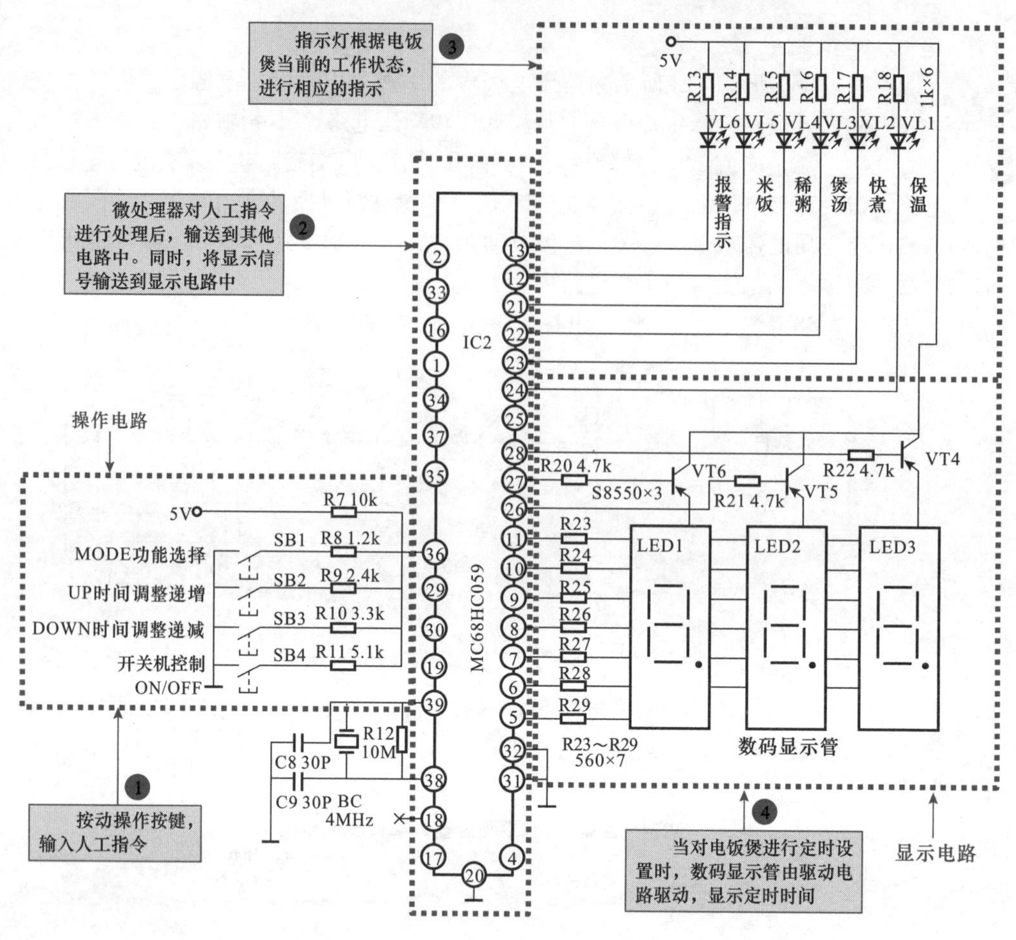

图 10-15　典型电饭煲的操作显示电路

的定时时间。

（3）加热控制电路

图 10-16 所示为典型电饭煲的加热控制电路。人工输入加热指令后，CPU（微处理器）为驱动三极管 Q6 提供控制信号，使其处于导通状态，即 CPU（微处理器）向驱动三极管中提供一个“加热驱动信号”。

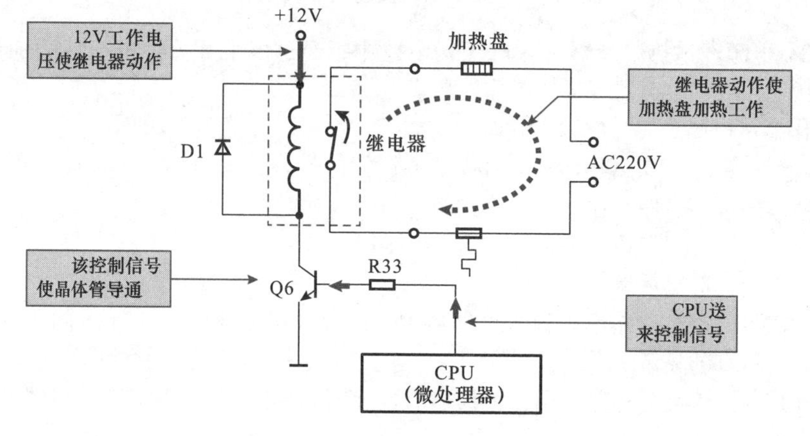

图 10-16　典型电饭煲的加热控制电路

当三极管 Q6 导通后，12V 工作电压为继电器绕组提供工作电流，使继电器开关触点接通。继电器中的触点接通以后，交流 220V 电源与加热盘电路形成回路，开始加热工作。

（4）保温控制电路

图 10-17 所示为保温控制电路的简易工作原理图。电饭煲煮熟饭后，会自动进入保温状态，此时，微处理器为保温组件控制电路输出驱动脉冲信号。经三极管 Q2 反相放大后，加到双向晶闸管 TRAC 的触发端，即控制极（G）。双向晶闸管接收到脉冲信号后导通。此时，交流 220V 电压经晶闸管为保温加热器供电。保温加热器有工作电压后，开始加热工作。

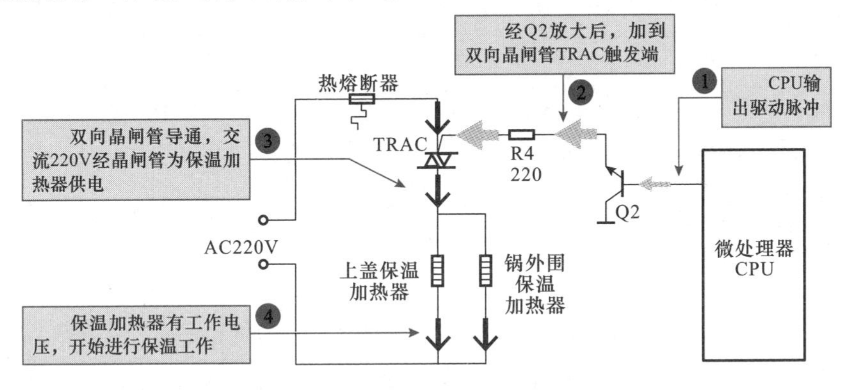

图 10-17　保温组件控制电路

（5）微电脑控制电路

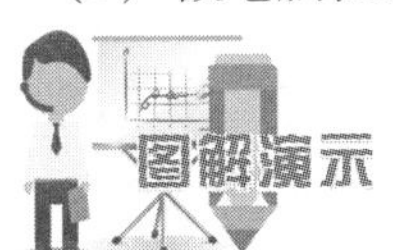

图 10-18 所示为典型电饭煲的控制电路。微电脑控制电路为电饭煲的各个电路提供控制/驱动信号，使电饭煲可以正常工作。

电源供电、复位电路、晶振是为微处理器提供基本工作条件的电路。若这些电路不正常，微处理器则不能进入工作状态。

10.1.3　电饭煲的故障特点与检修方法

电饭煲出现故障主要表现为不通电、不加热、不保温等。电饭煲作为一种典型的家用电热产品，其核心就是电热部件，该部件由相应的控制部件控制。

因此，在电饭煲出现上述故障后，除了对基本机械部件和电源线通断进行检查外，重点应检测电饭煲的电热部件和控制部件。

1. 加热盘的检测方法

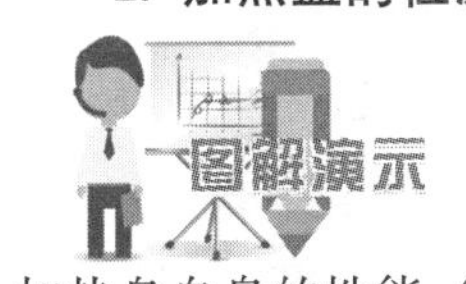

加热盘是电饭煲的主要部件之一，是用来为电饭煲提供热源的部件。由于电饭煲在长期使用以及挪动过程中，可能会出现内部连接线老化或是有松动等现象，因此应先检查加热盘连接线的情况，然后再使用万用表对加热盘自身的性能（加热盘的电阻值）进行检测。加热盘检测的具体操作方法如图 10-19 所示。

正常情况下，加热盘两供电端之间的阻值约为十几至几十欧姆，若测得阻值过大或过小，则都表示加热盘可能损坏，应以同规格的加热盘进行代换。

2. 磁钢限温器的检修方法

磁钢限温器的基本检修方法如图 10-20 所示。

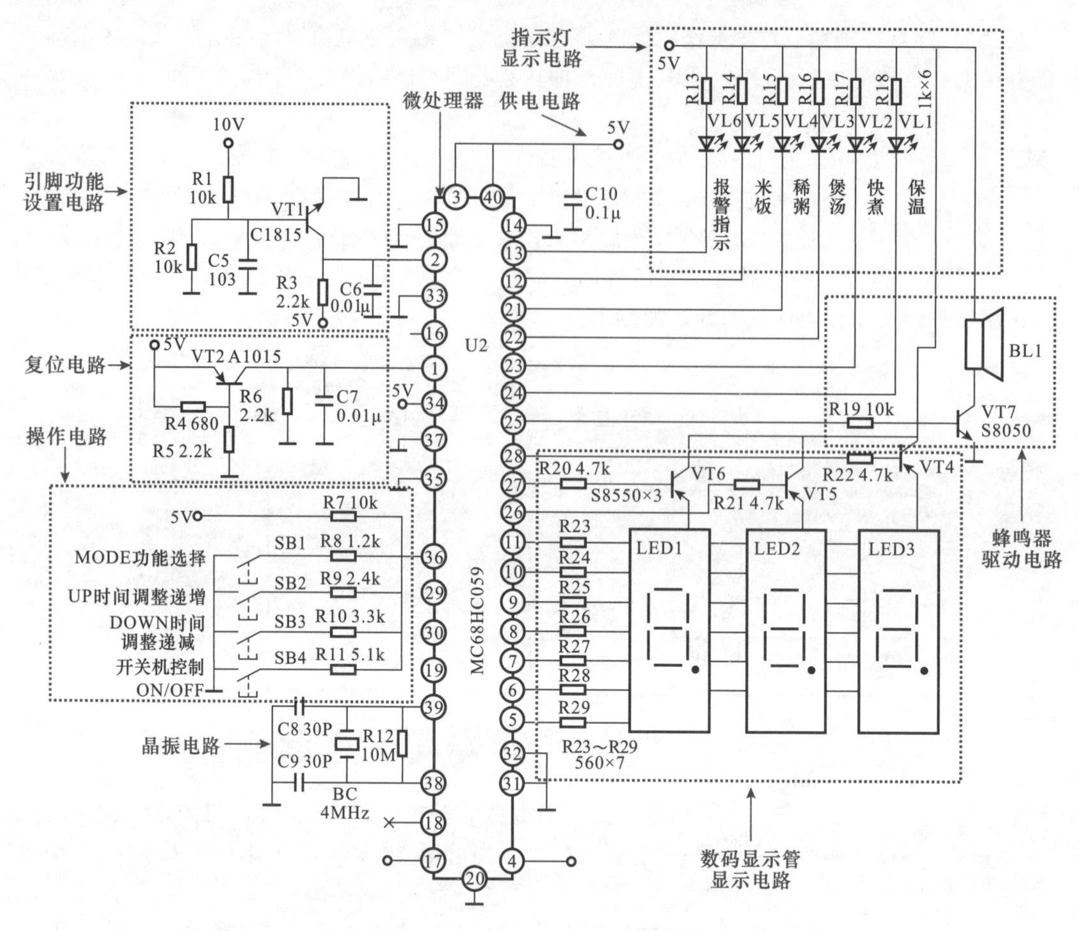

图 10-18　典型电饭煲的控制电路

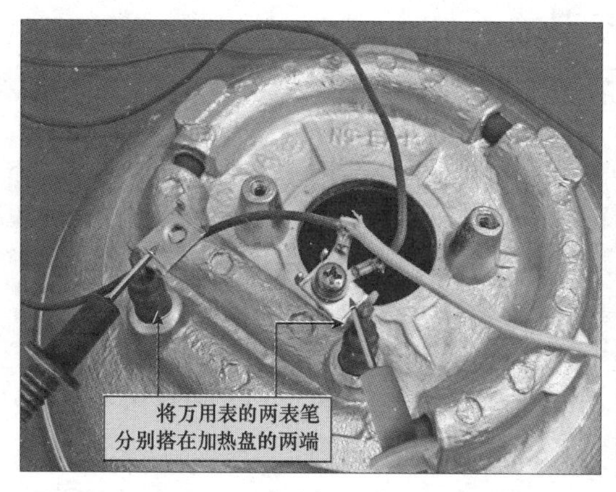

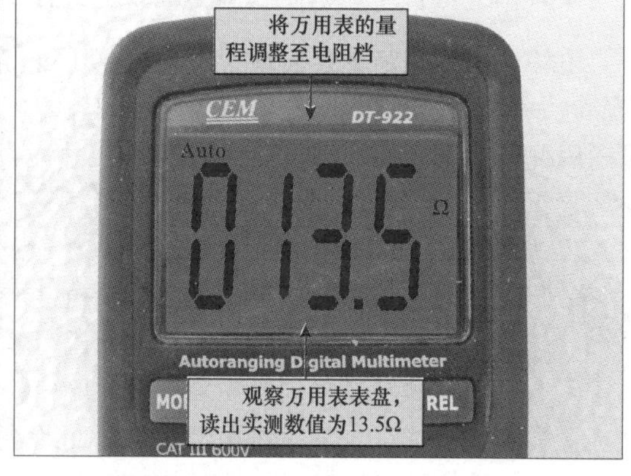

图 10-19　万用表检测加热盘的方法

当拨动炊饭开关后，观察磁钢限温器的工作状态，检查炊饭开关与磁钢限温器之间的连接是否良好。若拨动炊饭开关后，磁钢限温器没有动作，则表明磁钢限温器与炊饭开关之间的连接已经失常。

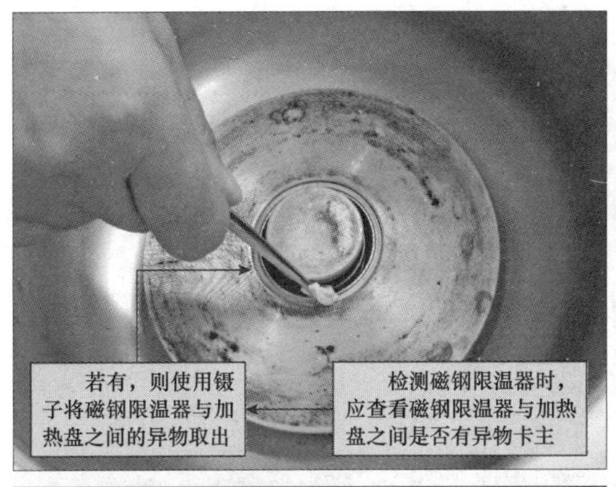

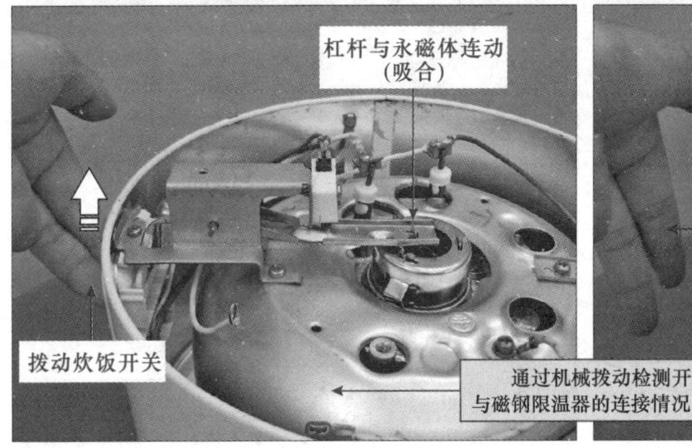

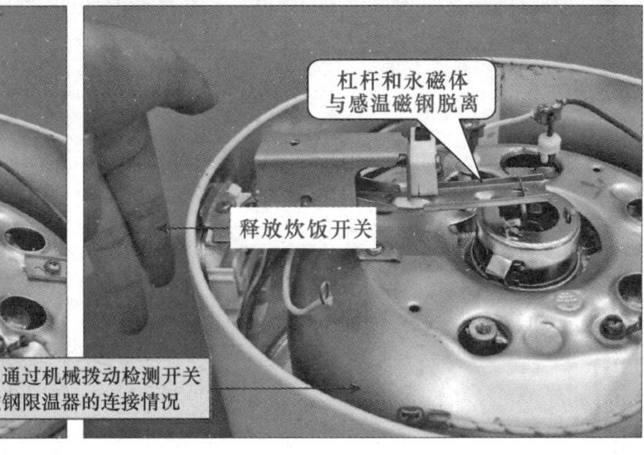

图 10-20　机械式磁钢限温器的检测方法

3. 热敏电阻式限温器的检测方法

热敏电阻式限温器中，热敏电阻被放置在护套中，因此，检测时可在万用表的表笔上安装大头针，以方便万用表的表笔扎入热敏电阻的护套中检测热敏电阻的阻值。热敏电阻式限温器检测的具体操作方法如图 10-21 所示。

正常情况下，在常温的环境中热敏电阻应有一个较小的阻值，当其周围的温度升高时，其阻值应随温度的变化而发生变化，万用表表盘中的指针会有所摆动。若热敏电阻的阻值没有随周围温度升高而变化，则表明热敏电阻已经损坏，需要对其进行更换。

4. 双金属片恒温器的检测方法

图解演示

双金属片恒温器并联在磁钢限温器上，是电饭煲中自动保温的装置，在检测该器件时，通常通过检测两接线片之间的阻值来判断其是否损坏。其检测方法与电饭煲中的恒温器检测操作类似。如图 10-22 所示，若双金属片恒温触点表面有氧化或接触不良的情况，则应及时处理。

正常情况下，双金属片两接线片之间的阻值应接近零欧姆，若检测的阻值为无穷大，则可能是双金属片恒温器触点表面氧化或弹性不足，应对其表面进行清洁或对调节螺钉进行调整。

5. 保温加热器的检测方法

保温加热器是微电脑控制式电饭煲中的保温装置，对其进行检测时，主要是检测保温加热器的阻值是否正常。保温加热器检测的具体操作方法如图 10-23 所示（以锅外围保温加热器为例）。

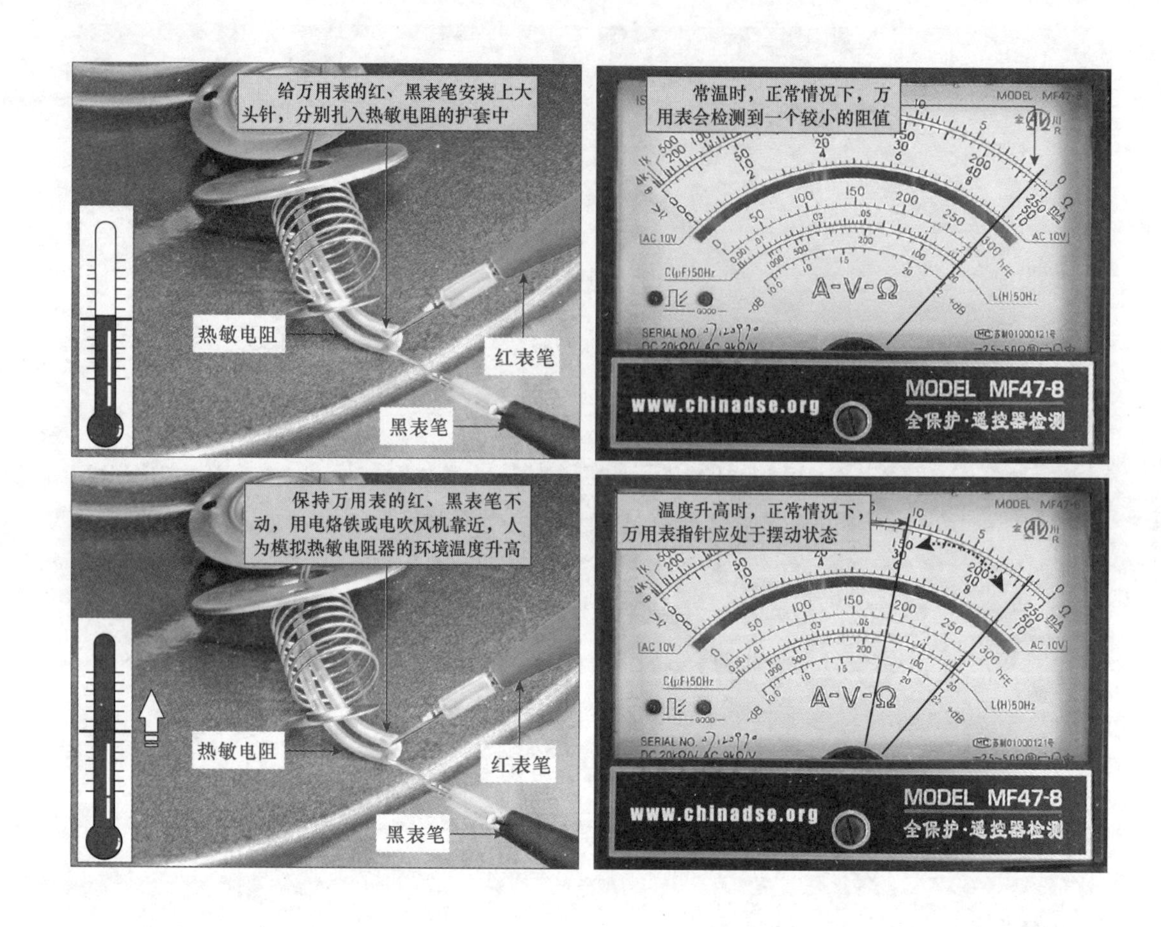

图 10-21　热敏电阻式限温器的检测方法

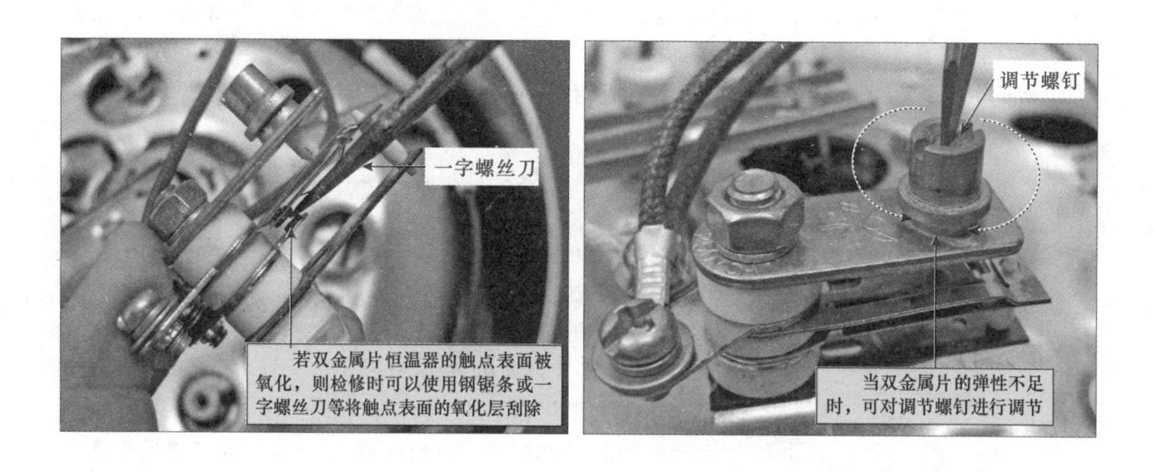

图 10-22　双金属片恒温器的检测方法

正常情况下，检测保温加热器的阻值应在 37.5Ω 左右，若阻值远大于或小于该阻值，则表明保温加热器有可能损坏。

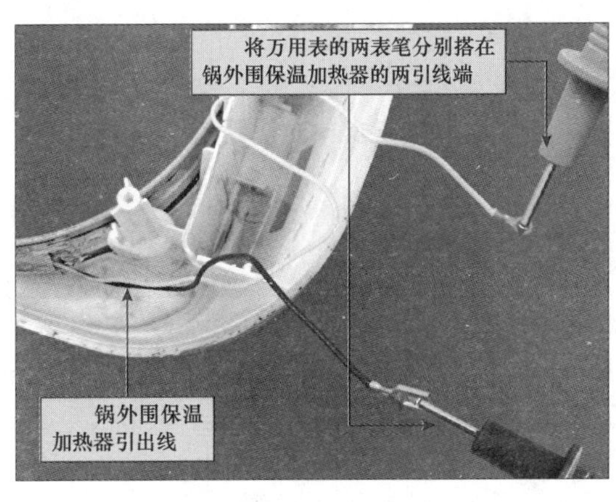

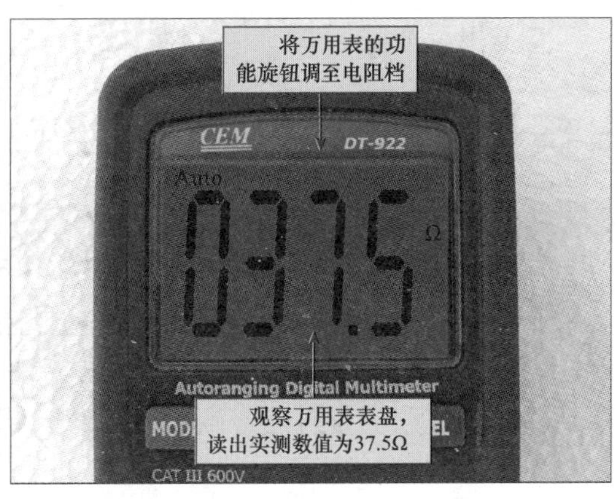

图 10-23 保温加热器的检测方法

6. 操作控制电路的检修方法

操作控制电路板用于对电饭煲的炊饭、保温工作进行控制及显示。当操作控制电路板上有损坏的元器件时，常会引起电饭煲出现工作失常、操作按键不起作用、炊饭不熟、夹生、中途停机等故障。

使用万用表检测时，主要是通过检测操作显示电路板上的各元器件，来判断操作控制电路板是否损坏。如使用万用表检测液晶显示屏的好坏、蜂鸣器的功能特点、操作按键的通断、微处理器的好坏及控制继电器的状态等。

(1) 液晶显示屏的检测方法

液晶显示屏主要用于显示电饭煲当前的工作状态，液晶显示屏本身损坏的概率不高，大多数情况下是因液晶显示屏与电路板之间的连接线脱落等引起的故障，因此实际检测前，应先检查液晶显示屏与电路板的连接是否正常。

若确认连接正常，则可用万用表检测液晶显示屏输出引线中各引脚的对地阻值，来判断液晶显示屏是否存在故障。以液晶显示屏⑨脚为例进行介绍，液晶显示屏检测的具体操作方法如图 10-24 所示。

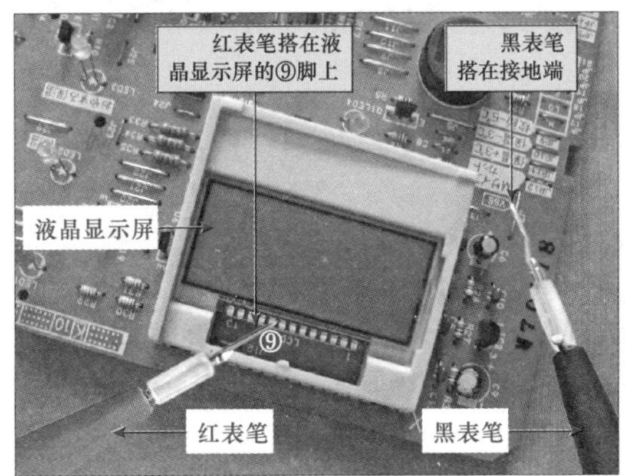

图 10-24 液晶显示屏的检测方法

将液晶显示屏输出引线中实测的各引脚对地阻值与标准值（可查询维修手册或选择已知良

好的同型号电饭煲进行对照测量）进行比较，若偏差较大，则说明液晶显示屏存在异常，应进行修复或更换。

正常情况下测得芯片 K2411 各引脚的正反向对地阻值见表 10-1。

表 10-1 正常情况下测得芯片 K2411 各引脚的正反向对地阻值 （单位：Ω）

引脚	对地阻值	引脚	对地阻值	引脚	对地阻值
①	34×1	⑥	34×1	⑪	35×1
②	35×1	⑦	34×1	⑫	36×1
③	34×1	⑧	34×1	⑬	36×1
④	34×1	⑨	34×1	—	—
⑤	34×1	⑩	34×1	—	—

（2）蜂鸣器的检测方法

在微电脑控制式电饭煲中通常安装有蜂鸣器，主要用来发出提示声，提示用户电饭煲的工作状态。若蜂鸣器损坏，则会导致电饭煲自动提示功能失常，可通过使用万用表电阻档检测两引脚间阻值的方法来判断其好坏，具体操作方法如图 10-25 所示。

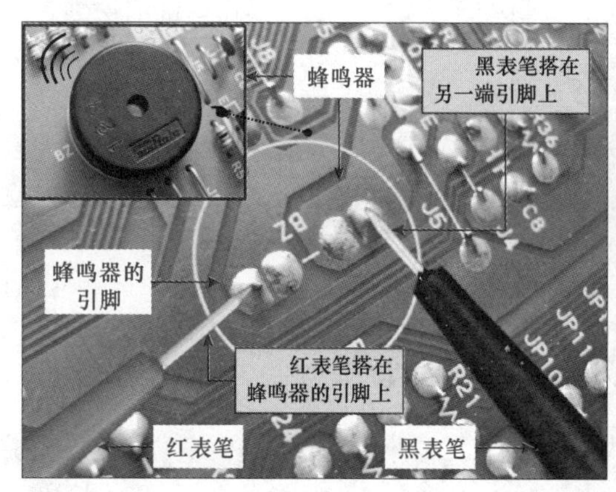

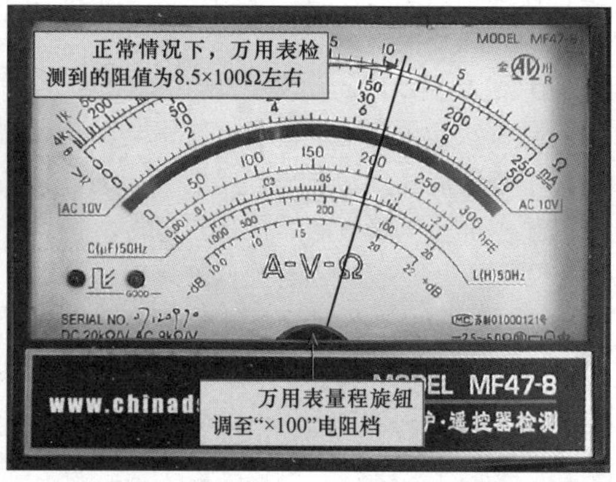

图 10-25 蜂鸣器的检测方法

正常情况下，蜂鸣器两引脚间的阻值应为 8.5×100Ω 左右，并且在红、黑表笔接触电极的一瞬间，蜂鸣器会发出声响。

（3）操作按键的检测方法

操作按键主要是用来实现对电饭煲各种功能指令的输入，检测操作按键是否正常时，主要是使用万用表检测各操作按键在不同状态下的阻值是否正常。操作按键检测的具体方法如图 10-26 所示。

正常情况下，检测操作按键的阻值应为无穷大；当按下操作按键后其阻值应为零欧姆。

（4）微处理器的检测方法

微处理器是操作控制电路中的核心部件，也是控制中心，检测微处理器时，一般通过检测微处理器各个引脚对地阻值的方法进行判断。以微处理器的㊵脚为例进行介绍，典型微电脑控制式电饭煲中微处理器检测的具

体方法如图 10-27 所示。

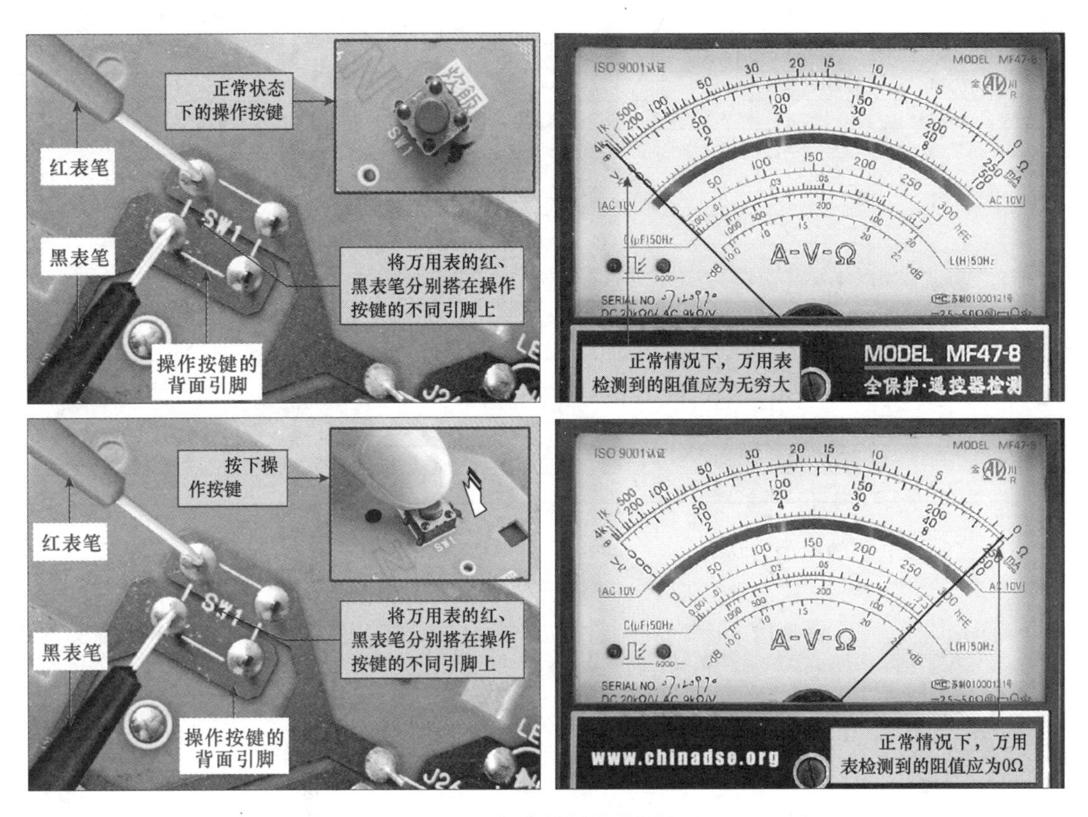

图 10-26 操作按键的检测方法

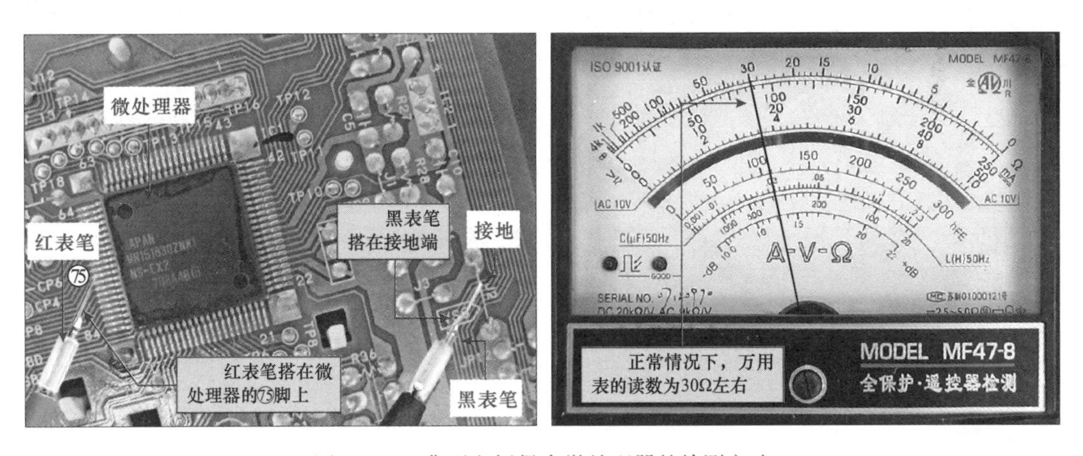

图 10-27 典型电饭煲中微处理器的检测方法

将实测结果与标准值（查询集成电路手册）进行对照，若偏差较大，则多为微处理器损坏，应用同型号微处理器芯片进行代换。典型电饭煲中微处理器各引脚的对地阻值见表 10-2。

表 10-2　典型电饭煲中微处理器各引脚的对地阻值　（单位：Ω）

引脚	对地阻值	引脚	对地阻值	引脚	对地阻值	引脚	对地阻值	引脚	对地阻值
①	34	⑱	18.5	㉟	38	㊾	34	㊾	0
②	35	⑲	18.5	㊱	∞	53	34	70	0
③	34	⑳	18.5	㊲	38	54	35	71	30
④	34	㉑	∞	㊳	38	55	33	72	30
⑤	34	㉒	18	㊴	37	56	34	73	30
⑥	27	㉓	18	㊵	0	57	33	74	30
⑦	27	㉔	0	㊶	36	58	33	75	30
⑧	27	㉕	24	㊷	36	59	∞	76	∞
⑨	27	㉖	24	㊸	0	60	33	77	30
⑩	27	㉗	13.5	㊹	35	61	∞	78	30
⑪	21	㉘	25	㊺	35	62	33	79	29
⑫	21	㉙	25	㊻	34	63	∞	80	30
⑬	26	㉚	25	㊼	34	64	∞	81	30
⑭	∞	㉛	13	㊽	34	65	32	82	29
⑮	19	㉜	38	㊾	34	66	32	83	29
⑯	19	㉝	38	㊿	34	67	31	84	∞
⑰	19	㉞	38	51	34	68	∞		

（5）控制继电器的检测方法

图解演示

控制继电器主要是用于对加热盘的供电进行控制，对其进行检测时，主要是检测该器件中线圈的阻值和两触点间的阻值。控制继电器检测的具体操作方法如图 10-28 所示。

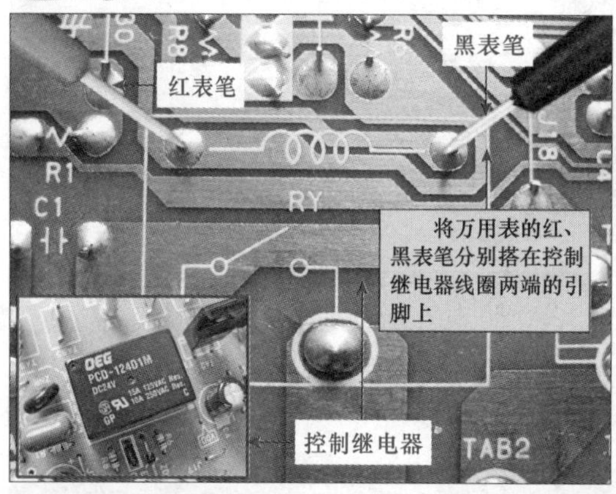

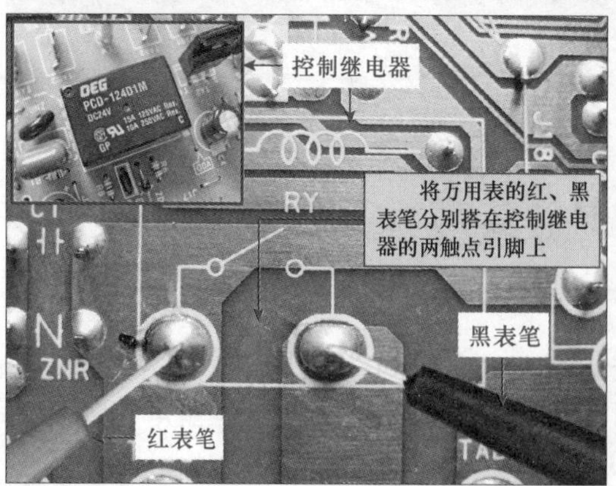

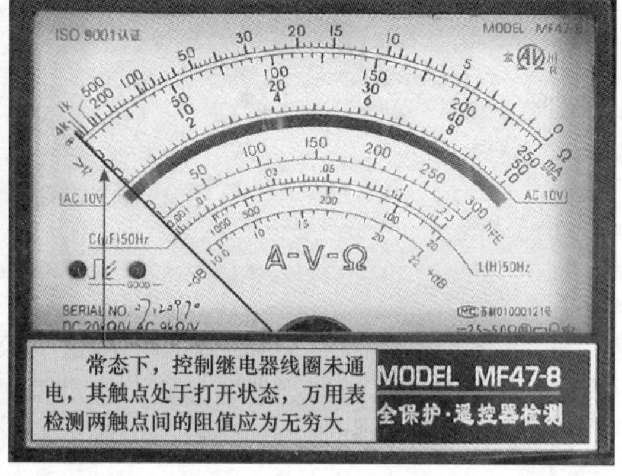

图 10-28　加热控制继电器的检测方法

正常情况下，检测加热控制继电器线圈阻值时，应有23×100Ω左右的阻值；检测另两个引脚间阻值时，在断开的状态下，应测得阻值为无穷大。

10.2　微波炉的结构原理与检修技能

10.2.1　微波炉的结构特点

图10-29所示为典型微波炉的内部结构。可以看到，微波炉的内部主要是由微波发射装置、烧烤装置、转盘装置、保护装置、照明、散热装置和控制装置等构成的。

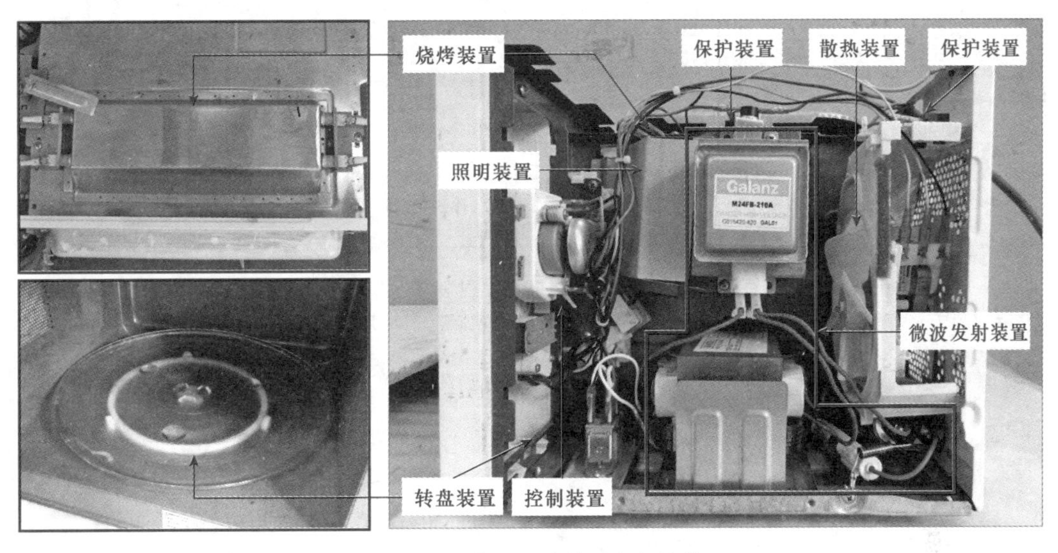

图10-29　典型微波炉的内部结构

1. 微波发射装置

微波发射装置主要由磁控管、高压变压器、高压电容器和高压二极管组成，如图10-30所示。交流220V电压经高压变压器、高压电容器和高压二极管后，变为4000V左右的高压送入到磁控管中，使磁控管产生微波信号，对食物进行加热。

2. 烧烤装置

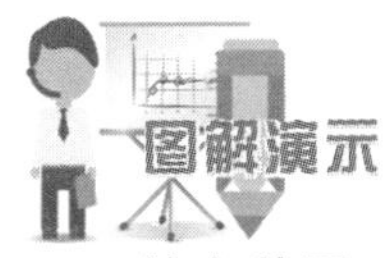

烧烤装置主要由石英管和石英管支架组成，如图10-31所示。带有烧烤功能的微波炉中安装有烧烤装置，石英管通电后会辐射出大量的热量，可以对食物进行烧烤。

3. 转盘装置

为了使食物均匀受热，通常微波炉内都会安装有转盘装置，转盘装置主要由转盘电动机、三角驱动轴、滚圈和托盘构成，如图10-32所示。

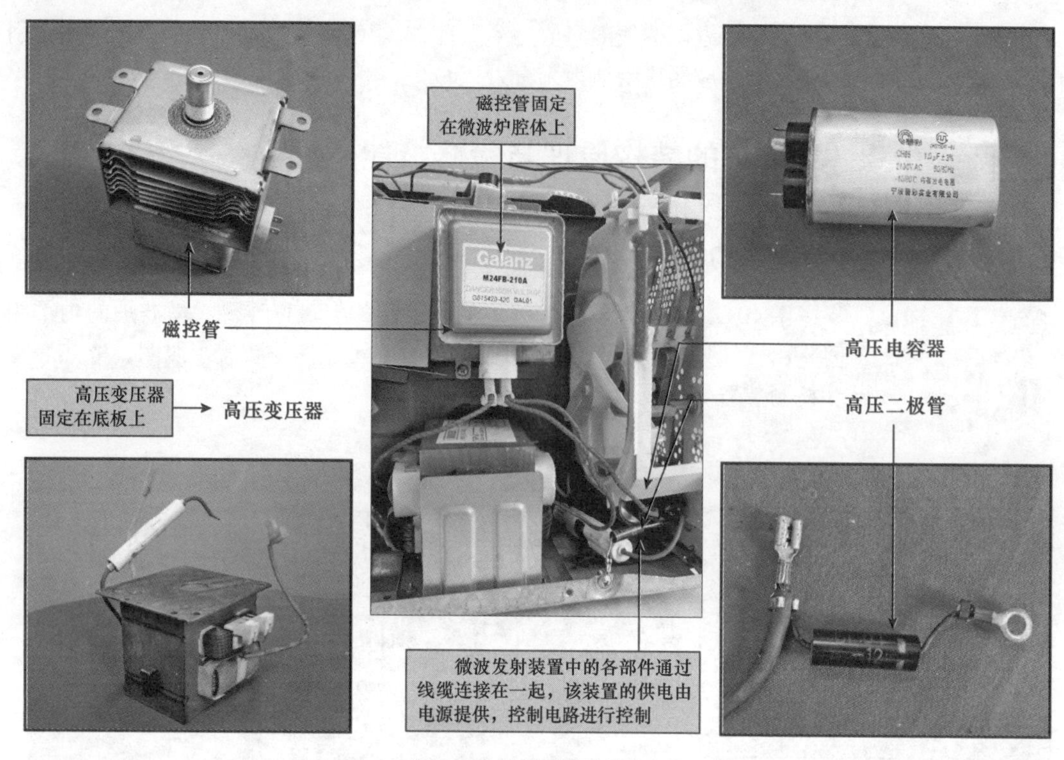

图 10-30　微波发射装置

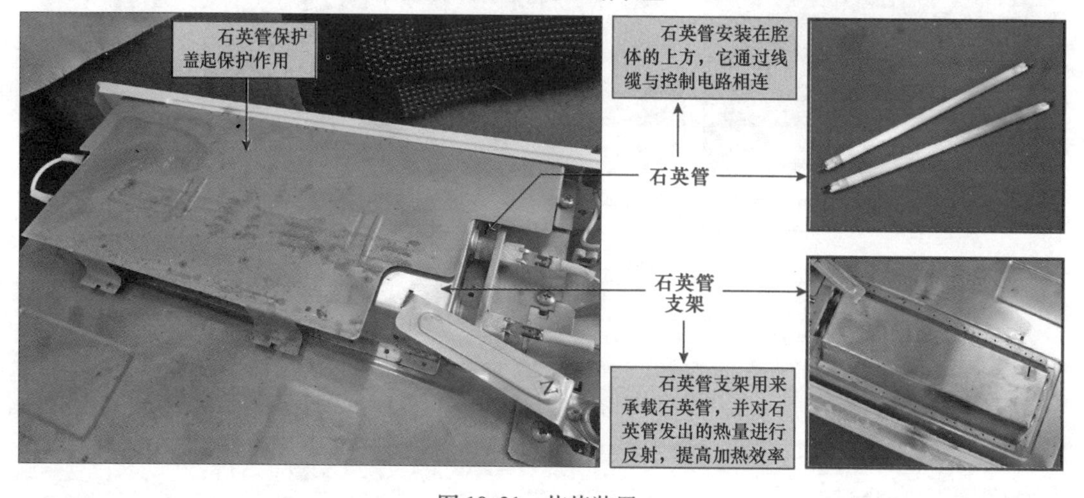

图 10-31　烧烤装置

4. 保护装置

微波炉中有多个保护装置，包括对电路进行保护的熔断器，过热保护的温度保护器以及防止微波泄漏的门开关组件，如图 10-33 所示。

5. 照明和散热装置

照明和散热装置指的是照明灯和散热风扇，如图 10-34 所示。照明灯可对炉腔内进行照射，方便拿取和观察食物。而风扇组件通常安装在微波炉的后部，通过加速微波炉内部与外部的空气流通，确保微波炉良好的散热。

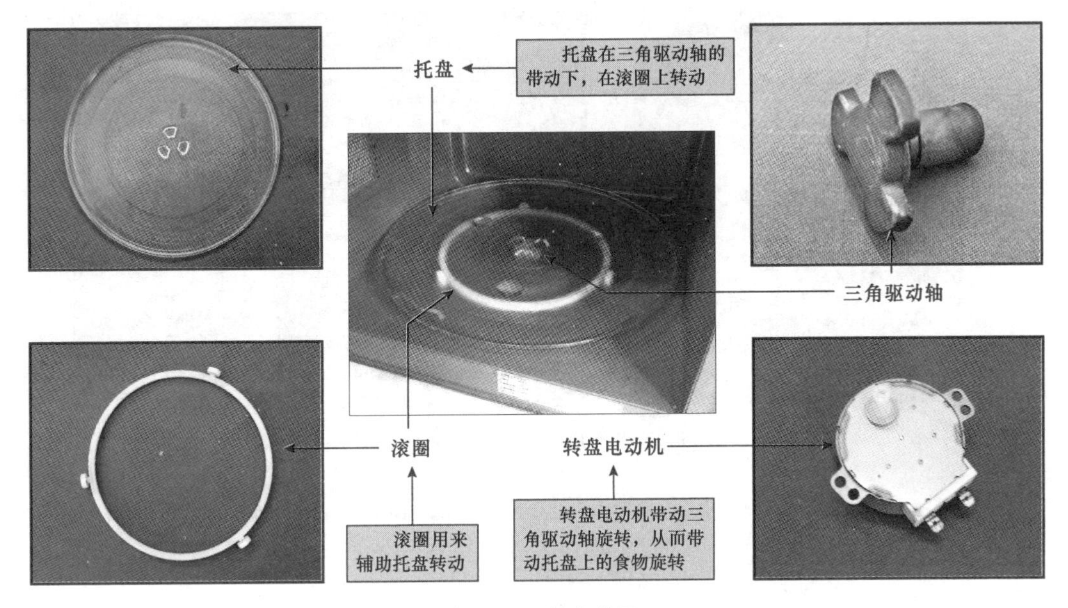

图 10-32　转盘装置

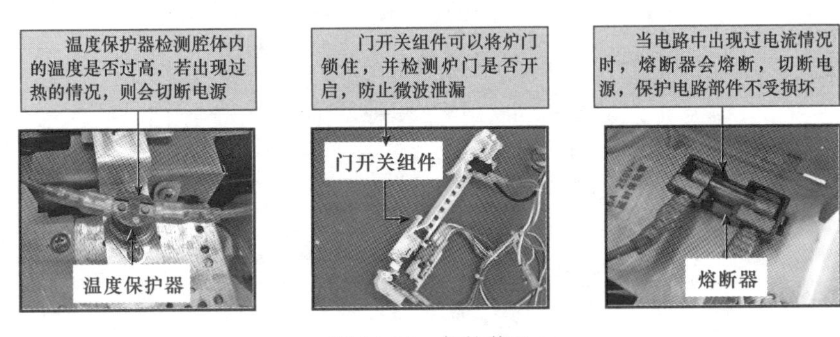

图 10-33　保护装置

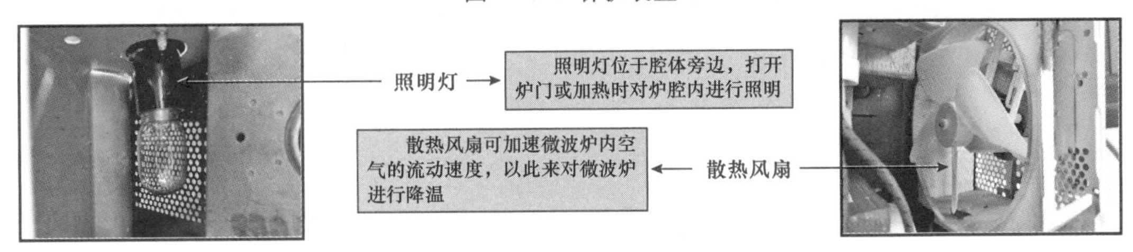

图 10-34　微波炉中的照明和散热装置

6. 控制装置

控制装置是微波炉整机工作的控制核心，控制装置根据设定好的程序，对微波炉内的各部件进行控制，协调各部分的工作。根据控制原理不同，控制装置可分为机械控制装置和电脑控制装置两种。

图 10-35 所示为机械控制装置的结构。机械控制装置主要由同步电动机、定时控制组件、火力控制组件以及报警铃等构成，使用者通过旋钮对火力和时间进行设置，机械控制装置便会根据设定内容控制微波炉的工作状态。

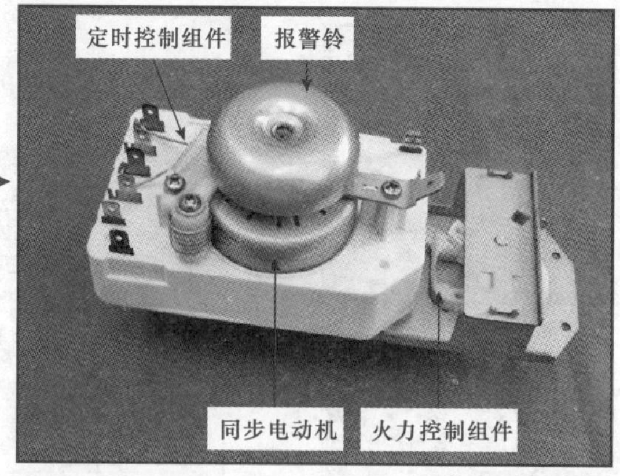

图 10-35　机械控制装置的结构

图 10-36 所示为电脑控制装置的结构。电脑控制装置与机械控制装置不同，它主要通过微处理器对微波炉各部分的工作进行控制，并且通过显示屏显示出当前的工作状态。

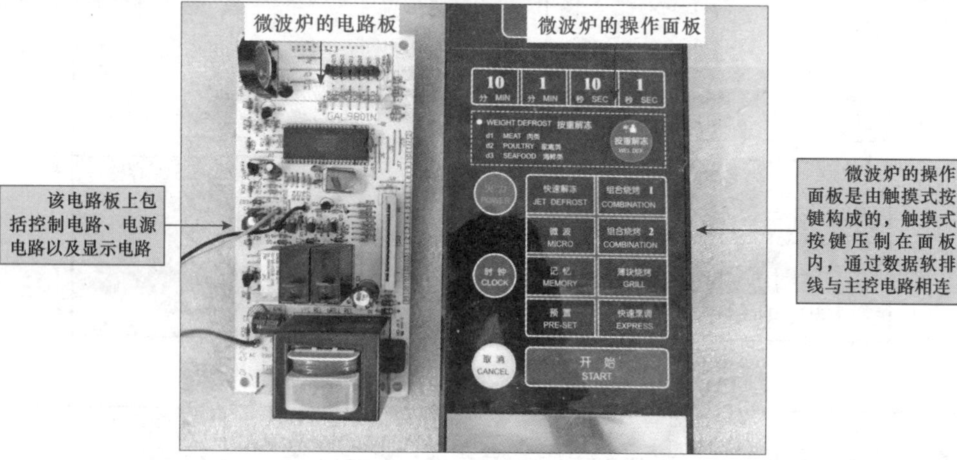

图 10-36　电脑控制装置的结构

10.2.2　微波炉的工作原理

1. 机械控制式微波炉的电路原理

图 10-37 所示为典型机械控制式微波炉的电路原理。机械控制式微波炉主要通过定时开关和火力控制开关对微波炉进行控制。

机械控制式微波炉由交流 220V 电源为其进行供电，当微波炉炉门关闭时，门联锁开关 S1、S2 闭合，安全开关 S3 断开保护，从而使供电电压为后级电路供电，提供工作条件。当炉门打开时，门联锁开关 S1、S2 断开，安全门开关 S3 闭合，短路后级电路，防止后级电路继续工作。

当微波炉炉门关闭后，使用火力控制开关 S5 选择微波功能时，火力控制开关中的 S5－3 断开，S5－1 与 S5－2 接通，当使用定时开关 S4 闭合，选择加热时间后，同步电动机 M1、风扇电动机 M2 以及转盘电动机 M3 开始工作，供电电压加载至高压变压器的初级绕组上，经高压变压器转变为高压，与高压电容器 C、高压二极管 VD 配合，从而驱动磁控管进行工作，当同步电动机 M1 到达设定的时间后，将定时开关 S4 断开，停止为高压变压器供电，从而使磁控管停止工作。

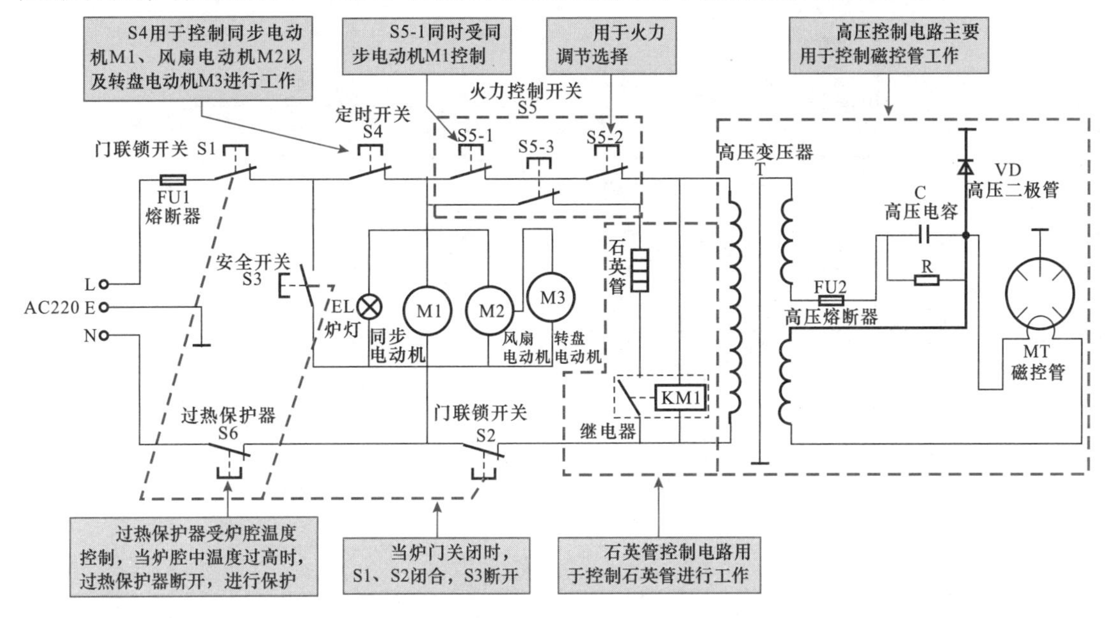

图 10-37　典型机械控制式微波炉的电路原理

当使用火力控制开关选择烧烤功能时，火力控制开关中的 S5-3 接通，S5-1 与 S5-2 断开。此时使用定时开关 S4 闭合，选择加热时间后，同步电动机 M1、风扇电动机 M2 以及转盘电动机 M3 开始工作。当 S5-1 与 S5-2 断开后无法为继电器 KM1 以及高压变压器 T 进行供电，继电器 KM1 失电，触点闭合，高压控制电路停止工作。当 S5-3 接通后，继电器的触点闭合，为石英管进行供电，石英管进行烧烤工作。同样，当同步电动机 M1 到达设定的时间后，将定时开关 S4 断开，停止为石英管进行供电，从而使石英管停止工作。

当使用火力控制开关选择微波烧烤组合功能时，火力控制开关中的 S5-1、S5-2 以及 S5-3均接通，但此时 S5-1 受同步电动机 M1 控制，定时开关设定加热的时间后，由同步电动机 M1 控制 S5-2 间歇闭合和断开，当 S5-2 受同步电动机 M1 控制断开时，石英管控制电路控制石英管进行烧烤加热，当 S5-1 受同步电动机 M1 控制闭合时，继电器 KM1 得电，触点断开，石英管停止进行烧烤，高压变压器初级绕组得到供电电压，由次级绕组输出高压，从而使磁控管 MT 进行微波加热。

微波炉的微波加热时也分为不同的档位，在不同档位时，由火力控制开关和定时开关配合，控制磁控管进行工作和间歇的时间比例不同，从而达到控制输出不同的火力。

微波烧烤组合功能分为不同的档位时，同样是利用火力控制开关和定时开关配合，控制磁控管和石英管的加热时间。例如，选择组合烧烤 1 档位时，30% 的时间由磁控管工作输出微波，70% 的时间由石英管工作进行烧烤；当选择组合烧烤 2 档位时，49% 的时间由磁控管工作输出微波，51% 的时间由石英管工作进行烧烤；而选择组合烧烤 3 档位时，67% 的时间由磁控管工作输出微波，33% 的时间由石英管工作进行烧烤。

2. 电脑控制式微波炉的电路原理

图 10-38 所示为典型电脑控制式微波炉的电路原理。电脑控制式微波炉的控制电路是采用微处理器为核心的自动控制、自动检测和自动保护的控制电路。

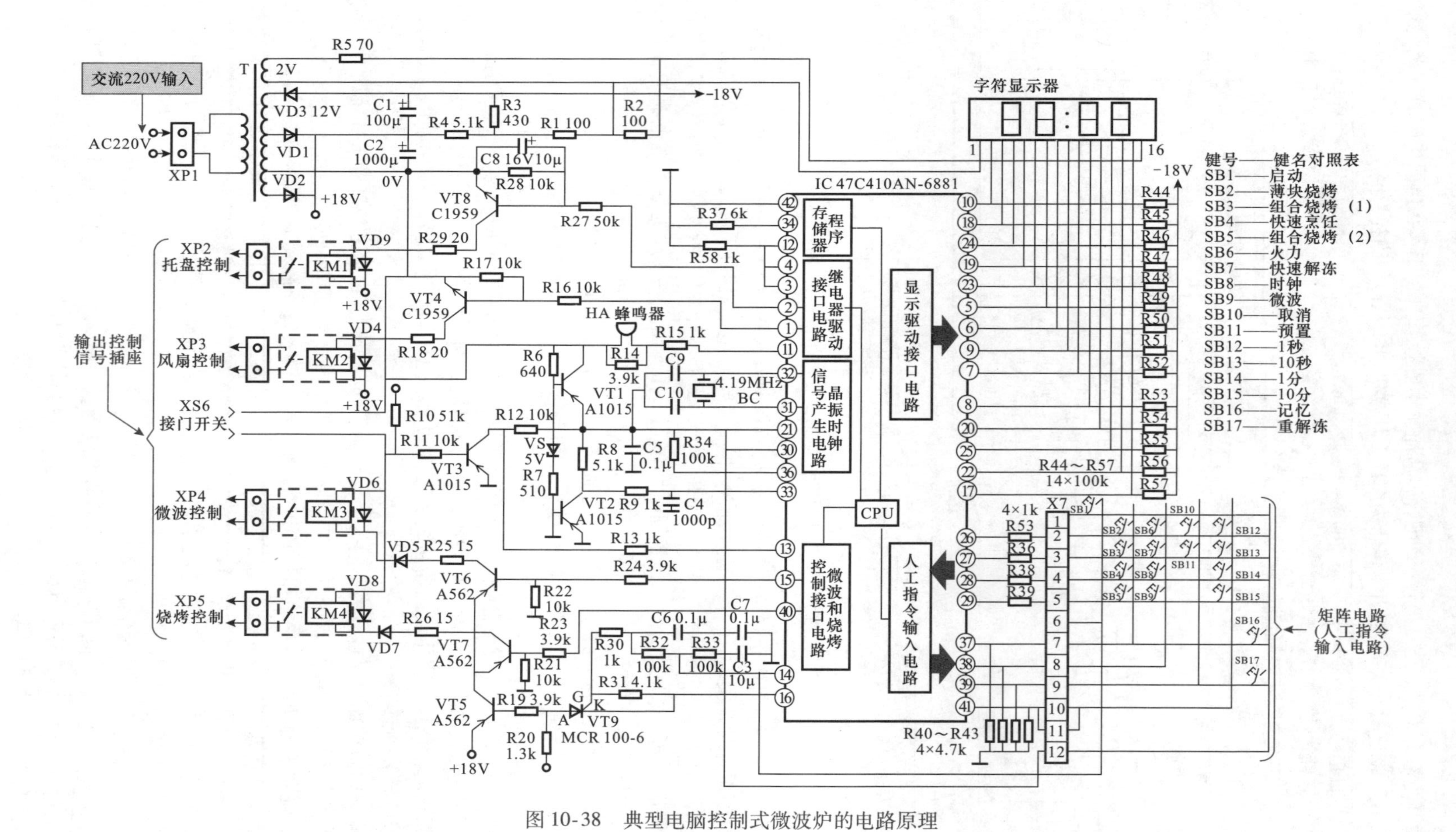

图 10-38　典型电脑控制式微波炉的电路原理

10.2.3　微波炉微波发射装置的故障特点与检修方法

图解演示

微波发射装置出现故障后，会导致微波炉不工作或微波不良等现象。若怀疑微波发射装置出现故障，则需要对该装置中的各组件进行拆卸分离，分别对可能损坏的部件进行检查，一旦发现故障，就需要寻找可替代的新部件进行代换。图10-39所示为微波发射装置的检修示意图。

图10-39　微波发射装置的检修示意图

对微波发射装置进行检修时，通常需要对三部分进行检查，也就是磁控管、高压变压器，以及高压电容器和高压二极管，查找出故障后，再对相关部件进行代换。

1. 磁控管的检测

图解演示

磁控管容易出现老化、内部损坏等故障。若怀疑磁控管出现问题，则需要对磁控管进行拆卸分离，并对可能损坏的部位进行检查，一旦发现故障，就需要寻找可替换的新磁控管进行代换。判断磁控管的性能是否正常时，可以对其信号波形进行检测，操作方法如图10-40所示。

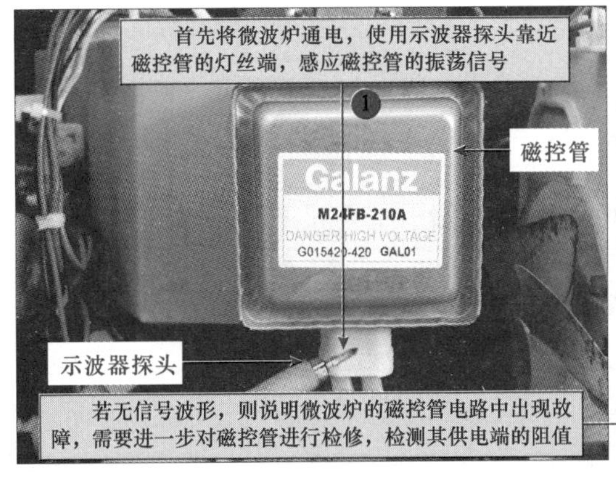

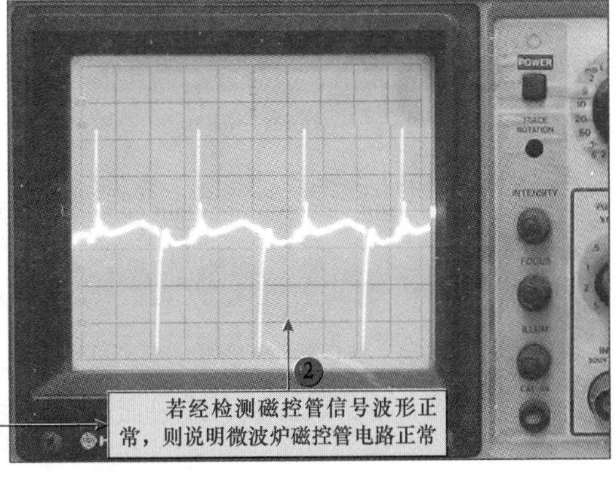

图10-40　检测磁控管的信号波形

测得信号波形正常后，可以进一步检测磁控管的阻值。图 10-41 所示为磁控管阻值的检测方法。为了便于检测，可将磁控管从微波炉上拆卸下来后进行测量。

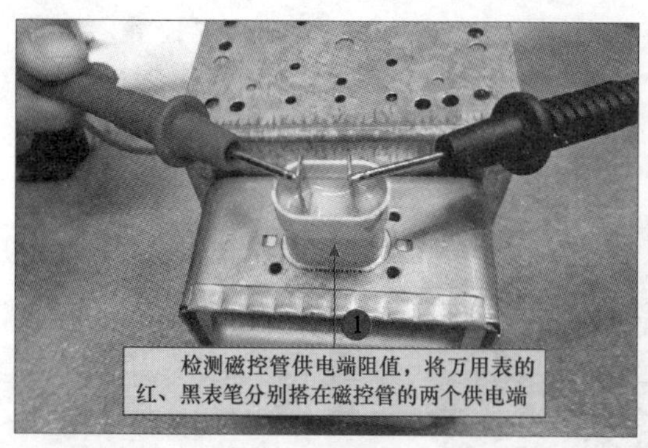

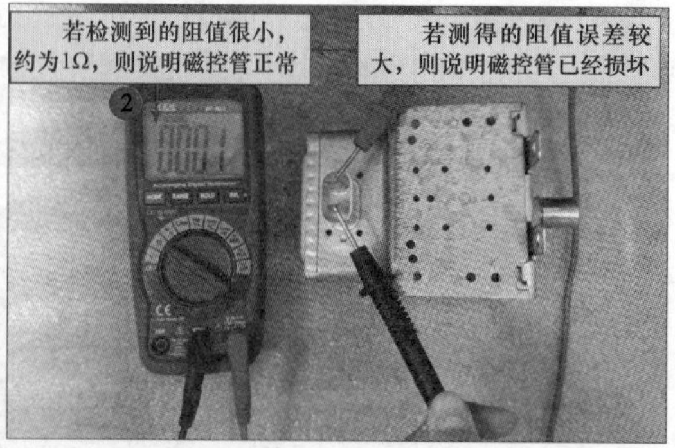

图 10-41　磁控管阻值的检测方法

对磁控管进行检测时，除了可以检测磁控管供电端阻值外，还可以检测供电端与外壳的阻值或天线与外壳的阻值。具体检测方法如图 10-42 所示。

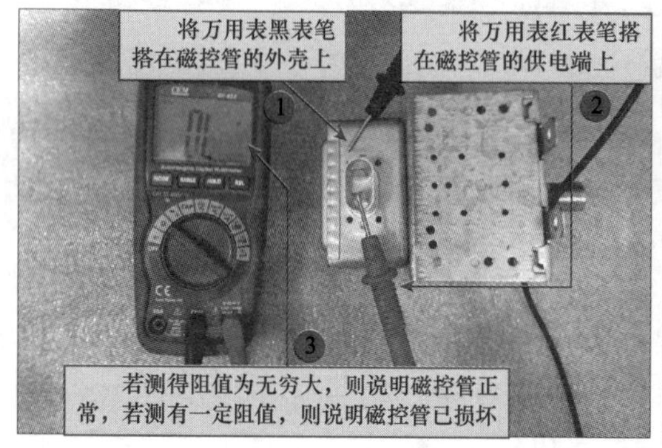

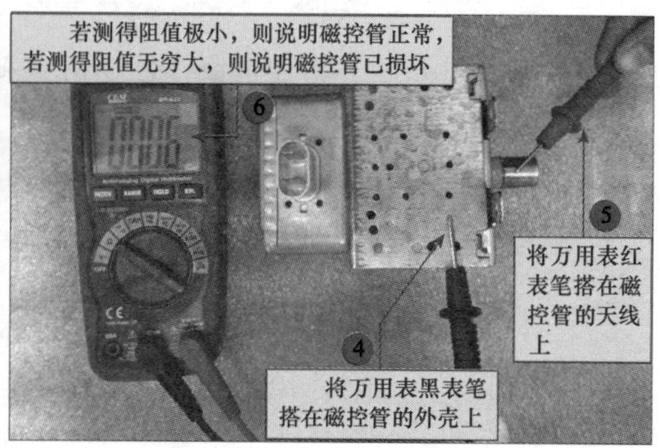

图 10-42　磁控管的检测方法

2. 高压变压器的检测

高压变压器容易出现老化、内部损坏等故障。若怀疑高压变压器出现问题，则需要对高压变压器进行拆卸分离，对可能损坏的部位分别进行检查，一旦发现故障，就需要寻找可替换的新高压变压器进行代换。

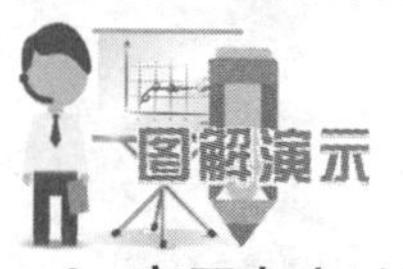

可通过检测高压变压器绕组间的阻值，来判断高压变压器的性能是否正常，具体操作如图 10-43 所示。

3. 高压电容以及高压二极管的检测

高压电容器容易出现漏液、漏电等故障；高压二极管常出现烧坏等故障。若高压电容器或高压二极管出现故障，则需要对高压电容器或高压二极管进行拆卸分离，对可能损坏的部位进行检查，一旦发现故障，就需要寻找可替换的新高压电容器或高压二极管进行代换。

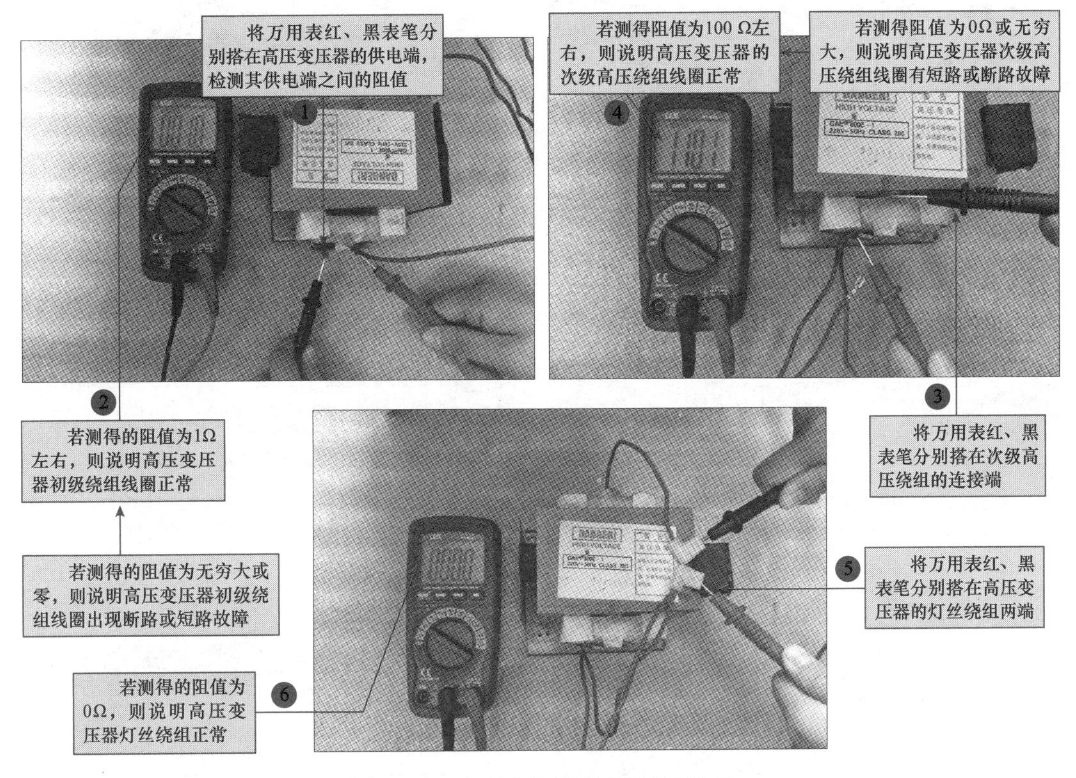

图 10-43　高压变压器阻值的检测方法

高压电容器和高压二极管取下后，首先对高压电容器和高压二极管进行检查。对高压电容器进行检测时，主要是使用万用表检测高压电容器的电容量。对高压二极管进行检测时，主要是检测其正反向阻值是否正常。图 10-44 所示为高压电容器的检测方法，图 10-45 所示为高压二极管的检测方法。

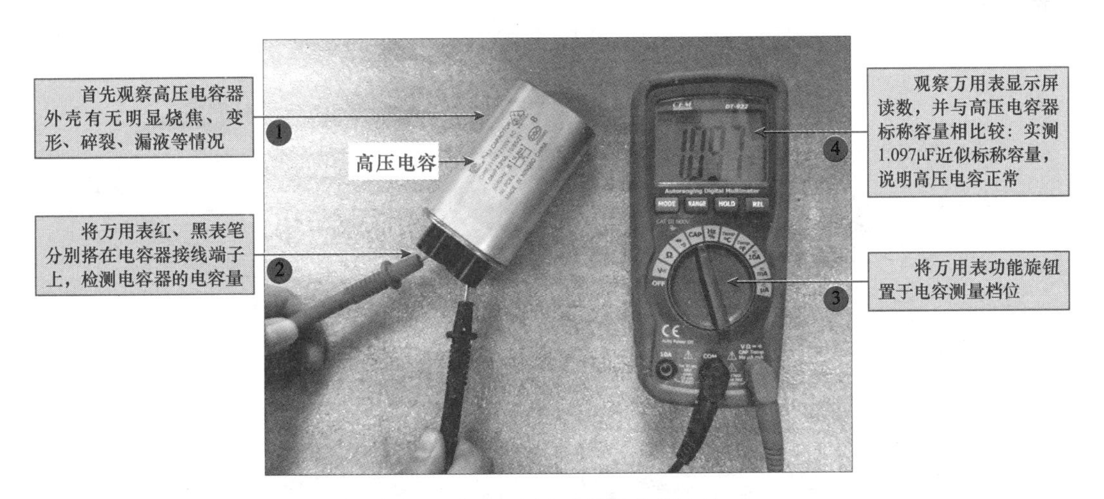

图 10-44　高压电容器的检测方法

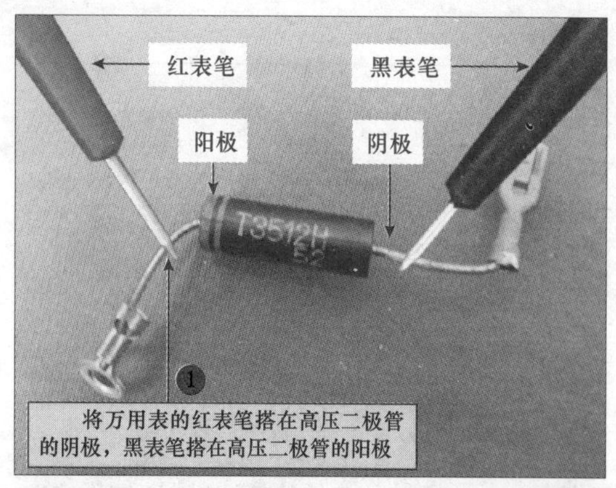

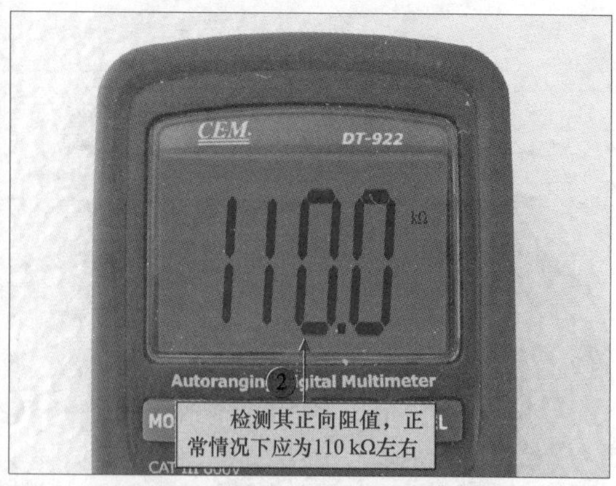

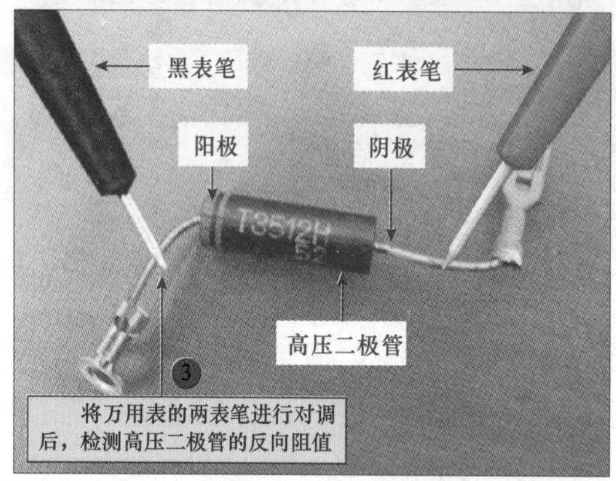

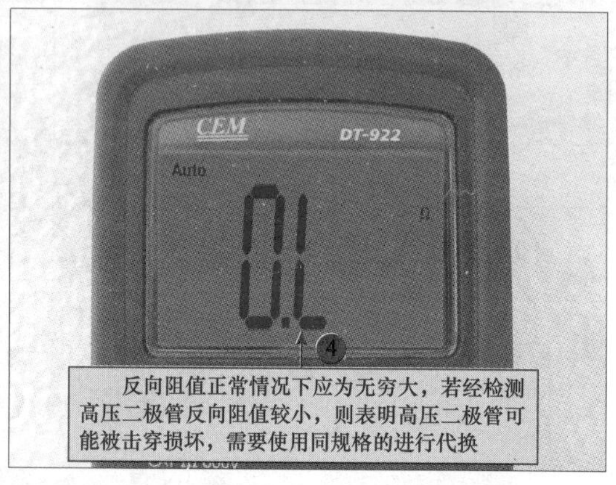

图 10-45　高压二极管的检测方法

10.2.4　微波炉烧烤装置的故障特点与检修方法

烧烤装置出现故障以后，微波炉会出现不能烧烤或烧烤加热不均匀等现象。若烧烤装置出现故障，则需要分别对石英管连接线和石英管本身进行检查和拆卸代换。

对石英管进行检查时，应先检查石英管连接线是否出现松动、断裂、烧焦或接触不良等现象，然后再对石英管本身进行检查。图 10-46 所示为石英管连接线的检测方法。

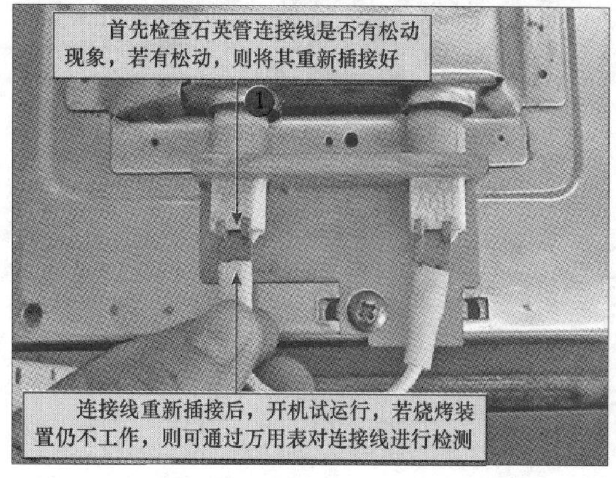

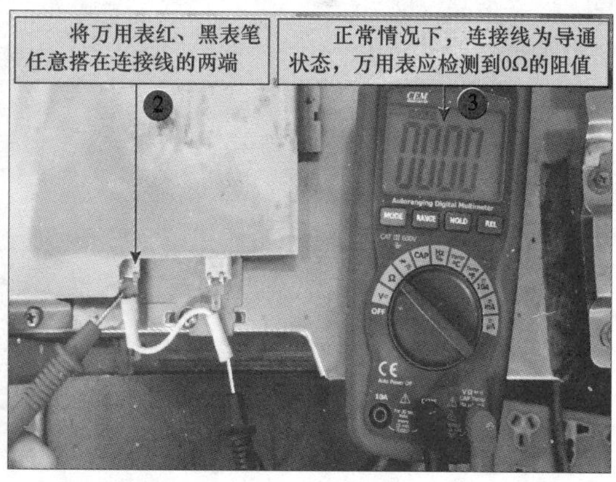

图 10-46　石英管连接线的检测方法

若连接线正常，则可使用万用表检测两个石英管之间的阻值，操作方法如图 10-47 所示。

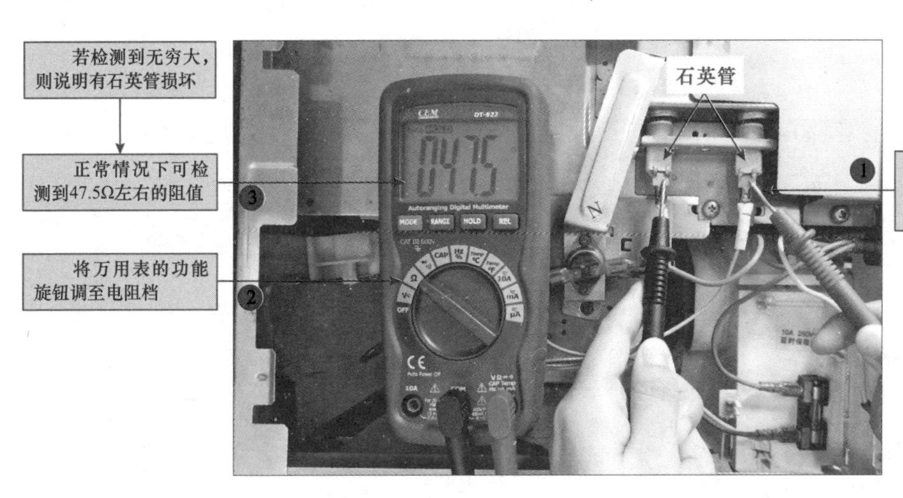

图 10-47　检测两个石英管之间的阻值

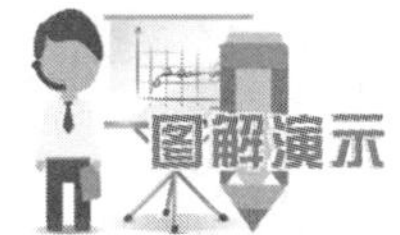

对单个石英管的阻值进行检测，操作方法如图 10-48 所示。

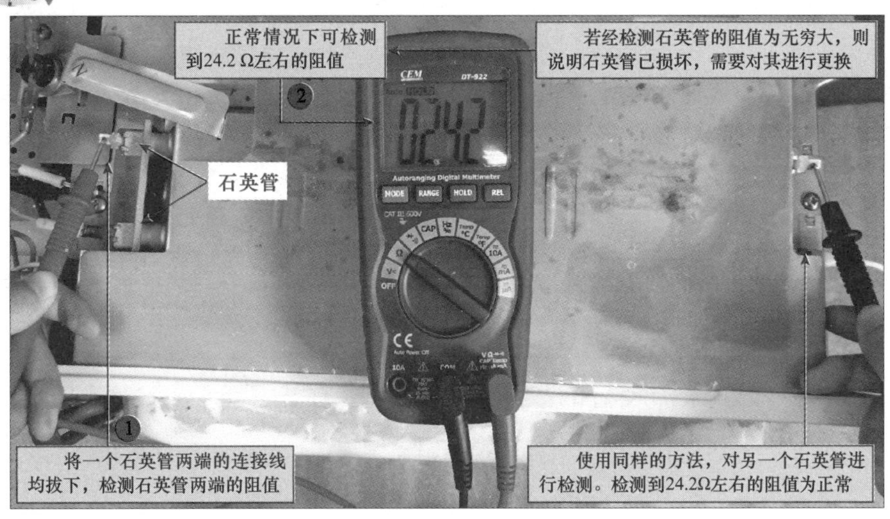

图 10-48　检测单个石英管的阻值

10.2.5　微波炉转盘装置的故障特点与检修方法

转盘装置出现故障后，微波炉会出现食物受热不均匀、不能加热、转动时有“咔咔”声或转盘不转动等现象。若转盘装置出现故障，则需要分别对该装置中的部件进行拆卸和检查。

转盘电动机出现故障会造成整个转盘装置无法转动。若怀疑转盘电动机出现问题，则需要对转盘电动机可能出现故障的地方进行检查，一旦发现故障，就需要寻找可替换的新转盘电动机进行代换。

图 10-49 所示为转盘电动机的检测方法。打开微波炉底盖后，观察转盘电动机供电端的连接线是否松动、供电电压是否正常，并查看转盘电动机本身是否正常。

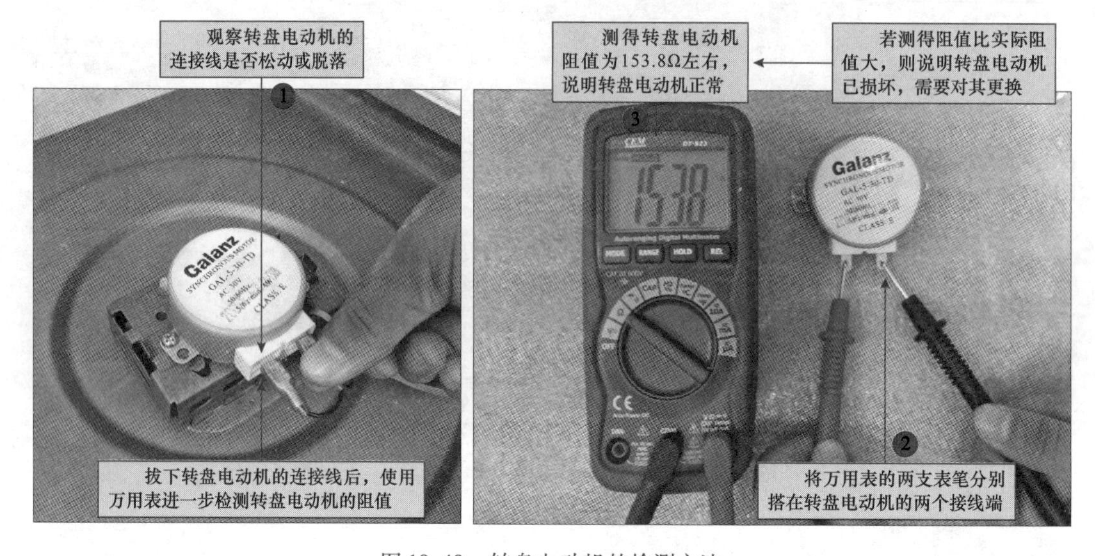

图 10-49　转盘电动机的检测方法

食物托盘、转盘支架和三角驱动轴出现故障都会造成转盘装置转动不良或无法转动。若怀疑食物托盘、转盘支架和三角驱动轴出现问题，则需要分别对它们进行检查，一旦发现故障部位，就需要寻找可替换的新部件进行代换。

将食物托盘、转盘支架和三角驱动轴分别从微波炉中取出后，首先检查食物托盘，观察其三角槽与三角驱动轴是否脱离；然后检查转盘支架，查看转盘支架是否出现磨损或断裂现象；最后查看三角驱动轴表面或与食物托盘的接触面是否出现明显的断裂和损坏，与转盘电动机连接的定位孔是否出现磨损。

10.2.6　微波炉保护装置的故障特点与检修方法

当微波炉保护装置出现故障时，主要表现为接通电源后微波炉不工作、打开微波炉门仍在发射微波等现象，此时，应根据故障现象对其保护装置进行检修，对损坏的元器件进行更换。对保护装置进行检修时，通常需要对三部分进行检查，也就是熔断器、温度保护器以及门开关组件，查找出故障后，再对相关部件进行代换。

1. 熔断器的检测

由于长时间使用，熔断器会出现烧焦或断裂的现象。若怀疑熔断器出现问题，则需要对其进行检查，一旦发现故障，就需要寻找可替换的新熔断器进行代换。

一般情况下，检查熔断器时应采用万用表检测阻值的方法来判断其好坏。图 10-50 所示为熔断器的检测方法。

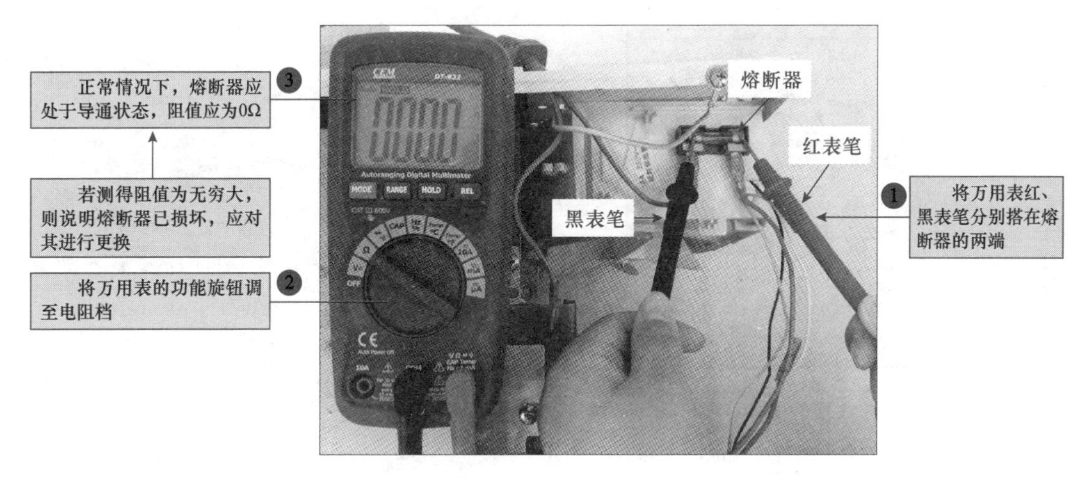

图 10-50　熔断器的检测方法

2. 温度保护器的检测

温度保护器损坏时会造成微波炉通电后无反应的故障。若怀疑温度保护器出现问题，则需要对其进行检查，一旦发现故障，就需要寻找可替换的新温度保护器进行代换。一般情况下，检查温度保护器时应采用万用表检测阻值的方法来判断其好坏。图 10-51 所示为温度保护器的检测方法。

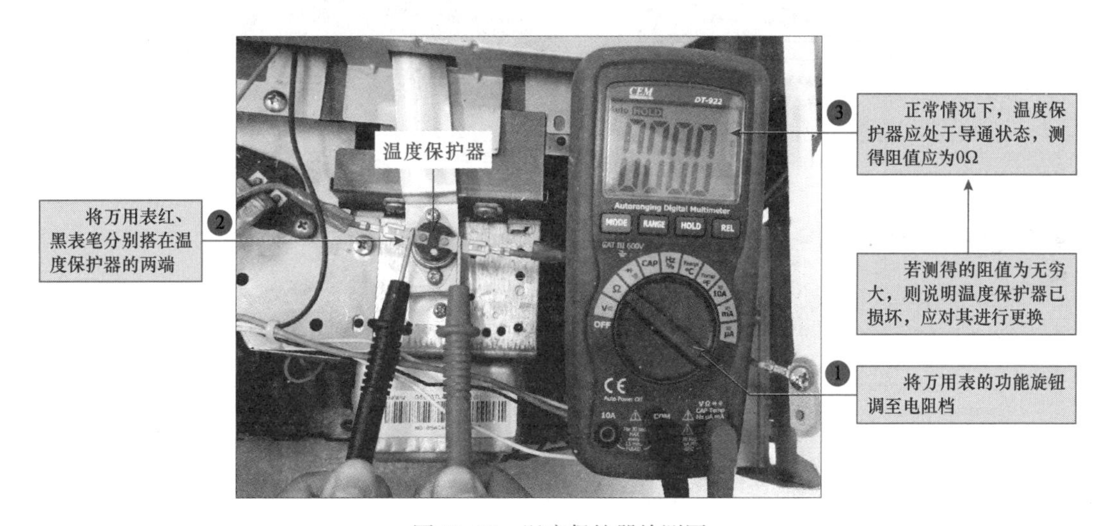

图 10-51　温度保护器检测图

3. 门开关组件的检测代换

门开关组件常因门连锁开关的损坏而不能良好地为高压变压器的供电，易造成关好炉门后，微波炉却不能正常工作等故障。因此，若怀疑门开关组件出现问题，则需要对其进行检查，一旦发现故障，就需要寻找可替换的新微动开关进行代换。一般情况下，检查门开关时应采用万用表检测阻值的方法来判断其好坏。图 10-52 所示为门开关的检测方法。

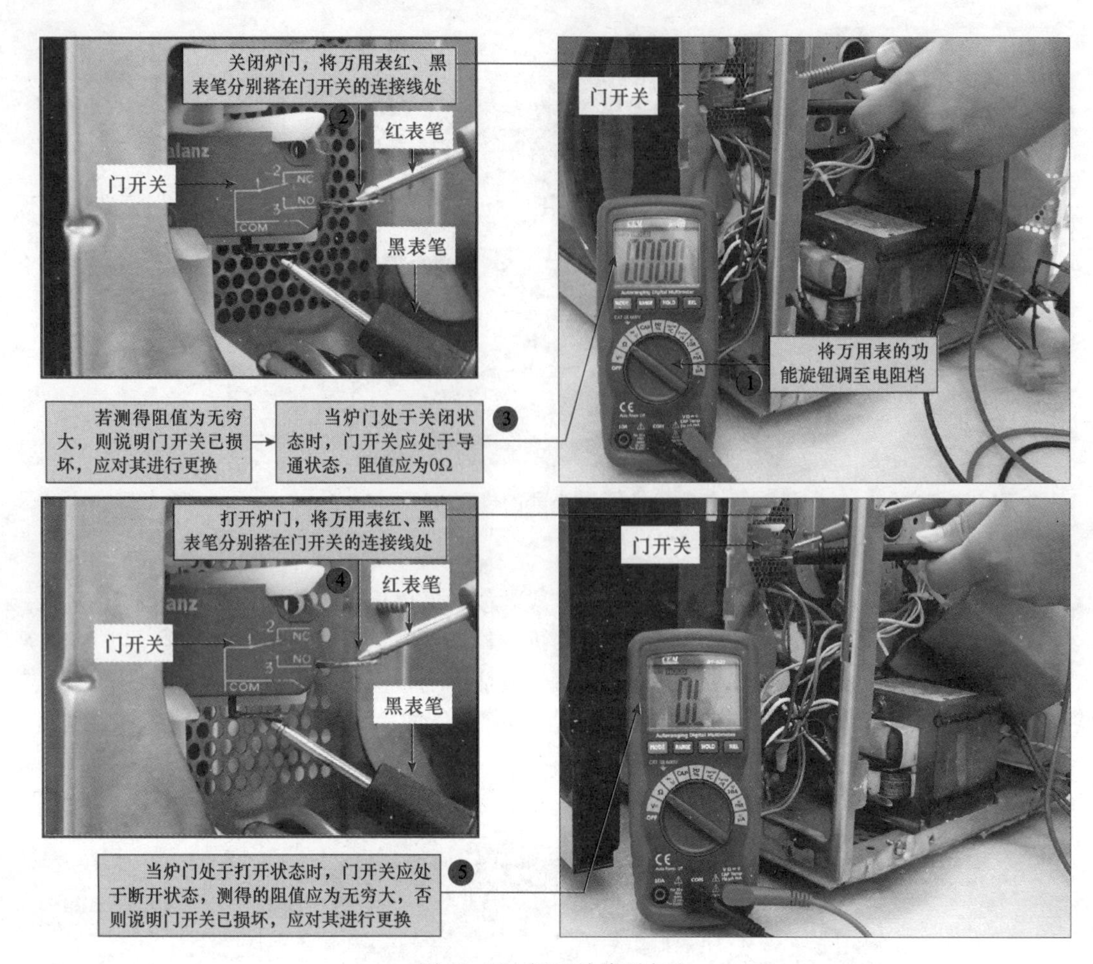

图 10-52　门开关检测方法

10.2.7　微波炉控制装置的故障特点与检修方法

控制装置出现故障，会导致微波炉通电后，微波火力控制失常、微波炉设定时间失灵、微波炉不停地工作等现象。若怀疑控制装置出现故障，则需要对该装置中的各组件进行拆卸分离，对可能损坏的部件分别进行检查，一旦发现故障，就需要寻找可替代的新控制装置进行代换。

1. 报警铃的检查

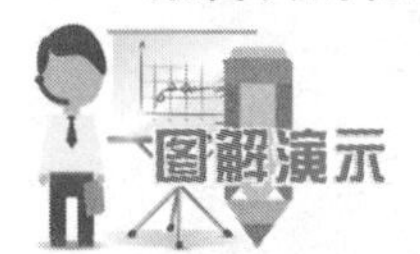

报警铃出现故障主要表现为无报警声，此时，需要对其进行检修。图 10-53 所示为报警铃的检修方法。

2. 同步电动机的检测

若同步电动机出现损坏，则直接导致定时/火力控制组件不能正常工作，对其进行检修时，可使用万用表检测两引脚间的阻值。图 10-54 所示为同步电动机的检测方法。

3. 定时、火力控制组件的检测

对定时、火力控制组件进行检修时，应先对其外部的连接端进行检测，初步判断机械控制装置是否出现故障，并顺时针旋转定时开关。图 10-55

所示为定时、火力控制组件的检测方法。

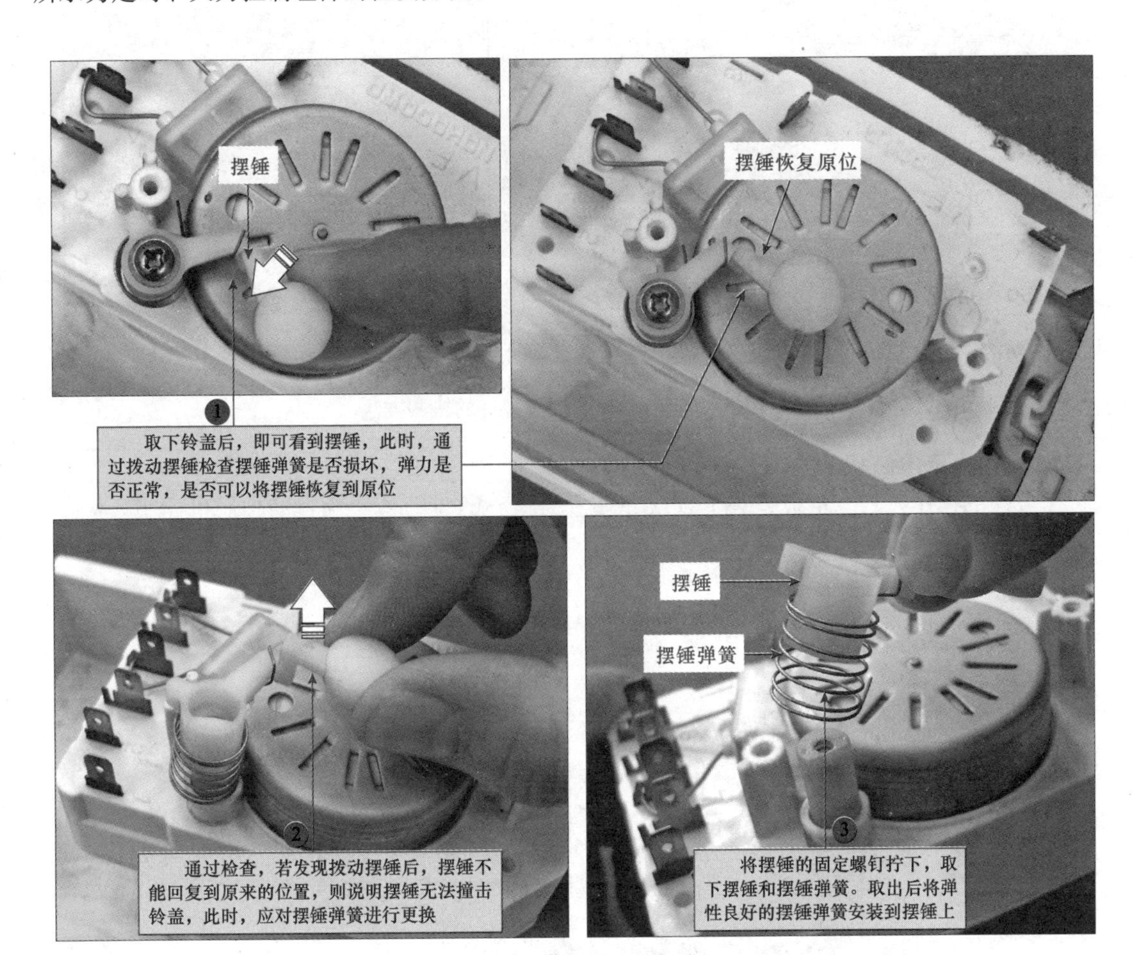

图 10-53　报警铃的检查方法

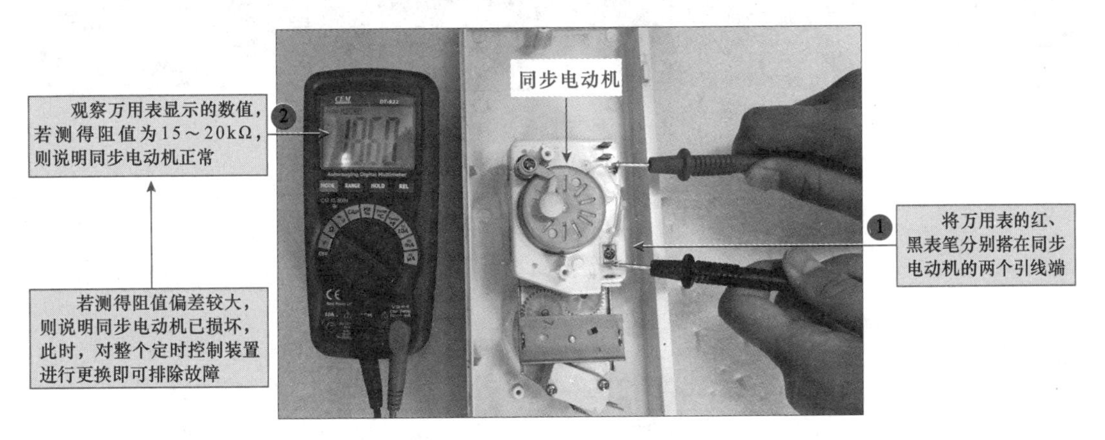

图 10-54　同步电动机的检测方法

微动开关接通和断开状态下，只可检测出 0Ω 或无穷大两种情况，若检测出其他阻值，则表明微动开关出现故障，需要更换。

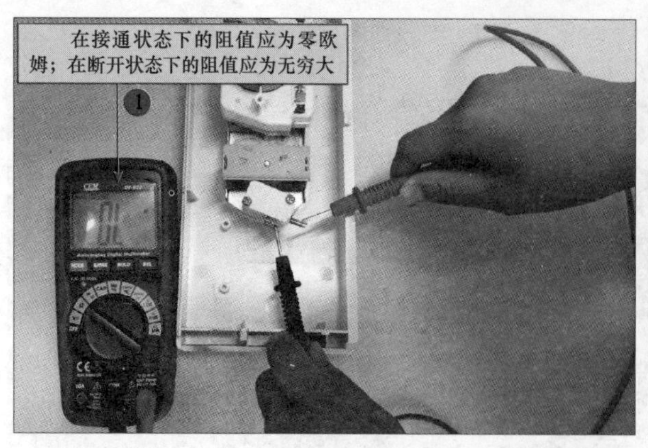

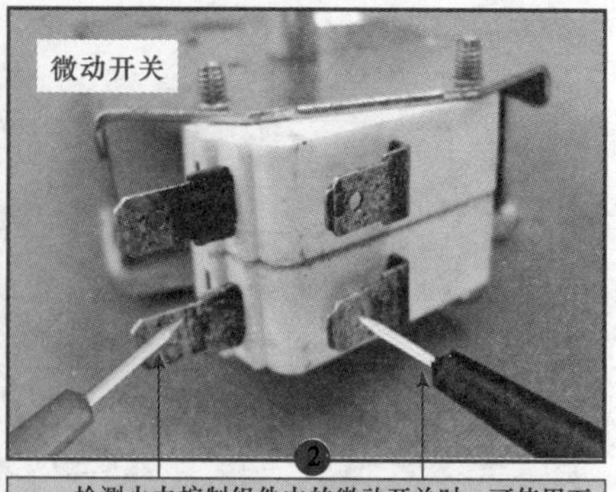

图 10-55　定时、火力控制组件的检测方法

4. 操作显示电路板的检测

微波炉的操作显示电路板是一个以微处理器为核心的自动检测和自动控制电路板。因此，对操作显示电路板的检测重点应为对微处理器的工作状态进行检测。

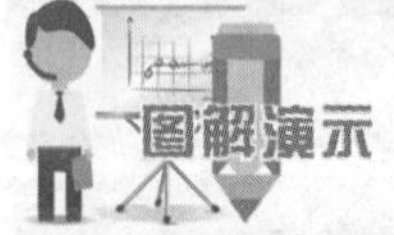

如图 10-56 所示，在工作状态下首先检测微处理器的工作电压。该微处理器的供电端是㊷脚，用万用表检测㊷脚与地线之间应该有 5V 电压。

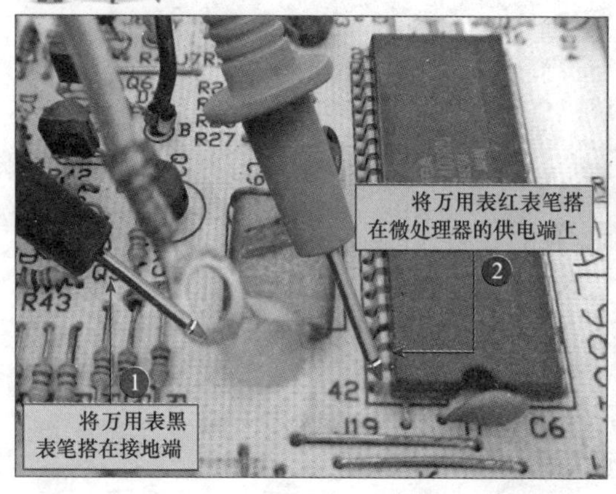

图 10-56　微处理器供电电压的检测

若供电电压正常，则应继续对晶振信号进行检测。时钟振荡器外接微处理器的㉛和㉜脚。在检测时，可以直接检测时钟振荡器的两端，检测操作如图 10-57 所示。如果没有时钟信号，微处理器就没有了节拍信号，就不能正常工作。

一般来讲，当供电正常、时钟信号正常时，微处理器就能正常工作。此时可以对微处理器的控制信号做进一步的检查。检测微处理器的显示控制信号时，可以从它的显示控制端检测是否有正常的信号输出。检测显示控制信号时需要使用示波器，调整示波器的幅度钮和时间轴，可以看清示波器上显示的信号波形。微处理器显示信号端的引脚不同，所显示的波形也有所不同。首先检测标记为 a 的引脚波形，如图 10-58 所示。a 端是驱动显示器的阳极，它的波形是不断变化的。

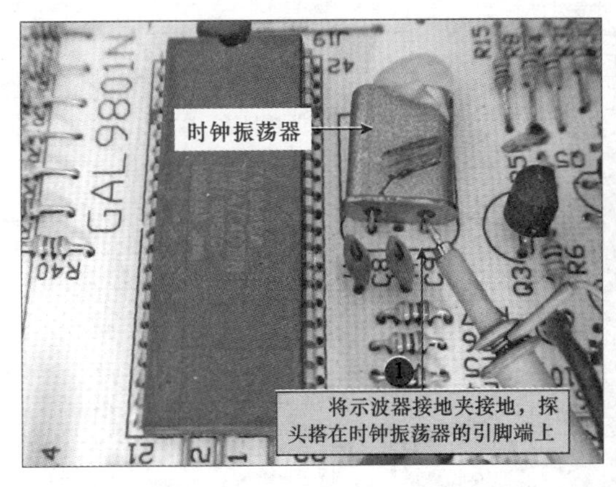

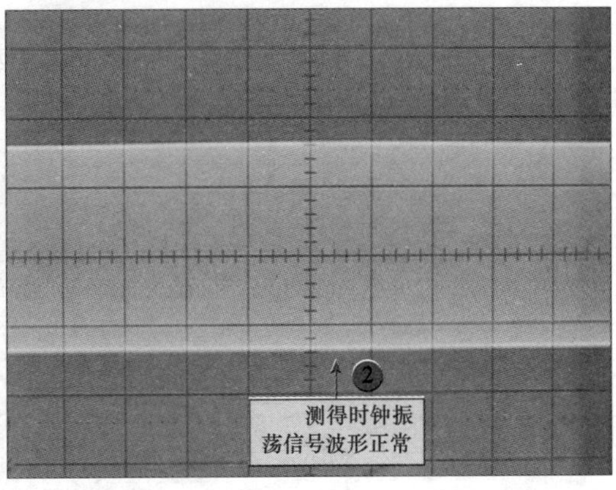

图 10-57 时钟振荡器的检测

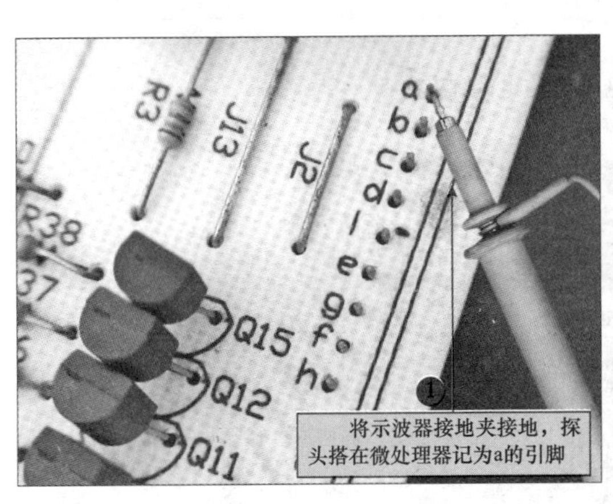

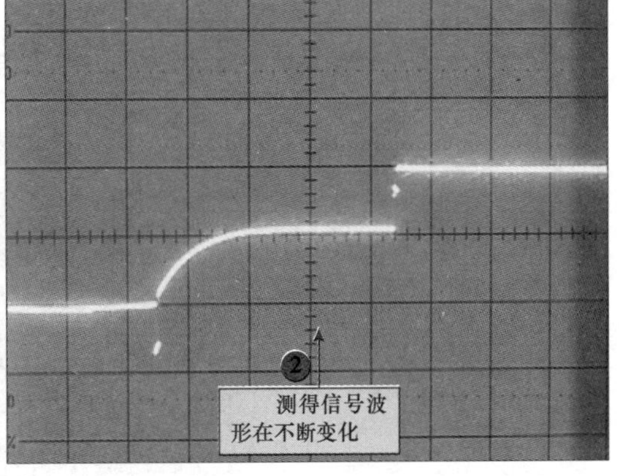

图 10-58 驱动显示器 a 端的检测

然后分别检测 b、c、d、e、f、g、h 端，在这里的检测不用追求波形信号的脉冲幅度以及排列顺序，只要能看清波形的基本形状就可以，因为根据显示的内容不同，脉冲信号的显示形状及排列顺序也是不同的。

10.3 电磁炉的结构原理与检修技能

10.3.1 电磁炉的结构特点

图 10-59 所示为典型电磁炉的结构组成。电磁炉主要可以分为电源供电电路、功率输出电路、主控电路以及操作显示电路等几部分。

1. 电源供电电路

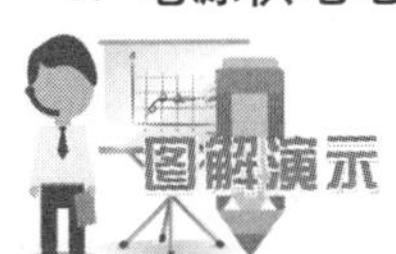

电源供电电路是电磁炉整机的供电电路，该电路部分主要由几个体积较大的分立元器件构成，元器件分布较稀疏，如图 10-60 所示。

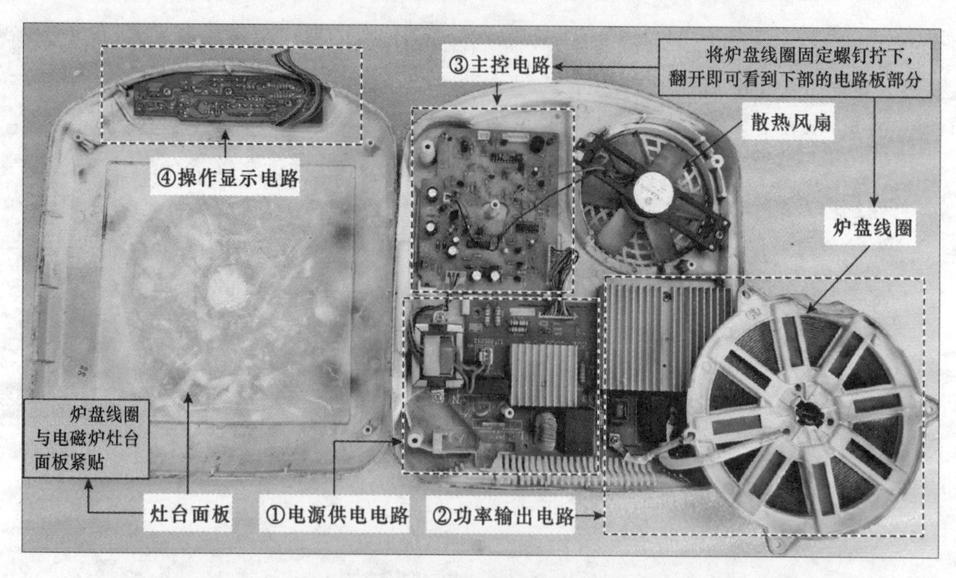

图 10-59 典型电磁炉的电路结构

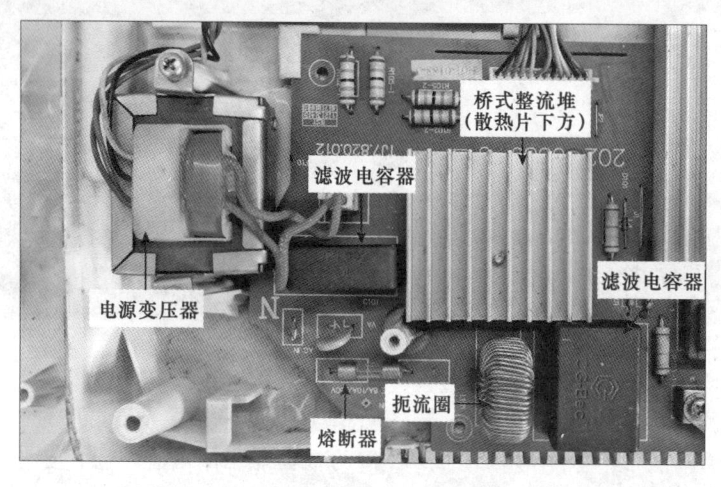

图 10-60 典型电磁炉中的电源供电电路

2. 功率输出电路

功率输出电路是电磁炉的负载电路，主要用来对电磁炉电路功能进行体现和输出，实现电能向热能的转换。图 10-61 所示为典型电磁炉中的功率输出电路部分。

3. 主控电路

主控电路是电磁炉中的控制电路，也是核心组成部分。电磁炉整机人工指令的接收、状态信号的输出、自动检测和控制功能的实现都是由该电路完成的。图 10-62 所示为典型电磁炉中的主控电路部分。

4. 操作显示电路

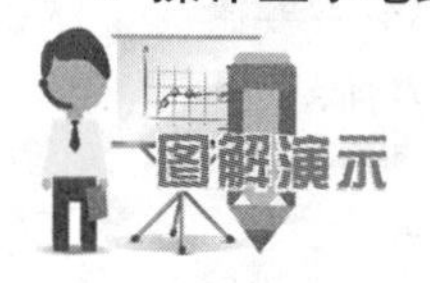

操作显示电路是电磁炉实现人机交互的窗口，一般位于电磁炉的上盖操作显示面板下部，图 10-63 所示为典型电磁炉中的操作显示电路。

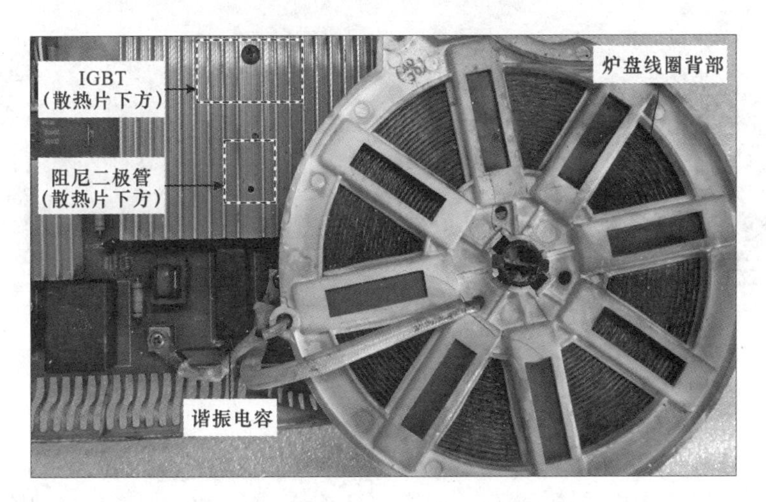

图 10-61 典型电磁炉中的功率输出电路

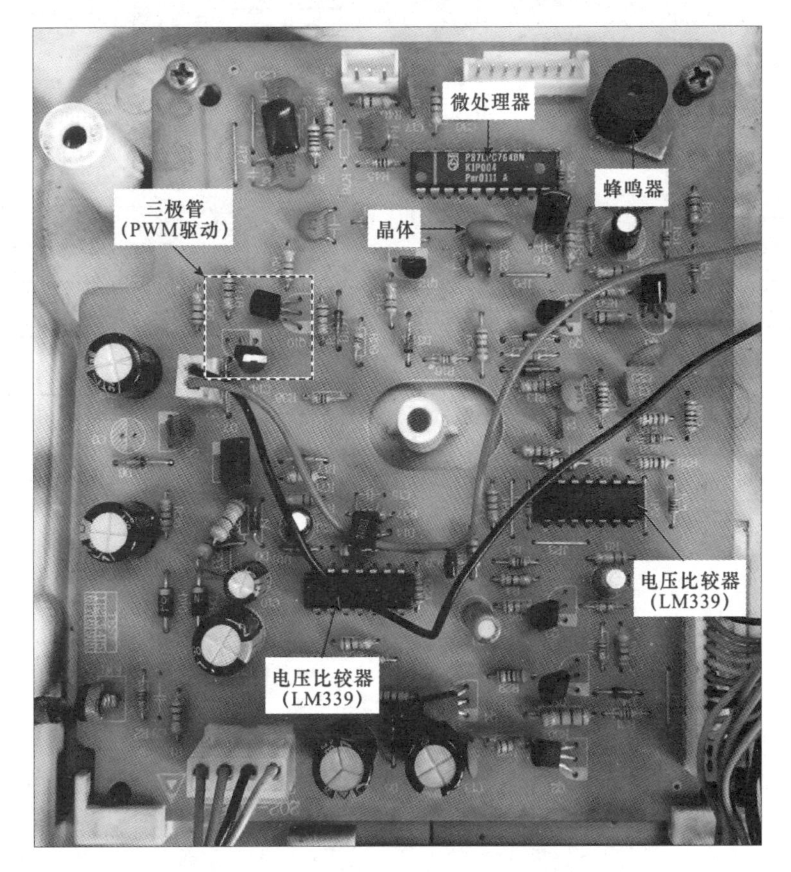

图 10-62 典型电磁炉中的主控电路

10.3.2 电磁炉的工作原理

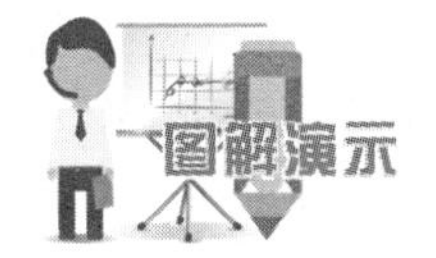

图 10-64 所示为典型电磁炉的整机工作过程。可以看到，电磁炉在工作时，由电源电路为各单元电路及功能部件提供工作时所需要的各种电压。

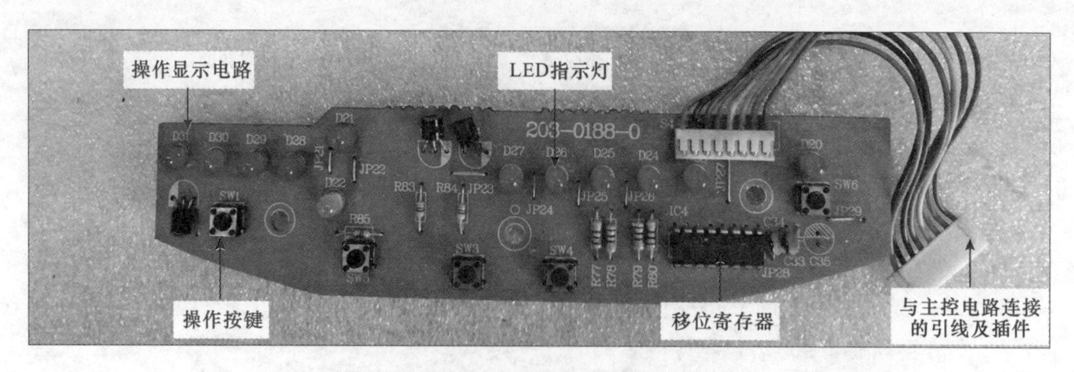

图 10-63　典型电磁炉中的操作显示电路

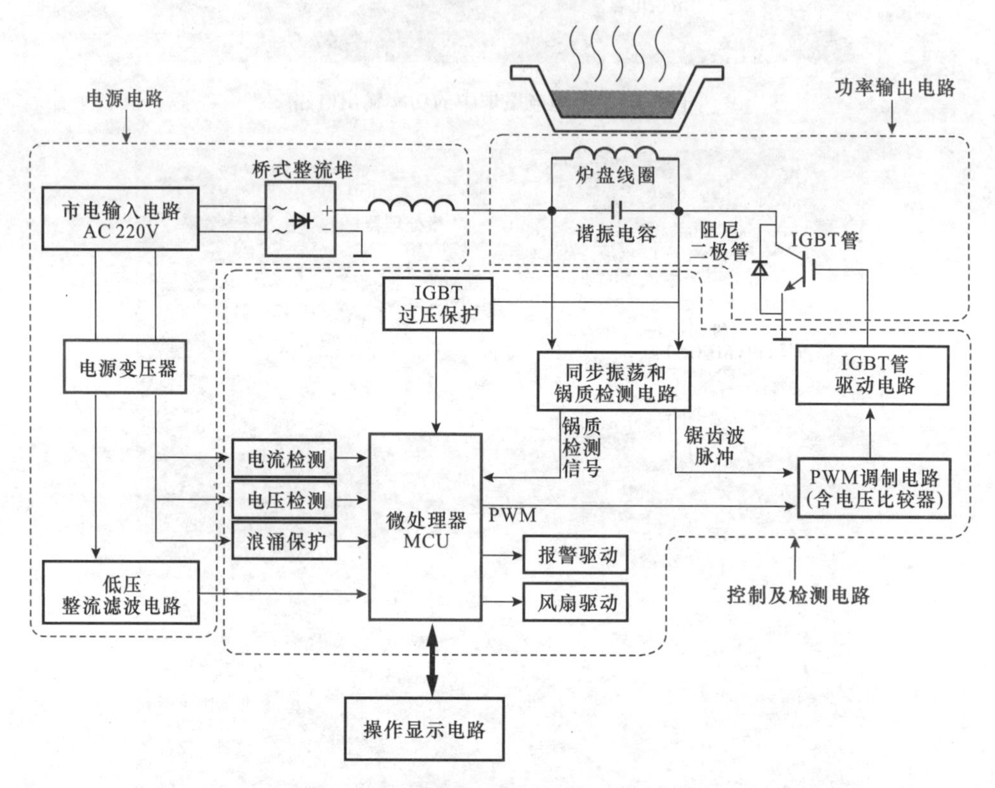

图 10-64　典型电磁炉的整机工作过程

从图中可知，市电交流 220V 进入电磁炉以后，分为两路：一路经电源变压器降压，再经低压整流滤波电路后输出直流低压，为微处理器 MCU 或其他电路进行供电；另一路经过高压整流滤波电路后，生成 300V 直流电压送入功率输出电路（炉盘线圈及 IGBT）。通常炉盘线圈与谐振电容构成并联谐振电路，将炉盘线圈两端的电压送入同步振荡和锅质检测电路中，通过两个信号的比较，分别输出锅质检测信号和锯齿波脉冲信号，再分别送入微处理器 MCU 和 PWM 调制电路中。

微处理器 MCU 对接收到的锅质检测信号进行判断，若有锅且锅质正常，则输出 PWM 信号，送往 PWM 调制电路中。

PWM 调制电路接收来自同步振荡电路的锯齿波脉冲和微处理器 MCU 送来的 PWM 信号，这两路信号经 PWM 调制电路处理后，输出端就会输出不同脉冲宽度的脉冲信号，送入 IGBT 驱动电路中进行放大驱动，经放大后的驱动信号送给功率输出电路中的 IGBT，使炉盘线圈产生高频振荡电流，从而产生出交变的磁场，对铁质软磁性炊具进行磁化，在炊具的底部形成许多由磁力线感应出的涡流，将电能转化为热能，从而实现对食物的加热。

在电磁炉主电路的四周还有多个检测保护电路，这些电路对主电路进行控制。其中市电交流 220V 进入电磁炉以后，分别送入电流检测电路和电压检测电路、浪涌保护电路中，经电流检测电路和电压检测电路处理后，将控制信号送入 MCU 智能控制电路中，而浪涌保护电路送出的控制信号则送入 PWM 调制电路中，对振荡信号进行控制。

功率输出电路由温度检测电路、锅质检测电路、IGBT 过电压保护电路进行控制，将检测到的信号分别送入 MCU 智能控制电路或 PWM 调制电路中，对主电路进行监控和保护。风扇驱动电路和报警驱动电路也是由 MCU 智能控制电路进行控制的。

10.3.3　电磁炉电源电路的故障特点与检修方法

1. 电磁炉电源电路的检修分析

若电磁炉的电源电路出现故障，则通常表现为电磁炉不能正常工作，例如不能开机、风扇不转动、操作按键无反应等。

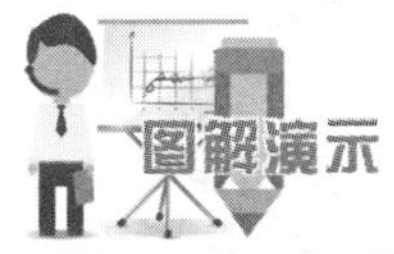

图 10-65 所示为典型电磁炉（格兰仕 C16A 型）的电源电路，根据电路的功能分布，可将该电源电路分为市电输入电路、整流滤波电路和低压电源电路。

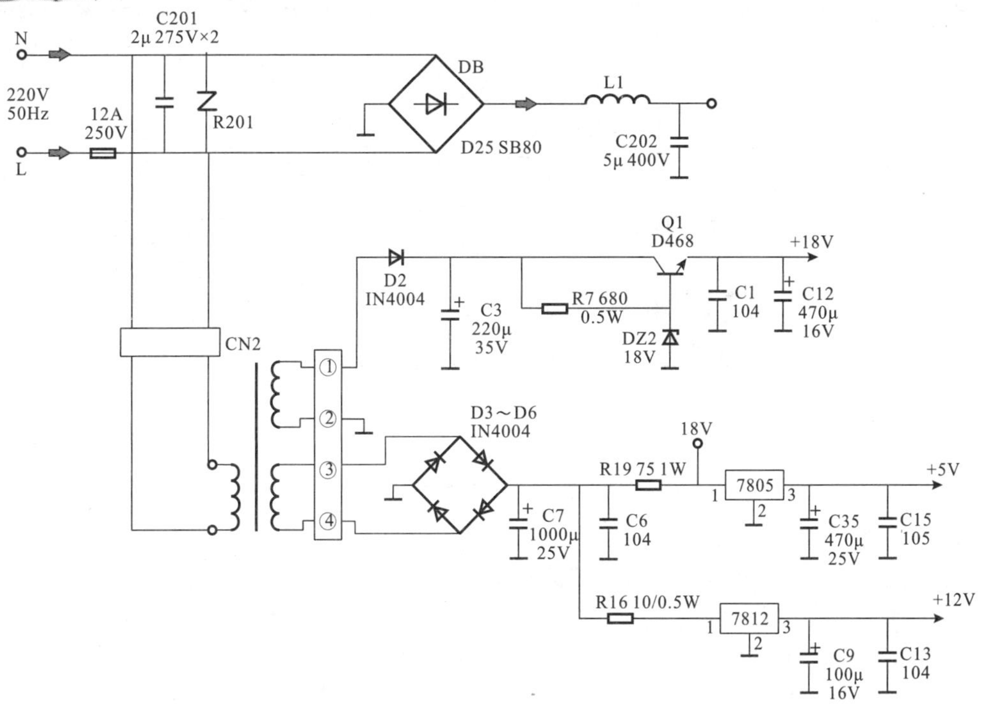

图 10-65　格兰仕 C16A 型电磁炉电源电路

（1）市电输入电路

对于市电输入电路的检修，应根据其电压输入流程逐级进行检测，从而查找出故障线索，判定故障的元器件，图 10-66 所示为电磁炉中的市电

输入电路。

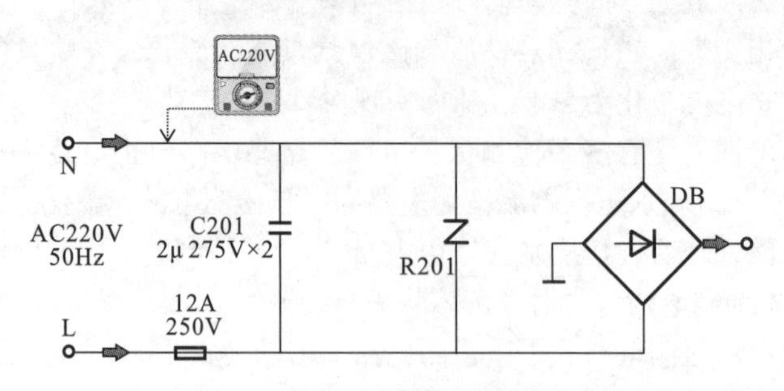

图 10-66　电磁炉中市电输入电路的电路图

电磁炉开机后，交流 220V 会通过电源线和接线柱送入桥式整流堆电路中。对市电输入电路进行检测时，应首先对交流 220V 供电电压进行检测，若该电压不正常，则应对电源线和接口进行检测。

交流 220V 电压经熔断器、滤波电容 C201 以及压敏电阻 R201 等元器件，滤除市电的高频干扰后，送往整流滤波电路中。检测时，应对熔断器、滤波电容、压敏电阻等进行检测。

相关资料

不同型号电磁炉的市电输入电路也有所区别，图 10-67 中的电容器 C1、C2 和互感滤波器 T 构成的电路为 EMC 滤波电路，用来滤除市电中的高频干扰，防止强脉冲冲击炉内电路，同时抑制电磁炉工作时对市电的电磁辐射污染，如图 10-67 所示，而有一些电磁炉的市电输入电路中则只采用一个谐波吸收电容 C 进行滤波。

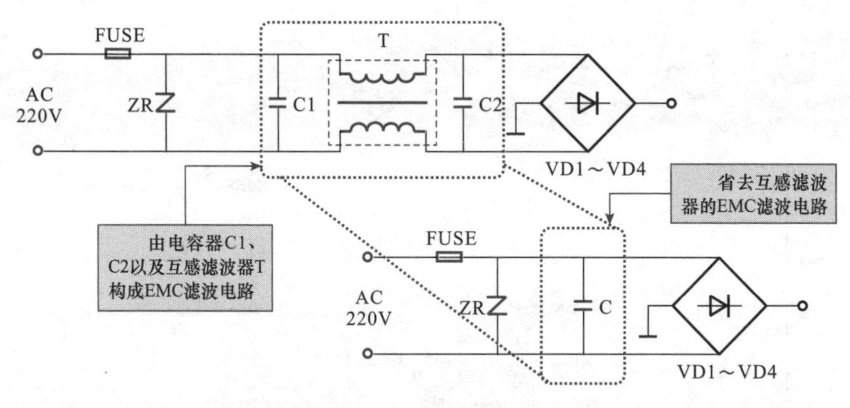

图 10-67　典型市电输出电路

（2）整流滤波电路

对整流滤波电路的检修，应根据其电压输入流程进行逐级检测，从而查找出故障线索，判定故障的元器件，图 10-68 所示为高压整流滤波的检测部位。

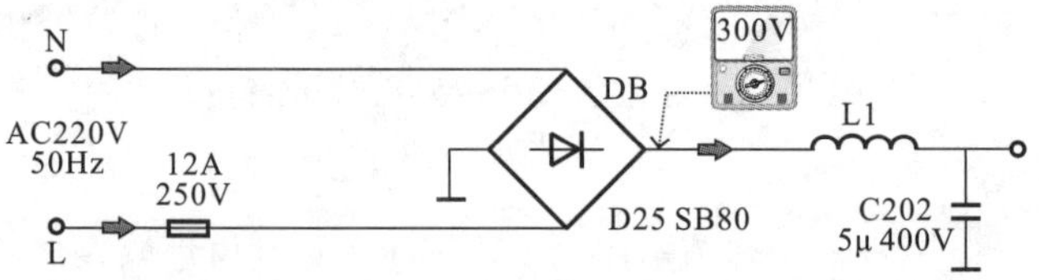

图 10-68　电磁炉中高压整流滤波的电路图

市电输入电路输出的交流220V电压，经过桥式整流堆DB整流后输出+300V的直流电压，再由扼流圈L1和电容器C202构成的低通滤波器进行平滑滤波，并阻止功率输出电路产生的高频谐波。

对整流滤波电路进行检测时，应首先对+300V直流电压进行检测，若该电压不正常，则应对桥式整流堆进行检测；若电压正常，则应对扼流圈L1和滤波电容器C202进行检测。

（3）低压电源电路

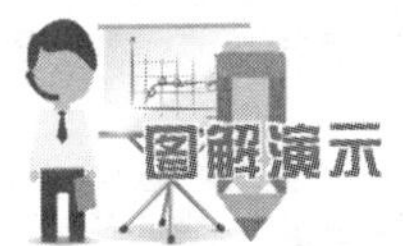

对低压电源电路的检修，应根据其电路的工作流程进行逐级检测，从而查找出故障线索，判定故障的元器件，图10-69所示为低压电源电路的检测要点。

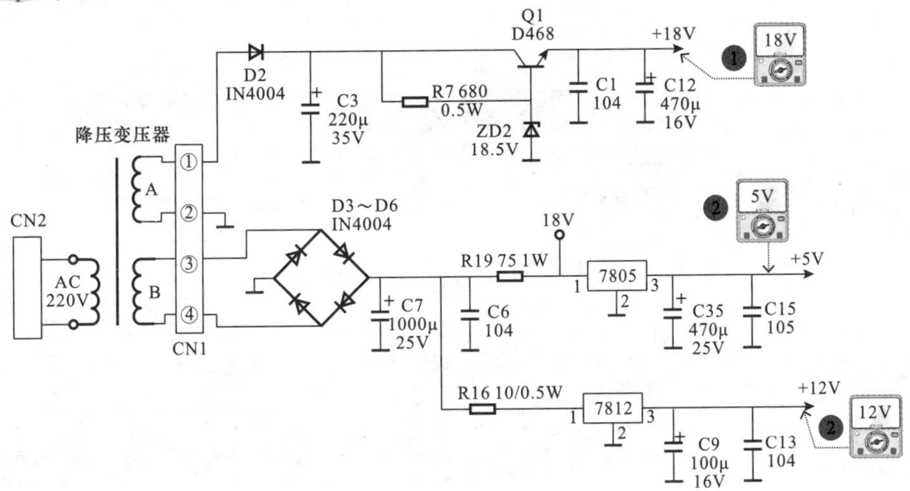

图10-69　电磁炉中低压电源的电路图

1）交流220V电压加到降压变压器的初级绕组，其次级有A、B两个绕组，A绕组经连接插件CN1的①脚输出，经整流滤波电路（D2、C3）整流滤波，再经稳压电路（Q1、ZD2）稳压后，输出+18V直流电压，为其他电路供电。对该部分进行检测时，应检测输出的直流电压是否正常，若电压不正常，则应对该电路的整流二极管、滤波电容、射极输出器以及稳压二极管等进行检测。

2）降压变压器的次级绕组B经连接插件的③脚和④脚输出交流低电压，经桥式整流电路（D3～D6）整流滤波后分为两路，一路经电阻器R19和三端稳压器7805输出+5V的直流电压；另一路经电阻器R16和三端稳压器7812输出+12V的直流电压。在检测该部分电路时，主要是检测输出的直流电压是否正常，若输出的电压不正常，则应对整流电路、三端稳压器进行检测。

射极输出器Q1的基极接有18.5V的稳压二极管ZD2，稳压二极管ZD2主要是用来将射极输出器Q1基极的电压稳定在18V，从而使Q1发射极输出的电压等于18.5V－Vb_E，由于三极管基极和发射极之间的结电压为一恒定值（0.5～0.7V），因而输出电压可稳定在18V左右。

2. 电磁炉电源电路的检修方法

检修电磁炉的电源电路时，可顺其基本的工作流程，对电路中的主要元器件进行检测，例如熔断器、滤波电容器、桥式整流堆、扼流圈、降压变压器、三端稳压器以及稳压二极管等。

（1）熔断器的检测

检测熔断器时，首先观察熔断器的外观，查看是否有破裂、烧焦的痕迹，然后再对其阻值进行检测，检测时将万用表调至“×1”电阻档，红、黑表笔分别搭在熔断器两端，正常情况下，阻值几乎为零，若阻值为无穷大，则说明熔断器已损坏。

引起电磁炉中熔断器损坏的原因很多，常见的主要有电路过载或元器件短路引起的过电流，因此当检修过程中发现熔断器烧坏后，不仅要更换新的符合该电路型号的熔断器，还应进一步检查电路中其他部位是否有短路损坏的元器件，否则即使更换熔断器，开机后仍会被烧断，而且还可能会进一步扩大故障范围。

(2) 过电压保护器的检测

判断过电压保护器是否损坏，主要是通过万用表检测其两引脚间的阻值，正常情况下，检测时，将万用表的红、黑两表笔分别搭在过电压保护器的两引脚端，其阻值比较大，通常应大于几百兆欧，如图 10-70 所示。

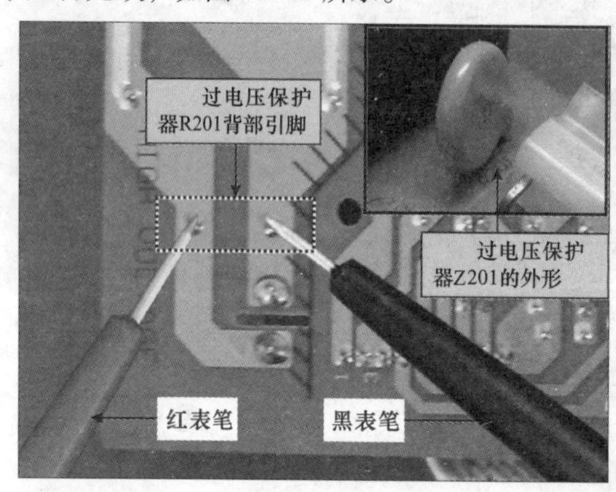

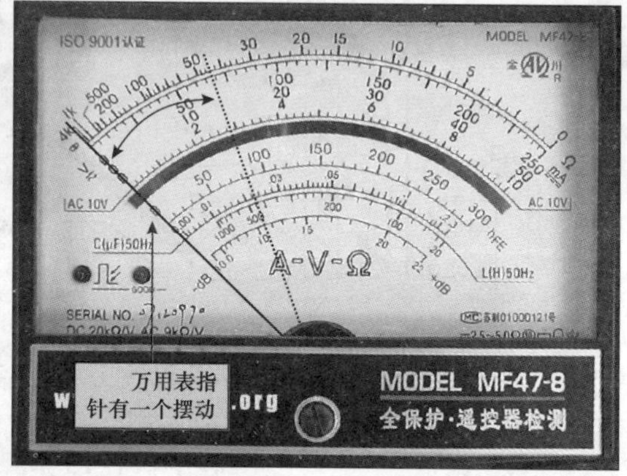

图 10-70　过电压保护器 Z201 的检测方法

正常情况下，过电压保护器两引脚间阻值的这种变化是由于其外部有并联电容的影响。为了能够对过电压保护器进行更准确的检测，还可以将其从电路板上取下来，进行开路检测。在开路状态下，过电压保护器的正、反向阻值都应为无穷大，如果阻值较小则说明该过电压保护器本身已经损坏。

(3) 桥式整流堆的检测

桥式整流堆 DB 一共有 4 个引脚，判断其好坏一般可在通电的情况下，检测桥式整流堆的交流输入电压和直流输出电压值。若测得桥式整流堆的电压均正常，则表明桥式整流堆正常。

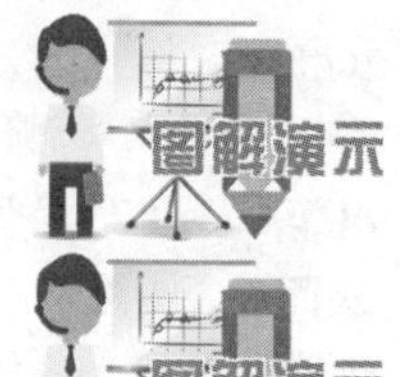

检测时，首先将万用表的量程调至“交流 250V”电压档，两表笔分别搭在桥式整流堆的交流输入端，如图 10-71 所示，正常情况下，应测得有交流 220V 左右的电压值。

然后将万用表调至“直流 500V”电压档，黑表笔搭在桥式整流堆直流输入端的负极上，红表笔搭在正极上，正常情况下可检测到约 300V 直流电压，如图 10-72 所示。若输入电压正常，而输出电压不正常，则说明桥式整流堆已损坏。

(4) 扼流圈的检测

检测电磁炉中的扼流圈时，可以使用万用表检测扼流圈两引脚间的阻值，若测得阻值接近 0Ω，则表明扼流圈正常，如图 10-73 所示。

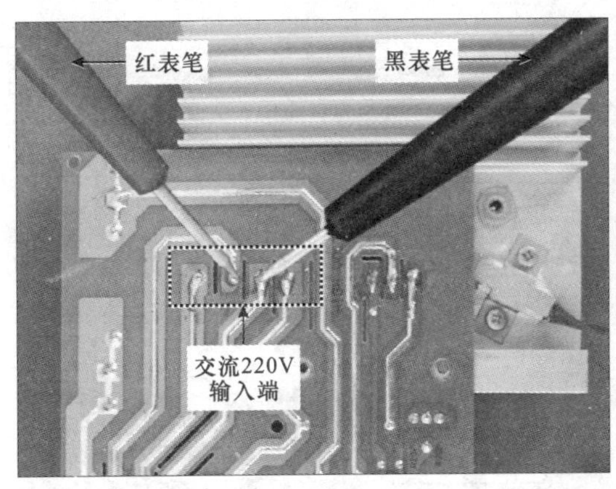

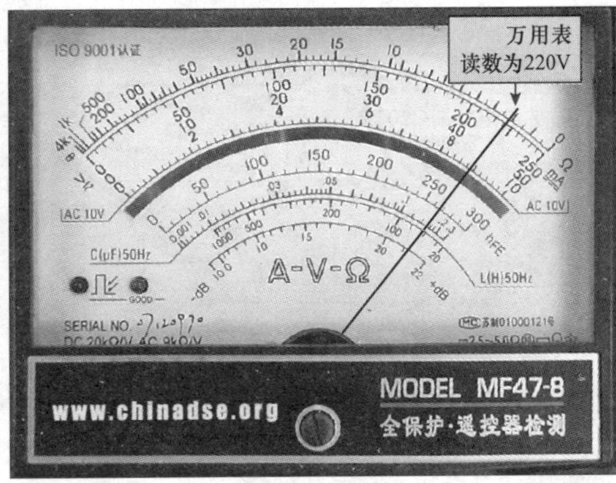

图 10-71　桥式整流堆 DB 交流输入电压的检测

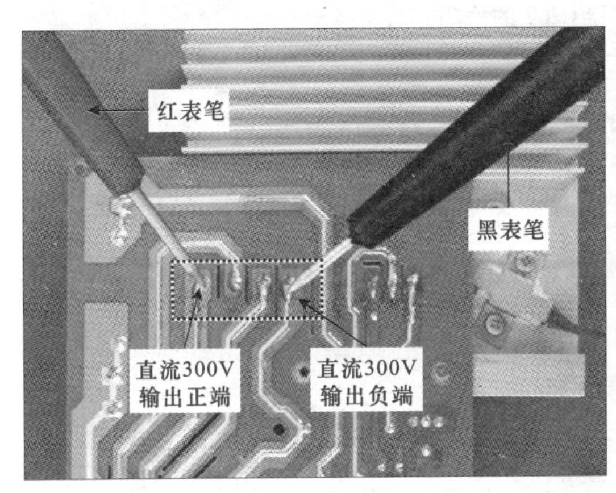

图 10-72　桥式整流堆 DB 输出电压的检测方法

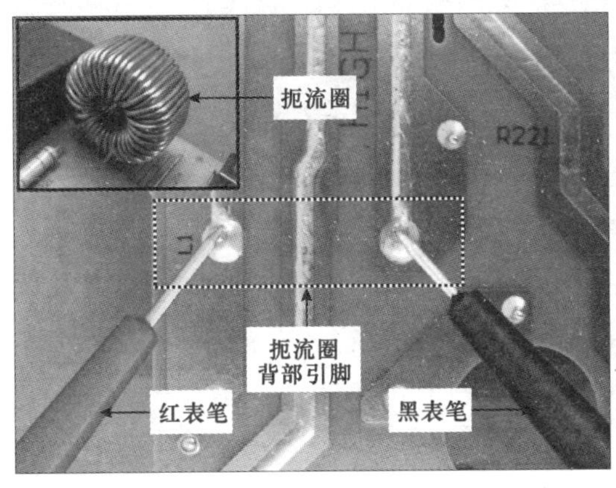

图 10-73　扼流圈 L1 的检测方法

(5) 平滑电容器的检测

可通过使用万用表的电阻档检测平滑电容器两引脚间的阻值来判断平滑电容器 C202 的性能是否正常。如图 10-74 所示，检测时，由于平滑电容器与桥式整流堆 DB 连接，因此在检测过程中可以检测到一定的阻值，而

当表笔调换时万用表的指针会有摆动的情况，并停留在较大的阻值上。

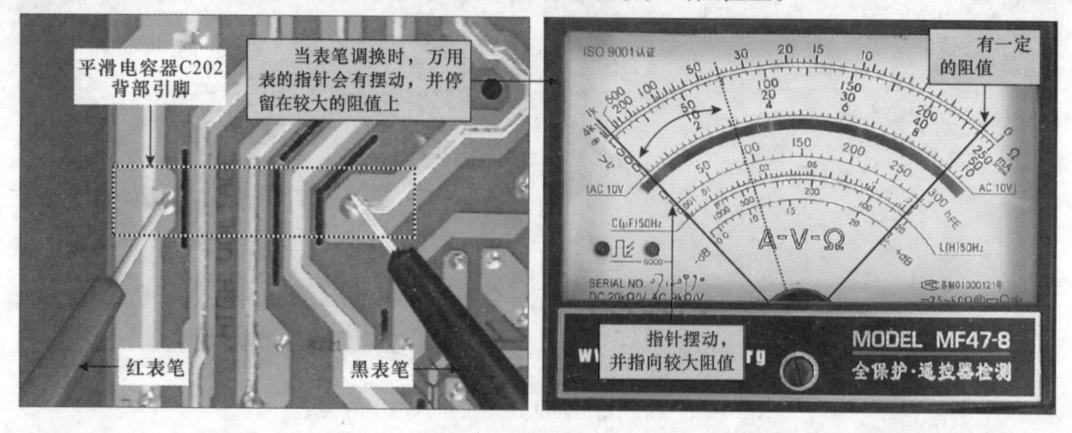

图 10-74　平滑电容器 C202 的检测方法

（6）降压变压器的检测

判断降压变压器是否损坏时，主要是对降压变压器的输入端和输出端的电压进行检测，如图 10-75 所示，将万用表的红、黑表笔分别搭在降压变压器的交流输入端，正常情况下应测得 220V 左右的交流电压。

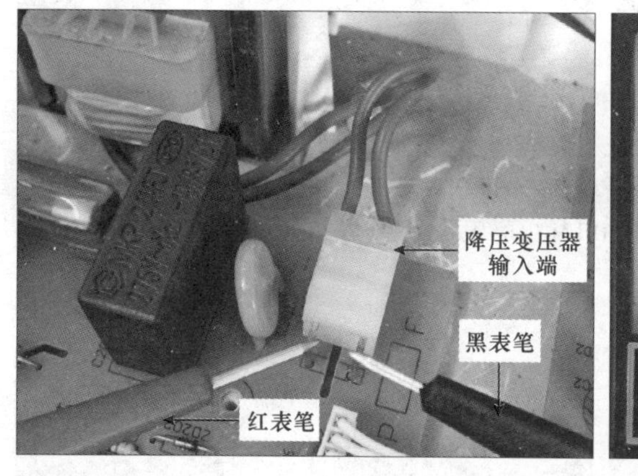

图 10-75　降压变压器输入电压的检测方法

然后检测降压变压器输出端，根据前文降压变压器的标识得知，B 绕组（蓝色）输出端的电压应为交流 16V；A 绕组（黄色）输出端的电压应为交流 22V，将万用表的红、黑表笔分别搭在两根蓝色或黄色输出端，如图 10-76 所示，正常情况下，应测得 16V 或 22V 电压，若输入的电压正常，而输出的电压不正常，则说明该降压变压器已经损坏。

（7）稳压二极管的检测

检测稳压二极管 ZD2 的性能是否正常时，主要是在工作状态检测两引脚之间的直流电压或是在断电状态检测其正反向的阻值是否正常，如图 10-77所示，在断电状态下，将万用表的红表笔搭在稳压二极管的阴极，黑表笔搭在稳压二极管的阳极，正常情况下，其正向阻值应为 12kΩ。

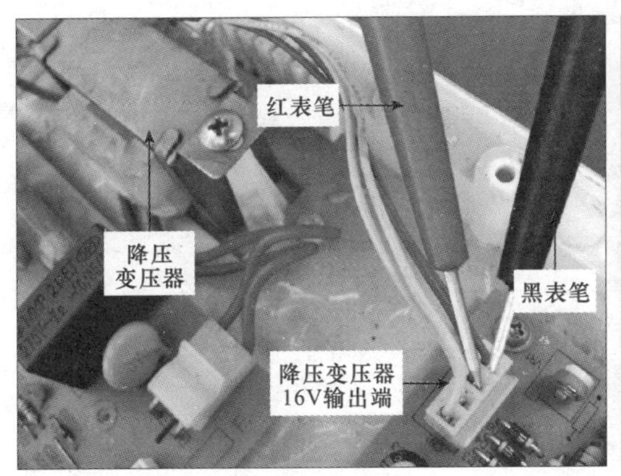

图 10-76　降压变压器输出电压的检测方法

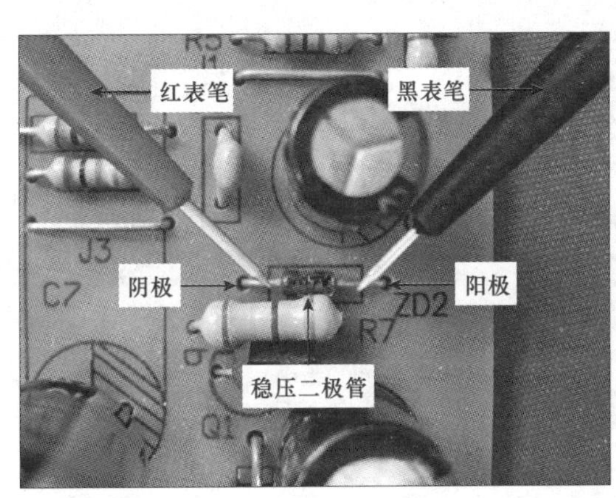

图 10-77　稳压二极管 ZD2 正向阻值的检测

接着，应检测稳压二极管的反向阻值，如图 10-78 所示，将万用表的红表笔搭在稳压二极管的阳极，黑表笔搭在稳压二极管的阴极，正常情况下，其反向阻值应为 180kΩ，若检测的阻值与正常值相差较大，则说明稳压二极管损坏。

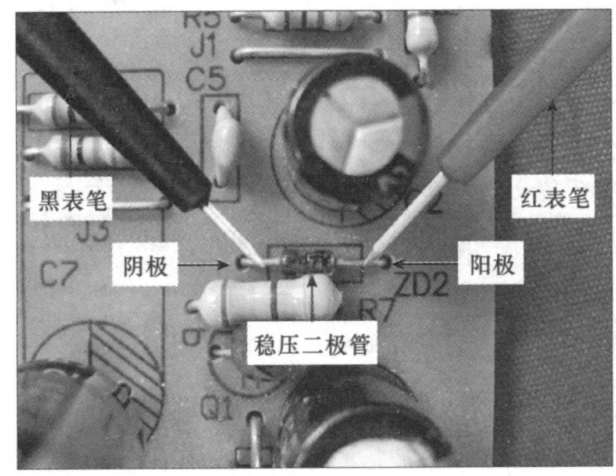

图 10-78　稳压二极管 ZD2 反向阻值的检测

（8）三端稳压器的检测

判断三端稳压器的性能是否良好时，通常是检测其输入电压以及稳压后的输出电压是否正常，由图 10-79 可知，三端稳压器 7805 的输入电压为 18V，经稳压后输出的电压为 5V。

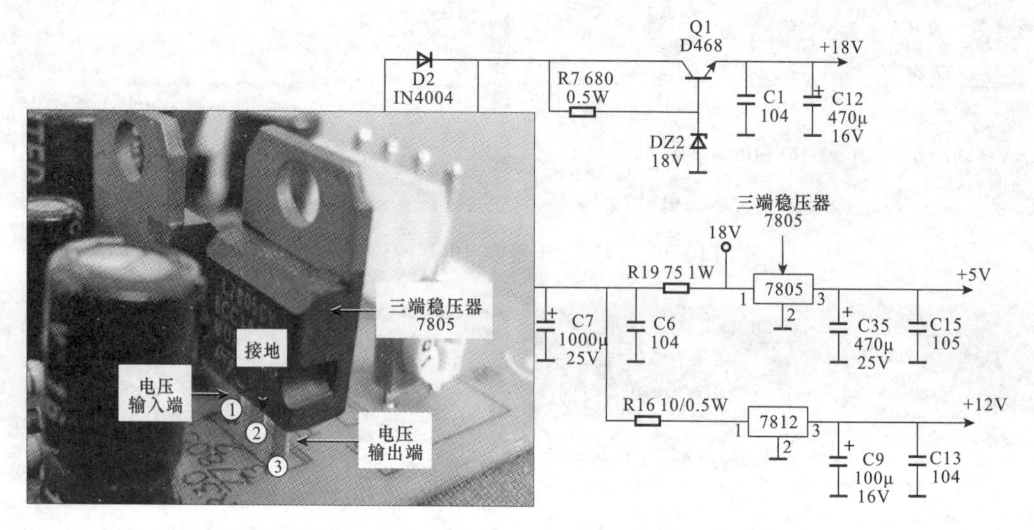

图 10-79　三端稳压器 7805 与电路图对照

检测时，将万用表的黑表笔接地，红表笔搭在三端稳压器 7805 的输入端，如图 10-80 所示，正常情况下，应能检测到 18V 的直流电压。

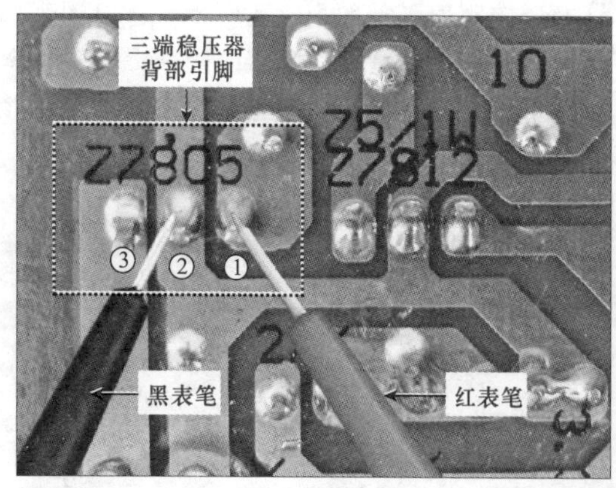

图 10-80　三端稳压器 7805 输入电压的检测方法

然后，检测三端稳压器的输出电压，如图 10-81 所示。正常情况下，应能检测到 5V 的直流电压，若输入电压正常，而输出的电压值不正常，则表明三端稳压器 7805 本身损坏。

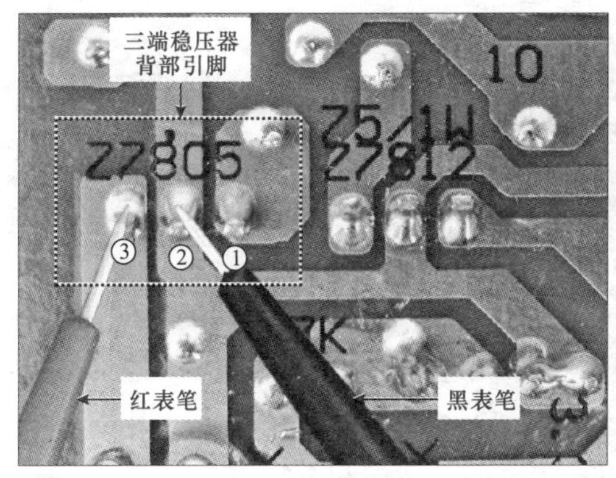

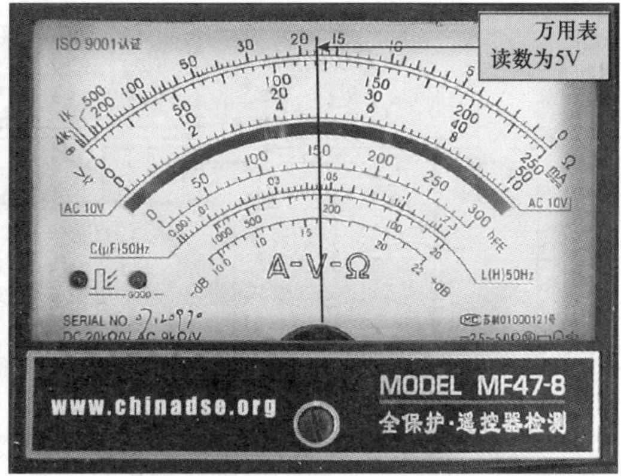

图 10-81　三端稳压器 7805 输出电压的检测方法

10.3.4　电磁炉主控电路的故障特点与检修方法

若电磁炉的主控电路出现故障，则可能会造成电磁炉无法正常工作，例如不开机、不加热、无锅不报警等。

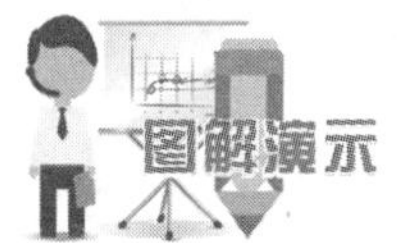

图 10-82 所示为格兰仕 C16A 型电磁炉主控电路。

1. 微处理器 MCU 及外围电路的检测

对微处理器 MCU 部分的检修，应根据其信号流程逐级进行检测，从而查找故障线索，判定故障部位。图 10-83 所示为微处理器 MCU 部分的检测要点。

微处理器 MCU（HMS87C1202A）的⑤脚为 +5V 电压供电端。对微处理器 MCU 的供电电压进行检测，若电压不正常，则应对供电电路中的元器件进行检测（D3 ~ D6、C7、7805 等）。若供电电压正常，则应继续检测晶振信号以及输出信号等。

微处理器 MCU（HMS87C1202A）的⑪脚和⑫脚外接晶体 OSC，用来产生时钟振荡信号。对微处理器 MCU 的时钟晶振信号进行检测，若信号不正常，则可能是晶体或微处理器 MCU 本身损坏。

微处理器 MCU（HMS87C1202A）的⑩脚输出 PWM 驱动信号，送往 PWM 调整电路中。对微处理器 MCU 输出的 PWM 驱动信号进行检测，在供电电压和晶体 OSC 正常的情况下，若无 PWM 信号输出，则可能是微处理器 MCU 本身损坏。具体操作如图 10-84 所示。

相关资料

微处理器 MCU（HMS87C1202A）的③脚为检锅信号输入端，与锅质检测电路相连；⑦脚输出蜂鸣器控制信号，控制蜂鸣器 BUZ 工作；⑳脚输出风扇驱动信号，驱动风扇工作；⑮ ~ ⑲脚与操作显示电路相连，用来输送人工指令，或输出指示灯控制信号。图 10-85 所示为正常情况下微处理器MCU（HMS87C1202A）的⑦脚测得的蜂鸣器控制信号和③脚测得的检锅信号波形。

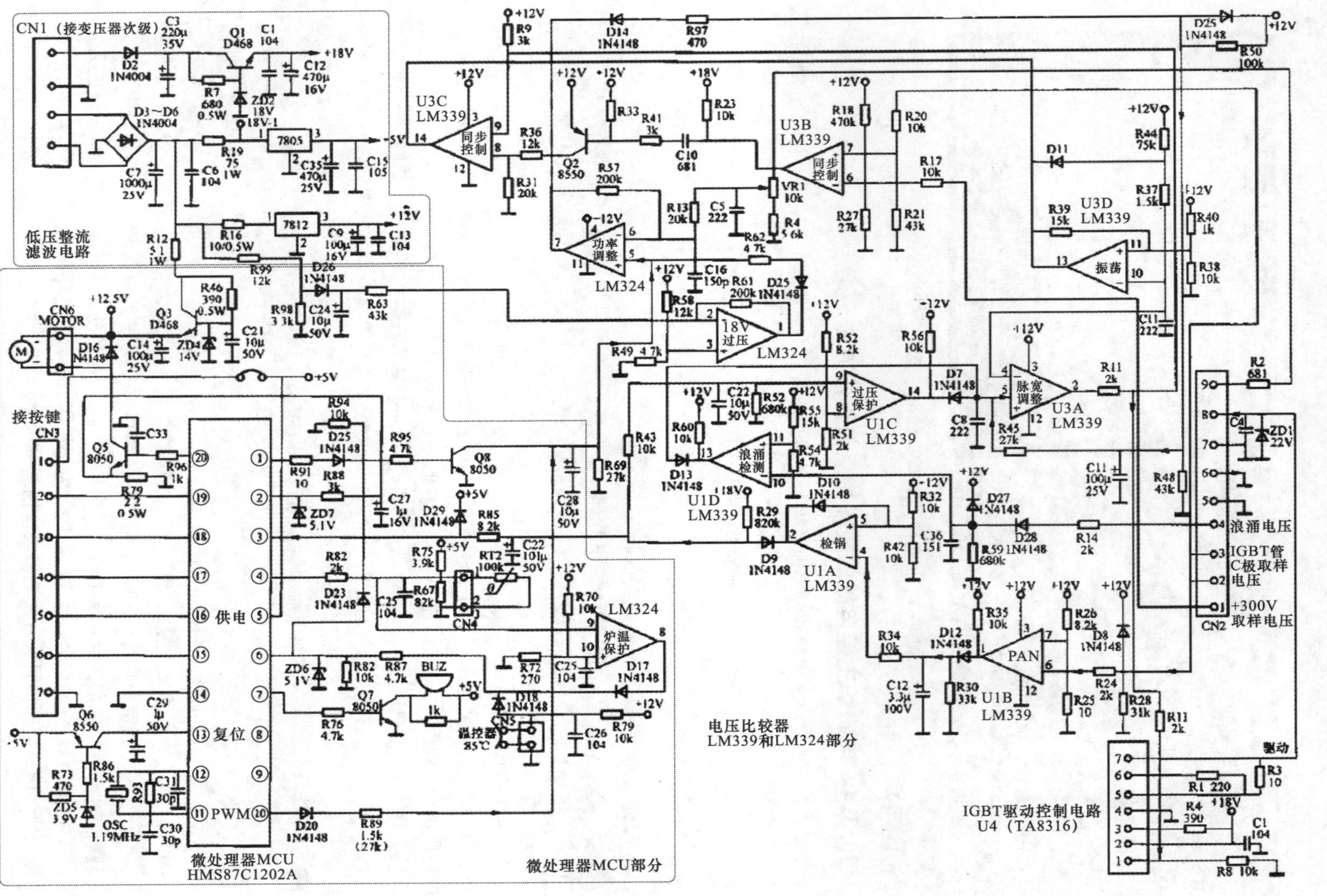

图 10-82 格兰仕 C16A 型电磁炉主控电路

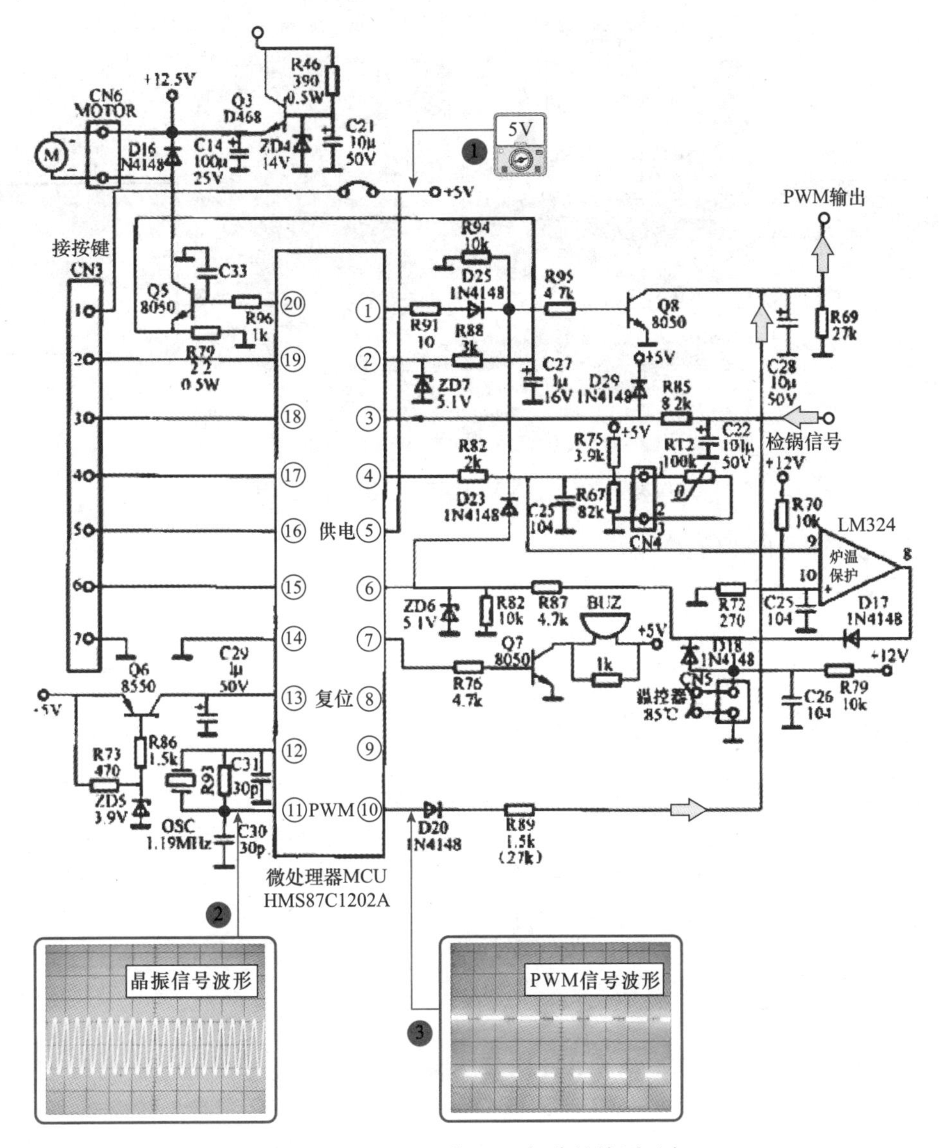

图 10-83 微处理器 MCU 部分的检测要点

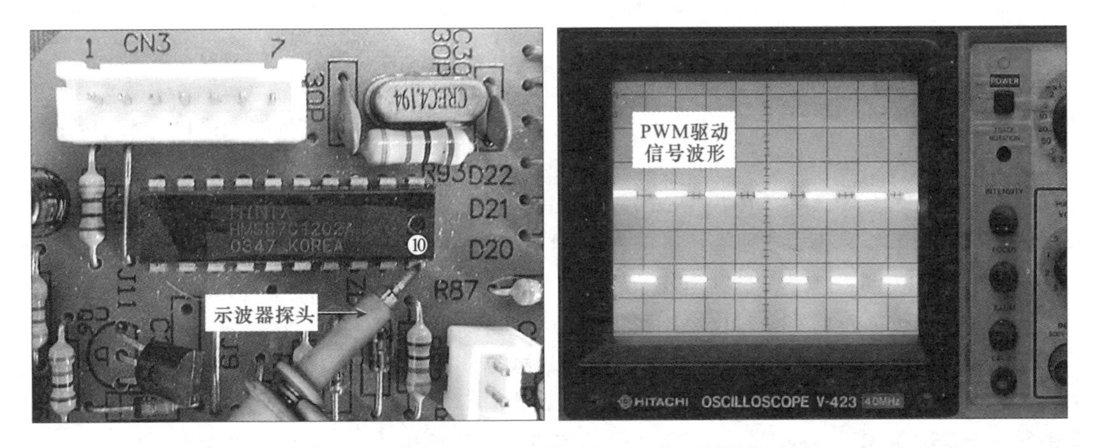

图 10-84 微处理器 MCU 输出 PWM 信号的检测方法

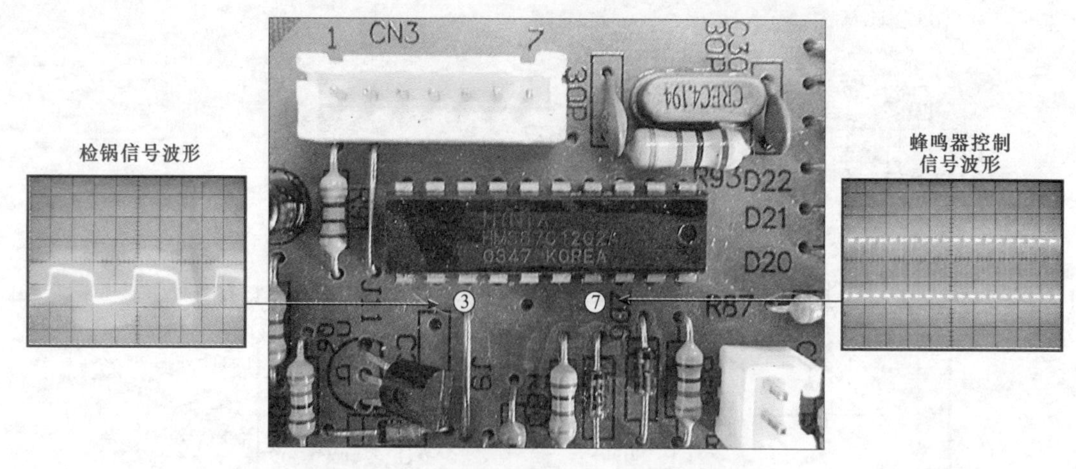

图 10-85　微处理器 MCU 其他引脚的信号波形

2. 工作状态检测电路的检测

图解演示

电磁炉工作状态检测电路主要是过电流、过电压检测电路，灶台温度和门控管温度检测电路，此外还包含同步振荡和脉宽调制等电路，这些电路大都是由电压比较器 LM339 和运算放大器 LM324 芯片组成的，每个单元电路之间都有一定的相互关联，检测关键部位的信号波形是判别故障的重要手段，主要检测点及波形如图 10-86 所示。

1）电压比较器 LM339 的③脚和 LM324 的④脚为 +12V 电压供电端。对电压比较器 LM339 和 LM324 的供电电压进行检测，若供电电压不正常，则应对 +12V 供电电路进行检测，若供电电压正常，则应继续检测其输入和输出是否正常。

2）由功率输出送来的 IGBT C 极取样信号和炉盘线圈供电端的取样信号，分别送入电压比较器 U3B（LM339）的⑥脚和⑦脚。对 U3B 输入的信号进行检测，若不正常，则应检测功率输出电路部分，若正常，则应检测输出。

3）电源启动时，12V 直流电源经 R44 和 R37 为 C11 充电，使 U3D 的⑩脚电压升高，当⑩脚电压超过 U3D 的⑪脚电压时，U3D 输出低电平，D11 导通，C11 放电，U3D 的⑩脚电压下降，U3D 输出高电平，D11 截止，电源又为 C11 充电，这样就在 U3D 的⑩脚上形成了锯齿波信号，该信号加到 U3A 的④脚上。对 U3D 的⑩脚锯齿波信号进行检测，若无该信号，则可能是 U3 本身损坏。

若电压比较器 U3B 的⑥脚电压升高，①脚会输出一个高电平信号使三极管 Q2 导通，然后使 U3C 的⑧脚电压升高，从而使⑭脚输出的电压发生变化，使 U3D 产生的振荡信号与功率输出电路同步。

4）由微处理器 MCU 输出的 PWM 驱动信号，经电阻器和电容器滤波后，送入 LM324 的⑤脚，经功率调整后，再由⑦脚输出，送往 U3A（LM339）的⑤脚，经 PWM 调整后，由 U3A 的②脚输出 PWM 调整信号，送往 IGBT 驱动控制电路中。对 U3A 的②脚输出的 PWM 调整信号进行检测，若输入正常而无输出，则可能是 U3 本身损坏。

5）另一路 IGBT C 极取样信号送入电压比较器 U1B（LM339）的⑥脚，然后由①脚输出，加到 U1A 的④脚，再由②脚输出检锅信号，送往微处理器 MCU。对 U1A 的②脚输出的检锅信号进行检测，在 IGBT C 极取样电压正常的情况下，若无输出，则可能是 U1 本身损坏。

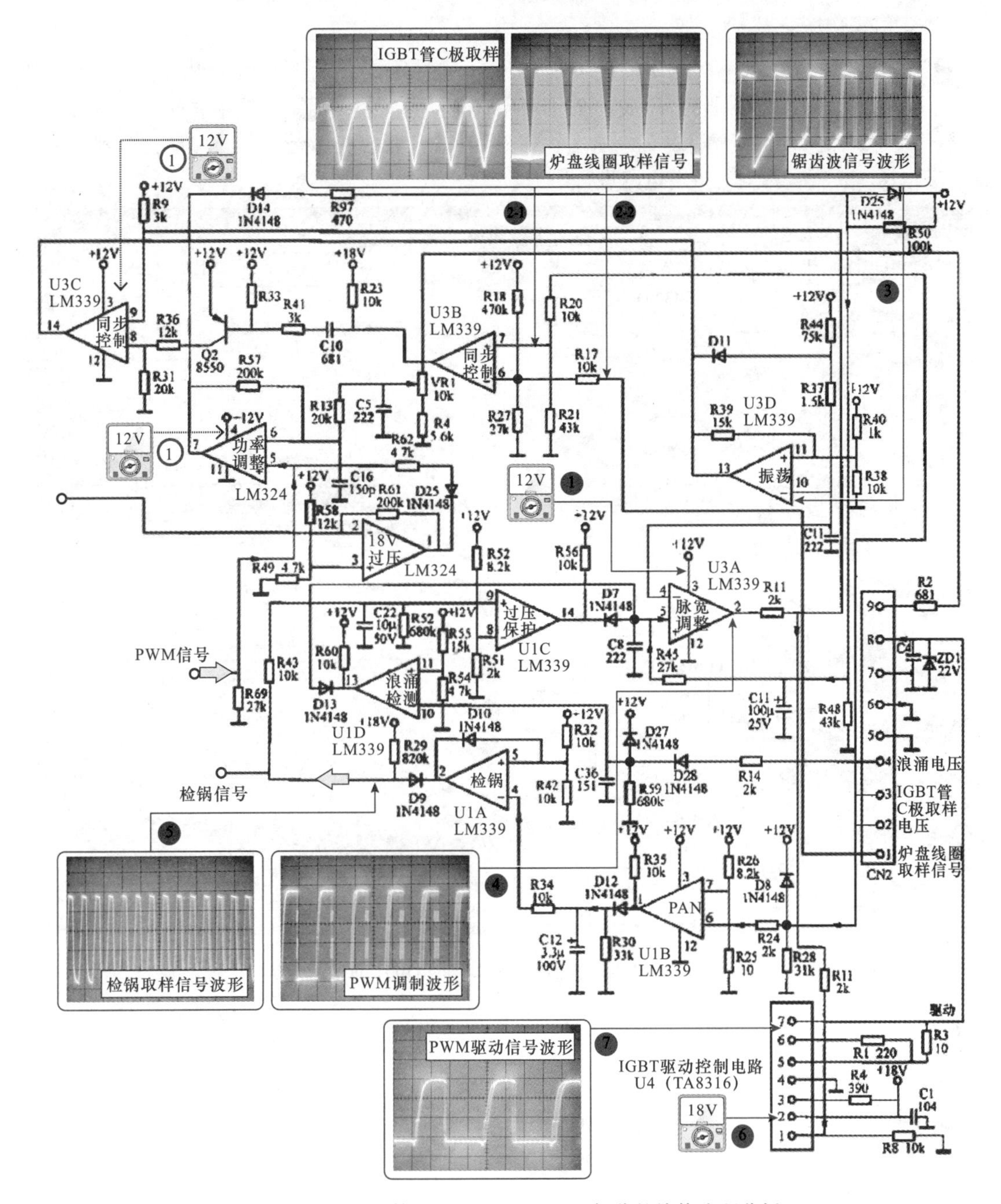

图 10-86　电压比较器 LM339 和 LM324 部分的检修流程分析

6）**IGBT** 驱动控制电路 **U4**（**TA8316**）的②脚为 **18V** 直流电压输入端。对 **U4** 的供电电压进行检测，若供电电压不正常，则应对供电电路进行检测，若供电电压正常，则应对输入及输出的 **PWM** 驱动信号进行检测。

7）**IGBT** 驱动控制电路 **U4** 的①脚为 **PWM** 调整信号输入端，经内部电路处理后，由⑦脚输出，送往功率输出电路中。对 **IGBT** 输出的 **PWM** 驱动信号进行检测，在供电电压和输入正常的情况下，若无输出，则可能是 **U4** 本身已经损坏。

（1）电压比较器的检测

首先对电压比较器 U1 和 U3（LM339）的 12V 供电电压进行检测，检测时需将万用表调至“直流 50V”电压档，用黑表笔搭在接地端，红表笔搭在 LM339 的③脚上，如图 10-87 所示。正常情况下，应能检测到 12V 电压，若电压不正常，则应对供电电路进行检测。

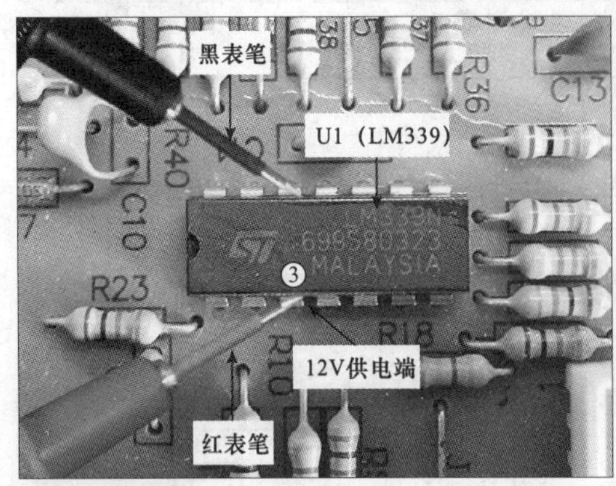

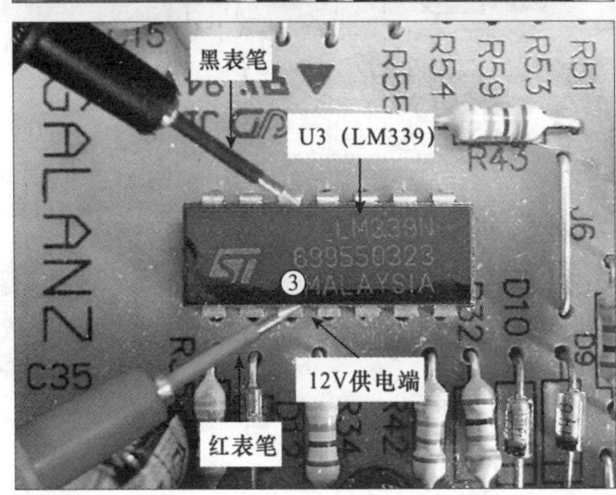

图 10-87　电压比较器 U1 和 U3 供电电压的检测方法

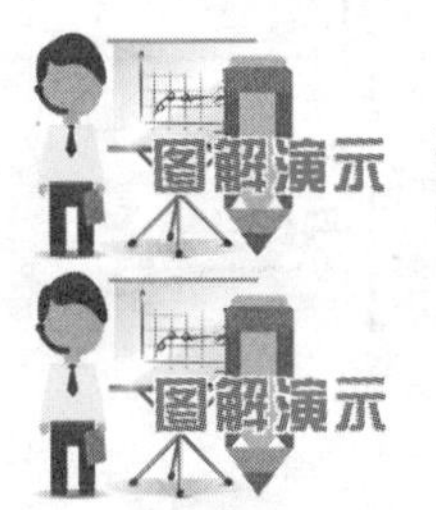

对电压比较器 U3 的⑥脚炉盘线圈电压和⑦脚 IGBT C 极的取样信号进行检测，如图 10-88 所示。

接着对电压比较器 U1 的⑩脚锯齿波信号进行检测，如图 10-89 所示。

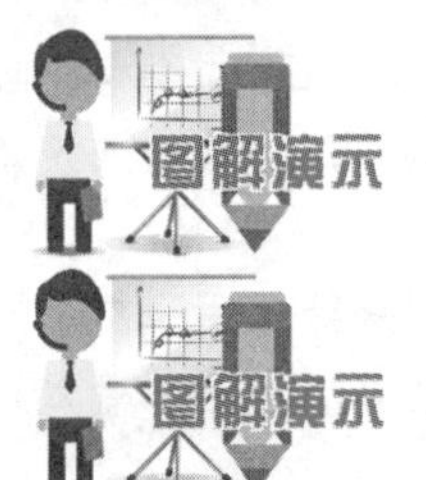

对电压比较器 U3 的②脚输出的 PWM 调制信号进行检测，如图 10-90 所示。U3 在供电电压和输入取样信号正常的情况下，若锯齿波信号或输出的 PWM 调制信号不正常，则可能是 U3 本身已经损坏。

电压比较器 U1（LM339）的检测方法与 U3 基本相同，在供电电压正常的情况下，可对 U1 的⑥脚 IGBT C 极取样信号（参照 U3 的⑦脚波形）和②脚输出的检锅信号进行检测，如图 10-91 所示。若⑥脚信号正常，而②脚输出的检锅信号不正常，则可能是 U1 内部已经损坏。

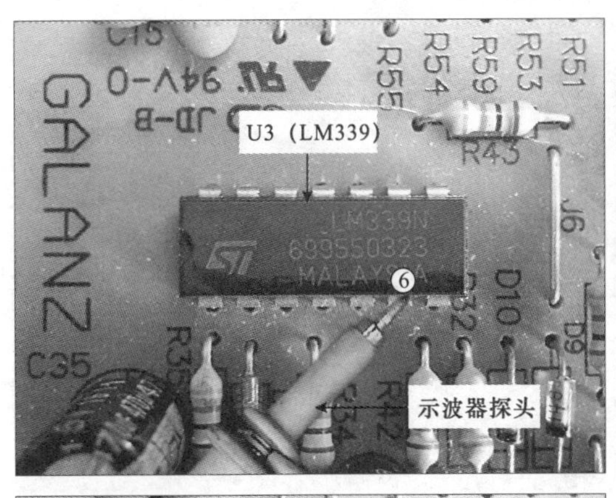

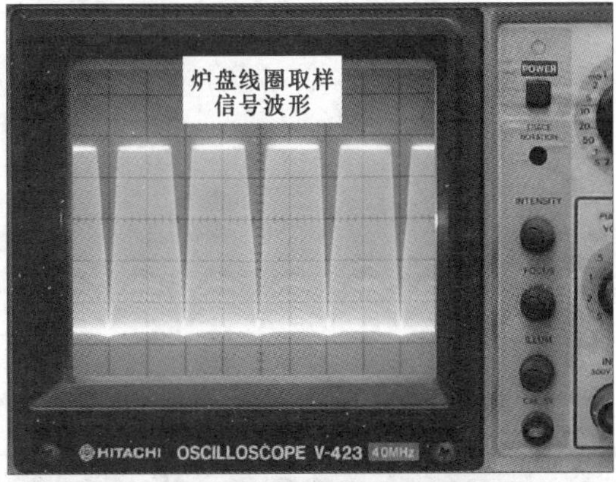

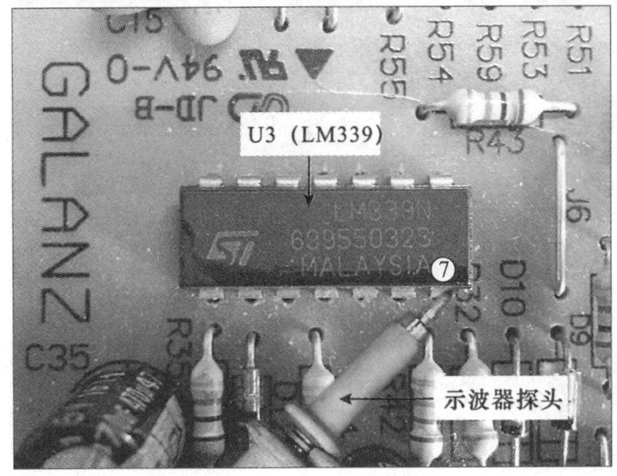

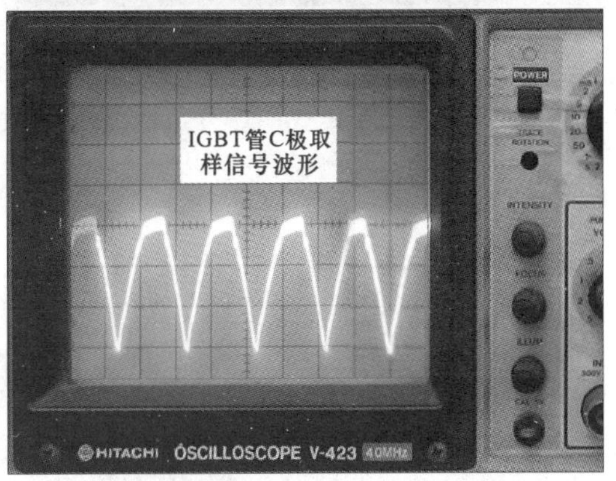

图 10-88 电压比较器 U3 输入信号的检测

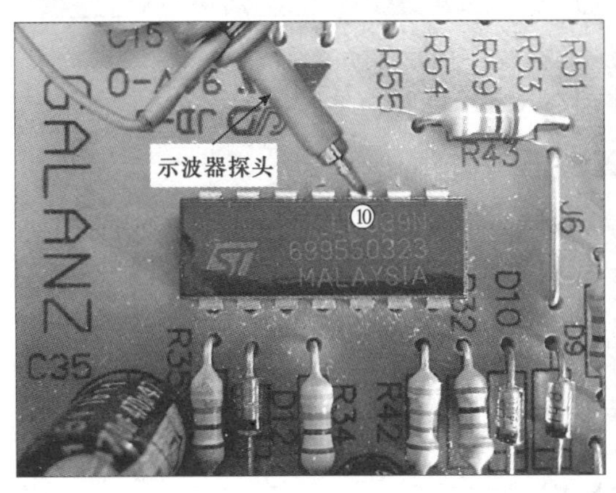

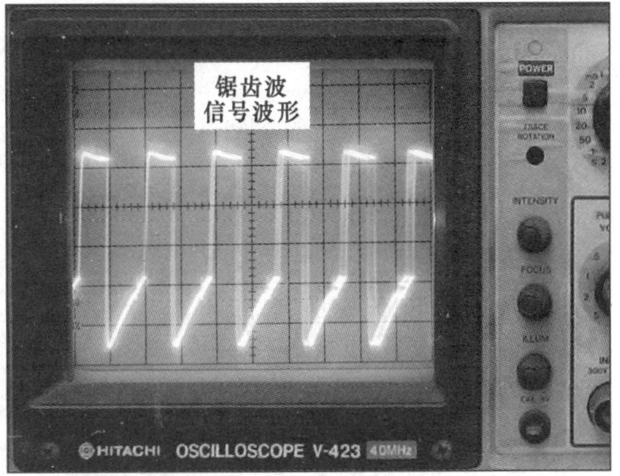

图 10-89 电压比较器 U1 锯齿波信号的检测方法

（2）运算放大器的检测

运算放大器 LM324 芯片内有 4 各独立的运算放大器，每个运算放大器也可以当做电压比较器使用。对运算放大器 LM324 进行检测时，也可通过检测其供电电压，以及输入和输出信号的方法来判断其好坏，方法同上。

此外，还可以通过检测运算放大器 LM324 各引脚正向和反向对地阻值的方法来判断其好坏。将万用表调至电阻档，黑表笔搭在接地端的引脚上，

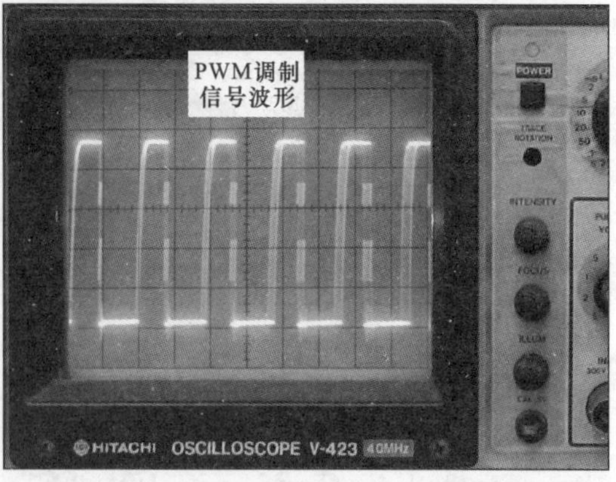

图 10-90　电压比较器 U3 输出 PWM 调制信号的检测方法

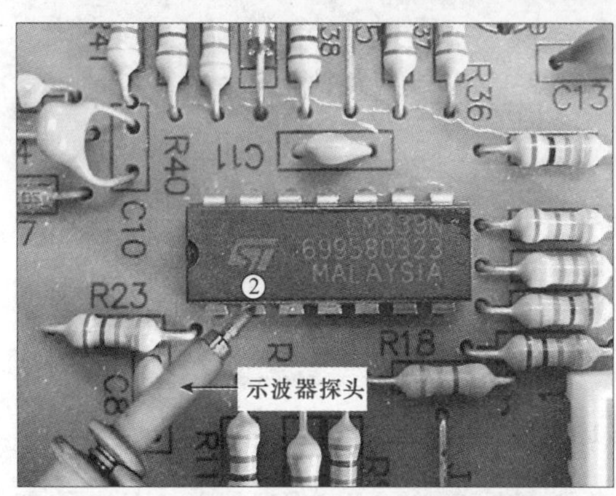

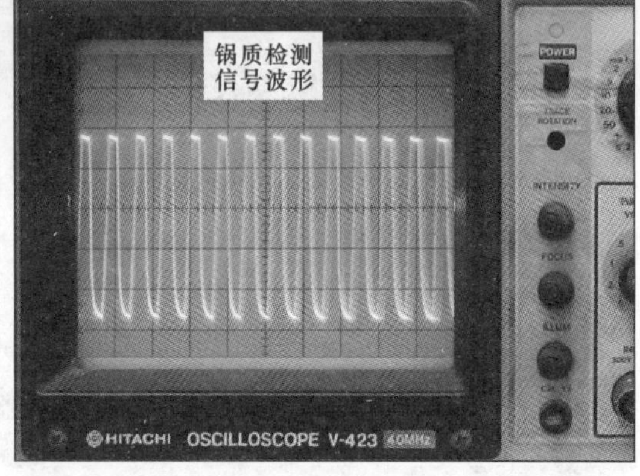

图 10-91　电压比较器 U1 输出检锅信号的检测方法

红表笔依次搭在 LM324 的其他引脚上，检测正向阻值；接着将两只表笔对调，红表笔搭在接地端的引脚上，黑表笔依次搭在 LM324 的其他引脚，检测反向阻值，如图 10-92 所示。

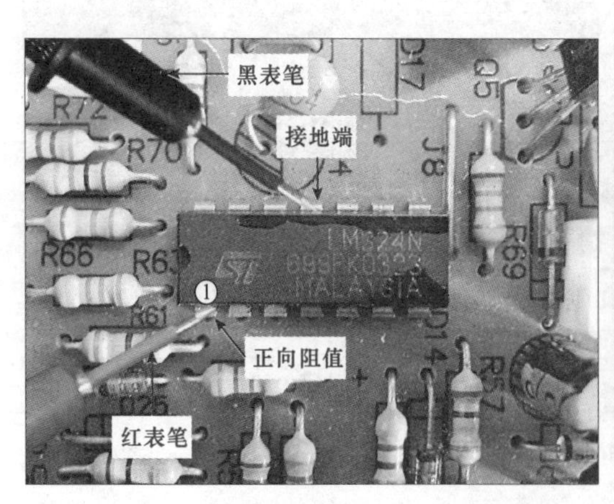

图 10-92　运算放大器 LM324 各引脚正向和反向对地阻值的检测方法

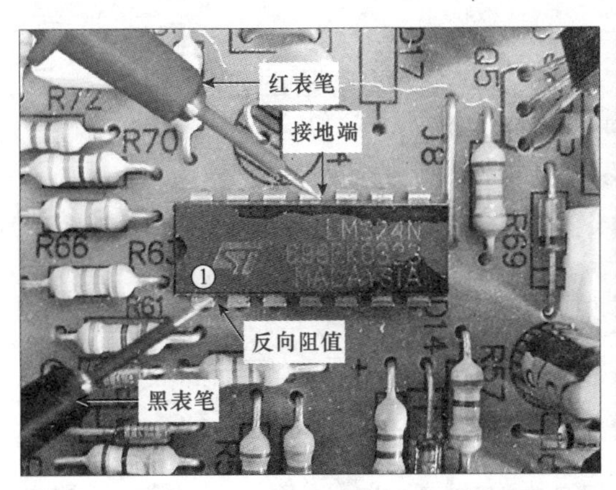

图 10-92 运算放大器 LM324 各引脚正向和反向对地阻值的检测方法（续）

正常情况下，运算放大器 LM324 各引脚的正向和反向对地阻值见表 10-3。若实测值与正常情况下的标准值有一定的差异，则说明 LM324 本身可能已经损坏。

表 10-3 运算放大器 LM324 各引脚的对地阻值 （单位：kΩ）

引脚号	正向阻值	反向阻值	引脚号	正向阻值	反向阻值
①	9	24	⑧	8.7	24
②	10.5	200	⑨	5	6
③	2.2	2.2	⑩	0.2	0.2
④	0.5	0.5	⑪	0	0
⑤	6	10.5	⑫	0	0
⑥	10	22	⑬	0	0
⑦	8.5	22	⑭	8.5	24

（3）IGBT 驱动控制芯片的检测

首先对 IGBT 驱动控制芯片 U4（TA8316）的 18V 供电电压进行检测，该电压可在 U4 的②脚上测得，如图 10-93 所示，若供电电压不正常，则应对供电电路进行检测。

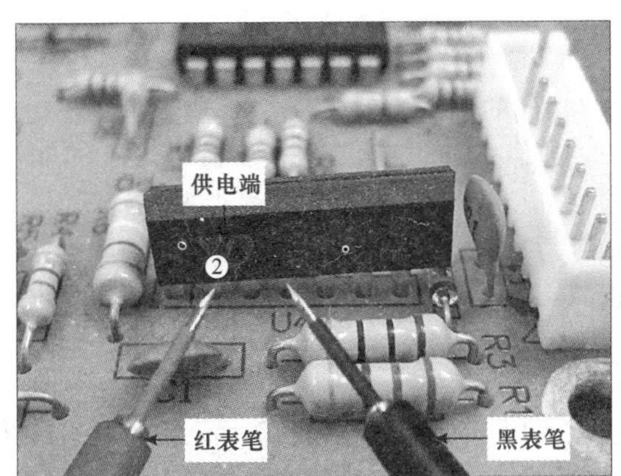

图 10-93 IGBT 驱动控制芯片 U4 供电电压的检测方法

图解演示 IGBT 驱动控制芯片 U4（TA8316）的①脚为 PWM 调制信号输入端（参照 U3 的②脚输出波形），经处理后，由⑦脚输出 PWM 驱动信号。对 U4 的⑦脚 PWM 驱动信号进行检测，如图 10-94 所示，在供电电压和输入信号正常的情况下，若无输出，则可能是 U4 本身已经损坏，应进行更换。

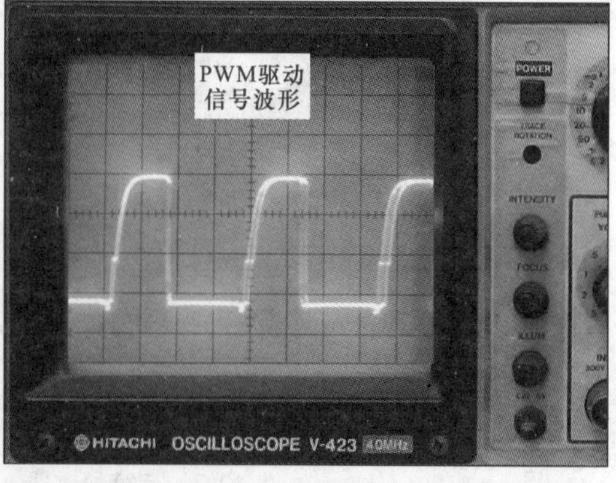

图 10-94　IGBT 驱动控制芯片 U4 输出 PWM 驱动信号的检测方法

10.3.5　电磁炉功率输出电路的故障特点与检修方法

若电磁炉功率输出电路出现故障，则有可能会引起电磁炉指示灯亮，操作按键有反应，但无法进行加热的故障。

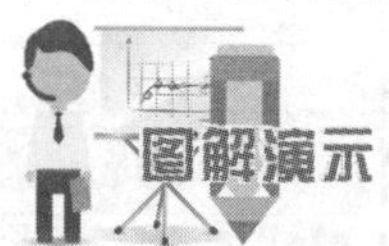

对功率输出电路的检修，应根据功率输出电路的信号流程逐级进行检测，从而查找故障线索，判定故障部位。图 10-95 所示为功率输出电路的检修流程分析。

1）功率输出电路由 +300V 电压为其供电，对功率输出电路进行检测时，应首先对供电电压进行检测，若供电电压不正常，则应对供电电路进行检测；若供电电压正常，则应继续检测 PWM 驱动信号是否正常。

2）由脉冲驱动电路送入的 PWM 驱动信号经接口 CN2 的⑧脚输入，对 PWM 驱动信号进行检测，若输入信号不正常，应检测脉冲驱动电路；若输入信号正常，则应对 IGBT 管进行检测。

3）PWM 驱动信号经 IGBT 的控制极送入，控制 IGBT 的关断，检测 IGBT 感应信号波形，若无感应信号，则应对 IGBT 进行检测；若感应信号正常，则应对炉盘线圈和谐振电容构成的 LC 谐振电路进行检测。

4）IGBT 的通断状态控制炉盘线圈和谐振电容构成的 LC 谐振电路进行高频谐振工作。对 LC 谐振电路进行检测时，若无法检测到高频信号，则说明 LC 谐振电路出现故障，应对 LC 谐振电路中的炉盘线圈和谐振电容器 C203 分别进行检测，若其本身损坏，则应对其进行更换。

根据上述内容可知，检修电磁炉功率输出电路时可根据基本信号流程，对功率输出电路中的主要检测点进行检测。例如功率输出电路的供电电压、PWM 驱动信号、IGBT 管以及 LC 谐振电路的检测等。

在对电磁炉的供电电压以及控制信号等进行检测时，需要使电磁炉处于工作状态，应将电磁炉中的炉盘线圈安装在另一台电磁炉中，并将其引线连接至待检测的电磁炉中，然后将锅放置在安装有炉盘线圈的电磁炉上，此时

即可将电磁炉开机，对其进行检测，如图 **10-96** 所示。

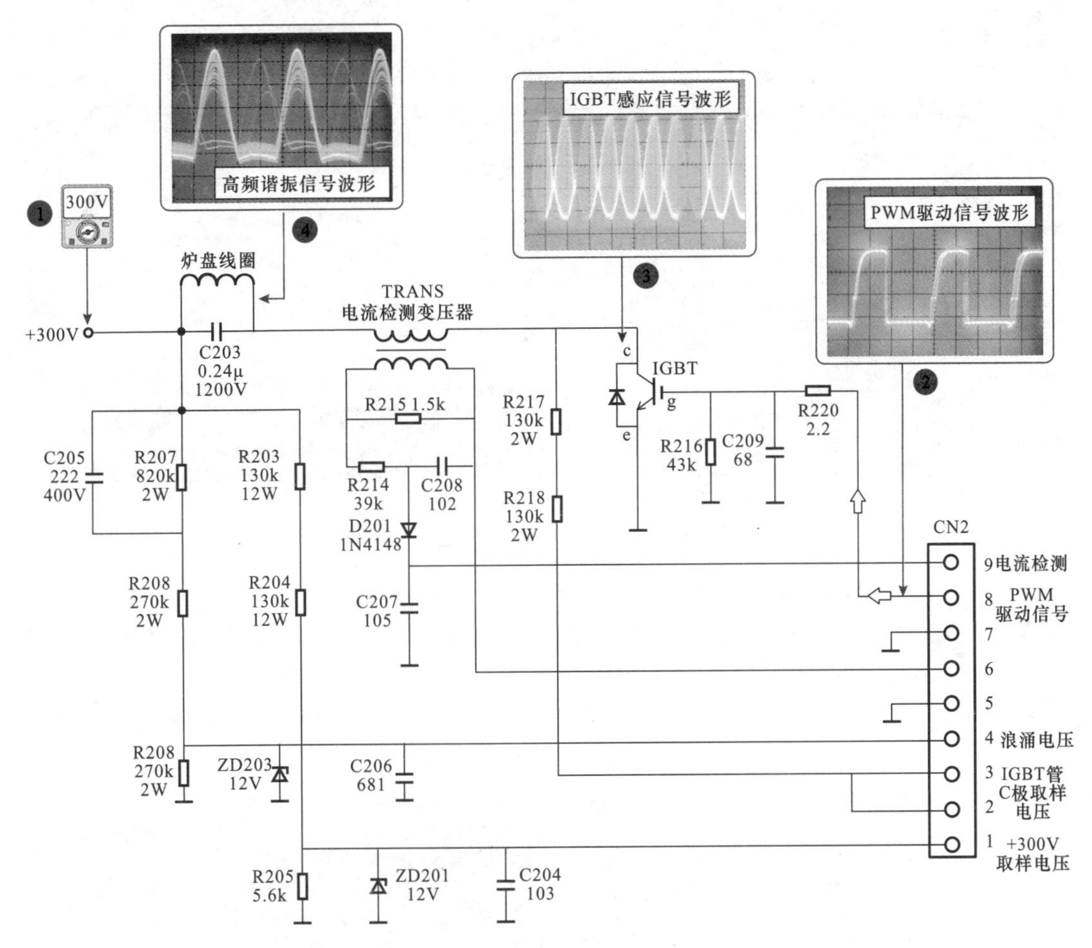

图 10-95 功率输出电路图

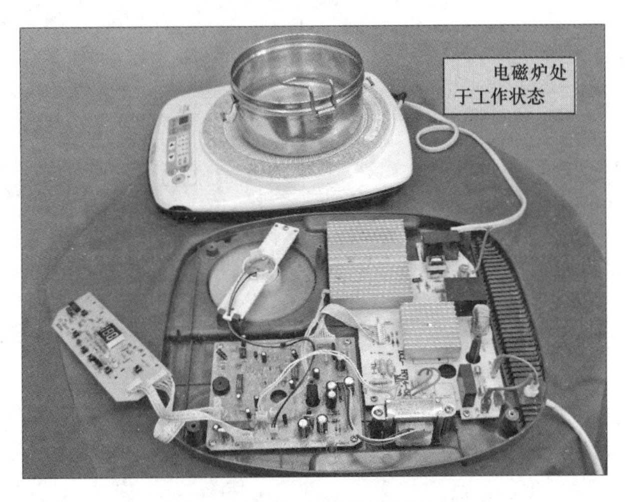

图 10-96 电磁炉的连接方法

1. 功率输出电路供电电压的检测

首先对功率驱动电路的供电电压进行检测，检测时将万用表调至“直流500V”电压档，用黑表笔搭在电容器的负极接地端上，红表笔搭在供电端引脚上，如图10-97所示。正常情况下，应能检测到300V直流供电电压，若无供电电压，则可能是前级电源供电电路故障，应对其进行检测。

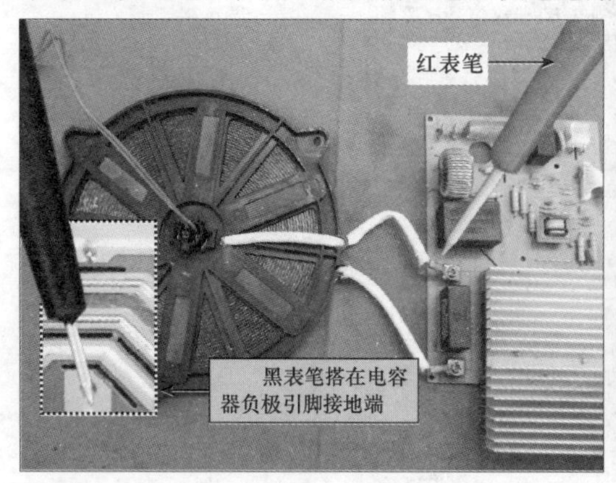

图10-97　功率驱动电路供电电压的检测

2. PWM驱动信号的检测

由于电磁炉电路与交流相线之间没有电气隔离，因此检测电磁炉信号波形时应使用隔离变压器为电磁炉供电，检测控制电路为功率输出电路送入PWM驱动信号。将示波器的接地夹连接在接地端，示波器探头搭在接口CN2的⑧脚上时，应该可以检测到PWM驱动信号波形，如图10-98所示。若无法检测到PWM驱动信号波形，则说明控制电路可能发生故障，应对其进行检测。

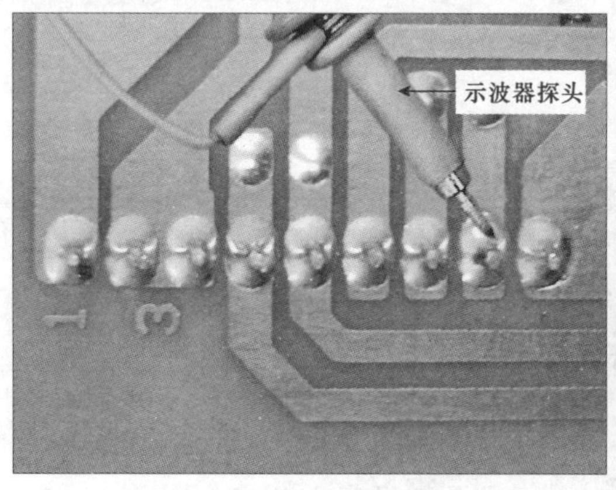

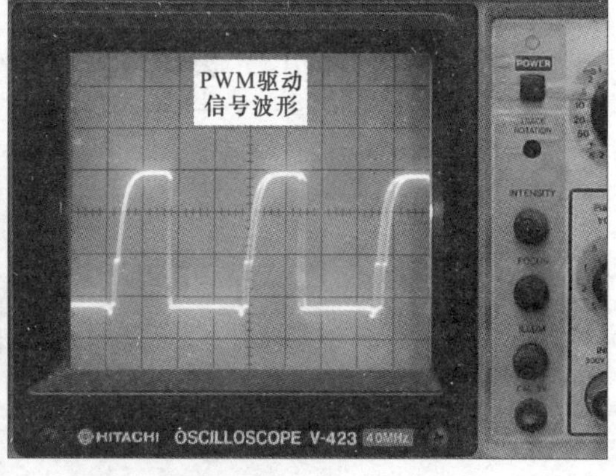

图10-98　功率驱动电路PWM驱动信号的检测方法

3. IGBT的检测

对功率输出电路中IGBT处的波形进行检测，由于IGBT输出信号的幅度比较高，而且与交流相线有隔离，因此不能用示波器直接检测，通常采用非接触式的感应法。使用示波器探头靠近散热片，感应IGBT处的信号波形，正常情况下应能检测到IGBT感应信号，如图10-99所示。若未检测到IGBT感应信号，则应将 IGBT 取下，对其引脚阻值进行检测。

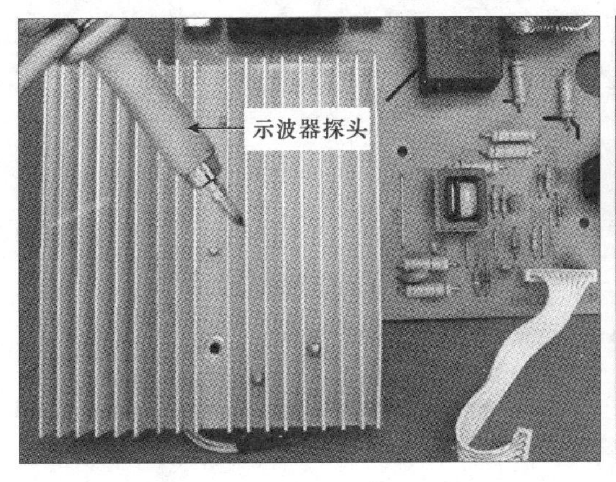

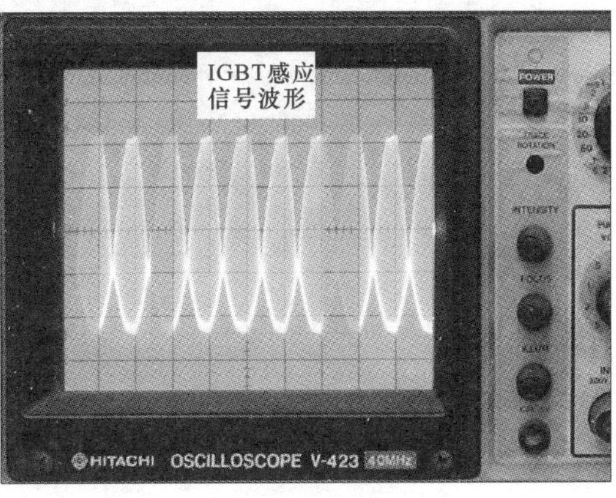

图 10-99　IGBT 处感应信号的检测方法

4. LC 谐振电路的检测

（1）LC 谐振电路输出高频信号的检测

首先检测 LC 谐振电路输出端的波形，当电磁炉工作时，使用示波器探头靠近台面，感应炉盘线圈处的信号，如图 10-100 所示。正常情况下应检测到高频信号波形，若检测不到高频信号波形，则说明 LC 谐振电路中的元器件可能损坏，应对炉盘线圈和高频谐振电容器 C203 分别进行检测。

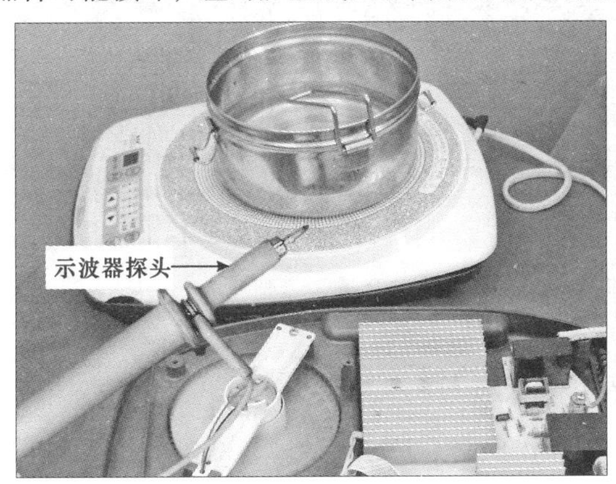

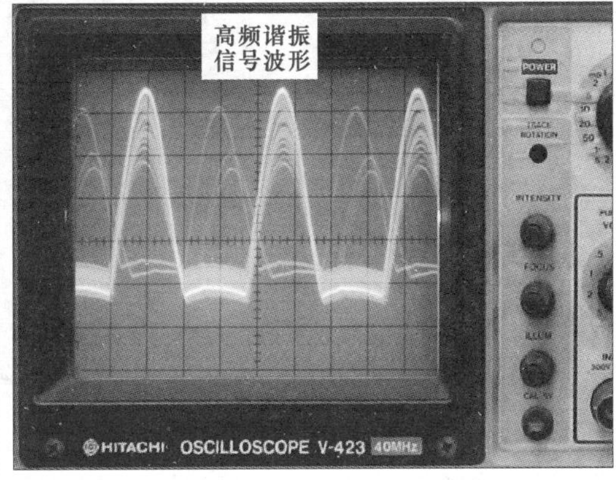

图 10-100　LC 谐振电路输出高信号的检测

（2）LC 谐振电路中炉盘线圈的检测

对炉盘线圈进行检测时，应将万用表的档位调整至“通断档”，红黑表笔分别搭在炉盘线圈的两个引脚上，如图 10-101 所示，正常情况下，万用表蜂鸣器应发出响声，阻值应为零，若检测时无蜂鸣声，且万用表的阻值为无穷大，则说明炉盘线圈损坏，应对其进行更换。

（3）LC 谐振电路中高频谐振电容器的检测

对 LC 谐振电路中的高频谐振电容器 C203 进行检测，应当使用数字万用表的电容档进行检测，将数字万用表量程调至“2μF”档，将红、黑表笔分别搭在高频谐振电容器的两个引脚上，如图 10-102 所示，正常情况

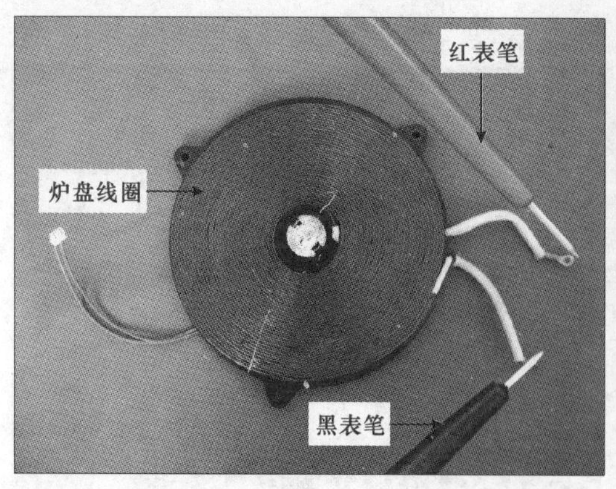

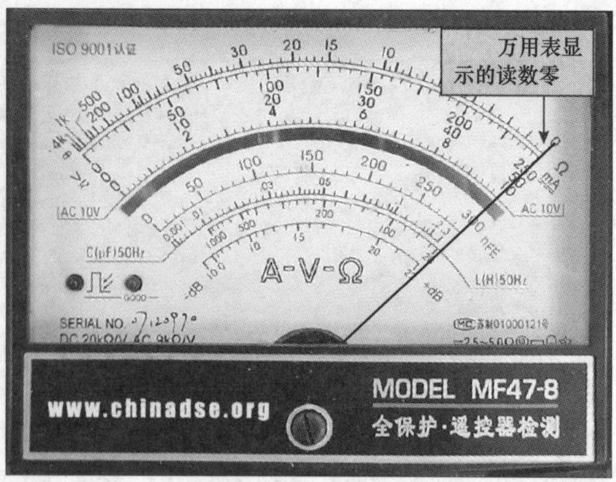

图 10-101 检测炉盘线圈

下，数字万用表显示的电容量应为“0.24μF”左右，若无法检测到电容量，则说明高频谐振电容器损坏，应当对其进行更换。

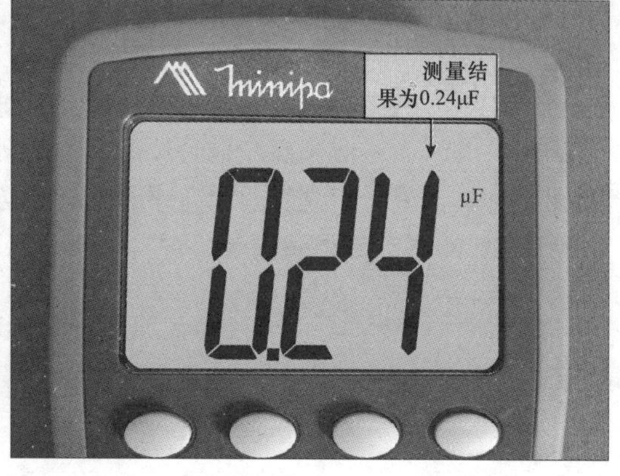

图 10-102 检测高频谐振电容器 C203 的电容量

10.3.6 电磁炉操作显示电路的故障特点与检修方法

若电磁炉的操作显示电路故障，则可能会出现操作控制不正常的故障，例如按键不灵、单个按键无法使用、全部按键都无法使用、显示灯不亮等现象。

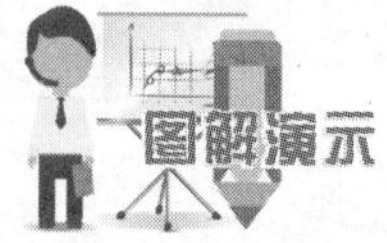

对于操作显示的检修，应根据操作显示电路的信号流程逐级进行检测，从而查找故障线索，判定故障部位。图 10-103 所示为格兰仕 C16A 型电磁炉操作显示电路。

1）5 个操作按键用来输入人工指令，若出现按键不灵的故障，则应对操作按键进行检测。对操作按键进行检测，可以在按下或未按下的状态检测其引脚阻值（0 或无穷大），来判断其好坏。

2）指示灯主要用来显示电磁炉的工作状态，其工作是由移位寄存器和驱动晶体管控制的。对指示灯（LED）的正反向阻值进行检测（正向阻值为 20kΩ，反向阻值为无穷大），来判断其好坏。

3）驱动晶体管用来在微处理器输出信号的控制下导通或截止，用来控制指示灯的亮灭。对驱动晶体管基极和集电极的信号波形进行检测，若无，则可能是驱动晶体管本身损坏。

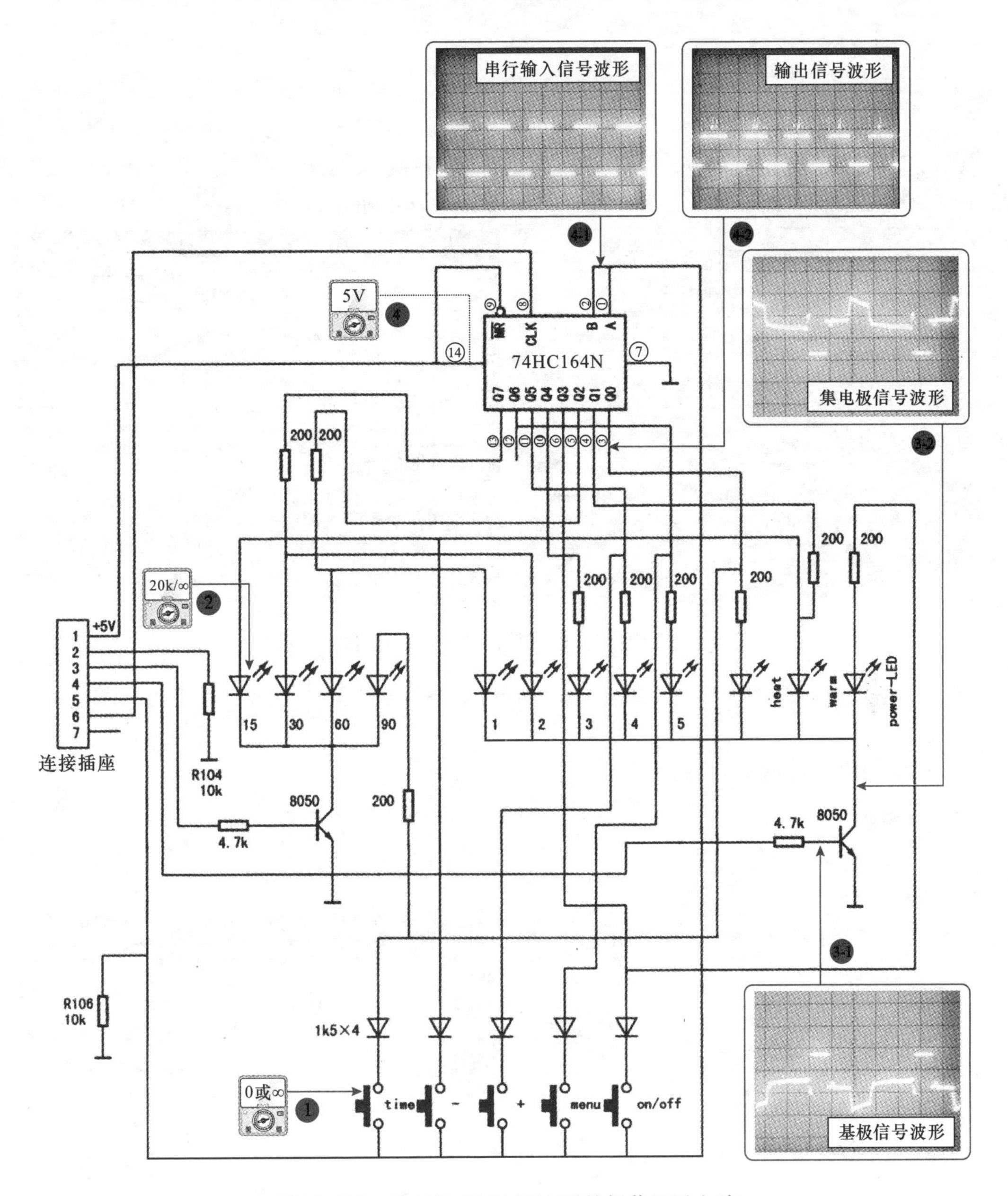

图 10-103 格兰仕 C16A 型电磁炉操作显示电路

4）移位寄存器 74HC164N 的⑭脚为 5V 供电端，①脚和②脚为串行输入信号端，③～⑥脚、⑩～⑬脚为信号输出端。对移位寄存器 74HC164N 的供电电压，以及输入和输出的信号进行检测，在供电正常的情况下，若无输出，则可能是其本身已经损坏。

1. 操作按键的检测

对操作按键进行检测时，应使用万用表对其阻值进行检测，在未按下按键时，操作按键处于断开状态，两引脚之间的电阻值应为无穷大。当向下按动操作按键时，继续检测操作按键两引脚之间的电阻值，检测的阻值应为 0Ω。若出现按下操纵按键时，阻值为无穷大的情况，则可能是操作按键本身已经损坏。

2. 指示灯的检测

指示灯（发光二极管）用于显示电磁炉的工作状态，当该器件出现故障时，指示灯不亮。在进行检测前，应首先区分其正负极引脚，接着将万用表的黑表笔搭在指示灯的正极引脚上，红表笔搭在负极引脚上，正常情况下，可以测得一个约 20kΩ 的正向电阻值，如图 10-104 所示。

图 10-104　检测指示灯的正向阻值

对指示灯（发光二极管）进行更换时，应选择规格与其相同的发光二极管进行重新焊接固定即可。

3. 驱动晶体管的检测

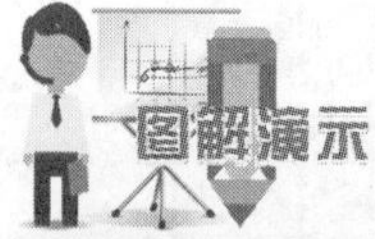

对驱动晶体管的检测，主要是检测驱动晶体管基极与集电极的信号波形。在指示灯亮的状态下，首先使用示波器对驱动晶体管基极的信号波形进行检测，如图 10-105 所示。

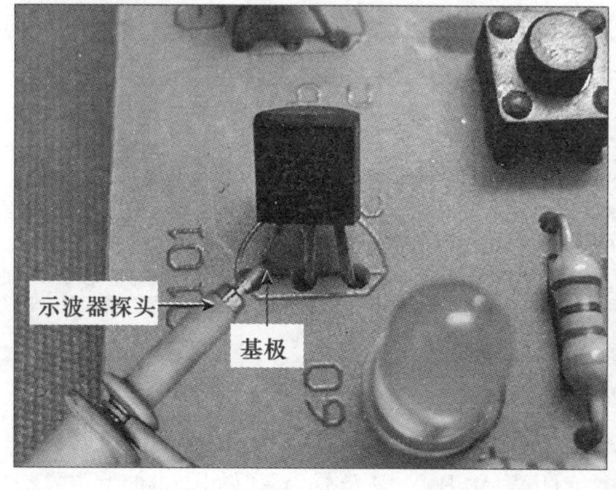

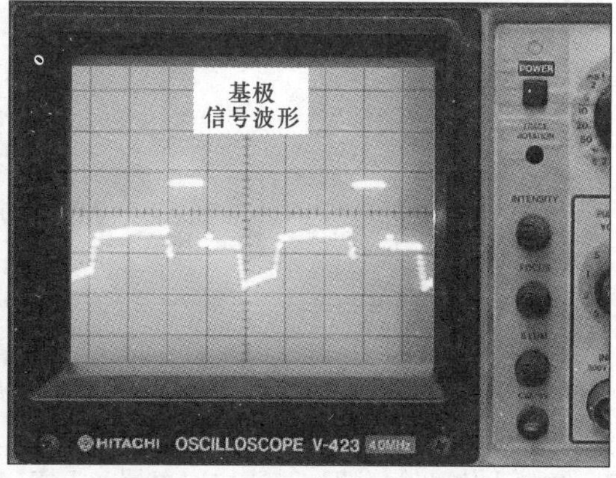

图 10-105　驱动晶体管基极的信号波形

接着使用示波器对驱动晶体管集电极的信号波形进行检测，如图 10-106所示。若检测驱动晶体管的基极信号波形正常，而集电极的信号波形不正常，则说明该驱动晶体管本身损坏。

若检测波形无法判断驱动晶体管的好坏，则可将驱动晶体管从电路板上拆下，用检测各引脚之间阻值的方法来判断其好坏。若检测阻值时，驱动晶体管引脚间的阻值有趋于零的情况，则可能是其本身已经损坏。

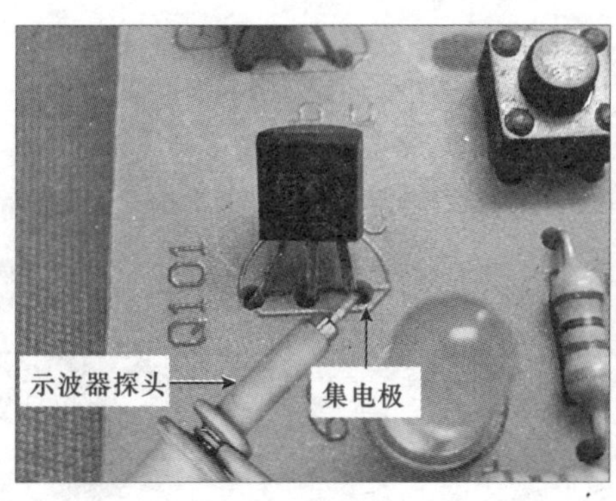

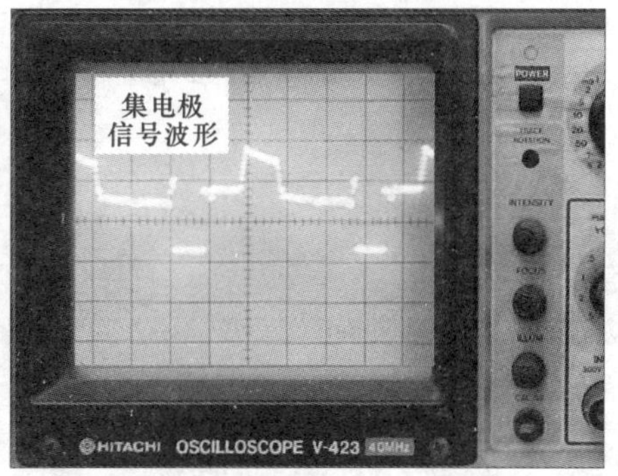

图 10-106　驱动晶体管集电极的信号波形

4. 移位寄存器的检测

首先对移位寄存器 74HC164N 的 5V 供电电压进行检测，该电压可在 74HC164N 的⑭脚上测得，如图 10-107 所示。

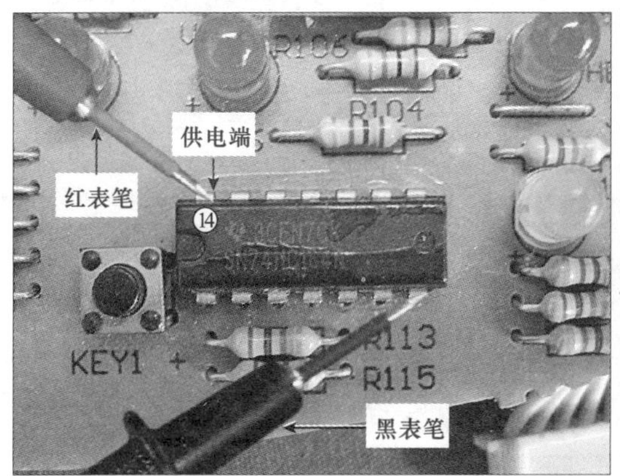

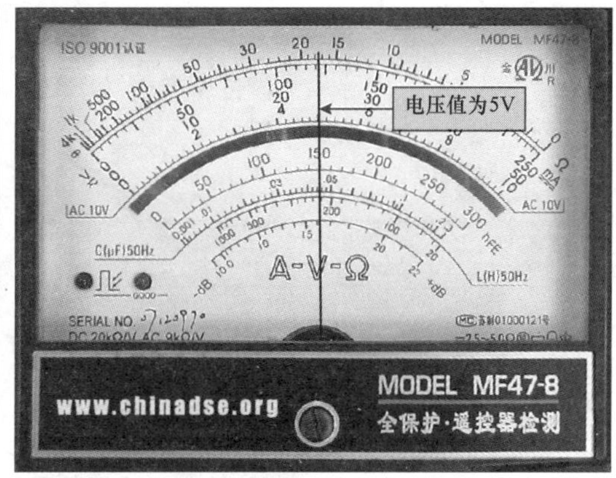

图 10-107　移位寄存器 74HC164N 供电电压的检测

移位寄存器 74HC164N 的①脚和②脚为串行信号输入端，将示波器的探头搭在这两个引脚上时，可以检测到串行信号的波形，如图 10-108 所示。

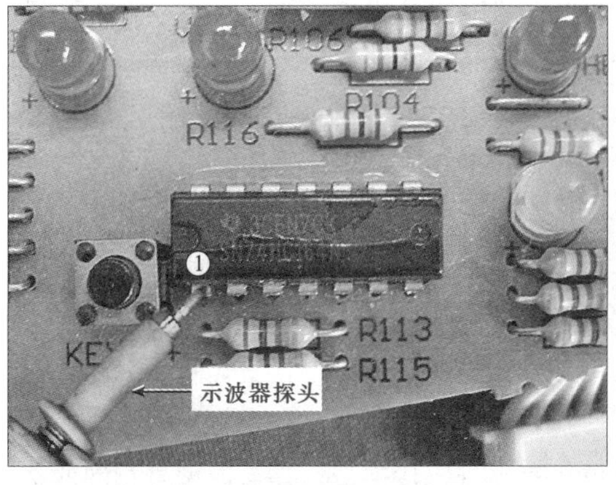

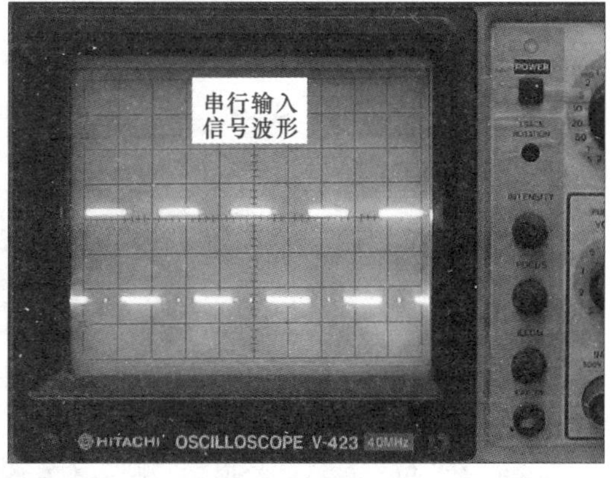

图 10-108　移位寄存器 74HC164N 输入串行信号的检测方法

图解演示

接着对移位寄存器 74HC164N 输出的信号波形进行检测，该信号可在③~⑥脚、⑩~⑬脚上测得，以③脚为例，如图 10-109 所示。

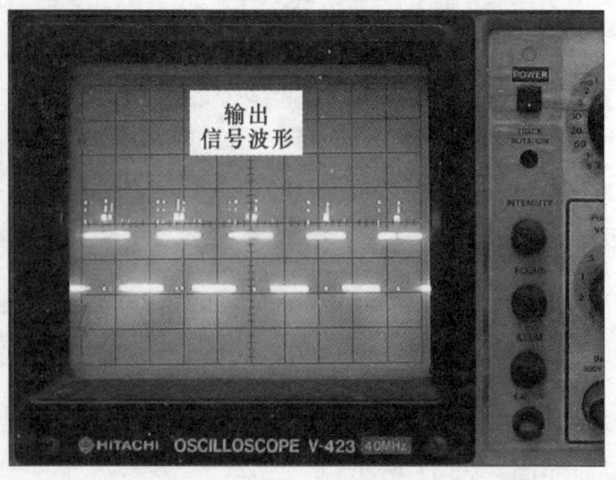

图 10-109 移位寄存器 74HC164N 的③脚信号波形

提示说明

移位寄存器 74HC164N 其他引脚的信号波形如图 10-110 所示。

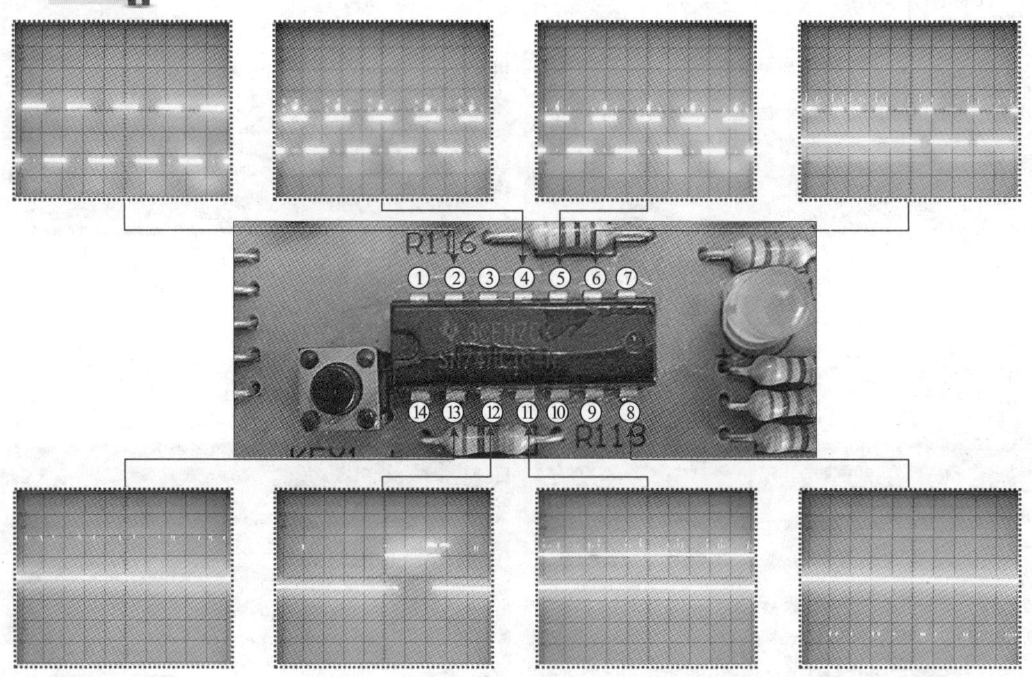

图 10-110 移位寄存器 74HC164N 其他引脚的信号波形

检测移位寄存器的输入引脚信号波形和输出引脚信号波形，若输入信号波形正常，而输出信号波形不正常，则说明该移位寄存器本身损坏。

若检测的移位寄存器已经损坏，则应对该移位寄存器进行代换，选择与原型号相同的移位寄存器，并使用电烙铁、吸锡器、焊锡丝等进行焊接。

第11章 彩色电视机的结构原理与检修技能

11.1 彩色电视机的结构原理

11.1.1 彩色电视机的结构特点

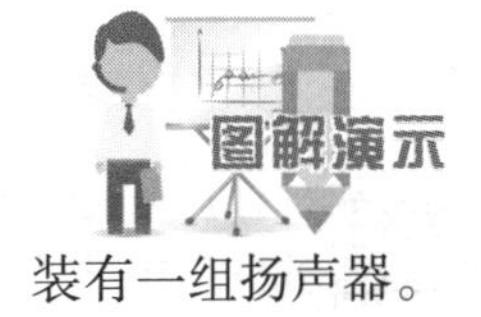

如图 11-1 所示，彩色电视机内部最明显的就是显像管（体积大，外形近似锥形），在显像管上可找到高压帽和显像管组件等部分，显像管下方水平放置的电路板为主电路板，上面设有各种功能电路，显像管两侧分别安装有一组扬声器。

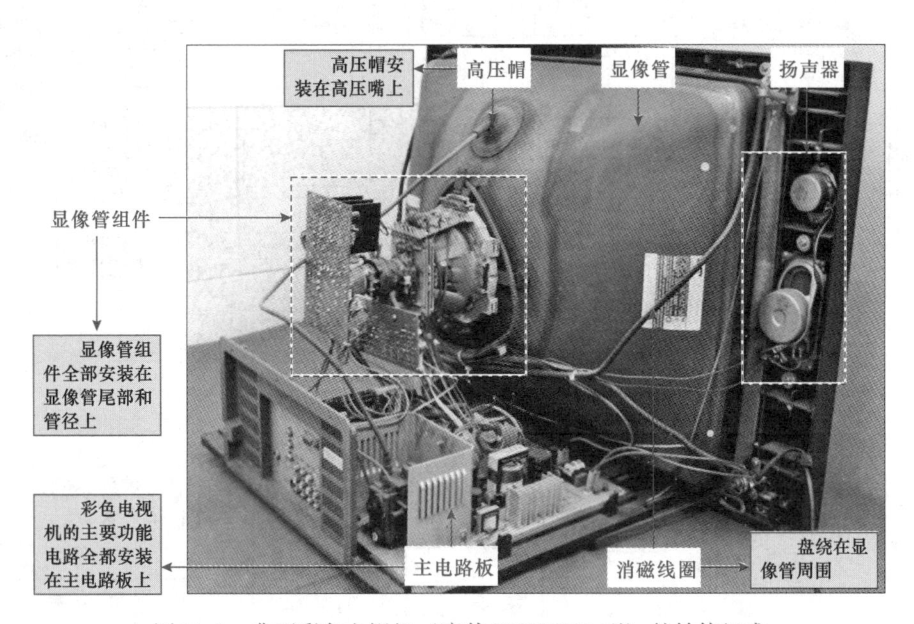

图 11-1　典型彩色电视机（康佳 P29MV217 型）的结构组成

图 11-2 所示为典型彩色电视机（康佳 P29MV217 型）的电路结构。彩色电视机的电路根据功能划分为电视信号接收电路、音频信号处理电路、电视信号处理电路、行扫描电路、场扫描电路、系统控制电路、显像管电路、开关电源电路。

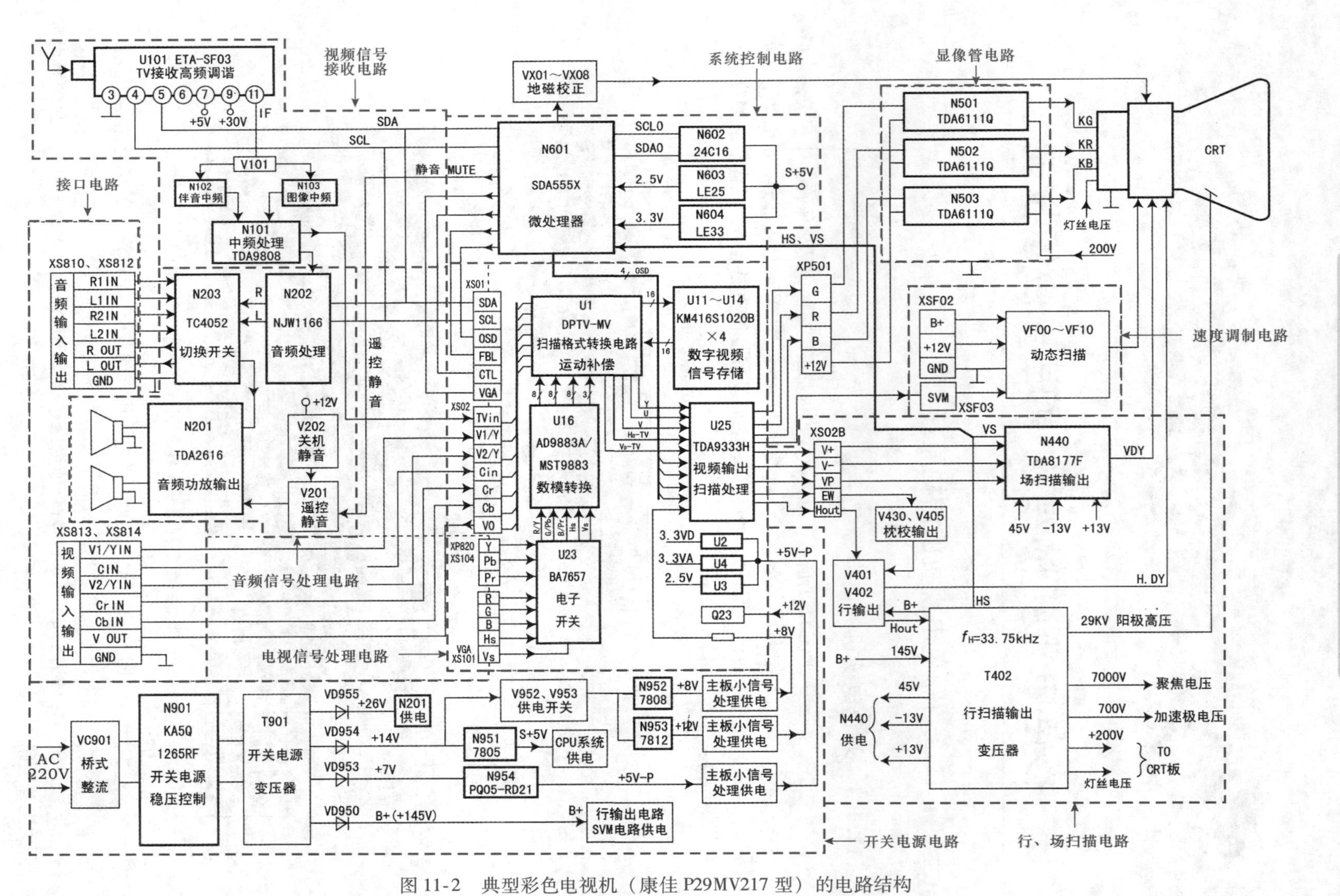

图 11-2　典型彩色电视机（康佳 P29MV217 型）的电路结构

1. 电视信号接收电路

图 11-3 所示为电视信号接收电路的结构组成。电视信号接收电路主要是由谐调器、预中放、声表面波滤波器和中频信号处理集成电路等部分组成的。电视信号接收电路用来对送入的射频信号进行处理，从射频信号中分离出视频和音频信号。

图 11-3　电视信号接收电路

2. 音频信号处理电路

该电路主要由音频信号处理电路和音频功率放大器等构成，通常音频功率放大器安装在散热片上，电路附近可找到扬声器接口。

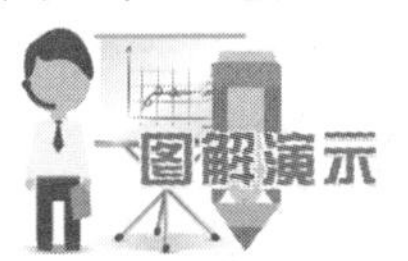

图 11-4 所示为音频信号处理电路的结构组成。音频信号处理电路主要由音频信号切换电路、音频信号处理电路、音频功率放大器等组成。该电路主要对音频信号进行处理，用来驱动扬声器发声。

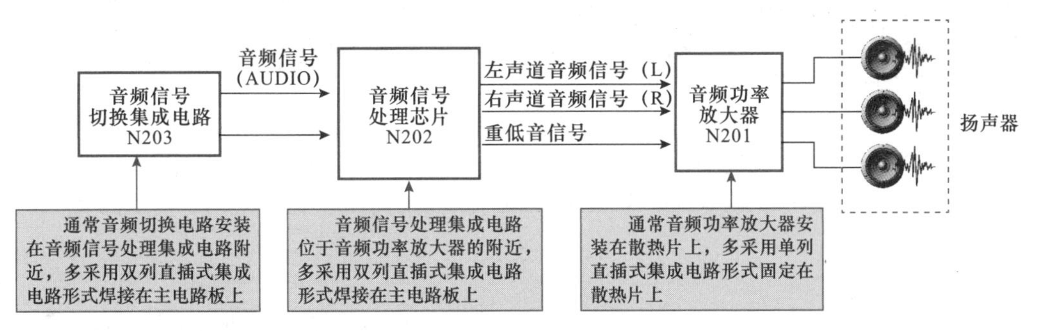

图 11-4　康佳 P29MV217 型彩色电视机的音频信号处理电路

3. 电视信号处理电路

图 11-5 所示为典型彩色电视机电视信号处理电路（康佳 P29MV217 型）的结构组成。可以看到数字高清彩色电视机的电视信号处理电路在结构上较为独立，全部设计在一块独立的电路板上，该部分电路主要由 A－D 转换器、数字视频处理集成电路、图像存储器、视频输出和扫描信号处理电路、视频切换开关以及外围元器件等组成。

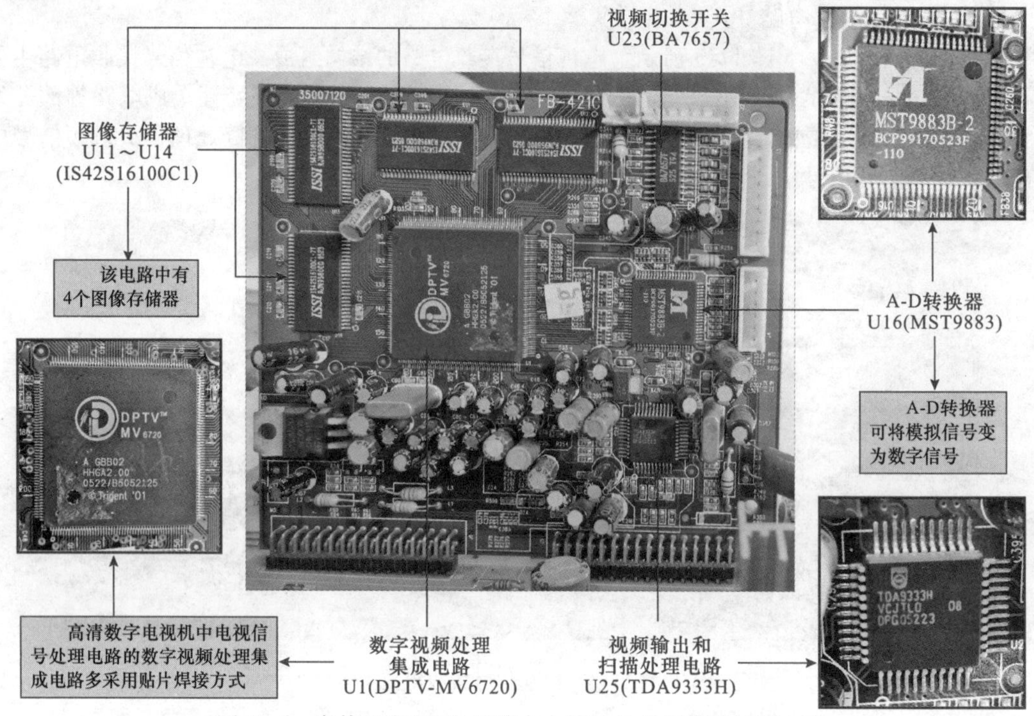

图 11-5　康佳 P29MV217 型彩色电视机的电视信号处理电路

4. 行扫描电路

该电路中有体积最大的行回扫变压器，在其附近的散热片上可找到电路中的其他元器件。该电路主要为偏转线圈提供行扫描锯齿波信号，此外行回扫变压器还为显像管等部件提供工作电压。

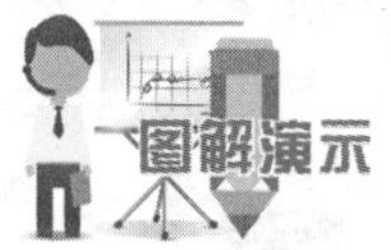

行扫描电路主要是由行激励晶体管、行激励变压器、行输出晶体管、行输出变压器、行偏转线圈和外围部件等组成的。图 11-6 所示为康佳 P29MV217 型彩色电视机的行扫描电路板。

5. 场扫描电路

场扫描电路的核心部件主要是场输出集成电路。如图 11-7 所示，场输出集成电路通常安装在行扫描电路附近的散热片上，由行回扫变压器为其供电。该电路主要为偏转线圈提供场扫描锯齿波信号。与行扫描电路配合，便可形成矩形光栅。

6. 系统控制电路

如图 11-8 所示，彩色电视机的系统控制电路主要是由微处理器、数据存储器、晶体等组成的。该电路的主要功能是对彩色电视机的整机工作状态进行控制。

7. 显像管电路

彩色电视机的显像管电路主要是由末级视放电路、显像管管座和外围部件等组成的。图 11-9 所示为康佳 P29MV217 型彩色电视机的显像管电路。该电路位于显像管尾管上。经细致核查可以知道，该显像管电路主要是由 3 个末级视放集成电路 N501/N502/N503（TDA6111Q）、显像管管座 CRT1 和外围部件等组成的。

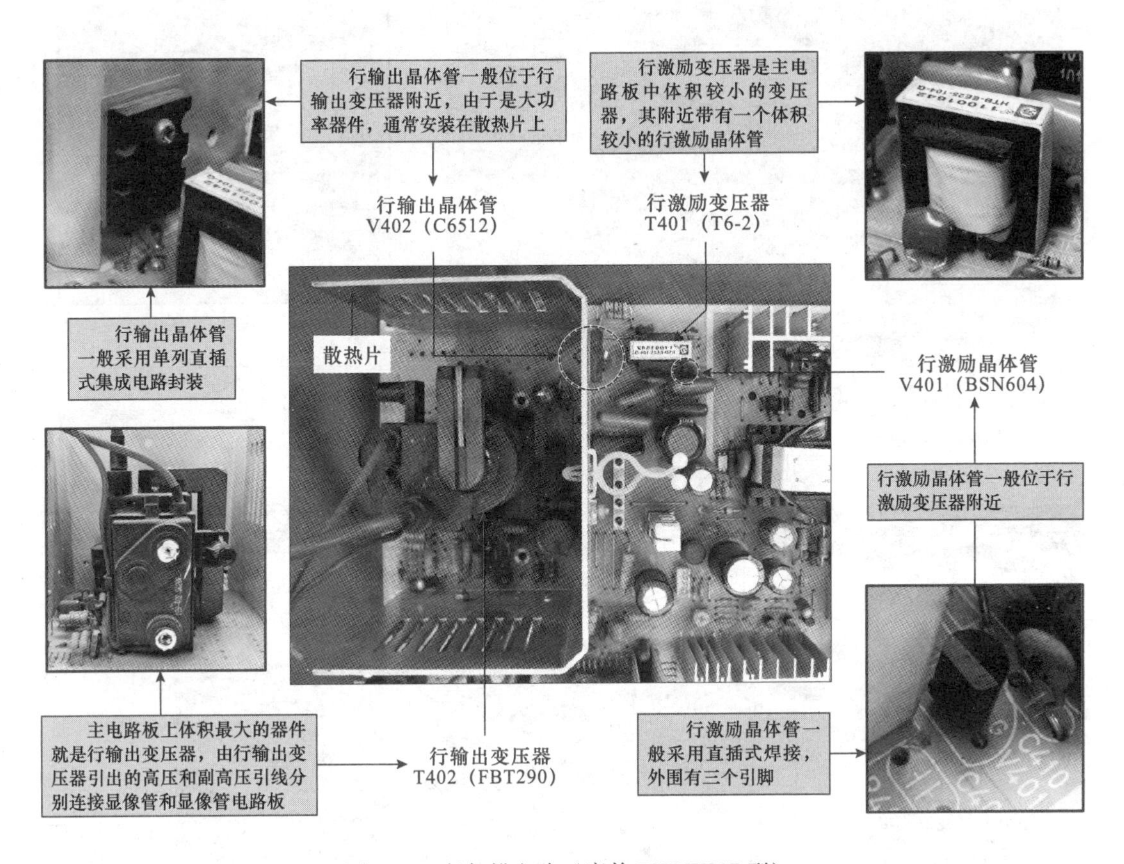

图 11-6　行扫描电路（康佳 P29MV217 型）

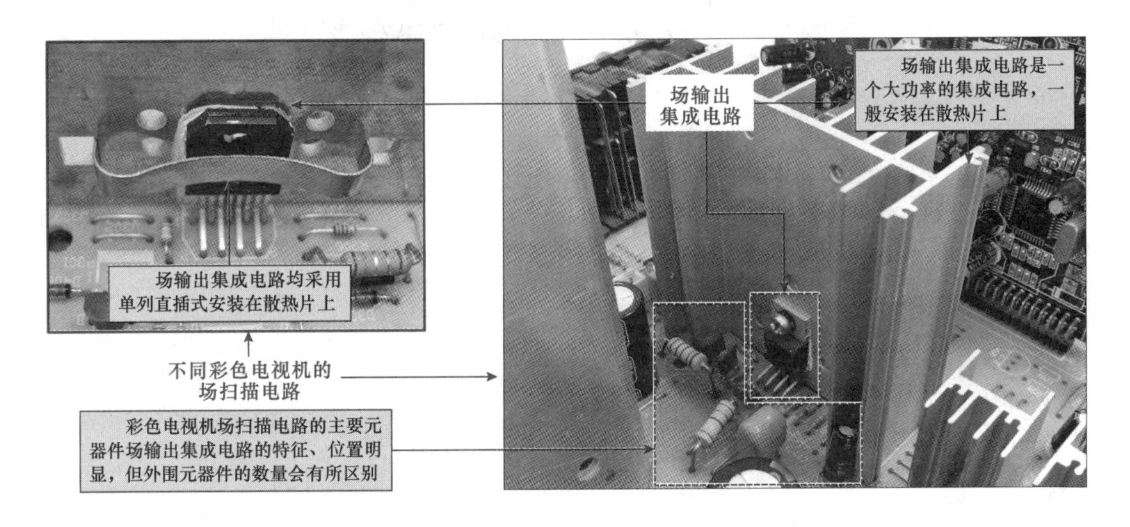

图 11-7　场扫描电路

图 11-8　系统控制电路

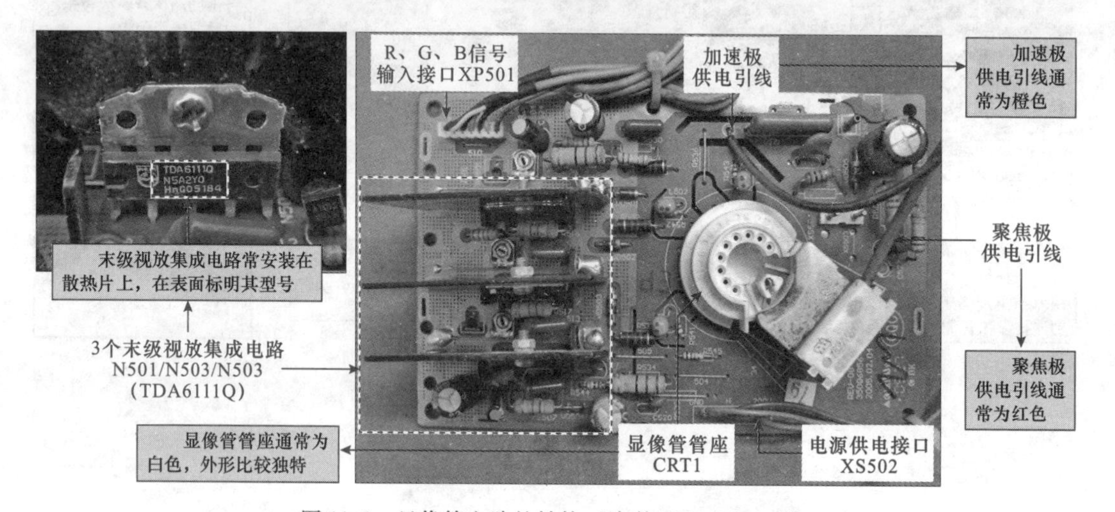

图 11-9　显像管电路的结构（康佳 P29MV217 型）

8. 开关电源电路

如图 11-10 所示，彩色电视机的开关电源电路主要是由熔断器、互感滤波器、桥式整流堆、+300V 滤波电容、开关变压器、开关振荡集成电路、光电耦合器和次级整流滤波电路中的二极管、滤波电容、稳压器等元器件组成的。

11.1.2　彩色电视机的电路原理

1. 电视信号接收电路的工作原理

图 11-11 所示为典型的电视信号接收电路工作流程，调谐器是由高放、本振、混频等电路组成的。

天线输入的信号在谐调器内部进行放大后与本机振荡信号进行混频，输出中频信号，该中频信号再经过预中放和声表面波滤波器后送入中频信号处理集成电路，在中频信号集成电路中经中频放大、视频检波、视频放大后输出全电视信号。

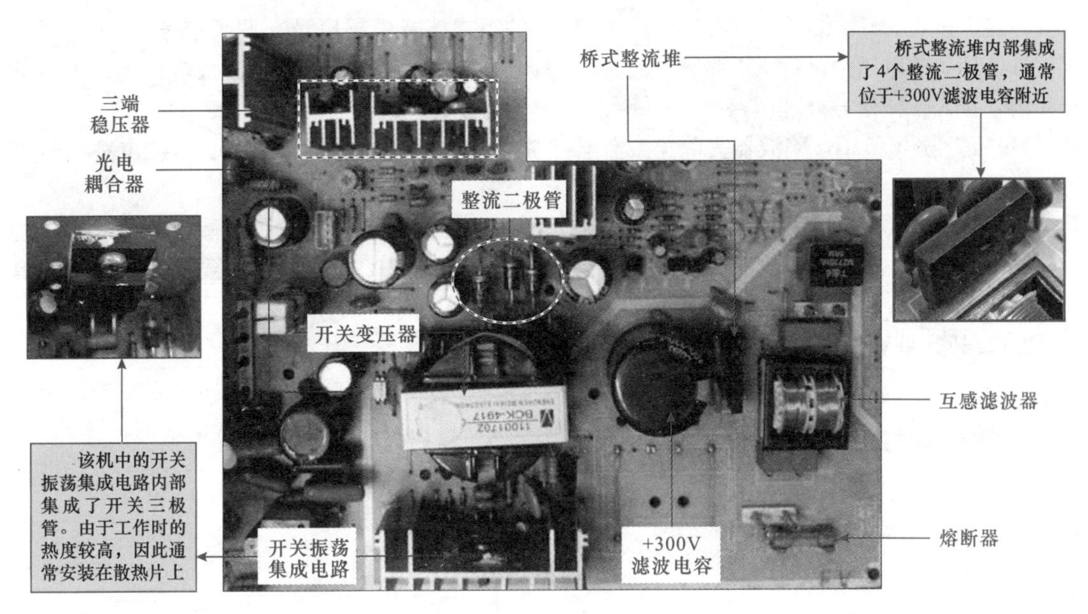

图 11-10　开关电源电路

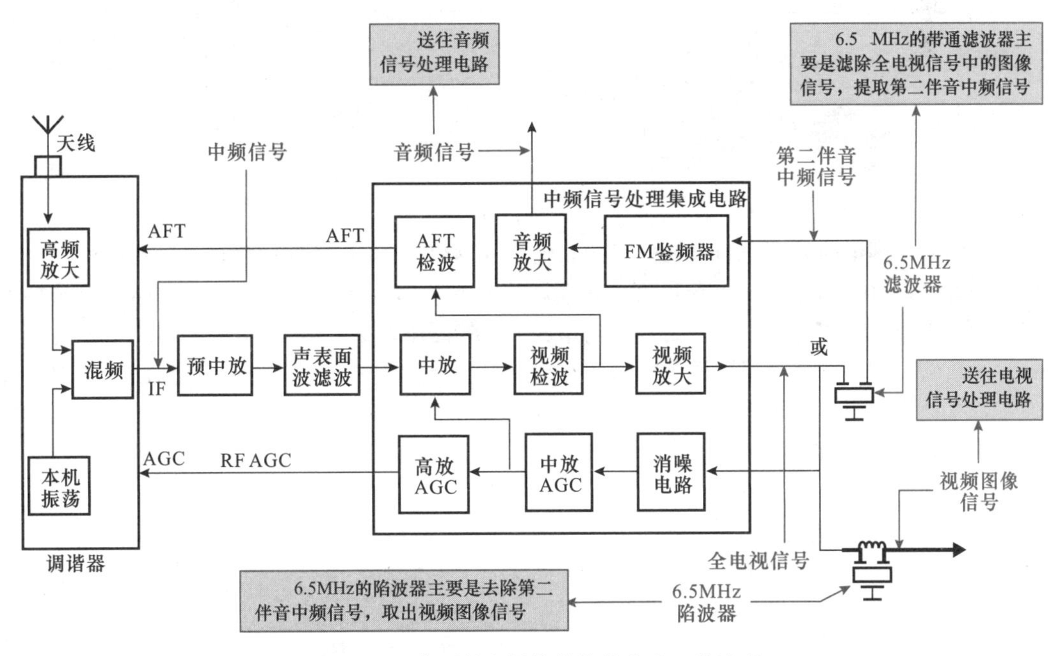

图 11-11　典型的电视信号接收电路工作流程

采用这种方式的电视信号接收电路处理过程如下：

调谐器输出的中频信号经过滤波（绝大部分采用声表面波滤波器，它主要提供通道的幅频特性）后，输入到中频信号处理集成电路中。

中频信号处理集成电路首先把中频信号放大，然后对其进行视频检波，得到全电视信号。这一信号中除了视频图像信号外，还包含有第二伴音中频信号。

因此全电视信号被分为两路进行处理：

一路经过6.5MHz带通滤波器提取出6.5MHz的第二伴音中频信号（调频信号），再送回中频信号处理集成电路中进行FM鉴频处理后，解调出音频信号，再经音频放大输出，放大后的音频信号送入音频信号处理电路中。

另一路经过6.5MHz陷波器去除第二伴音中频信号，取出视频图像信号，送往电视信号处理电路中。

电视信号接收电路中6.5MHz的带通滤波器主要是滤除全电视信号中的图像信号，提取第二伴音中频信号；6.5MHz的陷波器主要是去除第二伴音中频信号，取出视频图像信号。

2. 音频信号处理电路的工作原理

音频信号处理电路是用来处理和放大音频信号的电路，它主要是由音频信号切换电路、音频信号处理芯片和音频功率放大器构成的，图11-12所示为典型彩色电视机音频信号处理电路的流程框图。

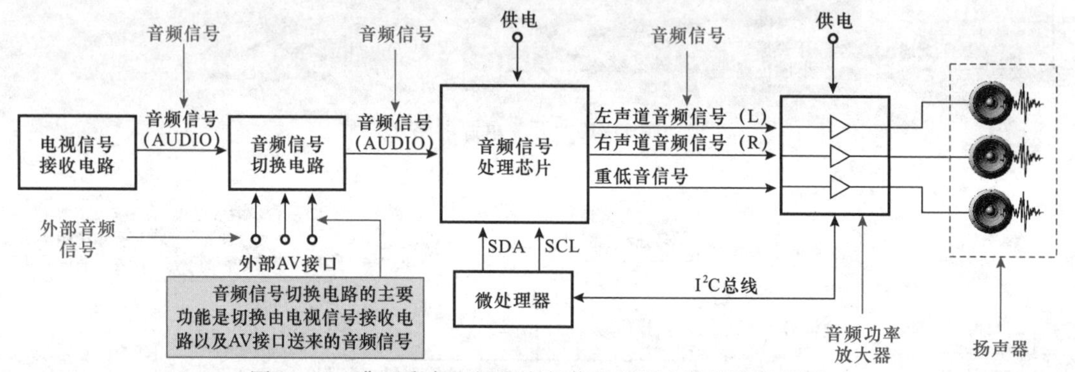

图11-12　典型彩色电视机音频信号处理电路的流程框图

音频信号处理电路处理来自电视信号接收电路解调出的音频信号以及由外部输入（AV）接口送来的音频信号，因此，送入音频信号处理芯片的音频信号经音频信号切换电路切换选择后送到音频功率放大器中进行进一步处理和功率放大，然后驱动扬声器发声。

为了改善音频系统的效果，彩色电视机中设置了音频信号处理芯片，在音频信号处理芯片中通过数字处理，可以将单声道变成立体声或虚拟环绕立体声。例如，可以同时从音频信号中分离出重低音信号，形成低音声道，再通过左、右和重低音三路功率放大器驱动扬声器，这样可大大增强彩色电视机的音响效果。

3. 电视信号处理电路的工作原理

图11-13所示为康佳P29MV217型彩色电视机电视信号处理电路的工作原理框图。该电路采用数字电路板作为电视信号处理电路，因此其信号流程比较复杂。由VGA接口（R、G、B和Hs、Vs）和分量视频接口（Y、Pb、Pr）送来的模拟视频信号，首先送入视频切换开关中进行切换，然后送入A－D转换器中将模拟视频信号变为数字视频信号，再送入数字视频处理集成电路中进行处理。

由电视信号接收电路送来的视频信号以及由外部AV接口送来的模拟视频信号，也被送入数字视频处理集成电路中。多路视频信号在数字图像处理电路中进行切换、图像处理、降噪以及格式变换等处理后，输出模拟的R、G、B三基色信号，以及行、场同步信号，送入视频输出和扫描信号处理电路中。同时由微处理器送来的字符显示信号（OSD）也送入视频输出和扫描信号处理电路中进行处理。视频输出和扫描信号处理电路最后输出R、G、B三基色信号送往显

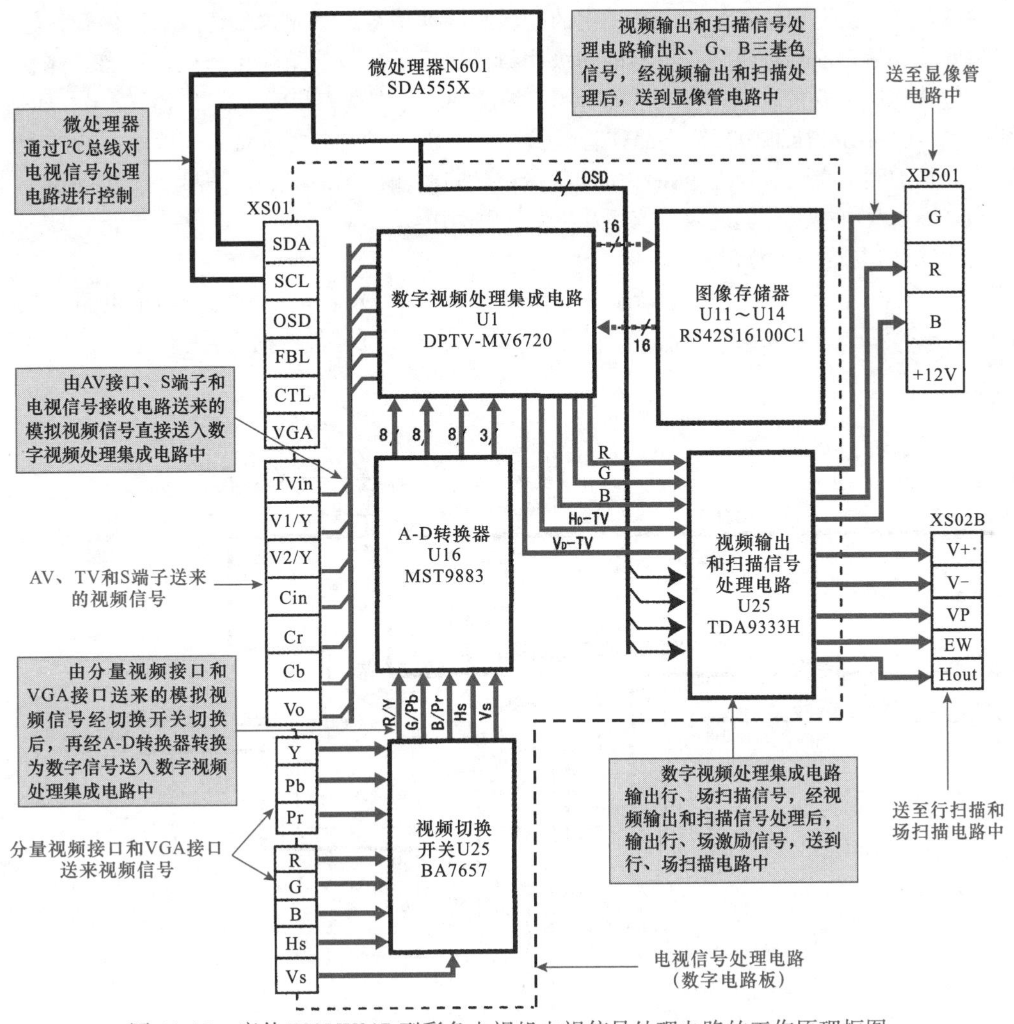

图 11-13　康佳 P29MV217 型彩色电视机电视信号处理电路的工作原理框图

像管电路中，输出的行、场激励信号送往行场扫描电路中。

4. 行扫描电路的工作原理

彩色电视机的行扫描电路用于产生行锯齿波脉冲，使电子束进行水平方向的扫描运动，形成矩形光栅，从而使显像管的电子枪在偏转磁场的作用下进行从上至下的扫描运动，形成电视图像，如图 11-14 所示。

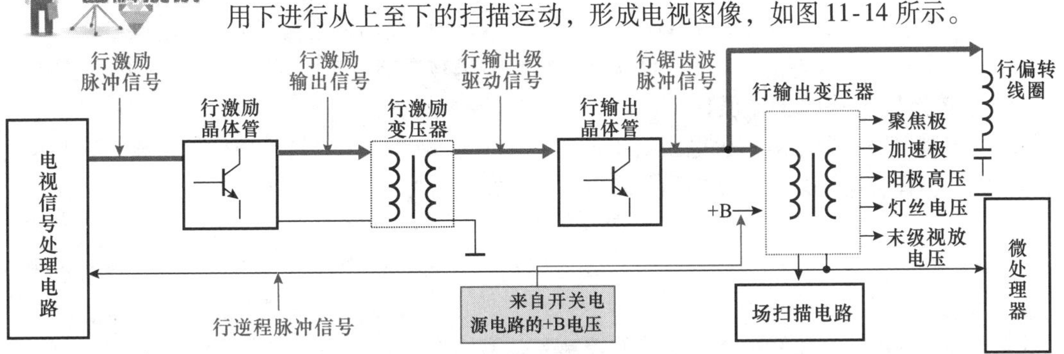

图 11-14　行扫描电路的流程框图

由图可知，由电视信号处理电路产生的行激励脉冲信号，首先送入行激励晶体管，经行激励晶体管放大后，加到行激励变压器的初级绕组，然后由次级绕组输出送往行输出晶体管，行输出晶体管将信号放大为1000V左右的行锯齿波脉冲，分别送入行偏转线圈和行输出变压器中，+B电压经行输出变压器为行输出晶体管提供工作电压，行输出变压器工作后输出行逆程脉冲电压，分别加到电视信号处理电路和微处理器中，同时输出聚焦极、加速极、阳极高压、灯丝电压和末级视放电压，分别送入显像管及显像管电路中。

5. 场扫描电路的工作原理

图11-15所示为康佳P29MV217型彩色电视机的场扫描电路。该电路主要由场输出集成电路N440以及外围元器件等构成。

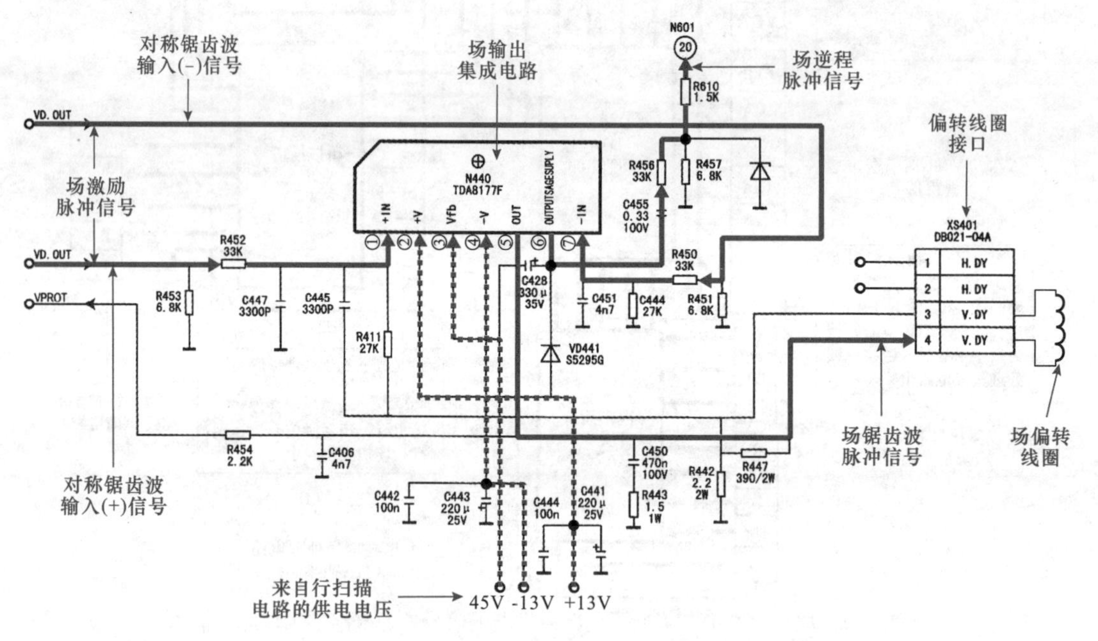

图11-15　康佳P29MV217型彩色电视机的场扫描电路

来自行扫描电路的45V、-13V和+13V电压加到场输出集成电路的③脚、④脚和②脚，为场输出集成电路供电。

由电视信号处理电路输出的对称场激励脉冲信号（VD. OUT）经RC耦合电路分别送入场输出集成电路N440（TDAB177F）的①脚和⑦脚，在N440中经场触发输入电路、场激励和场输出放大器后，最后由其⑤脚输出场锯齿波脉冲信号，经偏转线圈接口XS401去驱动场偏转线圈。

6. 系统控制电路的工作原理

系统控制电路主要是对彩色电视机中的电视信号接收电路、电视信号处理电路、音频信号处理电路、显像管电路以及行场扫描电路等单元电路进行控制。

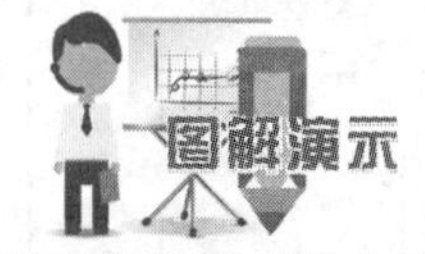

在系统控制电路中，微处理器对接收的人工指令信号（遥控信号或操作按键的信号）进行分析识别，并将其转换成各种控制信号，对彩色电视机的频道、频段、音量、声道、屏幕亮度以及制式等进行控制。图11-16所示为典型彩色电视机中系统控制电路的控制关系图。

微处理器外接晶体，与其内部电路构成时钟信号发生器，为整个微处理器提供同步时钟信

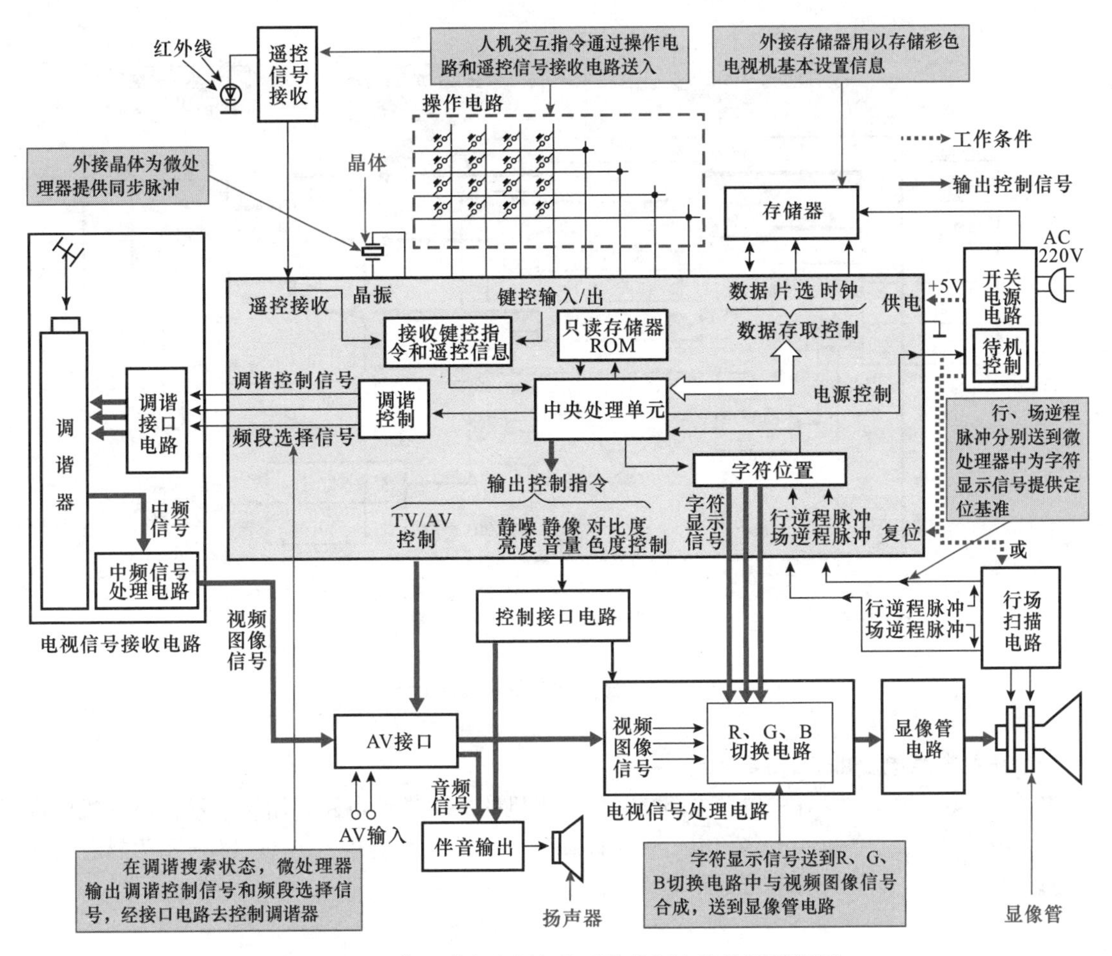

图11-16　典型彩色电视机中系统控制电路的流程框图

号。微处理器中的只读存储器（ROM）存储了微处理器的基本工作程序。人工操作指令和遥控指令分别由操作电路和遥控接收电路送入微处理器的中央处理单元。中央处理单元便会根据当前接收的指令，向彩色电视机各单元电路发送控制指令。

此外，微处理器外接的存储器主要用来存储彩色电视机的频段、频道以及音量等设置信息。开机时，微处理器便会从存储器中调用这些存储的信息，以便彩色电视机进入用户设定好的工作状态，不必每次开机都进行重新调整。

7. 显像管电路的工作原理

彩色电视机的显像管电路用于为显像管的各电极提供驱动信号，使显像管显示图像，如图11-17所示。该电路的主要部分为末级视放电路，它是为还原彩色图像提供红、绿、蓝三基色图像信号的电路。

由图可知，由电视信号处理电路输出的R、G、B三基色经过R、G、B信号输入接口送到末级视放电路中，经末级视放电路放大后加到显像管的三个阴极上，驱动显像管还原出图像，同时电源电路输出的+9V或12V电压经接口为末级视放电路提供直流低压。

同时，来自行扫描电路部分的灯丝电压为显像管灯丝供电，+200V直流电压则用于为末级视放电路提供工作电压。

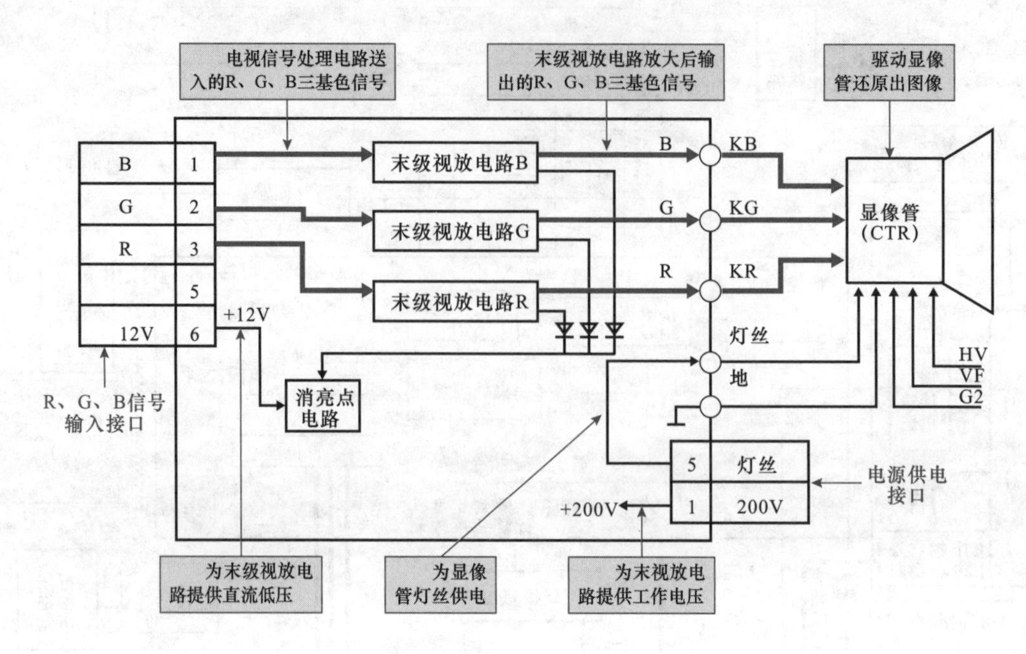

图 11-17　显像管电路的流程框图

8. 开关电源电路的工作原理

开关电源电路是彩色电视机的能源供给电路，用于为彩色电视机内部各单元电路和电子元器件提供所需的工作电压，图 11-18 所示为彩色电视机开关电源电路的流程框图。

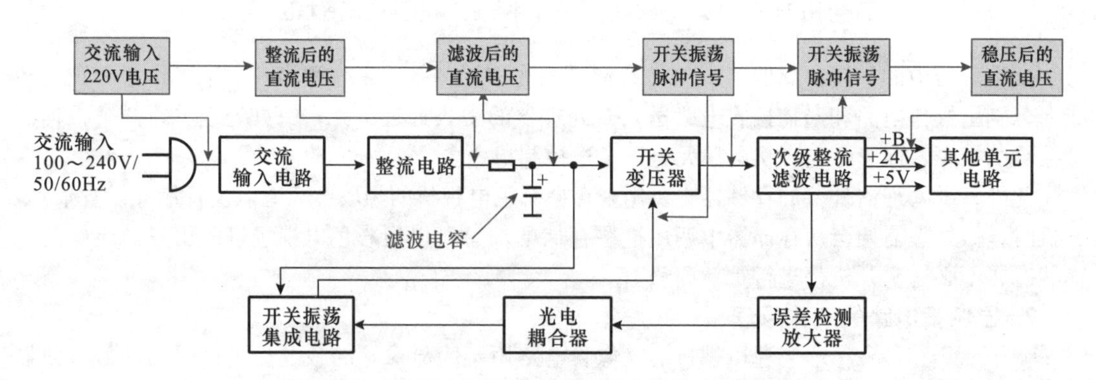

图 11-18　彩色电视机开关电源电路的流程框图

从图中可以看出，新型彩色电视机接通电源后，交流 220V 输入电压经交流输入电路滤除干扰，并由桥式整流滤波电路整流滤波输出约 300V 的直流电压，为开关变压器和开关振荡集成电路供电，开关振荡集成电路将产生开关振荡脉冲信号，并驱动开关变压器，经开关变压器后，由次级整流滤波电路将脉冲电压变成直流电压，输出 +B、+24V、+5V 等直流电压为其他单元电路供电。

11.2 彩色电视机电视信号接收电路的故障检修

11.2.1 彩色电视机电视信号接收电路的检修分析

图解演示

若彩色电视机的信号接收电路出现故障，则通常会引起无图像、无伴音、屏幕有雪花噪点等现象，在对该电路进行检测时，可依据故障现象分析出产生故障的原因，并根据电视信号接收电路的信号流程对可能产生故障的部分逐一进行排查，如图11-19所示。

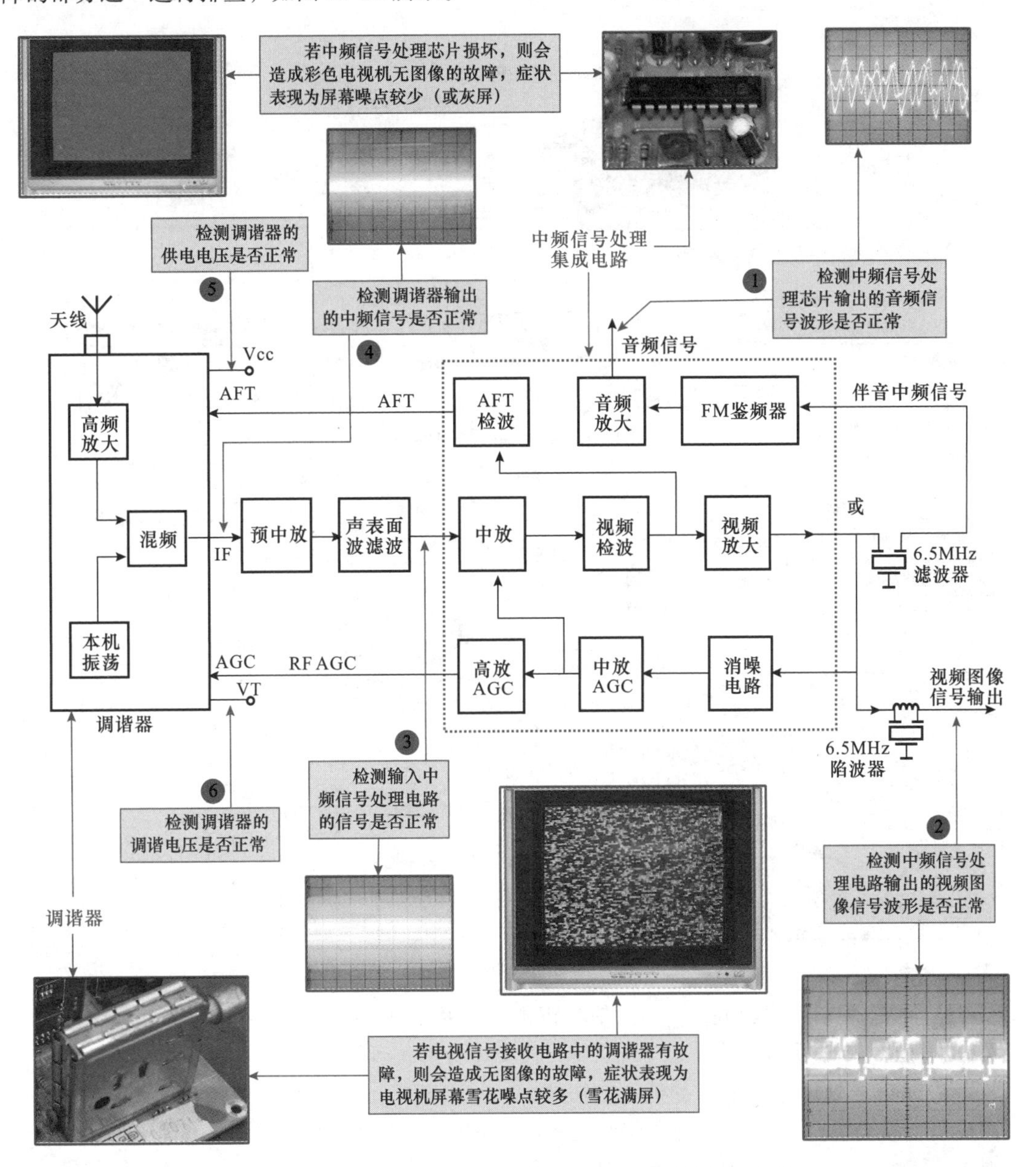

图11-19 典型彩色电视机电视信号接收电路的检修方案

11.2.2 彩色电视机电视信号接收电路的检修方法

以康佳 P29MV217 型彩色电视机为例，检测彩色电视机电视信号接收电路，可使用万用表或示波器测量待测彩色电视机的电视信号接收电路，然后将实测电压值或信号波形与正常的数值或波形进行比较，即可判断出电视信号接收电路的故障部位。

1. 电视信号接收电路输出信号的检测方法

电视信号接收电路输出信号的检测方法如图 11-20 所示。当怀疑彩色电视机中电视信号接收电路出现故障时，应首先判断该电路部分有无输出，即在通电开机的状态下，对电视信号接收电路输出的音频信号和视频图像信号进行检测。

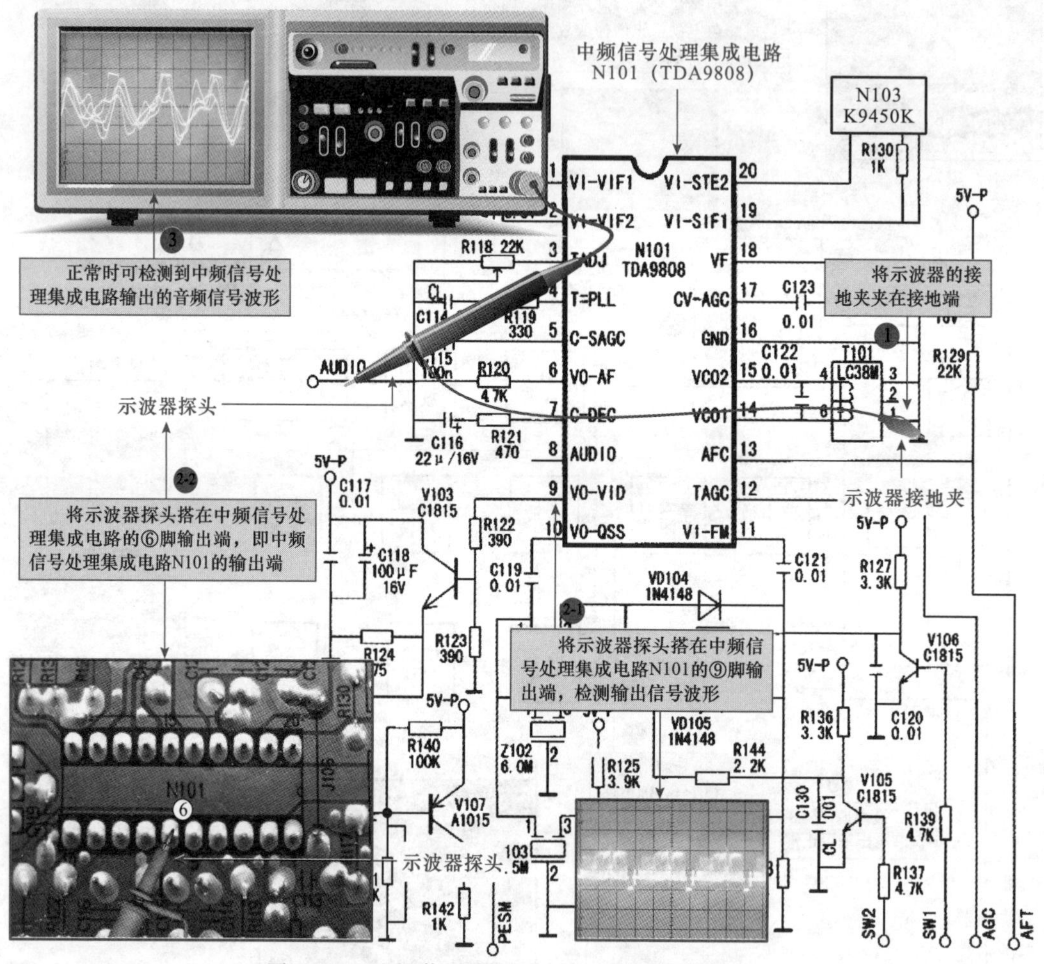

图 11-20 电视信号接收电路输出信号的检测方法

若经检测电视信号接收电路输出的信号正常，则说明电视信号接收电路基本正常；若经检测无信号输出，则说明该电路可能出现故障，需要进行下一步的检测。

2. 中频信号处理集成电路的检测方法

若电视信号接收电路无音频信号和视频图像信号输出，即中频信号处理集成电路无输出，则此时需要对中频信号处理集成电路的工作条件（供电电压）进行检测。中频信号处理集成电路工作条件的检测方法如图11-21所示。

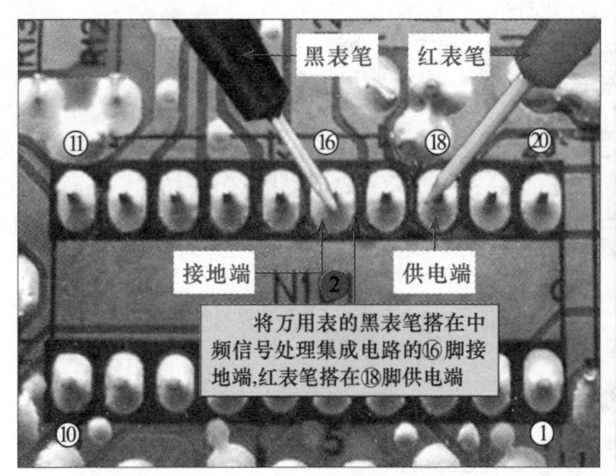

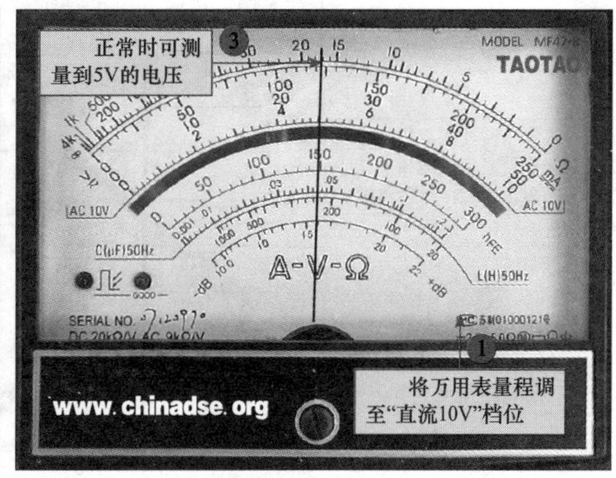

图 11-21 中频信号处理集成电路工作条件的检测方法

直流供电电压是中频信号处理集成电路的基本工作条件，若无直流供电电压，则即使中频信号处理集成电路本身正常，也将无法工作，因此检修时应对该供电电压进行检测，若供电电压正常，却仍无输出，则需要进行下一步的检测。

3. 声表面波滤波器输出信号的检测方法

若中频信号处理集成电路的供电电压正常，却仍无音频信号和视频图像信号输出，则应对声表面波滤波器（图像和伴音）送来的图像中频信号和伴音中频信号进行检测。声表面波滤波器输出信号的检测方法如图 11-22 所示。

若声表面波滤波器的输出信号正常，即中频信号处理集成电路的输入信号正常，则表明中频信号处理集成电路本身可能损坏；若输入的信号波形不正常，则应继续对其前级电路进行检测。

4. 预中放输出信号的检测方法

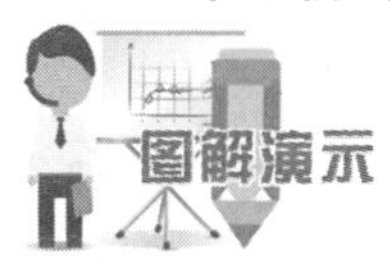

若声表面波滤波器输出的图像和伴音中频信号不正常，则接下来应对前级预中放集电极输出的中频信号进行检测。预中放输出信号的检测方法如图 11-23 所示。

若预中放集电极输出的中频信号正常，则表明预中放本身及前级电路均正常；若预中放的集电极无信号输出，则应检测预中放的输入信号，即调谐器的输出信号是否正常。

5. 调谐器输出信号的检测方法

若预中放的集电极无信号输出，则应对其基极的输入信号，即调谐器输出的中频信号进行检测。调谐器输出信号的检测方法如图 11-24 所示。

若调谐器输出的中频信号正常，则表明谐调器能正常工作；若该信号不正常，则说明调谐器可能出现故障，需要对调谐器相关工作条件以及调谐器本身进行检测。

6. 调谐器工作条件的检测方法

若经检测调谐器无中频信号输出，则应对调谐器的工作条件（供电电压、I^2C 总线信号和调谐电压）进行检测，判断其工作条件是否满足需求。调谐器工作条件的检测方法如图 11-25 所示。

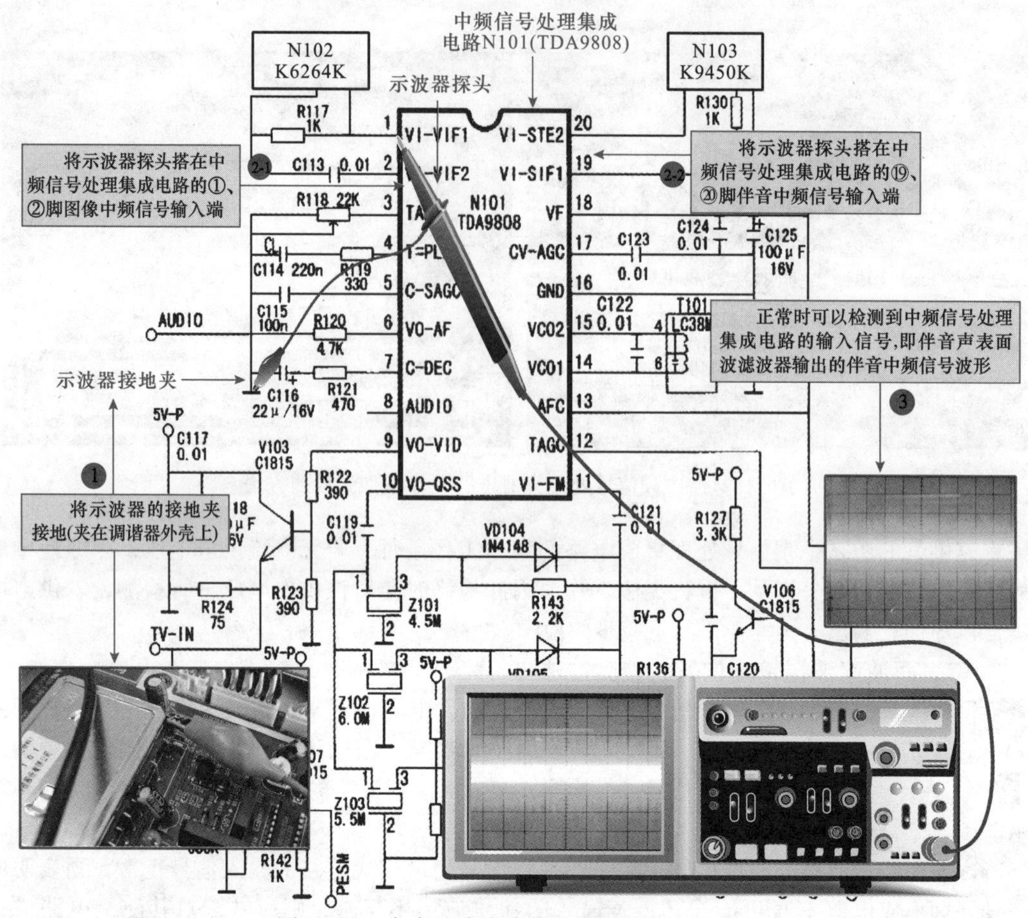

图 11-22　声表面波滤波器输出信号的检测方法

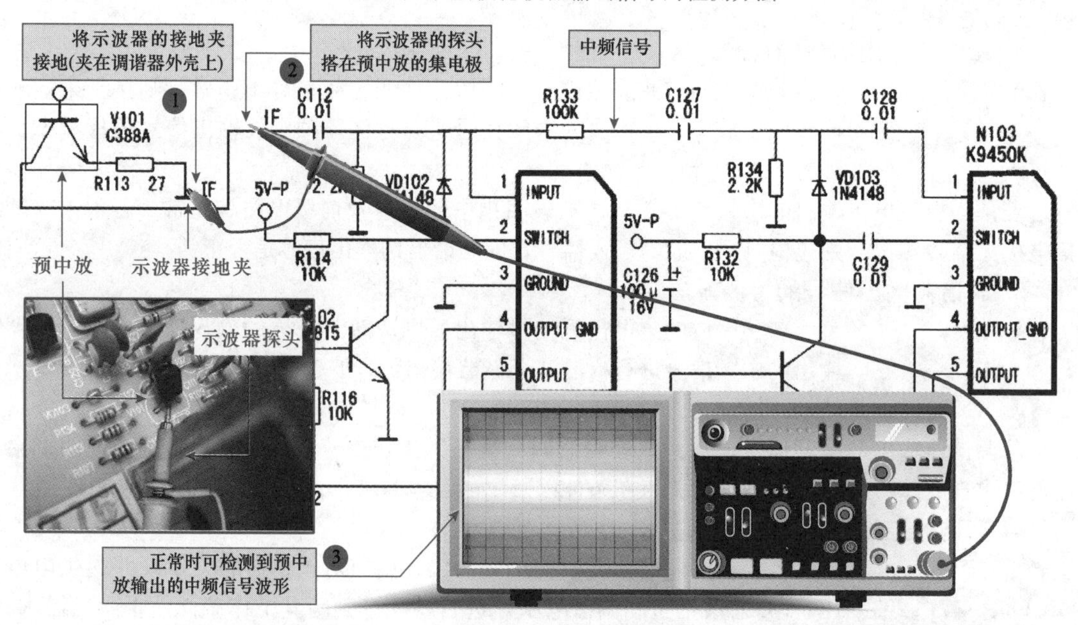

图 11-23　预中放输出信号的检测方法

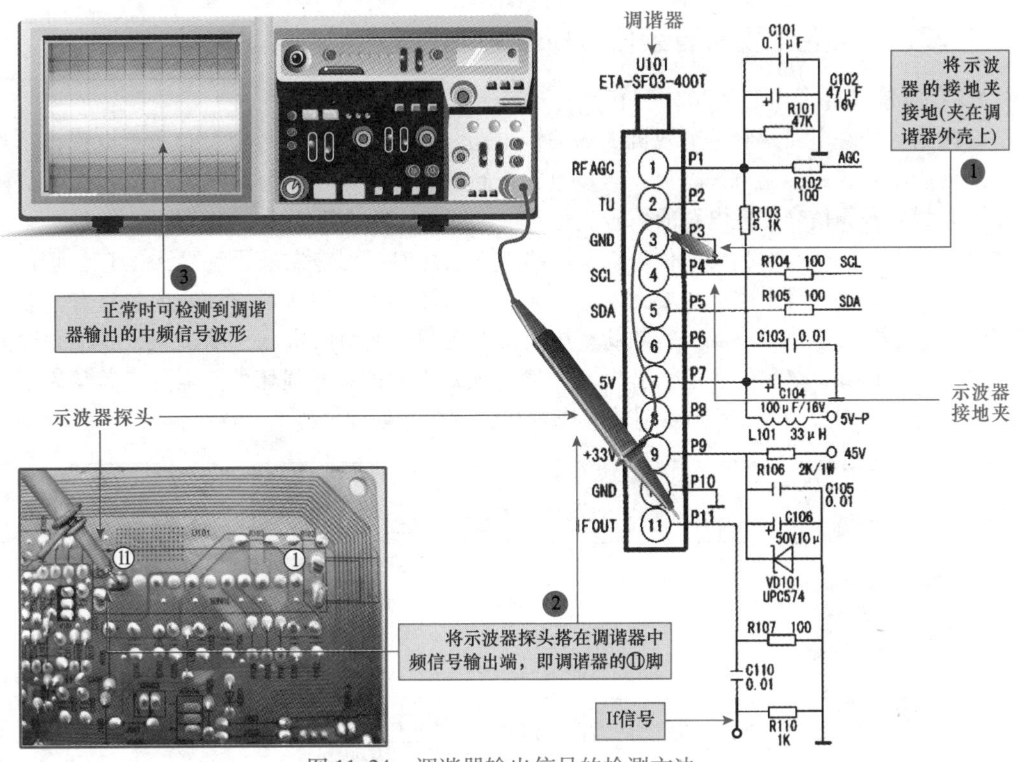

图 11-24　调谐器输出信号的检测方法

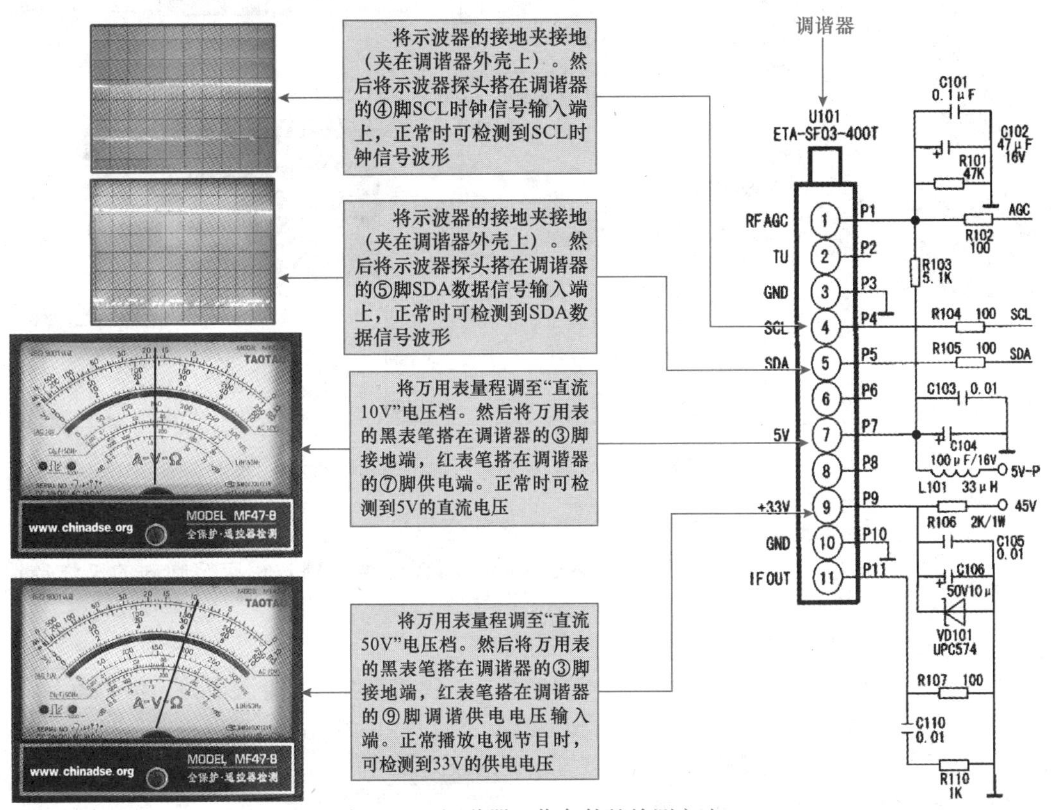

图 11-25　调谐器工作条件的检测方法

11.2.3 彩色电视机音频信号处理电路的故障检修

1. 音频信号处理电路的检修分析

音频信号处理电路是彩色电视机中的关键电路，若该电路故障则会引起彩色电视机出现无伴音、音质不好或有交流声等现象，对该电路进行检修时，可依据故障现象分析出产生故障的原因，并根据音频信号处理电路的信号流程对可能产生故障的部位逐一进行排查。

当音频信号处理电路出现故障时，可首先采用观察法检查音频信号处理电路的主要元器件有无明显损坏迹象。如音频信号处理芯片有无脱焊或虚焊迹象，音频功率放大器有无脱焊或引脚有无松动迹象，其他主要元器件有无断开、炸裂或烧焦的迹象。若出现上述情况则应立即更换损坏的元器件，若从表面无法观测到故障点，则按图11-26所示对彩色电视机音频信号处理电路进行逐级排查。

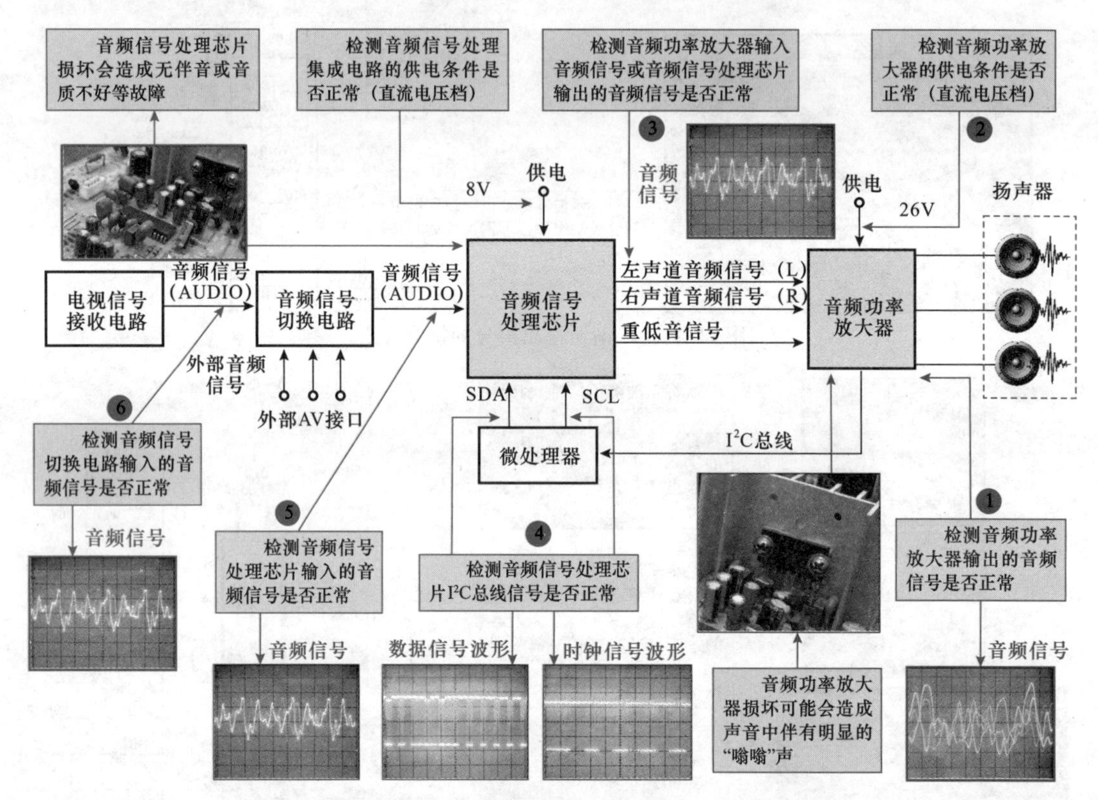

图11-26 典型彩色电视机音频信号处理电路的检修方案

一般可逆其信号流程从输出部分作为入手点逐级向前进行检测，信号消失的地方即可作为关键的故障点，再以此为基础对相应范围内的工作条件、关键信号进行检测，排除故障。

2. 音频信号处理电路的检修方法

以康佳P29MV217型彩色电视机为例，检测彩色电视机音频信号处理电路，可使用万用表或示波器测量待测彩色电视机的音频信号处理电路，然后将实测电压值或信号波形与正常的数值或波形进行比较，即可判断出音频信号处理电路的故障部位。

（1）检测音频功率放大器的输出信号

当怀疑音频信号处理电路出现故障时，应首先判断该电路部分有无输出，即在通电开机的状态下，对音频信号处理电路输出到扬声器的音频信号进行检测。音频功率放大器输出端左声道音频信号（L）的检测方法如图 11-27 所示。

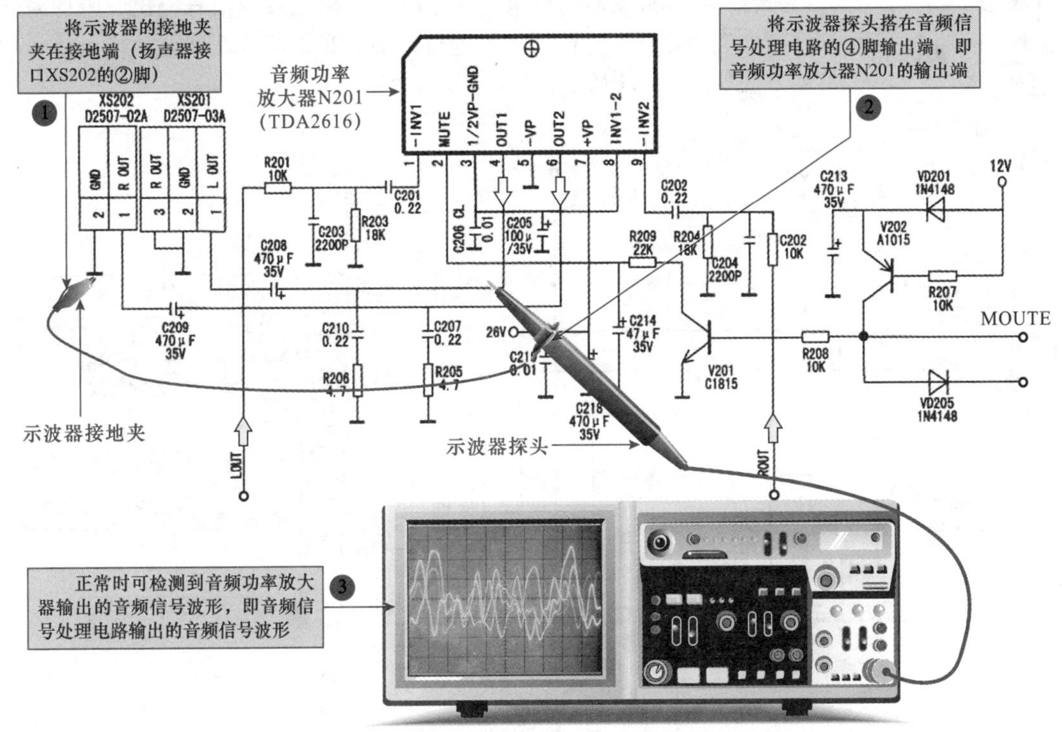

图 11-27　音频功率放大器输出信号的检测方法

若经检测音频信号处理电路的输出信号正常，则说明音频信号处理电路基本正常；若检测时无信号输出，则说明该电路可能出现故障，需要进行下一步检测。

（2）检测音频功率放大器的工作条件

若音频信号处理电路无音频信号输出，即音频功率放大器无输出，则此时需要对音频功率放大器的工作条件（供电电压）进行检测。音频功率放大器工作条件的检测方法如图 11-28 所示。

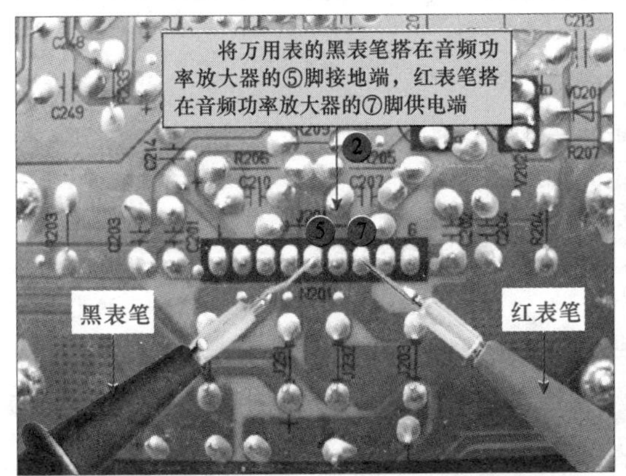

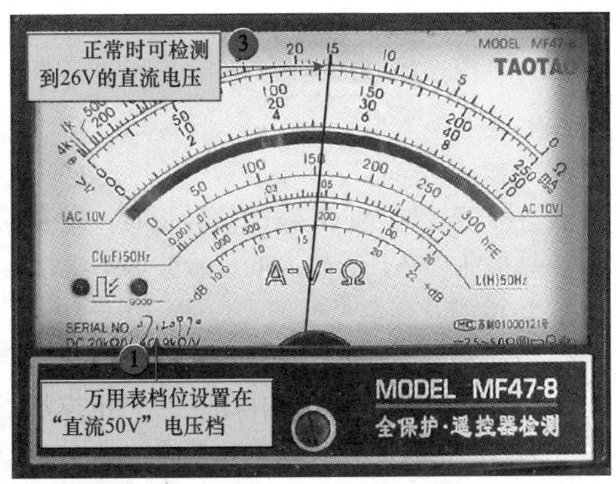

图 11-28　音频功率放大器工作条件的检测方法

直流供电电压是音频功率放大器的基本工作条件，若无直流供电电压，则即使音频功率放大器本身正常，也将无法工作，因此检修时应对该供电电压进行检测，若供电电压正常，却仍无输出，则需要进行下一步的检测。

（3）检测音频信号处理芯片的输出信号

若音频功率放大器的供电电压正常，却仍无音频信号输出，则应对音频信号处理芯片送来的音频信号进行检测。音频信号处理芯片输出信号的检测方法如图 11-29 所示。

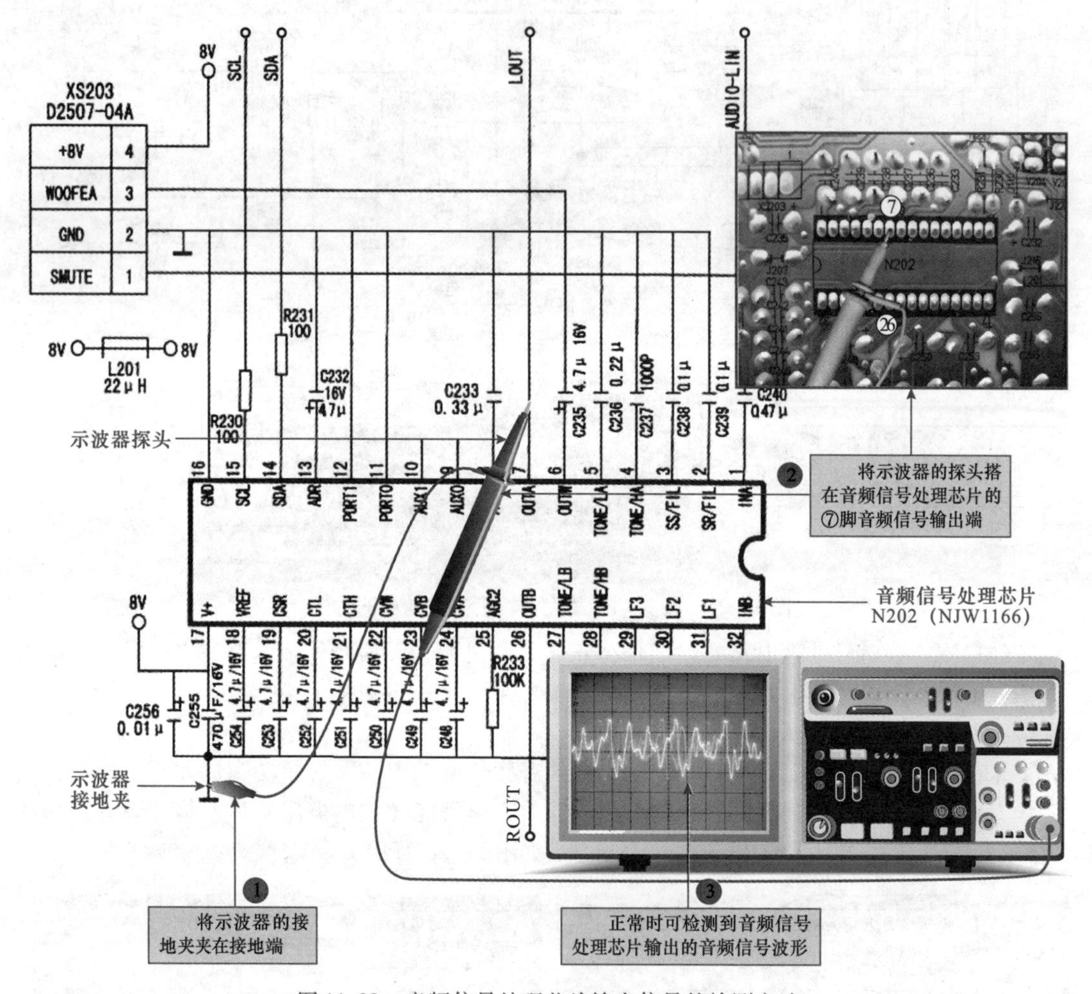

图 11-29　音频信号处理芯片输出信号的检测方法

若音频信号处理芯片输出信号正常，即音频功率放大器输入信号正常，则表明音频功率放大器本身可能损坏；若输入的信号波形不正常，则应继续对其前级电路进行检测。

（4）检测音频信号处理芯片的工作条件

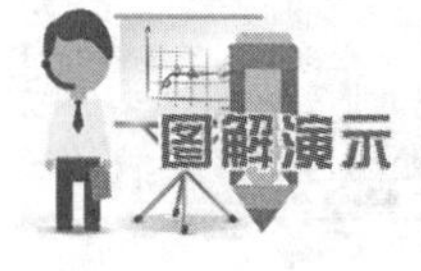

若音频信号处理芯片无音频信号输出，则此时需要对音频信号处理芯片的工作条件（供电电压、I^2C 总线控制信号）进行检测，判断其是否满足需求。检测方法如图 11-30 所示。

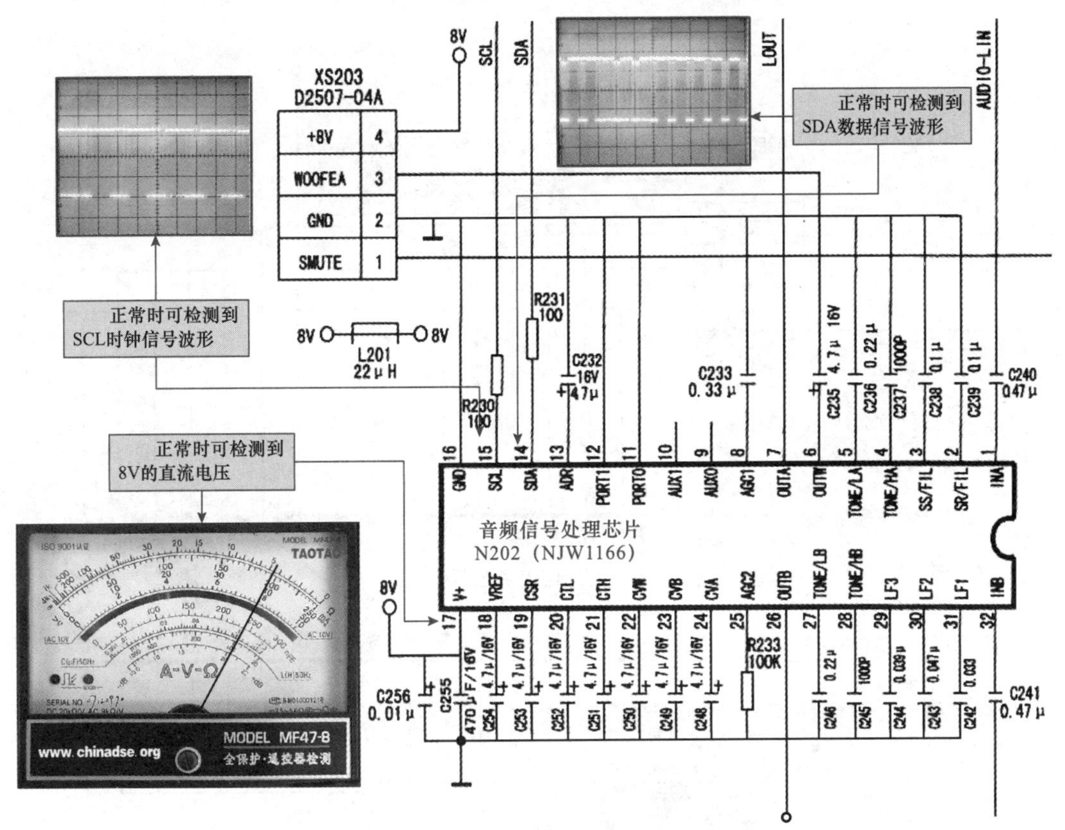

图 11-30 音频信号处理芯片工作条件的检测

（5）检测音频信号处理芯片的输入信号

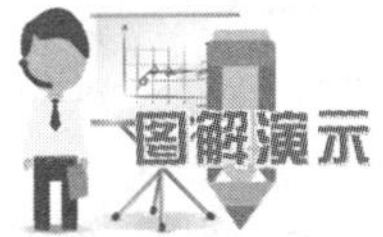

若音频信号处理芯片的各工作条件均正常，而仍无音频信号输出，则应对音频信号处理芯片输入的音频信号进行检测。音频信号处理芯片输入信号的检测方法如图 11-31 所示。

（6）检测音频信号切换电路的输入信号

AV 音频信号接口的音频信号需要首先送入音频信号切换电路，经其内部选择切换后，送入音频信号处理芯片中。因此若当选择 AV 接口输入音频信号时，音频信号处理芯片无音频信号输入（音频信号切换电路无输出），则此时还应对音频信号切换电路的各路输入信号进行检测（检测方法与其他信号波形的检测方法相同，在此不再赘述）。

若音频信号切换电路输入的音频信号正常，且工作条件也能够满足，而输出端仍无音频信号输出，则表明音频信号切换电路本身可能损坏；若输入的音频信号波形不正常，则应继续对其前级的接口电路进行检测。

11.2.4 彩色电视机电视信号处理电路的故障检修

1. 电视信号处理电路的检修分析

电视信号处理电路是彩色电视机中处理视频信号的重要电路，若该电路故障则会引起彩色电视机出现无图像、图像异常、显示颜色异常等现象，对该电路进行检修时，可依据故障现象分析出产生故障的原因，并根据电视信号处理电路的信号流程对可能产生故障的部位逐一进行排查。

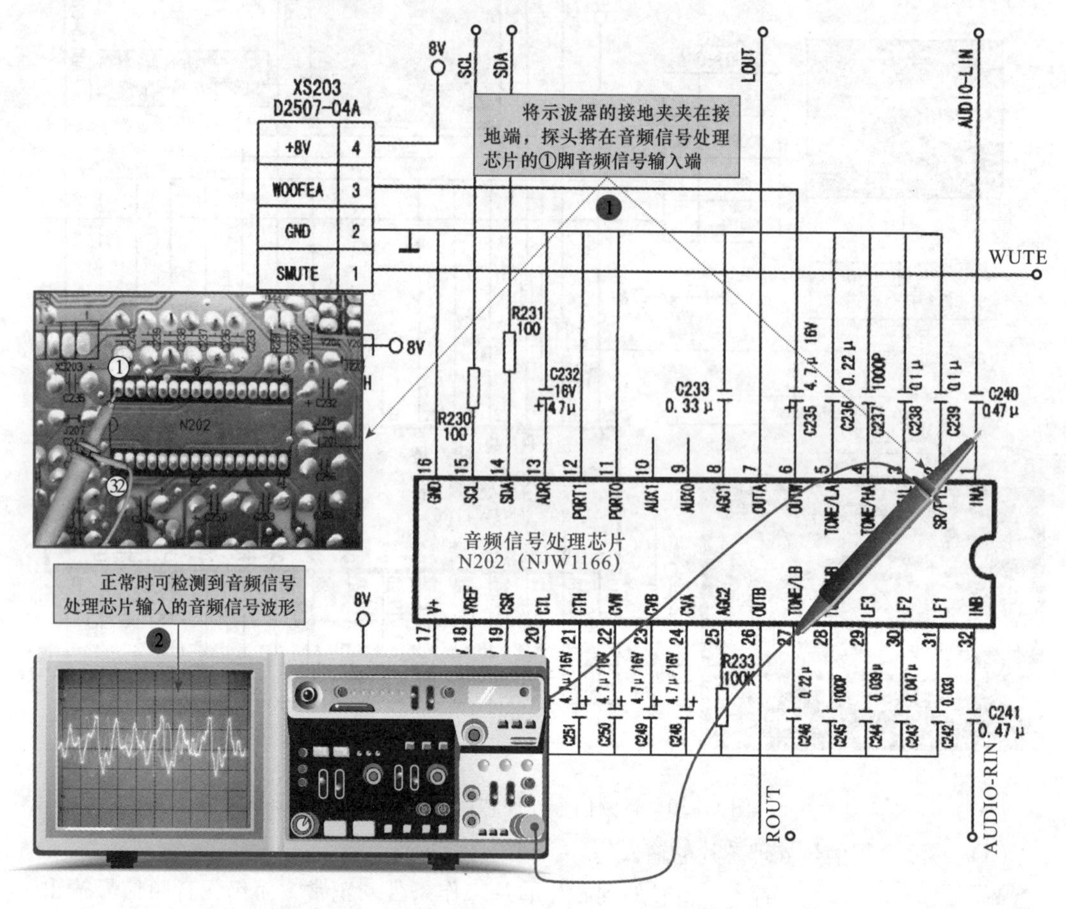

图 11-31　音频信号处理芯片输入信号的检测方法

当彩色电视机显示图像异常时，可首先切换输入信号源，例如接收天线信号异常，可切换为 AV 接口输入信号，判断电视信号处理电路是否发生故障。然后拆开电视机，观察电视信号处理电路的主要元器件有无明显损坏迹象。若从表面无法找到明显的损坏部位，则按图 11-32 所示对彩色电视机电视信号处理电路进行逐级排查。

一般可逆信号处理流程从输出部分作为入手点逐级向前进行检测，信号消失的地方即可作为关键的故障点，再以此为基础对相应范围内的工作条件、关键信号进行检测，排除故障。

2. 电视信号处理电路的检修方法

以康佳 P29MV217 型彩色电视机的数字电路板为例，使用万用表和示波器测量待测彩色电视机电视信号处理电路的供电电压和信号波形，然后将实测电压值或波形与正常的数值或波形进行比较，即可判断出电视信号处理电路的故障部位。

3. 检测视频输出和扫描信号处理电路的输出信号

当怀疑电视信号处理电路出现故障时，首先使用示波器对视频输出和扫描信号处理电路 TDA933H 输出的 R、G、B 视频信号和行、场激励信号进行检测。

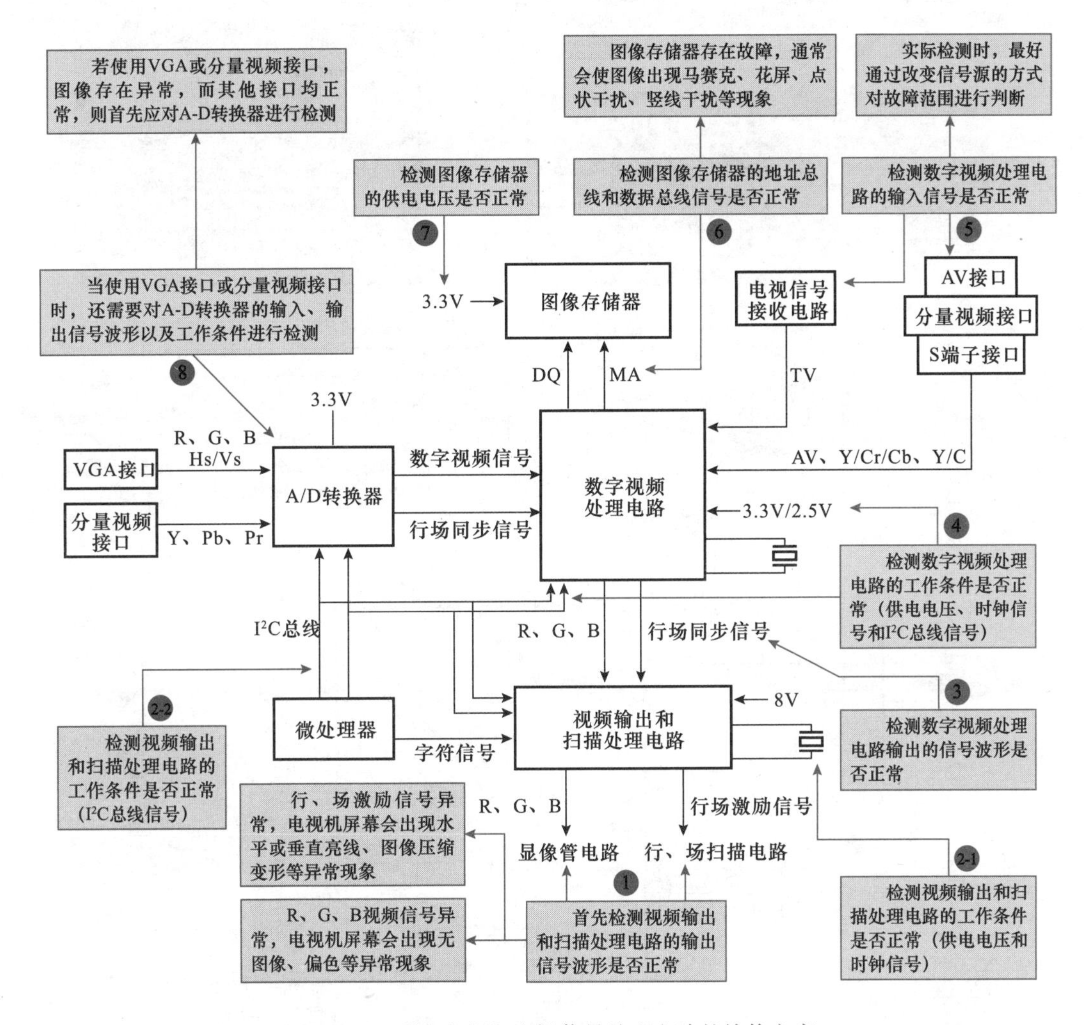

图 11-32 彩色电视机电视信号处理电路的检修方案

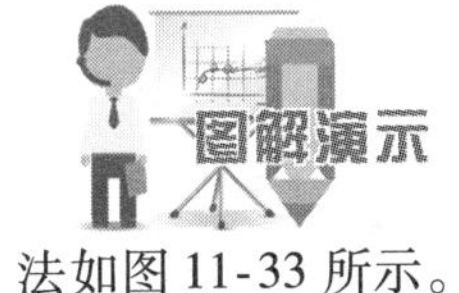

R、G、B 视频信号可在 DPTV－MV6720 的㊵脚、㊶脚和㊷脚上测得，行、场激励信号可在 DPTV－MV6720 的⑧脚、①脚和②脚上测得。视频输出和扫描信号处理电路 TDA933H 输出的 B 基色信号和行激励信号的检测方法如图 11-33 所示。

若输出的 R、G、B 三基色信号或行、场激励信号正常，则应对后级电路进行检测；若信号波形不正常，则应对视频输出和扫描信号处理电路的工作条件进行检测，判断其是否损坏。

相关资料

图 11-34 所示为视频输出和扫描信号处理电路 TDA9333H 输出的 R 视频信号、G 视频信号和场激励信号波形。这些信号可从 TDA9333H 的㊵、㊶、①或②脚测得。

4. 检测视频输出和扫描信号处理电路的工作条件

图 11-35 所示为视频输出和扫描信号处理电路工作条件的检测方法。对视频输出和扫描信号处理电路工作条件的检测主要就是检测其工作电压、晶振信号及 I^2C 总线信号是否正常。

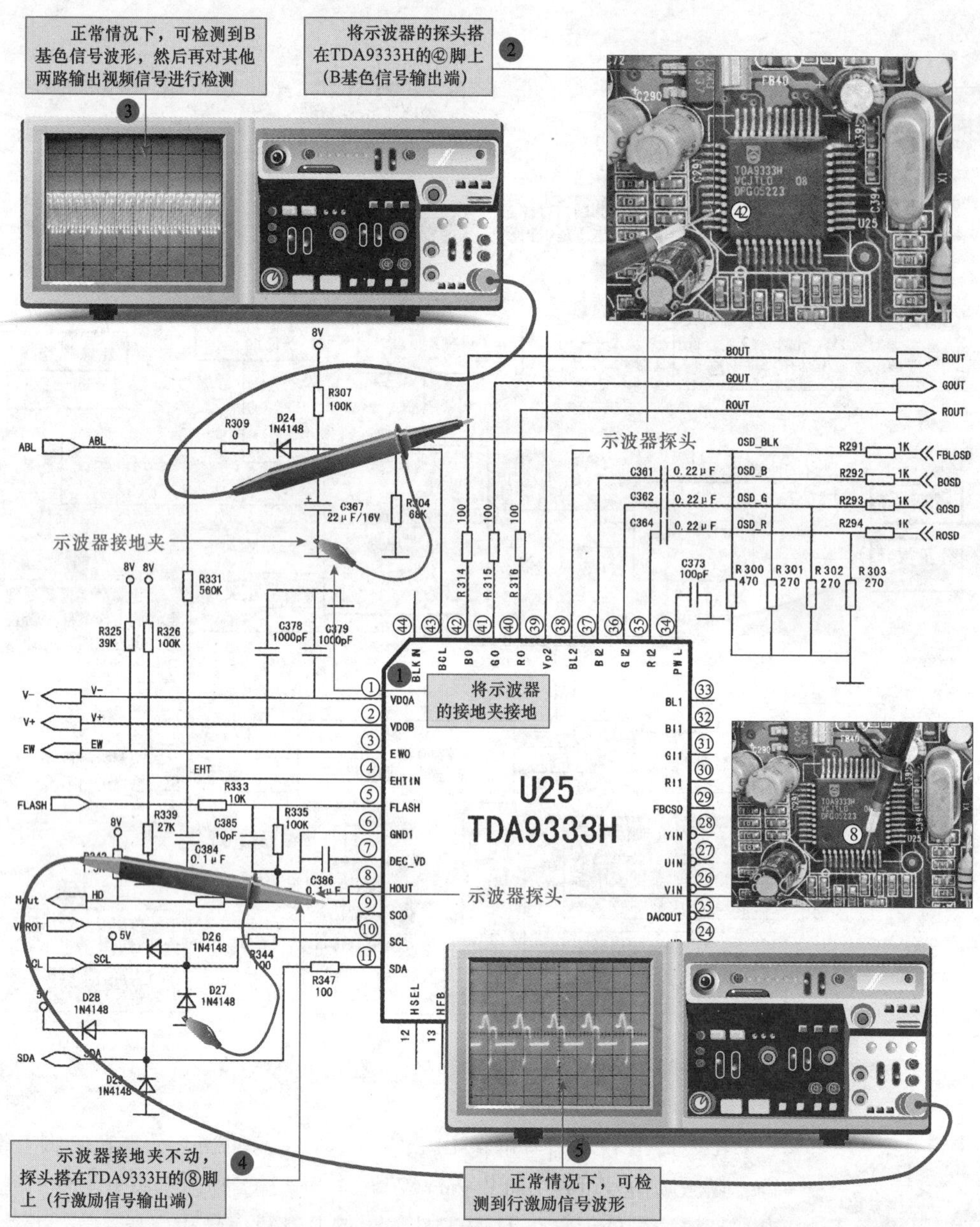

图 11-33 视频输出和扫描信号处理电路 TDA9333H 输出信号的检测方法

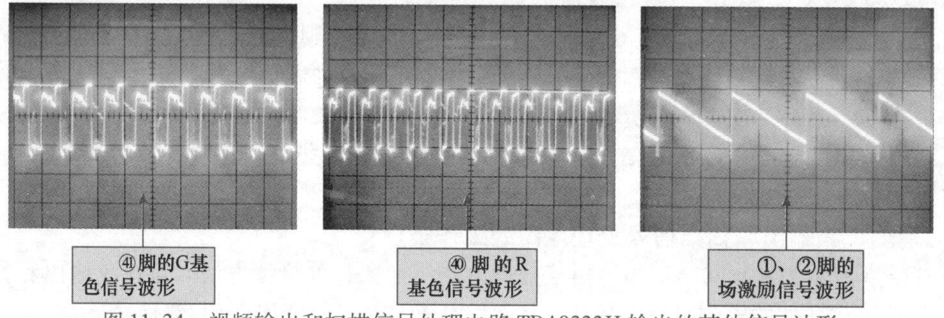

图 11-34 视频输出和扫描信号处理电路 TDA9333H 输出的其他信号波形

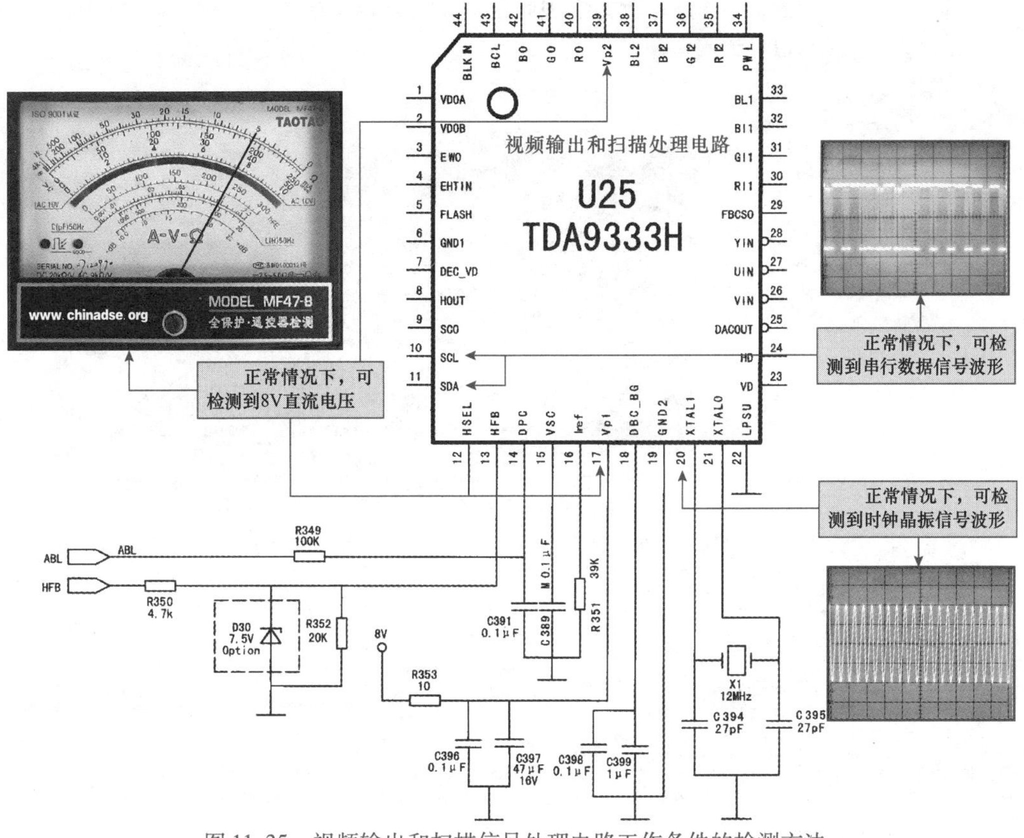

图 11-35　视频输出和扫描信号处理电路工作条件的检测方法

5. 检测数字视频处理集成电路的输出信号

对数字视频处理集成电路 DPTV－MV6720 输出的 R、G、B 三基色信号和行、场同步信号进行检测，R、G、B 三基色信号可在 DPTV－MV6720 的㉗、㉘和㉙脚上测得，行、场同步信号可在㉞、㉟脚上测得。若输出信号异常，则应继续对数字视频处理集成电路的输入信号及工作条件进行检测。图 11-36 所示为数字视频处理集成电路输出的 G 基色信号和场同步信号的检测方法。

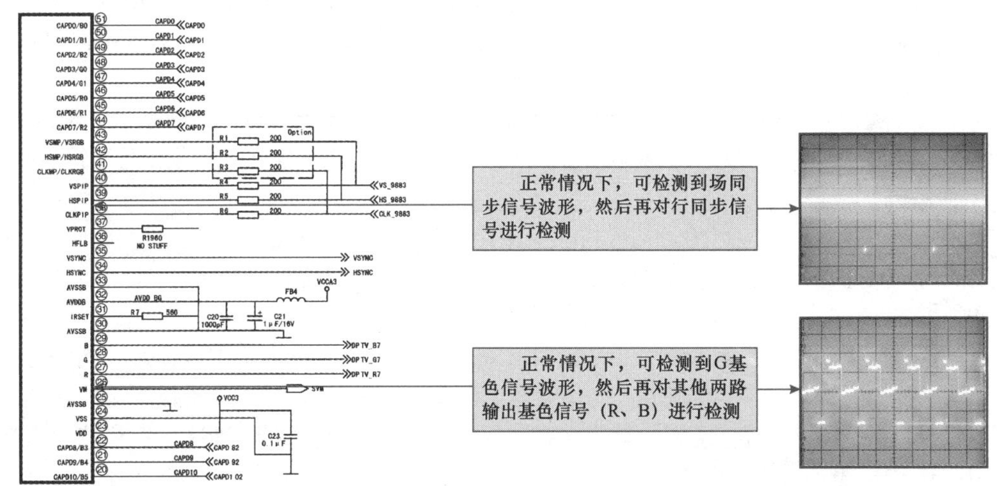

图 11-36　数字视频处理集成电路 DPTV－MV6720 输出信号的检测方法

图 11-37 所示为数字视频处理集成电路 DPTV－MV6720 的㉗脚、㉙脚、㉞脚信号波形。

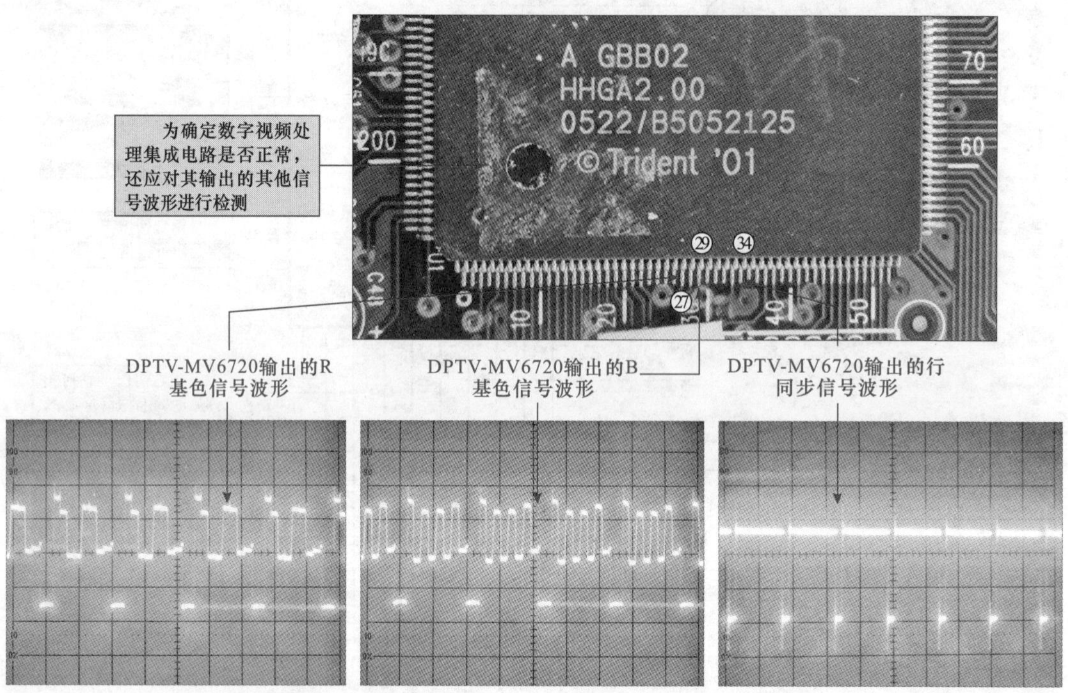

图 11-37　数字视频处理集成电路 DPTV－MV6720 输出的其他信号波形

6. 检测数字视频处理集成电路的工作条件

数字视频处理集成电路工作条件的检测与视频输出和扫描信号处理电路类似，分别检测其⑭脚、⑯脚和⑱脚的工作电压、晶振及 I^2C 总线信号。

7. 检测数字视频处理集成电路的输出信号

若工作条件正常，就要对送入数字视频信号处理集成电路 DPTV－MV6720 的视频信号进行检测，这时需要根据彩色电视机的信号源，对相应引脚的输入信号进行检测。数字视频处理集成电路输入视频信号（电视信号接收电路送来的模拟视频信号）的检测方法如图 11-38 所示。

如果信号源为天线，就要对电视信号接收电路送来的视频信号进行检测；如果信号源为计算机，就要对 A－D 转换器送来的数字视频信号进行检测。

若输入信号异常，则应对输送信号的相关电路、接口等进行检测；若输入信号正常，工作条件也正常而输出信号异常，则说明数字视频处理集成电路可能存在故障。

图 11-39 所示为数字视频处理集成电路 DPTV－MV6720 输入的其他视频信号波形。⑱脚为 AV 接口送来的视频图像信号，⑱和⑲脚为 S 端子送来的亮度（Y）和色度（C）信号，⑱脚、⑲脚和⑳脚为分量视频接口送来的分量视频信号（Y、Cr、Cb），⑦脚～㉒脚、㊹脚～㊿脚为 A－D 转换器 MST9883 送来的数字视频信号（R、G、B）。

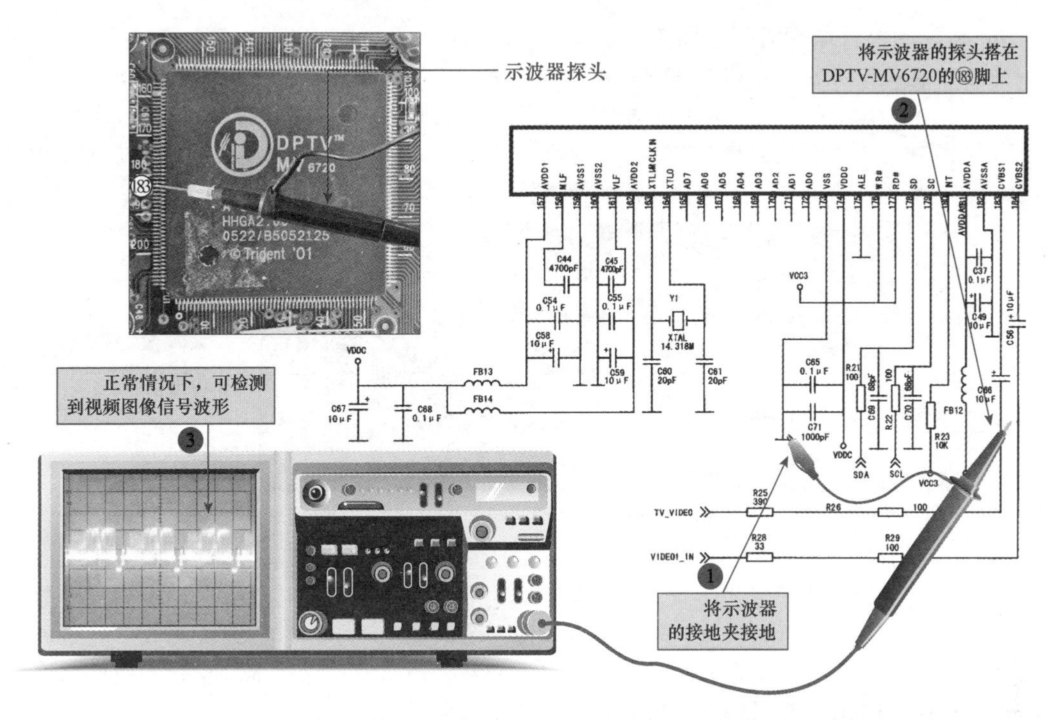

图 11-38　数字视频处理集成电路 DPTV – MV6720 输入视频信号的检测方法

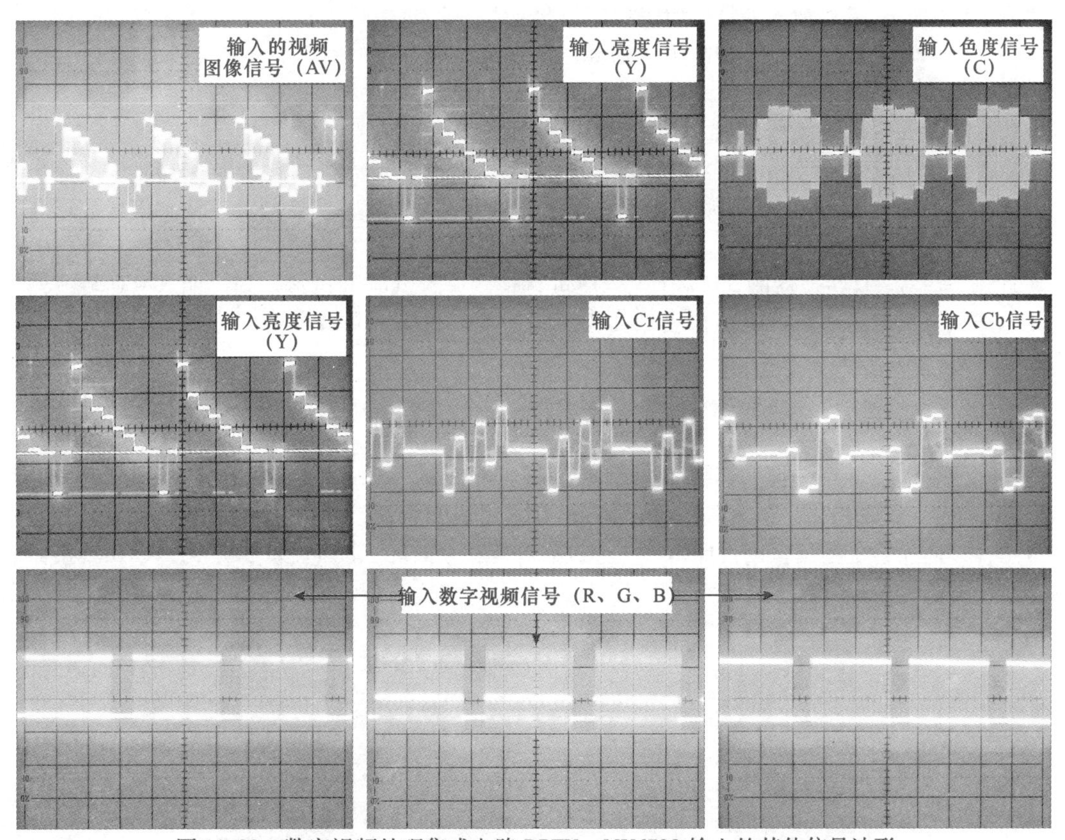

图 11-39　数字视频处理集成电路 DPTV – MV6720 输入的其他信号波形

8. 检测图像存储器的相关信号

若数字视频处理集成电路正常，则还应对与其相连接的图像存储器进行检测，根据电路图，通过检测地址总线信号和数据总线信号来判断图像存储器是否损坏。若信号异常，则应对图像存储器的供电电压进行检测，确认图像存储器是否不良。图像存储器的信号检测方法如图 11-40 所示。

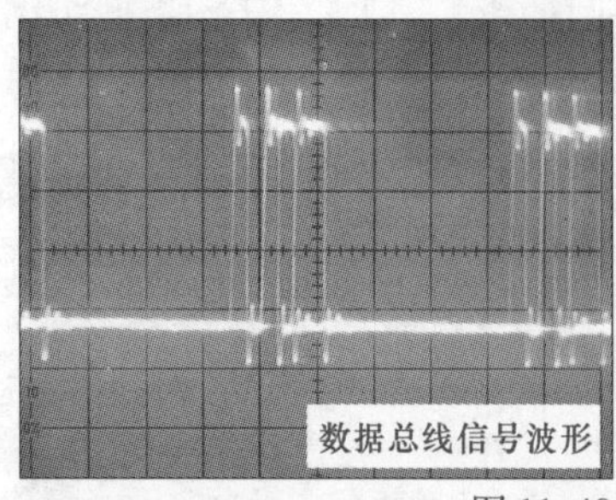

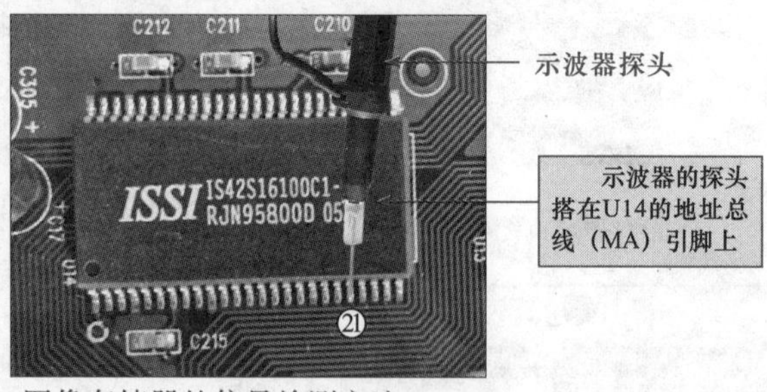

图 11-40　图像存储器的信号检测方法

9. 检测图像存储器的工作条件

若图像存储器的相关信号异常，则应对图像存储器的 3.3V 供电电压进行检测，根据电路图，对图像存储器的供电引脚（1 脚）进行检测。若供电电压不正常，则说明数字电路板上的稳压电路或开关电源电路存在故障。若供电电压正常，而图像存储器地址总线和数据总线信号异常，则说明图像存储器可能存在故障。

某些彩色电视机的电视信号处理电路输入端会设置有视频切换开关，用来对输入的视频信号进行选择切换，不对信号进行处理。若电视信号处理电路中检测不到故障，则要对该视频切换开关的输入、输出信号波形以及供电电压进行检测，判断该切换开关是否损坏。

10. 检测 A－D 转换器的相关信号和工作条件

当使用 VGA 接口或分量视频接口（Y、Pr、Pb）输入视频信号，彩色电视机出现图像异常的故障时，在确认 A－D 转换器后级电路正常后，就要对 A－D 转换器的输入输出信号波形和工作条件等进行检测。

首先，对 A－D 转换器的 3.3V 供电电压进行检测，若供电不正常，则说明 A－D 转换器的稳压电路或开关电源电路可能存在故障；若供电正常，则接下来对 A－D 转换器的输入、输出信号波形进行检测。

图解演示

然后，对 A－D 转换器的输入、输出信号进行检测，VGA 接口送来的 R、G、B 三基色信号以及分量视频接口输入的视频信号（Y、Pr、Pb）可在㊿脚、㊽脚和㊸脚上测得，输出的 R、G、B 数字信号可在②～⑨脚、⑫～⑲脚、⑰～⑰脚上测得。若输入信号不正常，则说明相关接口电路可能存在故障；若输入信号正常，而无信号输出，则说明 A－D 转换器可能存在故障。图 11-41 所示为 A－D 转换器输入、输出的信号波形。

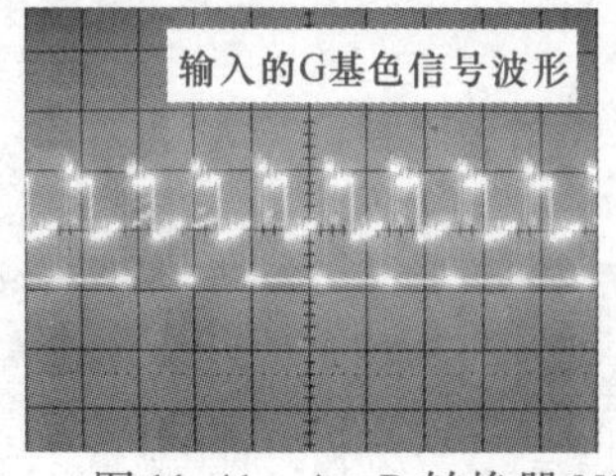

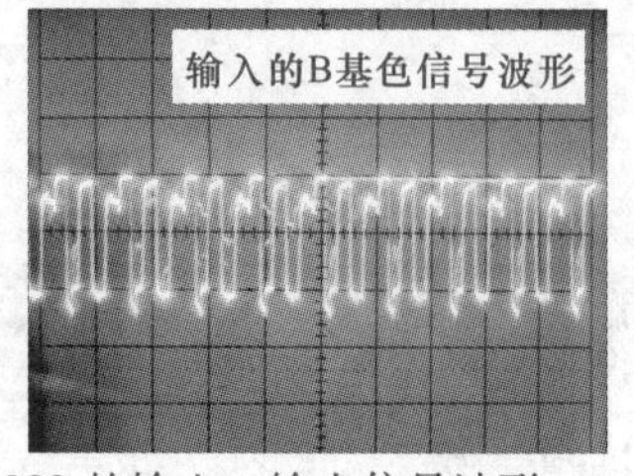

图 11-41　A－D 转换器 MST9883 的输入、输出信号波形

11.2.5　彩色电视机行扫描电路的故障检修

1. 行扫描电路的检修分析

图解演示

行扫描电路是为显像管提供偏转磁场，控制显像管内的电子束进行水平扫描的电路。若该电路故障则会引起彩色电视机出现无光栅、图像变窄、行拉伸或相位不对、不同步、行失真、图像反折或叠像等现象。对该电路进行检修时，应先根据行扫描电路的信号流程，整理出行扫描电路的检修方案，然后依据检修方案对彩色电视机行扫描电路进行检修，这样可帮助维修人员快速、准确地查找到故障点，排除故障。图11-42所示为彩色电视机行扫描电路的检修方案。

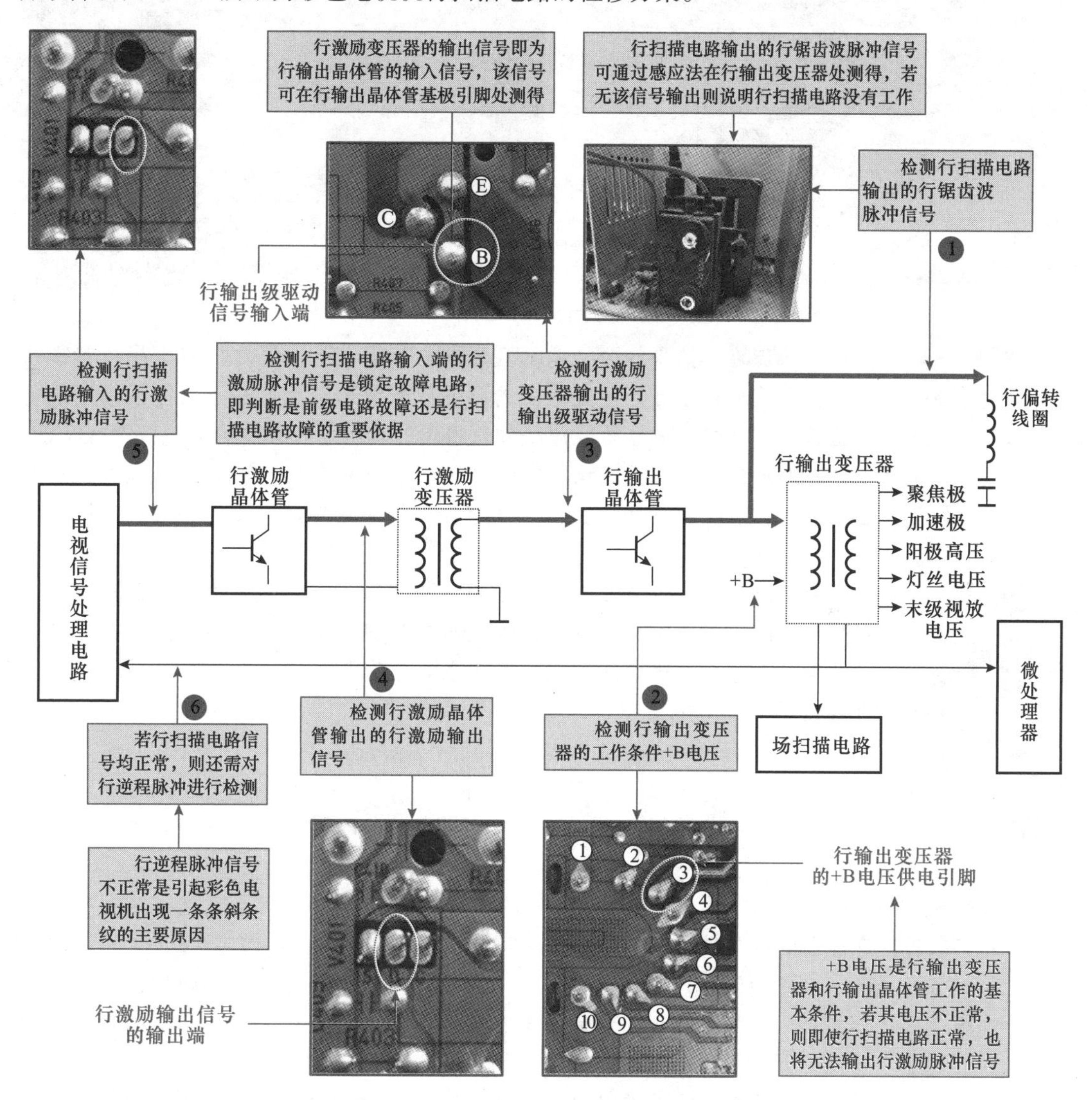

图11-42　彩色电视机行扫描电路的检修方案

2. 行扫描电路的检修方法

（1）检测行扫描电路输出的行锯齿波脉冲信号（行偏转线圈驱动）

当怀疑行扫描电路出现故障时，应首先判断该电路部分有无输出，即在通电开机的状态下，对行扫描电路输出的行锯齿波脉冲信号进行检测。

行扫描电路输出行锯齿波脉冲信号的检测方法如图 11-43 所示。通常在行输出变压器处即可感应出行扫描电路输出的行锯齿波脉冲信号。若经检测信号正常，则说明行扫描电路正常，若无信号输出或信号输出异常，则均表明行扫描电路中存在故障元件，需对其进行下一步的检修。

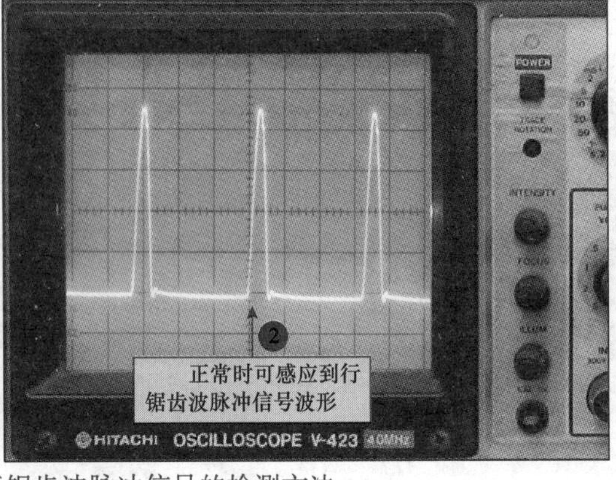

图 11-43　行扫描电路输出行锯齿波脉冲信号的检测方法

行输出变压器是一个特殊的变压器，其驱动脉冲是由行输出晶体管提供的，因此在行输出变压器处感应的脉冲信号波形即为行输出晶体管输出的行锯齿波脉冲信号。由于行输出晶体管输出的行锯齿波脉冲信号幅度达上千伏，因此使用示波器检测时不得将探头搭在行输出晶体管的输出端（集电极）引脚上，以免损坏示波器，用示波器直接检测时，需使用高压探头或用示波器检测脉冲电压较低的引脚，如前例的⑤、⑥、⑨脚。

若检测行扫描电路输出的行激励脉冲信号正常，而彩色电视机仍表现为行扫描电路故障，则应对行偏转线圈进行检测，一般情况下行偏转线圈的阻值为 1 ~ 5Ω，高清彩色电视机行偏转线圈更低，为 0.5 ~ 0.7Ω。

(2) 检测行输出变压器的供电电压

若在行输出变压器处检测不到行扫描电路输出的行锯齿波脉冲信号，则说明行输出变压器没有正常工作，此时应对行输出变压器的工作条件（+B 电压）进行检测。行输出变压器供电电压的检测方法如图 11-44 所示。

若行输出变压器的供电电压正常，则说明行扫描电路中存在故障元件，需对其进行下一步的检修；若行输出变压器的供电电压不正常，则应对前级开关电源电路进行检测。

在彩色电视机的实际维修中，当检测行输出变压器的供电电压（+B 电压）时，无特殊情况，通常不会选择在行输出变压器的 +B 电压引脚处进行检测，而一般会在开关电源电路的输出端进行检测。

若检测不到行锯齿波脉冲信号，且行输出变压器的供电电压也正常，则也有可能是行输出变压器或行输出级电路出现了故障。若行输出变压器某个绕组短路或开路，则可使用一般万用表测出。若线圈间有局部短路或漏电，或产生高压电弧，就不易检测出，只有用一个适用于这个电路的行输出变压器进行代换才能判

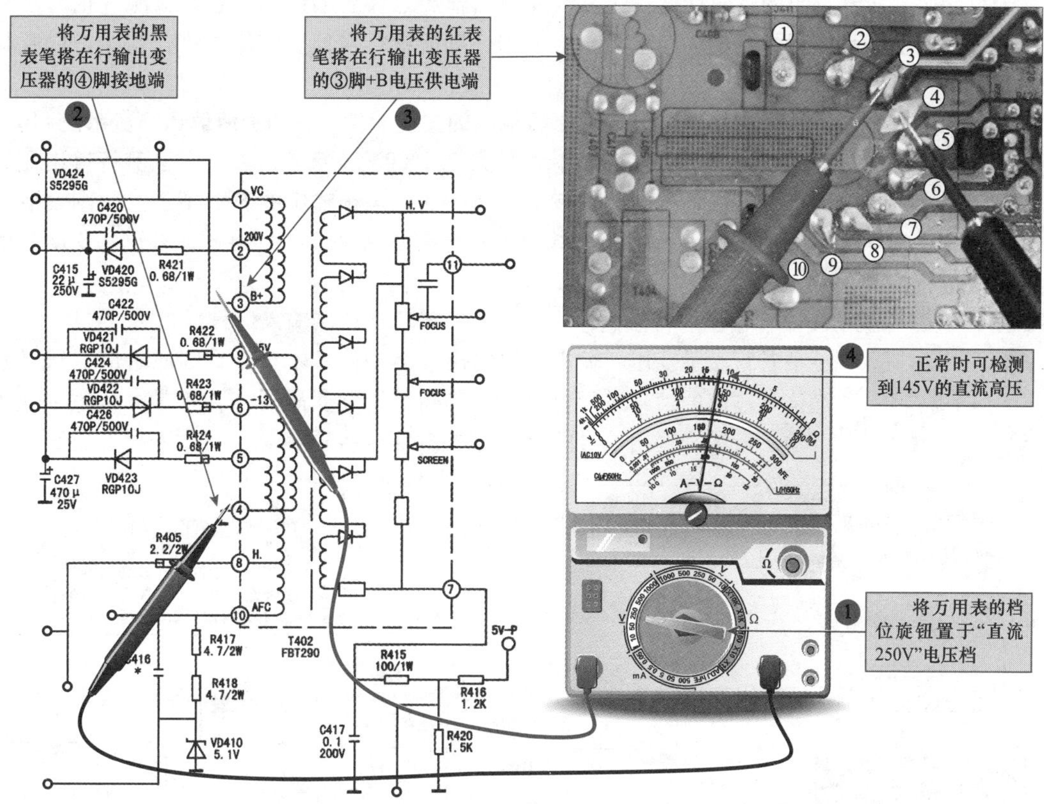

图 11-44　行输出变压器供电电压的检测方法

别其是否正常，但更换行输出变压器不是一件容易的事，只有当所有其他的部件都确定是良好的情况下，再进行更换。

（3）检测行激励变压器输出的行输出级驱动信号（行输出晶体管的基极信号）

若在行输出变压器处检测不到行锯齿波脉冲信号，且行输出变压器的供电也正常，则此时应对行激励变压器输出的信号进行检测，以判断行输出晶体管是否正常。行激励变压器输出行输出级驱动信号的检测方法如图 11-45 所示。

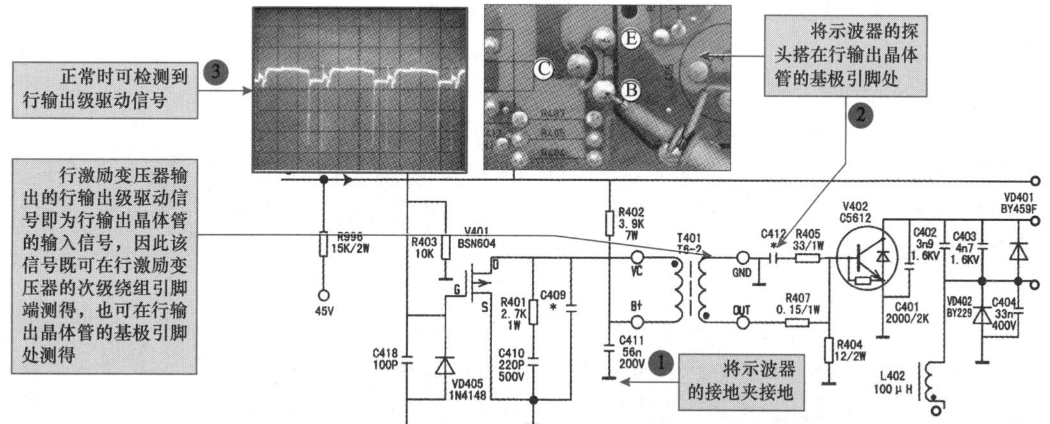

图 11-45　行激励变压器输出行输出级驱动信号的检测方法

若行激励变压器输出的行驱动信号正常，而由行输出晶体管输出的行锯齿波脉冲信号不正常，则说明行输出晶体管可能损坏；若无信号输出，则应继续对前级的信号进行检测，以查找故障点。

行输出晶体管是行输出级电路的关键器件，它的直流偏压一般都是110～145V，其主要作用是将行脉冲放大到1000V（峰值）以上。检测行输出晶体管时，若基极输入的脉冲波形正常，而集电极输出的波形不正常，则说明行输出晶体管已损坏或供电不正常（行输出晶体管的供电电压等同于+B电压，参见+B电压的检测方法进行检测）。

（4）检测行激励晶体管输出的行激励输出信号（行激励变压器输入信号）

若行激励变压器输出的行输出级驱动信号不正常，则此时应对行激励晶体管输出的信号进行检测，以判断行激励变压器是否正常。行激励晶体管输出行激励输出信号的检测方法如图11-46所示。

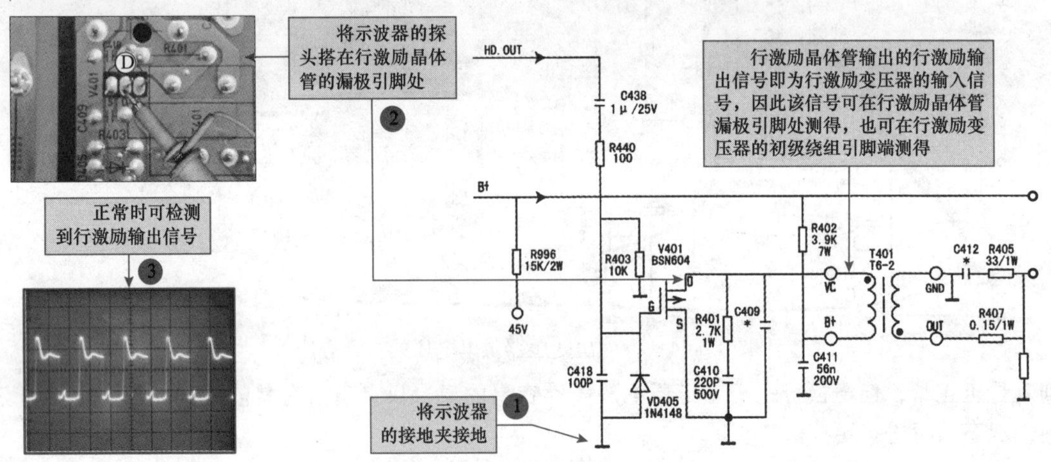

图11-46 行激励晶体管输出行激励输出信号的检测方法

若行激励晶体管输出的行信号正常，而由行激励变压器输出的信号不正常，则说明行激励变压器可能损坏；若无行激励输出信号输出，则应继续对前级输出信号进行检测，以查找故障点。

（5）检测行扫描电路输入的行激励脉冲信号（行激励晶体管输入信号）

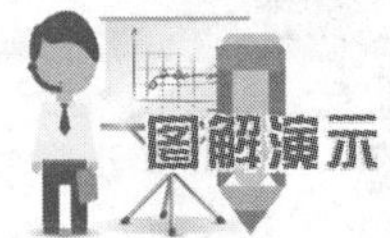

若行激励晶体管输出的行激励信号不正常，则此时应对行扫描电路输入的行激励脉冲信号进行检测，以判断行激励晶体管是否正常。行扫描电路输入的行激励脉冲信号的检测方法如图11-47所示。

若行扫描电路输入的行激励脉冲信号正常，而由行激励晶体管输出的行激励信号不正常，则说明激励晶体管可能损坏；若行扫描电路输入的行激励脉冲信号不正常，则说明前级电视信号处理电路可能出现故障。

（6）检测行扫描电路输出的行逆程脉冲信号

图解演示

行扫描电路除产生行扫描信号外，还利用行输出变压器，输出行逆程脉冲信号，送入微处理器中。当行扫描电路信号均正常时，还需对行输出变压器输出的行逆程脉冲信号进行检测，行扫描电路输出行逆程脉冲信号的检测方法如图11-48所示。若输出的行逆程脉冲信号正常，则说明行扫描电路正常，若无信号输出，则会引起图像跳动、不同步或字符抖动的故障，应对相关元器件进行检查。

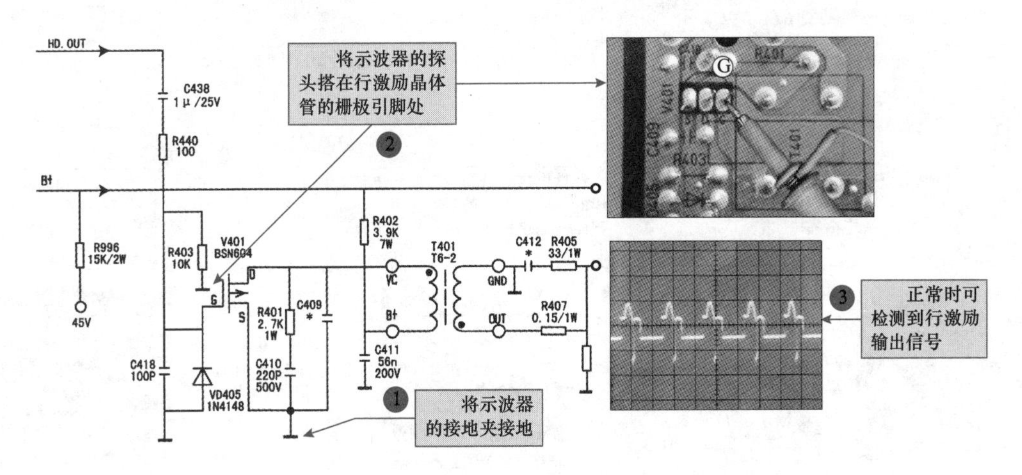

图 11-47　行扫描电路输入的行激励脉冲信号的检测方法

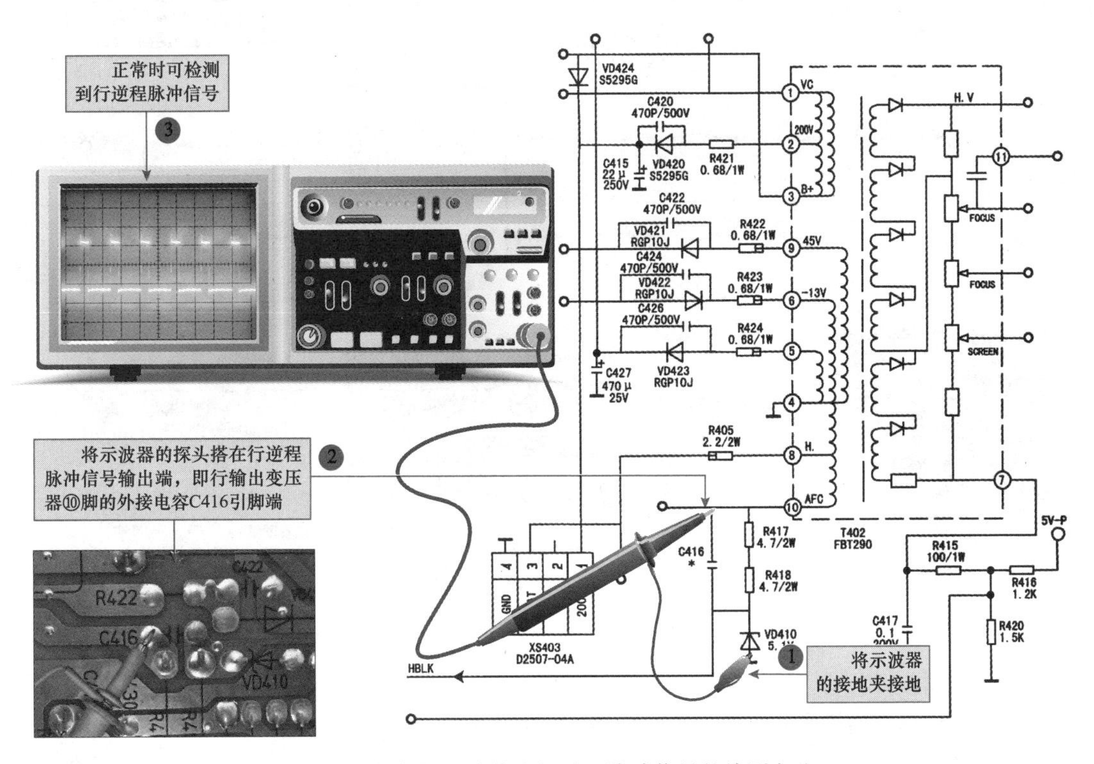

图 11-48　行扫描电路输出行逆程脉冲信号的检测方法

11.2.6　彩色电视机场扫描电路的故障检修

1. 场扫描电路的检修分析

场扫描电路是为显像管提供偏转磁场，控制显像管内的电子束进行垂直扫描的电路。若该电路故障则会引起彩色电视机出现场不同步、图像高度不足、图像不稳上下抖动、场失真、只有一条水平亮线等现象，对该电路进行检修时，应先根据场扫描电路的信号流程，整理出场扫描电路的检修方案，然后依据检修方案对彩色电视机场扫描电路进行检测，这样可帮助维修人员快速、准确地查找到故障点，排除故障。

图 11-49 所示为彩色电视机场扫描电路的检修方案。

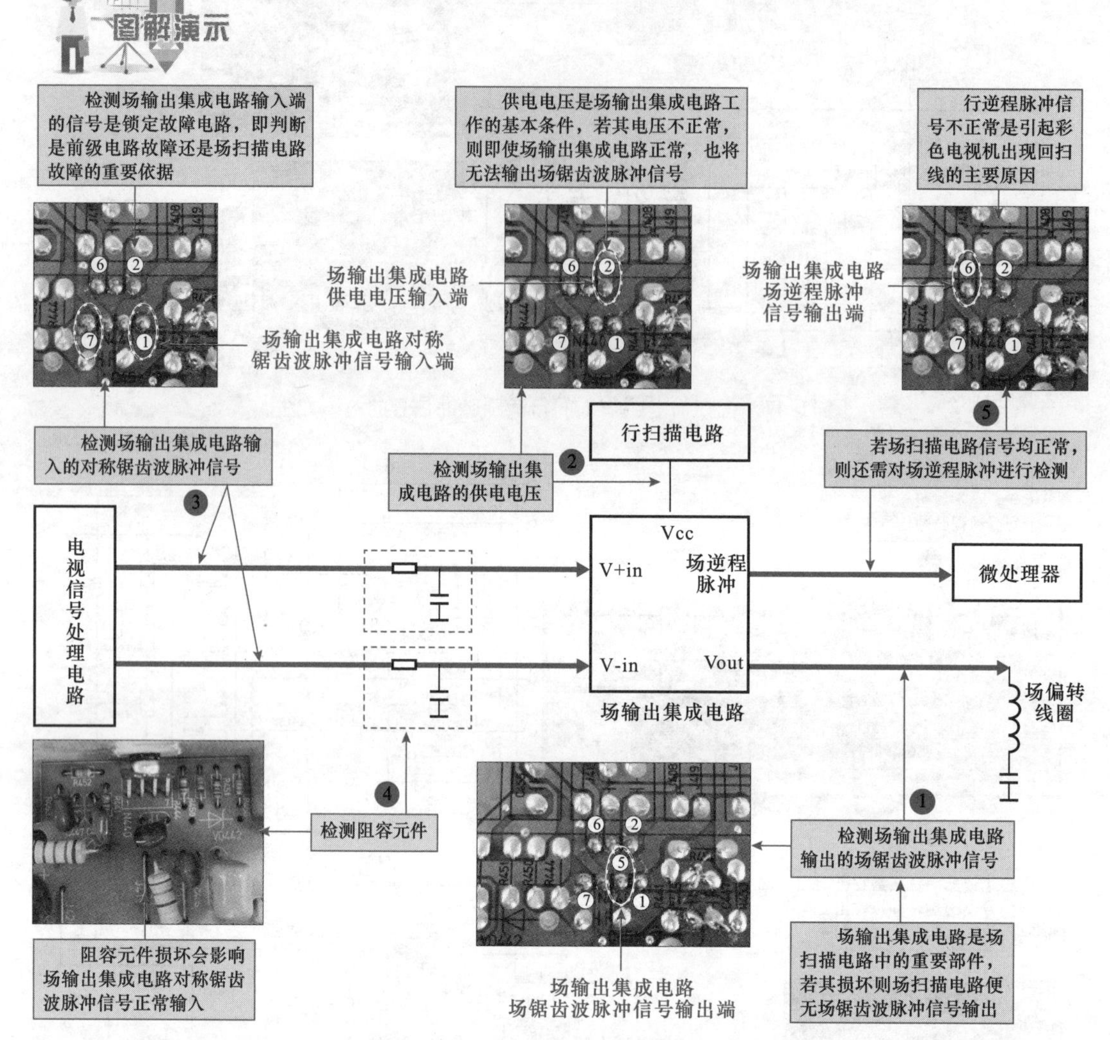

图 11-49　彩色电视机场扫描电路的检修方案

2. 场扫描电路的检修方法

对彩色电视机场扫描电路的检测，可使用万用表或示波器测量待测彩色电视机的场扫描电路，然后将实测电压值或波形与正常的数值或波形进行比较，即可判断出场扫描电路的故障部位。

（1）检测场输出集成电路输出的场锯齿波脉冲信号（场偏转线圈驱动信号）

当怀疑场扫描电路出现故障时，应首先判断该电路部分有无输出，即在通电开机的状态下，对场输出集成电路输出的场锯齿波脉冲信号进行检测。场输出集成电路输出场锯齿波脉冲信号的检测方法如图 11-50 所示。

若经检测场锯齿波脉冲信号正常，则说明场扫描电路正常；若无信号输出或信号输出异常，则均表明场扫描电路中存在故障元器件，需对其进行下一步的检修。

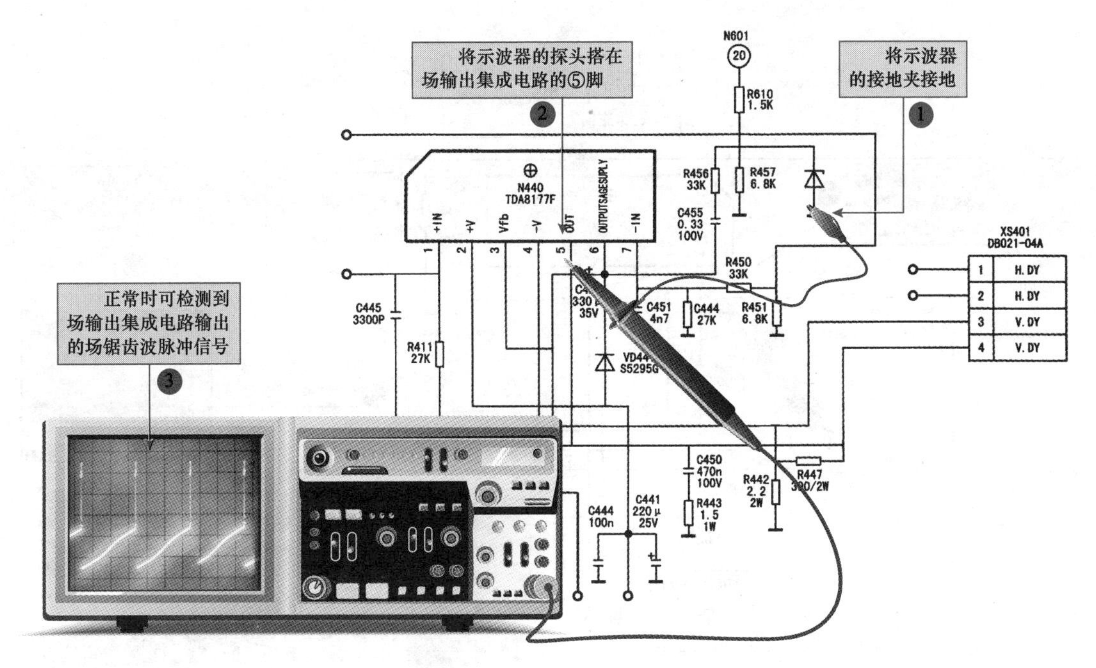

图 11-50　场输出集成电路输出场锯齿波脉冲信号的检测方法

若经检测场输出集成电路输出的场锯齿波脉冲信号正常，而彩色电视机仍表现为场扫描电路故障，则此种应对场偏转线圈进行检测，一般情况下场偏转线圈的阻值在15～50Ω（串联）、7.5～25Ω（并联）。

（2）检测场输出集成电路的供电电压

若场输出集成电路无锯齿波脉冲信号输出，则说明场输出集成电路没有工作，此时应对其工作条件，即供电电压进行检测。正常情况下，检测场输出集成电路的供电电压端应该能够检测到供电电压。若场输出集成电路的供电电压异常，则需对前级的行扫描电路进行检测；若供电电压正常，则需对场扫描电路进行下一步的检修。

（3）检测场输出集成电路输入的对称锯齿波脉冲信号

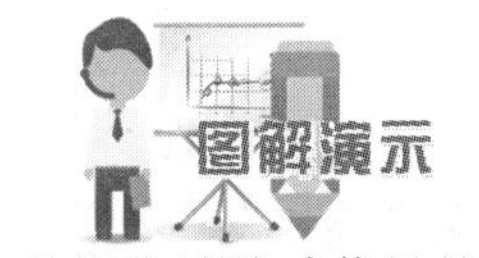

若检测不到场输出集成电路输出的场锯齿波脉冲信号，且场输出集成电路的供电也正常，则此时应对场输出集成电路输入的对称锯齿波脉冲信号进行检测，以判断场输出集成电路是否正常。场输出集成电路输入的对称锯齿波脉冲信号的检测方法如图 11-51 所示。

若场输出集成电路输入的对称锯齿波脉冲信号正常，而输出的场锯齿波脉冲信号不正常，则说明场输出集成电路损坏；若输入的对称锯齿波脉冲信号不正常，则还需对其进行下一步的检修。

（4）检测场输出集成电路输入端的阻容元件

若场输出集成电路输入端无对称锯齿波脉冲信号，而电视信号处理电路处有对称锯齿波脉冲信号输出，则此时应对场输出集成电路与电视信号处理芯片之间的阻容元件进行检测。

图 11-52 所示为阻容元件的检测方法，若电视信号处理电路本身无对称锯齿波脉冲信号输出，则说明电视信号处理电路可能损坏。

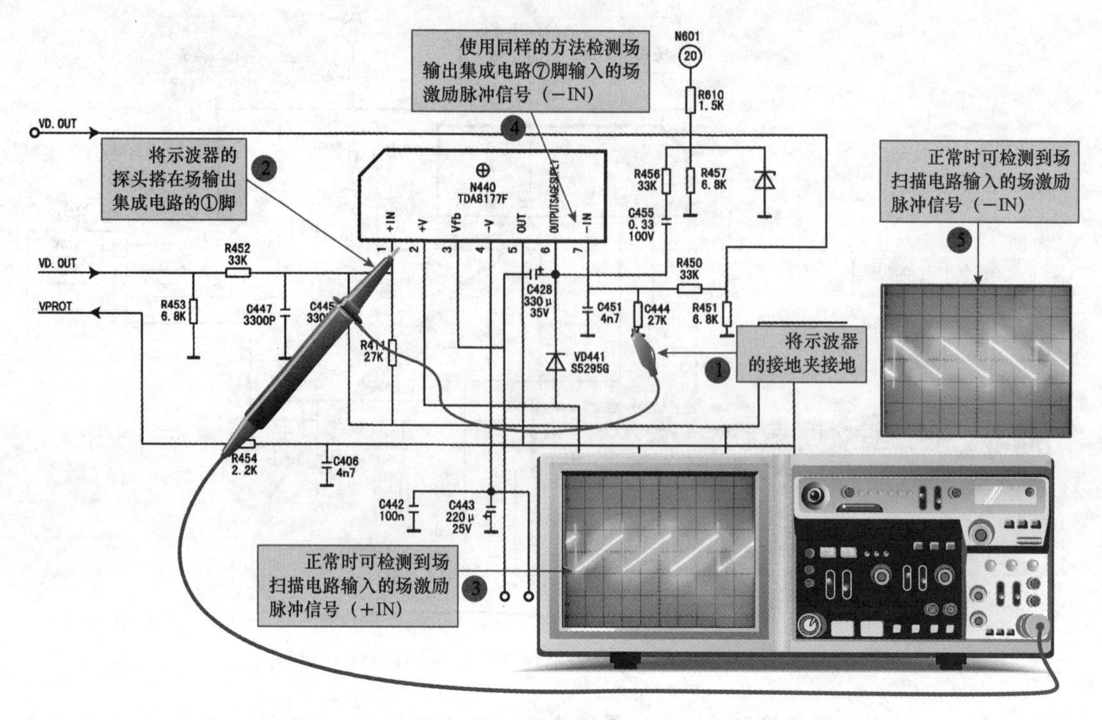

图 11-51　场输出集成电路输入的对称锯齿波脉冲信号的检测方法

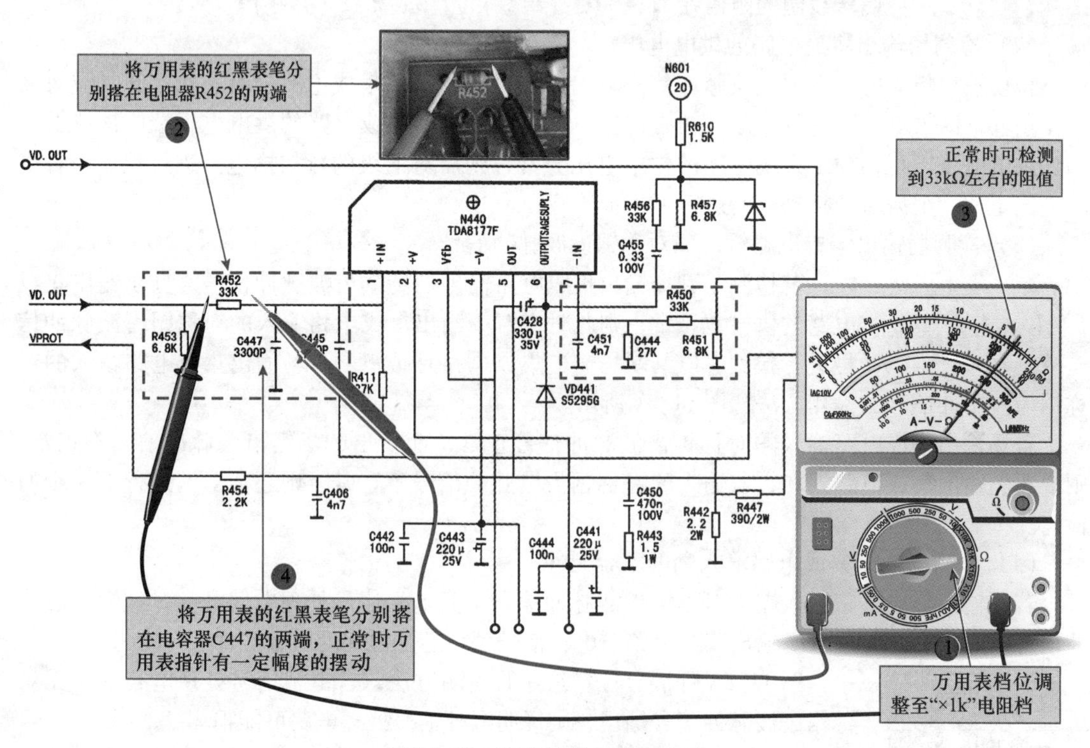

图 11-52　阻容元件的检测方法

(5) 检测场输出集成电路输出的场逆程脉冲信号

当场扫描电路信号均正常时，还需对场输出集成电路输出的场逆程脉冲信号进行检测，若输出的场逆程脉冲信号正常，则说明场扫描电路正常，若无信号输出，则说明场输出集成电路可能损坏。图 11-53 所示为场扫描电路输出场逆程脉冲信号的检测方法。

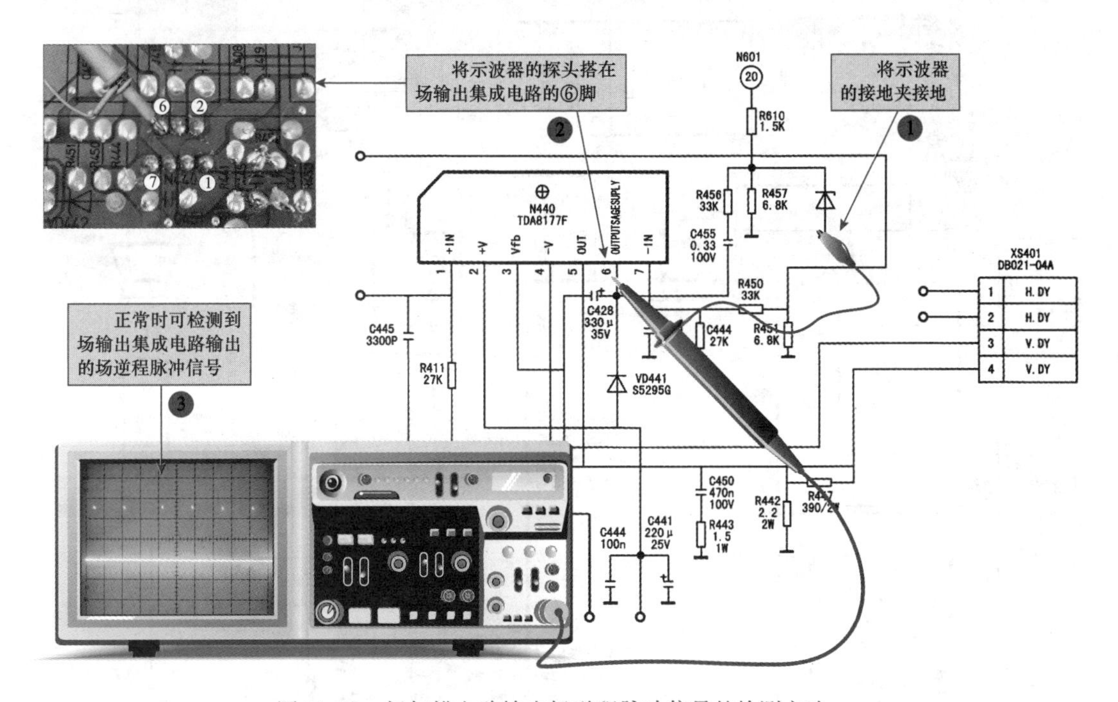

图 11-53　场扫描电路输出场逆程脉冲信号的检测方法

11.2.7　彩色电视机系统控制电路的故障检修

1. 系统控制电路的检修分析

系统控制电路是彩色电视机实现整机自动控制、各电路协调工作的核心电路部分，若该电路出现故障，则通常会造成彩色电视机出现各种异常故障，比如不开机、无规律死机、操作控制失常、调节失灵、不能记忆频道等现象。

对该电路进行检修时，可依据故障现象分析产生故障的原因，并根据系统控制电路的信号流程对可能产生故障的部件逐一进行排查。

当系统控制电路出现故障时，可首先采用观察法检查系统控制电路的主要元器件有无明显损坏的迹象，如观察存储器、晶体是否有烧焦的迹象，其他主要元器件有无脱焊或引脚松动等现象，若从表面无法观测到故障点，则按图 11-54 所示方法对彩色电视机系统控制电路进行逐级排查。

由图可知，在对彩色电视机的系统控制电路进行检测时，主要是检测系统控制电路中的微处理器各信号波形是否正常，若信号波形不正常，则应对微处理器的工作条件进行检测，例如供电电压、晶振信号以及复位电压等。在工作电压正常的情况下，若微处理器的各信号波形不正常，则表明微处理器本身损坏。

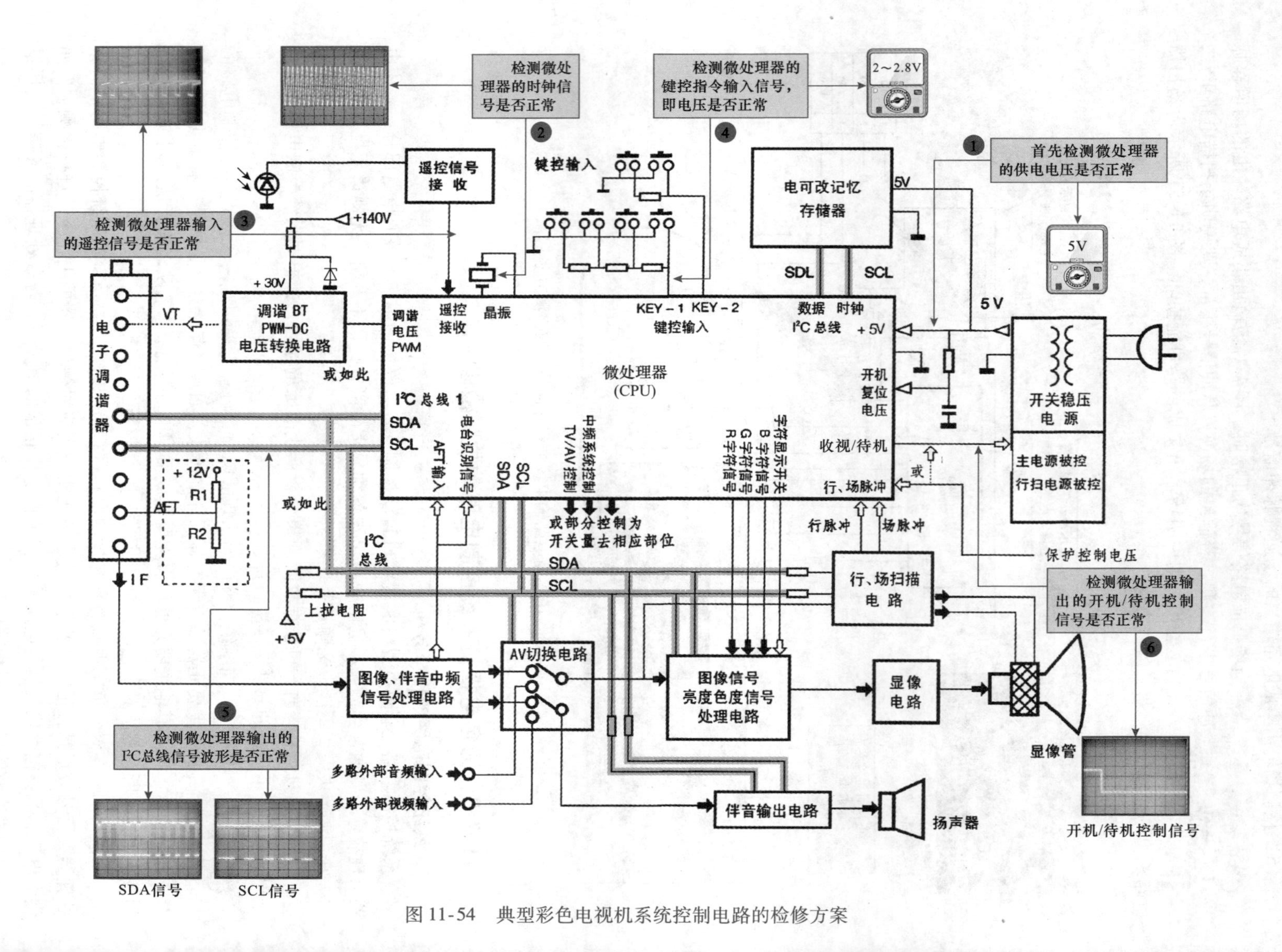

图 11-54 典型彩色电视机系统控制电路的检修方案

2. 系统控制电路的检修方法

对彩色电视机系统控制电路进行检测时，可使用万用表或示波器测量待测彩色电视机系统控制电路中各关键点的参数，然后将实测电压值或波形与正常的数值或波形进行比较，即可判断出系统控制电路的故障部位。

3. 微处理器工作条件的检测方法

微处理器正常工作需要满足一定的工作条件，其中包括直流供电电压、复位信号和时钟信号等。当怀疑彩色电视机控制功能异常时，可首先对微处理器的工作条件进行检测，并判断微处理器的工作条件是否满足需求。

其中，直流供电电压是微处理器正常工作最基本的条件。若经检测微处理器的直流供电电压正常，则表明前级供电电路部分正常，应进一步检测微处理器的其他工作条件；若经检测无直流供电或直流供电异常，则应对前级供电电路中的相关部件进行检查。

时钟信号是微处理器工作的另一个基本条件，若该信号异常，则会引起微处理器不工作或控制功能错乱等现象。若无时钟信号，则应对晶体及晶体引脚外接谐振电容等元器件进行检测，排除故障；若时钟信号、供电电压、复位信号均正常，则说明微处理器的工作条件得到满足，可进一步检测与控制功能相关的输入指令信号或输出的控制信号。

4. 微处理器输入指令信号的检测方法

微处理器可接收的指令信号包括遥控信号和键控信号两种。当用户操作遥控器或彩色电视机面板上的操作按键无效时，可检测微处理器指令信号输入端信号是否正常。

（1）微处理器遥控信号的检测方法

当用户操作遥控器时，遥控信号送至微处理器的输入端。若微处理器遥控信号端信号正常，则表明其前级遥控接收电路及遥控器等均正常；若无信号，则应检测遥控输入电路，即检测遥控接收电路、遥控器、遥控信号的输送线路及输送线路中的元器件等。微处理器遥控信号的检测方法如图11-55所示。

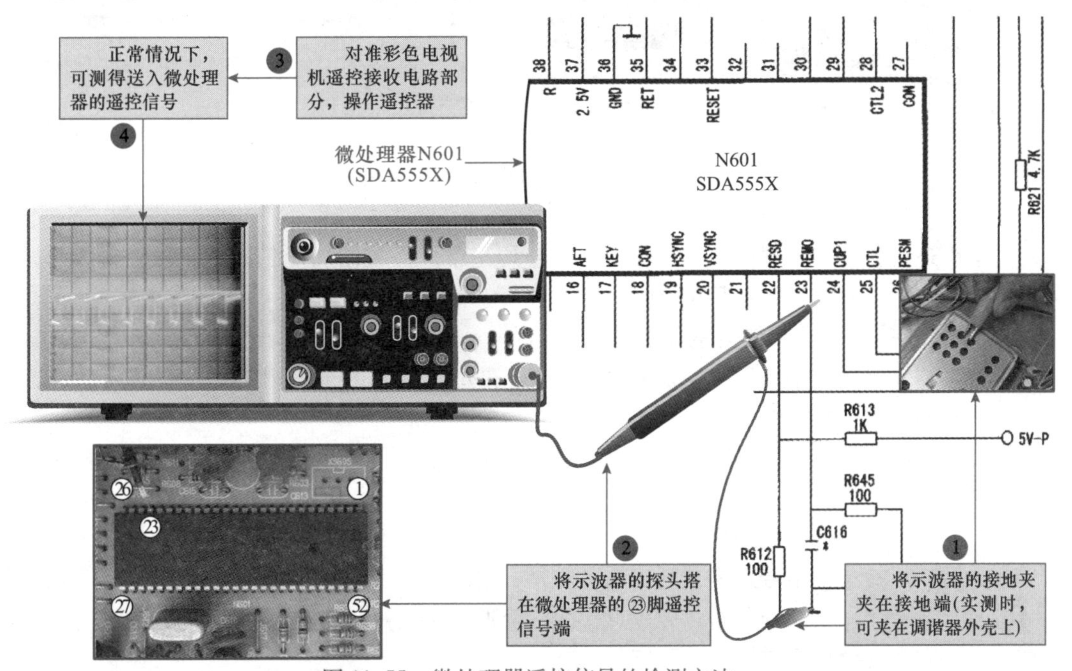

图11-55　微处理器遥控信号的检测方法

（2）微处理器键控指令输入信号的检测方法

图解演示

当用户操作彩色电视机面板上的操作按键时，人工指令信号送至微处理器的键控信号端。若微处理器键控信号端信号正常，则表明其前级操作显示电路中的操作部分均正常；若无信号，则应检测键控信号输入电路，即检测操作按键、键控信号的输送线路及输送线路中的元器件等。微处理器键控信号的检测方法如图 11-56 所示。

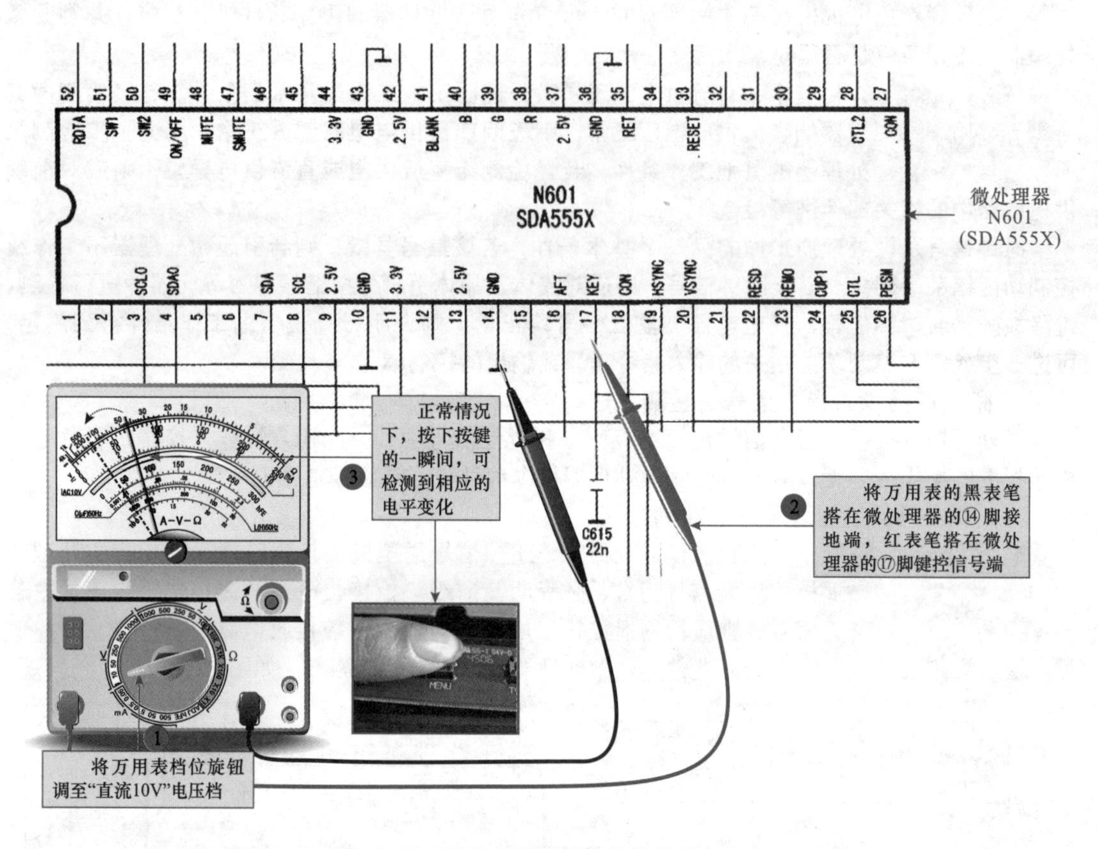

图 11-56　微处理器键控信号的检测方法

若经上述检测，微处理器的指令输入端信号均正常，而控制功能仍无法实现，则多为微处理器本身或控制信号输出线路存在故障，可进行下一步检测。

5. 微处理器输出控制信号的检测方法

微处理器输出的控制信号主要是 I^2C 总线信号和开机/待机控制信号。

（1）微处理器 I^2C 总线信号的检测方法

微处理器的 I^2C 总线信号是系统控制电路中的关键信号。彩色电视机中的几个主要芯片几乎都通过 I^2C 总线受微处理器的控制，并与之进行信号传输。

图解演示

微处理器 I^2C 总线信号的检测方法如图 11-57 所示。若微处理器 I^2C 总线信号正常，则表明微处理器已进入工作状态，在该状态下，当个别控制功能失常时，应重点检测微处理器相关控制功能引脚的外围元件；若无 I^2C 总线信号，则多为处理器损坏或未工作。

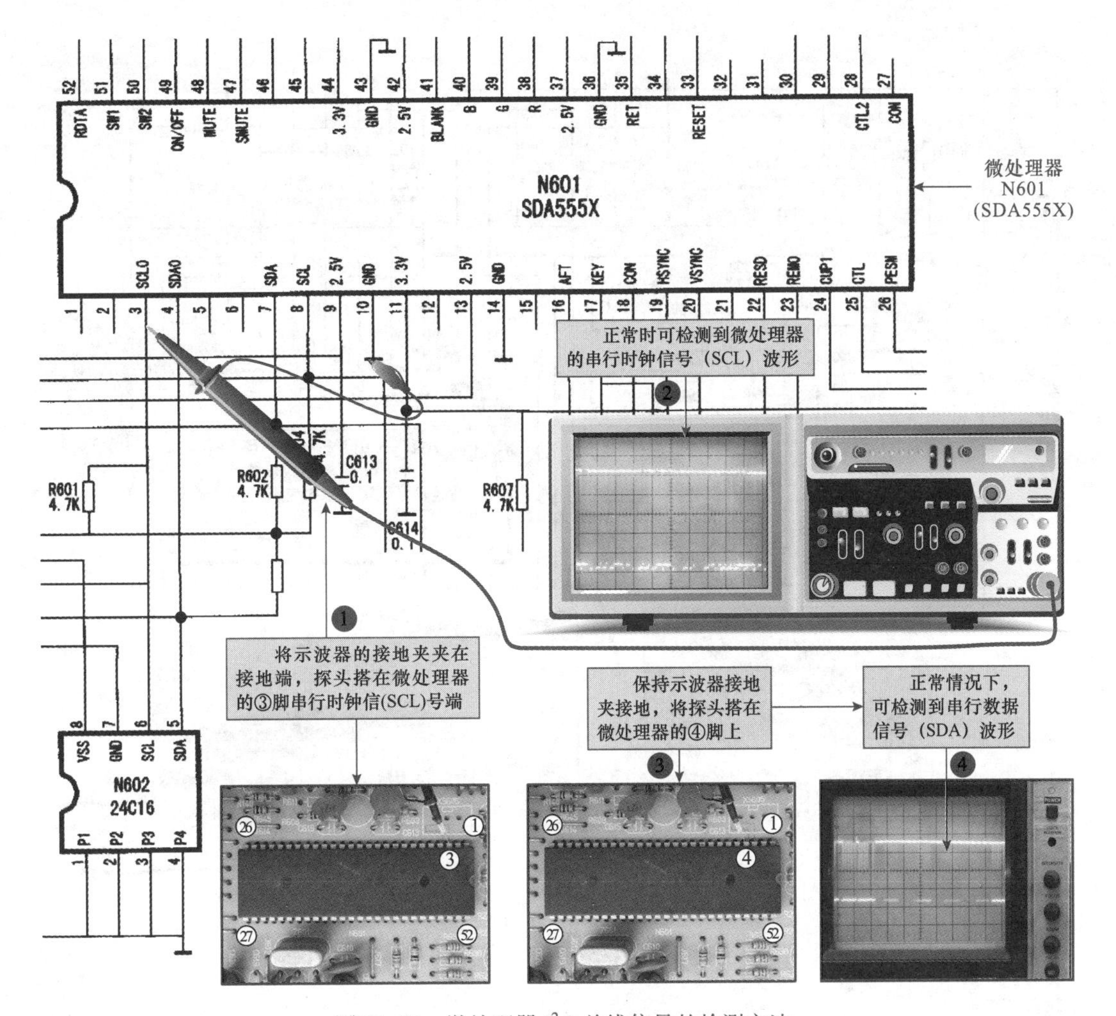

图 11-57 微处理器 I^2C 总线信号的检测方法

（2）微处理器开机/待机控制信号的检测方法

微处理器的开机/待机控制信号是微处理器控制彩色电视机进行开机和待机状态转换的。一般可在开机瞬间，通过用万用表监测微处理器开机/待机控制端电平有无变化来判断该控制信号是否正常。微处理器开机/待机控制信号的检测方法如图 11-58 所示。

若经检测微处理器输出的开机/待机控制信号正常，则表明微处理器工作正常；若在微处理器工作条件等正常的前提下仍无信号，则多为微处理器本身损坏。

11.2.8 彩色电视机显像管电路的故障检修

1. 显像管电路的检修分析

显像管电路是为显像管提供各种电压和驱动信号的电路，若该电路出现故障，则会引起彩色电视机出现无图像、缺色（偏色）、全白光栅、图像暗且不清晰、屏幕上出现回扫线等现象，对该电路进行检修时，应先根据显像管电路的信号流程，整理出显像管电路的检修方案，然后依据检修方案对彩色电视机显像管电路进行检修，这样可帮助维修人员快速、准确地查找到故障点，排除故障。

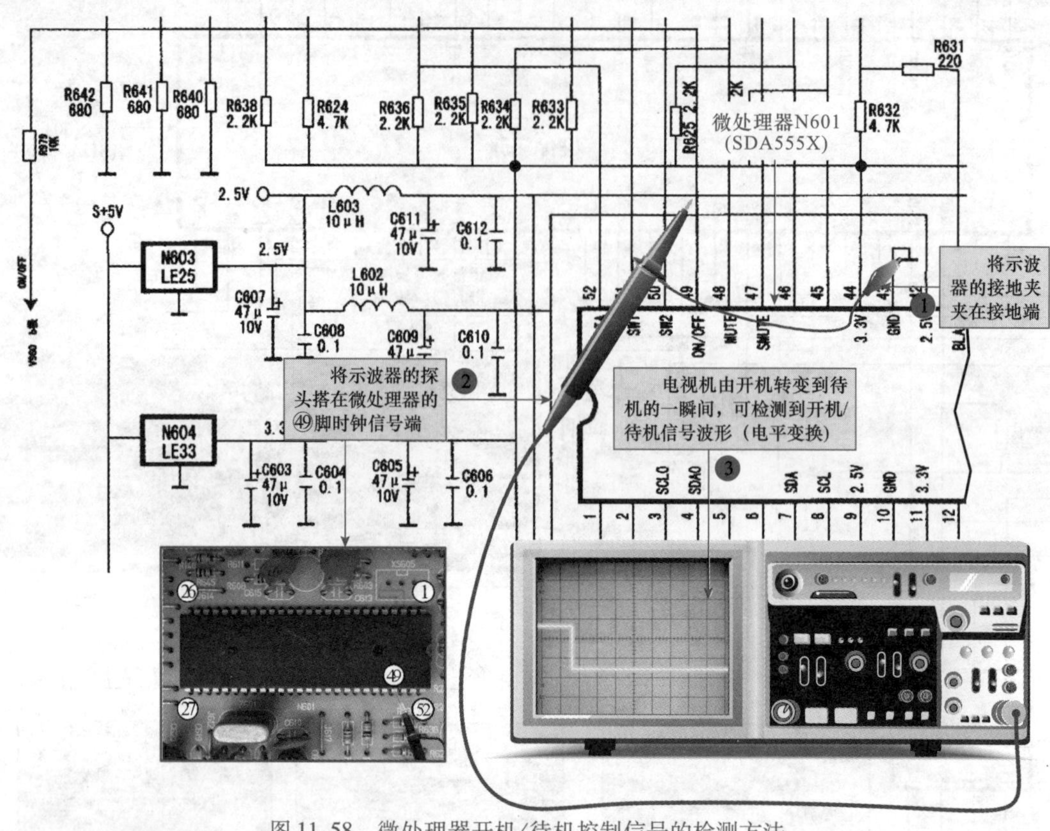

图 11-58　微处理器开机/待机控制信号的检测方法

2. 显像管电路的检修方法

（1）检测末级视放电路输出端的 R、G、B 三基色信号

图 11-59 所示为彩色电视机显像管电路的检修方案。

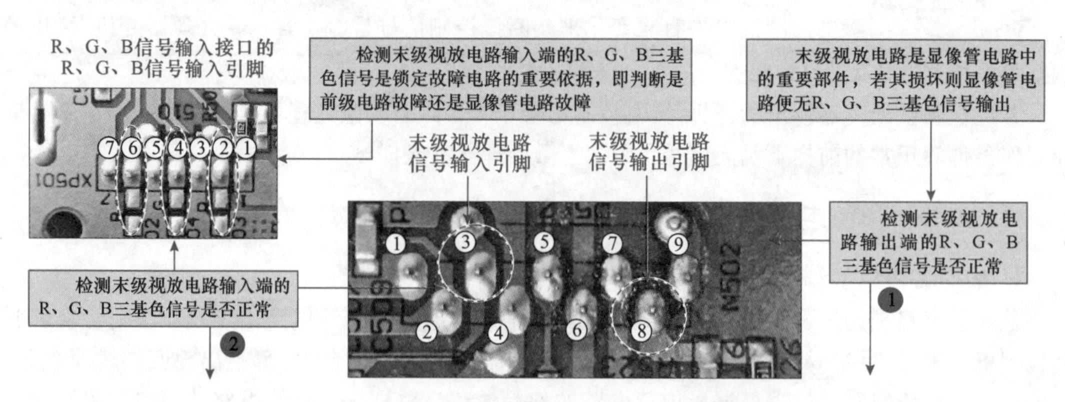

图 11-59　彩色电视机显像管电路的检修方案

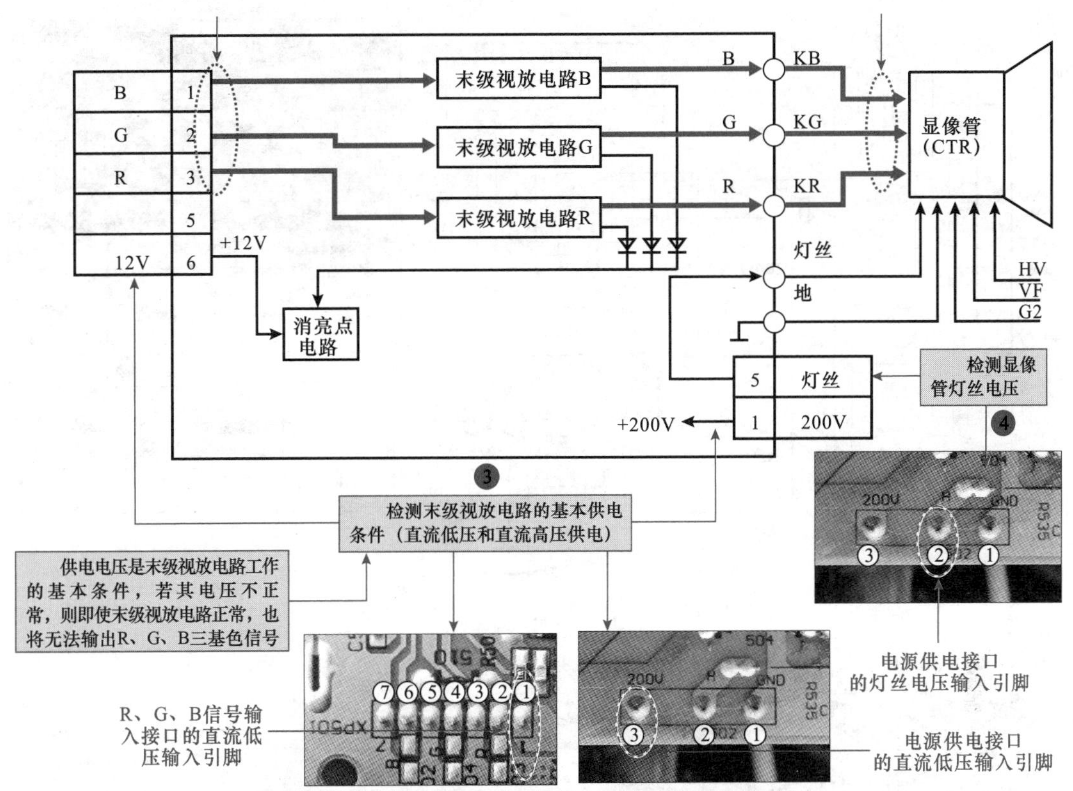

图 11-59 彩色电视机显像管电路的检修方案（续）

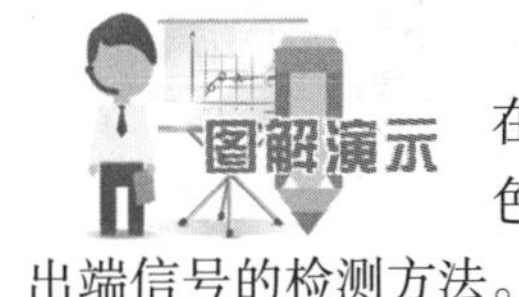

当怀疑显像管电路出现故障时，应首先判断该电路部分有无输出，即在通电开机的状态下，对显像管电路中末级视放电路输出的 R、G、B 三基色信号进行检测。以输出端 R 信号为例，图 11-60 所示为末级视放电路输出端信号的检测方法。

若检测输出的 R、G、B 三基色信号均正常，则说明末级视放电路部分基本正常；若检测无三基色信号输出或某一路无输出，则说明该路或前级电路可能出现故障，需要进行下一步的检修。

（2）检测末级视放电路输入端的 R、G、B 三基色信号

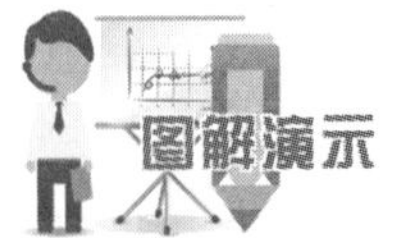

若检测末级视放电路输出端无 R、G、B 三基色信号输出，则接下来需要对其输入端的 R、G、B 三基色信号进行检测。末级视放电路输入端信号的检测方法如图 11-61 所示。

若经检测显像管电路的三路信号输入均正常，则说明电视信号处理电路部分基本正常，此时应继续对该电路的供电部分进行检测；若经检测无三基色信号输入或某一路无输入，则说明前级电路可能出现故障，需要对前级电路进行检查。

（3）检测末级视放电路的基本供电条件

若显像管电路中末级视放电路输入端的 R、G、B 三基色信号正常，而输出端无信号输出，则接下来应对该电路的直流供电条件（直流低压和直流高压）进行检测。

直流供电是显像管电路的基本工作条件之一。若直流供电异常，则即使显像管电路本身正常，也将无法工作，因此当出现直流供电异常时，需对前级供电电路进行检修；若直流供电正常，而末级视放电路输出端仍无输出，则应进行下一步检修。

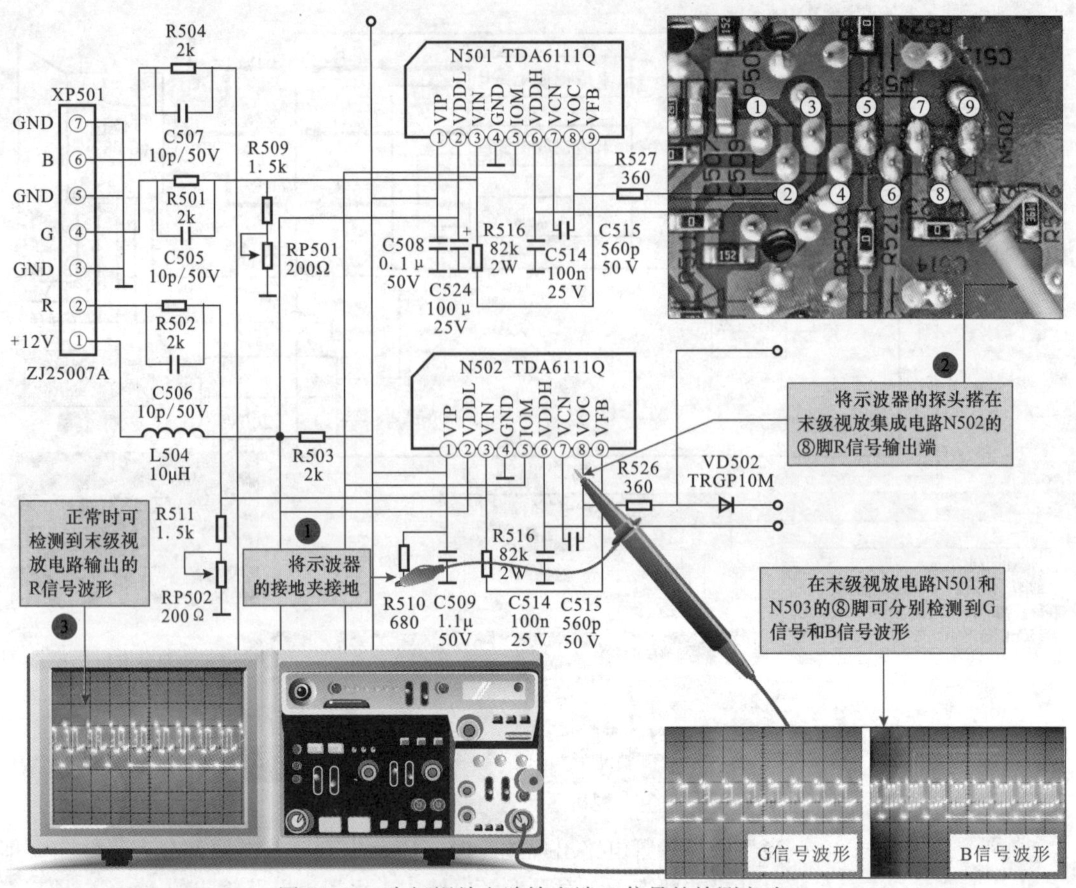

图 11-60　末级视放电路输出端 R 信号的检测方法

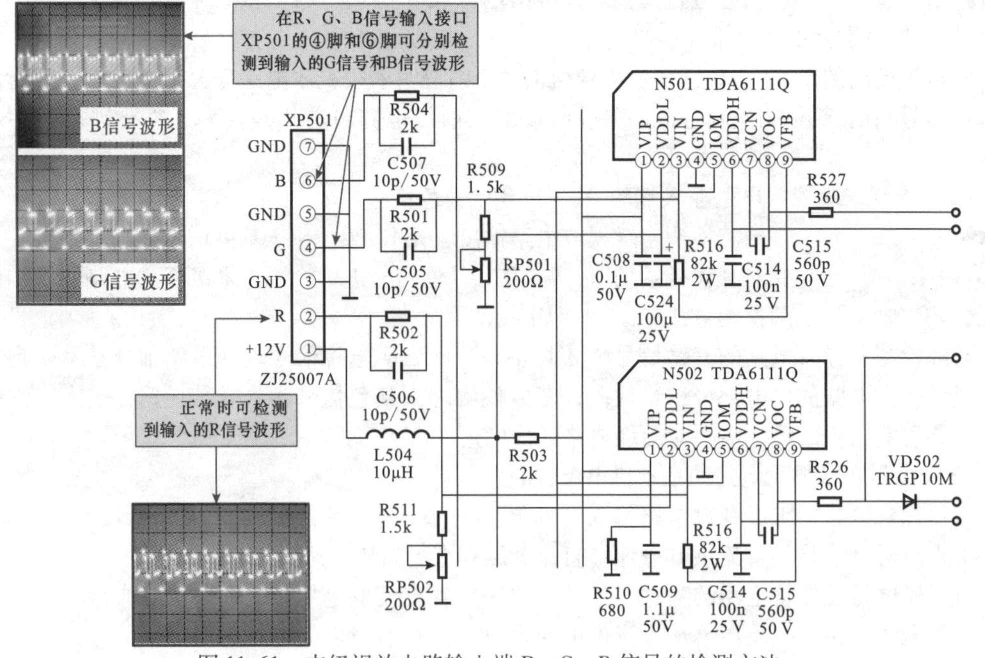

图 11-61　末级视放电路输入端 R、G、B 信号的检测方法

末级视放电路直流低压的检测方法如图11-62所示。末级视放电路直流高压（+200V）的检测方法如图11-63所示。

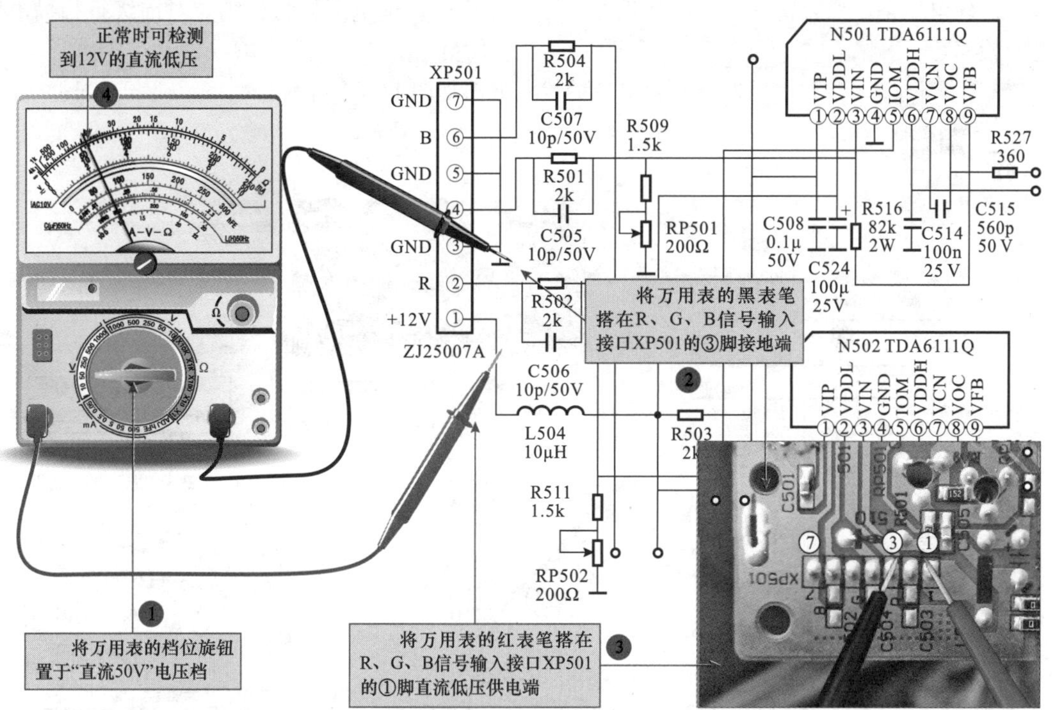

图11-62 末级视放电路直流低压的检测方法

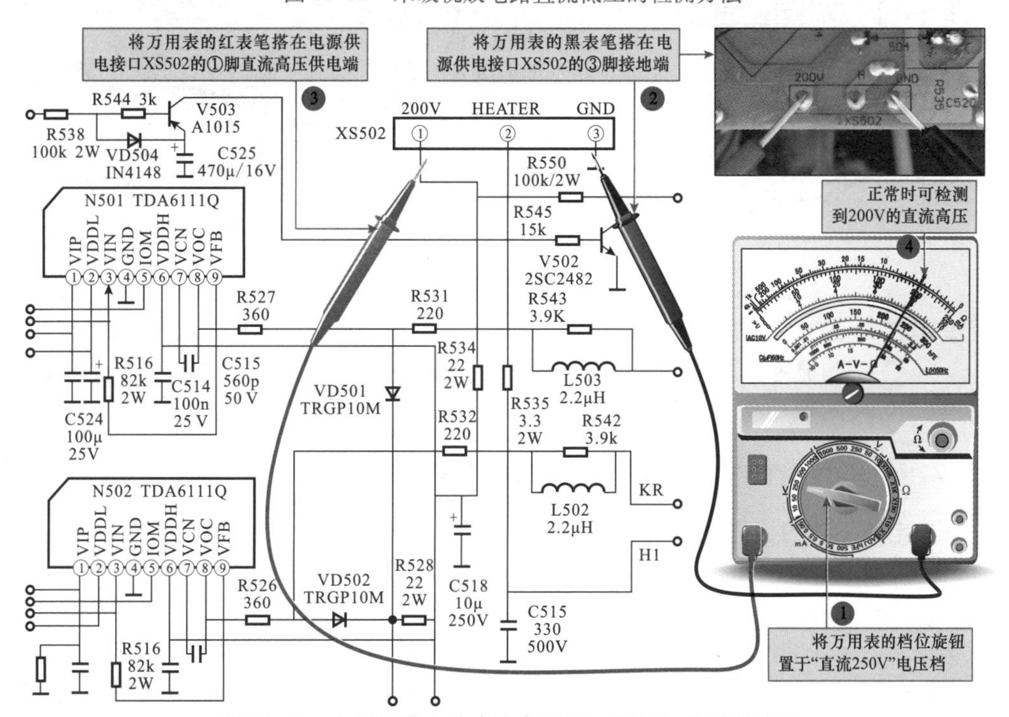

图11-63 末级视放电路直流高压（+200V）的检测方法

（4）检测显像管的灯丝电压

若显像管电路中末级输出电路输出的 R、G、B 三基色信号均正常，而彩色电视机仍无图像显示，则应对其显像管的灯丝电压进行检测。

灯丝电压是显像管正常工作的条件之一。若经检测灯丝电压异常，则应对前级行扫描电路进行检修。

显像管灯丝电压的检测方法如图 11-64 所示。

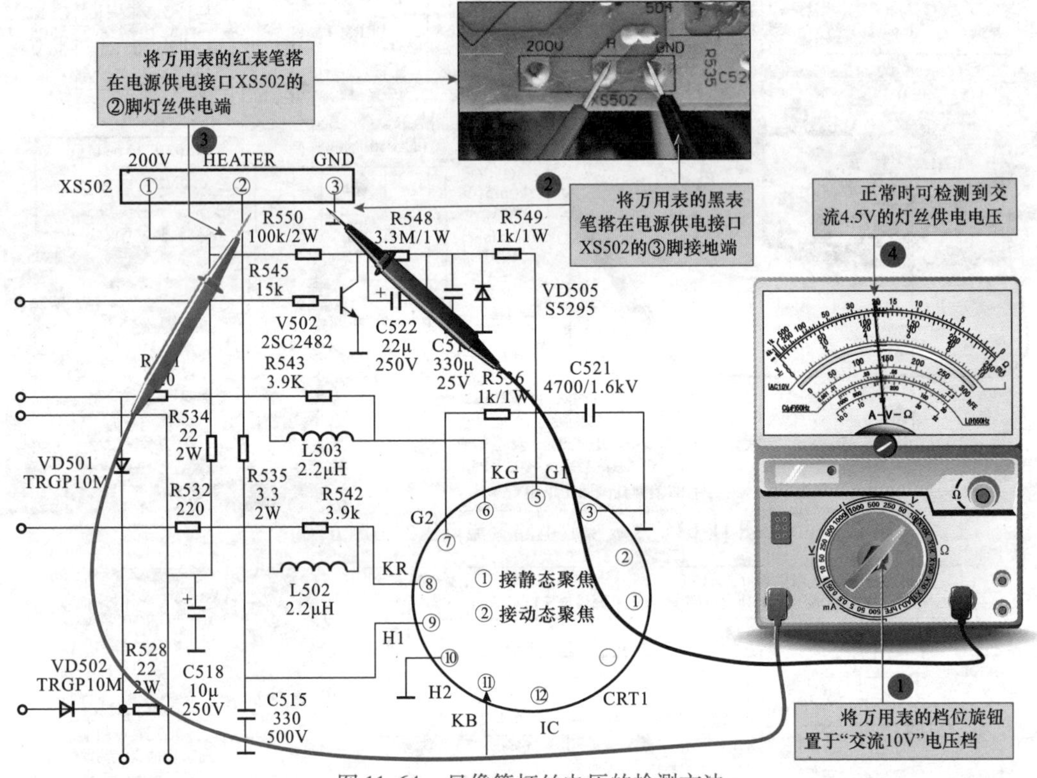

图 11-64 显像管灯丝电压的检测方法

灯丝电压（6.3V）由电视机主电路板上的行输出变压器提供。根据维修经验，正常时，用万用表交流档检测供电插件处的电压，应在 4.5V 左右，检测显像管管座处，该交流信号值一般在 3.7V 左右（用示波器检测峰值为 6.3V）。

11.2.9 彩色电视机开关电源电路的故障检修

1. 开关电源电路的检修分析

开关电源电路出现故障时经常会引起彩色电视机出现开机三无、无声音、无图像、光栅幅度小、亮度低等故障现象，对该电路进行检修时，可依据开关电源电路的供电方式，逆向对该电路进行检修，从电压消失的地方入手，再对周围的元器件进行检测，从而排除故障。图 11-65 所示为彩色电视机开关电源电路的检修方案。

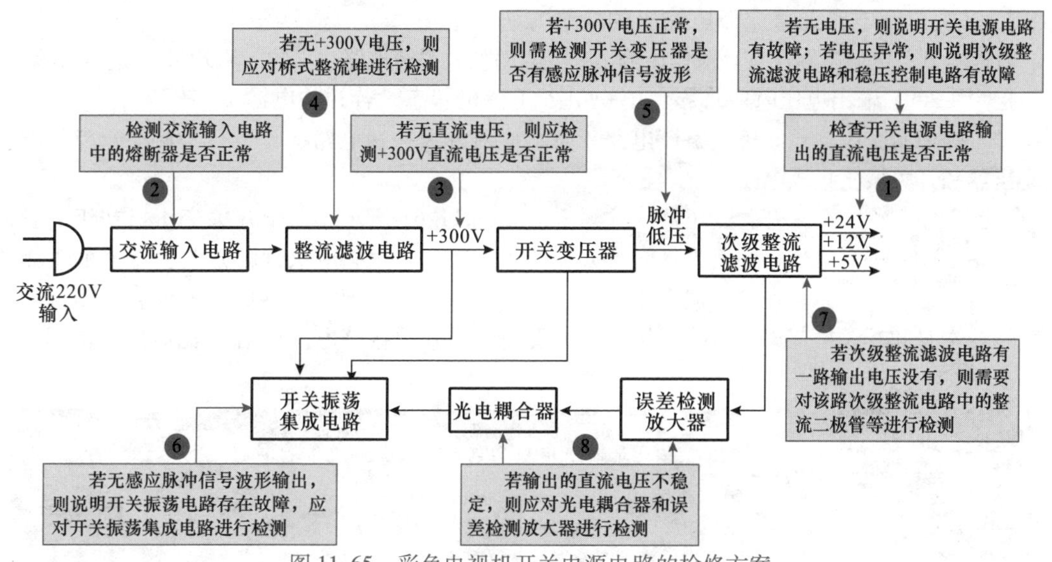

图 11-65 彩色电视机开关电源电路的检修方案

2. 开关电源电路的检修方法

检测开关电源电路时，一般可首先检测该电路输出的直流低电压是否正常，然后以此为切入点，逐级向前进行检测，电压消失的地方即可作为关键的故障点，进而排除故障。

图解演示

开关电源电路输出端电压的检测方法如图 11-66 所示。正常情况下，开关电源电路输出端输出的直流电压应均正常。

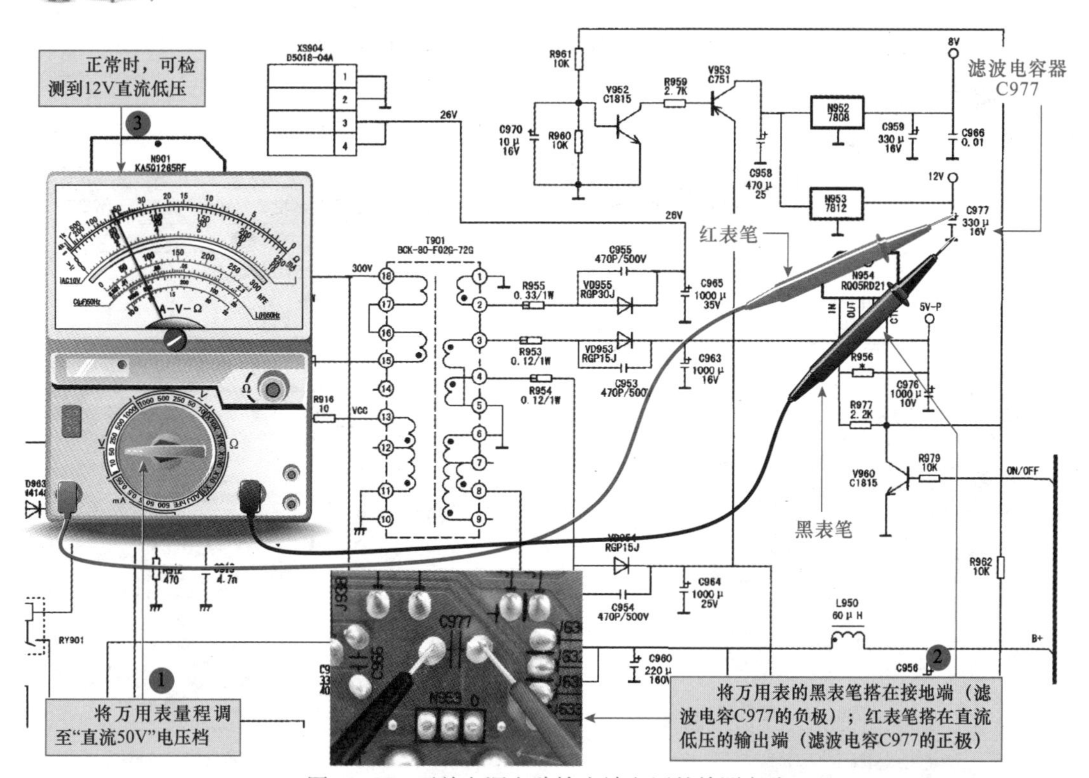

图 11-66 开关电源电路输出端电压的检测方法

3. 开关电源电路无直流低压输出的检修方法

若检测开关电源电路没有直流低压输出，则需对桥式整流电路输出的+300V电压进行检测。

检测+300V输出电压时应将彩色电视机处于待机状态，若开关电源电路输出的+300V电压正常，则说明交流输入和桥式整流电路正常，应对开关振荡电路部分进行检测。重点检测开关变压器和开关振荡集成电路。

图解演示

开关变压器的检测方法如图11-67所示。由于开关变压器初级的脉冲电压很高而且带交流火线高压，因此采用感应法判断开关变压器的工作状态是目前普遍采用的一种简便方法。若检测时有感应脉冲信号，则说明开关变压器本身和开关振荡集成电路工作正常，否则说明开关振荡电路中有不良器件或虚焊、脱焊等故障。

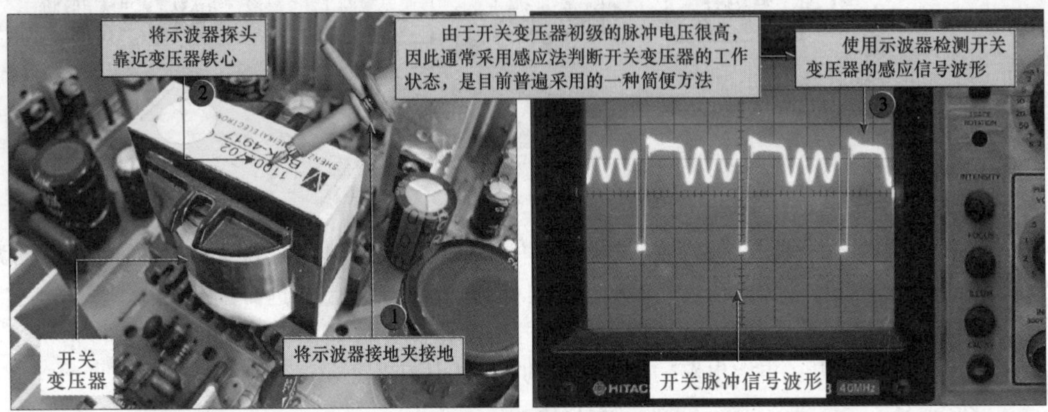

图11-67　开关变压器的检测方法

图解演示

开关振荡集成电路的检测方法如图11-68所示。

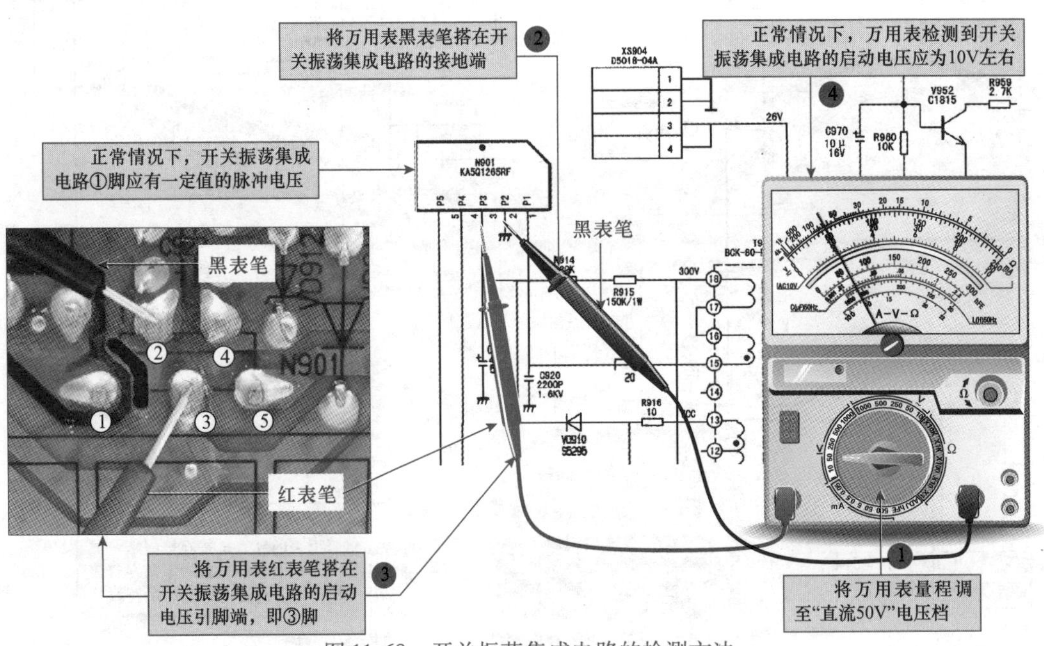

图11-68　开关振荡集成电路的检测方法

若检测开关振荡集成电路的启动电压不正常，则应先对启动电路中的主要元器件进行检测，如启动电阻等。若检测开关振荡集成电路的启动电压正常，而输出的脉冲电压不正常，则表明开关振荡集成电路本身损坏，需要对开关振荡集成电路进行更换。

若检测不到＋300V输出电压，则说明桥式整流堆或滤波电容等器件不良，需要进行下一步的检修。

4. 开关电源电路其中一路输出异常的检修方法

若经检测开关电源电路的某一路无直流低电压输出，则需要对该开关变压器后级电路中的整流、稳压部分进行检测，即对三端稳压器、整流二极管等进行检测。

5. 开关电源电路输出电压偏高/偏低的检修方法

若经检测开关电源电路的输出电压偏高/偏低，则需要对稳压控制电路中的误差取样电阻、误差检测放大器及光电耦合器进行重点检测。

（1）误差取样电阻的检测方法

图11-69所示为误差取样电阻的检测方法。误差取样电阻是开关电源电路中稳压控制电路部分的重要元件，一般为两只或三只电阻串联分压构成（有些为可调电阻器构成）。若开关电源电路输出电压偏高或偏低，则可首先检查误差取样电阻是否损坏。

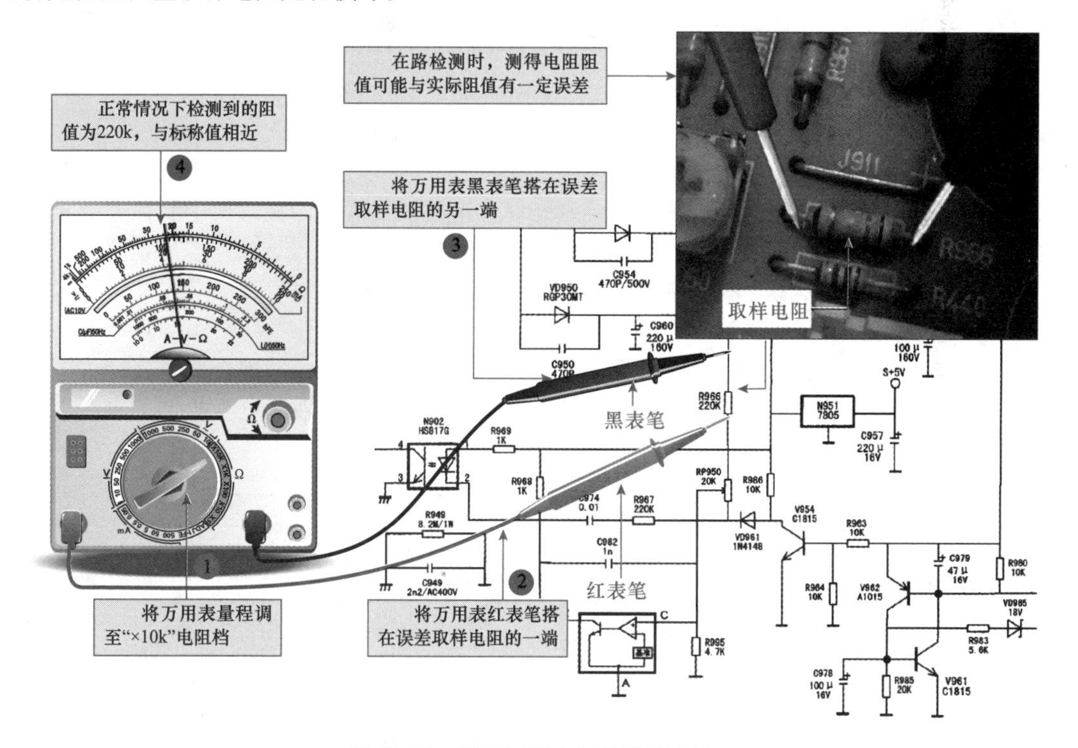

图11-69　误差取样电阻的检测方法

正常情况下，将万用表的红、黑表笔分别搭在误差取样电阻的两引脚处，检测到的电阻值应与标称值相近，若检测的阻值不正常，则可能是误差取样电阻本身损坏，应进行更换；若误差取样电阻正常，则应进一步对稳压控制电路中的其他元器件进行检测。

图 11-70 所示为误差检测放大器的检测方法。误差检测放大器对输出端电压的波动差进行放大，驱动光电耦合器中的发光二极管发光，若该器件损坏，则会导致开关电源电路稳压控制电路失常，进而出现输出电压偏高或偏低的情况。

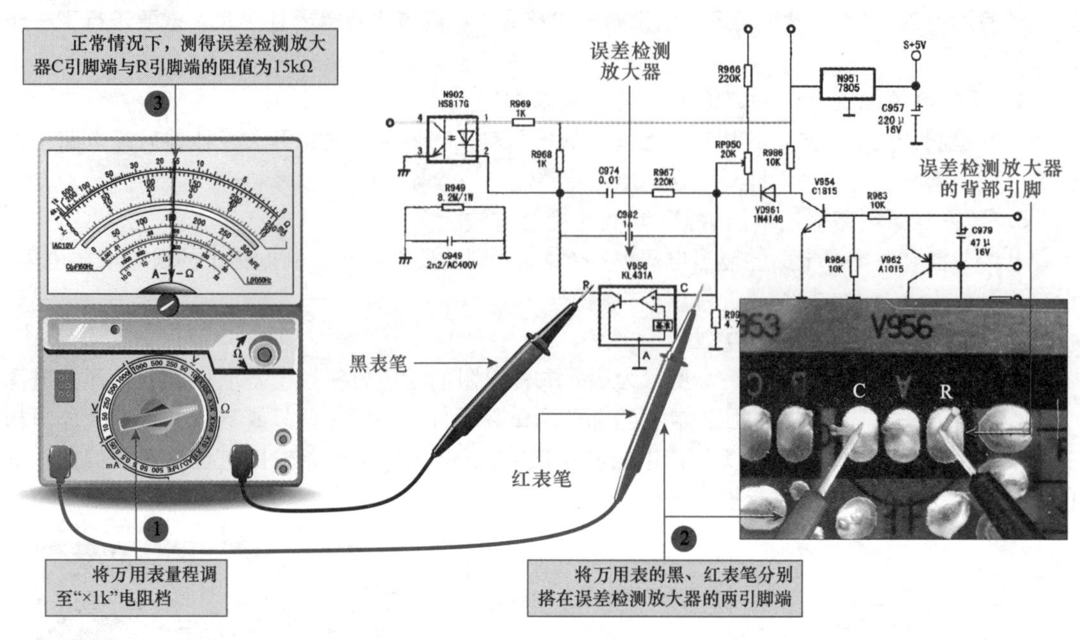

图 11-70 误差检测放大器的检测方法

正常情况下，将万用表的红、黑表笔分别搭在误差检测放大器的任意两引脚，若测量某两脚之间阻值很小或为零，则表明误差检测放大器已击穿损坏，应进行更换；若经检测误差检测放大器正常，则可继续对稳压控制电路部分的其他器件进行检测。

（2）光电耦合器的检测方法

图 11-71 所示为光电耦合器的检测方法。光电耦合器是将开关电源输出电压的误差反馈到开关振荡集成电路上，当液晶电视机开关电源电路输出的电压不稳定时，应对光电耦合器进行检测。

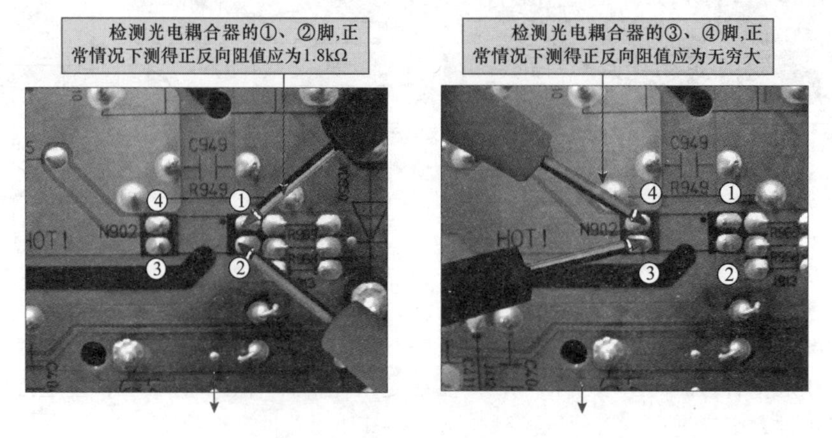

图 11-71 光电耦合器的检测方法

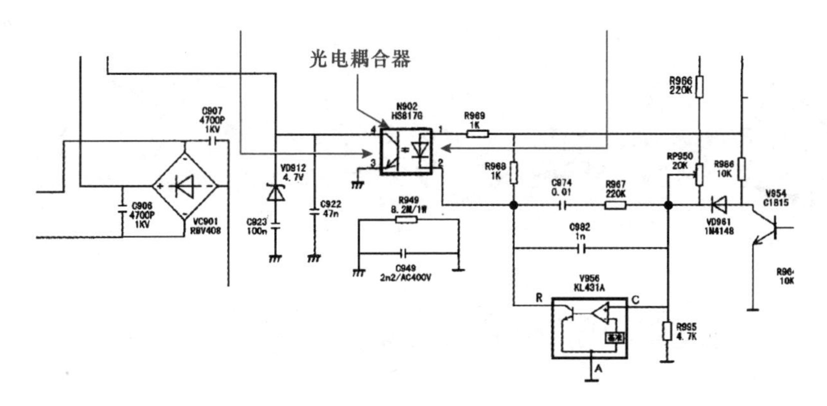

图 11-71　光电耦合器的检测方法（续）

若测得光电耦合器的阻值与正常情况相差很大，则说明光电耦合器本身损坏，需要使用良好的光电耦合器进行代换。

数码办公产品的检修技能

12.1 数码办公产品的功能结构和维修特点

目前，数码办公产品已成为日常办公设备，给人们的工作带来了很大的便利。但由于数码办公产品常处于连续工作的状态，因此数码办公产品（打印机、数码复印机、扫描仪、传真机、数码相机等）的故障发生率较高，维修量也较大。因此，在维修前，要了解这些数码办公产品的共性及功能结构和维修特点，以便找到维修时的着手点。下面就来介绍一下数码办公产品的种类、功能特点、结构组成和维修特点。

12.1.1 数码办公产品的种类和功能特点

数码办公产品是指与办公室相关的、可以通过数字和编码进行操作，并且能够与计算机连接的设备。数码办公产品的种类繁多，但根据与计算机的传输情况，不外乎就是输入和输出，因此，我们将数码办公产品分为数码办公输出设备和数码办公输入设备。

1. 数码办公输出设备

数码办公输出设备主要包括打印机、数码复印机等，这些产品主要使记录在纸上或计算机上的文字、图表、图像等信息通过识读器件，最终获得信息内容与发送端完全一致的文稿。

2. 数码办公输入设备

数码办公输入设备主要包括扫描仪、数码相机、传真机等，这些产品可以对图像信息进行采集和摄取，能够将模拟图像和实物等信息，例如图片、文稿、照片、胶片以及其他传统介质上的图文信息转换成计算机能够识别、编辑和处理的数字式图像信息。

3. 数码办公输入、输出设备的关系

图解演示

图12-1所示为典型数码办公产品的关系示意图。数码办公输入设备——数码相机所拍摄的图片全部是以数字信号的形式记录在存储卡或磁盘等数字存储介质中的，通过存储卡或数据线，可以直接将所拍摄到的数码图像送入计算机，并通过数码办公输出设备——打印机获得打印文稿。

12.1.2 数码办公产品的结构组成和维修特点

数码办公产品虽然形态各异，但其基本结构主要由外壳、电路部分、机械部件、光学器件等构成，从结构上可以看出，数码办公产品非常精密和复杂，因而出现故障的形式也多种多样，有些故障需要专业维修人员才能排除，而有些故障，只要找到数码办公产品的维修特点，自己就可以排除。

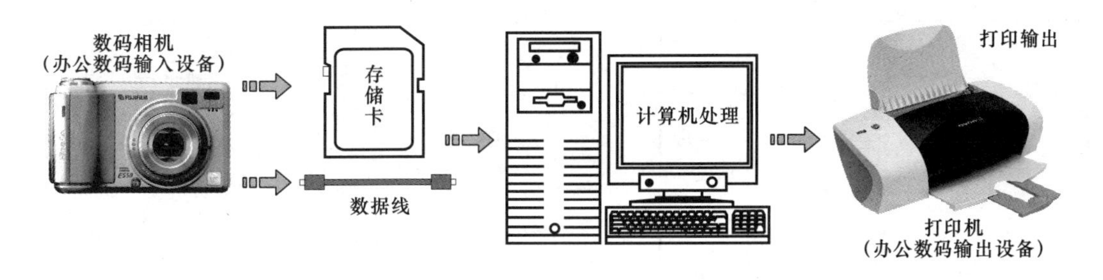

图 12-1 典型数码办公产品的关系示意图

大体上，数码办公产品出现的故障可以分为硬件故障和软件故障两大类。硬件故障主要是电源、线路、元器件本身等出现问题。软件故障是指环境、驱动程序端口设置以及产品本身设置等出现问题。

虽然引起数码办公产品故障的原因有以上多种情况，但是这些产品在维修时，都有一个共同的准则，即当故障出现时，也许不能即刻判断出故障点，这时需要进一步观察故障引发的特殊症状，根据不同的细微表象进一步缩小故障范围，最终找到故障点。当然也可以“由简单到复杂”，依次检测、依次排除，最终解决故障。

12.2 数码办公产品工作原理与电路分析

在进行数码办公产品故障维修之前，需要对其电路原理图进行识读分析，从中找到故障检修的线索。

由于数码办公产品的电路结构各不相同，因此在对数码办公产品进行识图分析时，要根据电路特点，掌握被测数码办公产品的电路工作原理，为故障检修理清思路。

12.2.1 数码办公输出设备原理图的电路结构和信号流程

在对数码办公输出设备进行电路识图时，可将整机电路分为单元电路，然后再对其进行分析。在数码办公输出设备中，打印机在办公设备中比较常见，下面，我们以打印机为例介绍一下数码办公输出设备电路图的识读方法和识读技巧。

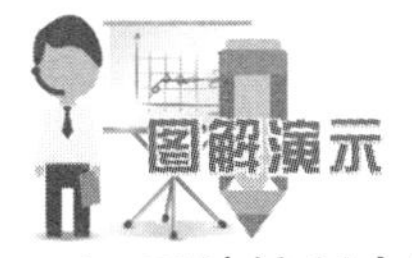

图 12-2 所示为典型打印机电路原理图，可以看到，根据各部分电路的功能特点将整机电路图划分成系统控制电路部分、电源电路部分和接口电路部分几大单元电路模块。

1. 系统控制电路部分

系统控制电路部分是数码办公输出设备的控制中心，担负着各部件协调动作的控制任务，图 12-3 所示电路中具有数据总线和地址总线接口，与数据存储器相连，并通过输入/输出接口电路接收来自电脑主机的控制信号和数据信号，以及人工指令和传感器信息，对打印机各部件进行控制。

2. 电源电路部分

电源电路部分是为数码办公输出设备提供动力的重要部分，在数码办公产品中，电源电路部分通常需要提供三类电压，即交流电压、直流电压和高压。下面以 HP LaserJet 6L 激光打印机的交直流电压电路部分为例进行介绍。

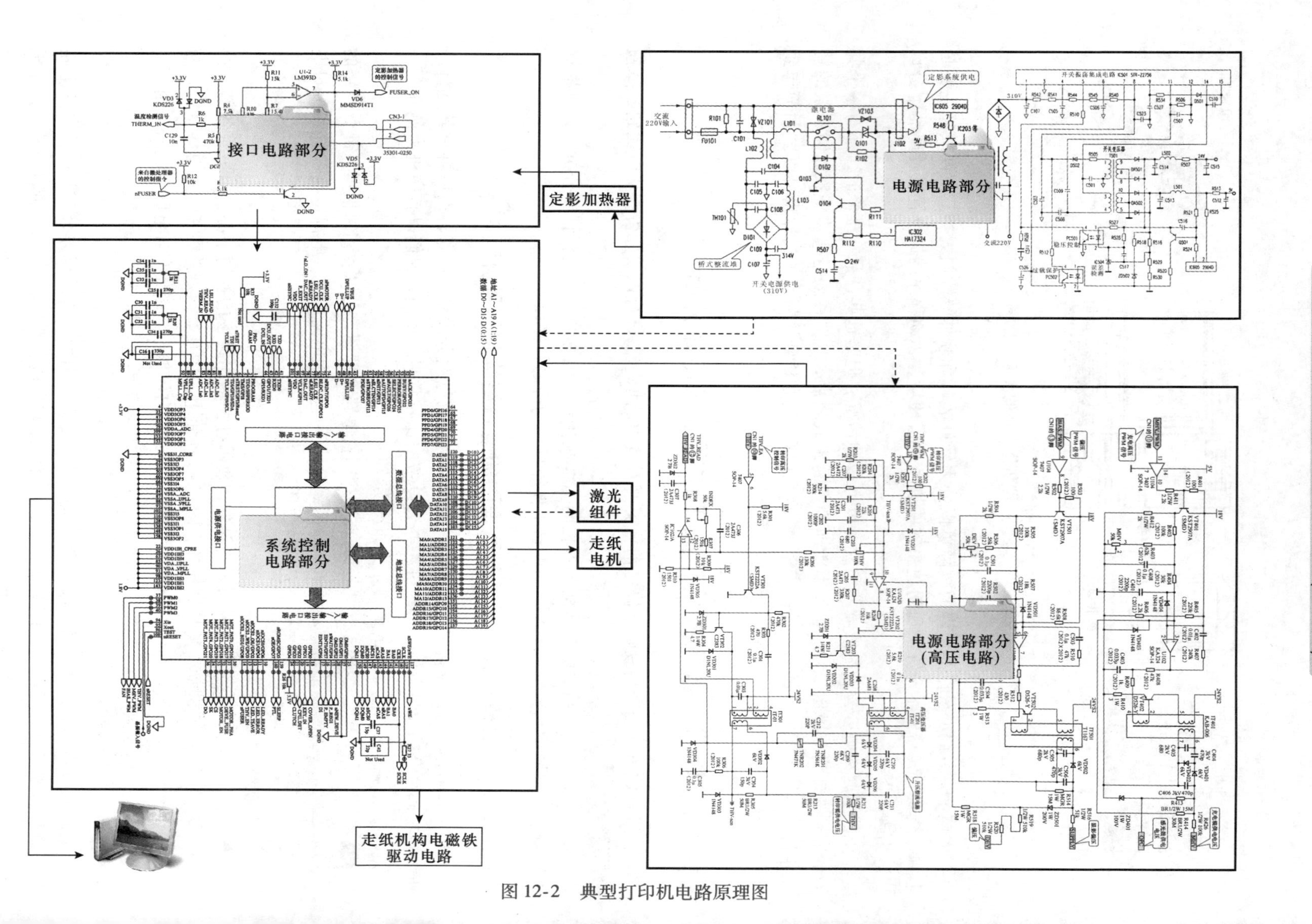

图 12-2　典型打印机电路原理图

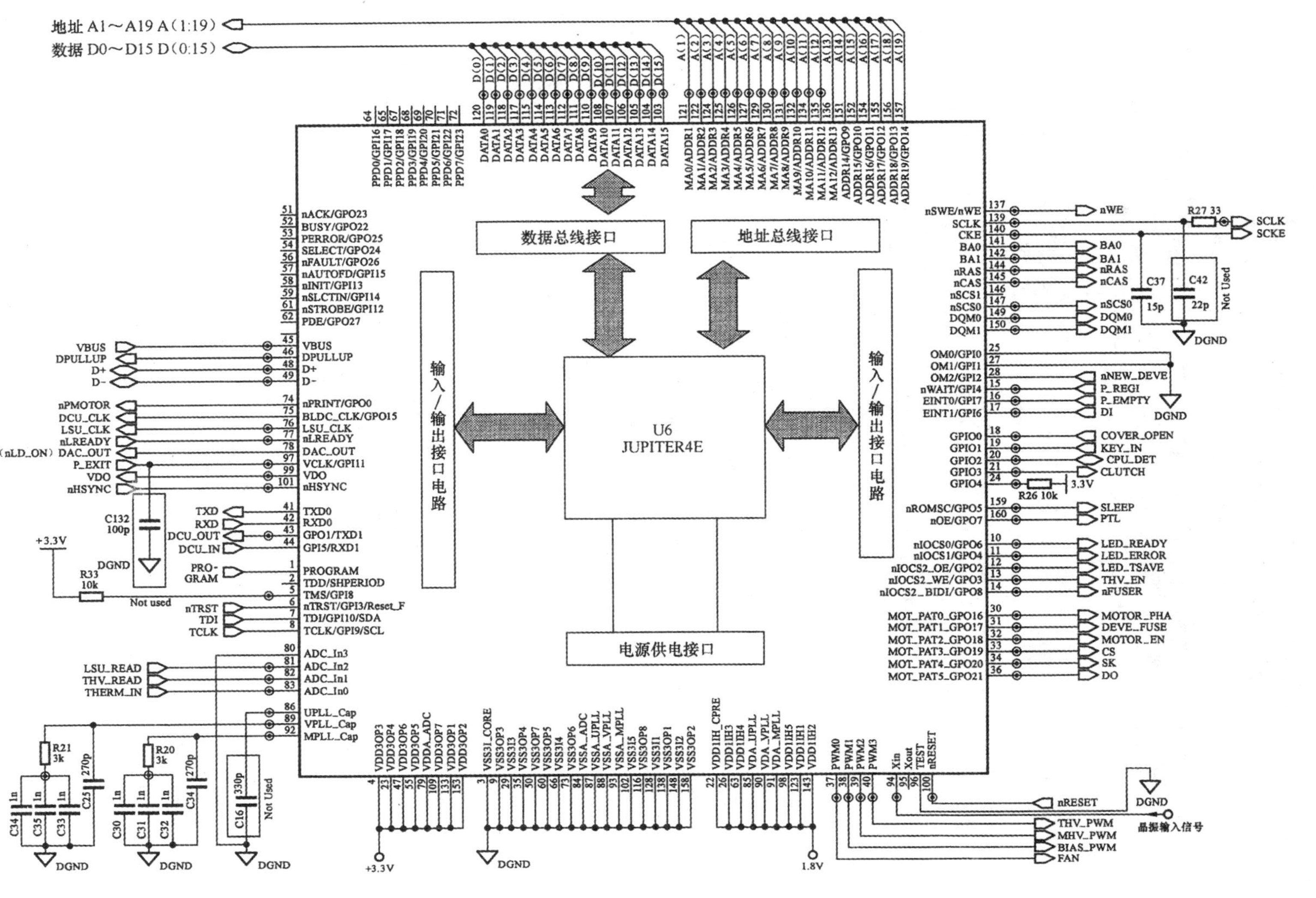

图 12-3 典型数码办公产品的系统控制电路部分（ML－1610 激光打打印机）

图 12-4 所示为该打印机的电源电路部分，交流 220V 电压经输入接口后分成两路，一路经滤波电感 L101 和继电器的触点，再经双向晶闸管 VZ101 送至打印机的定影器中，而另一路经滤波整流后送往开关电源。

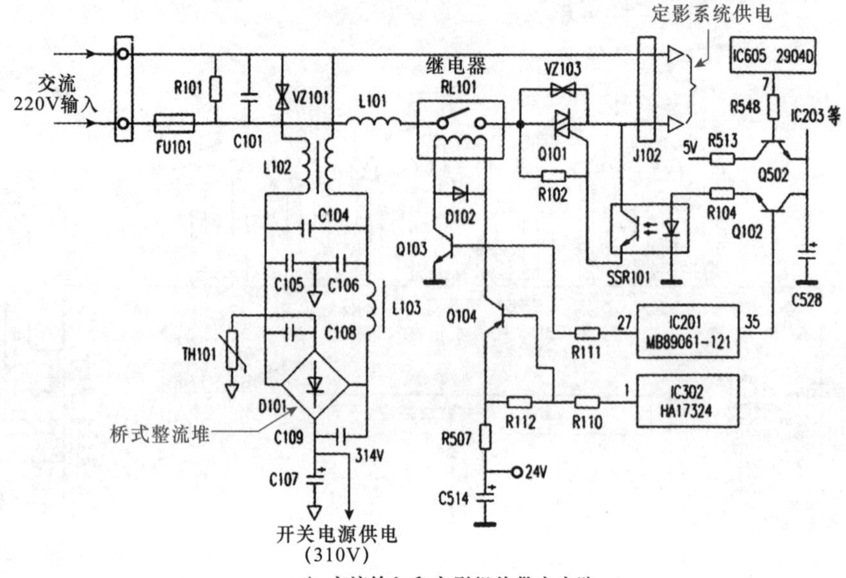

a）交流输入和定影组件供电电路

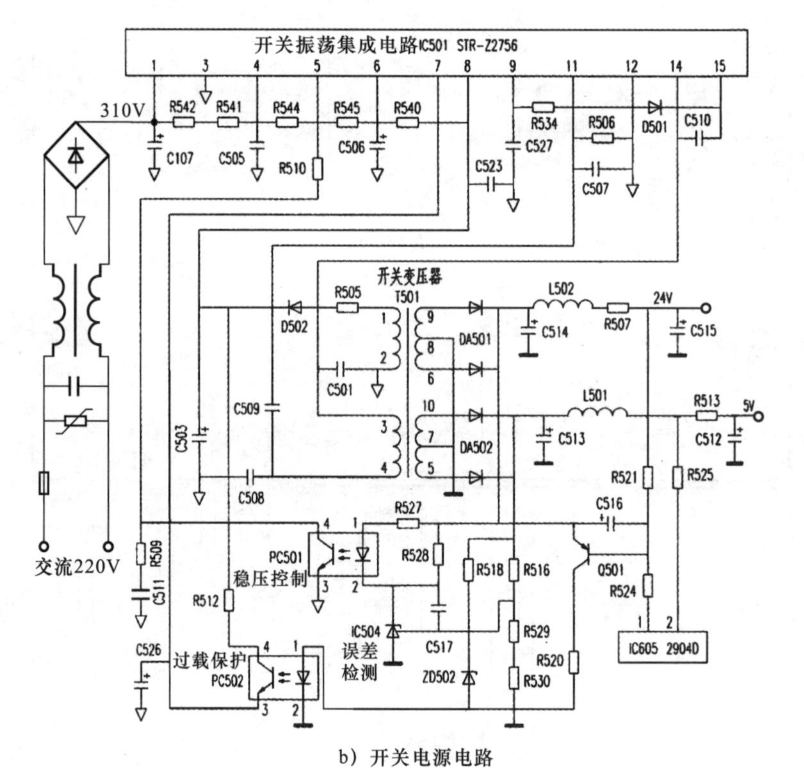

b）开关电源电路

图 12-4 典型数码办公产品的电源电路部分（HP LaserJet 6L 激光打印机）

3. 接口电路部分

接口电路是计算机主机与数码办公产品之间数据传输的重要电路部分。在数据传输方面，主要采用并行接口传输和串行接口传输两种方式。如果该电路部分损坏，则会对数据传输造成很大的阻碍。

图 12-5 所示为典型数码办公产品的接口电路部分，该电路主要是由电压比较器 U1－2（LM339），控制三极管 VT1、VT4 等部分构成的，来自控制电路的定影加热器控制信号（FUSER）加到 VT4 的基极（低电平），使 VT4 截止，于是 3.3V 电源经限流电阻器 R14 和二极管 VD6 输出定影加热器的控制信号（FUSER－ON）。

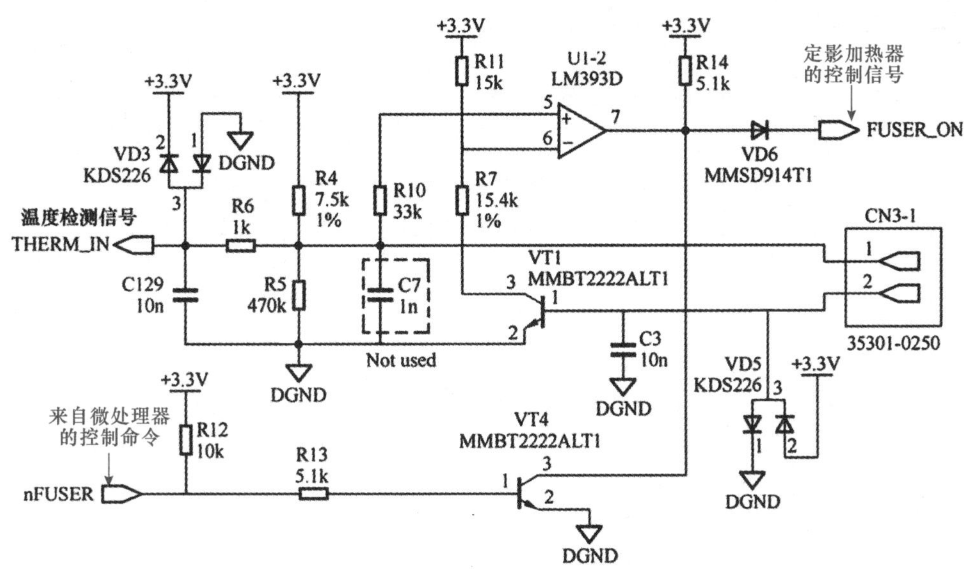

图 12-5　典型数码办公产品的接口电路部分

（ML－1610 激光打印机的定影加热器控制接口电路）

12.2.2　数码办公输入设备原理图的电路结构和信号流程

数码办公输入设备主要有扫描仪、数码相机、传真机等，下面我们以传真机为例，介绍一下数码办公输入设备的电路结构和信号流程。

图 12-6 所示为夏普 F0－90CN 传真机的工作原理图。结合该框图的流程引导，可以清晰地理出传真机的工作过程。从图 12-6 可见，该传真机主要是由如下几部分组成的：

1）图像扫描器：将文稿的光图像信号变成电信号。

2）文稿打印组件：用接收到的电信号控制热敏打印头，完成文稿的打印工作。

3）传真机的控制电路：主要包括传真机主控芯片 FC200、调制解调器 FM209V、存储器、复位电路、时钟电路、接口电路等。它是传真机的核心电路，用于接收和发送通过电话线传送的传真信号，控制打印机构，接收文稿扫描器中图像传感器的文稿数据信号以及机械传感器的传感信号，并对各部分进行协调控制，图 12-7 所示为控制电路的工作流程图。

4）电话/传真线路接口电路：它与电话线路相连，可以收发信号，同时也与电话（听筒/受话器）相连，收发话音信号，图 12-8 所示为线路接口电路及信号流程。

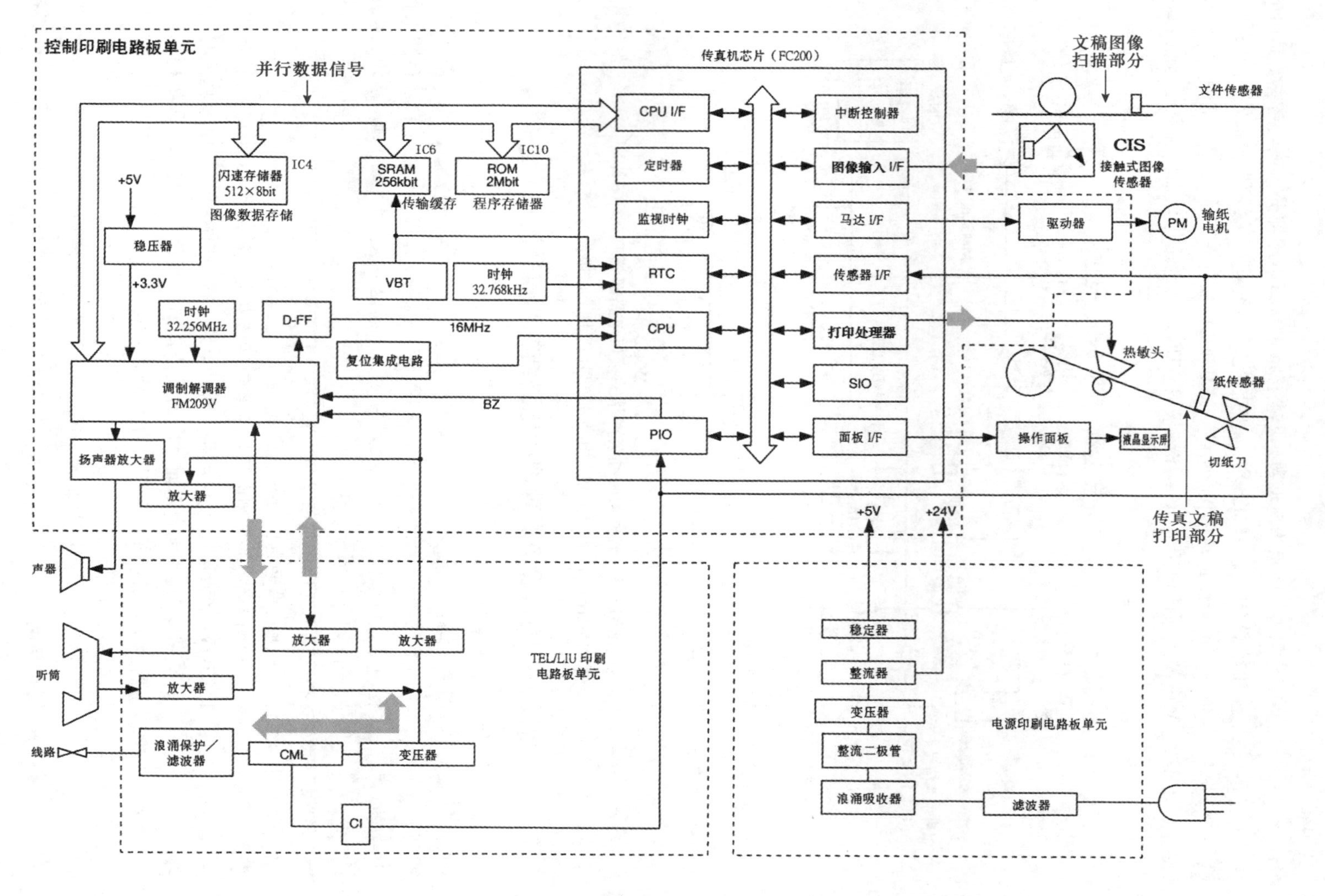

图 12-6 F0－90CN 传真机工作原理图

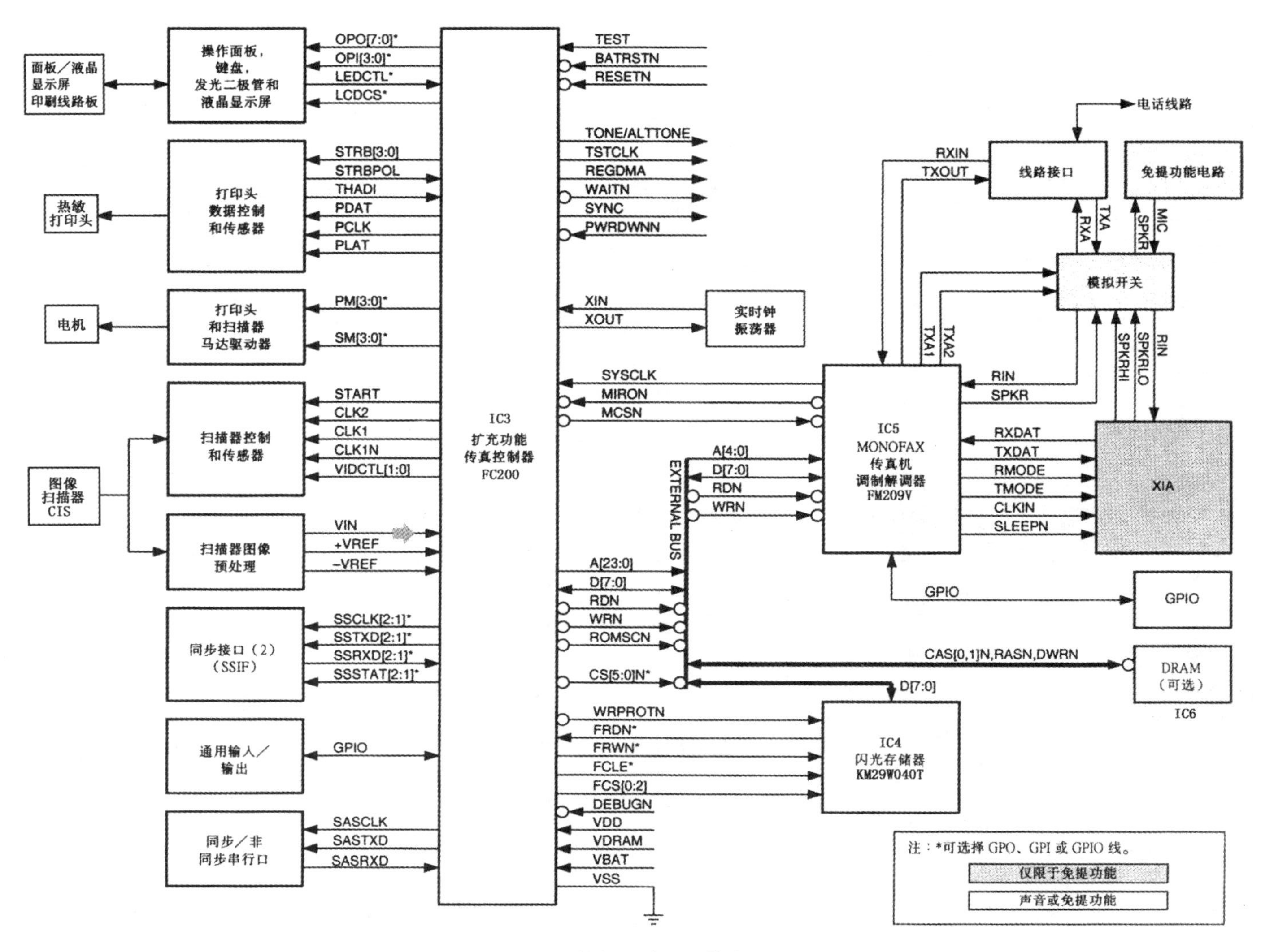

图 12-7 控制电路的工作流程图

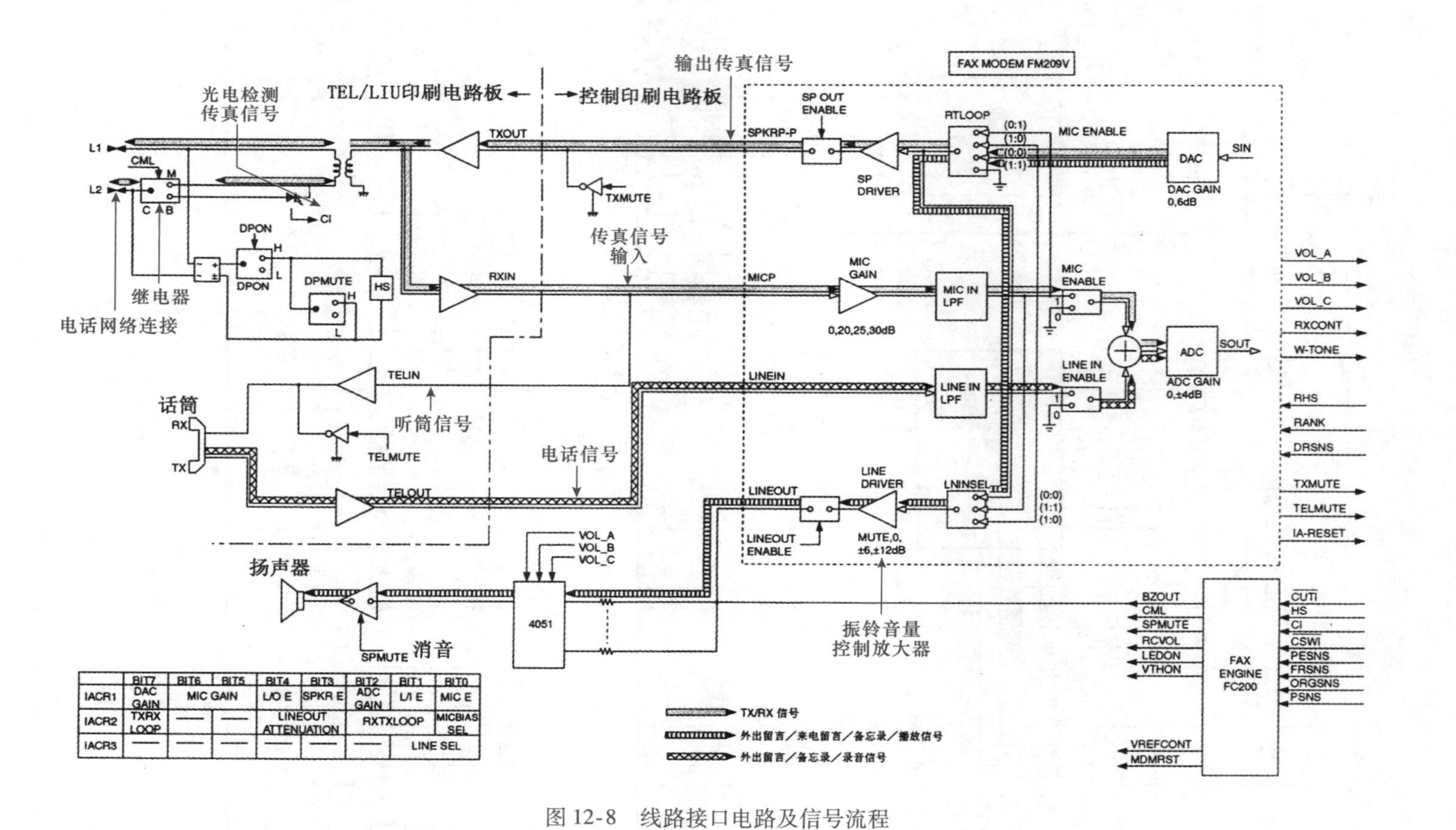

	BIT7	BIT6	BIT5	BIT4	BIT3	BIT2	BIT1	BIT0
IACR1	DAC GAIN	MIC GAIN		L/O E	SPKR E	ADC GAIN	L/I E	MIC E
IACR2	TXRX LOOP	—	—	LINEOUT ATTENUATION		RXTXLOOP		MICBIAS SEL
IACR3	—	—	—	—	—	—	LINE SEL	

图 12-8　线路接口电路及信号流程

5）电源电路：它为整个传真机提供+5V和+24V直流电压。实际上是一个开关稳压电源。

在待机状态下，将文稿面朝下插入传真机中，在文稿输入通道入口处设有文稿传感器。传感器将检测到的文稿插入信号经接口电路传送到传真机的主控集成电路中。控制芯片收到传感器的信号后便输出电动机驱动信号，使电动机转动，驱动文稿进入待机位置，在待机状态下按启动（START）键，则电动机再次起动，使文稿缓缓经过传真机的图像扫描器。该传真机采用接触式图像传感器（CIS），将图像信号变成电信号后，先送到图像信号处理电路中，然后将模拟信号变成二进制数字信号。此信号经编码处理后被送到随机存取存储器内，再经缓冲器送到调制解调器，将数据的并行方式变成串行方式并送入电话线路，传输到接收端的传真机中。

12.3　典型数码办公产品的维修实例

数码办公产品的种类多种多样，但根据前面介绍，这些产品的维修思路和特点基本上是相通的，下面我们以几种典型数码办公产品的检修方法为例进行介绍。

12.3.1　典型数码办公产品的检修思路

在对数码办公产品进行检修时，需要先仔细观察机器的故障症状，然后再根据故障特点对产品的各个部件进行逐一排查。

对于数码办公产品来说，一般应从外部环境因素的情况进行排除，如连接状态、工作环境等，再检查系统软件方面的设置情况是否符合要求，然后检查机械传动机构是否正常，最后再对电路部分进行检测。

12.3.2　典型数码办公产品的检修技能演练

1. 从外部环境因素入手查找故障

（1）检查电源供电是否不良或电源插头是否松脱

1）检查电源开关是否打开，如图12-9所示。

图12-9　检查打印机电源开关

2）检查电源线两端的插头是否插牢，如图12-10所示。最好重新插拔一遍。

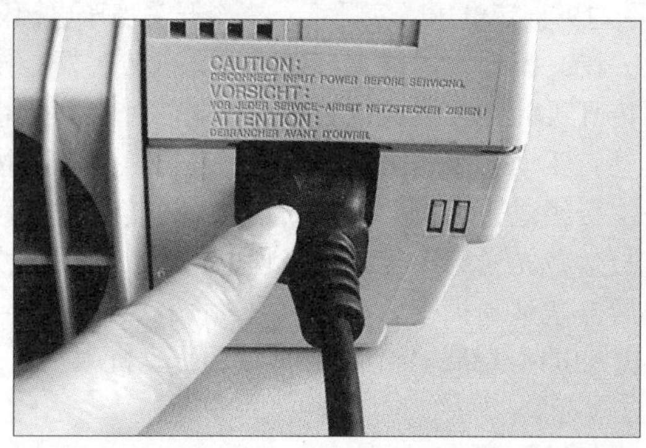

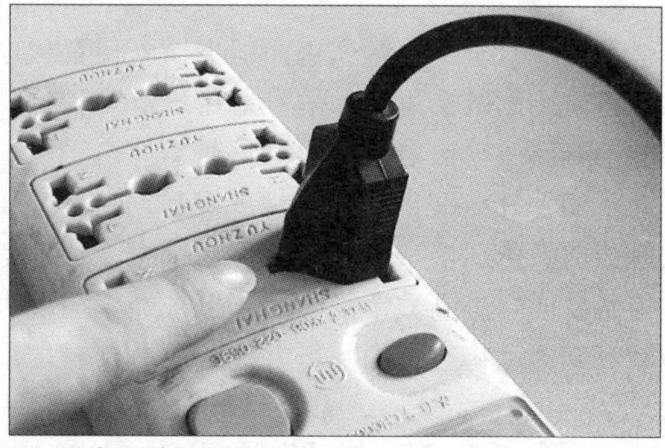

图 12-10　检查打印机电源线两端的插头

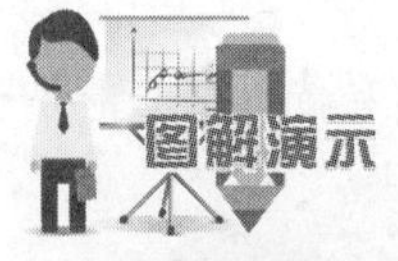

3）检测市电供应是否正常，可以使用万用表检测供电插座的电压是否为标准的 220V，如图 12-11 所示。

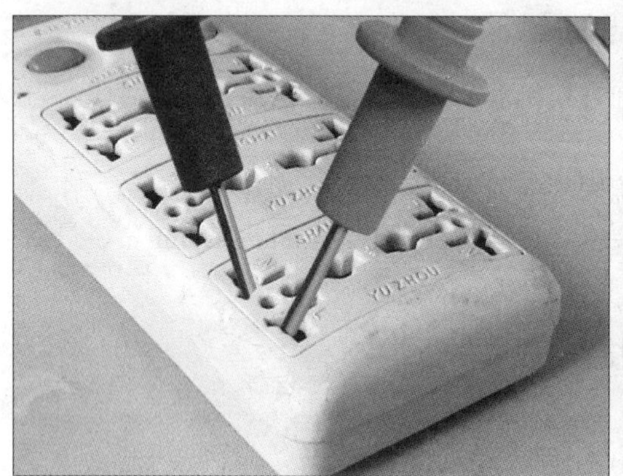

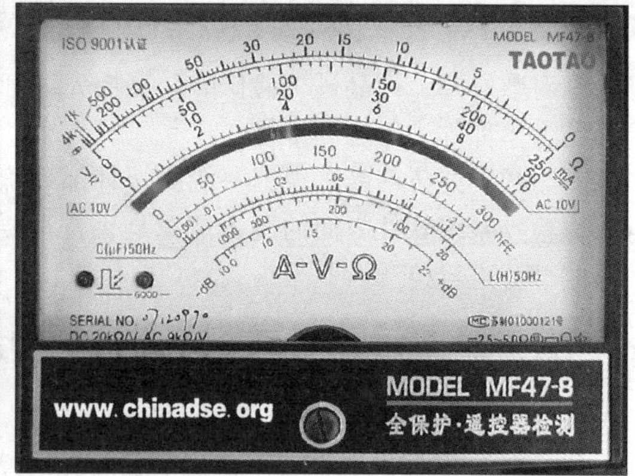

图 12-11　检测市电供应情况

4）使用万用表检查电源线是否有断路故障，如图 12-12 所示。通过检查电阻大小来判断导线通断情况。电源线内部有 3 条相互绝缘的导线，同一导线的电阻一般应趋近于零，若是测得的电阻为无穷大，则说明该条导线有断路情况。还可以尝试更换供电电源插座和电源线，可以即刻排除该故障可能性。

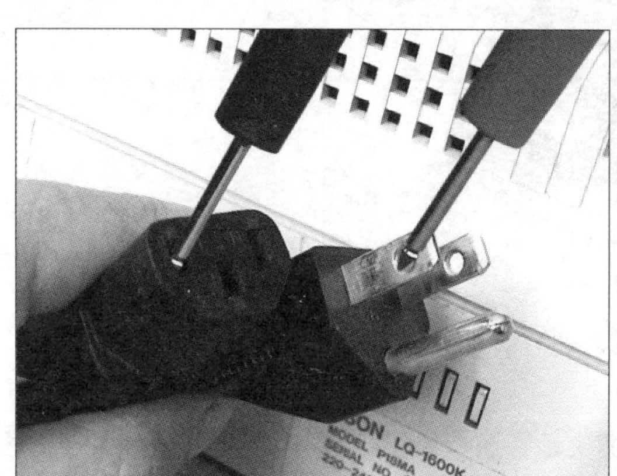

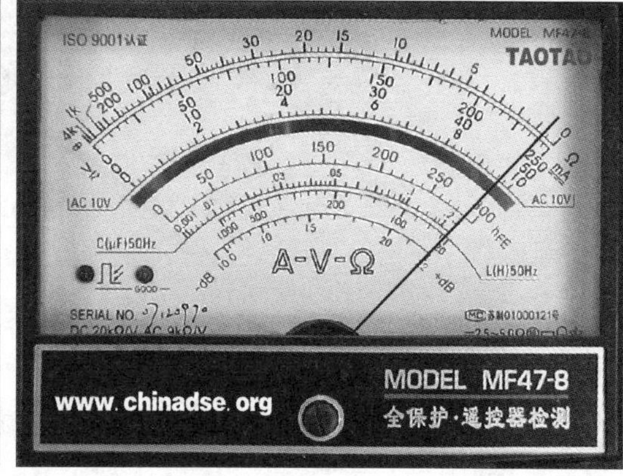

图 12-12　检查电源线

（2）检查数码办公产品与计算机连接是否不良（以打印机为例）

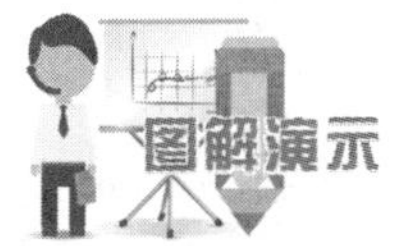

1）检查打印机与计算机之间数据通信电缆的连接是否正确、牢靠，如图12-13所示。插头松脱、接触不良是十分常见的事例。虽然现在并口数据线缆两端的插头都有卡扣或加固螺钉，但是不要过于信赖这类设计的功效，建议重新插拔一遍。

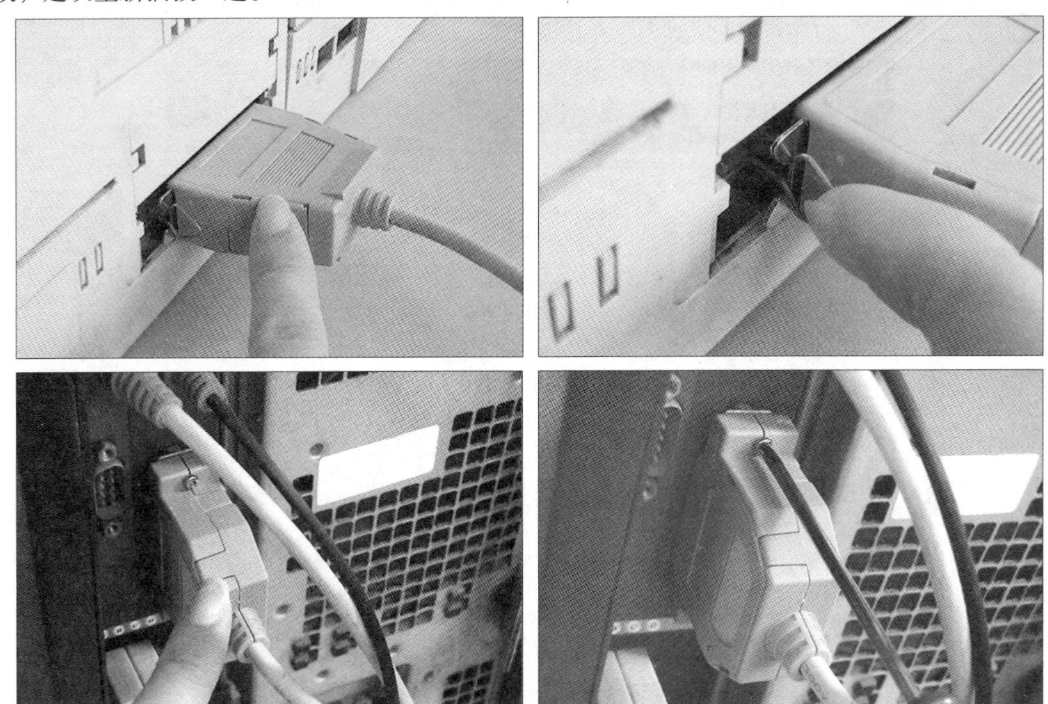

图12-13　检查打印机与计算机之间的数据通信电缆

2）数据通信电缆“肩负”着传递数据信息的重任，应检查数据通信电缆是否完好，外观是否有破损的地方，电缆在使用过程中容易产生折痕，时间一长便会发生断裂，导致打印数据不能正常传输。受损严重的数据通信电缆最好不要继续使用，建议更换。

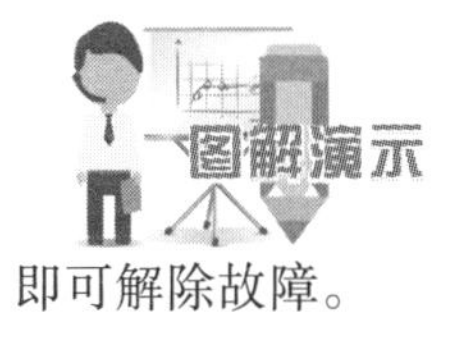

3）检查打印线缆两端插头的针脚是否有歪斜、脱落的情况。在安装硬件的过程中用力过大，或者接口对位不准，都可能会使某一个针脚滑落或歪斜，导致接触不良，如图12-14所示。可以使用钢针将针脚挑出、归位，即可解除故障。

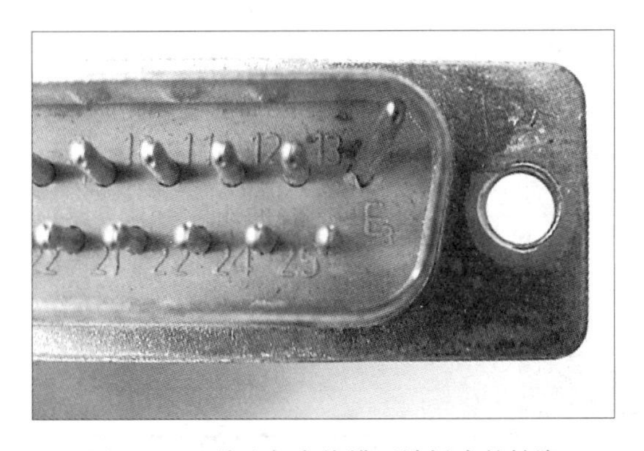

图12-14　检查打印线缆两端插头的针脚

2. 从系统软件方面查找故障

（1）检查数码办公产品连接的计算机系统是否出现故障

1）检查计算机是否出现死机故障，遇到此类情况只好重启计算机。

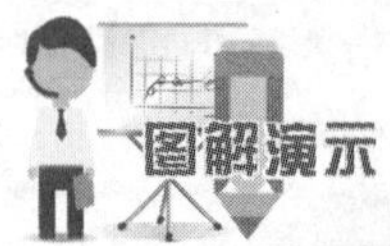

2）检查数码办公产品连接的计算机是否存在病毒，有些病毒可以屏蔽任何指令的下达。若计算机运行速度异常，则可以安装并使用杀毒软件进行杀毒处理，如图 12-15 所示。

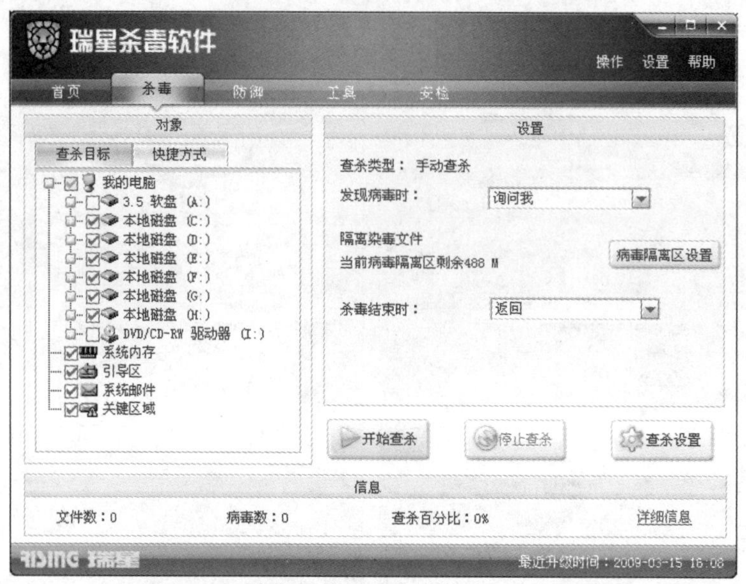

图 12-15　安装、使用杀毒软件进行杀毒处理

3）检查数码办公产品连接的计算机硬盘剩余空间是否过小，硬盘的可用空间若是低于 10MB 就有可能无法工作。如图 12-16 所示，打开“我的电脑”窗口，用鼠标右键单击安装有操作系统的磁盘图标，单击选择“属性”菜单选项。

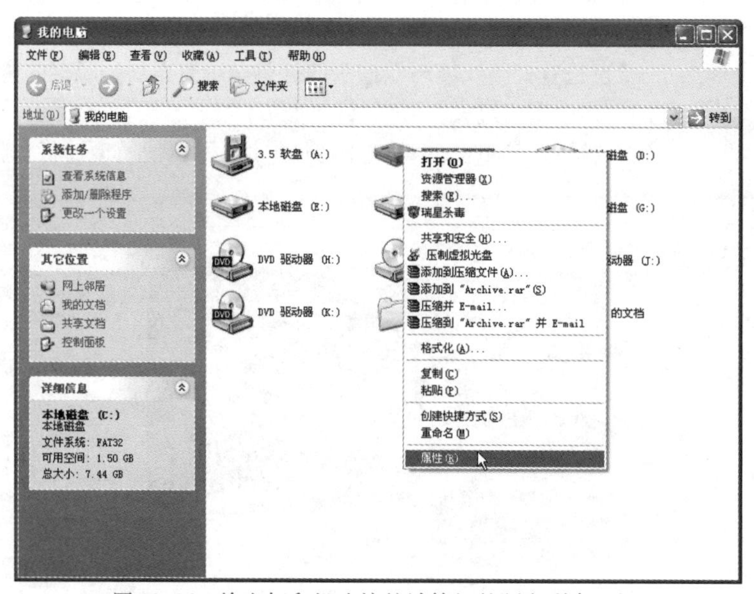

图 12-16　检查打印机连接的计算机的硬盘剩余空间

在弹出的“属性”窗口的“常规”选项卡中，可以得知当前磁盘空间的使用情况，如图12-17所示。

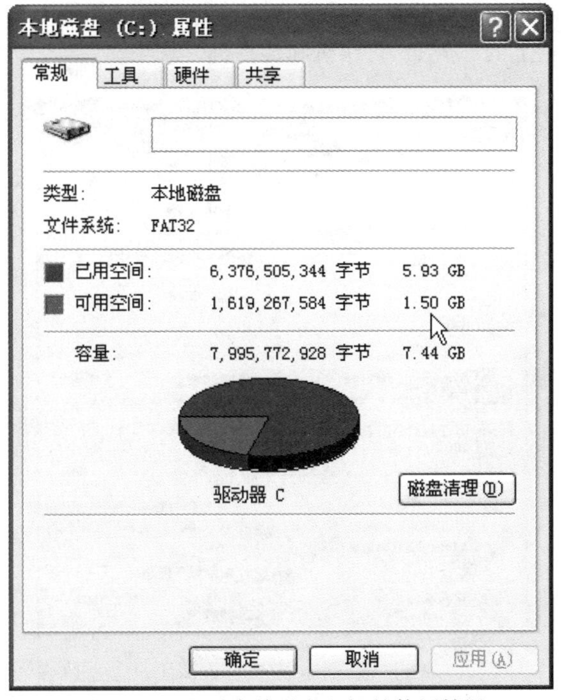

图12-17　查看当前磁盘空间的使用情况

如果磁盘的可用空间（剩余空间）过小，则需要释放一些磁盘空间，可单击图12-17所示的“磁盘清理”选项卡，如图12-18所示方法，将不需要的垃圾信息一一勾选并删除，以增加可以使用的内存空间。

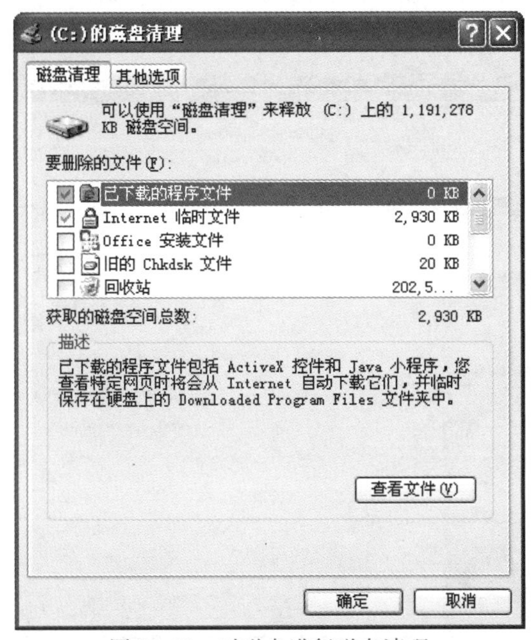

图12-18　对磁盘进行磁盘清理

(2) 检查计算机对数码办公产品的相关设置是否出现错误（以打印机为例）

1）检查打印机是否已设置为默认打印机。若是连接了多台打印机，则必须指定打印机，或是设定默认打印机。如图 12-19 所示，用鼠标单击任务栏上的“开始/打印机和传真机”选项。

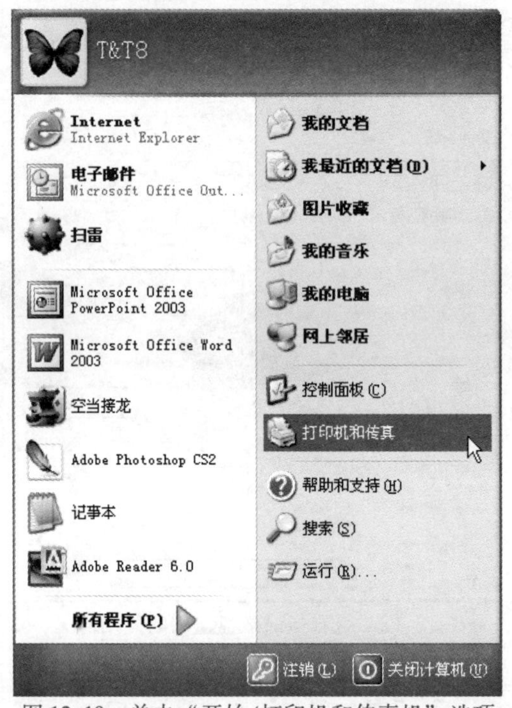

图 12-19　单击“开始/打印机和传真机”选项

在弹出的窗口中，检查当前使用的打印机 EPSON LQ－1600K 的图标上是否有一个黑色的小勾，如图 12-20 所示。

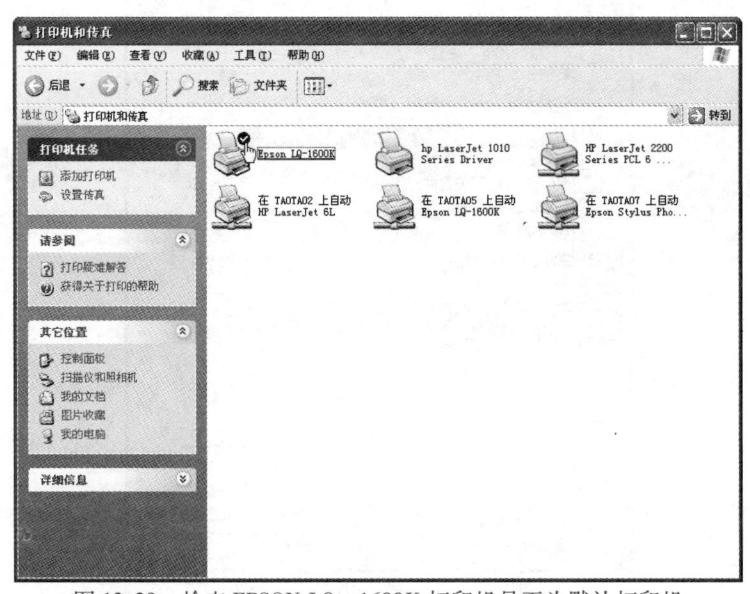

图 12-20　检查 EPSON LQ－1600K 打印机是否为默认打印机

若是没有黑色勾选标志，或黑色勾选标志在其他打印机的图标上（见图12-21），则可以用鼠标右键单击当前使用的打印机图标，在弹出的菜单中单击选择“默认打印机”菜单选项，如图12-22所示，即可将EPSON LQ－1600K打印机设置为默认打印机。

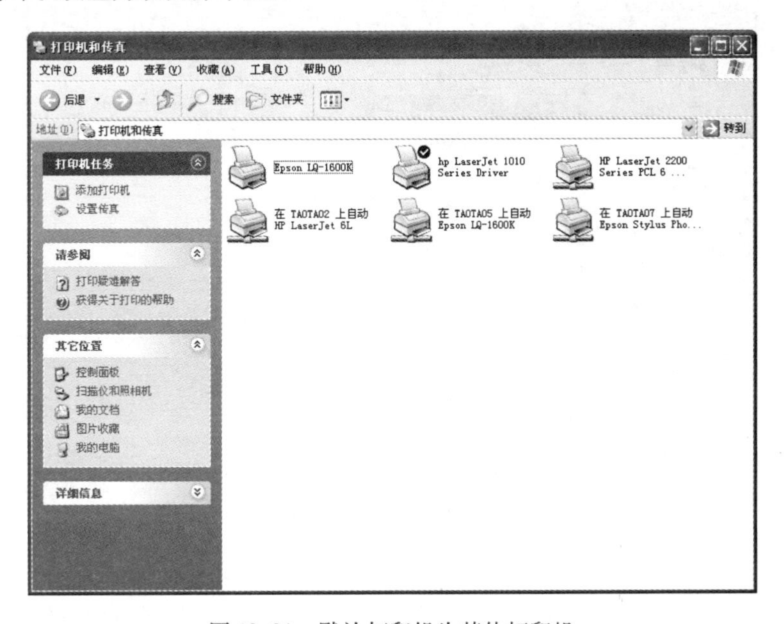

图12-21　默认打印机为其他打印机

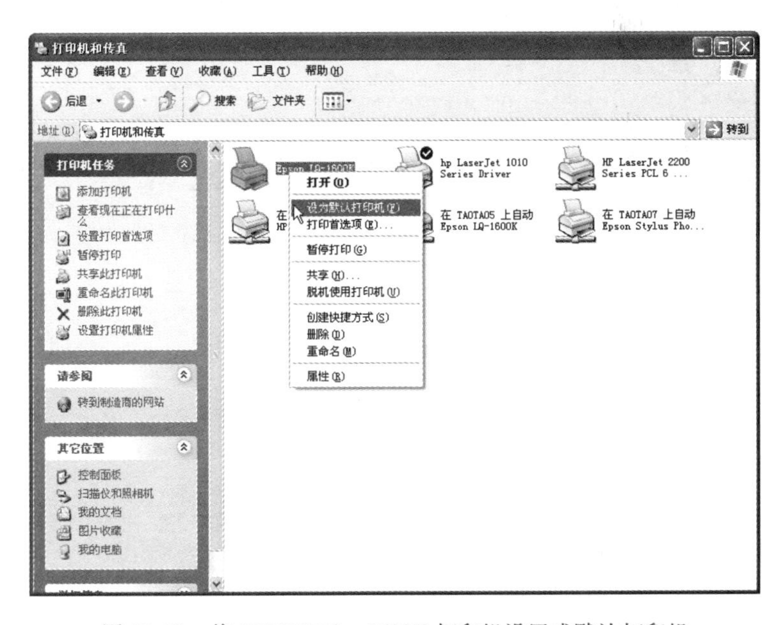

图12-22　将EPSON LQ－1600K打印机设置成默认打印机

2）检查打印机当前状态，不可设置为“暂停打印”。在“开始/打印机和传真机”窗口中，鼠标右键单击当前使用的打印机（EPSON LQ－1600K）图标，在弹出的菜单中确保“暂停打印”菜单选项没有变为“恢

复打印”，如图 12-23 所示。没有特殊需求不要人为禁用打印机，这样的设置不容易被发现。

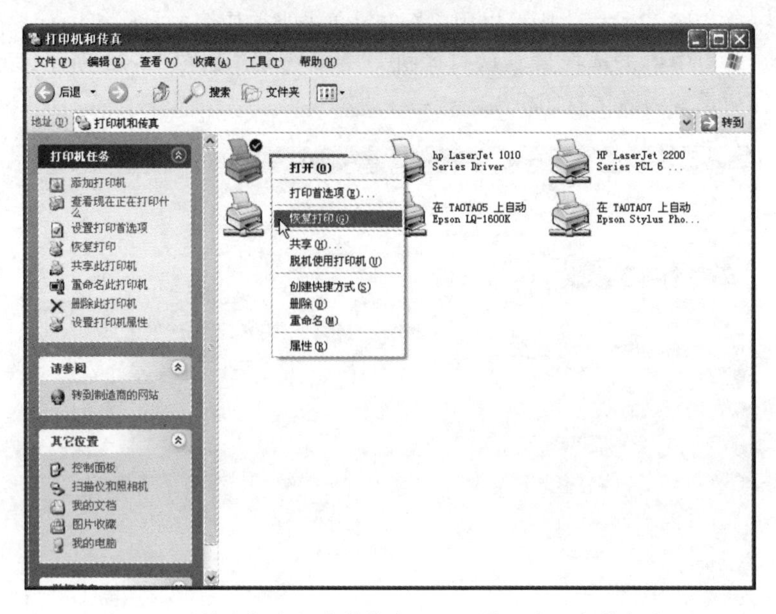

图 12-23　检查打印机当前状态，不可设置为“暂停打印”

3）检查打印机端口设置是否正确。在“开始/打印机和传真机”窗口中，用鼠标右键单击当前使用的打印机图标，在弹出的菜单中单击选择“属性”菜单选项，如图 12-24 所示。

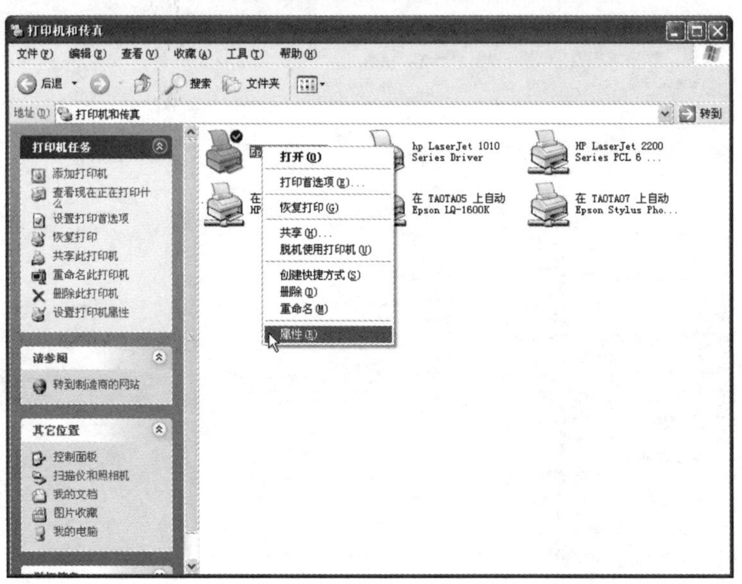

图 12-24　查看打印机属性

在弹出的属性设置窗口中，单击选择“端口”选项卡，选择匹配的打印端口即可，如图 12-25 所示。并口连接的针式打印机和计算机的通信接口一般采用“LPT1：打印机端口”，这是计算机自动设置的默认端口。

图 12-25 选择打印机端口

4）检查打印机使用时间的设置是否正确。在“开始/打印机和传真机”窗口中，鼠标右键单击当前使用的打印机图标，在弹出的菜单中单击选择“属性”选项，再在弹出的属性设置窗口中，单击选择“高级”选项卡，如图 12-26 所示。一般情况下选择“总可以使用”复选框，没有时间限制，随时都使用打印机。

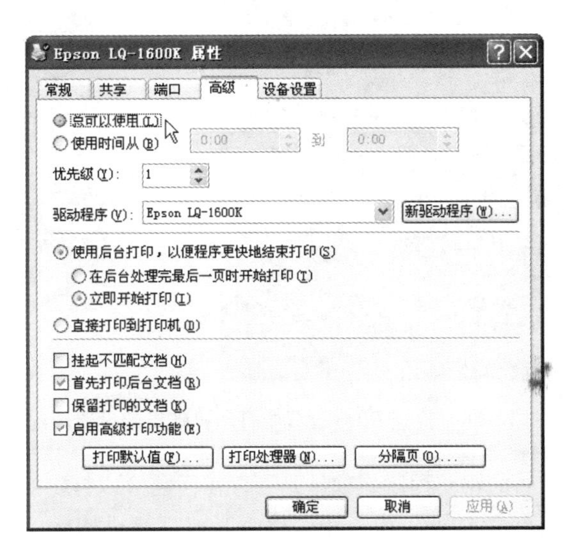

图 12-26 设置打印机“总可以使用”

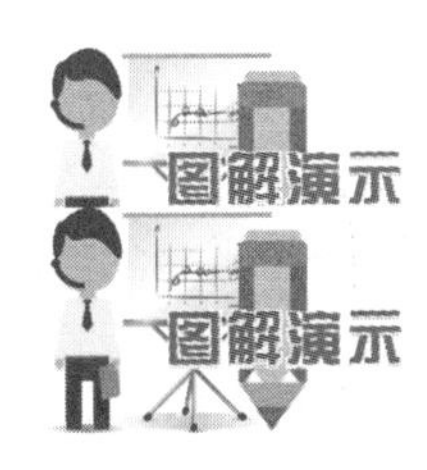

若是选择“使用时间从 9 点到 17 点”（见图 12-27），则只有在规定的时间段内可以执行打印操作。

5）检查计算机的 BIOS 设置中打印机端口设置是否符合需求，如图 12-28所示。BIOS 设置中，“Parallel Port Mode”打印机端口设置有“SPP”“EPP”“ECP”“ECP + EPP”4 种，需要根据打印机的类型选择打印端口。

“SPP”是默认设置，使用并行接口作为标准的打印机接口；“EPP”是使用并行接口作为增强型的并行接口；“ECP”是使用并行接口作为扩展接口；“ECP + EPP”是使用并行接口作为ECP&EPP模式。

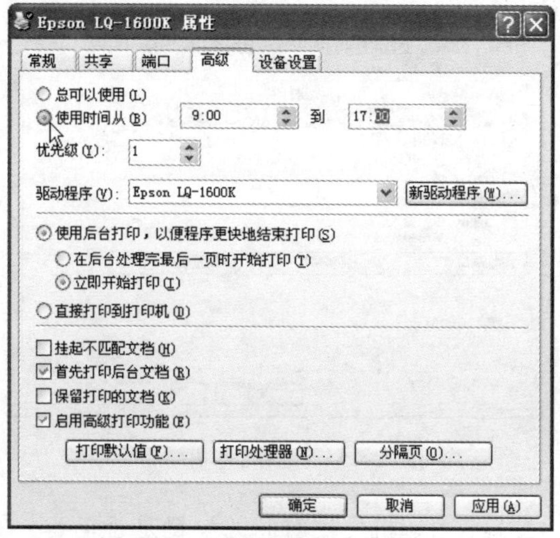

图12-27　设置打印机的使用时间

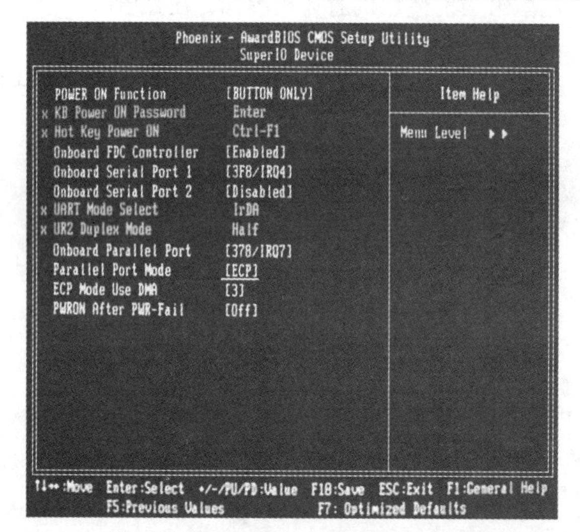

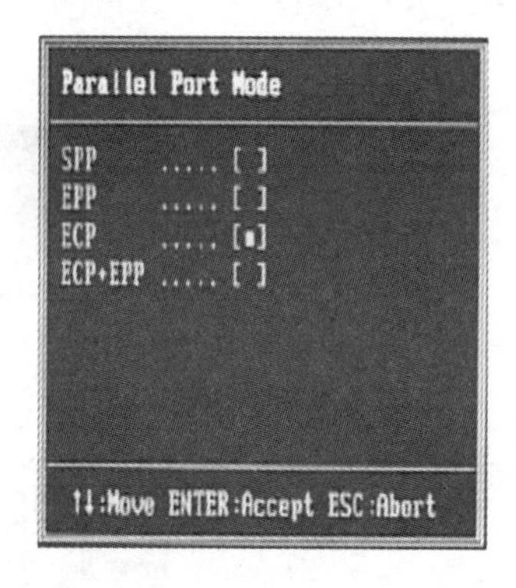

图12-28　检查BIOS设置中打印机端口的设置情况

（3）检查数码办公产品的驱动程序或软件是否存在问题（以打印机为例）

1）在“开始/打印机和传真机”窗口中，检查当前打印机图标的颜色是否发虚（颜色变浅），遇到该情况时需要将该图标删除。这时说明打印机驱动程序已严重损坏，必须重新安装打印机驱动程序。

2）在有些情况下，当打印机驱动程序受损时，图标的颜色不会变浅，此时鼠标右键单击当前使用的打印机图标，在弹出的菜单中单击选择“属性”选项，再在弹出的属性设置窗口中单击选择“高级”选项卡，如图12-29所示。查看“驱动程序”栏的设置是否符合打印机要求，型号名称一般都是相符或相近的。

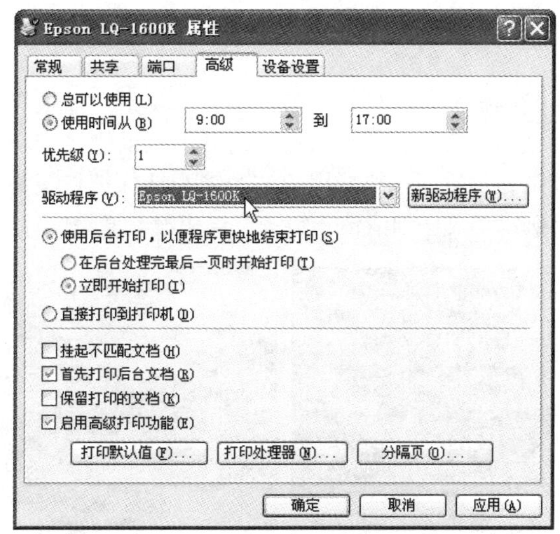

图 12-29　检查打印机驱动程序

为了保险起见，最好单击“新驱动程序”按钮（见图 12-30），重新安装一遍。新驱动的安装十分简单，根据安装向导的提示，一步步操作即可完成安装。

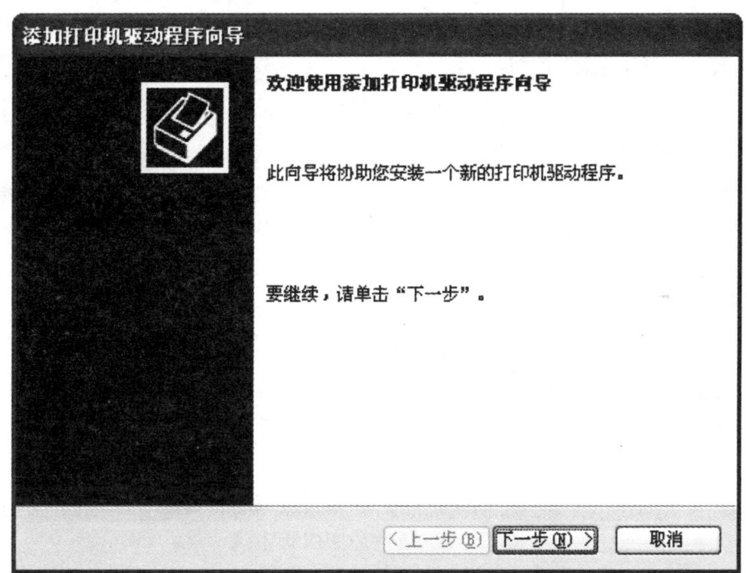

图 12-30　单击“新驱动程序”按钮，重新安装

3）应用程序的打印输出出现故障时，也会引起不打印的故障，这时可换一个应用软件打印，或是打印测试页，以验证怀疑的真假。应用程序操作进程出现暂时的混乱是很常见的，只要关闭应用程序，重启计算机，应用程序的故障一般都会消除。遇到应用程序受损严重的情况时，只能重新安装该应用程序。

3. 检查机械传动机构是否出现故障

机械传动机构是数码办公产品必不可少的部分，该机构控制着整个产品的运行情况，该机构出现故障将会直接影响产品传送图文的质量。

在数码办公产品中，传真机、打印机等产品的机械传动机构一般包括扫描组件、打印组件和输纸机构等，下面就对这些组件进行检修。

（1）检修扫描组件

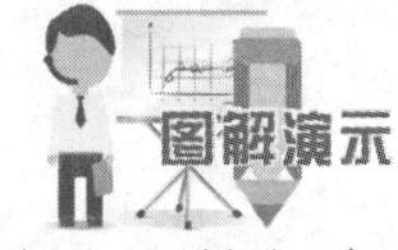

检测机械传动机构的第一步就是观察扫描组件表面是否积有大量的灰尘、纸屑等污物。若有污物，则可用软毛刷将堆积的灰尘、纸屑等污物初步清洁，然后用一块专用的洁净镜头纸仔细将镜头和反射镜擦拭干净，如图 12-31 所示。每一块反射镜都要仔细清洁，镜头可以用醮有酒精的棉棒轻轻擦拭。

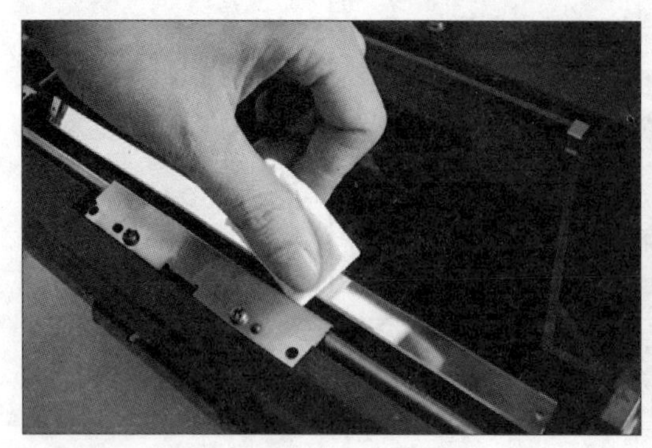
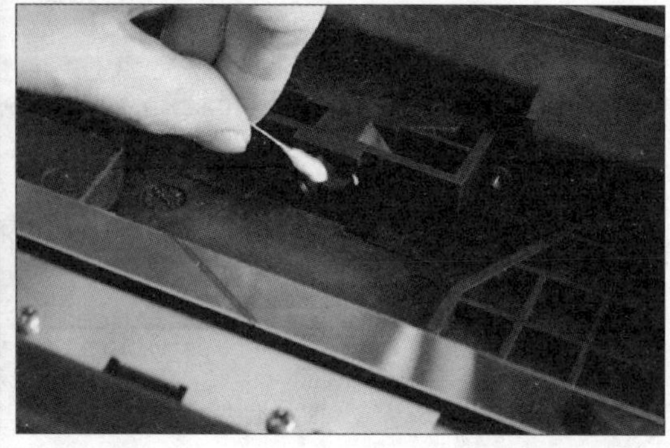

图 12-31　清洁扫描组件

接下来检测图像扫描器，可通过用万用表测量插座各引脚间的阻抗来判别扫描器各组件是否正常。图 12-32 所示为用万用表测量插座引脚阻抗的示意图。由于扫描器内部是由发光器件和光敏器件构成的，因此，通过对插座各引脚间阻抗的测量就可以判断出其是否损坏。

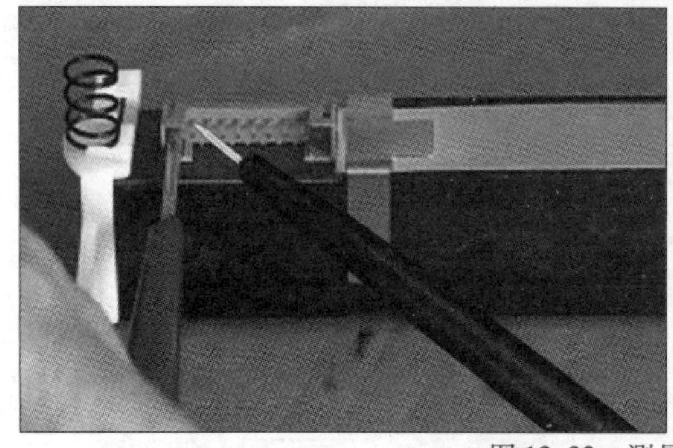

图 12-32　测量插座引脚阻抗

从图 12-32 中可以看到，图像扫描器插座最左端的引脚为接地端。将万用表的接地端插入到最左端的引脚处，用另一只表笔检测其他的引脚。正常的图像扫描器的阻抗值见表 12-1。

表 12-1　图像扫描器的阻抗值对照表　（单位：kΩ）

引脚	阻抗值	引脚	阻抗值
①	0	⑥	30
②	6. 5	⑦	30
③	7	⑧	30
④	50	⑨	∞
⑤	30		

若测得与阻抗值对照表中的数据不符，则表明扫描器有故障，需要更换。

（2）检修打印组件

对于打印组件的检修，主要应检查信号线是否出现断路故障，可使用万用表检测主控电路输出给数据线的各个电压是否正常，图12-33所示为打印头与主控电路板之间的数据线。

图12-33　打印头与主控电路板之间的数据线

（3）检修输纸机构

图解演示

输纸系统一般都被固定在机架上，如图12-34所示。在电动机旁边安装了很多传动齿轮，这些齿轮在电动机的带动下进行旋转，旋转的齿轮带动输纸机构进行输纸动作。在输纸过程中，打印头将主控电路送来的图像信息打印到复印纸上。

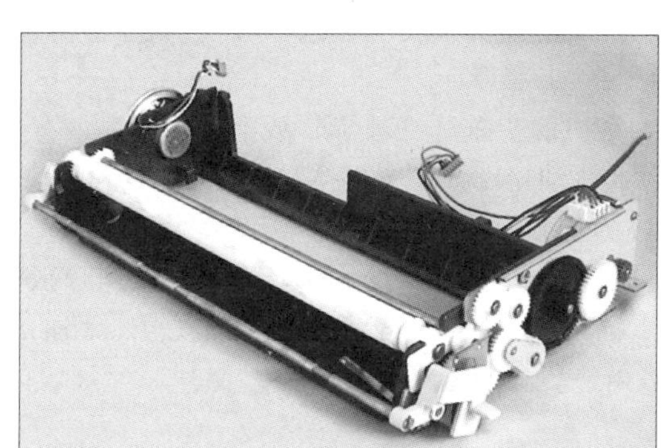

图12-34　典型输纸机构（三星SF－100传真机）

对于输纸机构来说，步进电动机和输纸传感器是它的主要部件，如果发送电动机不能运转，则说明问题在步进电动机。用万用表电阻档测量电动机各相绕组的直流电阻，如图12-35所示。如果各相绕组不正常，则应再仔细查找各相绕组有无断线或脱焊现象。若经检查并未发现有异常，则说明电动机及其传动系统都正常。

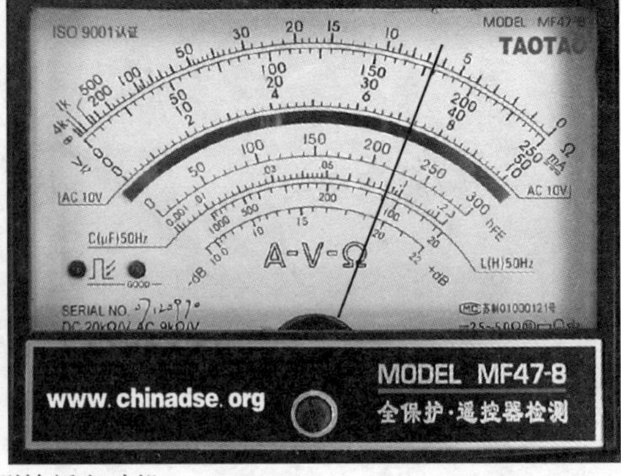

图12-35 检测输纸电动机

如果测得电动机及其传动系统都正常，则可考虑纸张传感器或步进脉冲驱动器是否有问题。用万用表检测纸张传感器，打印纸张传感器的检测方法如图12-36所示。将原稿放上或拿走，如果传感器的输出状态是正常的，则说明原稿传感器正常。

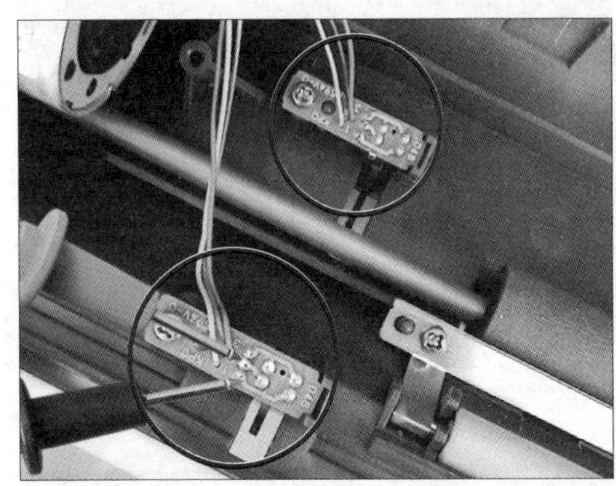

图12-36 检测打印纸张传感器

还可以借助示波器分别测量主控电路提供给电动机的步进脉冲波形，放上原稿后应该有步进脉冲波形输出。若无步进脉冲波形，则可判断脉冲驱动器已损坏，更换对应的芯片即可。

4. 检查内部电路板是否出现故障（以打印机为例）

检查电路板是维修工作的最后一个环节，也是最复杂、最困难的一个环节，一般用户很难排除该类故障，需要具备一定电子方面的知识。下面以典型数码办公产品为例，讲解电路的检修方法。希望可以起到举一反三的作用，帮助读者解决更多的电路故障问题。

（1）检查电源电路部分

当怀疑电源电路出现故障时，首先应查看电路图，大体了解一下电源电路的基本工作流程和其中的关键元器件，然后将供电电缆的一端与220V市电连接，另一端接电源电路的供电输入插座，即将220V交流电送入电源电路，由于该打印机的电源电路没有电源控制开关，因此接上市电后，电源电路就处于工作状态。

首先仔细查看电路板上其他元器件是否有烧糊、发黑迹象，若没有可疑的元器件损坏，则查看电源电路的保险丝是否熔断。可以肉眼观察保险丝是否有熔断烧焦的迹象，也可以使用万用表检测保险丝的电阻（很小，一般应趋近于0Ω），若测得阻值为无穷大，则说明保险丝熔断。具体检测部位及指针指示如图12-37所示。

图12-37　检测保险丝的电阻

若更换的新保险丝随即再次熔断，则说明电路内部还存在短路故障，很可能是某元器件被击穿短路。一些元器件击穿短路单从外表上是看不出来的。总结以往的维修经验，以下几个关键的元器件需要进一步的检测。开关变压器、开关型场效应管和电解电容都可能存在故障，这时也可以通过示波器检测开关变压器感应的交流信号，如果没有交流信号，滤波开关电路没有振荡，则要用万用表继续检测整流滤波电路。对整流滤波电路的检测可以通过检测桥式整流堆的输出来实现。

在检测时，万用表应设置在500V直流档，可以将红表笔接在启动电阻处，作为整流的输出端，然后将黑表笔接在启动电阻的接地端。正常时，在这两端应该能够测到约300V的直流电压。如果检测不到300V的直流电压，则表明桥式整流堆、互感滤波器或保险丝有故障，具体检测部位及指针指示如图12-38所示。

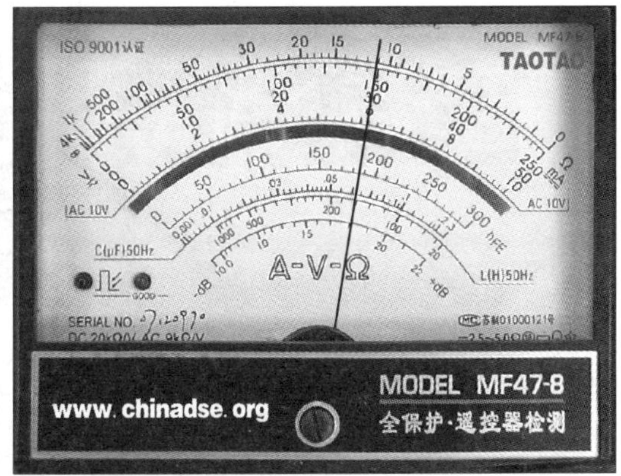

图12-38　检测整流滤波电路

如果电源线供电正常，就需要检测开关变压器次级的输出端，看两个输出电压是否正常。在检测时，将万用表的黑表笔接地（接触到电源电路的金属外壳上就可以了），然后用红表笔分别检测位于两侧的输出引线，若可以检测到 46V 和 41V 输出电压，则表明电源电路工作正常，如果检测的电压值与额定电压相差很大或无电压输出，则表明电源电路内部有故障。具体检测部位及指针指示如图 12-39 所示。

图 12-39　检测开关变压器次级输出端

当输出电压偏低时，可以通过示波器对振荡电路和开关型场效应管进行检测。在检测时，将示波器的接地端接到电源电路的金属外壳上，然后用示波器探头接触开关变压器线圈的外壳，此时可以从外壳上感应到大于 120mV 的交流电压信号，如果检测不到这个信号或者这个信号的幅度太小，就表明开关振荡电路有故障或开关型场效应管有故障，具体检测部位及波形如图 12-40 所示。

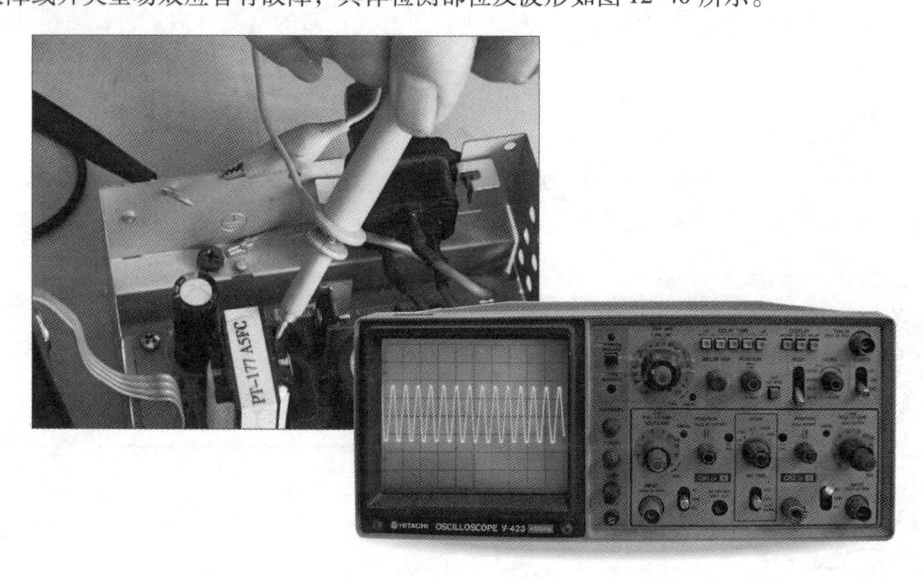

图 12-40　检测开关变压器振荡信号的波形

（2）检测系统控制电路部分

对于系统控制电路的检测，首先应从连接控制电路的连接线入手查找故障，因为控制电路上有很多接口，连接着各个传感器和组件，如果这些接口出现松动或连接不良，则会使数码办公产品整机工作出现问题。

接着检测系统控制电路中的打印头驱动电路，打印头出针还是缩针是由控制它的驱动电路决定的。以 EPSON LQ－1600K 针式打印机打印头驱动电路为例，E05A02LA 芯片是 CPU 和打印头驱动器的数据锁存及控制器。图 12-41 所示为该芯片的实物外形，引脚功能见表 12-2。可以使用示波器检测打印机数据处理芯片的各个引脚信号和相对应的数据线。

图 12-41　E05A02LA 芯片的实物外形

表 12-2　E05A02LA 的引脚功能

引脚号	名称	方向	功能
①~⑧	H1~H8	输出	针数据（1~8）输出
⑨	VSS	—	地
⑩	WR	输入	写允许
⑪	A0	输入	地址位于0，用于区别输入芯片的是数据还是命令。（A0=1 为数据；A0=0 为命令）
⑫	CE	输入	门阵列片选信号
⑬~⑳	H9~H16	输出	针数据（9~16）输出
㉑	VSS	—	地
㉒~㉙	D0~D7	输入	数据/命令输入
㉚	$\overline{RST}$	输入	复位
㉛	$\overline{HPW}$	输入	打印头激励控制信号
㉜	$\overline{REDY}$	输入	准备好信号
㉝	VSS	—	地
㉞~㊶	H17~H24	输出	针数据（17~24 位）输出
㊷	VDD	输入	+5V 电源

若第 8 位引脚相对应的数据线无信号输入、输出或信号不正常，则说明数据线有故障，更换数据线即可排除故障。若第 8 位数据线对应的引脚有信号输入，但无信号输出，则说明该处理芯片内部有故障。

图解演示 该芯片的24位输出端为24位针数据输出信号，因此分别外接有24只三极管Q1～Q24，用于打印针数据的驱动放大，如图12-42所示。检修时，可以用万用表测量各三极管及续流二极管是否被击穿。三极管击穿时，对应的打印针就会出现不出针的故障。

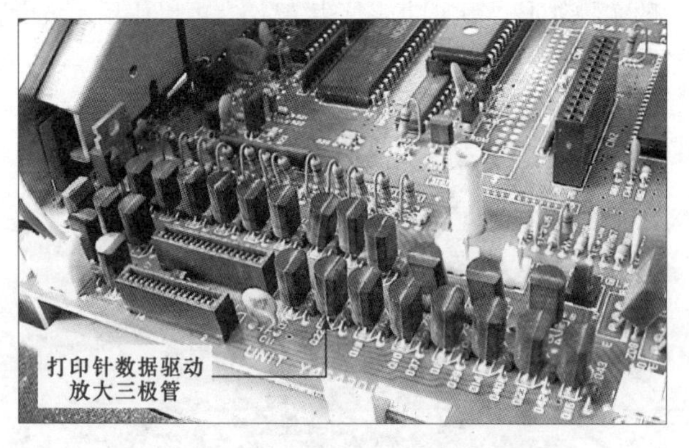

图12-42　打印针数据驱动放大晶体管

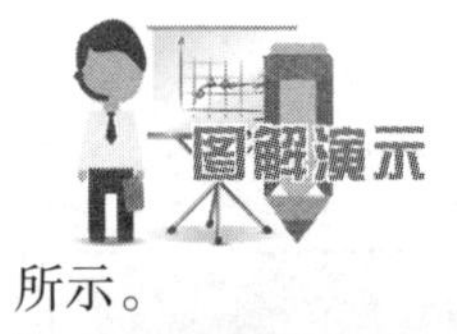

接下来对电动机控制电路进行检测，首先需要对该电动机线圈进行检修。若万用表检测字车电动机线圈绕组的电阻值很大，则说明电机线圈已烧坏，只要更换线圈即可解决问题，具体检测方法和指针指示如图12-43所示。

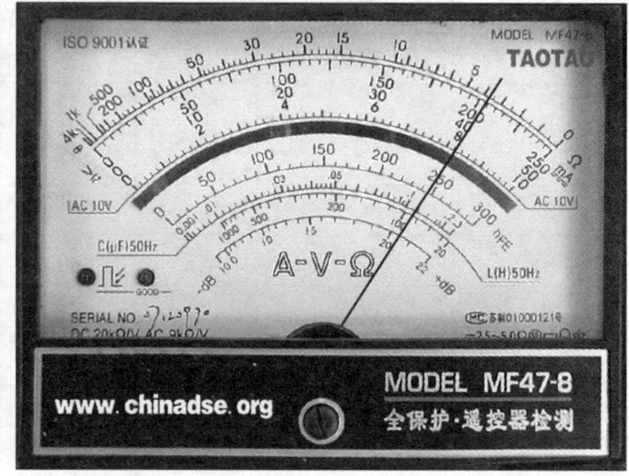

图12-43　检测字车电机线圈绕组

图解演示 若没有检测到故障，则应对字车驱动电路和主控电路进行检测，检测之前应找到这些电路的核心元器件。对于字车驱动电路，应重点检测厚膜电路，图12-44所示为典型厚膜电路的实物外形，该电路型号为STK6722H。检测时可根据引脚的功能及静态电压值进行测量。表12-3所列为该型号的引脚功能，表12-4所列为该型号的静态电压值。对于主控电路，应重点检测微处理器，检测时，可根据引脚功能对其波形进行检测。

图 12-44　典型厚膜电路的实物外形

表 12-3　STK6722H 各引脚功能

引脚号	名称	输入/输出	功能	引脚号	名称	输入/输出	功能
①	V_{ec1}	输入	+35V	⑩	V_{SS}	—	地
②	CAB	输出	字车电动机 A、B 相的公共端	⑪	N. C	—	不用
				⑫	OC	输出	字车电动机 C 相驱动端
③	S. OUT	输出	字车电动机线圈浪涌电压	⑬	IC	输入	字车电动机 C 相驱动信号输入端
④	OA	输出	字车电动机 A 相驱动端				
⑤	IA	输入	字车电动机 A 相驱动信号输入端	⑭	ID	输入	字车电动机 D 相驱动信号输入端
⑥	IB	输入	字车电动机 B 相驱动信号输入端	⑮	OD	输出	字车电动机 D 相驱动端
⑦	OB	输出	字车电动机 B 相驱动端	⑯	CCD	输出	字车电动机 C、D 相公共端
⑧	V_{rel}	输入	字车电动机驱动电路参考电压	⑰	P. D	输入	电源电压下降控制端（Power down）
⑨	V_{CC2}	输入	+5V 电源	⑱	RUSH	—	固定为低电平

表 12-4　STK6722H 各引脚静态电压值　（单位：V）

引脚	电压	引脚	电压	引脚	电压	引脚	电压	引脚	电压	引脚	电压
①	35.00	④	3.50	⑦	1.50	⑩	0	⑬	5.00	⑯	3.50
②	3.61	⑤	5.00	⑧	0	⑪	0	⑭	0	⑰	4.00
③	47.00	⑥	0	⑨	5.00	⑫	3.50	⑮	1.50	⑱	0

（3）检测接口电路部分

接口电路部分主要应检测接口芯片是否有焊点脱焊现象，以及外围元件是否有烧焦痕迹。若没有，则应对接口电路重点元器件的电阻值进行测量。

编著图书推荐表

姓名		出生年月		职称/职务		专业	
单位				E - mail			
通讯地址						邮政编码	
联系电话		研究方向及教学科目					
个人简历（毕业院校、专业、从事过的以及正在从事的项目、发表过的论文）：							
您近期的写作计划有：							
您推荐的国外原版图书有：							
您认为目前市场上最缺乏的图书及类型有：							

地址：北京市西城区百万庄大街22号　机械工业出版社，电工电子分社

邮编：100037　网址：www. cmpbook. com

联系人：张俊红　电话：13520543780　010—68326336（传真）

E - mail：buptzjh@163. com（可来信索取本表电子版）